Enrico Mai

Numerische Integration von Satellitenbahnen

Enrico Mai

Numerische Integration von Satellitenbahnen

mittels Liereihen-Entwicklung

Südwestdeutscher Verlag für Hochschulschriften

Imprint
Any brand names and product names mentioned in this book are subject to trademark, brand or patent protection and are trademarks or registered trademarks of their respective holders. The use of brand names, product names, common names, trade names, product descriptions etc. even without a particular marking in this work is in no way to be construed to mean that such names may be regarded as unrestricted in respect of trademark and brand protection legislation and could thus be used by anyone.

Publisher:
Südwestdeutscher Verlag für Hochschulschriften
is a trademark of
Dodo Books Indian Ocean Ltd., member of the OmniScriptum S.R.L Publishing group
str. A.Russo 15, of. 61, Chisinau-2068, Republic of Moldova Europe
Printed at: see last page
ISBN: 978-3-8381-2527-5

Zugl. / Approved by: Berlin, TU Berlin, Habilitation, 2011

ABSTRAKT

Moderne satellitengestützte Erdbeobachtungsverfahren benötigen Kenntnis über die Position und Geschwindigkeit (und Ausrichtung) der verwendeten Messinstrumente/-plattformen, respektive der sie tragenden Satelliten, mit sehr hoher Präzision. Zur Zeit kann die Genauigkeit aktueller analytischer Bahntheorien mit den erreichten Messgenauigkeiten nicht Schritt halten (nicht mehr bzw. noch nicht wieder).

In den meisten Fällen werden die benötigten Satellitenbahnen heutzutage deshalb numerisch integriert, unter Verwendung von Potenzreihen-Ansätzen. Erkenntnisse über die Satellitenbewegung, die solchen Berechnungen entspringen, sind in Strenge immer nur für den gerade betrachteten Einzelfall gültig. Man erhält (lange) Zahlenkolonnen über die Zustandsänderung des Satelliten. Aus diesem Zahlenwerk, das vollständig im Zeitbereich vorliegt, werden zwar nachträglich durch Frequenzanalyse periodische Effekte sichtbar - deren Interpretation und Rückführung auf physikalische Ursachen bleibt in aller Regel jedoch vage und kann erst recht nicht verallgemeinert werden.

Durch die Wahl eines alternativen Ansatzes für die numerische Integration werden möglichst die Vorteile beider Wege zur Bahnberechnung kombiniert. Die Verwendung eines Liereihen-Ansatzes führt zwar immer noch auf eine Potenzreihe bezüglich der Zeit als Lösungsform für das Anfangswertproblem, jedoch sind die Reihenkoeffizienten nunmehr konsequent spektral darstellbar und ermöglichen Einblicke in die physikalischen Ursachen von Bahnstörungen. Man bestimmt die Satellitenbahn, ganz wie bei den gewöhnlichen numerischen Integrationen, schrittweise in der Zeit. Bei Bedarf kann nun allerdings ein vollständig interpretierbarer Formelapparat angegeben werden, der den (langen) Zahlenkolonnen zugrunde liegt. In diesem Sinne könnte man dann von einer semi-analytischen Bahntheorie sprechen.

Die vorliegende Arbeit stellt das Konzept theoretisch im Detail und praktisch anhand einiger speziell vereinfachter Kraftmodelle vor. Während der Herleitung des Ansatzes tauchen diverse Nebenfragestellungen auf, die ihrerseits in den beigefügten Anhängen ausführlicher besprochen werden.

ABSTRACT

Modern Earth observation techniques based on satellites require very precise knowledge of position and velocity (and attitude) of the on-board instruments/measuring platforms or the satellite body carrying it. Available analytical orbital theories can't keep up with the accuracy level of present-day measurements (no longer and not yet again, respectively).

Therefore, in most cases satellite orbits are being integrated numerically today, using a power series approach. Actually, findings about the satellite's motion, resulting from these kind of calculations, are only valid for the very special case just under consideration. It yields (long) columns of numbers representing state changes of the satellite. Out of this numerical huddle, completely related to the time domain, periodical effects might be uncovered by applying spectral analysis techniques afterwards. But its interpretation and connection with physical causes remains rather hazy and can't be generalized at all.

By choosing an alternative approach for the numerical integration, the advantages of both ways (analytical and numerical orbit determination, respectively) will be combined. The usage of a Lie series approach still leads to a power series in time form of solution to the initial value problem, but now the series coefficients can strictly be expressed in spectral domain. This enables some insight into the physics of orbital perturbations. As with usual numerical integration techniques, the satellite's orbit will be calculated stepwise in time. However, a completely interpretable set of formulas, which is behind the (long) columns of numbers, can be quoted on demand. As a result, this approach may be qualified as a semi-analytical orbital theory.

This present work introduces the whole concept theoretically in detail and shows how to apply it to some special simplified force models. Following the derivation of the main approach, some joint questions show up. These are being treated in-depth within several appendices.

Online veröffentlicht unter `dgk.badw.de/index.php?id=12` und `www.ub.tu-berlin.de/index.php?id=1660`.
Published online at `dgk.badw.de/index.php?id=12` and `www.ub.tu-berlin.de/index.php?id=1660`.

Sodann: was ist für uns überhaupt ein Naturgesetz ? Es ist uns nicht an sich bekannt, sondern nur in seinen Wirkungen, das heißt in seinen Relationen zu andern Naturgesetzen, die uns wieder nur als Summen von Relationen bekannt sind. Also verweisen alle diese Relationen immer nur wieder aufeinander und sind uns ihrem Wesen nach unverständlich durch und durch; nur das, was wir hinzubringen, die Zeit, der Raum, also Sukzessionsverhältnisse und Zahlen, sind uns wirklich daran bekannt. Alles Wunderbare aber, das wir gerade an den Naturgesetzen anstaunen, das unsere Erklärung fordert und uns zum Mißtrauen gegen den Idealismus verführen könnte, liegt gerade und ganz allein nur in der mathematischen Strenge und Unverbrüchlichkeit der Zeit- und Raum-Vorstellungen. Diese aber produzieren wir in uns und aus uns mit jener Notwendigkeit, mit der die Spinne spinnt; wenn wir gezwungen sind, alle Dinge nur unter diesen Formen zu begreifen, so ist es dann nicht mehr wunderbar, daß wir an allen Dingen eigentlich nur eben diese Formen begreifen: denn sie alle müssen die Gesetze der Zahl an sich tragen, und die Zahl gerade ist das Erstaunlichste in den Dingen. Alle Gesetzmäßigkeit, die uns im Sternenlauf und im chemischen Prozeß so imponiert, fällt im Grunde mit jenen Eigenschaften zusammen, die wir selbst an die Dinge heranbringen, so daß wir damit uns selber imponieren.

aus *Über Wahrheit und Lüge im außermoralischen Sinne*
von Friedrich Nietzsche

Inhaltsverzeichnis

Kapitel 1

Einleitung

Moderne Messverfahren in der Satellitengeodäsie erfordern die Kenntnis oder Modellierung von Satellitenpositionen und -geschwindigkeiten mit sehr hoher Genauigkeit. Die Genauigkeit analytischer Bahntheorien hinkt diesen Ansprüchen bzw. der Beobachtungsgenauigkeit zur Zeit hinterher (siehe z. B. Mai [26]). Einige Ansätze zur Behebung dieser Lücke sind bereits vorgelegt worden (siehe z. B. Mai et al. [28]), harren jedoch noch ihrer praktischen Umsetzung.

Gewöhnliche numerische Bahnintegrationen, basierend auf Potenzreihen, können zwar präzise Ergebnisse liefern, erlauben aber keinen tieferen Einblick in die Lösungsmannigfaltigkeit. Deshalb lassen sich kaum allgemeine Erkenntnisse aus solcherart gewonnenen Bahnberechnungen gewinnen; die erzielten Lösungen sind immer nur speziell gültig. Weitergehende Aussagen könnten lediglich durch Auswertung einer ganzen Schar von numerisch integrierten Satellitenbahnen gewonnen werden.

Die vorliegende Arbeit behandelt im Kern das Problem der numerischen Integration mittels Liereihen. Letztere werden mittels Poissonklammern formuliert - ähnlich, wie sie auch in der analytischen Bahntheorie von Cui [10] zur Anwendung kommen. Ausgangspunkt ist in beiden Fällen die Formulierung des Bewegungsproblems über die zugrundeliegende Hamiltonfunktion und die Verwendung eines geeigneten kanonischen Variablensatzes.

Der hier gewählte Ansatz liefert eine Integration im Zeitbereich und ermöglicht gleichzeitig physikalisch interpretierbare Einsichten in die Lösungsstruktur, da die Koeffizienten der Reihenentwicklung konsequent spektral dargestellt werden können. Der resultierende Formelsatz lässt sich als semi-analytische Bahntheorie auffassen.

Im *Theoretischen Teil* der Arbeit wird zunächst die Lösung von Bewegungsproblemen motiviert und der Zusammenhang zwischen Newton'scher und Hamilton'scher Formulierung aufgegriffen. Anschliessend wird anhand spezieller Bewegungsprobleme (Keplerproblem, Klassisches Hauptproblem, um einige tesserale Terme erweitertes Hauptproblem) ein neuartiges Lösungsverfahren zur numerischen Bahnintegration, basierend auf Liereihen, vorgestellt. Der resultierende Formelsatz wird ausführlich dokumentiert und durch diverse Anhänge ergänzt. Im Rahmen der Herleitung werden ein neuer Variablensatz und eine alternative Formulierung des Erdschwerefeldmodells eingeführt.

Im *Praktischen Teil* werden die gewonnenen Formeln an den zuvor angesprochenen speziellen Bewegungsproblemen, jeweils in Form einer Anfangswertaufgabe, getestet. Nach der Wahl von Startwerten wird jeweils die Einzelschrittgenauigkeit ermittelt und deren Auswirkung auf die Berechnung von Bahnbögen untersucht. Die Kontrolle der Bahnintegrationen, schon im theoretischen Teil angesprochen, wird hier entsprechend umgesetzt.

Die Eigenschaften und die Qualität des neuen Ansatzes werden im abschliessenden Kapitel *Zusammenfassung und Ausblick* diskutiert bzw. bewertet und denkbare Erweiterungen bzw. Verbesserungsmöglichkeiten aufgezeigt.

Die *Anhänge* beinhalten wesentliche Teile dieser Arbeit. Sie vertiefen einerseits gewisse Punkte innerhalb des Haupttextes, andererseits präsentieren sie eigenständige Ideen, die jedoch vom Fokus der eigentlichen Arbeit (nämlich der titelgebenden numerischen Integration mittels Liereihen-Ansatz) zu sehr ablenken würden.

Im *Anhang A* wird das generelle Konzept zur Komplettierung eines neuen kanonischen Variablensatzes vorgeführt und auf kanonische Kugelkoordinaten angewendet. Insbesondere wird detailliert gezeigt, wie zu bereits gewählten generalisierten Koordinaten die zugehörigen generalisierten Impulse herzuleiten sind. Im Haupttext wird darauf Bezug genommen, wenn die sogenannten modifizierten Kugelkoordinaten eingeführt werden.

Die Überprüfung der Kanonizität eines Variablensatzes kann durch Aufstellung der zugehörigen Matrix der Lagrangeklammern erfolgen. Da in der Literatur nur vereinzelt deren ausführliche Herleitung zu finden ist, wird im *Anhang B* ein anschaulicher Weg hierzu vorgestellt und anschliessend auf alle in dieser Arbeit verwendeten bzw. angesprochenen Variablensätze (Kepler-Variablen, Hill-Variablen, (modifizierte[1]) kanonische Kugelkoordi-

[1]für diesen Fall geschieht die Herleitung dann im Haupttext

naten) angewendet. Zusätzlich wird der Zusammenhang zwischen den Lagrange- und Poissonklammern (letztere werden in der Liereihen-Darstellung bevorzugt) herausgestellt.

Die modifizierten kanonischen Kugelkoordinaten wurden eingeführt, um die übliche Darstellung des Erdschwerepotentials mittels Kugelflächenfunktionen in eine für die später notwendigen fortgesetzten partiellen Ableitungen günstigere Form zu überführen. Insbesondere geht es dabei um die Ersetzung der üblichen Kugelkoordinate r bzw. der Terme $1/r^n$ mittels einer neuen Variable α. Der *Anhang C* enthält hierzu eine ausführliche Herleitung.

Der *Anhang D* stellt sämtliche Transformationsformeln zwischen drei wesentlichen Variablensätzen (kartesische Koordinaten, (modifizierte) Kugelkoordinaten) zusammen.

Im Hinblick auf künftige Erweiterungen des Kraftmodells um dissipative Störterme einerseits und zu Kontrollzwecken mittels einer unabhängigen Lösung bisheriger Bewegungsprobleme (etwa des Kepler- oder klassischen Hauptproblems) andererseits, wird im *Anhang E* ein alternatives Verfahren zur Bahnberechnung in Erinnerung gerufen. Das Eliminationsverfahren wird vorteilhaft dann eingesetzt, wenn mit dem Auftreten von (physikalisch unsinnigen) Poisson-Termen in der Lösungsdarstellung gerechnet werden muss. Dies kann etwa bei nicht-linearen Oszillatoren geschehen und wurde am Beispiel des Duffing-Oszillators z. B. in Mai et al. [28] bereits untersucht. Hier wird getestet, ob dieses Verfahren auch zur Anwendung in der Satellitenbahnberechnung herangezogen werden kann. Als Ausgangspunkt dient die Überführung der Bewegungsgleichungen in die sog. Burdet-Form.

Der *Anhang F* vertieft eine weitere Alternative zur Behandlung von Bewegungsproblemen und zwar durch Lösung der zugehörigen (linearen) Volterra-Gleichung. Letzteres kann durch verschiedene Ansätze geschehen, z. B. mittels der Neumann'schen Reihe oder durch eine Laplace-Transformation. Die Äquivalenz dieser beiden Lösungswege wurde am Beispiel des Duffing-Oszillators in Mai et al. [28] praktisch nachgewiesen.

Im Haupttext werden bereits mögliche Kontrollen für die Bahnberechnung erwähnt und angewendet (unabhängige Lösungen mittels „gewöhnlicher“ numerischer Integrationen bzw. etablierter Softwarepakete wie UTOPIA, Überprüfung von existierenden bzw. bekannten Bewegungsintegralen, alternative Lösungen im Falle des Keplerproblems z. B. mittels der Stumpff'schen Ephemeridenrechnung). Nicht immer ist eine hinreichende Anzahl von Bewegungsintegralen zur Überprüfung einer Bahnintegration bekannt. Insbesondere wenn die Bewegungsgleichung geschwindigkeitsabhängige Terme enthält, lassen sich keine klassischen Bewegungsintegrale anwenden. Doch auch in diesem Fall könnten notwendige Bedingungen zur Überprüfung gefunden werden; der *Anhang G* erinnert an ein solches nicht-klassisches Bewegungsintegral.

Neben analytischen und numerischen Verfahren zur Suche nach der Lösung eines gestellten (Bewegungs- bzw. Optimierungs-) Problems lassen sich auch stochastische Verfahren wie z. B. evolutionäre Algorithmen (EA) einsetzen. Sie unterscheiden sich sehr wesentlich von sogenannten Gradientenverfahren (wie etwa der Ausgleichungsrechnung) und sind in der (Satelliten-) Geodäsie bisher nicht sehr verbreitet. Der *Anhang H* stellt als einen Zweig der EA zunächst die Grundidee von Evolutionsstrategien vor und grenzt sie dabei deutlich vom anderen Zweig, nämlich den genetischen Algorithmen ab.[2] Anschliessend wird anhand von drei grundsätzlichen Problemen aus der Satellitengeodäsie bzw. Himmelsmechanik (Spektralanalyse, Schwerefeldbestimmung, Bahnbestimmung) getestet, ob die Evolutionsstrategie auch hier vorteilhaft als Lösungsverfahren eingesetzt werden kann. Im Rahmen dieser Untersuchungen wird zudem eine effiziente rekursive Berechnungsvorschrift für das Erdschwerefeld bzw. dessen partielle Ableitungen in Abhängigkeit kartesischer Koordinaten herausgearbeitet. Dabei wird auf bereits bekannte Formulierungen zurückgegriffen und ein neues Schema vorgeschlagen.

Der *Anhang I* enthält lediglich einige zusätzliche Informationen, die den Haupttext entlasten.

Sämtliche Herleitungen von Formeln erfolgten per Hand und/oder mit Unterstützung durch das Softwarepaket *MATHEMATICA*™. Alle eigenen praktischen Berechnungen und jegliche Diagramme wurden ebenfalls mit dieser Software umgesetzt bzw. erzeugt.[3] Als Computer-Hardware kamen handelsübliche PC zum Einsatz.

[2] In der Literatur ausserhalb der EA-Fachmagazine herrscht gelegentlich ein gewisses Mass an Durcheinander und Unklarheit über die Gemeinsamkeiten bzw. Unterschiede dieser beiden Zweige.

[3] Für Kontrollberechnungen mittels UTOPIA lag der dafür wesentliche Programmteil als FORTRAN-Quellcode vor und wurde mittels eines *LAHEY FORTRAN 95*™-Compilers umgesetzt. Die Grundlagen unabhängiger Berechnungen durch Dritte werden, soweit bekannt, an entsprechender Stelle im Haupttext erwähnt. Generell wurden deren Resultate dann als „Black-Box“-Ergebnisse betrachtet und nur mittels Bewegungsintegralen getestet - gleichermassen wie die eigenen Berechnungen.

Kapitel 2

Theoretischer Teil

2.1 Aufgabenstellung

2.1.1 Allgemeine Formulierung von Bewegungsproblemen

Die Bewegung deformationsfreier Körper kann mit vektoriellen Differentialgleichungen 2. Ordnung

$$\boldsymbol{M}\ddot{\mathbf{x}} + \boldsymbol{\Gamma}\dot{\mathbf{x}} + \boldsymbol{\Phi}\mathbf{x} = \boldsymbol{\alpha} \tag{2.1}$$

formuliert werden, wobei $\dot{(\ )} := \mathrm{d}(\ )/\mathrm{d}t$. Darin steht t als unabhängige Variable für die Zeit und $\mathbf{x}$ als abhängige Variable für die räumliche Position bzw. den Ort der Körper.[1] $\boldsymbol{M}$ ist die hier als konstant angenommene Körpermassenmatrix; die Größen $\boldsymbol{\Gamma}$, $\boldsymbol{\Phi}$ und $\boldsymbol{\alpha}$ können dagegen zeitlich variabel und ortsabhängig sein.

Hinter der einzelnen vektoriellen Differentialgleichung (2.1) verstecken sich $3n$ skalare (eventuell gekoppelte) Differentialgleichungen gleicher Ordnung, sofern eine räumlich dreidimensionale Beschreibung der Bewegung von n Körpern erfolgen soll. In diesem Falle stellen $\boldsymbol{M}$, $\boldsymbol{\Gamma}$ und $\boldsymbol{\Phi}$ jeweils eine $3n \times 3n$-Matrix dar[2] und $\boldsymbol{\alpha}$ einen Vektor mit $3n$ Komponenten; etwa

$$\underset{3n\,\times\,3n}{\boldsymbol{M}} = \begin{pmatrix} m_1 & 0 & 0 & 0 & 0 & 0 & \cdots \\ 0 & m_1 & 0 & 0 & 0 & 0 & \cdots \\ 0 & 0 & m_1 & 0 & 0 & 0 & \cdots \\ 0 & 0 & 0 & m_2 & 0 & 0 & \cdots \\ 0 & 0 & 0 & 0 & m_2 & 0 & \cdots \\ 0 & 0 & 0 & 0 & 0 & m_2 & \cdots \\ \vdots & \vdots & \vdots & \vdots & \vdots & \vdots & \ddots \end{pmatrix}.$$

unter der üblichen Annahme einer richtungsunabhängigen Masse.

Formuliert man im Zweikörperproblem ($n = 2$) die Bewegung des einen Körpers *relativ* zum anderen Körper, so wird $n = 1$ verwendet und $\boldsymbol{M}$ durch die Masse m des einen Körpers ersetzt. Die restlichen Größen in (2.1) gewinnen relativen Charakter im o. g. Sinne.

Eine auf den Köper wirkende Kraft $\mathbf{K}$ kann qualitativ aufgetrennt werden in einen geschwindigkeitsunabhängigen gravitationellen Anteil[3] $\mathbf{K}_g$ und einen geschwindigkeitsabhängigen (dissipativen) Anteil $\mathbf{K}_d$, also

$$m\ddot{\mathbf{x}} = \mathbf{K}(\mathbf{x}, \dot{\mathbf{x}}; t) = \mathbf{K}_g(\mathbf{x}, t) + \mathbf{K}_d(\mathbf{x}, \dot{\mathbf{x}}; t)\,. \tag{2.2}$$

Im Folgenden beschränken wir uns zunächst auf den *homogenen* Fall, d. h. $\boldsymbol{\alpha} = \mathbf{0}$ in (2.1). Dadurch werden Kräfte ausgeschlossen, die vom Bewegungszustand des Körpers (Position und/oder Geschwindigkeit) unabhängig sind (anregende Kräfte, wie etwa einwirkende Partikelströme, z. B. Sonnenwind). Desweiteren werden vorerst alle Koeffizienten in (2.1) als *zeitlich konstant* angenommen und o. B. d. A. die Einheitsmasse $m = 1$ gesetzt.

Für *eindimensionale* Bewegungsprobleme erhält man

$$\ddot{x} = K(x, \dot{x}; t). \tag{2.3}$$

[1] Alternativ kann für die unabhängige Variable auch s als zurückgelegte Wegstrecke entlang der Trajektorie eingeführt werden.

[2] formal korrekter würden diese Größen als Dyaden bzw. Tensoren 2. Stufe ausgedrückt

[3] nur, wenn dieser zeitlich unabhängig ist, kann man ihn als konservativ (im Sinne des Energieerhaltungssatzes) bezeichnen

Schon in diesem einfachen Fall könnte es schwierig werden, eine Hamilton-Funktion $F = F(x, \dot{x}; t)$ derart zu finden, dass die *kanonischen Gleichungen*

$$\frac{\mathrm{d}x}{\mathrm{d}t} = \frac{\partial F}{\partial \dot{x}} = \dot{x}, \qquad \frac{\mathrm{d}\dot{x}}{\mathrm{d}t} = -\frac{\partial F}{\partial x} = \ddot{x} = K(x, \dot{x}; t) \tag{2.4}$$

erfüllt sind. Bei Mai [29] (im dortigen Abschnitt 8) werden diverse Wege zur Hamiltonisierung aufgezeigt. Die vorteilhafte Form (2.4) kann durch Einführung einer Hilfsunbekannten $p = p(\dot{x}, t)$

$$p := e^{\gamma t}\dot{x} \qquad \Leftrightarrow \qquad \dot{x} =: e^{-\gamma t} p \tag{2.5}$$

erreicht werden, so dass

$$\frac{\mathrm{d}x}{\mathrm{d}t} = \frac{\partial F}{\partial p} = \dot{x}, \qquad \frac{\mathrm{d}p}{\mathrm{d}t} = -\frac{\partial F}{\partial x} = \dot{p}, \tag{2.6}$$

wobei die aufzustellende Hamilton-Funktion dann explizit von der Zeit abhängen wird, also $F = F(x, p; t)$. Die im eindimensionalen Fall skalare Größe γ stellt den Vorfaktor des geschwindigkeitsabhängigen Terms $\gamma\dot{x}$ in der Bewegungsgleichung dar. Das Vorgehen zur Aufstellung der Hamilton-Funktion wird in Mai [29] beschrieben.
Dieses Konzept lässt sich übertragen auf *dreidimensionale* Bewegungsprobleme der Form

$$\ddot{\mathbf{x}} = \mathbf{K}(\mathbf{x}, \dot{\mathbf{x}}; t). \tag{2.7}$$

Nach Setzung von

$$\mathbf{p} := e^{\mathbf{\Gamma} t}\dot{\mathbf{x}} \qquad \Leftrightarrow \qquad \dot{\mathbf{x}} =: e^{-\mathbf{\Gamma} t}\mathbf{p} \tag{2.8}$$

gilt mit $F = F(\mathbf{x}, \mathbf{p}; t)$

$$\frac{\mathrm{d}\mathbf{x}}{\mathrm{d}t} = \frac{\partial F}{\partial \mathbf{p}} = \dot{\mathbf{x}}, \qquad \frac{\mathrm{d}\mathbf{p}}{\mathrm{d}t} = -\frac{\partial F}{\partial \mathbf{x}} = \dot{\mathbf{p}}. \tag{2.9}$$

In ausführlicher Matrizendarstellung lassen sich die kanonischen Gleichungen (2.9) auch schreiben als

$$\begin{bmatrix} \mathrm{d}x_1/\mathrm{d}t \\ \mathrm{d}x_2/\mathrm{d}t \\ \mathrm{d}x_3/\mathrm{d}t \\ \mathrm{d}p_1/\mathrm{d}t \\ \mathrm{d}p_2/\mathrm{d}t \\ \mathrm{d}p_3/\mathrm{d}t \end{bmatrix} = \begin{bmatrix} 0 & 0 & 0 & +1 & 0 & 0 \\ 0 & 0 & 0 & 0 & +1 & 0 \\ 0 & 0 & 0 & 0 & 0 & +1 \\ -1 & 0 & 0 & 0 & 0 & 0 \\ 0 & -1 & 0 & 0 & 0 & 0 \\ 0 & 0 & -1 & 0 & 0 & 0 \end{bmatrix} \begin{bmatrix} \partial F/\partial x_1 \\ \partial F/\partial x_2 \\ \partial F/\partial x_3 \\ \partial F/\partial p_1 \\ \partial F/\partial p_2 \\ \partial F/\partial p_3 \end{bmatrix}. \tag{2.10}$$

Die Größe $\mathbf{\Gamma}$ wird im Falle richtungsunabhängiger Dämpfung durch eine skalare Größe γ ersetzt, d. h.,

$$\begin{bmatrix} \gamma_1 & 0 & 0 \\ 0 & \gamma_2 & 0 \\ 0 & 0 & \gamma_3 \end{bmatrix} \qquad \Rightarrow \qquad \gamma. \tag{2.11}$$

Anmerkung: Für dämpfungsfreie Bewegungsprobleme gilt $\gamma = 0$ bzw. $\mathbf{\Gamma} = \mathbf{0}$ und entsprechend für die Einführung der Hilfsvariablen $p := \dot{x}$ bzw. $\mathbf{p} := \dot{\mathbf{x}}$.
Aus $F = F(\mathbf{x}, \mathbf{p}; t)$ folgt

$$\mathrm{d}F = \sum_{i=1}^{3} \left(\frac{\partial F}{\partial x_i}\,\mathrm{d}x_i + \frac{\partial F}{\partial p_i}\,\mathrm{d}p_i \right) + \frac{\partial F}{\partial t}\,\mathrm{d}t \tag{2.12}$$

und somit

$$\begin{aligned} F &= \sum_{i=1}^{3} \left(\int \frac{\partial F}{\partial x_i}\,\mathrm{d}x_i + \int \frac{\partial F}{\partial p_i}\,\mathrm{d}p_i \right) + \int \frac{\partial F}{\partial t}\,\mathrm{d}t \\ &=: \sum_{i=1}^{3} \left(F^{x_i} + F_0^{x_i} + F^{p_i} + F_0^{p_i} \right) + F^t + F_0^t \end{aligned} \tag{2.13}$$

mit den wählbaren 7 Integrationskonstanten $F_0^{x_i}$, $F_0^{p_i}$ $(i = 1, 2, 3)$ und F_0^t.
Falls eine Setzung entsprechend

$$\sum_{i=1}^{3} \left(F_0^{x_i} + F_0^{p_i} \right) + F_0^t = -F^t \tag{2.14}$$

formal widerspruchsfrei möglich ist, erhält man die Hamilton-Funktion schließlich aus

$$F = \sum_{i=1}^{3} \left(\int \frac{\partial F}{\partial x_i}\,\mathrm{d}x_i + \int \frac{\partial F}{\partial p_i}\,\mathrm{d}p_i \right) = \sum_{i=1}^{3} \left(F^{x_i} + F^{p_i} \right). \tag{2.15}$$

2.1.2 Hamiltonisierung Newton'scher Bewegungsgleichungen

Ein Spezialfall von (2.1) wird gebildet durch ein System Newton'scher Bewegungsgleichungen der Form

$$\boldsymbol{M}\ddot{\mathbf{x}} + \boldsymbol{M}\nabla_{\mathbf{x}}V(\mathbf{x}) = \mathbf{a}(t). \tag{2.16}$$

Darin stellt $\mathbf{a}(t)$ eine zeitabhängige Vektorfunktion zur Beschreibung von so genannten Akzelerometerkräften[4] dar und $\nabla_{\mathbf{x}}V(\mathbf{x})$ ist die Gradientenbildung eines ortsabhängigen Skalarfeldes.

In Meyer/Hall [35] wird für derartige Systeme eine Möglichkeit zur Hamiltonisierung angegeben. Mittels einer Hamilton-Funktion der Gestalt

$$F = F(\mathbf{x}, \mathbf{p}; t) := \tfrac{1}{2}\mathbf{p}^T\boldsymbol{M}^{-1}\mathbf{p} + \boldsymbol{M}V(\mathbf{x}) - \mathbf{x}^T\mathbf{a}(t) \tag{2.17}$$

in den kanonischen Variablen $\mathbf{x}$, $\mathbf{p}$ und der Zeit t können die kanonischen Gleichungen

$$\dot{\mathbf{x}} = \frac{\partial F}{\partial \mathbf{p}} = \boldsymbol{M}^{-1}\mathbf{p}, \qquad \dot{\mathbf{p}} = -\frac{\partial F}{\partial \mathbf{x}} = -\boldsymbol{M}\nabla_{\mathbf{x}}V(\mathbf{x}) + \mathbf{a}(t) \tag{2.18}$$

aufgestellt werden, mit $\mathbf{p} = \boldsymbol{M}\dot{\mathbf{x}}$ als generalisierten Impulsen der zugehörigen generalisierten Koordinaten $\mathbf{x}$.

Wird ein Zweikörperproblem betrachtet, so lässt sich z. B. der radiale Abstandsvektor $\mathbf{r}$ des einen (Sekundär-) Körpers (z. B. Satellit) vom anderen (Primär-) Körper (z. B. Erde) als Angabe für den Ort $\mathbf{x}$ verwenden, also

$$m\ddot{\mathbf{r}} + m\nabla_{\mathbf{r}}V(\mathbf{r}) = \mathbf{a}(t). \tag{2.19}$$

2.1.3 Spezialfall Keplerproblem

Die Keplerbewegung beschreibt die Relativbewegung zweier Massenpunkte. Es treten dabei keinerlei dissipative Kräfte in Erscheinung. Eine erste Vereinfachung von (2.19) besteht demnach in der Setzung $\mathbf{a}(t) = \mathbf{0}$. Nach (2.17) folgt zunächst

$$F = F(\mathbf{r}, \mathbf{p}) = \frac{1}{2m}\mathbf{p}^T\mathbf{p} + mV(\mathbf{r}) \tag{2.20}$$

und für die kanonischen Gleichungen

$$\dot{\mathbf{r}} = \frac{\partial F}{\partial \mathbf{p}} = \frac{1}{m}\mathbf{p}, \qquad \dot{\mathbf{p}} = -\frac{\partial F}{\partial \mathbf{r}} = -m\nabla_{\mathbf{r}}V(\mathbf{r}) = m\ddot{\mathbf{r}}. \tag{2.21}$$

Mit $\dot{\mathbf{r}} = \mathbf{v}$ erhält man unmittelbar $\mathbf{p} = m\dot{\mathbf{r}} = m\mathbf{v}$.

Umgekehrt ließe sich bei Vorgabe von (2.21) nach (2.13) bzw. (2.15) die Hamilton-Funktion berechnen:

$$F = \int\frac{\partial F}{\partial \mathbf{p}}\,\mathrm{d}\mathbf{p} + \int\frac{\partial F}{\partial \mathbf{r}}\,\mathrm{d}\mathbf{r} = \frac{1}{m}\int\mathbf{p}\,\mathrm{d}\mathbf{p} + m\int\nabla_{\mathbf{r}}V(\mathbf{r})\,\mathrm{d}\mathbf{r} = \frac{1}{2m}\mathbf{p}^2 + mV(\mathbf{r}) = \frac{1}{2m}\mathbf{p}^T\mathbf{p} + mV(\mathbf{r}). \tag{2.22}$$

Wegen $\mathbf{p}^2 = m^2\mathbf{v}^2$ bzw. $\mathbf{p}^T\mathbf{p} = m^2\mathbf{v}^T\mathbf{v}$ und $\mathbf{v}^T\mathbf{v} = v\,v = v^2$ folgt

$$F = \tfrac{1}{2}mv^2 + V(\mathbf{r}) = \mathcal{E}_{\text{kin}} + \mathcal{E}_{\text{pot}} = \mathcal{E}_{\text{tot}}, \tag{2.23}$$

womit, da F nicht explizit von der Zeit t abhängt, die Hamilton-Funktion der totalen Energie entspricht.

Die Keplerbewegung geht von einem Punktmassenpotential[5]

$$V_{\text{Kep}}(\mathbf{r}) := -\frac{GM}{r} = -\frac{\mu_\oplus}{r} \qquad \text{mit} \qquad r = |\mathbf{r}| \tag{2.24}$$

aus, wobei G für die universelle Gravitationskonstante steht und M für die Primärkörpermasse. Das Produkt dieser beiden Größen wird oft im *gravitationellen Parameter* des Primärkörpers zusammengefasst, z. B. im Falle der Erde im Symbol $\mu_\oplus$.

Gradientenbildung ergibt

$$\nabla_{\mathbf{r}}V_{\text{Kep}}(\mathbf{r}) = -\mu_\oplus\nabla_{\mathbf{r}}\left(\frac{1}{r}\right) = \frac{\mu_\oplus}{r^3}\,\mathbf{r}, \tag{2.25}$$

so dass für die Keplerbewegung bezüglich Bewegungsgleichung und Hamilton-Funktion der Zusammenhang

$$m\ddot{\mathbf{r}} + m\frac{\mu_\oplus}{r^3}\,\mathbf{r} = \mathbf{0} \qquad \Leftrightarrow \qquad F = \tfrac{1}{2}mv^2 - m\frac{\mu_\oplus}{r} \tag{2.26}$$

unmittelbar hergestellt werden kann.

[4]Kräfte, die praktisch durch Messung mittels körperfester Beschleunigungsmesser (Akzelerometer) registriert werden können
[5]zur Vorzeichenfrage siehe z. B. Mai [26], Abschnitt 1.2.2

2.1.4 Spezialfall Klassisches Hauptproblem

Für realitätsnähere Beschreibungen von Satellitenbahnen ist das Massenpunktmodell nicht mehr ausreichend. Unter einer Vielzahl von Störeinflüssen (s. Vallado[51]) ist die Masseninhomogenität des Primärkörpers (z. B. der Erde) besonders hervorzuheben. Diese Inhomogenität lässt sich über eine geeignete Darstellung des Gravitationspotentials $V(\mathbf{x})$ bzw. $V(\mathbf{r})$ in (2.16) bzw. (2.19) berücksichtigen. Das Potential des Erdgravitationsfeldes kann gedacht werden als Überlagerung unendlich vieler breiten- und/oder längenabhängiger Teilpotentiale[6]:

$$V_\oplus = \frac{\mu_\oplus}{r} + \sum_{n=1}^{\infty} \sum_{m=0}^{n} V_{nm}. \tag{2.27}$$

Die konkrete Darstellung der Teilpotentiale V_{nm} hängt dabei vom gewählten Variablensatz[7] zur Beschreibung des Bewegungsproblems ab.[8] Einige wesentliche Beispiele seien nachfolgend genannt.

Im Falle *kartesischer Koordinaten* $\mathcal{C} := (x, y, z; \dot{x}, \dot{y}, \dot{z})^T$ erhält man die *Formel von MacCullagh*

$$V_\oplus(\mathcal{C}) = \frac{\mu_\oplus}{r} + \frac{\mu_\oplus}{r^3}\,(x\,x_{\mathrm{cm}} + y\,y_{\mathrm{cm}} + z\,z_{\mathrm{cm}}) + \frac{G}{2r^3}\,(I_{\mathrm{xx}} + I_{\mathrm{yy}} + I_{\mathrm{zz}} - 3I_{\mathrm{r}}) + \cdots \tag{2.28}$$

mit $r = \sqrt{x^2 + y^2 + z^2}$ und $(x_{\mathrm{cm}}, y_{\mathrm{cm}}, z_{\mathrm{cm}})^T$ als den Koordinaten des Erdmassenzentrums (bzw. center of mass). Die Größen I_{xx}, I_{yy} und I_{zz} stellen die Trägheitsmomente bezüglich der drei Koordinatenachsen x, y und z dar, I_{r} das polare Trägheitsmoment. In letzteres fließen wiederum die Trägheitsprodukte bzw. Deviationsmomente I_{xy}, I_{xz} und I_{yz} ein. Die weiteren Terme in (2.28) hängen von Trägheits- und Deviationsmomenten höherer Ordnung ab, deren Darstellung sukzessive komplizierter ausfällt. Andererseits ermöglicht der Vergleich alternativer Reihenentwicklungen des Gravitationsfeldes (in anderen Variablensätzen) mit der Formel von MacCullagh zumindest für die jeweils ersten paar Reihenterme eine gewisse physikalische Interpretation. Die Darstellung (2.28) vereinfacht sich in der Praxis etwas, wenn das gewählte Koordinatensystem seinen Ursprung im Massenzentrum hat und alle Trägheitsmomente gleich groß sein sollten, etwa bei einem Kugelschalenmodell.

Im Folgenden wollen wir stets vom Fall $(x_{\mathrm{cm}}, y_{\mathrm{cm}}, z_{\mathrm{cm}})^T := (0, 0, 0)^T$ ausgehen, so dass die Doppelsumme in (2.27), unabhängig vom gewählten Variablensatz, erst mit $n = 2$ startet.

Die Verwendung von *Kugelkoordinaten*[9] (r, θ, λ) führt auf die Darstellung in Kugelflächenfunktionen

$$V_\oplus(r, \theta, \lambda) = \frac{\mu_\oplus}{r} + \frac{\mu_\oplus}{r} \sum_{n=2}^{\infty} \sum_{m=0}^{n} \left(\frac{a_\oplus}{r}\right)^n P_{nm}(\cos\theta)\big(c_{nm}\cos m\lambda + s_{nm}\sin m\lambda\big) \tag{2.29}$$

mit dem mittleren äquatoriellen Erdradius $a_\oplus$, den zugeordneten Legendre'schen Funktionen P_{nm} sowie den Kugelfunktionskoeffizienten c_{nm} und s_{nm} vom Grade n und der Ordnung m. Kugelkoordinaten sind in der Praxis der Störungsrechnung bzw. zur Beschreibung der Satellitenbewegung bisher nicht sehr gebräuchlich.

Stattdessen werden oft die so genannten *Kepler-Elemente* bzw. *klassischen Bahnvariablen* $\mathcal{K} := (a, e, i, \Omega, \omega, M)^T$ verwendet. Sie haben zwar einige für die Störungsrechnung nachteilige Eigenschaften (so sind sie z. B. nicht frei von Singularitäten und auch nicht kanonisch); sie finden sich gleichwohl aus geometrisch-anschaulichen Gründen immer noch häufig in der Fachliteratur. Die Darstellung des Gravitationspotentials in Kepler-Elementen ist im wesentlichen Kaula [22] zu verdanken. Unter Beibehaltung des Kugelflächenfunktionen-Ansatzes erhält man[10]

$$V_\oplus(\mathcal{K}) = \frac{\mu_\oplus}{r} + \frac{\mu_\oplus}{a} \sum_{n=2}^{\infty} \sum_{m=0}^{n} \sum_{p=0}^{n} \sum_{q=-\infty}^{\infty} \left(\frac{a_\oplus}{a}\right)^n G_{npq}(e)\, F_{nmp}(i)\, S_{nmpq}(\Omega, \omega, M, \Theta) \tag{2.30}$$

mit den Exzentrizitätsfunktionen G_{npq}, den Kaula'schen Inklinationsfunktionen F_{nmp} und

$$S_{nmpq}(\Omega, \omega, M, \Theta) := \begin{cases} c_{nm}\cos\psi_{nmpq} + s_{nm}\sin\psi_{nmpq} & \text{für } n-m \text{ gerade} \\ -s_{nm}\cos\psi_{nmpq} + c_{nm}\sin\psi_{nmpq} & \text{für } n-m \text{ ungerade} \end{cases}, \tag{2.31}$$

wobei Θ die Sternzeit von Greenwich (GST) ist (und $\dot{\Theta} = \omega_\oplus$ die Erdrotationsgeschwindigkeit), sowie

$$\psi_{nmpq} := (n - 2p)\,\omega + (n - 2p + q)\,M + m\,(\Omega - \Theta)\,. \tag{2.32}$$

Da innerhalb der Kaula'schen Theorie zur Störungsrechnung die Frequenz $\dot{\psi}_{nmpq}$ im Vorfaktor diverser Terme als Nenner auftaucht, ist dieser Ansatz nicht allgemein gültig - für diverse Indexkombinationen aus n, m, p und q folgt die Möglichkeit $\dot{\psi}_{nmpq} = 0$ und damit eine Division durch Null bzw. eine Singularität.

---

[6] Idee der Erweiterung des Punktmassenmodells um kleinere Korrekturen im Sinne einer konvergierenden Reihe bzw. Summe

[7] Details zu diversen Variablensätzen innerhalb der Satellitengeodäsie und deren Transformation findet man z. B. bei Mai [26]

[8] Für Variablensätze, die sich auf eine raumfeste Basis beziehen (z. B. Kepler- oder Hillvariablen), ist die Potentialfunktion im Allgemeinfall (mit längenabhängigen Termen) nicht nur orts- sondern auch explizit zeitabhängig, d. h. $V = V(\mathbf{x}, t)$ bzw. $V = V(\mathbf{r}, t)$. Ansonsten wollen wir hier stets von einer gleichmässig rotierenden starren Modellerde ausgehen (ohne zeitabhängige Deformationen).

[9] in Cui [10] Anhang B werden bezüglich der Länge raumfeste kanonische Kugelkoordinaten eingeführt, vgl. § 2.2.4.1 bzw. § 2.2.4.5

[10] wobei sich r über $r = a(1 - e^2)/(1 + e\cos f)$, $\tan(f/2) = \sqrt{(1+e)/(1-e)}\tan(E/2)$, $M = E - e\sin E$ aus $\mathcal{K}$ berechnen lässt

Mit den kanonischen *Hill-Variablen* $\mathcal{H} := (\dot{r}, G, H; r, u, \Omega)^T$, wobei $\cos i = H/G$, folgt die Darstellung

$$V_\oplus(\mathcal{H}) = \frac{\mu_\oplus}{r} + \frac{\mu_\oplus}{r} \sum_{n=2}^{\infty} \sum_{m=0}^{n} \sum_{p=0}^{n} \left(\frac{a_\oplus}{r}\right)^n F_{nmp}(i)\, K_{nmp}(\Omega, u, \Theta) \tag{2.33}$$

mit

$$K_{nmp}(\Omega, u, \Theta) := \begin{cases} c_{nm} \cos \alpha_{nmp} + s_{nm} \sin \alpha_{nmp} & \text{für } n-m \text{ gerade} \\ -s_{nm} \cos \alpha_{nmp} + c_{nm} \sin \alpha_{nmp} & \text{für } n-m \text{ ungerade} \end{cases} \tag{2.34}$$

und

$$\alpha_{nmp} := (n-2p)\, u + m\,(\Omega - \Theta)\,. \tag{2.35}$$

Die Größenordnung der harmonischen Koeffizienten c_{nm} und s_{nm} nimmt mit ansteigenden Graden n und Ordnungen m mehr oder minder stark ab. Den weitaus größten Einfluss hat der c_{20}-Term. Dieser wird als statische Abplattung des Erdschwerefeldes bezeichnet, die ihrerseits mit der geometrischen Abplattung der Erdfigur (Äquatorwulst, Approximation der Erdfigur als oblates Spheroid) korrespondiert.[11]

Sortiert man die Terme hinsichtlich ihrer Art (zonal, tesseral/sektoriell), Größenordnung und einer Frequenzabhängigkeit, so kann man etwa unter Verwendung von Hill-Variablen schreiben[12]

$$\begin{aligned} V_\oplus(\mathcal{H}) = \frac{\mu_\oplus}{r} &+ \frac{\mu_\oplus}{r}\left(\frac{a_\oplus}{r}\right)^2 c_{20} F_{201}(i) + 2\,\frac{\mu_\oplus}{r}\left(\frac{a_\oplus}{r}\right)^2 c_{20} F_{202}(i) \cos 2u + \\ &+ \frac{\mu_\oplus}{r} \sum_{p=2}^{N/2} \left(\frac{a_\oplus}{r}\right)^{2p} c_{(2p)0} F_{(2p)0p}(i) + \\ &+ 2\frac{\mu_\oplus}{r} \sum_{p=2}^{N/2} \left(\frac{a_\oplus}{r}\right)^{2p} c_{(2p)0} \sum_{s=1}^{p} F_{(2p)0(p+s)}(i) \cos 2su + \\ &+ 2\frac{\mu_\oplus}{r} \left(\frac{a_\oplus}{r}\right)^3 c_{30} \Big[F_{301}(i) \sin u + F_{300}(i) \sin 3u\Big] + \\ &+ 2\frac{\mu_\oplus}{r} \sum_{p=2}^{N/2-1} \left(\frac{a_\oplus}{r}\right)^{2p+1} c_{(2p+1)0} \sum_{s=0}^{p} F_{(2p+1)0(p-s)}(i) \sin(2s+1)u + \\ &+ \frac{\mu_\oplus}{r} \sum_{n=2}^{N} \sum_{m=1}^{n} \sum_{p=0}^{n} \left(\frac{a_\oplus}{r}\right)^n F_{nmp}(i)\, K_{nmp}(\Omega, u, \Theta). \end{aligned} \tag{2.36}$$

Als *klassisches Hauptproblem* der Satellitengeodäsie wird nachfolgend die Satellitenbahnberechnung ausschließlich unter Berücksichtigung von c_{20} bezeichnet. Es werden vorerst also keine weiteren gravitativen oder nichtgravitativen Störungen hinzugenommen. Die Bewegungsgleichung lautet demnach

$$m\ddot{\mathbf{r}} + m\nabla_{\mathbf{r}} V_{\oplus 20}(\mathbf{r}) = \mathbf{0}. \tag{2.37}$$

In Kugelkoordinaten folgt

$$V_{\oplus 20}(r, \theta) = \frac{\mu_\oplus}{r} + \frac{\mu_\oplus}{r}\left(\frac{a_\oplus}{r}\right)^2 P_2(\cos\theta)\, c_{20} = \frac{\mu_\oplus}{r}\left[1 + \left(\frac{a_\oplus}{r}\right)^2 c_{20} \left(\tfrac{3}{2}\cos^2\theta - \tfrac{1}{2}\right)\right]. \tag{2.38}$$

Bei Verwendung von Kepler-Variablen muss ein Teilpotential gegebenen Grades und gegebener Ordnung in Form einer unendlichen Reihe dargestellt werden, wegen $q \in (-\infty, \infty)$ in (2.30). In der praktischen Anwendung wählt man i. d. R. $q = -2, -1, 0, 1, 2$, wenn die Satellitenbahn nahezu kreisförmig ist. Bei höherer Exzentrizität ist der Definitionsbereich von q entsprechend auszuweiten.[13] So erhält man z. B.

$$V_{\oplus 20}(\mathcal{K}) = \frac{\mu_\oplus}{r} + \frac{\mu_\oplus}{a}\left(\frac{a_\oplus}{a}\right)^2 \sum_{p=0}^{2} F_{20p} \sum_{q=-2}^{2} G_{2pq}(e)\, S_{20pq}(\omega, M), \tag{2.39}$$

wobei wegen $s_{20} = 0$ gilt

$$S_{20pq}(\omega, M) = c_{20} \cos\big((2-2p)\,\omega + (2-2p+q)\,M\big). \tag{2.40}$$

[11] Die Zusammenhänge zwischen *geometrischer*, *dynamischer* und *Schwereabplattung* werden u. a. bei Torge [50] beschrieben. Der Begriff *dynamische Abplattung* kann jedoch durchaus hinterfragt werden und müsste nach einer präziseren Zuordnung physikalischer Ursachen (Drehimpulsbilanz vs Impulsbilanz) durch einen Begriff der ***statischen Abplattung*** ersetzt werden. Letztere Bezeichnung sollte beim Erdkörper Anwendung finden, erstere dagegen z. B. für reine Kreiselgleichungen reserviert bleiben (Schneider [41], [46]).

[12] in der Praxis wird die Summe bis zu einem maximalen Grad $N = n_{\max}$ ausgeführt; Herleitung der Auftrennung in Mai [26]

[13] die Exzentrizitätsfunktionen $G_{npq}(e)$ sind jeweils Polynome in e

Die Inklinationsfunktionen sind explizit oder rekursiv berechenbar und z. B. bei Kaula [22] ansatzweise vertafelt; ähnliches gilt für die Exzentrizitätsfunktionen.[14] Für die in (2.39) benötigten Funktionen gilt

$$F_{200}(i) = F_{202}(i) = -\tfrac{3}{8}\sin^2 i, \quad F_{201}(i) = \tfrac{3}{4}\sin^2 i - \tfrac{1}{2} \tag{2.41}$$

und unter Ausnutzung der (Symmetrie-) Eigenschaften $G_{n,0,-n}(e) = G_{nnn}(e) = 0$ bzw. $G_{n,n-p,-q}(e) = G_{npq}(e)$

$$\begin{aligned}
G_{20-2}(e) = G_{222}(e) &= 0,\\
G_{20-1}(e) = G_{221}(e) &= -\tfrac{1}{2}e + \tfrac{1}{16}e^3 - \tfrac{5}{384}e^5 \pm \cdots,\\
G_{200}(e) = G_{220}(e) &= 1 - \tfrac{5}{2}e^2 + \tfrac{13}{16}e^4 \mp \cdots,\\
G_{201}(e) = G_{22-1}(e) &= \tfrac{7}{2}e - \tfrac{123}{16}e^3 + \tfrac{489}{128}e^5 \mp \cdots,\\
G_{202}(e) = G_{22-2}(e) &= \tfrac{17}{2}e^2 - \tfrac{115}{6}e^4 \pm \cdots,\\
G_{21-2}(e) = G_{212}(e) &= \tfrac{9}{4}e^2 + \tfrac{7}{4}e^4 + \cdots,\\
G_{21-1}(e) = G_{211}(e) &= \tfrac{3}{2}e + \tfrac{27}{16}e^3 + \tfrac{261}{128}e^5 + \cdots,\\
G_{210}(e) &= \left(1 - e^2\right)^{-3/2} = 1 + \tfrac{3}{2}e^2 + \tfrac{15}{8}e^4 + \cdots.
\end{aligned} \tag{2.42}$$

Einsetzen von (2.41) und (2.42) in (2.43) liefert unter Verwendung von Termen bis zur Ordnung $O(e^2)$ dann[15]

$$\begin{aligned}
V_{\oplus 20}(\mathcal{K}) = \frac{\mu_\oplus}{r} + \frac{\mu_\oplus}{a}\left(\frac{a_\oplus}{a}\right)^2 c_{20}\Big[&\left(\tfrac{3}{4}\sin^2 i - \tfrac{1}{2}\right)\left(1 + \tfrac{3}{2}e^2 + 3e\cos M + \tfrac{9}{2}e^2\cos 2M\right) + \\
+\tfrac{3}{4}\sin^2 i\,&\left(\tfrac{1}{2}e\cos(2\omega + M) - \left(1 - \tfrac{5}{2}e^2\right)\cos(2\omega + 2M) - \tfrac{7}{2}e\cos(2\omega + 3M) - \tfrac{17}{2}e^2\cos(2\omega + 4M)\right)\Big].
\end{aligned} \tag{2.43}$$

Die umständliche Reihenentwicklung in e wird vermieden, wenn Hill-Variablen Anwendung finden. Man erhält

$$V_{\oplus 20}(\mathcal{H}) = \frac{\mu_\oplus}{r} + \frac{\mu_\oplus}{r}\left(\frac{a_\oplus}{r}\right)^2 \left(F_{200}(i)K_{200}(u) + F_{201}(i)K_{201}(u) + F_{202}(i)K_{202}(u)\right). \tag{2.44}$$

Unter Ausnutzung von (2.41) und

$$K_{20p}(u) = c_{20}\cos(2 - 2p)\,u \tag{2.45}$$

folgt

$$V_{\oplus 20}(\mathcal{H}) = \frac{\mu_\oplus}{r}\left[1 + \left(\frac{a_\oplus}{r}\right)^2 c_{20}\left(\tfrac{3}{4}\sin^2 i\,(1 - \cos 2u) - \tfrac{1}{2}\right)\right]. \tag{2.46}$$

Das Ergebnis (2.46) ist konsistent mit (2.36), entnommen aus Mai [26], und die Struktur ist ähnlich zu derjenigen unter Verwendung von Kugelkoordinaten. Man bekommt mit

$$V_{\oplus 20}(\mathcal{H}) = \frac{\mu_\oplus}{r}\left[1 + \left(\frac{a_\oplus}{r}\right)^2 c_{20}\left(\tfrac{3}{2}\sin^2 i\,\sin^2 u - \tfrac{1}{2}\right)\right] \tag{2.47}$$

und der aus sphärischer Trigonometrie bekannten Beziehung $\cos\theta = \sin i \sin u$ unmittelbar die Beziehung (2.38). Die Herleitung des Störpotentials in kartesischen Koordinaten erscheint zunächst sehr umständlich (siehe Formel von MacCullagh). Die Entsprechung des c_{20}-Terms erhält man jedoch sehr einfach und schnell, wenn in (2.38) die Kugelkoordinate θ einfach mittels der Transformationsformel $z = r\cos\theta \Leftrightarrow \cos\theta = z/r$ ersetzt wird, also

$$V_{\oplus 20}(\mathcal{C}) = \frac{\mu_\oplus}{r}\left[1 + \left(\frac{a_\oplus}{r}\right)^2 c_{20}\left(\frac{3}{2}\frac{z^2}{r^2} - \frac{1}{2}\right)\right] \quad \text{mit} \quad r = \sqrt{x^2 + y^2 + z^2}. \tag{2.48}$$

Das klassische Hauptproblem ist nun nach dem Ansatz (2.37) mit den variablensatzabhängigen Formulierungen (2.38), (2.43), (2.46) und (2.48) für $V_{\oplus 20}$ jeweils wohldefiniert. Nachfolgend soll zur Lösung des Bewegungsproblems ein numerisches Integrationsverfahren, basierend auf der Liereihen-Entwicklung, herangezogen werden. Die Verwendung eines kanonischen Variablensatzes ist hierfür nicht zwingend erforderlich. Gleichwohl werden von den oben genannten Variablensätzen nachfolgend nur noch die kartesischen Koordinaten, Hill-Variablen und Kugelkoordinaten berücksichtigt.

[14] eine Zusammenstellung der Formeln und ausführlichere Tafeln für die $G_{npq}(e)$ findet man bei Mai [26] im Anhang B

[15] Zu beachten ist, dass einige Terme höherer Ordnung bezüglich e in den $G_{npq}(e)$ durchaus Vorfaktoren $c > 1$ aufweisen, die die zugrunde liegende Ordnungsrelation der Reihenentwicklung verletzen können, d. h. $O(ce^k) \neq O(e^k)$. Dies gilt insbesondere bei Verwendung nominal moderater bis hoher Exzentrizitätswerte e.

2.2 Lösungsverfahren

2.2.1 Allgemeiner Liereihen-Ansatz

Der grundlegende Ansatz wurde bereits in Mai und Lelgemann [27] bzw. Mai [29] am Beispiel eindimensionaler Bewegungsprobleme vorgestellt. Er wird hier auf dreidimensionale Problemstellungen erweitert.

Die Lösung von (2.7) erhält man in Form einer Reihenentwicklung

$$\mathbf{x}(t_0 + \Delta t) = \sum_{k=0}^{\infty} \frac{\Delta t^k}{k!} \mathbf{f}_k\big|_{t_0}, \qquad \mathbf{p}(t_0 + \Delta t) = \sum_{k=0}^{\infty} \frac{\Delta t^k}{k!} \mathbf{g}_k\big|_{t_0} \tag{2.49}$$

für eine gegebene Schrittweite Δt, wobei t_0 die Startstelle der unabhängigen Variable t ist. Die zugehörigen Startwerte $\mathbf{x}_0$ und $\dot{\mathbf{x}}_0$ müssen ebenfalls gegeben sein. Aus t_0 und $\dot{\mathbf{x}}_0$ lässt sich nach (2.8) der Wert $\mathbf{p}_0$ berechnen. Diese Transformation kann ebenfalls verwendet werden, um bei Bedarf die Lösung für $\dot{\mathbf{x}}(t)$ aus der zweiten Gleichung in (2.49) in Form einer Reihe zu berechnen.

Die Funktionen $\mathbf{f}_k$ bzw. $\mathbf{g}_k$ berechnet man durch Bildung der Poisson-Klammern (Anhang B.5), erweitert um die Bildung der partiellen Ableitungen nach t (dies entspricht dem Übergang in einen erweiterten Phasenraum):

$$\begin{aligned} \mathbf{f}_{k+1} &= \frac{\partial \mathbf{f}_k}{\partial t} + \{\mathbf{f}_k, F\} := \frac{\partial \mathbf{f}_k}{\partial t} + \frac{\partial \mathbf{f}_k}{\partial \mathbf{x}}\frac{\partial F}{\partial \mathbf{p}} - \frac{\partial \mathbf{f}_k}{\partial \mathbf{p}}\frac{\partial F}{\partial \mathbf{x}}, \\ \mathbf{g}_{k+1} &= \frac{\partial \mathbf{g}_k}{\partial t} + \{\mathbf{g}_k, F\} := \frac{\partial \mathbf{g}_k}{\partial t} + \frac{\partial \mathbf{g}_k}{\partial \mathbf{x}}\frac{\partial F}{\partial \mathbf{p}} - \frac{\partial \mathbf{g}_k}{\partial \mathbf{p}}\frac{\partial F}{\partial \mathbf{x}} \end{aligned} \tag{2.50}$$

mit $\mathbf{f}_0 := \mathbf{x}$ und $\mathbf{g}_0 := \mathbf{p}$.

Für die partiellen Ableitungen gilt in Matrizenschreibweise für $\boldsymbol{\xi}_k = \mathbf{f}_k$ bzw. $\boldsymbol{\xi}_k = \mathbf{g}_k$ und $\boldsymbol{\eta} = \mathbf{x}$ bzw. $\boldsymbol{\eta} = \mathbf{p}$

$$\frac{\partial \boldsymbol{\xi}_k}{\partial t} = \begin{bmatrix} \partial\xi_{k_1}/\partial t \\ \partial\xi_{k_2}/\partial t \\ \partial\xi_{k_3}/\partial t \end{bmatrix}, \quad \frac{\partial F}{\partial \boldsymbol{\eta}} = \begin{bmatrix} \partial F/\partial\eta_1 \\ \partial F/\partial\eta_2 \\ \partial F/\partial\eta_3 \end{bmatrix}, \quad \frac{\partial \boldsymbol{\xi}_k}{\partial \boldsymbol{\eta}} = \begin{bmatrix} \partial\xi_{k_1}/\partial\eta_1 & \partial\xi_{k_1}/\partial\eta_2 & \partial\xi_{k_1}/\partial\eta_3 \\ \partial\xi_{k_2}/\partial\eta_1 & \partial\xi_{k_2}/\partial\eta_2 & \partial\xi_{k_2}/\partial\eta_3 \\ \partial\xi_{k_3}/\partial\eta_1 & \partial\xi_{k_3}/\partial\eta_2 & \partial\xi_{k_3}/\partial\eta_3 \end{bmatrix}. \tag{2.51}$$

2.2.2 Spezialfall Keplerproblem

2.2.2.1 Liereihen-Ansatz und Lösung in kartesischen Koordinaten

Der im Abschnitt 2.2.1 vorgestellte Ansatz wird zuerst auf das Keplerproblem (2.26) angewendet, d. h.

$$F = \frac{1}{2m}\mathbf{p}^T\mathbf{p} - m\frac{\mu_\oplus}{r}, \tag{2.52}$$

so dass $\partial F/\partial t \equiv 0$ in (2.50). Mit[16] $\mathbf{x}||\mathbf{r}$ und $\mathbf{p} = m\dot{\mathbf{r}} = m\mathbf{v}$ gilt $\mathbf{f}_0 = \mathbf{r}$, $\mathbf{g}_0 = \mathbf{p}$ und für die höheren Terme

$$\mathbf{f}_k = \frac{1}{m}\mathbf{g}_{k-1}, \quad \text{bzw.} \quad \mathbf{g}_k = m\mathbf{f}_{k+1} \quad \text{für} \quad k = 1, 2, \ldots. \tag{2.53}$$

Die ersten $\mathbf{f}_k$ erhält man zu

$$\begin{aligned} \mathbf{f}_1 &= +\frac{1}{m}\mathbf{p}, \\ \mathbf{f}_2 &= -\frac{\mu_\oplus}{r^3}\mathbf{r}, \\ \mathbf{f}_3 &= +3\frac{\mu_\oplus}{r^5}\mathbf{r}\mathbf{r}^T\frac{1}{m}\mathbf{p} - \frac{\mu_\oplus}{r^3}\frac{1}{m}\mathbf{p}, \\ \mathbf{f}_4 &= -3\frac{\mu_\oplus}{r^5}\frac{1}{m^2}\left(\frac{5}{r^2}(\mathbf{r}^T\mathbf{p})^2\mathbf{r} - (\mathbf{p}^T\mathbf{p})\mathbf{r} - 2(\mathbf{r}^T\mathbf{p})\mathbf{p}\right) - 2\left(\frac{\mu_\oplus}{r^3}\right)^2\mathbf{r}, \\ \mathbf{f}_5 &= +3\frac{\mu_\oplus}{r^7}\frac{1}{m^3}\left(\frac{35}{r^2}(\mathbf{r}^T\mathbf{p})^3\mathbf{r} - 15(\mathbf{r}^T\mathbf{p})(\mathbf{p}^T\mathbf{p})\mathbf{r} - 15(\mathbf{r}^T\mathbf{p})^2\mathbf{p} + 3r^2(\mathbf{p}^T\mathbf{p})\mathbf{p}\right) + 2\left(\frac{\mu_\oplus}{r^3}\right)^2\frac{1}{m}\left(\frac{15}{r^2}(\mathbf{r}^T\mathbf{p})\mathbf{r} - 4\mathbf{p}\right), \\ &\vdots \end{aligned} \tag{2.54}$$

Unter Beachtung von (2.53), $\mathbf{v} = \frac{1}{m}\mathbf{p}$ und damit

$$\mathbf{v}(t_0 + \Delta t) = \sum_{k=0}^{\infty} \frac{\Delta t^k}{k!}\mathbf{f}_{k+1}\big|_{t_0} \tag{2.55}$$

[16] || steht für „wird ersetzt durch“

folgt schließlich

$$\mathbf{r}(t_0+\Delta t) = \mathbf{r}_0 + \mathbf{v}_0\Delta t - \frac{1}{2}\frac{\mu_\oplus}{r_0^3}\,\mathbf{r}_0\Delta t^2 - \frac{1}{6}\frac{\mu_\oplus}{r_0^3}\Big(\boldsymbol{I}_3 - \frac{3}{r_0^2}\,\mathbf{r}_0\mathbf{r}_0^T\Big)\mathbf{v}_0\Delta t^3 -$$
$$-\frac{1}{24}\bigg(3\frac{\mu_\oplus}{r_0^5}\Big(\frac{5}{r_0^2}\big(\mathbf{r}_0^T\mathbf{v}_0\big)^2\mathbf{r}_0 - v_0^2\mathbf{r}_0 - 2\big(\mathbf{r}_0^T\mathbf{v}_0\big)\mathbf{v}_0\Big) + 2\Big(\frac{\mu_\oplus}{r_0^3}\Big)^2\mathbf{r}_0\bigg)\Delta t^4 +$$
$$+\frac{1}{120}\bigg(3\frac{\mu_\oplus}{r_0^7}\Big(\frac{35}{r_0^2}\big(\mathbf{r}_0^T\mathbf{v}_0\big)^3\mathbf{r}_0 - 15\big(\mathbf{r}_0^T\mathbf{v}_0\big)v_0^2\mathbf{r}_0 - 15\big(\mathbf{r}_0^T\mathbf{v}_0\big)^2\mathbf{v}_0 + 3r_0^2v_0^2\mathbf{v}_0\Big) + 2\Big(\frac{\mu_\oplus}{r_0^3}\Big)^2\Big(\frac{15}{r_0^2}\big(\mathbf{r}_0^T\mathbf{v}_0\big)\mathbf{r}_0 - 4\mathbf{v}_0\Big)\bigg)\Delta t^5 + \cdots \tag{2.56}$$

und

$$\mathbf{v}(t_0+\Delta t) = \mathbf{v}_0 - \frac{\mu_\oplus}{r_0^3}\,\mathbf{r}_0\Delta t - \frac{1}{2}\frac{\mu_\oplus}{r_0^3}\Big(\boldsymbol{I}_3 - \frac{3}{r_0^2}\,\mathbf{r}_0\mathbf{r}_0^T\Big)\mathbf{v}_0\Delta t^2 -$$
$$-\frac{1}{6}\bigg(3\frac{\mu_\oplus}{r_0^5}\Big(\frac{5}{r_0^2}\big(\mathbf{r}_0^T\mathbf{v}_0\big)^2\mathbf{r}_0 - v_0^2\mathbf{r}_0 - 2\big(\mathbf{r}_0^T\mathbf{v}_0\big)\mathbf{v}_0\Big) + 2\Big(\frac{\mu_\oplus}{r_0^3}\Big)^2\mathbf{r}_0\bigg)\Delta t^3 +$$
$$+\frac{1}{24}\bigg(3\frac{\mu_\oplus}{r_0^7}\Big(\frac{35}{r_0^2}\big(\mathbf{r}_0^T\mathbf{v}_0\big)^3\mathbf{r}_0 - 15\big(\mathbf{r}_0^T\mathbf{v}_0\big)v_0^2\mathbf{r}_0 - 15\big(\mathbf{r}_0^T\mathbf{v}_0\big)^2\mathbf{v}_0 + 3r_0^2v_0^2\mathbf{v}_0\Big) + 2\Big(\frac{\mu_\oplus}{r_0^3}\Big)^2\Big(\frac{15}{r_0^2}\big(\mathbf{r}_0^T\mathbf{v}_0\big)\mathbf{r}_0 - 4\mathbf{v}_0\Big)\bigg)\Delta t^4 + \cdots, \tag{2.57}$$

worin $\boldsymbol{I}_3$ jeweils eine 3×3-Einheitsmatrix (*Identity matrix*) darstellt.

(2.56) und (2.57) gelten für die Propagierung des Zustandsvektors $\mathbf{z}_0$ von einer Epoche t_0 zur Epoche $t_0+\Delta t$ in einem *Einzelschritt* mit der Schrittweite Δt. Im praktischen Teil (Kapitel 3) werden anhand von Beispielrechnungen die Einzelschrittgenauigkeit und das Aneinanderfügen von Einzelschritten zu längeren Bahnbögen diskutiert. Die nachfolgenden Abschnitte geben prinzipielle Möglichkeiten zur Rechenkontrolle an.

2.2.2.2 Liereihen-Ansatz und Lösung in Hill-Variablen

Der im Abschnitt 2.2.1 vorgestellte Ansatz wird nochmals auf das Keplerproblem (2.26) angewendet, nunmehr unter Verwendung von Hill-Variablen. Im Folgenden wird für die (o. B. d. A. massebefreite) Hamilton-Funktion und für die Poissonklammern die bei Cui [8], [10] gebräuchliche Vorzeichenkonvention übernommen[17], so dass

$$F = \frac{\mu_\oplus}{r} - \frac{1}{2}\Big(\dot r^2 + \frac{G^2}{r^2}\Big) \tag{2.58}$$

und somit wieder $\partial F/\partial t \equiv 0$ in (2.50) folgt. Mit den Koordinaten $\mathbf{x}||(r,u,\Omega)^T$ und Impulsen $\mathbf{p}||(\dot r,G,H)^T$ gilt

$$\mathbf{f}_0 = \begin{bmatrix} r\\ u\\ \Omega\end{bmatrix}, \qquad \mathbf{g}_0 = \begin{bmatrix}\dot r\\ G\\ H\end{bmatrix} \tag{2.59}$$

und für $k \geq 0$

$$\begin{aligned}\mathbf{f}_{k+1} &= \{\mathbf{f}_k, F\} = \frac{\partial\,\mathbf{f}_k}{\partial(\dot r,G,H)}\frac{\partial F}{\partial(r,u,\Omega)} - \frac{\partial\,\mathbf{f}_k}{\partial(r,u,\Omega)}\frac{\partial F}{\partial(\dot r,G,H)},\\ \mathbf{g}_{k+1} &= \{\mathbf{g}_k, F\} = \frac{\partial\,\mathbf{g}_k}{\partial(\dot r,G,H)}\frac{\partial F}{\partial(r,u,\Omega)} - \frac{\partial\,\mathbf{g}_k}{\partial(r,u,\Omega)}\frac{\partial F}{\partial(\dot r,G,H)}.\end{aligned} \tag{2.60}$$

Mit $F = F(\dot r, G, r)$ erhält man

$$\frac{\partial F}{\partial(r,u,\Omega)} = \begin{bmatrix}\dfrac{G^2}{r^3} - \dfrac{\mu_\oplus}{r^2}\\ 0\\ 0\end{bmatrix}, \qquad \frac{\partial F}{\partial(\dot r,G,H)} = -\begin{bmatrix}\dot r\\ \dfrac{G}{r^2}\\ 0\end{bmatrix}. \tag{2.61}$$

Wegen

$$\frac{\partial\,\mathbf{f}_0}{\partial(\dot r,G,H)} = \begin{bmatrix}0&0&0\\0&0&0\\0&0&0\end{bmatrix} =: \mathbf{0}_3 \quad\text{und}\quad \frac{\partial\,\mathbf{f}_0}{\partial(r,u,\Omega)} = \begin{bmatrix}1&0&0\\0&1&0\\0&0&1\end{bmatrix} =: \boldsymbol{I}_3 \tag{2.62}$$

[17] diese ist auch sonst in der Himmelsmechanik üblich; die vornehmlich in der Physik verbreitete gegenteilige Vorzeichenwahl ist lediglich einer kanonischen Austauschtransformation der kanonischen Variablen geschuldet (Schneider [46])

folgt unmittelbar

$$\mathbf{f}_1 = -\frac{\partial F}{\partial(\dot{r}, G, H)} = \begin{bmatrix} \dot{r} \\ \frac{G}{r^2} \\ 0 \end{bmatrix}. \tag{2.63}$$

Analog ergibt sich wegen

$$\frac{\partial \mathbf{g}_0}{\partial(\dot{r}, G, H)} = \begin{bmatrix} 1 & 0 & 0 \\ 0 & 1 & 0 \\ 0 & 0 & 1 \end{bmatrix} = \boldsymbol{I}_3 \quad \text{und} \quad \frac{\partial \mathbf{g}_0}{\partial(r, u, \Omega)} = \begin{bmatrix} 0 & 0 & 0 \\ 0 & 0 & 0 \\ 0 & 0 & 0 \end{bmatrix} = \mathbf{0}_3 \tag{2.64}$$

ebenfalls unmittelbar

$$\mathbf{g}_1 = \frac{\partial F}{\partial(r, u, \Omega)} = \begin{bmatrix} -\frac{\mu_\oplus}{r^2} + \frac{G^2}{r^3} \\ 0 \\ 0 \end{bmatrix}. \tag{2.65}$$

Die Ableitungen $\mathbf{f}_{k\geq 2}$ bzw. $\mathbf{g}_{k\geq 2}$ erfordern sukzessive mehr Rechenaufwand; sie sind jedoch prinzipiell auch für höhere k-Werte bestimmbar.[18] Man erhält z. B.

$$\frac{\partial \mathbf{f}_1}{\partial(\dot{r}, G, H)} = \begin{bmatrix} 1 & 0 & 0 \\ 0 & \frac{1}{r^2} & 0 \\ 0 & 0 & 0 \end{bmatrix}, \quad \frac{\partial \mathbf{f}_1}{\partial(r, u, \Omega)} = \begin{bmatrix} 0 & 0 & 0 \\ -\frac{2G}{r^3} & 0 & 0 \\ 0 & 0 & 0 \end{bmatrix} \quad \rightarrow \mathbf{f}_2 = \begin{bmatrix} -\frac{\mu_\oplus}{r^2} + \frac{G^2}{r^3} \\ -\frac{2G\dot{r}}{r^3} \\ 0 \end{bmatrix},$$

$$\frac{\partial \mathbf{f}_2}{\partial(\dot{r}, G, H)} = \begin{bmatrix} 0 & \frac{2G}{r^3} & 0 \\ -\frac{2G}{r^3} & -\frac{2\dot{r}}{r^3} & 0 \\ 0 & 0 & 0 \end{bmatrix}, \quad \frac{\partial \mathbf{f}_2}{\partial(r, u, \Omega)} = \begin{bmatrix} \frac{2\mu_\oplus}{r^3} - \frac{3G^2}{r^4} & 0 & 0 \\ \frac{6G\dot{r}}{r^4} & 0 & 0 \\ 0 & 0 & 0 \end{bmatrix} \quad \rightarrow \mathbf{f}_3 = \begin{bmatrix} \left(\frac{2\mu_\oplus}{r^2} - \frac{3G^2}{r^3}\right)\frac{\dot{r}}{r} \\ \left(\frac{\mu_\oplus}{r^2} - \frac{G^2}{r^3} + \frac{3\dot{r}^2}{r}\right)\frac{2G}{r^3} \\ 0 \end{bmatrix},$$

$$\vdots \qquad\qquad \vdots \qquad\qquad \vdots$$

bzw.

$$\frac{\partial \mathbf{g}_1}{\partial(\dot{r}, G, H)} = \begin{bmatrix} 0 & \frac{2G}{r^3} & 0 \\ 0 & 0 & 0 \\ 0 & 0 & 0 \end{bmatrix}, \quad \frac{\partial \mathbf{g}_1}{\partial(r, u, \Omega)} = \begin{bmatrix} \left(\frac{2\mu_\oplus}{r^2} - \frac{3G^2}{r^3}\right)\frac{1}{r} & 0 & 0 \\ 0 & 0 & 0 \\ 0 & 0 & 0 \end{bmatrix} \quad \rightarrow \mathbf{g}_2 = \begin{bmatrix} \left(\frac{2\mu_\oplus}{r^2} - \frac{3G^2}{r^3}\right)\frac{\dot{r}}{r} \\ 0 \\ 0 \end{bmatrix},$$

$$\frac{\partial \mathbf{g}_2}{\partial(\dot{r}, G, H)} = \begin{bmatrix} \left(\frac{2\mu_\oplus}{r^2} - \frac{3G^2}{r^3}\right)\frac{1}{r} & -\frac{6G\dot{r}}{r^4} & 0 \\ 0 & 0 & 0 \\ 0 & 0 & 0 \end{bmatrix}, \quad \frac{\partial \mathbf{g}_2}{\partial(r, u, \Omega)} = \begin{bmatrix} -\left(\frac{\mu_\oplus}{r^2} - \frac{2G^2}{r^3}\right)\frac{6\dot{r}}{r^2} & 0 & 0 \\ 0 & 0 & 0 \\ 0 & 0 & 0 \end{bmatrix} \rightarrow$$

$$\vdots \qquad\qquad \vdots$$

$$\mathbf{g}_3 = \begin{bmatrix} -\left(\frac{2\mu_\oplus}{r^2} - \frac{3G^2}{r^3}\right)\left(\frac{\mu_\oplus}{r^2} - \frac{G^2}{r^3}\right)\frac{1}{r} - \left(\frac{\mu_\oplus}{r^2} - \frac{2G^2}{r^3}\right)\frac{6\dot{r}^2}{r^2} \\ 0 \\ 0 \end{bmatrix},$$

$$\vdots$$

Die vielen Nullelemente in den auftretenden Matrizen und Vektoren führen unmittelbar auf

$$G(t_0 + \Delta t) = G_0, \qquad H(t_0 + \Delta t) = H_0, \qquad \Omega(t_0 + \Delta t) = \Omega_0. \tag{2.66}$$

Diese Größen, welche den Bahndrehimpulsvektor und die Lage des aufsteigenden Bahnknotens repräsentieren, sind im Keplerproblem demzufolge zeitlich invariant - wie aus der Satellitenbahntheorie hinlänglich bekannt (s. § 2.2.2.5).

Desweiteren zeigt sich, dass

$$f^r_{k+1} = g^{\dot{r}}_k \qquad \text{bzw.} \qquad (k+1)\tilde{f}^r_{k+1} = \tilde{g}^{\dot{r}}_k \qquad \text{mit} \qquad \tilde{\mathbf{f}}_k := \frac{\mathbf{f}_k}{k!} \qquad \text{und} \qquad \tilde{\mathbf{g}}_k := \frac{\mathbf{g}_k}{k!} \tag{2.67}$$

[18] Wie stets bei solchen Formelentwicklungen ist die Überprüfung auf Verträglichkeit physikalischer Dimensionen sehr hilfreich.

gilt, wobei

$$\mathbf{f}_k = \begin{bmatrix} f_k^r \\ f_k^u \\ f_k^\Omega \end{bmatrix}, \quad \mathbf{g}_k = \begin{bmatrix} g_k^{\dot r} \\ g_k^G \\ g_k^H \end{bmatrix} \qquad \text{bzw.} \qquad \tilde{\mathbf{f}}_k = \begin{bmatrix} \tilde f_k^r \\ \tilde f_k^u \\ \tilde f_k^\Omega \end{bmatrix}, \quad \tilde{\mathbf{g}}_k = \begin{bmatrix} \tilde g_k^{\dot r} \\ \tilde g_k^G \\ \tilde g_k^H \end{bmatrix}. \tag{2.68}$$

Somit verbleibt in der Praxis lediglich die notwendige Berechnung von

$$\begin{aligned}
r(t_0 + \Delta t) &= \sum_{k=0}^{k_{\max}} \frac{f_k^r\big|_{t_0}}{k!} \Delta t^k =: \sum_{k=0}^{k_{\max}} \tilde f_k^r\Big|_{t_0} \Delta t^k , \\
u(t_0 + \Delta t) &= \sum_{k=0}^{k_{\max}} \frac{f_k^u\big|_{t_0}}{k!} \Delta t^k =: \sum_{k=0}^{k_{\max}} \tilde f_k^u\Big|_{t_0} \Delta t^k , \\
\dot r(t_0 + \Delta t) &= \sum_{k=0}^{k_{\max}} \frac{g_k^{\dot r}\big|_{t_0}}{k!} \Delta t^k =: \sum_{k=0}^{k_{\max}} \tilde g_k^{\dot r}\Big|_{t_0} \Delta t^k = \sum_{k=0}^{k_{\max}} (k+1) \tilde f_{k+1}^r\Big|_{t_0} \Delta t^k ,
\end{aligned} \tag{2.69}$$

also im wesentlichen die Bestimmung der f_k^r bzw. f_k^u für $k = 0, 1, \ldots, k_{\max} + 1$ bzw. $k = 0, 1, \ldots, k_{\max}$. So erhält man z. B. mit $k_{\max} = 9$ schliesslich

$$\begin{aligned}
\tilde f_0^r\Big|_{t_0} &= r_0 , \\
\tilde f_1^r\Big|_{t_0} &= \dot r_0 , \\
\tilde f_2^r\Big|_{t_0} &= \frac{1}{2r_0^3} \left(G_0^2 - \mu_\oplus r_0\right) , \\
\tilde f_3^r\Big|_{t_0} &= \frac{1}{6r_0^4} \left(-3G_0^2 + 2\mu_\oplus r_0\right) \dot r_0 , \\
\tilde f_4^r\Big|_{t_0} &= \frac{1}{24r_0^7} \left(-3G_0^4 + G_0^2 r_0 (5\mu_\oplus + 12 r_0 \dot r_0^2) - 2\mu_\oplus r_0^2 (\mu_\oplus + 3 r_0 \dot r_0^2)\right) , \\
\tilde f_5^r\Big|_{t_0} &= \frac{1}{120r_0^8} \left(45G_0^4 - 6G_0^2 r_0 (11\mu_\oplus + 10 r_0 \dot r_0^2) + 2\mu_\oplus r_0^2 (11\mu_\oplus + 12 r_0 \dot r_0^2)\right) \dot r_0 , \\
\tilde f_6^r\Big|_{t_0} &= \frac{1}{720r_0^{11}} \big(45G_0^6 - 3G_0^4 r_0 (37\mu_\oplus + 180 r_0 \dot r_0^2) + 2G_0^2 r_0^2 (44\mu_\oplus^2 + 357\mu_\oplus r_0 \dot r_0^2 + 180 r_0^2 \dot r_0^4) - \\
&\qquad - 2\mu_\oplus r_0^3 (11\mu_\oplus^2 + 102\mu_\oplus r_0 \dot r_0^2 + 60 r_0^2 \dot r_0^4)\big) , \\
\tilde f_7^r\Big|_{t_0} &= \frac{1}{5040r_0^{12}} \big(-1575G_0^6 + 18G_0^4 r_0 (201\mu_\oplus + 350 r_0 \dot r_0^2) - 36G_0^2 r_0^2 (73\mu_\oplus^2 + 212\mu_\oplus r_0 \dot r_0^2 + 70 r_0^2 \dot r_0^4) + \\
&\qquad + 4\mu_\oplus r_0^3 (146\mu_\oplus^2 + 477\mu_\oplus r_0 \dot r_0^2 + 180 r_0^2 \dot r_0^4)\big) \dot r_0 , \\
\tilde f_8^r\Big|_{t_0} &= \frac{1}{40320r_0^{15}} \big(-1575G_0^8 + 9G_0^6 r_0 (577\mu_\oplus + 4200 r_0 \dot r_0^2) - 18G_0^4 r_0^2 (347\mu_\oplus^2 + 4533\mu_\oplus r_0 \dot r_0^2 + 4200 r_0^2 \dot r_0^4) + \\
&\qquad + 4G_0^2 r_0^3 (803\mu_\oplus^3 + 13725\mu_\oplus^2 r_0 \dot r_0^2 + 21222\mu_\oplus r_0^2 \dot r_0^4 + 5040 r_0^3 \dot r_0^6) - \\
&\qquad - 4\mu_\oplus r_0^4 (146\mu_\oplus^3 + 2745\mu_\oplus^2 r_0 \dot r_0^2 + 4716\mu_\oplus r_0^2 \dot r_0^4 + 1260 r_0^3 \dot r_0^6)\big) , \\
\tilde f_9^r\Big|_{t_0} &= \frac{1}{362880r_0^{16}} \big(99225G_0^8 - 90G_0^6 r_0 (3461\mu_\oplus + 8820 r_0 \dot r_0^2) + 54G_0^4 r_0^2 (6559\mu_\oplus^2 + 30020\mu_\oplus r_0 \dot r_0^2 + 17640 r_0^2 \dot r_0^4) - \\
&\qquad - 12G_0^2 r_0^3 (14192\mu_\oplus^3 + 84909\mu_\oplus^2 r_0 \dot r_0^2 + 83340\mu_\oplus r_0^2 \dot r_0^4 + 15120 r_0^3 \dot r_0^6) + \\
&\qquad + 8\mu_\oplus r_0^4 (3548\mu_\oplus^3 + 23157\mu_\oplus^2 r_0 \dot r_0^2 + 25002\mu_\oplus r_0^2 \dot r_0^4 + 5040 r_0^3 \dot r_0^6)\big) \dot r_0 , \\
\tilde f_{10}^r\Big|_{t_0} &= \frac{1}{3628800r_0^{19}} \big(99225G_0^{10} - 45G_0^8 r_0 (9127\mu_\oplus + 88200 r_0 \dot r_0^2) + 18G_0^6 r_0^2 (36982\mu_\oplus^2 + 662055\mu_\oplus r_0 \dot r_0^2 + 882000 r_0^2 \dot r_0^4) - \\
&\qquad - 6G_0^4 r_0^3 (87415\mu_\oplus^3 + 2146428\mu_\oplus^2 r_0 \dot r_0^2 + 5139540\mu_\oplus r_0^2 \dot r_0^4 + 2116800 r_0^3 \dot r_0^6) + \\
&\qquad + 4G_0^2 r_0^4 (49672\mu_\oplus^4 + 1456611\mu_\oplus^3 r_0 \dot r_0^2 + 4556844\mu_\oplus^2 r_0^2 \dot r_0^4 + 3138300\mu_\oplus r_0^3 \dot r_0^6 + 453600 r_0^4 \dot r_0^8) - \\
&\qquad + 8\mu_\oplus r_0^5 (3548\mu_\oplus^4 + 112047\mu_\oplus^3 r_0 \dot r_0^2 + 379737\mu_\oplus^2 r_0^2 \dot r_0^4 + 285300\mu_\oplus r_0^3 \dot r_0^6 + 45360 r_0^4 \dot r_0^8)\big)
\end{aligned} \tag{2.70}$$

und

$$
\begin{aligned}
\tilde{f}_0^u\Big|_{t_0} &= u_0\,,\\
\tilde{f}_1^u\Big|_{t_0} &= \frac{1}{r_0^2}\,G_0\,,\\
\tilde{f}_2^u\Big|_{t_0} &= -\frac{1}{r_0^3}\,G_0\dot{r}_0\,,\\
\tilde{f}_3^u\Big|_{t_0} &= -\frac{1}{3r_0^6}\left(G_0^2 - r_0(\mu_\oplus + 3r_0\dot{r}_0^2)\right)G_0\,,\\
\tilde{f}_4^u\Big|_{t_0} &= \frac{1}{12r_0^7}\left(12G_0^2 - r_0(11\mu_\oplus + 12r_0\dot{r}_0^2)\right)G_0\dot{r}_0\,,\\
\tilde{f}_5^u\Big|_{t_0} &= \frac{1}{60r_0^{10}}\left(12G_0^4 - G_0^2r_0(23\mu_\oplus + 120r_0\dot{r}_0^2) + r_0^2(11\mu_\oplus^2 + 102\mu_\oplus r_0\dot{r}_0^2 + 60r_0^2\dot{r}_0^4)\right)G_0\,,\\
\tilde{f}_6^u\Big|_{t_0} &= -\frac{1}{360r_0^{11}}\left(360G_0^4 - 3G_0^2r_0(217\mu_\oplus + 400r_0\dot{r}_0^2) + 2r_0^2(146\mu_\oplus^2 + 477\mu_\oplus r_0\dot{r}_0^2 + 180r_0^2\dot{r}_0^4)\right)G_0\dot{r}_0\,,\\
\tilde{f}_7^u\Big|_{t_0} &= -\frac{1}{2520r_0^{14}}\left(360G_0^6 - 3G_0^4r_0(337\mu_\oplus + 2520r_0\dot{r}_0^2) + G_0^2r_0^2(943\mu_\oplus^2 + 12972\mu_\oplus r_0\dot{r}_0^2 + 12600r_0^2\dot{r}_0^4) -\right.\\
&\qquad \left. - 2r_0^3(\;146\mu_\oplus^3 +\; 2745\mu_\oplus^2 r_0\dot{r}_0^2 +\; 4716\mu_\oplus r_0^2\dot{r}_0^4 + 1260r_0^3\dot{r}_0^6)\right)G_0\,,\\
\tilde{f}_8^u\Big|_{t_0} &= \frac{1}{20160r_0^{15}}\left(20160G_0^6 - 9G_0^4r_0(6023\mu_\oplus + 15680r_0\dot{r}_0^2) + 60G_0^2r_0^2(804\mu_\oplus^2 + 3847\mu_\oplus r_0\dot{r}_0^2 + 2352r_0^2\dot{r}_0^4) -\right.\\
&\qquad \left. - 4r_0^3(3548\mu_\oplus^3 + 23157\mu_\oplus^2 r_0\dot{r}_0^2 + 25002\mu_\oplus r_0^2\dot{r}_0^4 + 5040r_0^3\dot{r}_0^6)\right)G_0\dot{r}_0\,,\\
\tilde{f}_9^u\Big|_{t_0} &= \frac{1}{181440r_0^{18}}\left(20160G_0^8 - 9G_0^6r_0(8263\mu_\oplus + 80640r_0\dot{r}_0^2) + 9G_0^4r_0^2(11383\mu_\oplus^2 + 208302\mu_\oplus r_0\dot{r}_0^2 + 282240r_0^2\dot{r}_0^4) -\right.\\
&\qquad - 8G_0^2r_0^3(7804\mu_\oplus^3 + 199683\mu_\oplus^2 r_0\dot{r}_0^2 + 496935\mu_\oplus r_0^2\dot{r}_0^4 + 211680r_0^3\dot{r}_0^6) +\\
&\qquad \left. + 4r_0^4(3548\mu_\oplus^4 + 112047\mu_\oplus^3 r_0\dot{r}_0^2 + 379737\mu_\oplus^2 r_0^2\dot{r}_0^4 + 285300\mu_\oplus r_0^3\dot{r}_0^6 + 45360r_0^4\dot{r}_0^8)\right)G_0\,.
\end{aligned}
\tag{2.71}
$$

Unter Verwendung von Hilfsmitteln wie z. B. Sloane und Plouffe [47] könnte es gelingen, diese Darstellungen in eine noch stärker komprimierte Form zu bringen; z. B.

$$
\tilde{f}_0^u\Big|_{t_0} = u_0, \qquad \tilde{f}_{k>0}^u\Big|_{t_0} = (-1)^{\mathrm{Int}[k/2]}\,\frac{G_0\,\dot{r}_0^{c_k}}{a_k\,r_0^{b_k}} \sum_{n=0(2)}^{n_{\max}} \alpha_n^{(k)} G_0^n (-r_0)^N \sum_{m=0}^{N} \beta_{n,m}^{(k)}\,\mu_\oplus^m\,r_0^{N-m}\,\dot{r}_0^{2(N-m)} \tag{2.72}
$$

mit den Koeffizienten

$\alpha_0^{(1)} = 1$	$\beta_{0,0}^{(1)} = 1$	$\alpha_0^{(6)} = 2$	$\beta_{0,0}^{(6)} = 180$	$\alpha_0^{(8)} = 4$	$\beta_{0,0}^{(8)} = 5040$	$\alpha_0^{(9)} = 4$	$\beta_{0,0}^{(9)} = 45360$
$\alpha_0^{(2)} = 1$	$\beta_{0,0}^{(2)} = 1$		$\beta_{0,1}^{(6)} = 477$		$\beta_{0,1}^{(8)} = 25002$		$\beta_{0,1}^{(9)} = 285300$
$\alpha_0^{(3)} = 1$	$\beta_{0,0}^{(3)} = 3$		$\beta_{0,2}^{(6)} = 146$		$\beta_{0,2}^{(8)} = 23157$		$\beta_{0,2}^{(9)} = 379737$
	$\beta_{0,1}^{(3)} = 1$	$\alpha_2^{(6)} = 3$	$\beta_{2,0}^{(6)} = 400$		$\beta_{0,3}^{(8)} = 3548$		$\beta_{0,3}^{(9)} = 112047$
$\alpha_2^{(3)} = 1$	$\beta_{2,0}^{(3)} = 1$		$\beta_{2,1}^{(6)} = 217$	$\alpha_2^{(8)} = 60$	$\beta_{2,0}^{(8)} = 2352$		$\beta_{0,4}^{(9)} = 3548$
$\alpha_0^{(4)} = 1$	$\beta_{0,0}^{(4)} = 12$	$\alpha_4^{(6)} = 360$	$\beta_{4,0}^{(6)} = 1$		$\beta_{2,1}^{(8)} = 3847$	$\alpha_2^{(9)} = 8$	$\beta_{2,0}^{(9)} = 211680$
	$\beta_{0,1}^{(4)} = 11$	$\alpha_0^{(7)} = 2$	$\beta_{0,0}^{(7)} = 1260$		$\beta_{2,2}^{(8)} = 804$		$\beta_{2,1}^{(9)} = 496935$
$\alpha_2^{(4)} = 12$	$\beta_{2,0}^{(4)} = 1$		$\beta_{0,1}^{(7)} = 4716$	$\alpha_4^{(8)} = 9$	$\beta_{4,0}^{(8)} = 15680$		$\beta_{2,2}^{(9)} = 199683$
$v\alpha_0^{(5)} = 1$	$\beta_{0,0}^{(5)} = 60$		$\beta_{0,2}^{(7)} = 2745$		$\beta_{4,1}^{(8)} = 6023$		$\beta_{2,3}^{(9)} = 7804$
	$\beta_{0,1}^{(5)} = 102$		$\beta_{0,3}^{(7)} = 146$	$\alpha_6^{(8)} = 20160$	$\beta_{6,0}^{(8)} = 1$	$\alpha_4^{(9)} = 9$	$\beta_{4,0}^{(9)} = 282240$
	$\beta_{0,2}^{(5)} = 11$	$\alpha_2^{(7)} = 1$	$\beta_{2,0}^{(7)} = 12600$				$\beta_{4,1}^{(9)} = 208302$
$\alpha_2^{(5)} = 1$	$\beta_{2,0}^{(5)} = 120$		$\beta_{2,1}^{(7)} = 12972$				$\beta_{4,2}^{(9)} = 11383$
	$\beta_{2,1}^{(5)} = 23$		$\beta_{2,2}^{(7)} = 943$			$\alpha_6^{(9)} = 9$	$\beta_{6,0}^{(9)} = 80640$
$\alpha_4^{(5)} = 12$	$\beta_{4,0}^{(5)} = 1$	$\alpha_4^{(7)} = 3$	$\beta_{4,0}^{(7)} = 2520$				$\beta_{6,1}^{(9)} = 8263$
			$\beta_{4,1}^{(7)} = 337$			$\alpha_8^{(9)} = 20160$	$\beta_{8,0}^{(9)} = 1$
		$\alpha_6^{(7)} = 360$	$\beta_{6,0}^{(7)} = 1$				

und

$$a_k = \frac{k!}{2} \quad \text{für} \quad k \geq 2 \quad \text{und} \quad a_1 = 1 \qquad \text{oder} \qquad a_k = k\, a_{k-1} \quad \text{für} \quad k \geq 3 \quad \text{und} \quad a_1 = a_2 = 1\,,$$

$$b_k = 2k - \text{mod}[\,k-1, 2\,] \qquad \text{oder} \qquad b_k = \begin{cases} 2k & \text{für } k \text{ ungerade} \\ 2k-1 & \text{für } k \text{ gerade} \end{cases} \,,$$

$$c_k = \text{mod}[\,k-1, 2\,] \qquad \text{oder} \qquad c_k = \frac{1-(-1)^{k-1}}{2} \qquad \text{oder} \qquad c_k = \sin^2\Big((k-1)\frac{\pi}{2}\Big)\,,$$

$$n_{\max} = 2\,\text{Int}\left[\frac{k-1}{2}\right], \qquad N = \frac{n_{\max} - n}{2}\,.$$

Falls die Koeffizienten $\alpha_n^{(k)}$ und $\beta_{n,m}^{(k)}$ durch ein Bildungsgesetz darstellbar sein sollten[19], könnte $u(t_0 + \Delta t)$ eventuell durch eine geschlossene Formel ausgedrückt und die numerische Integration somit hinfällig werden. Die Schrittweite Δt wäre voraussichtlich beliebig wählbar (mit den üblichen Beschränkungen durch limitierte Rechenschärfe in der Praxis) und deshalb die Unterteilung eines längeren Bahnbogens in Einzelschritte unnötig. Letztlich erhielte man eine Formel für $u(t)$ in Abhängigkeit von den Startwerten in Hill-Variablen. Gleiches gilt für $r(t)$ und $\dot{r}(t)$.

Da das Bewegungsproblem später sukzessive durch Einbeziehung weiterer Kräfte verkompliziert wird, soll auf den Versuch, Endformeln stets auf geschlossene Formen zurückzuführen, hier von vornherein verzichtet werden.[20]

Die Lösung des Keplerproblems mittels Liereihen-Ansatz in Hill-Variablen wird im praktischen Teil dieser Arbeit von (2.66) und (2.69) bis (2.71) Gebrauch machen. Möglichkeiten analytischer Lösungen in der Satellitenbahntheorie unter Verwendung von Hill-Variablen werden u. a. in Cui [10], Mai [26] und Mai et al. [28] diskutiert.

2.2.2.3 Kontrollmöglichkeit: Vergleich zwischen Vorwärts- und Rückwärtsrechnung

Jeder Einzelschritt innerhalb einer numerischen Integration kann lokal kontrolliert werden, indem man die nach dem Einzelschritt erzielten Werte als Ausgangspunkt (Startwerte) für eine Rückrechnung dieses Einzelschritts verwendet. Zusätzlich muss die Schrittweite Δt mit einem negativen Vorzeichen versehen und ansonsten beibehalten werden. Die erzielte (lokale) Genauigkeit des Einzelschrittes ergibt sich dann aus dem Vergleich bzw. der Differenz zwischen den ursprünglichen Startwerten der Hinrechnung und den Endwerten der Rückrechnung, siehe z. B. Mai [27], [29].

Über den globalen Fehler gibt dieses Vorgehen allerdings keinerlei Auskunft. Hierzu können jedoch beispielsweise die beiden nachfolgend genannten Kontrollmöglichkeiten herangezogen werden.

2.2.2.4 Kontrollmöglichkeit: Geschlossene Lösung nach Stumpff

Stumpff [48], [49] schlägt zur Lösung des Keplerproblems vor, aus gegebenen Werten für

$$t_0, \quad \mathbf{r}(t = t_0) =: \mathbf{r}_0, \quad \dot{\mathbf{r}}(t = t_0) =: \dot{\mathbf{r}}_0 = \mathbf{v}_0, \tag{2.73}$$

d. h., aus den gegebenen (Start-)Werten für die Position und die Geschwindigkeit eines Satelliten bzw. dessen Zustandsvektor zu einer gegebenen Startepoche t_0

$$\mathbf{z}(t = t_0) =: \mathbf{z}_0 = \begin{bmatrix} \mathbf{r}_0 \\ \mathbf{v}_0 \end{bmatrix} \tag{2.74}$$

direkt den Zustandsvektor des Satelliten zu einer gewünschten Epoche t, also

$$\mathbf{z}(t) = \begin{bmatrix} \mathbf{r}(t) \\ \mathbf{v}(t) \end{bmatrix} \tag{2.75}$$

zu berechnen.[21]

[19] nicht alle Zusammenhänge sind dabei so offensichtlich wie $\beta_{n_{\max},0}^{(k)} = 1$

[20] im späteren Allgemeinfall würde sich erst recht keine geschlossene Form mehr finden lassen

[21] Oftmals wird zur (indirekten) Lösung dieses Problems der gegebene (Start-)Zustandsvektor $\mathbf{z}_0$ umgerechnet in Kepler-Elemente, d. h. $\mathcal{K}(t = t_0) =: \mathcal{K}_0 = (a_0, e_0, i_0, \Omega_0, \omega_0, M_0)^T$. Für das Keplerproblem ist in diesem Variablensatz M die einzig zeitlich variable Größe und die mittlere Anomalie M vermittelt die Position des Satelliten auf einer (Kepler-)Ellipse, relativ zu einem Bezugspunkt auf dieser Bahn (z. B. das Perigäum). Die Ellipse selbst ist hinsichtlich ihrer Größe (a), Form (e) und räumlichen Orientierung (i, Ω, ω) invariabel. Aus diesem Grunde muss nur mittels $M = n(t - t_0)$ und $n^2 a^3 = \mu_\oplus$ der Endwert für M berechnet werden, um $\mathcal{K}(t)$ zu erhalten; dann kann $\mathcal{K}(t) \rightarrow \mathcal{C}(t)$ bzw. $\mathbf{z}(t)$ über die bekannten Transformationsformeln erfolgen (siehe Mai [26]). Bei Stumpff [48] findet man auch die Nachteile dieses Vorgehens begründet.

Als Ansatz wird angenommen, dass $\mathbf{r}(t)$ bzw. $\mathbf{v}(t)$ mittels Linearkombinationen von $\mathbf{r}_0$ und $\mathbf{v}_0$ darstellbar sind[22]

$$\mathbf{r}(t) = F\mathbf{r}_0 + G\mathbf{v}_0, \qquad \mathbf{v}(t) = \dot{F}\mathbf{r}_0 + \dot{G}\mathbf{v}_0. \tag{2.76}$$

Die eigentliche Aufgabe besteht also in der Berechnung der Faktoren F, G, $\dot{F}$ und $\dot{G}$.[23] Nach den Vorbereitungen

$$\Delta t := t - t_0, \quad r_0 = |\mathbf{r}_0|, \quad v_0 = |\mathbf{v}_0| \tag{2.77}$$

werden zunächst einige Hilfsgrößen (bei Stumpff [48] als *lokale Invarianten* bezeichnet) aufgestellt:

$$\mu_0 := \frac{\mu_\oplus}{r_0^3}, \quad \xi_0 := \mu_0 \Delta t^2, \quad \rho_0 := \frac{\mu_\oplus}{r_0^2}\left(\frac{2}{r_0} - \frac{v_0^2}{\mu_\oplus}\right), \quad \chi_0 := \rho_0 \Delta t^2, \quad \varepsilon_0 := \frac{v_0^2}{r_0^2} - \frac{\mu_\oplus}{r_0^3}, \quad \zeta_0 := \varepsilon_0 \Delta t^2, \tag{2.78}$$

$$\sigma_0 := \frac{v_0}{r_0}\cos\angle(\mathbf{r}_0, \mathbf{v}_0) = \frac{\mathbf{r}_0^T\mathbf{v}_0}{r_0^2} = \frac{x_0\dot{x}_0 + y_0\dot{y}_0 + z_0\dot{z}_0}{r_0^2}, \quad \eta_0 := \sigma_0 \Delta t. \tag{2.79}$$

Als nächstes muss die so genannte *Hauptgleichung der Ephemeridenrechnung*

$$z + c_2(z)\,\eta_0 z^2 + c_3(z)\,\zeta_0 z^3 = 1 \tag{2.80}$$

gelöst werden. Da die Koeffizienten[24] dieser kubischen Gleichung in z nicht konstant sondern ihrerseits von z abhängig sind, bietet sich ein iteratives Verfahren zur Lösung an. Als Startwert kann $z_0 = 1$ verwendet werden. Die Größe z und damit auch die c-Funktionen stehen in einem funktionalen Zusammenhang mit $\lambda := E - E_0$ (λ steht hier somit *nicht* für die geographische Länge), also Werten der exzentrischen Anomalie E. So gilt z. B.

$$\lambda =: \sqrt{\rho_0}\, z\Delta t, \qquad c_1 := \frac{\sin\lambda}{\lambda}, \quad c_2 := \frac{1-\cos\lambda}{\lambda^2}, \quad c_3 := \frac{\lambda - \sin\lambda}{\lambda^3}. \tag{2.81}$$

Zuletzt werden aus z, c-Funktionen und lokalen Invarianten die benötigten F- und G-Funktionen bestimmt:

$$\begin{aligned} F &= 1 - c_2\xi_0 z^2, & G &= \left(1 - c_3\xi_0 z^3\right)\Delta t, \\ \dot{F} &= -\frac{c_1\xi_0 z}{\alpha\Delta t}, & \dot{G} &= \frac{1 + c_1\eta_0 z - c_2\chi_0 z^2}{\alpha}, \end{aligned} \qquad \text{mit} \quad \alpha := 1 + c_1\eta_0 z + c_2\zeta_0 z^2. \tag{2.82}$$

Für interne Rechenkontrollen der F- und G-Funktionen können diverse Beziehungen herangezogen werden, z. B.

$$F\dot{G} - G\dot{F} \overset{!}{=} 1. \tag{2.83}$$

Nach (2.76) werden schließlich die gesuchten Werte für $\mathbf{r}(t)$ und $\mathbf{v}(t)$ berechnet. Die Formeln (2.76) bis (2.82) stellen somit eine unabhängige Kontrollmöglichkeit für die numerische Integration mittels Liereihen-Ansatz dar. Der nächste Abschnitt behandelt eine alternative Kontrollmöglichkeit.

2.2.2.5 Kontrollmöglichkeit: Überprüfung von Bewegungsintegralen

Bei Schneider/Cui [45] wird die Bedeutung von Bewegungsintegralen im Rahmen der Himmelsmechanik und Satellitengeodäsie ausführlich diskutiert. In Mai [26] wird die Überprüfung numerischer Bahnintegrationen mittels klassischer Bewegungsintegrale und kinematischer Beziehungen thematisiert. So sind z. B. beim Keplerproblem u. a. folgende Größen invariant (gleichwohl nicht komplett unabhängig voneinander):

$$\begin{aligned} &\mathbf{h} = \mathbf{r} \times \mathbf{v} = \text{const.} && \text{(Drehimpulsintegral)}, \\ &F = \frac{1}{2m}\mathbf{p}^T\mathbf{p} - m\frac{\mu_\oplus}{r} = \tfrac{1}{2}mv^2 - m\frac{\mu_\oplus}{r} = \text{const.} \quad \leftrightarrow \quad \tfrac{1}{2}v^2 - \frac{\mu_\oplus}{r} = \text{const.} && \text{(Energieintegral)}, \\ &\mathbf{e} = \frac{\mathbf{v} \times \mathbf{h}}{\mu_\oplus} - \frac{\mathbf{r}}{r} = \text{const.} && \text{(Laplaceintegral)}. \end{aligned} \tag{2.84}$$

Die Größen (2.84) lassen sich unmittelbar aus den jeweiligen Werten des Zustandsvektors berechnen und dienen deshalb in den Rechnungen zum Keplerproblem bei Verwendung kartesischer Koordinaten stets der Kontrolle.

[22] Im ungestörten Zweikörperproblem verläuft die Bewegung in einer Ebene, festgelegt durch die Startvektoren $\mathbf{r}_0$ und $\mathbf{v}_0$.

[23] aus dem Kontext heraus ist klar, dass es sich bei dem Symbol F hier nicht um die Hamiltonfunktion und bei dem Symbol G nicht um eine der Hill-Variablen handelt; traditionell werden die Buchstaben f und g für diesen Ansatz verwendet (allerdings wären auch diese Kleinbuchstaben in der Himmelsmechanik mehrfach verwendet, z. B. als wahre Anomalie oder bei den Delaunay-Variablen)

[24] diese wurden später als *Stumpff'sche c-Funktionen* bezeichnet (Herleitung und Berechnungsformeln z. B. bei Stumpff [48], [49])

2.2.3 Spezialfall Klassisches Hauptproblem

2.2.3.1 Liereihen-Ansatz und Lösung in Hill-Variablen

Der im § 2.2.1 vorgestellte Ansatz wird nunmehr auf das klassische Hauptproblem (2.37) mit (2.46) angewendet. Die massebefreite Hamilton-Funktion lautet demnach

$$F = \frac{\mu_\oplus}{r}\left[1 + \frac{1}{2}\left(\frac{a_\oplus}{r}\right)^2 c_{20}\left(\frac{3}{2}\sin^2 i\,(1-\cos 2u) - 1\right)\right] - \frac{1}{2}\left(\dot{r}^2 + \frac{G^2}{r^2}\right). \tag{2.85}$$

mit

$$\cos i = \frac{H}{G} \quad \rightarrow \quad \sin^2 i = 1 - \frac{H^2}{G^2}. \tag{2.86}$$

Aus (2.86) folgen die später benötigten partiellen Ableitungen

$$\begin{aligned} \frac{\partial \cos i}{\partial G} &= -\frac{1}{G}\cos i\,, & \frac{\partial \cos^2 i}{\partial G} &= -\frac{2}{G}\cos^2 i\,, & \frac{\partial \sin^2 i}{\partial G} &= \frac{2}{G}\cos^2 i\,, \\ \frac{\partial \cos i}{\partial H} &= \frac{1}{G}\,, & \frac{\partial \cos^2 i}{\partial H} &= \frac{2}{G}\cos i\,, & \frac{\partial \sin^2 i}{\partial H} &= -\frac{2}{G}\cos i \end{aligned} \tag{2.87}$$

bzw.

$$\frac{\partial i}{\partial G} = \frac{1}{G}\cot i\,, \qquad \frac{\partial i}{\partial H} = -\frac{1}{G}\frac{1}{\sin i}\,. \tag{2.88}$$

Ausgangspunkt sind wieder die Formeln (2.59), (2.60), (2.62) und (2.64). Mit $F = F(\dot{r}, G, H, r, u)$ erhält man

$$\begin{aligned} \frac{\partial F}{\partial(r,u,\Omega)} &= \begin{bmatrix} \frac{G^2}{r^3} - \frac{\mu_\oplus}{r^2}\left[1 + \frac{3}{2}\left(\frac{a_\oplus}{r}\right)^2 c_{20}\left(\frac{3}{2}\sin^2 i\,(1-\cos 2u) - 1\right)\right] \\ \frac{3}{2}\frac{\mu_\oplus}{r}\left(\frac{a_\oplus}{r}\right)^2 c_{20}\sin^2 i\,\sin 2u \\ 0 \end{bmatrix} = \mathbf{g}_1\,, \\ \frac{\partial F}{\partial(\dot{r},G,H)} &= -\begin{bmatrix} \dot{r} \\ \frac{G}{r^2} - \frac{3}{2}\frac{\mu_\oplus}{r\,G}\left(\frac{a_\oplus}{r}\right)^2 c_{20}\cos^2 i\,(1-\cos 2u) \\ \frac{3}{2}\frac{\mu_\oplus}{r\,G}\left(\frac{a_\oplus}{r}\right)^2 c_{20}\cos\,i\,(1-\cos 2u) \end{bmatrix} = -\mathbf{f}_1\,. \end{aligned} \tag{2.89}$$

Formel (2.89) stellt eine Erweiterung von (2.63) bzw. (2.65) dar aufgrund des c_{20}-Einflusses. Ähnliches erfolgt für die Ableitungen $\mathbf{f}_{k\geq 2}$ bzw. $\mathbf{g}_{k\geq 2}$. Deren Gewinnung erfordert wiederum sukzessive mehr Rechenaufwand, ist jedoch immer noch prinzipiell auch für höhere Werte k möglich.[25]

Auch für die einzelnen Bahnvariablen gilt, dass die Werte aus einer Lösung des klassischen Hauptproblems (HP) sich von den Werten aus einer Lösung des Keplerproblems (KP) durch zusätzliche c_{20}-Anteile unterscheiden

$$\mathcal{H}_{\mathrm{HP}}(t_0 + \Delta t) = \mathcal{H}_{\mathrm{KP}}(t_0 + \Delta t) + \Delta\mathcal{H}(c_{20}, \Delta t)\Big|_{t_0} = \mathcal{H}_{\mathrm{KP}}(t_0 + \Delta t) + \sum_{k\geq 1} \Delta\mathcal{H}_k(c_{20}^k, \Delta t)\Big|_{t_0}, \tag{2.90}$$

wobei sich diese c_{20}-Anteile nach aufsteigenden Potenzen des Kleinheitsparameters c_{20} sortieren lassen und $\mathcal{H}_{\mathrm{KP}}(t_0 + \Delta t)$ wie in § 2.2.2.2 beschrieben bestimmt wird.

Man erhält z. B. für $k_{\max} = 9$ die Koordinaten

$$\begin{aligned} r_{\mathrm{HP}}(t_0 + \Delta t) &= r_{\mathrm{KP}}(t_0 + \Delta t) + \sum_{k=1}^{4} \Delta r_k(c_{20}^k, \Delta t)\Big|_{t_0} = r_{\mathrm{KP}}(t_0 + \Delta t) + \sum_{k=1}^{4} c_{20}^k \sum_{l=2k}^{9} \tilde{f}_{l,k}^{r}\Big|_{t_0} \Delta t^l\,, \\ u_{\mathrm{HP}}(t_0 + \Delta t) &= u_{\mathrm{KP}}(t_0 + \Delta t) + \sum_{k=1}^{9} \Delta u_k(c_{20}^k, \Delta t)\Big|_{t_0} = u_{\mathrm{KP}}(t_0 + \Delta t) + \sum_{k=1}^{9} c_{20}^k \sum_{l=k}^{9} \tilde{f}_{l,k}^{u}\Big|_{t_0} \Delta t^l\,, \\ \Omega_{\mathrm{HP}}(t_0 + \Delta t) &= \Omega_{\mathrm{KP}}(t_0 + \Delta t) + \sum_{k=1}^{9} \Delta\Omega_k(c_{20}^k, \Delta t)\Big|_{t_0} = \Omega_{\mathrm{KP}}(t_0 + \Delta t) + \sum_{k=1}^{9} c_{20}^k \sum_{l=k}^{9} \tilde{f}_{l,k}^{\Omega}\Big|_{t_0} \Delta t^l \end{aligned} \tag{2.91}$$

[25] Der Autor hat dies z. B. bis $k_{\max} = 10$ mittels *MATHEMATICA*™ ausgeführt.

und die Impulse

$$
\begin{aligned}
\dot{r}_{\mathrm{HP}}(t_0+\Delta t) &= \dot{r}_{\mathrm{KP}}(t_0+\Delta t) + \sum_{k=1}^{5} \Delta\dot{r}_k(c_{20}^k,\Delta t)\Big|_{t_0} = \dot{r}_{\mathrm{KP}}(t_0+\Delta t) + \sum_{k=1}^{5} c_{20}^k \sum_{l=2k-1}^{9} \tilde{g}_{l,k}^{\dot{r}}\Big|_{t_0}\Delta t^l\,,\\
G_{\mathrm{HP}}(t_0+\Delta t) &= G_{\mathrm{KP}}(t_0+\Delta t) + \sum_{k=1}^{9} \Delta G_k(c_{20}^k,\Delta t)\Big|_{t_0} = G_{\mathrm{KP}}(t_0+\Delta t) + \sum_{k=1}^{9} c_{20}^k \sum_{l=k}^{9} \tilde{g}_{l,k}^{G}\Big|_{t_0}\Delta t^l\,,\\
H_{\mathrm{HP}}(t_0+\Delta t) &= H_{\mathrm{KP}}(t_0+\Delta t)\,.
\end{aligned}
\tag{2.92}
$$

Aus der letzten Gleichung in (2.92) erkennt man, dass im klassischen Hauptproblem immer noch eine der sechs Hill-Variablen einem Bewegungsintegral entspricht, siehe § 2.2.3.4.

Die oberen Schranken des Summationsindex k in (2.91) bzw. (2.92) werden durch $k_{\max}$ festgelegt.[26] Die Größen $\tilde{f}_{l,k}^{\mathcal{H}}$ bzw. $\tilde{g}_{l,k}^{\mathcal{H}}$ stellen die Vorfaktoren von Termen der Größenordnung $O(c_{20}^k)$ dar.

Am Beispiel von $r(t_0+\Delta t)$ und $k_{\max}=9$ werden die Zusammenhänge explizit illustriert. Ähnlich zum Vorgehen beim Keplerproblem gilt (vgl. Formel (2.69))

$$
r(t_0+\Delta t) = \tilde{f}_0^r\Big|_{t_0} + \tilde{f}_1^r\Big|_{t_0}\Delta t + \tilde{f}_2^r\Big|_{t_0}\Delta t^2 + \tilde{f}_3^r\Big|_{t_0}\Delta t^3 + \tilde{f}_4^r\Big|_{t_0}\Delta t^4 + \tilde{f}_5^r\Big|_{t_0}\Delta t^5 + \tilde{f}_6^r\Big|_{t_0}\Delta t^6 + \tilde{f}_7^r\Big|_{t_0}\Delta t^7 + \tilde{f}_8^r\Big|_{t_0}\Delta t^8 + \tilde{f}_9^r\Big|_{t_0}\Delta t^9 \tag{2.93}
$$

mit

$$
\begin{aligned}
\tilde{f}_0^r &= \tilde{f}_{0,0}^r\,,\\
\tilde{f}_1^r &= \tilde{f}_{1,0}^r\,,\\
\tilde{f}_2^r &= \tilde{f}_{2,0}^r + \tilde{f}_{2,1}^r c_{20}\,,\\
\tilde{f}_3^r &= \tilde{f}_{3,0}^r + \tilde{f}_{3,1}^r c_{20}\,,\\
\tilde{f}_4^r &= \tilde{f}_{4,0}^r + \tilde{f}_{4,1}^r c_{20} + \tilde{f}_{4,2}^r c_{20}^2\,,\\
\tilde{f}_5^r &= \tilde{f}_{5,0}^r + \tilde{f}_{5,1}^r c_{20} + \tilde{f}_{5,2}^r c_{20}^2\,,\\
\tilde{f}_6^r &= \tilde{f}_{6,0}^r + \tilde{f}_{6,1}^r c_{20} + \tilde{f}_{6,2}^r c_{20}^2 + \tilde{f}_{6,3}^r c_{20}^3\,,\\
\tilde{f}_7^r &= \tilde{f}_{7,0}^r + \tilde{f}_{7,1}^r c_{20} + \tilde{f}_{7,2}^r c_{20}^2 + \tilde{f}_{7,3}^r c_{20}^3\,,\\
\tilde{f}_8^r &= \tilde{f}_{8,0}^r + \tilde{f}_{8,1}^r c_{20} + \tilde{f}_{8,2}^r c_{20}^2 + \tilde{f}_{8,3}^r c_{20}^3 + \tilde{f}_{8,4}^r c_{20}^4\,,\\
\tilde{f}_9^r &= \tilde{f}_{9,0}^r + \tilde{f}_{9,1}^r c_{20} + \tilde{f}_{9,2}^r c_{20}^2 + \tilde{f}_{9,3}^r c_{20}^3 + \tilde{f}_{9,4}^r c_{20}^4\,.
\end{aligned}
\tag{2.94}
$$

Bei den anderen Hill-Variablen (außer H) treten dagegen sogar Terme bis zur Größenordnung $O(c_{20}^5)$ (bei $\dot{r}$) bzw. $O(c_{20}^9)$ (bei G, u und Ω) auf. Nach Einsetzen von (2.94) in (2.93), dem Ausmultiplizieren und Sortieren nach Potenzen von c_{20} statt Δt erhält man die erste Gleichung von (2.91); analog geht man für die restlichen Hill-Variablen vor. Dieses Umsortieren der Terme macht Sinn, wenn man die Vielzahl der Terme bedenkt, die insgesamt in der Praxis auszuwerten wären.[27] Es ist zu vermuten, dass auf eine beträchtliche Anzahl an Termen höherer Ordnung in c_{20} verzichtet werden kann. Untersuchungen zur praktischen Rechtfertigung werden durch die Darstellungsform (2.91) bzw. (2.92) erleichtert.

Die Matrizenschreibweise kann die Darstellung etwas erleichtern. Für die ursprüngliche Sortierung nach Potenzen von Δt würde sich der Liereihen-Ansatz etwa schreiben lassen als

$$
\begin{bmatrix} r_{\mathrm{HP}}(t_0+\Delta t)\\ u_{\mathrm{HP}}(t_0+\Delta t)\\ \Omega_{\mathrm{HP}}(t_0+\Delta t)\end{bmatrix} = \tilde{\boldsymbol{F}}\Big|_{t_0}\boldsymbol{\Delta}\mathbf{t}\,,\qquad
\begin{bmatrix} \dot{r}_{\mathrm{HP}}(t_0+\Delta t)\\ G_{\mathrm{HP}}(t_0+\Delta t)\\ H_{\mathrm{HP}}(t_0+\Delta t)\end{bmatrix} = \tilde{\boldsymbol{G}}\Big|_{t_0}\boldsymbol{\Delta}\mathbf{t} \tag{2.95}
$$

mit

$$
\tilde{\boldsymbol{F}} = \begin{bmatrix}\tilde{\mathbf{f}}_0\ \tilde{\mathbf{f}}_1\ \tilde{\mathbf{f}}_2\ \cdots\ \tilde{\mathbf{f}}_{k_{\max}}\end{bmatrix},\qquad \tilde{\boldsymbol{G}} = \begin{bmatrix}\tilde{\mathbf{g}}_0\ \tilde{\mathbf{g}}_1\ \tilde{\mathbf{g}}_2\ \cdots\ \tilde{\mathbf{g}}_{k_{\max}}\end{bmatrix}, \tag{2.96}
$$

sowie

$$
\boldsymbol{\Delta}\mathbf{t} := \begin{bmatrix}1\ \Delta t\ \Delta t^2\ \cdots\ \Delta t^{k_{\max}}\end{bmatrix}^T \tag{2.97}
$$

und bei Beachtung der Definitionen (2.67), (2.68).[28]

---

[26] entweder direkt oder durch Abrunden (Floor) bzw. Aufrunden (Ceiling) von $k_{\max}/2$, also Floor$[9/2]=4$ bzw. Ceiling$[9/2]=5$

[27] zumal sich hinter jedem einzelnen Vorfaktor ein Ausdruck verbirgt, dessen Komplexität bzw. Berechnungsaufwand mit der Ordnung anwächst

[28] Anmerkung: Tatsächlich gilt auch für das klassische Hauptproblem der Zusammenhang $(k+1)\tilde{f}_{k+1}^r = \tilde{g}_k^{\dot{r}}$.

Alternativ kann durch Einführung von

$$\tilde{\mathbf{f}}^r = \begin{bmatrix} \tilde{f}_0^r \\ \tilde{f}_1^r \\ \tilde{f}_2^r \\ \vdots \\ \tilde{f}_{k_{\max}}^r \end{bmatrix}, \quad \tilde{\mathbf{f}}^u = \begin{bmatrix} \tilde{f}_0^u \\ \tilde{f}_1^u \\ \tilde{f}_2^u \\ \vdots \\ \tilde{f}_{k_{\max}}^u \end{bmatrix}, \quad \tilde{\mathbf{f}}^\Omega = \begin{bmatrix} \tilde{f}_0^\Omega \\ \tilde{f}_1^\Omega \\ \tilde{f}_2^\Omega \\ \vdots \\ \tilde{f}_{k_{\max}}^\Omega \end{bmatrix}, \quad \tilde{\mathbf{g}}^{\dot{r}} = \begin{bmatrix} \tilde{g}_0^{\dot{r}} \\ \tilde{g}_1^{\dot{r}} \\ \tilde{g}_2^{\dot{r}} \\ \vdots \\ \tilde{g}_{k_{\max}}^{\dot{r}} \end{bmatrix}, \quad \tilde{\mathbf{g}}^G = \begin{bmatrix} \tilde{g}_0^G \\ \tilde{g}_1^G \\ \tilde{g}_2^G \\ \vdots \\ \tilde{g}_{k_{\max}}^G \end{bmatrix}, \quad \tilde{\mathbf{g}}^H = \begin{bmatrix} \tilde{g}_0^H \\ 0 \\ 0 \\ \vdots \\ 0 \end{bmatrix} \tag{2.98}$$

äquivalent zu (2.96) formuliert werden

$$\tilde{\boldsymbol{F}} = \begin{bmatrix} \tilde{\mathbf{f}}^{r^T} \\ \tilde{\mathbf{f}}^{u^T} \\ \tilde{\mathbf{f}}^{\Omega^T} \end{bmatrix}, \qquad \tilde{\boldsymbol{G}} = \begin{bmatrix} \tilde{\mathbf{g}}^{\dot{r}^T} \\ \tilde{\mathbf{g}}^{G^T} \\ \tilde{\mathbf{g}}^{H^T} \end{bmatrix}. \tag{2.99}$$

Die Matrizen $\tilde{\boldsymbol{F}}$ und $\tilde{\boldsymbol{G}}$ haben jeweils die Dimension $3 \times (k_{\max} + 1)$:

$$\tilde{\boldsymbol{F}} = \begin{bmatrix} \tilde{f}_0^r & \tilde{f}_1^r & \tilde{f}_2^r & \cdots & \tilde{f}_{k_{\max}}^r \\ \tilde{f}_0^u & \tilde{f}_1^u & \tilde{f}_2^u & \cdots & \tilde{f}_{k_{\max}}^u \\ \tilde{f}_0^\Omega & \tilde{f}_1^\Omega & \tilde{f}_2^\Omega & \cdots & \tilde{f}_{k_{\max}}^\Omega \end{bmatrix}, \qquad \tilde{\boldsymbol{G}} = \begin{bmatrix} \tilde{g}_0^{\dot{r}} & \tilde{g}_1^{\dot{r}} & \tilde{g}_2^{\dot{r}} & \cdots & \tilde{g}_{k_{\max}}^{\dot{r}} \\ \tilde{g}_0^G & \tilde{g}_1^G & \tilde{g}_2^G & \cdots & \tilde{g}_{k_{\max}}^G \\ \tilde{g}_0^H & 0 & 0 & \cdots & 0 \end{bmatrix}. \tag{2.100}$$

Auch die Vektoren (2.98) selbst und damit Formulierungen wie (2.94) lassen sich als Matrizenprodukt schreiben:

$$\tilde{\mathbf{f}}^r = \tilde{\boldsymbol{F}}^r \mathbf{c}_{20}, \quad \tilde{\mathbf{f}}^u = \tilde{\boldsymbol{F}}^u \mathbf{c}_{20}, \quad \tilde{\mathbf{f}}^\Omega = \tilde{\boldsymbol{F}}^\Omega \mathbf{c}_{20}, \quad \tilde{\mathbf{g}}^{\dot{r}} = \tilde{\boldsymbol{G}}^{\dot{r}} \mathbf{c}_{20}, \quad \tilde{\mathbf{g}}^G = \tilde{\boldsymbol{G}}^G \mathbf{c}_{20}, \quad \tilde{\mathbf{g}}^H = \tilde{\boldsymbol{G}}^H \mathbf{c}_{20} \tag{2.101}$$

mit

$$\mathbf{c}_{20} := \begin{bmatrix} 1 & c_{20} & c_{20}^2 & \cdots & c_{20}^{k_{\max}} \end{bmatrix}^T \tag{2.102}$$

und den $(k_{\max} + 1) \times (k_{\max} + 1)$-Matrizen (hier wieder am Beispiel $k_{\max} = 9$)

$$\tilde{\boldsymbol{F}}^r = \begin{bmatrix}
\tilde{f}^r_{0,0} & 0 & 0 & 0 & 0 & 0 & 0 & 0 & 0 & 0 \\
\tilde{f}^r_{1,0} & 0 & 0 & 0 & 0 & 0 & 0 & 0 & 0 & 0 \\
\tilde{f}^r_{2,0} & \tilde{f}^r_{2,1} & 0 & 0 & 0 & 0 & 0 & 0 & 0 & 0 \\
\tilde{f}^r_{3,0} & \tilde{f}^r_{3,1} & 0 & 0 & 0 & 0 & 0 & 0 & 0 & 0 \\
\tilde{f}^r_{4,0} & \tilde{f}^r_{4,1} & \tilde{f}^r_{4,2} & 0 & 0 & 0 & 0 & 0 & 0 & 0 \\
\tilde{f}^r_{5,0} & \tilde{f}^r_{5,1} & \tilde{f}^r_{5,2} & 0 & 0 & 0 & 0 & 0 & 0 & 0 \\
\tilde{f}^r_{6,0} & \tilde{f}^r_{6,1} & \tilde{f}^r_{6,2} & \tilde{f}^r_{6,3} & 0 & 0 & 0 & 0 & 0 & 0 \\
\tilde{f}^r_{7,0} & \tilde{f}^r_{7,1} & \tilde{f}^r_{7,2} & \tilde{f}^r_{7,3} & 0 & 0 & 0 & 0 & 0 & 0 \\
\tilde{f}^r_{8,0} & \tilde{f}^r_{8,1} & \tilde{f}^r_{8,2} & \tilde{f}^r_{8,3} & \tilde{f}^r_{8,4} & 0 & 0 & 0 & 0 & 0 \\
\tilde{f}^r_{9,0} & \tilde{f}^r_{9,1} & \tilde{f}^r_{9,2} & \tilde{f}^r_{9,3} & \tilde{f}^r_{9,4} & 0 & 0 & 0 & 0 & 0
\end{bmatrix}, \quad
\tilde{\boldsymbol{F}}^u = \begin{bmatrix}
\tilde{f}^u_{0,0} & 0 & 0 & 0 & 0 & 0 & 0 & 0 & 0 & 0 \\
\tilde{f}^u_{1,0} & \tilde{f}^u_{1,1} & 0 & 0 & 0 & 0 & 0 & 0 & 0 & 0 \\
\tilde{f}^u_{2,0} & \tilde{f}^u_{2,1} & \tilde{f}^u_{2,2} & 0 & 0 & 0 & 0 & 0 & 0 & 0 \\
\tilde{f}^u_{3,0} & \tilde{f}^u_{3,1} & \tilde{f}^u_{3,2} & \tilde{f}^u_{3,3} & 0 & 0 & 0 & 0 & 0 & 0 \\
\tilde{f}^u_{4,0} & \tilde{f}^u_{4,1} & \tilde{f}^u_{4,2} & \tilde{f}^u_{4,3} & \tilde{f}^u_{4,4} & 0 & 0 & 0 & 0 & 0 \\
\tilde{f}^u_{5,0} & \tilde{f}^u_{5,1} & \tilde{f}^u_{5,2} & \tilde{f}^u_{5,3} & \tilde{f}^u_{5,4} & \tilde{f}^u_{5,5} & 0 & 0 & 0 & 0 \\
\tilde{f}^u_{6,0} & \tilde{f}^u_{6,1} & \tilde{f}^u_{6,2} & \tilde{f}^u_{6,3} & \tilde{f}^u_{6,4} & \tilde{f}^u_{6,5} & \tilde{f}^u_{6,6} & 0 & 0 & 0 \\
\tilde{f}^u_{7,0} & \tilde{f}^u_{7,1} & \tilde{f}^u_{7,2} & \tilde{f}^u_{7,3} & \tilde{f}^u_{7,4} & \tilde{f}^u_{7,5} & \tilde{f}^u_{7,6} & \tilde{f}^u_{7,7} & 0 & 0 \\
\tilde{f}^u_{8,0} & \tilde{f}^u_{8,1} & \tilde{f}^u_{8,2} & \tilde{f}^u_{8,3} & \tilde{f}^u_{8,4} & \tilde{f}^u_{8,5} & \tilde{f}^u_{8,6} & \tilde{f}^u_{8,7} & \tilde{f}^u_{8,8} & 0 \\
\tilde{f}^u_{9,0} & \tilde{f}^u_{9,1} & \tilde{f}^u_{9,2} & \tilde{f}^u_{9,3} & \tilde{f}^u_{9,4} & \tilde{f}^u_{9,5} & \tilde{f}^u_{9,6} & \tilde{f}^u_{9,7} & \tilde{f}^u_{9,8} & \tilde{f}^u_{9,9}
\end{bmatrix},$$

$$\tilde{\boldsymbol{G}}^{\dot{r}} = \begin{bmatrix}
\tilde{g}^{\dot{r}}_{0,0} & 0 & 0 & 0 & 0 & 0 & 0 & 0 & 0 & 0 \\
\tilde{g}^{\dot{r}}_{1,0} & \tilde{g}^{\dot{r}}_{1,1} & 0 & 0 & 0 & 0 & 0 & 0 & 0 & 0 \\
\tilde{g}^{\dot{r}}_{2,0} & \tilde{g}^{\dot{r}}_{2,1} & 0 & 0 & 0 & 0 & 0 & 0 & 0 & 0 \\
\tilde{g}^{\dot{r}}_{3,0} & \tilde{g}^{\dot{r}}_{3,1} & \tilde{g}^{\dot{r}}_{3,2} & 0 & 0 & 0 & 0 & 0 & 0 & 0 \\
\tilde{g}^{\dot{r}}_{4,0} & \tilde{g}^{\dot{r}}_{4,1} & \tilde{g}^{\dot{r}}_{4,2} & 0 & 0 & 0 & 0 & 0 & 0 & 0 \\
\tilde{g}^{\dot{r}}_{5,0} & \tilde{g}^{\dot{r}}_{5,1} & \tilde{g}^{\dot{r}}_{5,2} & \tilde{g}^{\dot{r}}_{5,3} & 0 & 0 & 0 & 0 & 0 & 0 \\
\tilde{g}^{\dot{r}}_{6,0} & \tilde{g}^{\dot{r}}_{6,1} & \tilde{g}^{\dot{r}}_{6,2} & \tilde{g}^{\dot{r}}_{6,3} & 0 & 0 & 0 & 0 & 0 & 0 \\
\tilde{g}^{\dot{r}}_{7,0} & \tilde{g}^{\dot{r}}_{7,1} & \tilde{g}^{\dot{r}}_{7,2} & \tilde{g}^{\dot{r}}_{7,3} & \tilde{g}^{\dot{r}}_{7,4} & 0 & 0 & 0 & 0 & 0 \\
\tilde{g}^{\dot{r}}_{8,0} & \tilde{g}^{\dot{r}}_{8,1} & \tilde{g}^{\dot{r}}_{8,2} & \tilde{g}^{\dot{r}}_{8,3} & \tilde{g}^{\dot{r}}_{8,4} & 0 & 0 & 0 & 0 & 0 \\
\tilde{g}^{\dot{r}}_{9,0} & \tilde{g}^{\dot{r}}_{9,1} & \tilde{g}^{\dot{r}}_{9,2} & \tilde{g}^{\dot{r}}_{9,3} & \tilde{g}^{\dot{r}}_{9,4} & \tilde{g}^{\dot{r}}_{9,5} & 0 & 0 & 0 & 0
\end{bmatrix}, \quad
\tilde{\boldsymbol{G}}^G = \begin{bmatrix}
\tilde{g}^G_{0,0} & 0 & 0 & 0 & 0 & 0 & 0 & 0 & 0 & 0 \\
0 & \tilde{g}^G_{1,1} & 0 & 0 & 0 & 0 & 0 & 0 & 0 & 0 \\
0 & \tilde{g}^G_{2,1} & \tilde{g}^G_{2,2} & 0 & 0 & 0 & 0 & 0 & 0 & 0 \\
0 & \tilde{g}^G_{3,1} & \tilde{g}^G_{3,2} & \tilde{g}^G_{3,3} & 0 & 0 & 0 & 0 & 0 & 0 \\
0 & \tilde{g}^G_{4,1} & \tilde{g}^G_{4,2} & \tilde{g}^G_{4,3} & \tilde{g}^G_{4,4} & 0 & 0 & 0 & 0 & 0 \\
0 & \tilde{g}^G_{5,1} & \tilde{g}^G_{5,2} & \tilde{g}^G_{5,3} & \tilde{g}^G_{5,4} & \tilde{g}^G_{5,5} & 0 & 0 & 0 & 0 \\
0 & \tilde{g}^G_{6,1} & \tilde{g}^G_{6,2} & \tilde{g}^G_{6,3} & \tilde{g}^G_{6,4} & \tilde{g}^G_{6,5} & \tilde{g}^G_{6,6} & 0 & 0 & 0 \\
0 & \tilde{g}^G_{7,1} & \tilde{g}^G_{7,2} & \tilde{g}^G_{7,3} & \tilde{g}^G_{7,4} & \tilde{g}^G_{7,5} & \tilde{g}^G_{7,6} & \tilde{g}^G_{7,7} & 0 & 0 \\
0 & \tilde{g}^G_{8,1} & \tilde{g}^G_{8,2} & \tilde{g}^G_{8,3} & \tilde{g}^G_{8,4} & \tilde{g}^G_{8,5} & \tilde{g}^G_{8,6} & \tilde{g}^G_{8,7} & \tilde{g}^G_{8,8} & 0 \\
0 & \tilde{g}^G_{9,1} & \tilde{g}^G_{9,2} & \tilde{g}^G_{9,3} & \tilde{g}^G_{9,4} & \tilde{g}^G_{9,5} & \tilde{g}^G_{9,6} & \tilde{g}^G_{9,7} & \tilde{g}^G_{9,8} & \tilde{g}^G_{9,9}
\end{bmatrix},$$

$$
\tilde{\boldsymbol{G}}^H = \begin{bmatrix}
\tilde{g}^H_{0,0} & 0 & 0 & 0 & 0 & 0 & 0 & 0 & 0 & 0 \\
0 & 0 & 0 & 0 & 0 & 0 & 0 & 0 & 0 & 0 \\
0 & 0 & 0 & 0 & 0 & 0 & 0 & 0 & 0 & 0 \\
0 & 0 & 0 & 0 & 0 & 0 & 0 & 0 & 0 & 0 \\
0 & 0 & 0 & 0 & 0 & 0 & 0 & 0 & 0 & 0 \\
0 & 0 & 0 & 0 & 0 & 0 & 0 & 0 & 0 & 0 \\
0 & 0 & 0 & 0 & 0 & 0 & 0 & 0 & 0 & 0 \\
0 & 0 & 0 & 0 & 0 & 0 & 0 & 0 & 0 & 0 \\
0 & 0 & 0 & 0 & 0 & 0 & 0 & 0 & 0 & 0 \\
0 & 0 & 0 & 0 & 0 & 0 & 0 & 0 & 0 & 0
\end{bmatrix}, \quad
\tilde{\boldsymbol{F}}^\Omega = \begin{bmatrix}
\tilde{g}^\Omega_{0,0} & 0 & 0 & 0 & 0 & 0 & 0 & 0 & 0 & 0 \\
0 & \tilde{g}^\Omega_{1,1} & 0 & 0 & 0 & 0 & 0 & 0 & 0 & 0 \\
0 & \tilde{g}^\Omega_{2,1} & \tilde{g}^\Omega_{2,2} & 0 & 0 & 0 & 0 & 0 & 0 & 0 \\
0 & \tilde{g}^\Omega_{3,1} & \tilde{g}^\Omega_{3,2} & \tilde{g}^\Omega_{3,3} & 0 & 0 & 0 & 0 & 0 & 0 \\
0 & \tilde{g}^\Omega_{4,1} & \tilde{g}^\Omega_{4,2} & \tilde{g}^\Omega_{4,3} & \tilde{g}^\Omega_{4,4} & 0 & 0 & 0 & 0 & 0 \\
0 & \tilde{g}^\Omega_{5,1} & \tilde{g}^\Omega_{5,2} & \tilde{g}^\Omega_{5,3} & \tilde{g}^\Omega_{5,4} & \tilde{g}^\Omega_{5,5} & 0 & 0 & 0 & 0 \\
0 & \tilde{g}^\Omega_{6,1} & \tilde{g}^\Omega_{6,2} & \tilde{g}^\Omega_{6,3} & \tilde{g}^\Omega_{6,4} & \tilde{g}^\Omega_{6,5} & \tilde{g}^\Omega_{6,6} & 0 & 0 & 0 \\
0 & \tilde{g}^\Omega_{7,1} & \tilde{g}^\Omega_{7,2} & \tilde{g}^\Omega_{7,3} & \tilde{g}^\Omega_{7,4} & \tilde{g}^\Omega_{7,5} & \tilde{g}^\Omega_{7,6} & \tilde{g}^\Omega_{7,7} & 0 & 0 \\
0 & \tilde{g}^\Omega_{8,1} & \tilde{g}^\Omega_{8,2} & \tilde{g}^\Omega_{8,3} & \tilde{g}^\Omega_{8,4} & \tilde{g}^\Omega_{8,5} & \tilde{g}^\Omega_{8,6} & \tilde{g}^\Omega_{8,7} & \tilde{g}^\Omega_{8,8} & 0 \\
0 & \tilde{g}^\Omega_{9,1} & \tilde{g}^\Omega_{9,2} & \tilde{g}^\Omega_{9,3} & \tilde{g}^\Omega_{9,4} & \tilde{g}^\Omega_{9,5} & \tilde{g}^\Omega_{9,6} & \tilde{g}^\Omega_{9,7} & \tilde{g}^\Omega_{9,8} & \tilde{g}^\Omega_{9,9}
\end{bmatrix},
$$

Für die neue Sortierung (2.91) bzw. (2.92) müssen zunächst neue Symbole eingeführt werden, beispielsweise:

$$
r(t_0 + \Delta t) = \tilde{f}^r_{(0)}\Big|_{t_0} + \tilde{f}^r_{(1)}\Big|_{t_0} c_{20} + \tilde{f}^r_{(2)}\Big|_{t_0} c_{20}^2 + \tilde{f}^r_{(3)}\Big|_{t_0} c_{20}^3 + \tilde{f}^r_{(4)}\Big|_{t_0} c_{20}^4 \tag{2.103}
$$

mit

$$
\begin{aligned}
\tilde{f}^r_{(0)} &= \tilde{f}^r_{0,0} + \tilde{f}^r_{1,0}\Delta t + \tilde{f}^r_{2,0}\Delta t^2 + \tilde{f}^r_{3,0}\Delta t^3 + \tilde{f}^r_{4,0}\Delta t^4 + \tilde{f}^r_{5,0}\Delta t^5 + \tilde{f}^r_{6,0}\Delta t^6 + \tilde{f}^r_{7,0}\Delta t^7 + \tilde{f}^r_{8,0}\Delta t^8 + \tilde{f}^r_{9,0}\Delta t^9 \,, \\
\tilde{f}^r_{(1)} &= \tilde{f}^r_{2,1}\Delta t^2 + \tilde{f}^r_{3,1}\Delta t^3 + \tilde{f}^r_{4,1}\Delta t^4 + \tilde{f}^r_{5,1}\Delta t^5 + \tilde{f}^r_{6,1}\Delta t^6 + \tilde{f}^r_{7,1}\Delta t^7 + \tilde{f}^r_{8,1}\Delta t^8 + \tilde{f}^r_{9,1}\Delta t^9 \,, \\
\tilde{f}^r_{(2)} &= \tilde{f}^r_{4,2}\Delta t^4 + \tilde{f}^r_{5,2}\Delta t^5 + \tilde{f}^r_{6,2}\Delta t^6 + \tilde{f}^r_{7,2}\Delta t^7 + \tilde{f}^r_{8,2}\Delta t^8 + \tilde{f}^r_{9,2}\Delta t^9 \,, \\
\tilde{f}^r_{(3)} &= \tilde{f}^r_{6,3}\Delta t^6 + \tilde{f}^r_{7,3}\Delta t^7 + \tilde{f}^r_{8,3}\Delta t^8 + \tilde{f}^r_{9,3}\Delta t^9 \,, \\
\tilde{f}^r_{(4)} &= \tilde{f}^r_{8,4}\Delta t^8 + \tilde{f}^r_{9,4}\Delta t^9 \,,
\end{aligned} \tag{2.104}
$$

und entsprechend für die restlichen Hill-Variablen. Nach der zu (2.98) analogen Einführung von

$$
\tilde{\mathbf{f}}^r_{(\cdot)} = \begin{bmatrix} \tilde{f}^r_{(0)} \\ \tilde{f}^r_{(1)} \\ \tilde{f}^r_{(2)} \\ \vdots \\ \tilde{f}^r_{(k_{\max})} \end{bmatrix}, \quad
\tilde{\mathbf{f}}^u_{(\cdot)} = \begin{bmatrix} \tilde{f}^u_{(0)} \\ \tilde{f}^u_{(1)} \\ \tilde{f}^u_{(2)} \\ \vdots \\ \tilde{f}^u_{(k_{\max})} \end{bmatrix}, \quad
\tilde{\mathbf{f}}^\Omega_{(\cdot)} = \begin{bmatrix} \tilde{f}^\Omega_{(0)} \\ \tilde{f}^\Omega_{(1)} \\ \tilde{f}^\Omega_{(2)} \\ \vdots \\ \tilde{f}^\Omega_{(k_{\max})} \end{bmatrix}, \quad
\tilde{\mathbf{g}}^{\dot{r}}_{(\cdot)} = \begin{bmatrix} \tilde{g}^{\dot{r}}_{(0)} \\ \tilde{g}^{\dot{r}}_{(1)} \\ \tilde{g}^{\dot{r}}_{(2)} \\ \vdots \\ \tilde{g}^{\dot{r}}_{(k_{\max})} \end{bmatrix}, \quad
\tilde{\mathbf{g}}^G_{(\cdot)} = \begin{bmatrix} \tilde{g}^G_{(0)} \\ \tilde{g}^G_{(1)} \\ \tilde{g}^G_{(2)} \\ \vdots \\ \tilde{g}^G_{(k_{\max})} \end{bmatrix}, \quad
\tilde{\mathbf{g}}^H_{(\cdot)} = \begin{bmatrix} \tilde{g}^H_{(0)} \\ 0 \\ 0 \\ \vdots \\ 0 \end{bmatrix} \tag{2.105}
$$

folgt unter Verwendung von (2.97)

$$
\tilde{\mathbf{f}}^r_{(\cdot)} = \tilde{\boldsymbol{F}}^r_{(\cdot)}\boldsymbol{\Delta}\mathbf{t}\,, \quad \tilde{\mathbf{f}}^u_{(\cdot)} = \tilde{\boldsymbol{F}}^u_{(\cdot)}\boldsymbol{\Delta}\mathbf{t}\,, \quad \tilde{\mathbf{f}}^\Omega_{(\cdot)} = \tilde{\boldsymbol{F}}^\Omega_{(\cdot)}\boldsymbol{\Delta}\mathbf{t}\,, \quad \tilde{\mathbf{g}}^{\dot{r}}_{(\cdot)} = \tilde{\boldsymbol{G}}^{\dot{r}}_{(\cdot)}\boldsymbol{\Delta}\mathbf{t}\,, \quad \tilde{\mathbf{g}}^G_{(\cdot)} = \tilde{\boldsymbol{G}}^G_{(\cdot)}\boldsymbol{\Delta}\mathbf{t}\,, \quad \tilde{\mathbf{g}}^H_{(\cdot)} = \tilde{\boldsymbol{G}}^H_{(\cdot)}\boldsymbol{\Delta}\mathbf{t}\,, \tag{2.106}
$$

wobei etwa

$$
\tilde{\boldsymbol{F}}^r_{(\cdot)} = \begin{bmatrix}
\tilde{f}^r_{0,0} & \tilde{f}^r_{1,0} & \tilde{f}^r_{2,0} & \tilde{f}^r_{3,0} & \tilde{f}^r_{4,0} & \tilde{f}^r_{5,0} & \tilde{f}^r_{6,0} & \tilde{f}^r_{7,0} & \tilde{f}^r_{8,0} & \tilde{f}^r_{9,0} \\
0 & 0 & \tilde{f}^r_{2,1} & \tilde{f}^r_{3,1} & \tilde{f}^r_{4,1} & \tilde{f}^r_{5,1} & \tilde{f}^r_{6,1} & \tilde{f}^r_{7,1} & \tilde{f}^r_{8,1} & \tilde{f}^r_{9,1} \\
0 & 0 & 0 & 0 & \tilde{f}^r_{4,2} & \tilde{f}^r_{5,2} & \tilde{f}^r_{6,2} & \tilde{f}^r_{7,2} & \tilde{f}^r_{8,2} & \tilde{f}^r_{9,2} \\
0 & 0 & 0 & 0 & 0 & 0 & \tilde{f}^r_{6,3} & \tilde{f}^r_{7,3} & \tilde{f}^r_{8,3} & \tilde{f}^r_{9,3} \\
0 & 0 & 0 & 0 & 0 & 0 & 0 & 0 & \tilde{f}^r_{8,4} & \tilde{f}^r_{9,4} \\
0 & 0 & 0 & 0 & 0 & 0 & 0 & 0 & 0 & 0 \\
0 & 0 & 0 & 0 & 0 & 0 & 0 & 0 & 0 & 0 \\
0 & 0 & 0 & 0 & 0 & 0 & 0 & 0 & 0 & 0 \\
0 & 0 & 0 & 0 & 0 & 0 & 0 & 0 & 0 & 0 \\
0 & 0 & 0 & 0 & 0 & 0 & 0 & 0 & 0 & 0
\end{bmatrix}.
$$

Es ist offensichtlich, dass

$$
\tilde{\boldsymbol{F}}^r_{(\cdot)} = \tilde{\boldsymbol{F}}^{r^T} \quad \text{und analog} \quad \tilde{\boldsymbol{F}}^u_{(\cdot)} = \tilde{\boldsymbol{F}}^{u^T}, \tilde{\boldsymbol{F}}^\Omega_{(\cdot)} = \tilde{\boldsymbol{F}}^{\Omega^T}, \tilde{\boldsymbol{G}}^{\dot{r}}_{(\cdot)} = \tilde{\boldsymbol{G}}^{\dot{r}^T}, \tilde{\boldsymbol{G}}^G_{(\cdot)} = \tilde{\boldsymbol{G}}^{G^T}, \tilde{\boldsymbol{G}}^H_{(\cdot)} = \tilde{\boldsymbol{G}}^{H^T}. \tag{2.107}
$$

Nach der zu (2.68) analogen Setzung

$$\tilde{\mathbf{f}}_{(k)} = \begin{bmatrix} \tilde{f}^r_{(k)} \\ \tilde{f}^u_{(k)} \\ \tilde{f}^\Omega_{(k)} \end{bmatrix}, \quad \tilde{\mathbf{g}}_{(k)} = \begin{bmatrix} \tilde{g}^{\dot{r}}_{(k)} \\ \tilde{g}^G_{(k)} \\ \tilde{g}^H_{(k)} \end{bmatrix} \tag{2.108}$$

erhält man die $3 \times (k_{\max}+1)$-Matrizen $\tilde{\boldsymbol{F}}_{(\cdot)}$ und $\tilde{\boldsymbol{G}}_{(\cdot)}$

$$\tilde{\boldsymbol{F}}_{(\cdot)} = \begin{bmatrix} \tilde{f}^r_{(0)} & \tilde{f}^r_{(1)} & \tilde{f}^r_{(2)} & \cdots & \tilde{f}^r_{(k_{\max})} \\ \tilde{f}^u_{(0)} & \tilde{f}^u_{(1)} & \tilde{f}^u_{(2)} & \cdots & \tilde{f}^u_{(k_{\max})} \\ \tilde{f}^\Omega_{(0)} & \tilde{f}^\Omega_{(1)} & \tilde{f}^\Omega_{(2)} & \cdots & \tilde{f}^\Omega_{(k_{\max})} \end{bmatrix}, \qquad \tilde{\boldsymbol{G}}_{(\cdot)} = \begin{bmatrix} \tilde{g}^{\dot{r}}_{(0)} & \tilde{g}^{\dot{r}}_{(1)} & \tilde{g}^{\dot{r}}_{(2)} & \cdots & \tilde{g}^{\dot{r}}_{(k_{\max})} \\ \tilde{g}^G_{(0)} & \tilde{g}^G_{(1)} & \tilde{g}^G_{(2)} & \cdots & \tilde{g}^G_{(k_{\max})} \\ \tilde{g}^H_{(0)} & 0 & 0 & \cdots & 0 \end{bmatrix} \tag{2.109}$$

entweder über

$$\tilde{\boldsymbol{F}}_{(\cdot)} = \left[\tilde{\mathbf{f}}_{(0)}\ \tilde{\mathbf{f}}_{(1)}\ \tilde{\mathbf{f}}_{(2)}\ \cdots\ \tilde{\mathbf{f}}_{(k_{\max})}\right], \qquad \tilde{\boldsymbol{G}}_{(\cdot)} = \left[\tilde{\mathbf{g}}_{(0)}\ \tilde{\mathbf{g}}_{(1)}\ \tilde{\mathbf{g}}_{(2)}\ \cdots\ \tilde{\mathbf{g}}_{(k_{\max})}\right] \tag{2.110}$$

oder die äquivalente Formulierung

$$\tilde{\boldsymbol{F}}_{(\cdot)} = \begin{bmatrix} \tilde{\mathbf{f}}^{r\,T}_{(\cdot)} \\ \tilde{\mathbf{f}}^{u\,T}_{(\cdot)} \\ \tilde{\mathbf{f}}^{\Omega\,T}_{(\cdot)} \end{bmatrix}, \qquad \tilde{\boldsymbol{G}}_{(\cdot)} = \begin{bmatrix} \tilde{\mathbf{g}}^{\dot{r}\,T}_{(\cdot)} \\ \tilde{\mathbf{g}}^{G\,T}_{(\cdot)} \\ \tilde{\mathbf{g}}^{H\,T}_{(\cdot)} \end{bmatrix}. \tag{2.111}$$

Damit kann (2.95) umsortiert geschrieben werden als

$$\begin{bmatrix} r_{\mathrm{HP}}(t_0+\Delta t) \\ u_{\mathrm{HP}}(t_0+\Delta t) \\ \Omega_{\mathrm{HP}}(t_0+\Delta t) \end{bmatrix} = \tilde{\boldsymbol{F}}_{(\cdot)}\Big|_{t_0} \mathbf{c}_{20}\,, \qquad \begin{bmatrix} \dot{r}_{\mathrm{HP}}(t_0+\Delta t) \\ G_{\mathrm{HP}}(t_0+\Delta t) \\ H_{\mathrm{HP}}(t_0+\Delta t) \end{bmatrix} = \tilde{\boldsymbol{G}}_{(\cdot)}\Big|_{t_0} \mathbf{c}_{20}\,, \tag{2.112}$$

wobei für $k_{\max} = 9$ oder (2.91) bzw. (2.92) konkret gilt:

$$\tilde{\boldsymbol{F}}_{(\cdot)} = \begin{bmatrix} r_{\mathrm{KP}}(t_0+\Delta t) & \tilde{f}^r_{(1)} & \tilde{f}^r_{(2)} & \tilde{f}^r_{(3)} & \tilde{f}^r_{(4)} & 0 & 0 & 0 & 0 & 0 \\ u_{\mathrm{KP}}(t_0+\Delta t) & \tilde{f}^u_{(1)} & \tilde{f}^u_{(2)} & \tilde{f}^u_{(3)} & \tilde{f}^u_{(4)} & \tilde{f}^u_{(5)} & \tilde{f}^u_{(6)} & \tilde{f}^u_{(7)} & \tilde{f}^u_{(8)} & \tilde{f}^u_{(9)} \\ \Omega_{\mathrm{KP}}(t_0+\Delta t) & \tilde{f}^\Omega_{(1)} & \tilde{f}^\Omega_{(2)} & \tilde{f}^\Omega_{(3)} & \tilde{f}^\Omega_{(4)} & \tilde{f}^\Omega_{(5)} & \tilde{f}^\Omega_{(6)} & \tilde{f}^\Omega_{(7)} & \tilde{f}^\Omega_{(8)} & \tilde{f}^\Omega_{(9)} \end{bmatrix} \tag{2.113}$$

und

$$\tilde{\boldsymbol{G}}_{(\cdot)} = \begin{bmatrix} \dot{r}_{\mathrm{KP}}(t_0+\Delta t) & \tilde{g}^{\dot{r}}_{(1)} & \tilde{g}^{\dot{r}}_{(2)} & \tilde{g}^{\dot{r}}_{(3)} & \tilde{g}^{\dot{r}}_{(4)} & \tilde{g}^{\dot{r}}_{(5)} & 0 & 0 & 0 & 0 \\ G_{\mathrm{KP}}(t_0+\Delta t) & \tilde{g}^G_{(1)} & \tilde{g}^G_{(2)} & \tilde{g}^G_{(3)} & \tilde{g}^G_{(4)} & \tilde{g}^G_{(5)} & \tilde{g}^G_{(6)} & \tilde{g}^G_{(7)} & \tilde{g}^G_{(8)} & \tilde{g}^G_{(9)} \\ H_{\mathrm{KP}}(t_0+\Delta t) & 0 & 0 & 0 & 0 & 0 & 0 & 0 & 0 & 0 \end{bmatrix}. \tag{2.114}$$

Falls jeder Einzelschritt zur numerischen Integration des klassischen Hauptproblems nur von erster Ordnung im Kleinheitsparameter c_{20} sein soll, benötigt man neben der Lösung des Keplerproblems lediglich die Ausdrücke der jeweils zweiten Spalten in (2.113) und (2.114) bzw. deren Auswertung an den Startwerten, z. B.:

$$\begin{aligned} \tilde{f}^r_{(1)}\Big|_{t_0} = \left(\frac{a_\oplus}{r_0}\right)^2 \mu_\oplus \Bigg\{ & \frac{3\Delta t^2}{8r_0^2}\left(-(1-3\cos^2 i_0) + 3\sin^2 i_0 \cos 2u_0\right) + \\ +\sum_{k=3}^{9} \frac{\Delta t^k}{a_k\, r_0^{2(k-1)}} \Bigg[& (-1)^{b_k} (r_0\dot{r}_0)^{c_k} \sum_{n=0}^{d_k} (-1)^n\, G_0^{2(d_k-n)} r_0^n \sum_{m=0}^{n} \mu_\oplus^{n-m} \left(r_0\dot{r}_0^2\right)^m \Big(\alpha^{(k)}_{n,m}(1-3\cos^2 i_0) - \beta^{(k)}_{n,m} \sin^2 i_0 \cos 2u_0\Big) - \\ & - G_0 \sin^2 i_0\, (-1)^{d_k} (r_0\dot{r}_0)^{e_k} \sum_{n=0}^{b_k} (-1)^n\, G_0^{2(b_k-n)} r_0^n \sum_{m=0}^{n} \mu_\oplus^{n-m} \left(r_0\dot{r}_0^2\right)^m \gamma^{(k)}_{n,m} \sin 2u_0 \Bigg]\Bigg\} \end{aligned} \tag{2.115}$$

mit

$$\begin{aligned} & a_3 = 4\,, \quad a_4 = 32\,, \quad a_5 = 80\,, \quad a_6 = 960\,, \quad a_7 = 3360\,, \quad a_8 = 53760\,, \quad a_9 = 241920\,, \\ & b_k = \mathrm{Int}\left[\frac{k-3}{2}\right], \qquad c_k = \mathrm{mod}[\,k, 2\,]\,, \qquad d_k = \mathrm{Int}\left[\frac{k-2}{2}\right], \qquad e_k = \mathrm{mod}[\,k-1, 2\,] \end{aligned} \tag{2.116}$$

und den Koeffizienten

$$
\begin{array}{lll}
\alpha_{0,0}^{(3)} = 2, & \beta_{0,0}^{(3)} = 6, & \gamma_{0,0}^{(3)} = 1, \\
\alpha_{0,0}^{(4)} = 7, & \beta_{0,0}^{(4)} = 25, & \gamma_{0,0}^{(4)} = 24, \\
\alpha_{1,0}^{(4)} = 6, & \beta_{1,0}^{(4)} = 18, & \\
\alpha_{1,1}^{(4)} = 20, & \beta_{1,1}^{(4)} = 60, & \\
\alpha_{0,0}^{(5)} = 60, & \beta_{0,0}^{(5)} = 220, & \gamma_{0,0}^{(5)} = 25, \\
\alpha_{1,0}^{(5)} = 47, & \beta_{1,0}^{(5)} = 141, & \gamma_{1,0}^{(5)} = 20, \\
\alpha_{1,1}^{(5)} = 60, & \beta_{1,1}^{(5)} = 180, & \gamma_{1,1}^{(5)} = 120, \\
\alpha_{0,0}^{(6)} = 165, & \beta_{0,0}^{(6)} = 675, & \gamma_{0,0}^{(6)} = 1500, \\
\alpha_{1,0}^{(6)} = 280, & \beta_{1,0}^{(6)} = 1000, & \gamma_{1,0}^{(6)} = 1140, \\
\alpha_{1,1}^{(6)} = 1620, & \beta_{1,1}^{(6)} = 6060, & \gamma_{1,1}^{(6)} = 2400, \\
\alpha_{2,0}^{(6)} = 116, & \beta_{2,0}^{(6)} = 348, & \\
\alpha_{2,1}^{(6)} = 1184, & \beta_{2,1}^{(6)} = 3552, & \\
\alpha_{2,2}^{(6)} = 840, & \beta_{2,2}^{(6)} = 2520, & \\
\alpha_{0,0}^{(7)} = 3150, & \beta_{0,0}^{(7)} = 13230, & \gamma_{0,0}^{(7)} = 1155, \\
\alpha_{1,0}^{(7)} = 5058, & \beta_{1,0}^{(7)} = 18394, & \gamma_{1,0}^{(7)} = 1876, \\
\alpha_{1,1}^{(7)} = 10500, & \beta_{1,1}^{(7)} = 39900, & \gamma_{1,1}^{(7)} = 15750, \\
\alpha_{2,0}^{(7)} = 1968, & \beta_{2,0}^{(7)} = 5904, & \gamma_{2,0}^{(7)} = 742, \\
\alpha_{2,1}^{(7)} = 7248, & \beta_{2,1}^{(7)} = 21744, & \gamma_{2,1}^{(7)} = 11424, \\
\alpha_{2,2}^{(7)} = 3360, & \beta_{2,2}^{(7)} = 10080, & \gamma_{2,2}^{(7)} = 12600,
\end{array}
$$

$$
\begin{array}{lll}
\alpha_{0,0}^{(8)} = 7875, & \beta_{0,0}^{(8)} = 35805, & \gamma_{0,0}^{(8)} = 129360, \\
\alpha_{1,0}^{(8)} = 20034, & \beta_{1,0}^{(8)} = 81606, & \gamma_{1,0}^{(8)} = 202104, \\
\alpha_{1,1}^{(8)} = 163800, & \beta_{1,1}^{(8)} = 703080, & \gamma_{1,1}^{(8)} = 588000, \\
\alpha_{2,0}^{(8)} = 16680, & \beta_{2,0}^{(8)} = 59448, & \gamma_{2,0}^{(8)} = 76608, \\
\alpha_{2,1}^{(8)} = 250776, & \beta_{2,1}^{(8)} = 925704, & \gamma_{2,1}^{(8)} = 408576, \\
\alpha_{2,2}^{(8)} = 277200, & \beta_{2,2}^{(8)} = 1066800, & \gamma_{2,2}^{(8)} = 282240, \\
\alpha_{3,0}^{(8)} = 4520, & \beta_{3,0}^{(8)} = 13560, & \\
\alpha_{3,1}^{(8)} = 92508, & \beta_{3,1}^{(8)} = 277524, & \\
\alpha_{3,2}^{(8)} = 182160, & \beta_{3,2}^{(8)} = 546480, & \\
\alpha_{3,3}^{(8)} = 60480, & \beta_{3,3}^{(8)} = 181440, & \\
\alpha_{0,0}^{(9)} = 264600, & \beta_{0,0}^{(9)} = 1232280, & \gamma_{0,0}^{(9)} = 87885, \\
\alpha_{1,0}^{(9)} = 646425, & \beta_{1,0}^{(9)} = 2687715, & \gamma_{1,0}^{(9)} = 216180, \\
\alpha_{1,1}^{(9)} = 1852200, & \beta_{1,1}^{(9)} = 8096760, & \gamma_{1,1}^{(9)} = 2328480, \\
\alpha_{2,0}^{(9)} = 514944, & \beta_{2,0}^{(9)} = 1860672, & \gamma_{2,0}^{(9)} = 173820, \\
\alpha_{2,1}^{(9)} = 2718540, & \beta_{2,1}^{(9)} = 10161540, & \gamma_{2,1}^{(9)} = 3508920, \\
\alpha_{2,2}^{(9)} = 1905120, & \beta_{2,2}^{(9)} = 7408800, & \gamma_{2,2}^{(9)} = 5292000, \\
\alpha_{3,0}^{(9)} = 132868, & \beta_{3,0}^{(9)} = 398604, & \gamma_{3,0}^{(3)} = 45440, \\
\alpha_{3,1}^{(9)} = 957096, & \beta_{3,1}^{(9)} = 2871288, & \gamma_{3,1}^{(3)} = 1278540, \\
\alpha_{3,2}^{(9)} = 1198440, & \beta_{3,2}^{(9)} = 3595320, & \gamma_{3,2}^{(3)} = 3533760, \\
\alpha_{3,3}^{(9)} = 302400, & \beta_{3,3}^{(9)} = 907200, & \gamma_{3,3}^{(3)} = 1693440.
\end{array}
$$

Der Versuch, für die Koeffizienten $\alpha_{n,m}^{(k)}$ und $\beta_{n,m}^{(k)}$ ein Bildungsgesetz aufzustellen, wird nicht unternommen.[29] Auch auf die explizite Wiedergabe weiterer Matrizenelemente bzw. -anteile wird aus Gründen der Übersichtlichkeit und Lesbarkeit der Arbeit verzichtet. Auf Nachfrage stellt der Autor gerne die entsprechenden Formeln in Form von *MATHEMATICA*™-Notebooks zur Verfügung. Im praktischen Teil dieser Arbeit wird stattdessen an einem konkreten Zahlenbeispiel untersucht, in welchem Maße die Terme höherer Ordnung in c_{20} (restliche Spalten von $\tilde{\boldsymbol{F}}_{(\cdot)}$ bzw. $\tilde{\boldsymbol{G}}_{(\cdot)}$) noch zu Genauigkeitssteigerungen für den Einzelschritt führen.

Anmerkung: Zu beachten ist, dass die vorgelegten Formeln auf nicht-normalisierten harmonischen Koeffizienten in der Erdschwerefeldentwicklung basieren. Für die praktische Anwendung normalisierter Koeffizienten wären Normalisierungsfaktoren anzubringen bzw. die Koeffizienten entsprechend vorher umzurechnen (siehe Mai [26]). Für das klassische Hauptproblem gilt zwischen normalisiertem Wert $\bar{c}_{20}$ und nicht-normalisiertem Wert c_{20}

$$\bar{c}_{20} = N_{20}\, c_{20} \qquad \text{bzw.} \qquad c_{20} = \sqrt{5}\, \bar{c}_{20}. \tag{2.117}$$

2.2.3.2 Kontrollmöglichkeit: Vergleich zwischen Vorwärts- und Rückwärtsrechnung

Wie zuvor beim Keplerproblem (vgl. § 2.2.2.3) kann die numerische Integration des klassischen Hauptproblems in jedem Einzelschritt lokal kontrolliert werden durch Differenzbildung zwischen Hin- und Rückrechnung.[30]

2.2.3.3 Kontrollmöglichkeit: Unabhängige Bahnintegrationen

Die numerische Bahnintegration ist mit diversen Programmlösungen bzw. Softwarepaketen möglich. Einige von diesen werden hier zur unabhängigen, da anders angesetzten, Berechnung von Bahnbögen verwendet. Für den Spezialfall des klassischen Hauptproblems wird einerseits eine Version von UTOPIA herangezogen, die auf die Berücksichtigung des Erdschwerefeldes reduziert ist.[31] Berechnungen mit diesem Programm können

[29] nicht alle Zusammenhänge sind dabei so offensichtlich wie $\beta_{d_k,m}^{(k)} = 3\alpha_{d_k,m}^{(k)}$

[30] einige Fehler bleiben gleichwohl noch unentdeckt, z. B. Vorzeichenfehler

[31] UTOPIA wurde an der University of Texas at Austin entwickelt und hat sich, insbesondere auch dessen Weiterentwicklung MSODP (Multi-Satellite Orbital Determination Program), mittlerweile bei zahlreichen praktischen Anwendungen bewährt.

wahlweise mit 16 (double precision) oder 32 (quarter precision) signifikanten Stellen erfolgen. Für noch präzisere Berechnungen wird andererseits auf Berechnungen von Ettl [13] zurückgegriffen. Er verwendet u. a. die LiDIA-Bibliothek, welche Berechnungen mit beliebiger Stellenanzahl erlaubt.

UTOPIA verwendet einen Shampine-Gordon Integrator. Ettl [13] setzt verschiedene Integratoren an - ebenfalls Shampine-Gordon, aber z. B. auch Burlisch-Stoer oder Runge-Kutta. Beide Softwarepakete benutzen kartesische Koordinaten. Für eine Kontrolle der hier vorgelegten Ergebnisse in Hill-Variablen werden diese deshalb nachträglich in kartesische Koordinaten transformiert und dann den unabhängigen Berechnungen gegenübergestellt.

2.2.3.4 Kontrollmöglichkeit: Überprüfung von Bewegungsintegralen

Die Erweiterung des Kraftmodells vom Keplerproblem zum klassischen Hauptproblem schränkt die Anzahl der Bewegungsintegrale ein. So ist z. B. der Bahndrehimpulsvektor nicht länger konstant. Vielmehr vollführt er aufgrund der Äquatorwulst-Vorstellung und der damit verbundenen statischen Abplattung der Erde eine Präzessionsbewegung um deren Symmetrieachse. Gleichwohl erfolgt diese Bewegung regelmäßig bzw. bleibt die z-Komponente des Bahndrehimpulsvektors konstant und h_z stellt somit ein spezielles Bewegungsintegral für das klassische Hauptproblem dar.

Das Vorhandensein klassischer Bewegungsintegrale in Abhängigkeit von der Kraftfunktion wird in Mai [26] im dortigen § 3.2.3 auf den Seiten 76-77 mit den Formeln (3.4) bis (3.16) etwas ausführlicher diskutiert. Für das klassische Hauptproblem muss demnach der Wert für die Auswertung der Hamilton-Funktion an beliebigen Bahnpunkten bzw. zu beliebigen Epochen konstant sein; also etwa ein konstanter Wert für (2.85) bei Verwendung von Hill-Variablen im Liereihen-Ansatz oder

$$F(\mathcal{C}) = \frac{\mu_\oplus}{r}\left[1 + \frac{1}{2}\left(\frac{a_\oplus}{r}\right)^2 c_{20}\left(3\frac{z^2}{r^2} - 1\right)\right] - \frac{1}{2}v^2 = \text{const} \qquad \text{mit} \qquad r = \sqrt{x^2+y^2+z^2}\,,\ v = \sqrt{\dot{x}^2+\dot{y}^2+\dot{z}^2} \tag{2.118}$$

bei Benutzung der kartesischen Koordinaten in den unabhängigen Kontrollrechnungen (siehe § 2.2.3.3).

Wenn zusätzlich tesserale Terme in der Erdschwerefeldentwicklung berücksichtigt werden bzw. die Zeit t explizit in der Potentialdarstellung auftaucht, dann gilt der Energieerhaltungssatz bzw. die Konstanz der Hamilton-Funktion nicht mehr; stattdessen zieht man dann das sogenannte *Jacobi-Integral* (im Englischen auch als *Jacobi Like Constant* (JLC) bezeichnet, vgl. Bond und Allman [5]) als Bewegungsintegral heran, siehe Mai [26] § 3.2.3.

Gänzlich unabhängig vom angesetzten Kraftmodell müssen sogenannte kinematische Beziehungen erfüllt sein, z. B. bei Verwendung von Hill-Variablen (siehe ebenfalls Mai [26] § 3.2.3):

$$\begin{aligned}
\frac{\mathrm{d}r}{\mathrm{d}t} - \dot{r} &= 0\,,\\
\frac{\mathrm{d}u}{\mathrm{d}t} + \cos i\frac{\mathrm{d}\Omega}{\mathrm{d}t} - \frac{G}{r^2} &= 0\,,\\
\frac{1}{G}\frac{1}{\sin i}\sin u\left(\cos i\frac{\mathrm{d}G}{\mathrm{d}t} - \frac{\mathrm{d}H}{\mathrm{d}t}\right) - \cos u \sin i\frac{\mathrm{d}\Omega}{\mathrm{d}t} &= 0\,.
\end{aligned} \tag{2.119}$$

Für eine präzise Auswertung von (2.119) müssen die Differentiale $\mathrm{d}\mathcal{H}/\mathrm{d}t$ berechnet werden. Dies kann z. B. mittels numerischer Differentiation geschehen, die jedoch in der Praxis möglichst zu vermeiden ist.[32] Ein notwendigerweise hinreichend klein zu wählendes $\mathrm{d}t$ steht einer effizienten Integration, d. h. möglichst großen Schrittweite entgegen.[33] Solange, wie etwa hier im klassischen Hauptproblem, noch Bewegungsintegrale zur Kontrolle herangezogen werden können, wird auf die Auswertung der kinematischen Beziehungen deshalb verzichtet.

2.2.4 Modifizierter Liereihen-Ansatz

Die praktischen Berechnungen im Abschnitt § 3.2 lassen es notwendig erscheinen, dass vor einer weiteren Verallgemeinerung des Kraftmodells über das klassische Hauptproblem hinaus der im Abschnitt § 2.2.1 vorgestellte Liereihen-Ansatz modifiziert werden sollte. Dadurch kann der ansonsten zu erwartenden deutlich ansteigenden Komplexität und dem entsprechend sich verstärkenden Berechnungsaufwand entgegen gewirkt werden.

Die Modifizierung wird Gebrauch von den kanonischen Kugelkoordinaten machen. Dieser spezielle Variablensatz ist zudem vorteilhaft, wenn man die spätere Erweiterung des Kraftmodells auf dissipative Störkräfte bedenkt; jene sind oftmals am einfachsten in Kugelkoordinaten zu modellieren.

[32] für möglichst glatte Funktionen existieren gleichwohl einige Ansätze, welche eine ausreichende Genauigkeit in den numerischen Differentiationsergebnissen liefern; einen solchen Ansatz findet man z. B. in Mai [25]

[33] Ähnliches gilt für eine Integralrelation, die evtl. noch anwendbar wäre im Falle dissipativer bzw. geschwindigkeitsabhängiger Störkräfte (dann ist nämlich selbst das Jacobi-Integral keine Konstante mehr), siehe Anhang G.

2.2.4.1 Einführung kanonischer Kugelkoordinaten

In der Satellitengeodäsie ist es üblich, den Zustandsvektor $\mathbf{z} = (\mathbf{r}, \mathbf{v})^T$ bezüglich eines äquatoriellen Rechtssystems anzugeben. Dieses Koordinatensystem hat seinen Ursprung im Massenzentrum der Erde und die Basisvektoren werden wie folgt festgelegt:

$\mathbf{e}_1$	Richtung des mittleren Frühlingspunktes Υ,
$\mathbf{e}_2$	Vervollständigung des Rechtssystems $(\mathbf{e}_2 = \mathbf{e}_3 \times \mathbf{e}_1)$,
$\mathbf{e}_3$	Richtung des mittleren Himmelspols *CEP*.

Damit liegt ein raumfestes (quasi-inertiales) stellares Bezugssystem[34] zugrunde und es gilt

$$\mathbf{r}(t) = (x, y, z)\,(\mathbf{e}_1, \mathbf{e}_2, \mathbf{e}_3)^T\,, \qquad \mathbf{v}(t) = (\dot{x}, \dot{y}, \dot{z})\,(\mathbf{e}_1, \mathbf{e}_2, \mathbf{e}_3)^T\,. \tag{2.120}$$

Die in § 2.1.4 erwähnten Kugelkoordinaten werden hier spezialisiert auf $\mathcal{S} := (\dot{r}, J, H, T; r, \theta, \Lambda, \tau)^T$, wobei[35]

$\dot{r}\ldots$ Radialgeschwindigkeit (wie bei den Hill-Variablen, siehe z. B. Cui [8], [10] oder Mai [25], [26]),

$J\ldots$ Komponente des Bahndrehimpulsvektors in Richtung $\mathbf{s}_3$,

$H\ldots$ Komponente des Bahndrehimpulsvektors in Richtung $\mathbf{e}_3$ (wie bei den Hill-Variablen),

$T\ldots$ zusätzlicher generalisierter Impuls; additiver Term in der Hamilton-Funktion,

$r\ldots$ Radialentfernung bzw. Betrag des Positionsvektors (wie bei den Hill-Variablen),

$\theta\ldots$ Poldistanz bzw. Co-Breite,

$\Lambda\ldots$ Länge bzgl. Frühlingspunkt bzw. Richtung $\mathbf{e}_1$ (also $\Lambda = \Theta + \lambda$),

$\tau\ldots$ zusätzliche generalisierte Koordinate; Variable proportional zur Zeit t.

Wie man die zu den Kugelkoordinaten (r, θ, Λ) kanonisch konjugierten (Dreh-)Impulse $(\dot{r}, J, H)$ formal herleiten kann, wird im Anhang A in allgemeiner Darstellung detailliert vorgeführt.

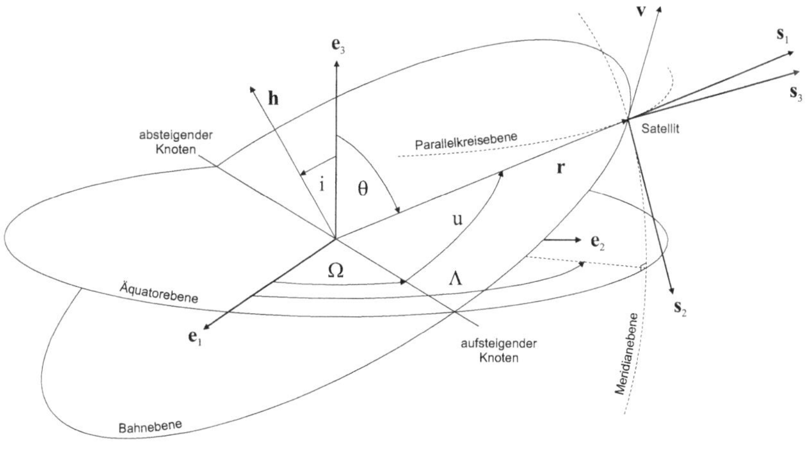

Abbildung 2.1: Zur Definition kanonischer Kugelkoordinaten

Eng mit der Festlegung kanonischer Kugelkoordinaten ist die Einführung des *sphärischen Tangentialkoordinatensystems* $[\mathbf{s}_i]$ verbunden, siehe Abb. 2.1.

$\mathbf{s}_1$	Einheitsvektor in Richtung des Satelliten,
$\mathbf{s}_2$	Einheitsvektor im Satelliten tangential zum Meridian; Richtungssinn entsprechend aufsteigendem θ,
$\mathbf{s}_3$	Einheitsvektor im Satelliten tangential zum Parallelkreis; Richtungssinn entsprechend aufsteigendem λ.

[34] zu Details siehe Anhang in Mai [26]

[35] Zu Details, insbesondere der Bedeutung und Notwendigkeit von T und τ, siehe Cui [10]. Die Einführung eines zusätzlichen Variablenpaares führt zur Erweiterung des Phasenraumes.

Offenbar kann zwischen den Systemen $[\mathbf{e}_i]$ und $[\mathbf{s}_i]$ die folgende Transformation über 3 Rotationen erfolgen:[36]

$$[\mathbf{s}_i] = R_1(-90^\circ)\, R_2(\theta - 90^\circ)\, R_3(\Lambda)\, [\mathbf{e}_i] =: R_{s\leftarrow e}(\theta, \Lambda)\, [\mathbf{e}_i] \quad \text{mit} \quad R_{e\leftarrow s} = R_{s\leftarrow e}^{-1} \equiv R_{s\leftarrow e}^{T}. \tag{2.121}$$

Für die Gesamtrotationsmatrix gilt dann mit $\phi = 90^\circ - \theta$

$$[\mathbf{s}_i] = \begin{bmatrix} \sin\theta\cos\Lambda & \sin\theta\sin\Lambda & \cos\theta \\ \cos\theta\cos\Lambda & \cos\theta\sin\Lambda & -\sin\theta \\ -\sin\Lambda & \cos\Lambda & 0 \end{bmatrix} [\mathbf{e}_i] = \begin{bmatrix} \cos\phi\cos\Lambda & \cos\phi\sin\Lambda & \sin\phi \\ \sin\phi\cos\Lambda & \sin\phi\sin\Lambda & -\cos\phi \\ -\sin\Lambda & \cos\Lambda & 0 \end{bmatrix} [\mathbf{e}_i]. \tag{2.122}$$

Die Bahnvariable J erhält man aus einfacher geometrischer Überlegung (siehe Abb. 2.2(a)) mit $G \equiv h = |\mathbf{h}|$ als

$$\mathbf{s}_3 = \begin{bmatrix} -\sin\Lambda \\ \cos\Lambda \\ 0 \end{bmatrix}^T \begin{bmatrix} \mathbf{e}_1 \\ \mathbf{e}_2 \\ \mathbf{e}_3 \end{bmatrix}, \quad \mathbf{h} = \begin{bmatrix} h\sin i\sin\Omega \\ -h\sin i\cos\Omega \\ h\cos i \end{bmatrix}^T \begin{bmatrix} \mathbf{e}_1 \\ \mathbf{e}_2 \\ \mathbf{e}_3 \end{bmatrix} \quad \rightarrow \quad J = \mathbf{h}\cdot\mathbf{s}_3 = -G\sin i\cos(\Lambda - \Omega). \tag{2.123}$$

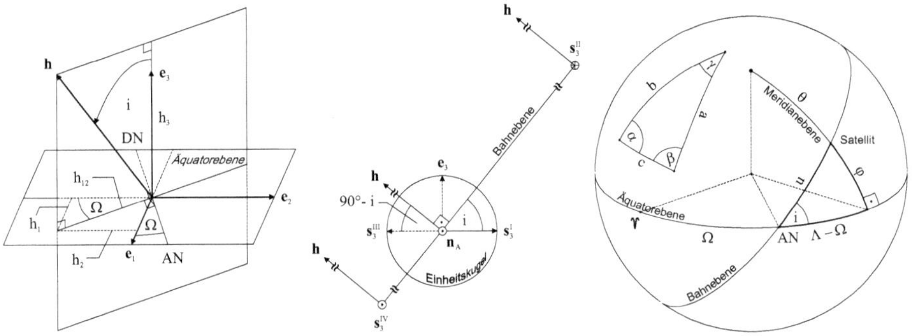

(a) Komponenten Bahndrehimpulsvektor (b) Wertebereich von $\angle(\mathbf{h}, \mathbf{s}_3)$ (c) Fundamentales sphärisches Dreieck

Abbildung 2.2: Geometrische Zusammenhänge zur Berechnung kanonischer Kugelkoordinaten, speziell der Variablen J

Für den Winkel zwischen $\mathbf{h}$ und $\mathbf{s}_3$ gilt also

$$\cos\angle(\mathbf{h}, \mathbf{s}_3) = -\sin i\cos(\Lambda - \Omega) \tag{2.124}$$

mit dem Wertebereich $\angle(\mathbf{h}, \mathbf{s}_3) \in [90^\circ - i, 90^\circ + i]$ (siehe Abb. 2.2(b), wobei $\mathbf{n}_A$ den Knotenvektor symbolisiert). Ein oberer Index an $\mathbf{s}_3$ unterscheidet vier Kardinalpunkte der Satellitenbahn: aufsteigender bzw. absteigender Äquatordurchgang (I bzw. III) und nördlicher bzw. südlicher Wendepunkt (II bzw. IV).

Um die Hamilton-Funktion in kanonischen Kugelkoordinaten ausdrücken zu können, muss die kinetische Energie in diesem Variablensatz formuliert werden. Für die potentielle Energie ist dies mit (2.29) bereits geschehen.

Entscheidend ist der Ausdruck für den Geschwindigkeitsvektor $\mathbf{v}$, welcher formal aus dem Positionsvektor $\mathbf{r}$ bzw. dessen Ableitung nach der Zeit gewonnen werden kann:

$$\mathbf{r} = r\mathbf{s}_1 \qquad \rightarrow \qquad \mathbf{v} = \dot{r}\mathbf{s}_1 + r\dot{\mathbf{s}}_1. \tag{2.125}$$

Die Ableitung des Basisvektors $\dot{\mathbf{s}}_1$ lässt sich herleiten aus den vertrauten Zusammenhängen bei der Einführung eines Polarkoordinatensystems in der momentanen Bahnebene. Man wählt für die Entfernung den Radius r und für den Winkel etwa die wahre Anomalie f mit den zugehörigen Basisvektoren $\mathbf{e}_r$ und $\mathbf{e}_f$.[37] Es gilt

$$\dot{\mathbf{e}}_r = \dot{f}\mathbf{e}_f, \qquad \dot{\mathbf{e}}_f = -\dot{f}\mathbf{e}_r \tag{2.126}$$

und

$$\mathbf{r} = r\mathbf{e}_r \qquad \rightarrow \qquad \mathbf{v} = \dot{r}\mathbf{e}_r + r\dot{f}\mathbf{e}_f, \tag{2.127}$$

sowie mit $\mathbf{e}_r \times \mathbf{e}_f =: \mathbf{e}_h$ und $\mathbf{h} = h\mathbf{e}_h$

$$\mathbf{h} = \mathbf{r}\times\mathbf{v} = r\mathbf{e}_r \times (\dot{r}\mathbf{e}_r + r\dot{f}\mathbf{e}_f) = r\dot{r}(\mathbf{e}_r\times\mathbf{e}_r) + r^2\dot{f}(\mathbf{e}_r\times\mathbf{e}_f) = r^2\dot{f}\mathbf{e}_h \quad \rightarrow \quad h = r^2\dot{f}. \tag{2.128}$$

[36] der Leser mag alternative Reihenfolgen elementarer Rotationen eingängiger finden, z. B. $[\mathbf{s}_i] = R_3(\theta - 90^\circ)\, R_1(-90^\circ)\, R_3(\Lambda)\, [\mathbf{e}_i]$

[37] $\mathbf{e}_f$ steht senkrecht auf $\mathbf{e}_r$, wobei der Richtungssinn durch $\mathbf{v}$ vorgegeben wird

Das Koordinatensystem $(\mathbf{e}_r, \mathbf{e}_f, \mathbf{e}_h)^T$ ist identisch mit dem sog. *Gauß'schen Koordinatensystem* $(\mathbf{g}_1, \mathbf{g}_2, \mathbf{g}_3)^T$, auch als *bahnbegleitendes Dreibein* bezeichnet. Es ist zentral bei der Einführung der Hill-Variablen, siehe Anhang bei Mai [26]. Man erhält

$$[\mathbf{g}_i] = R_3(u)\, R_1(i)\, R_3(\Omega)\, [\mathbf{e}_i] =: R_{g\leftarrow e}(u, i, \Omega)\, [\mathbf{e}_i] \quad \text{mit} \quad R_{e\leftarrow g} = R^{-1}_{g\leftarrow e} \equiv R^T_{g\leftarrow e}. \tag{2.129}$$

und damit den Geschwindigkeitsvektor in Hill-Variablen und bezüglich des Gauß'schen Koordinatensystems als

$$\mathbf{v} = \dot{r}\mathbf{g}_1 + \frac{G}{r}\mathbf{g}_2 \quad \rightarrow \quad v^2 = \dot{r}^2 + \frac{G^2}{r^2}. \tag{2.130}$$

In Cui und Mareyen [9] werden, von diesen Zusammenhängen ausgehend, die Gauß-Lagrange'schen Bewegungsgleichungen in Hill-Variablen aufgestellt und nachfolgend numerisch mittels Standardverfahren integriert. Hier soll stattdessen der Liereihen-Ansatz in kanonischen Kugelkoordinaten Anwendung finden.

Ausgehend von (2.130) könnte man versuchen, den Übergang formal durch eine Transformation $G = G(\mathcal{S})$ und

$$[\mathbf{s}_i] = R_{s\leftarrow g}[\mathbf{g}_i] = R_{s\leftarrow e}R_{e\leftarrow g}[\mathbf{g}_i] \quad \text{mit} \quad R_{s\leftarrow g}(\theta, \Lambda, u, i, \Omega) = R_1(-90^\circ)\, R_2(\theta - 90^\circ)\, R_3(\Lambda)\, R_3(-\Omega)\, R_1(-i)\, R_3(-u) \tag{2.131}$$

zu erreichen. Tatsächlich benötigt man wegen $\mathbf{e}_r \equiv \mathbf{g}_1 \equiv \mathbf{s}_1$ für (2.130) lediglich die Beziehung

$$\mathbf{g}_2 = R_{21}\mathbf{s}_1 + R_{22}\mathbf{s}_2 + R_{23}\mathbf{s}_3, \tag{2.132}$$

wobei die Faktoren R_{21}, R_{22}, R_{23} der 2. Zeile der Matrix $R_{g\leftarrow s} = R^{-1}_{s\leftarrow g} \equiv R^T_{s\leftarrow g}$ entsprechen. Mit $R_{21} = 0$ und $R^2_{22} + R^2_{23} = 1$, was z. B. mittels *MATHEMATICA*™ leicht zu verifizieren ist, folgt

$$\mathbf{v} = \dot{r}\mathbf{s}_1 + \frac{G(\mathcal{S})}{r}(R_{22}\mathbf{s}_2 + R_{23}\mathbf{s}_3) \quad \rightarrow \quad v^2 = \dot{r}^2 + \frac{G^2(\mathcal{S})}{r^2}\left(R^2_{22} + R^2_{23}\right) = \dot{r}^2 + \frac{G^2(\mathcal{S})}{r^2}. \tag{2.133}$$

Der sphärische Sinussatz liefert (vgl. Abb. 2.2(c))

$$\frac{\sin\alpha}{\sin\beta} = \frac{\sin a}{\sin b} \quad \rightarrow \quad \cos\theta = \sin i \sin u. \tag{2.134}$$

Diese Beziehung könnte alternativ aus einem Komponentenvergleich wegen $\mathbf{g}_1 \equiv \mathbf{s}_1$ mit

$$\mathbf{s}_1 = \begin{bmatrix} \sin\theta\cos\Lambda \\ \sin\theta\sin\Lambda \\ \cos\theta \end{bmatrix}^T \begin{bmatrix} \mathbf{e}_1 \\ \mathbf{e}_2 \\ \mathbf{e}_3 \end{bmatrix}, \quad \mathbf{g}_1 = \begin{bmatrix} \cos u\cos\Omega - \cos i\sin u\sin\Omega \\ \cos u\sin\Omega + \cos i\sin u\cos\Omega \\ \sin i\sin u \end{bmatrix}^T \begin{bmatrix} \mathbf{e}_1 \\ \mathbf{e}_2 \\ \mathbf{e}_3 \end{bmatrix} \tag{2.135}$$

unmittelbar gewonnen werden.[38] Aus dem sphärischen Seitenkosinussatz folgt zudem (vgl. nochmals Abb. 2.2(c))

$$\begin{aligned} \cos a &= \cos b\cos c + \sin b\sin c\cos\alpha \quad \rightarrow \quad \sin\theta = \cos u\cos(\Lambda - \Omega) + \cos i\sin u\sin(\Lambda - \Omega), \\ \cos b &= \cos a\cos c + \sin a\sin c\cos\beta \quad \rightarrow \quad \cos u = \sin\theta\cos(\Lambda - \Omega). \end{aligned} \tag{2.136}$$

Mit (2.123) und der zweiten Beziehung in (2.136) erhält man

$$\frac{J}{G} = -\sin i\cos(\Lambda - \Omega) = -\frac{\sin i\cos u}{\sin\theta} \quad \rightarrow \quad \frac{J^2}{G^2} = \frac{\sin^2 i\cos^2 u}{\sin^2\theta}. \tag{2.137}$$

Aus (2.134) folgt

$$\cos^2\theta = \sin^2 i\,(1 - \cos^2 u) \quad \rightarrow \quad \cos^2 u = 1 - \frac{\cos^2\theta}{\sin^2 i} = \frac{\sin^2\theta - \cos^2 i}{\sin^2 i} \tag{2.138}$$

und Einsetzen in (2.137) mit Berücksichtigung von $\cos i = H/G$ liefert

$$\frac{J^2}{G^2} = 1 - \frac{\cos^2 i}{\sin^2\theta} \quad \rightarrow \quad G^2(\mathcal{S}) = J^2 + \frac{H^2}{\sin^2\theta} \tag{2.139}$$

und wegen (2.133) somit

$$v^2 = \dot{r}^2 + \frac{J^2}{r^2} + \frac{H^2}{(r\sin\theta)^2}. \tag{2.140}$$

Die benötigte verallgemeinerte Hamilton-Funktion in kanonischen Kugelkoordinaten lautet dann

$$F(\mathcal{S}) = V(\mathcal{S}) - \frac{1}{2}\left(\dot{r}^2 + \frac{J^2}{r^2} + \frac{H^2}{(r\sin\theta)^2}\right) - T, \tag{2.141}$$

wobei etwa für ein reduziertes Zweikörperproblem $V(\mathcal{S}) = V_\oplus(\mathcal{S})$ nach (2.29) mit $\lambda = \Lambda - \Theta$ angesetzt wird.

[38] Details zu $[\mathbf{g}_i]$ siehe Mai [26] bzw. Cui [10]

2.2.4.2 Kinematische Beziehungen

Zur numerischen Integration eines Bewegungsproblems, insbesondere wenn dissipative Störkräfte zu berücksichtigen sind, wird oft der Gauß-Lagrange-Ansatz herangezogen. Dieser beinhaltet kinematische und dynamische Gleichungen. Cui und Mareyen [9] haben beide Arten unter Verwendung von Hill-Variablen und des Gauß'schen Koordinatensystems hergeleitet. Analog kann nun die Herleitung, zunächst der kinematischen Gleichungen, in kanonischen Kugelkoordinaten bezüglich des sphärischen Tangentialkoordinatensystems erfolgen.

So wie sich die Basisvektoren nach (2.121) unter Verwendung von $R_{s\leftarrow e}(\theta,\Lambda)$ aus (2.122) transformieren lassen, kann jeder beliebige Vektor $\mathbf{x}$ in die Basen $[\mathbf{e}_i]$ und $[\mathbf{s}_i]$ projiziert werden:

$$\mathbf{x}^{[\mathbf{s}_i]} = R_{s\leftarrow e}(\theta,\Lambda)\,\mathbf{x}^{[\mathbf{e}_i]} \qquad \text{bzw. in abgekürzter Form} \qquad \mathbf{x}^{\mathbf{s}} = R_{s\leftarrow e}(\theta,\Lambda)\,\mathbf{x}^{\mathbf{e}}, \tag{2.142}$$

wobei dann $\mathbf{x}^{\mathbf{s}} = (x_1^{\mathbf{s}}, x_2^{\mathbf{s}}, x_3^{\mathbf{s}})^T$ oder $\mathbf{x}^{\mathbf{e}} = (x_1^{\mathbf{e}}, x_2^{\mathbf{e}}, x_3^{\mathbf{e}})^T$ die Vektorkomponenten im sphärischen Tangentialkoordinatensystem oder im kartesischen Koordinatensystem enthält. Mittels (2.142) lassen sich dann die kartesischen Komponenten des Positions- und Geschwindigkeitsvektors als Funktionen der kanonischen Kugelkoordinaten ausdrücken. Aus der ersten Gleichung in (2.125) und (2.122) folgt für den Positionsvektor in Matrizenform

$$\begin{bmatrix} x \\ y \\ z \end{bmatrix} = r \begin{bmatrix} \sin\theta\cos\Lambda \\ \sin\theta\sin\Lambda \\ \cos\theta \end{bmatrix}. \tag{2.143}$$

Den Geschwindigkeitsvektor erhält man zunächst in der Form (erinnere § 2.2.4.1)[39]

$$\mathbf{v} = \dot{r}\mathbf{s}_1 + \frac{1}{r}\sqrt{J^2 + \frac{H^2}{\sin^2\theta}}\,\big(R_{22}\mathbf{s}_2 + R_{23}\mathbf{s}_3\big). \tag{2.144}$$

Darin steht R_{23} für eine Komponente aus der Rotationsmatrix $R_{g\leftarrow s}$, wobei

$$R_{23} = \cos i\cos u\cos(\Lambda-\Omega) + \sin u\sin(\Lambda-\Omega)\,. \tag{2.145}$$

Die Transformation $[\mathbf{s}_i] \leftrightarrow [\mathbf{g}_i]$ bzw. sphärische Trigonometrie liefert diverse nützliche Hilfsformeln, z. B.

$$\cos i\tan u = \tan(\Lambda-\Omega) \quad\longrightarrow\quad \cos i\cos(\Lambda-\Omega) = \cot u\sin(\Lambda-\Omega)\,, \tag{2.146}$$

so dass folgt

$$R_{23} = \frac{\sin(\Lambda-\Omega)}{\sin u}\,. \tag{2.147}$$

Für R_{22} erhält man entsprechend

$$R_{22} = \cos\theta\cos i\cos u\sin(\Lambda-\Omega) - \cos\theta\sin u\cos(\Lambda-\Omega) - \sin\theta\sin i\cos u = \sqrt{1-\frac{\sin^2(\Lambda-\Omega)}{\sin^2 u}}\,. \tag{2.148}$$

Mittels (2.134) und einer weiteren Hilfsformel folgt

$$\cot i\cot\theta = \sin(\Lambda-\Omega) \quad\longrightarrow\quad \frac{\sin(\Lambda-\Omega)}{\sin u} = \frac{\cos i}{\sin\theta}\,. \tag{2.149}$$

Zusammen mit der aus $\cos i = H/G$ und (2.139) herleitbaren Beziehung

$$\cos^2 i = \frac{H^2}{J^2 + \dfrac{H^2}{\sin^2\theta}} = \frac{\sin^2\theta}{1+\left(\dfrac{J}{H}\right)^2\sin^2\theta} \quad\longrightarrow\quad \cos i = \frac{\sin\theta}{\sqrt{1+\left(\dfrac{J}{H}\right)^2\sin^2\theta}} \tag{2.150}$$

[39] Die im Abschnitt § 2.2.4.1 erwähnte Tatsache $R_{21} = 0$ kann schnell nachgerechnet werden. Aus

$$R_{21} = \cos\theta\cos u\sin i + \sin\theta\big(\cos i\cos u\sin(\Lambda-\Omega) - \sin u\cos(\Lambda-\Omega)\big)$$

folgt mittels Additionstheoremen, sowie (2.134) bzw. allgemein aus dem dreifachen Komponentenvergleich $\mathbf{g}_1 \equiv \mathbf{s}_1$ mit (2.135)

$$R_{21} = \sin u\cos u\sin^2 i + \cos i\cos u\big(\cos\Omega(\cos u\sin\Omega + \sin u\cos\Omega\cos i) - \sin\Omega(\cos u\cos\Omega - \sin u\sin\Omega\cos i)\big) -$$
$$- \sin u\big(\cos\Omega(\cos u\cos\Omega - \sin u\sin\Omega\cos i) + \sin\Omega(\cos u\sin\Omega + \sin u\cos\Omega\cos i)\big).$$

Ausmultiplizieren und nochmalige mehrfache Anwendung von Additionstheoremen liefert schließlich

$$R_{21} = 0.$$

können dann R_{22} und R_{23} in alleiniger Abhängigkeit von den kanonischen Kugelkoordinaten geschrieben werden:

$$R_{22} = \frac{\frac{J}{H}\sin\theta}{\sqrt{1+\left(\frac{J}{H}\right)^2\sin^2\theta}}, \qquad R_{23} = \frac{1}{\sqrt{1+\left(\frac{J}{H}\right)^2\sin^2\theta}}. \tag{2.151}$$

Einsetzen in (2.144) liefert

$$\mathbf{v} = \dot{r}\mathbf{s}_1 + \frac{1}{r}\frac{H}{\sin\theta}\sqrt{1+\left(\frac{J}{H}\right)^2\sin^2\theta}\left(\frac{\frac{J}{H}\sin\theta}{\sqrt{1+\left(\frac{J}{H}\right)^2\sin^2\theta}}\mathbf{s}_2 + \frac{1}{\sqrt{1+\left(\frac{J}{H}\right)^2\sin^2\theta}}\mathbf{s}_3\right). \tag{2.152}$$

und damit den Geschwindigkeitsvektor in kanonischen Kugelkoordinaten bezüglich der Basis $[\mathbf{s}_i]$

$$\mathbf{v} = \dot{r}\mathbf{s}_1 + \frac{J}{r}\mathbf{s}_2 + \frac{H}{r\sin\theta}\mathbf{s}_3\,. \tag{2.153}$$

Betragsbildung von (2.153) bestätigt das zuvor hergeleitete Ergebnis (2.140) für v^2. In Matrizenform folgt[40]

$$\begin{bmatrix}\dot{x}\\ \dot{y}\\ \dot{z}\end{bmatrix} = \dot{r}\begin{bmatrix}\sin\theta\cos\Lambda\\ \sin\theta\sin\Lambda\\ \cos\theta\end{bmatrix} + \frac{J}{r}\begin{bmatrix}\cos\theta\cos\Lambda\\ \cos\theta\sin\Lambda\\ -\sin\theta\end{bmatrix} + \frac{H}{r\sin\theta}\begin{bmatrix}-\sin\Lambda\\ \cos\Lambda\\ 0\end{bmatrix}. \tag{2.154}$$

Bildung des totalen bzw. vollständigen Differentials von (2.143) führt zu

$$\begin{bmatrix}\mathrm{d}x\\ \mathrm{d}y\\ \mathrm{d}z\end{bmatrix} = \mathrm{d}r\begin{bmatrix}\sin\theta\cos\Lambda\\ \sin\theta\sin\Lambda\\ \cos\theta\end{bmatrix} + r\,\mathrm{d}\theta\begin{bmatrix}\cos\theta\cos\Lambda\\ \cos\theta\sin\Lambda\\ -\sin\theta\end{bmatrix} + r\sin\theta\,\mathrm{d}\Lambda\begin{bmatrix}-\sin\Lambda\\ \cos\Lambda\\ 0\end{bmatrix} \tag{2.155}$$

bzw. nach Division durch $\mathrm{d}t$ auf

$$\begin{bmatrix}\mathrm{d}x/\mathrm{d}t\\ \mathrm{d}y/\mathrm{d}t\\ \mathrm{d}z/\mathrm{d}t\end{bmatrix} = \frac{\mathrm{d}r}{\mathrm{d}t}\begin{bmatrix}\sin\theta\cos\Lambda\\ \sin\theta\sin\Lambda\\ \cos\theta\end{bmatrix} + r\frac{\mathrm{d}\theta}{\mathrm{d}t}\begin{bmatrix}\cos\theta\cos\Lambda\\ \cos\theta\sin\Lambda\\ -\sin\theta\end{bmatrix} + r\sin\theta\frac{\mathrm{d}\Lambda}{\mathrm{d}t}\begin{bmatrix}-\sin\Lambda\\ \cos\Lambda\\ 0\end{bmatrix}. \tag{2.156}$$

Vergleich von (2.156) und (2.154) liefert die *kinematischen Beziehungen*

$$\frac{\mathrm{d}r}{\mathrm{d}t} = \dot{r}, \qquad \frac{\mathrm{d}\theta}{\mathrm{d}t} = \frac{J}{r^2}, \qquad \frac{\mathrm{d}\Lambda}{\mathrm{d}t} = \frac{H}{(r\sin\theta)^2}, \tag{2.157}$$

welche die kinematischen Eigenschaften der kanonischen Kugelkoordinaten und des sphärischen Tangentialkoordinatensystems beschreiben. Sie können, wie zuvor (2.119) bei der Verwendung von Hill-Variablen, zur Kontrolle der numerischen Integration unter Verwendung des (modifizierten) Liereihen-Ansatzes genutzt werden.

Anmerkung: Sämtliche kinematischen Beziehungen sind unabhängig von zeitlichen Ableitungen der kanonischen Impulse; etwa im Gegensatz zu den kinematischen Beziehungen für Hill-Variablen (siehe Cui und Mareyen [9] oder Mai [25], [26]).

2.2.4.3 Dynamische Beziehungen

Dynamische Gleichungen berücksichtigen den verallgemeinerten Einfluß von Kräften auf die Satellitenbewegung. Abweichungen vom idealisierten Zweikörperproblem bedeuten i. d. R. eine zeitliche Änderung des Eigen- sowie Bahndrehimpulses $\mathbf{h} = \mathbf{r} \times \mathbf{v}$ des Satelliten. Hier wird nur letzterer Effekt betrachtet.

Die kanonischen Kugelkoordinaten $\mathcal{S} = (\dot{r}, J, H; r, \theta, \lambda)$ teilen mit den Hill-Variablen $\mathcal{H} = (\dot{r}, G, H; r, u, \Omega)$ die 3 Variablen $\dot{r}$, H und r. Eine weitere Variable bezieht sich jeweils auf eine der Komponenten des Bahndrehimpulsvektors $\mathbf{h}$. Die Herleitung der dynamischen Beziehungen beginnt deshalb i. d. R. mit einer Projektion dieses Vektors. Man bringt $\mathbf{h}$ in's Spiel, indem das Newton'sche Bewegungsgesetz (in massefreier Darstellung) $\mathrm{d}\mathbf{v}/\mathrm{d}t = \mathbf{f}$ bzw. $\ddot{\mathbf{r}} = \mathbf{f}$ auf beiden Seiten von links mit dem Positionsvektor $\mathbf{r}$ vektoriell multipliziert wird:[41]

$$\mathbf{r}\times\ddot{\mathbf{r}} = \mathbf{r}\times\mathbf{f} \quad\rightarrow\quad \frac{\mathrm{d}\,(\mathbf{r}\times\dot{\mathbf{r}})}{\mathrm{d}t} = \mathbf{r}\times\mathbf{f} \quad\rightarrow\quad \frac{\mathrm{d}\mathbf{h}}{\mathrm{d}t} = \mathbf{r}\times\mathbf{f}. \tag{2.158}$$

[40] die Komponenten der $\mathbf{s}_i$ können zeilenweise aus (2.122) entnommen werden

[41] speziell könnte die Bewegungsgleichung des gestörten Zweikörperproblems $\ddot{\mathbf{r}} + \frac{\mu_\oplus}{r^3}\mathbf{r} = \mathbf{f}$ angesetzt werden; dann ändert sich aber der Charakter von $\mathbf{f}$ als Gesamtkraft hin zu einer als *Störkraft* aufgefassten (bezüglich der idealisierten Zweikörperbewegung)

Stellt man die Komponenten des Kraftvektors $\mathbf{f}$ bezüglich des zuvor erwähnten Gauß'schen Koordinatensystems (nachfolgend abkürzend als *Gaußbasis* bezeichnet) dar[42], dann nennt man die noch abzuleitenden dynamischen Beziehungen auch *Gauß'sche Bewegungsgleichungen.* Im Folgenden wird die Bezeichnung $\mathbf{f} = (f_1^g, f_2^g, f_3^g)^T$ verwendet, sofern die Kraftkomponenten bezüglich $[\mathbf{g}_i]$ gemeint sind.

Im Falle der Hill-Variablen kann die dynamische Beziehung für G etwa wie folgt hergeleitet werden:

$$\mathbf{h} = h\mathbf{g}_3, \tag{2.159}$$

also $\mathbf{h} = (h_1^g, h_2^g, h_3^g)^T = (0,0,h)^T =: (0,0,G)^T$, und damit gilt für die linke Seite von (2.158)

$$\frac{\mathrm{d}\mathbf{h}}{\mathrm{d}t} = \dot{h}\mathbf{g}_3 + h\dot{\mathbf{g}}_3. \tag{2.160}$$

Die Bewegung von $\mathbf{g}_3$ (und damit der Richtung des Bahndrehimpulsvektors) unter allgemeiner Krafteinwirkung erfolgt um den Erdrotationsvektor $\boldsymbol{\omega}_\oplus$. Dessen Komponenten können ebenfalls bezüglich der Gaußbasis angegeben werden, d. h. $\boldsymbol{\omega}_\oplus = (\omega_{\oplus 1}^g, \omega_{\oplus 2}^g, \omega_{\oplus 3}^g)^T$. Es gilt

$$\frac{\mathrm{d}\mathbf{g}_3}{\mathrm{d}t} = \boldsymbol{\omega}_\oplus \times \mathbf{g}_3 \quad \rightarrow \quad \frac{\mathrm{d}\mathbf{h}}{\mathrm{d}t} = \dot{h}\mathbf{g}_3 + h\,\boldsymbol{\omega}_\oplus \times \mathbf{g}_3 \quad \rightarrow \quad \frac{\mathrm{d}\mathbf{h}}{\mathrm{d}t} = \dot{h}\mathbf{g}_3 + \boldsymbol{\omega}_\oplus \times \mathbf{h}. \tag{2.161}$$

Das Kreuzprodukt in (2.161) wird bezüglich der Gaußbasis ausgewertet; man erhält

$$\boldsymbol{\omega}_\oplus \times \mathbf{h} = \begin{vmatrix} \mathbf{g}_1 & \mathbf{g}_2 & \mathbf{g}_3 \\ \omega_{\oplus 1}^g & \omega_{\oplus 2}^g & \omega_{\oplus 3}^g \\ 0 & 0 & h \end{vmatrix} = h\omega_{\oplus 2}^g \mathbf{g}_1 - h\omega_{\oplus 1}^g \mathbf{g}_2. \tag{2.162}$$

Für die rechte Seite von (2.158) wird wegen (2.127) bzw. $\mathbf{r} = (r_1^g, r_2^g, r_3^g)^T = (r,0,0)^T$ analog gebildet

$$\mathbf{r} \times \mathbf{f} = \begin{vmatrix} \mathbf{g}_1 & \mathbf{g}_2 & \mathbf{g}_3 \\ r & 0 & 0 \\ f_1^g & f_2^g & f_3^g \end{vmatrix} = rf_2^g \mathbf{g}_3 - rf_3^g \mathbf{g}_2 \tag{2.163}$$

und dann zwischen neuer linker und rechter Seite

$$h\omega_{\oplus 2}^g \mathbf{g}_1 - h\omega_{\oplus 1}^g \mathbf{g}_2 + \dot{h}\mathbf{g}_3 = 0\mathbf{g}_1 - rf_3^g \mathbf{g}_2 + rf_2^g \mathbf{g}_3 \tag{2.164}$$

ein Koeffizientenvergleich bezüglich der $\mathbf{g}_i$ durchgeführt. Dies liefert dann u. a.

$$\dot{h} = \frac{\mathrm{d}h}{\mathrm{d}t} = rf_2^g \quad \rightarrow \quad \frac{\mathrm{d}G}{\mathrm{d}t} = rf_2^g \tag{2.165}$$

und damit die dynamische Beziehung für G.[43] Die Folgerung von (2.165) aus (2.158) ist im Ergebnis äquivalent einer Projektion beider Seiten von (2.158) auf den Einheitsvektor $\mathbf{g}_3$ (vgl. Cui und Mareyen [9]).

Dem entsprechend kann die dynamische Beziehung für $H := h_3$ (bzw. $H := h_z$) als Ergebnis einer Projektion der identischen Ausgangsgleichung (2.158) auf den Einheitsvektor $\mathbf{e}_3$ aufgefasst werden. Die Herleitung kann dann auf ähnliche Weise wie zuvor erfolgen. Bezüglich der Basis $[\mathbf{e}_i]$ hat der Bahndrehimpulsvektor die Komponenten $\mathbf{h} = (h_1^e, h_2^e, h_3^e)^T =: (h_1, h_2, h_3)^T$ bzw. $\mathbf{h} = (h_x, h_y, h_z)^T$. Für den Positions- und Kraftvektor folgt entsprechend $\mathbf{r} = (r_1^e, r_2^e, r_3^e)^T =: (r_1, r_2, r_3)^T$ bzw. $\mathbf{r} = (r_x, r_y, r_z)^T =: (x, y, z)^T$ und $\mathbf{f} = (f_1^e, f_2^e, f_3^e)^T =: (f_1, f_2, f_3)^T$ bzw. $\mathbf{f} = (f_x, f_y, f_z)^T$. Wegen

$$\mathbf{h} = h_x \mathbf{e}_1 + h_y \mathbf{e}_2 + h_z \mathbf{e}_3 \tag{2.166}$$

und der Tatsache, dass störende Einwirkungen auf den Satelliten die Basisvektoren $\mathbf{e}_i$ unbeeinflusst lassen, gilt

$$\frac{\mathrm{d}\mathbf{h}}{\mathrm{d}t} = \dot{h}_x \mathbf{e}_1 + \dot{h}_y \mathbf{e}_2 + \dot{h}_z \mathbf{e}_3. \tag{2.167}$$

Eine Projektion kann im Falle eines invarianten Basisvektors auf ein Skalarprodukt reduziert werden. Somit erhält man für die Projektion der linken Seite von (2.158) auf $\mathbf{e}_3$ unmittelbar

$$\frac{\mathrm{d}\mathbf{h}}{\mathrm{d}t} \cdot \mathbf{e}_3 = \left(\dot{h}_x \mathbf{e}_1 + \dot{h}_y \mathbf{e}_2 + \dot{h}_z \mathbf{e}_3\right) \cdot \mathbf{e}_3 = \dot{h}_z = \frac{\mathrm{d}H}{\mathrm{d}t}. \tag{2.168}$$

[42] Zunächst erscheint die Wahl gerade dieser Basis $[\mathbf{g}_i]$ zur Berücksichtigung von Kräften naheliegend; jedenfalls naheliegender, als die Verwendung der noch spärlicher von dynamischen Überlegungen beeinflusste Definition der Basis $[\mathbf{s}_i]$. Im Hinblick auf die physikalischen Ursachen einiger der wesentlichsten Störkräfte (Sonne, Mond, Atmosphäre) wäre möglicherweise eine, dann aber nicht mehr orthonormale, Basis geeignet; etwa mit den drei Richtungen zur Flugrichtung des Satelliten, zur Sonne und zum Mond. Die Geeignetheit bzw. Praktikabilität einer solchen Basis-Wahl bliebt zu untersuchen.

[43] Anmerkung: ist man, wie hier geschehen, nur an einer Formulierung für $\dot{h} \equiv \dot{G}$ interessiert, hätte auch jeder andere Vektor als der willkürlich gewählt scheinende Erdrotationsvektor $\boldsymbol{\omega}_\oplus$ zur Bezugsrichtung für $\mathbf{h}$ in (2.161) bis (2.164) erhoben werden können; natürlich mit Ausnahme von $\mathbf{h}$ selbst. Aus mathematischer Sicht hätte dies keinen Unterschied bedeutet - physikalisch sehr wohl.

Vor der Projektion der rechten Seite von (2.158) wird das Kreuzprodukt bezüglich der Basis $[\mathbf{e}_i]$ ausgeführt:

$$\mathbf{r}\times\mathbf{f} = \begin{vmatrix} \mathbf{e}_1 & \mathbf{e}_2 & \mathbf{e}_3 \\ x & y & z \\ f_x & f_y & f_z \end{vmatrix} = yf_z\mathbf{e}_1 - zf_y\mathbf{e}_1 + zf_x\mathbf{e}_2 - xf_z\mathbf{e}_2 + xf_y\mathbf{e}_3 - yf_x\mathbf{e}_3. \tag{2.169}$$

Nach einer Projektion auf $\mathbf{e}_3$ bzw. der skalaren Multiplikation mit $\mathbf{e}_3$ verbleibt dann lediglich

$$(\mathbf{r}\times\mathbf{f})\cdot\mathbf{e}_3 = \left(yf_z\mathbf{e}_1 - zf_y\mathbf{e}_1 + zf_x\mathbf{e}_2 - xf_z\mathbf{e}_2 + xf_y\mathbf{e}_3 - yf_x\mathbf{e}_3\right)\cdot\mathbf{e}_3 = xf_y - yf_x \tag{2.170}$$

also

$$\frac{\mathrm{d}H}{\mathrm{d}t} = xf_y - yf_x. \tag{2.171}$$

Um (2.171) als dynamische Beziehung im Sinne einer Gauß'schen Bewegungsgleichung schreiben zu können, müssen f_x und f_y noch in Komponenten bezüglich der Gaußbasis transformiert werden. Da Vektorkomponenten sich wie die Basisvektoren transformieren lassen, gilt nach (2.129) folglich

$$\left(f_1^g, f_2^g, f_3^g\right)^T = R_{g\leftarrow e}(u,i,\Omega)\left(f_x, f_y, f_z\right)^T \quad\Leftrightarrow\quad \left(f_x, f_y, f_z\right)^T = R_{e\leftarrow g}(u,i,\Omega)\left(f_1^g, f_2^g, f_3^g\right)^T, \tag{2.172}$$

worin $R_{g\leftarrow e}$ bzw. $R_{e\leftarrow g}$ dann zeilenweise bzw. spaltenweise aus den Vektoren $\mathbf{g}_i$ mit Komponenten bezüglich der Basis $[\mathbf{e}_i]$ aufgebaut wird. Anders ausgedrückt: $f_i^g = \mathbf{g}_i\cdot(f_x, f_y, f_z)^T$. Mit (2.129) bzw. den explizit etwa aus Cui [10] entnehmbaren $\mathbf{g}_i$ erhält man

$$\begin{aligned} f_x &= \left(\cos u\cos\Omega - \sin u\sin\Omega\cos i\right)f_1^g + \left(-\sin u\cos\Omega - \cos u\sin\Omega\cos i\right)f_2^g + \sin\Omega\sin i f_3^g, \\ f_y &= \left(\cos u\sin\Omega + \sin u\cos\Omega\cos i\right)f_1^g + \left(-\sin u\sin\Omega + \cos u\cos\Omega\cos i\right)f_2^g - \cos\Omega\sin i f_3^g. \end{aligned} \tag{2.173}$$

Aus einem Koeffizientenvergleich von $\mathbf{r} = (x,y,z)[\mathbf{e}_i]$ und $\mathbf{r} = r\mathbf{g}_1$ (siehe linke Beziehung in (2.127) mit $\mathbf{e}_r \equiv \mathbf{g}_1$) folgen unter Beachtung der rechten Beziehung in (2.135) die Komponenten des Positionsvektors $\mathbf{r}$ in der Form

$$\begin{aligned} x &= r\cos u\cos\Omega - r\sin u\sin\Omega\cos i, \\ y &= r\cos u\sin\Omega + r\sin u\cos\Omega\cos i, \\ z &= r\sin u\sin i. \end{aligned} \tag{2.174}$$

Einsetzen von (2.174) und (2.173) in (2.171) liefert nach Anwendung von Additionstheoremen schließlich mit

$$\frac{\mathrm{d}H}{\mathrm{d}t} = r\left(\cos i f_2^g - \cos u\sin i f_3^g\right) \tag{2.175}$$

die dynamische Beziehung für H, ausgedrückt in Hill-Variablen.

Die Größe $\dot{r}$ bedeutet die radiale Komponente des Geschwindigkeitsvektors. Zur Aufstellung der entsprechenden dynamischen Beziehung bietet es sich an, die Änderung des Vektors $\mathbf{v}$ unter dem Einfluss von $\mathbf{f}$ zu betrachten. Ausgehend vom Newton'schen Bewegungsgesetz (in massefreier Darstellung) erhält man (Cui und Mareyen [9])

$$\frac{\mathrm{d}\mathbf{v}}{\mathrm{d}t} = \mathbf{f} \quad\rightarrow\quad \frac{\mathrm{d}\mathbf{v}}{\mathrm{d}t}\cdot\mathbf{v} = \mathbf{f}\cdot\mathbf{v} \quad\rightarrow\quad \frac{\mathrm{d}\mathcal{E}_{\mathrm{kin}}}{\mathrm{d}t} = \mathbf{f}\cdot\mathbf{v}, \tag{2.176}$$

worin die kinetische Energie wie üblich (lediglich ebenfalls massefrei) mittels $\mathcal{E}_{\mathrm{kin}} = \frac{1}{2}\mathbf{v}\cdot\mathbf{v}$ ausgedrückt wird.[44] Die letzte Beziehung in (2.176) kann unter Verwendung von (2.130) in Hill-Variablen und bezüglich der Gaußbasis ausgedrückt werden:

$$\frac{\mathrm{d}}{\mathrm{d}t}\left(\frac{1}{2}\left(\dot{r}^2 + \frac{G^2}{r^2}\right)\right) = \begin{bmatrix} f_1^g \\ f_2^g \\ f_3^g \end{bmatrix}\cdot\begin{bmatrix} \dot{r} \\ G/r \\ 0 \end{bmatrix} \tag{2.177}$$

und somit nach Ausformulierung beider Seiten

$$\dot{r}\frac{\mathrm{d}\dot{r}}{\mathrm{d}t} + \frac{G}{r^2}\frac{\mathrm{d}G}{\mathrm{d}t} - \frac{G^2}{r^3}\frac{\mathrm{d}r}{\mathrm{d}t} = \dot{r}f_1^g + \frac{G}{r}f_2^g. \tag{2.178}$$

Die Beziehung (2.178) erlaubt, zusammen mit den bereits bekannten kinematischen Beziehungen (2.119) aus Abschnitt § 2.2.3.4 sowie den dynamischen Beziehungen (2.165) und (2.175), die restlichen Gleichungen explizit anzugeben. So liefert das Einsetzen von (2.165) und der ersten Gleichung aus (2.119) in (2.178) die dynamische Beziehung für $\dot{r}$:

$$\frac{\mathrm{d}\dot{r}}{\mathrm{d}t} = \frac{G^2}{r^3} + f_1^g. \tag{2.179}$$

[44]Die teils verbreitete Notation T für die kinetische Energie wird hier nicht verwendet, um etwaigen Verwechslungen mit einem zusätzlichen generalisierten Impuls (siehe § 2.2.4.1) vorzubeugen.

Des weiteren erhält man nach Einsetzen von (2.165) und (2.175) in die letzte Gleichung aus (2.119) die dynamische Beziehung für Ω:

$$\frac{\mathrm{d}\Omega}{\mathrm{d}t} = \frac{r}{G}\frac{\sin u}{\sin i} f_3^g. \tag{2.180}$$

Einführen von (2.180) in die zweite Gleichung aus (2.119) liefert die noch fehlende dynamische Beziehung für u:

$$\frac{\mathrm{d}u}{\mathrm{d}t} = \frac{G}{r^2} - \frac{r}{G}\sin u \cot i\, f_3^g. \tag{2.181}$$

Die Beziehungen (2.165), (2.175), (2.179), (2.180), (2.181) sowie die erste Gleichung in (2.119) bilden zusammengefasst dann die *Gauß'schen Bewegungsgleichungen*, ausgedrückt in Hill-Variablen (vgl. Cui und Mareyen [9]). Aus den zuvor abgeleiteten Beziehungen kann die entsprechende Darstellung in kanonischen Kugelkoordinaten gewonnen werden, indem die Transformation $\mathcal{H} \to \mathcal{S}$ angewandt wird. Es fehlen dabei nur noch die Zeitableitungen der Impulse $\dot{r}$, J und H; die Zeitableitungen der Koordinaten r, θ und Λ sind ja bereits vollständig und explizit durch die kinematischen Beziehungen (2.157) gegeben.[45]

Die dynamische Beziehung für $\dot{r}$ erhält man nach Einsetzen von (2.139) in (2.179):

$$\frac{\mathrm{d}\dot{r}}{\mathrm{d}t} = \frac{1}{r^3}\left(J^2 + \frac{H^2}{\sin^2\theta}\right) + f_1^g \quad \text{bzw.} \quad \frac{\mathrm{d}\dot{r}}{\mathrm{d}t} = \frac{1}{r}\left(\left(\frac{J}{r}\right)^2 + \left(\frac{H}{r\sin\theta}\right)^2\right) + f_1^g. \tag{2.182}$$

Zusammen mit $\cos i = H/G$, der daraus über (2.150) herleitbaren Beziehung

$$\frac{J}{G} = \frac{J}{H}\frac{\sin\theta}{\sqrt{1+\left(\frac{J}{H}\right)^2\sin^2\theta}}, \tag{2.183}$$

sowie der Verwendung von (2.137) bzw. $\cos u \sin i = -(J/G)\sin\theta$ folgt unter Berücksichtigung von (2.175) dann

$$\frac{\mathrm{d}H}{\mathrm{d}t} = \frac{r\sin\theta}{\sqrt{1+\left(\frac{J}{H}\right)^2\sin^2\theta}}\left(f_2^g + \frac{J}{H}\sin\theta\, f_3^g\right) \tag{2.184}$$

und damit die dynamische Beziehung für H, nunmehr ausgedrückt in kanonischen Kugelkoordinaten.

Bildung des totalen Differentials für (2.139) samt nachfolgender Division durch $\mathrm{d}t$ ergibt

$$2J\,\mathrm{d}J = 2G\,\mathrm{d}G - \frac{2H}{\sin^2\theta}\mathrm{d}H + \frac{2H^2\cos\theta}{\sin^3\theta}\mathrm{d}\theta \quad \to \quad \frac{\mathrm{d}J}{\mathrm{d}t} = \frac{G}{J}\frac{\mathrm{d}G}{\mathrm{d}t} - \frac{H}{J}\frac{1}{\sin^2\theta}\frac{\mathrm{d}H}{\mathrm{d}t} + \frac{H^2}{J}\frac{\cos\theta}{\sin^3\theta}\frac{\mathrm{d}\theta}{\mathrm{d}t}. \tag{2.185}$$

Führt man die bereits vorliegenden Beziehungen (2.165), (2.184), sowie die zweite Gleichung aus (2.157) in (2.185) ein, dann erhält man nach Beseitigung des letzten verbliebenen G bzw. nach Umschreibung des Terms G/J unter Anwendung der zu (2.183) reziproken Formel schließlich die dynamische Beziehung für die Grösse J:

$$\frac{\mathrm{d}J}{\mathrm{d}t} = \cot\theta\left(\frac{H}{r\sin\theta}\right)^2 + \frac{r\sin\theta}{\sqrt{1+\left(\frac{J}{H}\right)^2\sin^2\theta}}\left(\frac{J}{H}f_2^g - \frac{1}{\sin\theta}f_3^g\right). \tag{2.186}$$

Nun sind sämtliche kinematischen und dynamischen Beziehungen in kanonischen Kugelkoordinaten formuliert. Zusammengestellt bilden sie die *Gauß'schen Bewegungsgleichungen*, wobei die f_i^g Komponenten der Gesamtkraft (also nicht etwa nur eines Störkraftvektors) bezüglich der Gaußbasis symbolisieren (siehe Cui und Mareyen [9]):

[45] Gleichwohl liessen sich auch die Beziehungen für die Koordinaten θ und Λ auf genau diesem Wege herleiten bzw. verifizieren. Nach Bildung des totalen Differentials für (2.134) erhält man z. B.

$$-\sin\theta\mathrm{d}\theta = \sin u\cos i\,\mathrm{d}i + \cos u \sin i\,\mathrm{d}u$$

und nach Einsetzen des totalen Differentials für $\cos i = H/G$ samt anschliessender Division der gesamten Gleichung durch $\mathrm{d}t$ dann

$$\frac{\mathrm{d}\theta}{\mathrm{d}t} = -\frac{1}{\sin\theta}\left(\sin u\cos i\left(\frac{1}{G}\cot i\frac{\mathrm{d}G}{\mathrm{d}t} - \frac{1}{G}\frac{1}{\sin i}\frac{\mathrm{d}H}{\mathrm{d}t}\right) + \cos u \sin i\frac{\mathrm{d}u}{\mathrm{d}t}\right).$$

Einsetzen von (2.165), (2.175) und (2.181) liefert zunächst

$$\frac{\mathrm{d}\theta}{\mathrm{d}t} = -\frac{G}{r^2}\frac{\sin i\cos u}{\sin\theta}$$

und wegen der nochmaligen Anwendung von (2.134) bzw. $\sin i = \cos\theta/\sin u$ sowie $\cot u = -(J/G)\tan\theta$ folgt schliesslich mit

$$\frac{\mathrm{d}\theta}{\mathrm{d}t} = -\frac{G}{r^2}\cot\theta\cot u \quad \to \quad \frac{\mathrm{d}\theta}{\mathrm{d}t} = \frac{J}{r^2}$$

die Bestätigung der zweiten kinematischen Beziehung in (2.157). Die Verifizierung der Beziehung $\mathrm{d}\Lambda/\mathrm{d}t$ würde ähnlich erfolgen.

$$\frac{\mathrm{d}r}{\mathrm{d}t} = \dot{r}\,, \qquad \frac{\mathrm{d}\dot{r}}{\mathrm{d}t} = f_1^g + \frac{1}{r}\left(\left(\frac{J}{r}\right)^2 + \left(\frac{H}{r\sin\theta}\right)^2\right),$$

$$\frac{\mathrm{d}\theta}{\mathrm{d}t} = \frac{J}{r^2}\,, \qquad \frac{\mathrm{d}J}{\mathrm{d}t} = \frac{r\sin\theta}{\sqrt{1+\left(\frac{J}{H}\right)^2\sin^2\theta}}\left(\frac{J}{H}f_2^g - \frac{1}{\sin\theta}f_3^g\right) + \cot\theta\left(\frac{H}{r\sin\theta}\right)^2, \tag{2.187}$$

$$\frac{\mathrm{d}\Lambda}{\mathrm{d}t} = \frac{H}{(r\sin\theta)^2}\,, \qquad \frac{\mathrm{d}H}{\mathrm{d}t} = \frac{r\sin\theta}{\sqrt{1+\left(\frac{J}{H}\right)^2\sin^2\theta}}\left(f_2^g + \frac{J}{H}\sin\theta\, f_3^g\right).$$

Die auf einen Satelliten einwirkenden Kräfte können grob in zwei Klassen eingeteilt werden, z. B. in Bezug auf den Energiehaushalt. Man spricht dann von konservativen/energieerhaltenden[46] und dissipativen/energiezehrenden[47] Kräften. Der Anteil der letzteren lässt sich u. a. durch Beschleunigungsmesser an Bord des Satelliten bestimmen und in der Analyse bzw. Berechnung von Satellitenbahnen berücksichtigen. Sie werden deshalb auch als Akzelerometerkräfte bezeichnet; ebenso als Oberflächenkräfte, da ihre Auswirkung wesentlich von der Ausrichtung der Oberfläche des Satelliten abhängig ist. Eine hochgenaue modellartige Behandlung dieser Kräfte kann sehr anspruchsvoll sein.

Eine wesentliche Eigenschaft der gravitativen Kräfte im Unterschied zu den dissipativen Kräften besteht in ihrer Darstellbarkeit über eine skalare Orts-/ bzw. Kraftfunktion; genauer in der Möglichkeit, sie als Gradient eines Potentials formulieren zu können.

Wir trennen zunächst die Kraft $\mathbf{f}$ auf in einen nicht-dissipativen Anteil $\tilde{\mathbf{f}}$ und einen dissipativen Anteil $\hat{\mathbf{f}}$:

$$\mathbf{f} = \tilde{\mathbf{f}} + \hat{\mathbf{f}}. \tag{2.188}$$

Unter Annahme kartesischer Koordinaten könnte man etwa schreiben

$$\tilde{\mathbf{f}} = \nabla_{\mathcal{C}} V(\mathbf{r}) := \left[\frac{\partial V}{\partial x}, \frac{\partial V}{\partial y}, \frac{\partial V}{\partial z}\right]^T, \tag{2.189}$$

wobei das Potential $V = V(\mathbf{r}) = V(x, y, z)$ selbst aus diversen Teilpotentialen additiv zusammengesetzt sein kann, z. B. $V = V_\oplus + V_\odot + \cdots$, und es dabei gänzlich und in seinen Teilen möglicherweise explizit oder implizit zeitabhängig ist, z. B. $V = V(\mathbf{r}, t) = V(x, y, z; t)$.[48] Für $V = V(\mathcal{C})$ gilt formal

$$\mathrm{d}V = \frac{\partial V}{\partial x}\mathrm{d}x + \frac{\partial V}{\partial y}\mathrm{d}y + \frac{\partial V}{\partial z}\mathrm{d}z = \tilde{\mathbf{f}}^T \begin{bmatrix}\mathrm{d}x\\ \mathrm{d}y\\ \mathrm{d}z\end{bmatrix} \tag{2.190}$$

Soll der Kraftvektor bezüglich der Gaußbasis ausgedrückt werden, dann ist

$$\mathbf{f} = R_{e\leftarrow g}\mathbf{f}^g \quad\to\quad \tilde{\mathbf{f}} = R_{e\leftarrow g}\tilde{\mathbf{f}}^g \quad\to\quad \tilde{\mathbf{f}}^T = \tilde{\mathbf{f}}^{gT} R_{g\leftarrow e} \tag{2.191}$$

mit $R_{g\leftarrow e}$ aus (2.129) in (2.190) einzusetzen, also

$$\mathrm{d}V = \tilde{\mathbf{f}}^{gT} R_{g\leftarrow e}\begin{bmatrix}\mathrm{d}x\\ \mathrm{d}y\\ \mathrm{d}z\end{bmatrix}. \tag{2.192}$$

Die (2.155) entsprechende Formulierung in Hill-Variablen lautet (Cui und Mareyen [9])

$$\begin{bmatrix}\mathrm{d}x\\ \mathrm{d}y\\ \mathrm{d}z\end{bmatrix} = \mathrm{d}r\,\mathbf{g}_1 + r\big(\mathrm{d}u + \cos i\,\mathrm{d}\Omega\big)\mathbf{g}_2 + r\big(\sin u\,\mathrm{d}i - \cos u\sin i\,\mathrm{d}\Omega\big)\mathbf{g}_3. \tag{2.193}$$

Wegen

$$R_{g\leftarrow e} = \left[\mathbf{g}_1^T, \mathbf{g}_2^T, \mathbf{g}_3^T\right]^T \quad\to\quad \tilde{\mathbf{f}}^{gT} R_{g\leftarrow e}\,\mathbf{g}_i = \tilde{f}_i^g \tag{2.194}$$

folgt mit Berücksichtigung des totalen Differentials für $\cos i = H/G$

$$\mathrm{d}V = \tilde{f}_1^g\mathrm{d}r + r\tilde{f}_2^g\mathrm{d}u + r\big(\cos i\tilde{f}_2^g - \cos u\sin i\tilde{f}_3^g\big)\mathrm{d}\Omega + \frac{r}{G}\sin u\cot i\tilde{f}_3^g\mathrm{d}G - \frac{r}{G}\frac{\sin u}{\sin i}\tilde{f}_3^g\mathrm{d}H. \tag{2.195}$$

[46] Ursachen: z. B. Masseninhomogenität der Erde, Drittkörpergravitation (direkt bzw. indirekt über Gezeitenwirkungen) u. a.

[47] Ursachen: z. B. atmosphärische Reibung oder Auftrieb, Sonnenstrahlungsdruck, Erdalbedostrahlung, thermische Effekte u. a.

[48] Magnetfelder (hier nicht betrachtet) werden ebenfalls mittels Potentialdarstellung beschrieben - die durch Gradientenbildung resultierende (Lorentz-)Kraft wäre dann zusätzlich in $\tilde{\mathbf{f}}$ enthalten

Andererseits gilt für $V = V(\mathcal{H})$ formal

$$\mathrm{d}V = \frac{\partial V}{\partial \dot r}\,\mathrm{d}\dot r + \frac{\partial V}{\partial G}\,\mathrm{d}G + \frac{\partial V}{\partial H}\,\mathrm{d}H + \frac{\partial V}{\partial r}\,\mathrm{d}r + \frac{\partial V}{\partial u}\,\mathrm{d}u + \frac{\partial V}{\partial \Omega}\,\mathrm{d}\Omega, \tag{2.196}$$

so dass ein Koeffizientenvergleich mit (2.195) die folgenden Zusammenhänge liefert:

$$\begin{aligned} \frac{\partial V}{\partial \dot r} &= 0, & \frac{\partial V}{\partial r} &= \tilde f_1^g, \\ \frac{\partial V}{\partial G} &= \frac{r}{G}\frac{\sin u}{\sin i}\cos i\,\tilde f_3^g, & \frac{\partial V}{\partial u} &= r\tilde f_2^g, \\ \frac{\partial V}{\partial H} &= -\frac{r}{G}\frac{\sin u}{\sin i}\,\tilde f_3^g, & \frac{\partial V}{\partial \Omega} &= r\big(\cos i\,\tilde f_2^g - \cos u \sin i\,\tilde f_3^g\big). \end{aligned} \tag{2.197}$$

Einsetzen in die Gauß'schen Bewegungsgleichungen für Hill-Variablen liefert (vgl. Cui und Mareyen [9])

$$\begin{aligned} \frac{\mathrm{d}r}{\mathrm{d}t} &= \dot r, & \frac{\mathrm{d}\dot r}{\mathrm{d}t} &= \frac{G^2}{r^3} + \frac{\partial V}{\partial r} + \hat f_1^g, \\ \frac{\mathrm{d}u}{\mathrm{d}t} &= \frac{G}{r^2} - \frac{\partial V}{\partial G} - \frac{r}{G}\frac{\sin u}{\sin i}\cos i\,\hat f_3^g, & \frac{\mathrm{d}G}{\mathrm{d}t} &= \frac{\partial V}{\partial u} + r\hat f_2^g, \\ \frac{\mathrm{d}\Omega}{\mathrm{d}t} &= -\frac{\partial V}{\partial H} + \frac{r}{G}\frac{\sin u}{\sin i}\,\hat f_3^g, & \frac{\mathrm{d}H}{\mathrm{d}t} &= \frac{\partial V}{\partial \Omega} + r\big(\cos i\,\hat f_2^g - \cos u \sin i\,\hat f_3^g\big). \end{aligned} \tag{2.198}$$

Im Falle des Erdschwerefeldes sind die partiellen Ableitungen aus der Potentialdarstellung (2.36) zu bestimmen. Falls keinerlei dissipative Kräfte vorhanden bzw. zu berücksichtigen sind ($\hat{\mathbf{f}} = \mathbf{0}$ bzw. $\hat{\mathbf{f}}^g = \mathbf{0}$), kann (2.198) ohne Probleme in ein kanonisches Gleichungssystem der Art (2.4) überführt werden mit der Hamilton-Funktion[49]

$$F = V - \frac{1}{2}\left(\dot r^2 + \frac{G^2}{r^2}\right). \tag{2.199}$$

Bisher wurden in dieser Arbeit lediglich die Spezialfälle (2.58) und (2.85) behandelt.
Einer weiteren Verallgemeinerung des Liereihen-Ansatzes zur numerischen Integration der Bewegungsgleichungen steht der relativ hohe Rechenaufwand zur Bestimmung der partiellen Ableitungen schon alleine des Erdschwerepotentials entgegen. Dagegen scheint aussichtsreich, den Aufwand durch einen Variablenwechsel $\mathcal{H} \to \mathcal{S}$ deutlich reduzieren zu können.[50] Verglichen mit (2.36), kommen in (2.29) 3 statt 5 Variablen zur Anwendung. Dieser Rechenvorteil sollte selbst beim klassischen Hauptproblem, also (2.38) gegenüber (2.47) mit 2 statt 4 Variablen, signifikant sein.

Bevor zusätzliche Modifikationen des Ansatzes vorgestellt werden, soll der Variablenwechsel für die dynamischen Beziehungen abgeschlossen werden. Bei Vorliegen von Potentialdarstellungen in Abhängigkeit von Kugelkoordinaten (r, θ, λ) führt die Gradientenbildung unmittelbar auf Kraftkomponenten bezüglich der Basis $[\mathbf{s}_i]$:[51]

$$\tilde{\mathbf{f}}^s = \nabla_{(r,\theta,\lambda)} V(\mathbf{r}) := \left[\frac{\partial V}{\partial r}, \frac{1}{r}\frac{\partial V}{\partial \theta}, \frac{1}{r\sin\theta}\frac{\partial V}{\partial \lambda}\right]^T \qquad \text{mit} \qquad \mathbf{f}^s = \tilde{\mathbf{f}}^s + \hat{\mathbf{f}}^s. \tag{2.200}$$

Anmerkung: Bei Cui und Mareyen [9] wird eine abweichende Definition der Basisvektoren $\mathbf{s}_i$ verwendet.

Man könnte den Übergang direkt aus den Komponenten bezüglich der Gaußbasis $[\mathbf{g}_i]$ herleiten mittels der bereits eingeführten Transformation (2.131) bzw.

$$\mathbf{f}^g = R_{g\leftarrow s}\mathbf{f}^s \tag{2.201}$$

mit der formal korrekten Rotationen-Reihenfolge

$$R_{g\leftarrow s}(\theta, \Lambda, u, i, \Omega) = R_3(u)\,R_1(i)\,R_3(\Omega)\,R_3(-\Lambda)\,R_2(90^\circ - \theta)R_1(90^\circ). \tag{2.202}$$

[49] zu beachten ist, dass wir seit (2.4) die Vorzeichenkonvention gewechselt haben, siehe erste Fussnote in § 2.2.2.2

[50] bei Cunningham [11], Bettadpur [3] sowie Métris et al. [34] findet man explizite Formeln zur Bildung der höheren partiellen Ableitungen des Erdschwerepotentials, jeweils erreicht durch den Übergang zur komplexen Darstellung

[51] aufgrund des linearen Zusammenhanges $\lambda = \Lambda - \Theta \leftrightarrow \Lambda = \Theta + \lambda$ gilt $\partial V/\partial\Lambda = \partial V/\partial\lambda$

Schneller und einsichtiger kann die Transformation (2.201) erfolgen wenn man bedenkt, dass zwei orthonormale Koordinatensysteme[52], die einen gemeinsamen Basisvektor teilen (wie hier mit $\mathbf{g}_1 \equiv \mathbf{s}_1$ vorliegend), durch eine einzelne Rotation um diesen gemeinsamen Vektor ineinander überführt werden können. Der Drehwinkel wird dabei durch die beiden übrigen Vektorpaare festgelegt. Hier gilt entsprechend:

$$R_{g\leftarrow s} = R_1(\angle(\mathbf{h},\mathbf{s}_3)) = \begin{bmatrix} 1 & 0 & 0 \\ 0 & \cos\angle(\mathbf{h},\mathbf{s}_3) & \sin\angle(\mathbf{h},\mathbf{s}_3) \\ 0 & -\sin\angle(\mathbf{h},\mathbf{s}_3) & \cos\angle(\mathbf{h},\mathbf{s}_3) \end{bmatrix}. \tag{2.203}$$

Mit (2.124) und Beachtung der linken Beziehung in (2.137) folgt unmittelbar

$$\cos\angle(\mathbf{h},\mathbf{s}_3) = -\frac{\sin i\cos u}{\sin\theta} \quad\longrightarrow\quad \sin\angle(\mathbf{h},\mathbf{s}_3) = \frac{\cos i}{\sin\theta} \tag{2.204}$$

unter Ausnutzung der rechten Beziehung in (2.138). Man erhält also

$$\begin{bmatrix} f_1^g \\ f_2^g \\ f_3^g \end{bmatrix} = \begin{bmatrix} 1 & 0 & 0 \\ 0 & -\dfrac{\sin i\cos u}{\sin\theta} & \dfrac{\cos i}{\sin\theta} \\ 0 & -\dfrac{\cos i}{\sin\theta} & -\dfrac{\sin i\cos u}{\sin\theta} \end{bmatrix} \begin{bmatrix} f_1^s \\ f_2^s \\ f_3^s \end{bmatrix}. \tag{2.205}$$

Einsetzen von (2.205) in die ursprünglichen Gauß'schen Bewegungsgleichungen für Hill-Variablen[53] liefert erst

$$\begin{aligned}
\frac{\mathrm{d}r}{\mathrm{d}t} &= \dot r, & \frac{\mathrm{d}\dot r}{\mathrm{d}t} &= \frac{G^2}{r^3} + f_1^s, \\
\frac{\mathrm{d}u}{\mathrm{d}t} &= \frac{G}{r^2} + \frac{r}{G}\frac{\sin u\cos i}{\sin\theta\sin i}\big(\cos i\, f_2^s + \cos u\sin i\, f_3^s\big), & \frac{\mathrm{d}G}{\mathrm{d}t} &= \frac{r}{\sin\theta}\big(\cos i\, f_3^s - \cos u\sin i\, f_2^s\big), \\
\frac{\mathrm{d}\Omega}{\mathrm{d}t} &= -\frac{r}{G}\frac{\sin u}{\sin\theta\sin i}\big(\cos i\, f_2^s + \cos u\sin i\, f_3^s\big), & \frac{\mathrm{d}H}{\mathrm{d}t} &= r\sin\theta\, f_3^s,
\end{aligned} \tag{2.206}$$

sowie unter der Annahme von (2.200)

$$\begin{aligned}
\frac{\mathrm{d}r}{\mathrm{d}t} &= \dot r, \\
\frac{\mathrm{d}u}{\mathrm{d}t} &= \frac{G}{r^2} + \frac{1}{G}\frac{\sin u\cos i}{\sin\theta\sin i}\left(\cos i\frac{\partial V}{\partial\theta} + \frac{\cos u\sin i}{\sin\theta}\frac{\partial V}{\partial\lambda}\right) + \frac{r}{G}\frac{\sin u\cos i}{\sin\theta\sin i}\big(\cos i\,\hat f_2^s + \cos u\sin i\,\hat f_3^s\big), \\
\frac{\mathrm{d}\Omega}{\mathrm{d}t} &= -\frac{1}{G}\frac{\sin u}{\sin\theta\sin i}\left(\cos i\frac{\partial V}{\partial\theta} + \frac{\cos u\sin i}{\sin\theta}\frac{\partial V}{\partial\lambda}\right) - \frac{r}{G}\frac{\sin u}{\sin\theta\sin i}\big(\cos i\,\hat f_2^s + \cos u\sin i\,\hat f_3^s\big), \\
\frac{\mathrm{d}\dot r}{\mathrm{d}t} &= \frac{G^2}{r^3} + \frac{\partial V}{\partial r} + \hat f_1^s, \\
\frac{\mathrm{d}G}{\mathrm{d}t} &= \frac{1}{\sin\theta}\left(\frac{\cos i}{\sin\theta}\frac{\partial V}{\partial\lambda} - \cos u\sin i\frac{\partial V}{\partial\theta}\right) + \frac{r}{\sin\theta}\big(\cos i\,\hat f_3^s - \cos u\sin i\,\hat f_2^s\big), \\
\frac{\mathrm{d}H}{\mathrm{d}t} &= \frac{\partial V}{\partial\lambda} + r\sin\theta\,\hat f_3^s
\end{aligned} \tag{2.207}$$

bzw.

$$\begin{aligned}
\frac{\mathrm{d}r}{\mathrm{d}t} &= \dot r, & \frac{\mathrm{d}\dot r}{\mathrm{d}t} &= \frac{G^2}{r^3} + \frac{\partial V}{\partial r}, \\
\frac{\mathrm{d}u}{\mathrm{d}t} &= \frac{G}{r^2} + \frac{1}{G}\frac{\sin u\cos i}{\sin\theta\sin i}\left(\cos i\frac{\partial V}{\partial\theta} + \frac{\cos u\sin i}{\sin\theta}\frac{\partial V}{\partial\lambda}\right), & \frac{\mathrm{d}G}{\mathrm{d}t} &= \frac{1}{\sin\theta}\left(\frac{\cos i}{\sin\theta}\frac{\partial V}{\partial\lambda} - \cos u\sin i\frac{\partial V}{\partial\theta}\right), \\
\frac{\mathrm{d}\Omega}{\mathrm{d}t} &= -\frac{1}{G}\frac{\sin u}{\sin\theta\sin i}\left(\cos i\frac{\partial V}{\partial\theta} + \frac{\cos u\sin i}{\sin\theta}\frac{\partial V}{\partial\lambda}\right), & \frac{\mathrm{d}H}{\mathrm{d}t} &= \frac{\partial V}{\partial\lambda},
\end{aligned} \tag{2.208}$$

falls wiederum keinerlei dissipative Kräfte vorhanden bzw. zu berücksichtigen sind ($\hat{\mathbf{f}} = \mathbf{0}$ bzw. $\hat{\mathbf{f}}^s = \mathbf{0}$).

[52] beide müssen natürlich entweder Rechts- oder Linkssysteme sein, ansonsten kommen noch entsprechende Spiegelungen hinzu
[53] (2.165), (2.175), (2.179), (2.180), (2.181) sowie die erste Gleichung in (2.119)

Eine starke Vereinfachung der Bewegungsgleichungen ergibt sich, wenn man die Kraftkomponenten f_i^s mittels (2.205) konsequenterweise gleich in (2.187) einführt. Mit

$$f_1^g = f_1^s, \qquad \frac{J}{H} f_2^g - \frac{1}{\sin\theta} f_3^g = \frac{1}{\sin\theta}\sqrt{1+\left(\frac{J}{H}\right)^2 \sin^2\theta}\, f_2^s, \qquad f_2^g + \frac{J}{H}\sin\theta\, f_3^g = \sqrt{1+\left(\frac{J}{H}\right)^2 \sin^2\theta}\, f_3^s \tag{2.209}$$

unter Ausnutzung bereits gezeigter Zusammenhänge zwischen $\mathcal{H}$ und $\mathcal{S}$ ergibt sich

$$\begin{aligned}
\frac{\mathrm{d}r}{\mathrm{d}t} &= \dot r\,, & \frac{\mathrm{d}\dot r}{\mathrm{d}t} &= f_1^s + \frac{1}{r}\left(\left(\frac{J}{r}\right)^2 + \left(\frac{H}{r\sin\theta}\right)^2\right),\\
\frac{\mathrm{d}\theta}{\mathrm{d}t} &= \frac{J}{r^2}\,, & \frac{\mathrm{d}J}{\mathrm{d}t} &= r f_2^s + \cot\theta\left(\frac{H}{r\sin\theta}\right)^2,\\
\frac{\mathrm{d}\Lambda}{\mathrm{d}t} &= \frac{H}{(r\sin\theta)^2}\,, & \frac{\mathrm{d}H}{\mathrm{d}t} &= r\sin\theta\, f_3^s.
\end{aligned} \tag{2.210}$$

Zerlegt man erneut die Kraft bzw. deren Vektorkomponenten in zwei qualitativ unterschiedliche Anteile nach $f_i^s = \tilde f_i^s + \hat f_i^s$, dann folgt schließlich wegen (2.200) die Darstellung

$$\begin{aligned}
\frac{\mathrm{d}r}{\mathrm{d}t} &= \dot r\,, & \frac{\mathrm{d}\dot r}{\mathrm{d}t} &= \frac{1}{r}\left(\left(\frac{J}{r}\right)^2 + \left(\frac{H}{r\sin\theta}\right)^2\right) + \frac{\partial V}{\partial r} + \hat f_1^s,\\
\frac{\mathrm{d}\theta}{\mathrm{d}t} &= \frac{J}{r^2}\,, & \frac{\mathrm{d}J}{\mathrm{d}t} &= \cot\theta\left(\frac{H}{r\sin\theta}\right)^2 + \frac{\partial V}{\partial\theta} + r\hat f_2^s,\\
\frac{\mathrm{d}\Lambda}{\mathrm{d}t} &= \frac{H}{(r\sin\theta)^2}\,, & \frac{\mathrm{d}H}{\mathrm{d}t} &= \frac{\partial V}{\partial\lambda} + r\sin\theta\,\hat f_3^s.
\end{aligned} \tag{2.211}$$

Bei Abwesenheit dissipativer Kräfte folgt

$$\begin{aligned}
\frac{\mathrm{d}r}{\mathrm{d}t} &= \dot r\,, & \frac{\mathrm{d}\dot r}{\mathrm{d}t} &= \frac{1}{r}\left(\left(\frac{J}{r}\right)^2 + \left(\frac{H}{r\sin\theta}\right)^2\right) + \frac{\partial V}{\partial r}\,,\\
\frac{\mathrm{d}\theta}{\mathrm{d}t} &= \frac{J}{r^2}\,, & \frac{\mathrm{d}J}{\mathrm{d}t} &= \cot\theta\left(\frac{H}{r\sin\theta}\right)^2 + \frac{\partial V}{\partial\theta}\,,\\
\frac{\mathrm{d}\Lambda}{\mathrm{d}t} &= \frac{H}{(r\sin\theta)^2}\,, & \frac{\mathrm{d}H}{\mathrm{d}t} &= \frac{\partial V}{\partial\lambda} = \frac{\partial V}{\partial\Lambda}
\end{aligned} \tag{2.212}$$

bzw. das kanonische Gleichungssystem

$$\begin{aligned}
\frac{\mathrm{d}r}{\mathrm{d}t} &= -\frac{\partial F}{\partial\dot r}\,, & \frac{\mathrm{d}\dot r}{\mathrm{d}t} &= \frac{\partial F}{\partial r}\,,\\
\frac{\mathrm{d}\theta}{\mathrm{d}t} &= -\frac{\partial F}{\partial J}\,, & \frac{\mathrm{d}J}{\mathrm{d}t} &= \frac{\partial F}{\partial\theta}\,,\\
\frac{\mathrm{d}\Lambda}{\mathrm{d}t} &= -\frac{\partial F}{\partial H}\,, & \frac{\mathrm{d}H}{\mathrm{d}t} &= \frac{\partial F}{\partial\Lambda} = \frac{\partial F}{\partial\lambda}
\end{aligned} \tag{2.213}$$

mit der nach (2.141) gültigen Hamilton-Funktion

$$F(r,\theta,\Lambda;\dot r,J,H) = V(r,\theta,\lambda(\Lambda)) - \frac{1}{2}\left(\dot r^2 + \frac{J^2}{r^2} + \frac{H^2}{(r\sin\theta)^2}\right). \tag{2.214}$$

Bei Beschränkung des Kraftmodells auf das Erdschwerefeld muss nur (2.29) in (2.214) eingesetzt werden und für weitere Vereinfachungen z. B. lediglich (2.24) für das Keplerproblem oder (2.38) für das klassische Hauptproblem.

2.2.4.4 Liereihen-Ansatz in kanonischen Kugelkoordinaten

Die Hamilton-Funktion des klassischen Hauptproblems ausgedrückt in kanonischen Kugelkoordinaten lautet

$$F = \frac{\mu_\oplus}{r}\left[1 + \frac{1}{2}\left(\frac{a_\oplus}{r}\right)^2 c_{20}\left(3\cos^2\theta - 1\right)\right] - \frac{1}{2}\left(\dot r^2 + \frac{J^2}{r^2} + \frac{H^2}{(r\sin\theta)^2}\right), \tag{2.215}$$

so dass auch hier $\partial F/\partial t \equiv 0$ gilt. Mit den Koordinaten $\mathbf{x}||(r,\theta,\Lambda)^T$ und Impulsen $\mathbf{p}||(\dot r, J, H)^T$ erhält man

$$\mathbf{f}_0 = [r,\, \theta,\, \Lambda]^T \qquad \text{und} \qquad \mathbf{g}_0 = [\dot r,\, J,\, H]^T, \tag{2.216}$$

sowie

$$\frac{\partial F}{\partial(r,\theta,\Lambda)} = \begin{bmatrix} \frac{1}{r}\left[\left(\frac{J}{r}\right)^2 + \left(\frac{H}{r\sin\theta}\right)^2\right] - \frac{\mu_\oplus}{r^2}\left[1+\frac{3}{2}\left(\frac{a_\oplus}{r}\right)^2 c_{20}\left(3\cos^2\theta - 1\right)\right] \\ \cot\theta\left(\frac{H}{r\sin\theta}\right)^2 - \frac{3}{2}\frac{\mu_\oplus}{r}\left(\frac{a_\oplus}{r}\right)^2 c_{20}\sin 2\theta \\ 0 \end{bmatrix}, \quad \frac{\partial F}{\partial(\dot r, J, H)} = -\begin{bmatrix} \dot r \\ \frac{J}{r^2} \\ \frac{H}{r^2\sin^2\theta} \end{bmatrix} = -\begin{bmatrix} \dot r \\ \dot\theta \\ \dot\Lambda \end{bmatrix}. \tag{2.217}$$

Die Berechnung von $\mathbf{f}_k$ und $\mathbf{g}_k$ für $k > 0$ erfolgt auf die zuvor gezeigte Weise und liefert z. B.

$$\mathbf{f}_1 = \begin{bmatrix} \dot r \\ \frac{1}{r}\left(\frac{J}{r}\right) \\ \frac{1}{r\sin\theta}\left(\frac{H}{r\sin\theta}\right) \end{bmatrix} = \begin{bmatrix} \dot r \\ \dot\theta \\ \dot\Lambda \end{bmatrix},$$

$$\mathbf{f}_2 = \begin{bmatrix} -\frac{\mu_\oplus}{r^2}\left[1+\frac{3}{2}\left(\frac{a_\oplus}{r}\right)^2 c_{20}\left(3\cos^2\theta - 1\right)\right] + \frac{1}{r}\left[\left(\frac{J}{r}\right)^2 + \left(\frac{H}{r\sin\theta}\right)^2\right] \\ -\frac{3\mu_\oplus}{r^3}\left(\frac{a_\oplus}{r}\right)^2 c_{20}\cos\theta\sin\theta - \frac{1}{r^2}\left[2\dot r\left(\frac{J}{r}\right) - \cot\theta\left(\frac{H}{r\sin\theta}\right)^2\right] \\ -\frac{2}{r}\frac{1}{r\sin\theta}\left(\frac{H}{r\sin\theta}\right)\left[\dot r + \cot\theta\left(\frac{J}{r}\right)\right] \end{bmatrix},$$

$$\mathbf{f}_3 = \begin{bmatrix} \frac{3\mu_\oplus}{r^3}\left(\frac{a_\oplus}{r}\right)^2\left(\frac{J}{r}\right) c_{20}\cos\theta\sin\theta + \frac{\dot r}{r}\left\{\frac{2\mu_\oplus}{r^2}\left[1+3\left(\frac{a_\oplus}{r}\right)^2 c_{20}\left(3\cos^2\theta-1\right)\right] - \frac{3}{r}\left[\left(\frac{J}{r}\right)^2 + \left(\frac{H}{r\sin\theta}\right)^2\right]\right\} \\ \left(\frac{J}{r}\right)\left\{\frac{\mu_\oplus}{r^4}\left[2+3\left(\frac{a_\oplus}{r}\right)^2 c_{20}\cos^2\theta\right] - \frac{1}{r}\left[\frac{2}{r^2}\left(\frac{J}{r}\right)^2 + \frac{3}{r^2\sin^2\theta}\left(\frac{H}{r\sin\theta}\right)^2\right]\right\} + \\ + \frac{\dot r}{r}\left\{\frac{21\mu_\oplus}{r^3}\left(\frac{a_\oplus}{r}\right)^2 c_{20}\cos\theta\sin\theta + \frac{6}{r^2}\left[\dot r\left(\frac{J}{r}\right)^2 - \cot\theta\left(\frac{H}{r\sin\theta}\right)^2\right]\right\} \\ \frac{1}{r\sin\theta}\left(\frac{H}{r\sin\theta}\right)\left\{\frac{\mu_\oplus}{r^3}\left[2+3\left(\frac{a_\oplus}{r}\right)^2 c_{20}\left(5\cos^2\theta-1\right)\right] + \frac{6}{r}\frac{\dot r}{r}\left[\dot r + 2\cot\theta\left(\frac{J}{r}\right)\right] + \right. \\ \left. + \frac{2}{r^2}\left[3\cot^2\theta\left(\frac{J}{r}\right)^2 - \left(1+\cot^2\theta\right)\left(\frac{H}{r\sin\theta}\right)^2\right]\right\} \end{bmatrix},$$

$$\vdots \tag{2.218}$$

Auf die Darstellung weiterer $\mathbf{f}_{k>3}$ wird hier verzichtet, da die Komplexität der Ausdrücke stark zu- und entsprechend die Lesbarkeit abnimmt. So folgt etwa allein für die erste Komponente von $\mathbf{f}_4$ explizit dargestellt:

$$\begin{aligned} f_4^r = &-\frac{3}{r^3}\left[\left(\frac{J}{r}\right)^2 + \left(\frac{H}{r\sin\theta}\right)^2\right]^2 + \left[\left(\frac{J}{r}\right)^2 + \left(\frac{H}{r\sin\theta}\right)^2\right]\left\{\frac{\mu_\oplus}{r^4}\left[5+\frac{3}{4}\left(\frac{a_\oplus}{r}\right)^2 c_{20}(9+23\cos 2\theta)\right] + \frac{12}{r}\left(\frac{\dot r}{r}\right)^2\right\} - \\ &-\frac{1}{2}\frac{\mu_\oplus^2}{r^5}\left\{4+9\left(\frac{a_\oplus}{r}\right)^2 c_{20}(1+3\cos 2\theta) + 9\left(\frac{a_\oplus}{r}\right)^4 c_{20}^2(3+3\cos 2\theta + 2\cos 4\theta)\right\} - \\ &-\frac{3}{2}\frac{\mu}{r^2}\left\{\left(\frac{a_\oplus}{r}\right)^2 c_{20}\left[\left(\frac{J}{r}\right)^2\frac{1-\cos 2\theta}{r} + 12\left(\frac{J}{r}\right)\left(\frac{\dot r}{r}\right)\frac{\sin 2\theta}{r} + 10\left(\frac{\dot r}{r}\right)^2(1+3\cos 2\theta)\right] + 4\left(\frac{\dot r}{r}\right)^2\right\}. \end{aligned} \tag{2.219}$$

Für $\mathbf{g}_k$ erhält man z. B. analog

$$\mathbf{g}_1 = \begin{bmatrix} -\frac{\mu_\oplus}{r^2}\left[1+\frac{3}{2}\left(\frac{a_\oplus}{r}\right)^2 c_{20}\left(3\cos^2\theta-1\right)\right]+\frac{1}{r}\left[\left(\frac{J}{r}\right)^2+\left(\frac{H}{r\sin\theta}\right)^2\right] \\ -\frac{3\mu_\oplus}{r}\left(\frac{a_\oplus}{r}\right)^2 c_{20}\cos\theta\sin\theta+\cot\theta\left(\frac{H}{r\sin\theta}\right)^2 \\ 0 \end{bmatrix},$$

$$\mathbf{g}_2 = \begin{bmatrix} \frac{3\mu_\oplus}{r^3}\left(\frac{a_\oplus}{r}\right)^2\left(\frac{J}{r}\right)c_{20}\cos\theta\sin\theta+\frac{\dot r}{r}\left\{\frac{2\mu_\oplus}{r^2}\left[1+3\left(\frac{a_\oplus}{r}\right)^2 c_{20}\left(3\cos^2\theta-1\right)\right]-\frac{3}{r}\left[\left(\frac{J}{r}\right)^2+\left(\frac{H}{r\sin\theta}\right)^2\right]\right\} \\ -\left(\frac{J}{r}\right)\left\{\frac{3\mu_\oplus}{r^2}\left(\frac{a_\oplus}{r}\right)^2 c_{20}(2\cos^2\theta-1)+\left(\frac{H}{r\sin\theta}\right)^2\frac{2\cos^2\theta+1}{r\sin^2\theta}\right\}+ \\ +\frac{\dot r}{r}\left\{\frac{9\mu_\oplus}{r}\left(\frac{a_\oplus}{r}\right)^2 c_{20}\cos\theta\sin\theta-2\cot^2\theta\left(\frac{H}{r\sin\theta}\right)^2\right\} \\ 0 \end{bmatrix},$$

$$\vdots \tag{2.220}$$

wobei wie zuvor $f^r_{k+1} = g^r_k$ für $k \geq 0$ gilt. Ansonsten wird aber deutlich, dass ein Variablenwechsel $\mathcal{H} \to \mathcal{S}$ allein noch keine signifikanten Vereinfachungen nach sich zieht. Deshalb wird eine weitere Modifikation eingeführt.

2.2.4.5 Einführung modifizierter kanonischer Kugelkoordinaten

Die Verwendung von Kugelkoordinaten sollte möglichst beibehalten werden, da das Erdschwerefeld z. Zt. immer noch am effektivsten in diesem Variablensatz modelliert werden kann (vgl. § C.1). Bei der dann hier notwendigen Bildung der partiellen Ableitungen, insbesondere nach r und bei höheren Ordnungen, zeigt sich aber, dass diese sehr schnell komplex werden. U. a. aus diesem Grunde wird die Koordinate r durch eine Größe α ersetzt.[54] Dies erfordert natürlich eine Berücksichtigung in der Formulierung der Potentialfunktion. Bei dieser Gelegenheit, ebenfalls um die Ableitungen zu vereinfachen, wird eine konsequent spektrale Darstellung bezüglich θ eingeführt. Die detaillierte Herleitung der Endformel ist § C.2 zu entnehmen.

Aus (C.29) und (C.30) folgt die Festlegung

$$\alpha := \ln\frac{r}{a_\oplus} \quad\leftrightarrow\quad r =: a_\oplus e^\alpha \quad\longrightarrow\quad \dot\alpha = \frac{\dot r}{r} \quad\leftrightarrow\quad \dot r = r\dot\alpha, \tag{2.221}$$

so dass nunmehr die folgenden generalisierten Koordinaten q_i bzw. Geschwindigkeiten $\dot q_i$ verwendet werden:

$$q_1 = \alpha, \quad q_2 = \theta, \quad q_3 = \Lambda \quad\longrightarrow\quad \dot q_1 = \dot\alpha, \quad \dot q_2 = \dot\theta, \quad \dot q_3 = \dot\Lambda. \tag{2.222}$$

Für den Liereihen-Ansatz sind kanonische Variablensätze vorteilhaft; deshalb sollen zu den q_i die entsprechend kanonisch konjugierten Impulse p_i gefunden und verwendet werden.[55] Das Finden zugehöriger Impulse wird am Beispiel der kanonischen Kugelkoordinaten r, θ, Λ formal in § A.2 vorgeführt und alternativ im früheren § 2.2.4.1 geometrisch motiviert im Detail gezeigt. Um die Impulse der modifizierten kanonischen Kugelkoordinaten formal besser von den Impulsen $\dot r, J, H$ unterscheiden zu können, werden sie nachfolgend[56]

$$p_1 =: p_\alpha, \qquad p_2 =: p_\theta, \qquad p_3 =: p_\Lambda \tag{2.223}$$

genannt. § A.2 folgend, beginnt die Herleitung der Impulse mit der Bestimmung der Komponenten des Positionsvektors in den gewählten Variablen. Aus (A.18) folgt mit (2.221)

$$\begin{bmatrix} x_1 \\ x_2 \\ x_3 \end{bmatrix} = a_\oplus e^\alpha \begin{bmatrix} \sin\theta\cos\Lambda \\ \sin\theta\sin\Lambda \\ \cos\theta \end{bmatrix} \tag{2.224}$$

[54] nicht zu verwechseln mit der in § A.2 und § A.3 ebenfalls durch α symbolisierten Rektaszension; zudem trägt α hier nicht den Charakter eines Winkels ($e^{\pm\alpha}$ führt letztlich auf die hyperbolischen Funktionen sinh bzw. cosh und diese sind eben nicht periodisch)

[55] für die kartesischen Koordinaten gilt $p_i \equiv \dot q_i$; für andere Variablensätze gilt dies i. d. R. nicht

[56] die offensichtliche Gleichheit von p_θ bzw. p_Λ mit J bzw. H wird dann im Anhang D bestätigt

und entsprechend für die Zeitableitung bzw. die Komponenten des Geschwindigkeitsvektors[57] analog (A.24)

$$\begin{bmatrix} \dot{x}_1 \\ \dot{x}_2 \\ \dot{x}_3 \end{bmatrix} = a_\oplus e^\alpha \begin{bmatrix} \dot{\alpha}\sin\theta\cos\Lambda + \dot{\theta}\cos\theta\cos\Lambda - \dot{\Lambda}\sin\theta\sin\Lambda \\ \dot{\alpha}\sin\theta\sin\Lambda + \dot{\theta}\cos\theta\sin\Lambda + \dot{\Lambda}\sin\theta\cos\Lambda \\ \dot{\alpha}\cos\theta - \dot{\theta}\sin\theta \end{bmatrix}. \tag{2.225}$$

Damit erhält man die kinetische Energie T (mit der auch zuvor schon verwendeten Setzung $m = 1$) zu

$$T = \frac{1}{2}\Big(\dot{x}_1^2 + \dot{x}_2^2 + \dot{x}_3^2\Big) = \frac{1}{2}\,a_\oplus^2 e^{2\alpha}\Big(\dot{\alpha}^2 + \dot{\theta}^2 + \sin^2\theta\,\dot{\Lambda}^2\Big). \tag{2.226}$$

Für die Lagrangefunktion gilt dann (vgl. (A.27))

$$L = L(q,\dot{q};t) = \frac{1}{2}\,a_\oplus^2 e^{2\alpha}\Big(\dot{\alpha}^2 + \dot{\theta}^2 + \sin^2\theta\,\dot{\Lambda}^2\Big) - V\big(\alpha,\theta,\Lambda;t\big). \tag{2.227}$$

Wegen der Unabhängigkeit der Potentialfunktion V von den generalisierten Geschwindigkeiten $\dot{q}_i$ können die generalisierten Impulse nach (A.29) gewonnen werden als (entsprechen *kinematischen Beziehungen*, vgl. (2.157))

$$p_\alpha = \frac{\partial T}{\partial\dot{\alpha}} = a_\oplus^2 e^{2\alpha}\dot{\alpha}, \qquad p_\theta = \frac{\partial T}{\partial\dot{\theta}} = a_\oplus^2 e^{2\alpha}\dot{\theta}, \qquad p_\Lambda = \frac{\partial T}{\partial\dot{\Lambda}} = a_\oplus^2 e^{2\alpha}\sin^2\theta\,\dot{\Lambda}. \tag{2.228}$$

Zwischen den generalisierten Geschwindigkeiten und Impulsen besteht hier also der Zusammenhang

$$\begin{bmatrix} p_\alpha \\ p_\theta \\ p_\Lambda \end{bmatrix} = a_\oplus^2 e^{2\alpha}\begin{bmatrix} 1 & 0 & 0 \\ 0 & 1 & 0 \\ 0 & 0 & \sin^2\theta \end{bmatrix}\begin{bmatrix} \dot{q}_1 \\ \dot{q}_2 \\ \dot{q}_3 \end{bmatrix} \quad\leftrightarrow\quad \begin{bmatrix} \dot{q}_1 \\ \dot{q}_2 \\ \dot{q}_3 \end{bmatrix} = \frac{1}{a_\oplus^2 e^{2\alpha}}\begin{bmatrix} 1 & 0 & 0 \\ 0 & 1 & 0 \\ 0 & 0 & \sin^{-2}\theta \end{bmatrix}\begin{bmatrix} p_\alpha \\ p_\theta \\ p_\Lambda \end{bmatrix}. \tag{2.229}$$

Ersetzen der Geschwindigkeiten durch die Impulse liefert für die Lagrangefunktion die Darstellung

$$L = L(q,p;t) = \frac{1}{2}\frac{1}{a_\oplus^2 e^{2\alpha}}\Big(p_\alpha^2 + p_\theta^2 + \frac{1}{\sin^2\theta}\,p_\Lambda^2\Big) - V\big(\alpha,\theta,\Lambda;t\big) \tag{2.230}$$

und für die Hamiltonfunktion (in der Vorzeichenkonvention der Physik, deshalb hier als H statt F bezeichnet)

$$H = \frac{1}{a_\oplus^2 e^{2\alpha}}\begin{bmatrix} p_\alpha \\ p_\theta \\ p_\Lambda \end{bmatrix}^T\begin{bmatrix} 1 & 0 & 0 \\ 0 & 1 & 0 \\ 0 & 0 & \sin^{-2}\theta \end{bmatrix}\begin{bmatrix} p_\alpha \\ p_\theta \\ p_\Lambda \end{bmatrix} - \frac{1}{2}\frac{1}{a_\oplus^2 e^{2\alpha}}\Big(p_\alpha^2 + p_\theta^2 + \frac{1}{\sin^2\theta}\,p_\Lambda^2\Big) + V\big(\alpha,\theta,\Lambda;t\big) \tag{2.231}$$

bzw.

$$H = \frac{1}{2}\frac{1}{a_\oplus^2 e^{2\alpha}}\Big(p_\alpha^2 + p_\theta^2 + \frac{1}{\sin^2\theta}\,p_\Lambda^2\Big) + V\big(\alpha,\theta,\Lambda;t\big), \tag{2.232}$$

vgl. (A.36) und (A.37) bzw. (A.41).

Um sicherzustellen, dass der Variablensatz der modifizierten Kugelkoordinaten $\mathcal{M} := (\alpha,\theta,\Lambda;p_\alpha,p_\theta,p_\Lambda)^T$ auch tatsächlich kanonisch ist, soll die zugehörigen Matrix der Lagrangeklammern $L_\mathcal{M}$ überprüft werden. Wenn man die Reihenfolge der Koordinaten und Impulse vertauscht bzw. $\mathcal{M} = (p_\alpha,p_\theta,p_\Lambda;\alpha,\theta,\Lambda)^T$ wählt, dann ändert sich lediglich das Vorzeichen von $L_\mathcal{M}$ und diese Matrix muss dann im Falle von Kanonizität die Struktur

$$L_\mathcal{M} = \left[\begin{array}{ccc|ccc} [p_\alpha,p_\alpha] & [p_\alpha,p_\theta] & [p_\alpha,p_\Lambda] & [p_\alpha,\alpha] & [p_\alpha,\theta] & [p_\alpha,\Lambda] \\ [p_\theta,p_\alpha] & [p_\theta,p_\theta] & [p_\theta,p_\Lambda] & [p_\theta,\alpha] & [p_\theta,\theta] & [p_\theta,\Lambda] \\ [p_\Lambda,p_\alpha] & [p_\Lambda,p_\theta] & [p_\Lambda,p_\Lambda] & [p_\Lambda,\alpha] & [p_\Lambda,\theta] & [p_\Lambda,\Lambda] \\ \hline [\alpha,p_\alpha] & [\alpha,p_\theta] & [\alpha,p_\Lambda] & [\alpha,\alpha] & [\alpha,\theta] & [\alpha,\Lambda] \\ [\theta,p_\alpha] & [\theta,p_\theta] & [\theta,p_\Lambda] & [\theta,\alpha] & [\theta,\theta] & [\theta,\Lambda] \\ [\Lambda,p_\alpha] & [\Lambda,p_\theta] & [\Lambda,p_\Lambda] & [\Lambda,\alpha] & [\Lambda,\theta] & [\Lambda,\Lambda] \end{array}\right] = \left[\begin{array}{ccc|ccc} & & & -1 & 0 & 0 \\ & 0 & & 0 & -1 & 0 \\ & & & 0 & 0 & -1 \\ \hline 1 & 0 & 0 & & & \\ 0 & 1 & 0 & & 0 & \\ 0 & 0 & 1 & & & \end{array}\right] \tag{2.233}$$

aufweisen, also eine spezielle Form antisymmetrischer Matrizen sein.[58] Bestätigt sich die erwähnte Struktur, so ist auch die Gültigkeit der Hamiltongleichungen (siehe (A.10) in § A.1) für diesen neuen Variablensatz gesichert. Wie bereits erwähnt, ist die Kanonizität des Variablensatzes nicht zwingend notwendig für den Liereihen-Ansatz.

Die Lagrangeklammern selbst und die daraus aufgebaute Lagrangematrix bzw. Matrix der Lagrangeklammern werden in § B.1 motiviert. Die weiteren Abschnitte des Anhangs B zeigen explizit die Herleitung dieser Matrix für die Variablensätze $\mathcal{K}$, $\mathcal{H}$ und $\mathcal{S}$. Die Bestimmung von $L_\mathcal{M}$ soll an dieser Stelle analog dazu erfolgen.

[57] wie die Komponenten des Positionsvektors bzgl. der raumfesten Basis $[\mathbf{e}_i]$

[58] vgl. (B.113) aus § B.4 für die Struktur der Matrix der Lagrangeklammern $L_\mathcal{S}$ im Falle der gewöhnlichen kanonischen Kugelkoordinaten in der Reihenfolge $\mathcal{S} = (\dot{r},J,H;r,\theta,\Lambda)^T$

Zunächst werden Positions- und Geschwindigkeitsvektor zweckmässig bezüglich der orthonormalen Basis $[\mathbf{s}_i]$ (Abb. 2.1) und in Abhängigkeit von $\mathcal{M}$ ausgedrückt. Hierfür kann auf die Abhängigkeit von $\mathcal{S}$ zurückgegriffen werden, siehe (B.98). Die notwendige Ersetzung von r bzw. $\dot{r}$, J/r und $H/(r\sin\theta)$ kann durch Berücksichtigung der kinematischen Beziehungen (2.157) einerseits und der Impulsausdrücke (2.228) andererseits erfolgen. Wegen

$$\begin{aligned}
r &= a_\oplus e^\alpha & &\rightarrow & \frac{1}{r} &= \frac{1}{a_\oplus e^\alpha}\,, \\
\dot{\alpha} &= \frac{\dot{r}}{r} & &\rightarrow & \dot{r} &= \frac{p_\alpha}{a_\oplus e^\alpha}\,, \\
\dot{\theta} &= \frac{J}{r^2} = \frac{p_\theta}{a_\oplus^2 e^{2\alpha}} & &\rightarrow & \frac{J}{r} &= \frac{p_\theta}{a_\oplus e^\alpha}\,, \\
\dot{\Lambda} &= \frac{H}{(r\sin\theta)^2} = \frac{p_\Lambda}{a_\oplus^2 e^{2\alpha}\sin^2\theta} & &\rightarrow & \frac{H}{r\sin\theta} &= \frac{p_\Lambda}{a_\oplus e^\alpha \sin\theta}
\end{aligned} \tag{2.234}$$

erhält man

$$\mathbf{r} = a_\oplus e^\alpha \mathbf{s}_1, \qquad \mathbf{v} = \frac{1}{a_\oplus e^\alpha}\Big(p_\alpha \mathbf{s}_1 + p_\theta \mathbf{s}_2 + \frac{1}{\sin\theta}\, p_\Lambda \mathbf{s}_3\Big). \tag{2.235}$$

Aus (2.235) können die zur Lagrangeklammer-Bildung nötigen partiellen Ableitungen $\partial\mathbf{r}/\partial q_i$, $\partial\mathbf{r}/\partial p_i$, $\partial\mathbf{v}/\partial q_i$ und $\partial\mathbf{v}/\partial p_i$ gewonnen werden. Es sei daran erinnert, dass die $\mathbf{s}_i$ lediglich von den beiden Koordinaten θ und Λ abhängen, vgl. (B.94) bis (B.96), und deshalb wiederum die Beziehungen (B.97) gelten. Das Ableiten liefert

$$\frac{\partial\mathbf{r}}{\partial\alpha} = a_\oplus e^\alpha \mathbf{s}_1, \quad \frac{\partial\mathbf{r}}{\partial\theta} = a_\oplus e^\alpha \mathbf{s}_2, \quad \frac{\partial\mathbf{r}}{\partial\Lambda} = a_\oplus e^\alpha \sin\theta\, \mathbf{s}_3, \qquad \frac{\partial\mathbf{r}}{\partial p_\alpha} = \mathbf{0}, \quad \frac{\partial\mathbf{r}}{\partial p_\theta} = \mathbf{0}, \quad \frac{\partial\mathbf{r}}{\partial p_\Lambda} = \mathbf{0} \tag{2.236}$$

und

$$\begin{aligned}
\frac{\partial\mathbf{v}}{\partial\alpha} &= -\frac{1}{a_\oplus e^\alpha}\Big(p_\alpha \mathbf{s}_1 + p_\theta \mathbf{s}_2 + \frac{1}{\sin\theta}\, p_\Lambda \mathbf{s}_3\Big), & \frac{\partial\mathbf{v}}{\partial p_\alpha} &= \frac{1}{a_\oplus e^\alpha}\, \mathbf{s}_1, \\
\frac{\partial\mathbf{v}}{\partial\theta} &= -\frac{1}{a_\oplus e^\alpha}\Big(p_\theta \mathbf{s}_1 - p_\alpha \mathbf{s}_2 + \frac{\cos\theta}{\sin^2\theta}\, p_\Lambda \mathbf{s}_3\Big), & \frac{\partial\mathbf{v}}{\partial p_\theta} &= \frac{1}{a_\oplus e^\alpha}\, \mathbf{s}_2, \\
\frac{\partial\mathbf{v}}{\partial\Lambda} &= -\frac{1}{a_\oplus e^\alpha}\Big(p_\Lambda \mathbf{s}_1 + \frac{\cos\theta}{\sin\theta} p_\Lambda \mathbf{s}_2 - \big(p_\alpha \sin\theta + p_\theta\cos\theta\big)\mathbf{s}_3\Big), & \frac{\partial\mathbf{v}}{\partial p_\Lambda} &= \frac{1}{a_\oplus e^\alpha}\frac{1}{\sin\theta}\, \mathbf{s}_3.
\end{aligned} \tag{2.237}$$

Jetzt lassen sich die einzelnen Lagrangeklammern sehr einfach bilden.[59]

Alle Lagrangeklammern unter Berücksichtigung von (B.10) mit dem Impuls p_α als Argument lauten

$$\begin{aligned}
[p_\alpha, p_\theta] &= \underbrace{\underbrace{\frac{\partial\mathbf{r}}{\partial p_\alpha}}_{\mathbf{0}}\cdot\frac{\partial\mathbf{v}}{\partial p_\theta}}_{0} - \underbrace{\underbrace{\frac{\partial\mathbf{r}}{\partial p_\theta}}_{\mathbf{0}}\cdot\frac{\partial\mathbf{v}}{\partial p_\alpha}}_{0} = 0, \qquad
[p_\alpha, p_\Lambda] = \underbrace{\underbrace{\frac{\partial\mathbf{r}}{\partial p_\alpha}}_{\mathbf{0}}\cdot\frac{\partial\mathbf{v}}{\partial p_\Lambda}}_{0} - \underbrace{\underbrace{\frac{\partial\mathbf{r}}{\partial p_\Lambda}}_{\mathbf{0}}\cdot\frac{\partial\mathbf{v}}{\partial p_\alpha}}_{0} = 0, \\
[p_\alpha, \alpha] &= \underbrace{\underbrace{\frac{\partial\mathbf{r}}{\partial p_\alpha}}_{\mathbf{0}}\cdot\frac{\partial\mathbf{v}}{\partial \alpha}}_{0} - \frac{\partial\mathbf{r}}{\partial\alpha}\cdot\frac{\partial\mathbf{v}}{\partial p_\alpha} = -\Big(a_\oplus e^\alpha \mathbf{s}_1\Big)\cdot\Big(\frac{1}{a_\oplus e^\alpha}\,\mathbf{s}_1\Big) = -\underbrace{\mathbf{s}_1\cdot\mathbf{s}_1}_{1} = -1, \\
[p_\alpha, \theta] &= \underbrace{\underbrace{\frac{\partial\mathbf{r}}{\partial p_\alpha}}_{\mathbf{0}}\cdot\frac{\partial\mathbf{v}}{\partial \theta}}_{0} - \frac{\partial\mathbf{r}}{\partial\theta}\cdot\frac{\partial\mathbf{v}}{\partial p_\alpha} = -\Big(a_\oplus e^\alpha \mathbf{s}_2\Big)\cdot\Big(\frac{1}{a_\oplus e^\alpha}\,\mathbf{s}_1\Big) = -\underbrace{\mathbf{s}_2\cdot\mathbf{s}_1}_{0} = 0, \\
[p_\alpha, \Lambda] &= \underbrace{\underbrace{\frac{\partial\mathbf{r}}{\partial p_\alpha}}_{\mathbf{0}}\cdot\frac{\partial\mathbf{v}}{\partial \Lambda}}_{0} - \frac{\partial\mathbf{r}}{\partial\Lambda}\cdot\frac{\partial\mathbf{v}}{\partial p_\alpha} = -\Big(a_\oplus e^\alpha \sin\theta\,\mathbf{s}_3\Big)\cdot\Big(\frac{1}{a_\oplus e^\alpha}\,\mathbf{s}_1\Big) = -\sin\theta\,\underbrace{\mathbf{s}_3\cdot\mathbf{s}_1}_{0} = 0.
\end{aligned} \tag{2.238}$$

[59] Es ist, wie sich herausstellt, nicht einmal nötig, von der möglichen Wahl eines „bequemen" Bahnpunktes Gebrauch zu machen; wie etwa des Perigäums im Falle der Kepler-Variablen. Anmerkung: der radiale Abstand zum Perigäum r_p entspricht dem Minimum von r. Die Koordinate α nimmt dann ebenfalls ihren Minimalwert $\alpha_p = \ln(r_p/a_\oplus)$ an. Für den Maximalwert, der im Apogäum erreicht wird, gilt entsprechend $\alpha_a = \ln(r_a/a_\oplus)$, so dass $\alpha \in [\alpha_p, \alpha_a]$. Wegen $r_p, r_a > a_\oplus$ ist α im Falle $c := a_\oplus$ (vgl. (C.29) und (C.30)) stets eine positive Grösse.

Die verbleibenden Lagrangeklammern mit dem Impuls p_θ als Argument lauten

$$
\begin{aligned}
[p_\theta, p_\Lambda] &= \underbrace{\underbrace{\frac{\partial \mathbf{r}}{\partial p_\theta}}_{\mathbf{0}} \cdot \frac{\partial \mathbf{v}}{\partial p_\Lambda}}_{0} - \underbrace{\underbrace{\frac{\partial \mathbf{r}}{\partial p_\Lambda}}_{\mathbf{0}} \cdot \frac{\partial \mathbf{v}}{\partial p_\theta}}_{0} = 0, \\
[p_\theta, \alpha] &= \underbrace{\underbrace{\frac{\partial \mathbf{r}}{\partial p_\theta}}_{\mathbf{0}} \cdot \frac{\partial \mathbf{v}}{\partial \alpha}}_{0} - \frac{\partial \mathbf{r}}{\partial \alpha} \cdot \frac{\partial \mathbf{v}}{\partial p_\theta} = -\left(a_\oplus e^\alpha \mathbf{s}_1\right) \cdot \left(\frac{1}{a_\oplus e^\alpha}\, \mathbf{s}_2\right) = -\underbrace{\mathbf{s}_1 \cdot \mathbf{s}_2}_{0} = 0, \\
[p_\theta, \theta] &= \underbrace{\underbrace{\frac{\partial \mathbf{r}}{\partial p_\theta}}_{\mathbf{0}} \cdot \frac{\partial \mathbf{v}}{\partial \theta}}_{0} - \frac{\partial \mathbf{r}}{\partial \theta} \cdot \frac{\partial \mathbf{v}}{\partial p_\theta} = -\left(a_\oplus e^\alpha \mathbf{s}_2\right) \cdot \left(\frac{1}{a_\oplus e^\alpha}\, \mathbf{s}_2\right) = -\underbrace{\mathbf{s}_2 \cdot \mathbf{s}_2}_{1} = -1, \\
[p_\theta, \Lambda] &= \underbrace{\underbrace{\frac{\partial \mathbf{r}}{\partial p_\theta}}_{\mathbf{0}} \cdot \frac{\partial \mathbf{v}}{\partial \Lambda}}_{0} - \frac{\partial \mathbf{r}}{\partial \Lambda} \cdot \frac{\partial \mathbf{v}}{\partial p_\theta} = -\left(a_\oplus e^\alpha \sin\theta\, \mathbf{s}_3\right) \cdot \left(\frac{1}{a_\oplus e^\alpha}\, \mathbf{s}_2\right) = -\sin\theta \underbrace{\mathbf{s}_3 \cdot \mathbf{s}_2}_{0} = 0.
\end{aligned}
\tag{2.239}
$$

Die verbleibenden Lagrangeklammern mit dem Impuls p_Λ als Argument lauten

$$
\begin{aligned}
[p_\Lambda, \alpha] &= \underbrace{\underbrace{\frac{\partial \mathbf{r}}{\partial p_\Lambda}}_{\mathbf{0}} \cdot \frac{\partial \mathbf{v}}{\partial \alpha}}_{0} - \frac{\partial \mathbf{r}}{\partial \alpha} \cdot \frac{\partial \mathbf{v}}{\partial p_\Lambda} = -\left(a_\oplus e^\alpha \mathbf{s}_1\right) \cdot \left(\frac{1}{a_\oplus e^\alpha} \frac{1}{\sin\theta}\, \mathbf{s}_3\right) = -\frac{1}{\sin\theta} \underbrace{\mathbf{s}_1 \cdot \mathbf{s}_3}_{0} = 0, \\
[p_\Lambda, \theta] &= \underbrace{\underbrace{\frac{\partial \mathbf{r}}{\partial p_\Lambda}}_{\mathbf{0}} \cdot \frac{\partial \mathbf{v}}{\partial \theta}}_{0} - \frac{\partial \mathbf{r}}{\partial \theta} \cdot \frac{\partial \mathbf{v}}{\partial p_\Lambda} = -\left(a_\oplus e^\alpha \mathbf{s}_2\right) \cdot \left(\frac{1}{a_\oplus e^\alpha} \frac{1}{\sin\theta}\, \mathbf{s}_3\right) = -\frac{1}{\sin\theta} \underbrace{\mathbf{s}_2 \cdot \mathbf{s}_3}_{0} = 0, \\
[p_\Lambda, \Lambda] &= \underbrace{\underbrace{\frac{\partial \mathbf{r}}{\partial p_\Lambda}}_{\mathbf{0}} \cdot \frac{\partial \mathbf{v}}{\partial \Lambda}}_{0} - \frac{\partial \mathbf{r}}{\partial \Lambda} \cdot \frac{\partial \mathbf{v}}{\partial p_\Lambda} = -\left(a_\oplus e^\alpha \sin\theta\, \mathbf{s}_3\right) \cdot \left(\frac{1}{a_\oplus e^\alpha} \frac{1}{\sin\theta}\, \mathbf{s}_3\right) = -\underbrace{\mathbf{s}_3 \cdot \mathbf{s}_3}_{1} = -1.
\end{aligned}
\tag{2.240}
$$

Die verbleibenden Lagrangeklammern mit der Koordinate α als Argument lauten

$$
\begin{aligned}
[\alpha, \theta] &= \frac{\partial \mathbf{r}}{\partial \alpha} \cdot \frac{\partial \mathbf{v}}{\partial \theta} - \frac{\partial \mathbf{r}}{\partial \theta} \cdot \frac{\partial \mathbf{v}}{\partial \alpha} = \left(a_\oplus e^\alpha \mathbf{s}_1\right) \cdot \left(-\frac{1}{a_\oplus e^\alpha}\left[p_\theta \mathbf{s}_1 - p_\alpha \mathbf{s}_2 + \frac{\cos\theta}{\sin^2\theta}\, p_\Lambda \mathbf{s}_3\right]\right) - \\
&\qquad - \left(a_\oplus e^\alpha \mathbf{s}_2\right) \cdot \left(-\frac{1}{a_\oplus e^\alpha}\left[p_\alpha \mathbf{s}_1 + p_\theta \mathbf{s}_2 + \frac{1}{\sin\theta}\, p_\Lambda \mathbf{s}_3\right]\right) \\
&= -p_\theta \underbrace{\mathbf{s}_1 \cdot \mathbf{s}_1}_{1} + p_\alpha \underbrace{\mathbf{s}_1 \cdot \mathbf{s}_2}_{0} - \frac{\cos\theta}{\sin^2\theta}\, p_\Lambda \underbrace{\mathbf{s}_1 \cdot \mathbf{s}_3}_{0} + p_\alpha \underbrace{\mathbf{s}_2 \cdot \mathbf{s}_1}_{0} + p_\theta \underbrace{\mathbf{s}_2 \cdot \mathbf{s}_2}_{1} + \frac{1}{\sin\theta}\, p_\Lambda \underbrace{\mathbf{s}_2 \cdot \mathbf{s}_3}_{0} \\
&= -p_\theta + p_\theta = 0, \\[2ex]
[\alpha, \Lambda] &= \frac{\partial \mathbf{r}}{\partial \alpha} \cdot \frac{\partial \mathbf{v}}{\partial \Lambda} - \frac{\partial \mathbf{r}}{\partial \Lambda} \cdot \frac{\partial \mathbf{v}}{\partial \alpha} = \left(a_\oplus e^\alpha \mathbf{s}_1\right) \cdot \left(-\frac{1}{a_\oplus e^\alpha}\left[p_\Lambda \mathbf{s}_1 + \frac{\cos\theta}{\sin\theta}\, p_\Lambda \mathbf{s}_2 - \left(p_\alpha \sin\theta + p_\theta \cos\theta\right)\mathbf{s}_3\right]\right) - \\
&\qquad - \left(a_\oplus e^\alpha \sin\theta\, \mathbf{s}_3\right) \cdot \left(-\frac{1}{a_\oplus e^\alpha}\left[p_\alpha \mathbf{s}_1 + p_\theta \mathbf{s}_2 + \frac{1}{\sin\theta}\, p_\Lambda \mathbf{s}_3\right]\right) \\
&= -p_\Lambda \underbrace{\mathbf{s}_1 \cdot \mathbf{s}_1}_{1} - \frac{\cos\theta}{\sin\theta}\, p_\Lambda \underbrace{\mathbf{s}_1 \cdot \mathbf{s}_2}_{0} + \left(p_\alpha \sin\theta + p_\theta \cos\theta\right) \underbrace{\mathbf{s}_1 \cdot \mathbf{s}_3}_{0} + \sin\theta\, p_\alpha \underbrace{\mathbf{s}_3 \cdot \mathbf{s}_1}_{0} + \sin\theta\, p_\theta \underbrace{\mathbf{s}_3 \cdot \mathbf{s}_2}_{1} + p_\Lambda \underbrace{\mathbf{s}_3 \cdot \mathbf{s}_3}_{1} \\
&= -p_\Lambda + p_\Lambda = 0.
\end{aligned}
\tag{2.241}
$$

Die verbleibende Lagrangeklammer mit der Koordinate θ als Argument lautet

$$
\begin{aligned}
[\theta,\Lambda] = \frac{\partial\mathbf{r}}{\partial\theta}\cdot\frac{\partial\mathbf{v}}{\partial\Lambda} - \frac{\partial\mathbf{r}}{\partial\Lambda}\cdot\frac{\partial\mathbf{v}}{\partial\theta} &= \Big(a_\oplus e^\alpha \mathbf{s}_2\Big)\cdot\Big(-\frac{1}{a_\oplus e^\alpha}\Big[p_\Lambda\mathbf{s}_1 + \frac{\cos\theta}{\sin\theta}p_\Lambda\mathbf{s}_2 - (p_\alpha\sin\theta + p_\theta\cos\theta)\mathbf{s}_3\Big]\Big) - \\
&- \Big(a_\oplus e^\alpha\sin\theta\,\mathbf{s}_3\Big)\cdot\Big(-\frac{1}{a_\oplus e^\alpha}\Big[p_\theta\mathbf{s}_1 - p_\alpha\mathbf{s}_2 + \frac{\cos\theta}{\sin^2\theta}p_\Lambda\mathbf{s}_3\Big]\Big) \\
= -p_\Lambda\underbrace{\mathbf{s}_2\cdot\mathbf{s}_1}_{0} - \frac{\cos\theta}{\sin\theta}p_\Lambda\underbrace{\mathbf{s}_2\cdot\mathbf{s}_2}_{1} &+ (p_\alpha\sin\theta + p_\theta\cos\theta)\underbrace{\mathbf{s}_2\cdot\mathbf{s}_3}_{0} + \sin\theta\,p_\theta\underbrace{\mathbf{s}_3\cdot\mathbf{s}_1}_{0} - \sin\theta\,p_\alpha\underbrace{\mathbf{s}_3\cdot\mathbf{s}_2}_{0} + \frac{\cos\theta}{\sin\theta}p_\Lambda\underbrace{\mathbf{s}_3\cdot\mathbf{s}_3}_{1} \\
= -\frac{\cos\theta}{\sin\theta}p_\Lambda + \frac{\cos\theta}{\sin\theta}p_\Lambda = 0.
\end{aligned}
\tag{2.242}
$$

Einsetzen aller Lagrangeklammern in die Matrix (2.233) bestätigt deren kanonische Form

$$
L_\mathcal{M} = \left[\begin{array}{c|c} 0 & -E \\ \hline E & 0 \end{array}\right]
\tag{2.243}
$$

und damit die Kanonizität von $\mathcal{M}$. Anhang D stellt die Transformationen $\mathcal{C}\leftrightarrow\mathcal{S}$, $\mathcal{C}\leftrightarrow\mathcal{M}$, $\mathcal{S}\leftrightarrow\mathcal{M}$ zusammen.

2.2.4.6 Liereihen-Ansatz in modifizierten kanonischen Kugelkoordinaten

Die Hamilton-Funktion F hat nach (2.232) in modifizierten kanonischen Kugelkoordinaten die Form ($F = V - T$)

$$
F(\mathcal{M}) = V\big(\alpha,\theta,\lambda(\Lambda);t\big) - \frac{1}{2}\frac{1}{a_\oplus^2 e^{2\alpha}}\Big(p_\alpha^2 + p_\theta^2 + \frac{1}{\sin^2\theta}p_\Lambda^2\Big) \qquad \text{mit} \qquad \lambda = \Lambda - \Theta,
\tag{2.244}
$$

wobei $V\big(\alpha,\theta,\lambda;t\big)$ dem Anhang C.2 entnommen werden kann. Aus (C.53) folgt für das klassische Hauptproblem

$$
F = \frac{\mu_\oplus}{a_\oplus}e^{-\alpha} + \frac{\mu_\oplus}{a_\oplus}e^{-3\alpha}\Big(\overline{\psi}_{200} + \overline{\psi}_{202}\cos 2\theta\Big) - \frac{1}{2a_\oplus^2}e^{-2\alpha}\Big(p_\alpha^2 + p_\theta^2 + \frac{1}{\sin^2\theta}p_\Lambda^2\Big),
\tag{2.245}
$$

mit den generalisierten Impulsen (2.228). Da Θ (GST) nicht auftaucht, ist F zeitunabhängig (nur zonale Terme). Mit $\partial F/\partial t \equiv 0$ und den Koordinaten $\mathbf{x}||(\alpha,\theta,\Lambda)^T$ und Impulsen $\mathbf{p}||(p_\alpha,p_\theta,p_\Lambda)^T$ erhält man im Liereihen-Ansatz

$$
\mathbf{f}_0 = [\alpha,\,\theta,\,\Lambda]^T, \qquad \mathbf{g}_0 = [p_\alpha,\,p_\theta,\,p_\Lambda]^T,
\tag{2.246}
$$

sowie

$$
\begin{aligned}
\frac{\partial F}{\partial(\alpha,\theta,\Lambda)} &= \begin{bmatrix} -\frac{\mu_\oplus}{a_\oplus}e^{-\alpha} - 3\frac{\mu_\oplus}{a_\oplus}e^{-3\alpha}\Big(\overline{\psi}_{200} + \overline{\psi}_{202}\cos 2\theta\Big) + \frac{1}{a_\oplus^2}e^{-2\alpha}\Big(p_\alpha^2 + p_\theta^2 + \frac{1}{\sin^2\theta}p_\Lambda^2\Big) \\ -2\frac{\mu_\oplus}{a_\oplus}e^{-3\alpha}\overline{\psi}_{202}\sin 2\theta + \frac{1}{a_\oplus^2}e^{-2\alpha}\frac{\cos\theta}{\sin^3\theta}p_\Lambda^2 \\ 0 \end{bmatrix}, \\
\frac{\partial F}{\partial(p_\alpha,p_\theta,p_\Lambda)} &= -\frac{1}{a_\oplus^2}e^{-2\alpha}\begin{bmatrix} p_\alpha \\ p_\theta \\ \sin^{-2}\theta\,p_\Lambda \end{bmatrix} = -\begin{bmatrix} \dot\alpha \\ \dot\theta \\ \dot\Lambda \end{bmatrix}.
\end{aligned}
\tag{2.247}
$$

Offensichtlich ist

$$
\frac{\partial F}{\partial\mathbf{p}} = -\frac{\mathrm{d}\mathbf{f}_0}{\mathrm{d}t} = -\dot{\mathbf{f}}_0 = -\dot{\mathbf{q}}.
\tag{2.248}
$$

Für $k \geq 0$ gilt

$$
\begin{aligned}
\mathbf{f}_{k+1} &= \{\mathbf{f}_k, F\} = \frac{\partial\,\mathbf{f}_k}{\partial(p_\alpha,p_\theta,p_\Lambda)}\frac{\partial F}{\partial(\alpha,\theta,\Lambda)} - \frac{\partial\,\mathbf{f}_k}{\partial(\alpha,\theta,\Lambda)}\frac{\partial F}{\partial(p_\alpha,p_\theta,p_\Lambda)}, \\
\mathbf{g}_{k+1} &= \{\mathbf{g}_k, F\} = \frac{\partial\,\mathbf{g}_k}{\partial(p_\alpha,p_\theta,p_\Lambda)}\frac{\partial F}{\partial(\alpha,\theta,\Lambda)} - \frac{\partial\,\mathbf{g}_k}{\partial(\alpha,\theta,\Lambda)}\frac{\partial F}{\partial(p_\alpha,p_\theta,p_\Lambda)}.
\end{aligned}
\tag{2.249}
$$

Wegen

$$
\frac{\partial\,\mathbf{f}_0}{\partial(p_\alpha,p_\theta,p_\Lambda)} = \mathbf{0}_3, \qquad \frac{\partial\,\mathbf{f}_0}{\partial(\alpha,\theta,\Lambda)} = \boldsymbol{I}_3 \qquad \text{und} \qquad \frac{\partial\,\mathbf{g}_0}{\partial(p_\alpha,p_\theta,p_\Lambda)} = \boldsymbol{I}_3, \qquad \frac{\partial\,\mathbf{g}_0}{\partial(\alpha,\theta,\Lambda)} = \mathbf{0}_3
\tag{2.250}
$$

folgt

$$
\mathbf{f}_1 = -\frac{\partial F}{\partial(p_\alpha,p_\theta,p_\Lambda)} \qquad \text{und} \qquad \mathbf{g}_1 = \frac{\partial F}{\partial(\alpha,\theta,\Lambda)}.
\tag{2.251}
$$

Die Berechnung der $\mathbf{f}_{k\geq 2}$ und $\mathbf{g}_{k\geq 2}$ erfolgt auf die zuvor gezeigte Weise. Zur Kontrolle der einzelnen Ordnungen sollten stets die physikalischen Dimensionen überprüft werden. Für die Vektorkomponenten muss gelten

$$[f_{k_i}] = \frac{1}{sec^k}, \quad [g_{k_i}] = \frac{m^2}{sec^{k+1}} \qquad \text{für} \qquad i = 1,2,3\,, \qquad k = 0,1,2,\dots\,. \tag{2.252}$$

Für $\mathbf{f}_2$ erhält man aus (2.249) zunächst formal mit $\mathbf{p} := (p_\alpha, p_\theta, p_\Lambda)$ und $\mathbf{q} := (\alpha, \theta, \Lambda)$

$$\mathbf{f}_2 = \frac{\partial \mathbf{f}_1}{\partial \mathbf{p}}\frac{\partial F}{\partial \mathbf{q}} - \frac{\partial \mathbf{f}_1}{\partial \mathbf{q}}\frac{\partial F}{\partial \mathbf{p}}\,, \tag{2.253}$$

wobei die Vektoren $\partial F/\partial \mathbf{q}$ und $\partial F/\partial \mathbf{p}$ für alle Ordnungen k gleich bleiben und stets (2.247) entnehmbar sind. Als eigentliche Hauptarbeit verbleibt die Herleitung der Matrizen $\partial \mathbf{f}_k/\partial \mathbf{p}$ und $\partial \mathbf{f}_k/\partial \mathbf{q}$ (analoge Aussagen gelten für $\mathbf{g}_k$). Für $k = 1$ folgt

$$\frac{\partial \mathbf{f}_1}{\partial \mathbf{p}} = \frac{1}{a_\oplus^2}\,e^{-2\alpha}\begin{bmatrix} 1 & 0 & 0 \\ 0 & 1 & 0 \\ 0 & 0 & \dfrac{1}{\sin^2\theta} \end{bmatrix}, \qquad \frac{\partial \mathbf{f}_1}{\partial \mathbf{q}} = -\frac{2}{a_\oplus^2}\,e^{-2\alpha}\begin{bmatrix} p_\alpha & 0 & 0 \\ p_\theta & 0 & 0 \\ \dfrac{1}{\sin^2\theta}\,p_\Lambda & \dfrac{\cos\theta}{\sin^3\theta}\,p_\Lambda & 0 \end{bmatrix} \tag{2.254}$$

und damit

$$\mathbf{f}_2 = \begin{bmatrix} \dfrac{\mu_\oplus}{a_\oplus^3}\left\{-e^{-3\alpha} - 3e^{-5\alpha}\Big(\overline{\psi}_{200} + \overline{\psi}_{202}\cos 2\theta\Big)\right\} + \dfrac{1}{a_\oplus^4}\,e^{-4\alpha}\Big(-p_\alpha^2 + p_\theta^2 + \dfrac{1}{\sin^2\theta}\,p_\Lambda^2\Big) \\ -2\dfrac{\mu_\oplus}{a_\oplus^3}\,e^{-5\alpha}\overline{\psi}_{202}\sin 2\theta + \dfrac{1}{a_\oplus^4}\,e^{-4\alpha}\Big(\cot\theta\dfrac{1}{\sin^2\theta}\,p_\Lambda^2 - 2p_\alpha p_\theta\Big) \\ -\dfrac{2}{a_\oplus^4}\,e^{-4\alpha}\dfrac{1}{\sin^2\theta}\,p_\Lambda\big(p_\alpha + \cot\theta\,p_\theta\big) \end{bmatrix}. \tag{2.255}$$

Für die spätere praktische Anwendung ist es vorteilhaft, in den einzelnen Vektorkomponenten die generalisierten Impulse durch die generalisierten Geschwindigkeiten zu ersetzen; die Formeln vereinfachen sich dann etwas und man kann Rechenzeit einsparen. Hierfür werden die Zusammenhänge (2.234) oder (D.10) aus § D.2 benutzt[60]:

$$\mathbf{f}_2 = \begin{bmatrix} \dfrac{\mu_\oplus}{a_\oplus^3}\left\{-e^{-3\alpha} - 3e^{-5\alpha}\Big(\overline{\psi}_{200} + \overline{\psi}_{202}\cos 2\theta\Big)\right\} - \dot{\alpha}^2 + \dot{\theta}^2 + \sin^2\theta\,\dot{\Lambda}^2 \\ -2\dfrac{\mu_\oplus}{a_\oplus^3}\,e^{-5\alpha}\overline{\psi}_{202}\sin 2\theta + \cot\theta\sin^2\theta\,\dot{\Lambda}^2 - 2\dot{\alpha}\dot{\theta} \\ -2\big(\dot{\alpha} + \cot\theta\,\dot{\theta}\big)\dot{\Lambda} \end{bmatrix}. \tag{2.256}$$

Bevor weitere Terme hergeleitet werden, soll überprüft werden, ob die bisherigen Terme mit früheren Formeln konsistent sind. Dies wird am Beispiel der Vektorkomponente f_{2_1} geschehen; weitere Komponenten lassen sich analog kontrollieren.

Die Komponenten $f_{2_1}(\mathcal{M})$ und $f_{1_1}(\mathcal{M}) = \dot{\alpha}$ (siehe (2.251) mit (2.247)) sind Teil des Liereihen-Ansatz für $\alpha(t)$:

$$\alpha(t_0 + \Delta t) = f_{0_1}(\mathcal{M})\big|_{t_0} + f_{1_1}(\mathcal{M})\big|_{t_0}\Delta t + \tfrac{1}{2}\,f_{2_1}(\mathcal{M})\big|_{t_0}\Delta t^2 + \cdots = \alpha\big|_{t_0} + \dot{\alpha}\big|_{t_0}\Delta t + \tfrac{1}{2}\,\ddot{\alpha}\big|_{t_0}\Delta t^2 + \cdots\,. \tag{2.257}$$

Andererseits sind die Komponenten $f_{2_1}(\mathcal{S})$ und $f_{1_1}(\mathcal{S}) = \dot{r}$ (siehe (2.218)) Teil des Liereihen-Ansatz für $r(t)$:

$$r(t_0 + \Delta t) = f_{0_1}(\mathcal{S})\big|_{t_0} + f_{1_1}(\mathcal{S})\big|_{t_0}\Delta t + \tfrac{1}{2}\,f_{2_1}(\mathcal{S})\big|_{t_0}\Delta t^2 + \cdots = r\big|_{t_0} + \dot{r}\big|_{t_0}\Delta t + \tfrac{1}{2}\,\ddot{r}\big|_{t_0}\Delta t^2 + \cdots\,. \tag{2.258}$$

Aus (2.221) folgt

$$\dot{\alpha} = \frac{\dot{r}}{r} \qquad \rightarrow \qquad \ddot{\alpha} = \frac{\ddot{r}r - \dot{r}\dot{r}}{r^2} = \frac{\ddot{r}}{r} - \frac{\dot{r}^2}{r^2} \qquad \leftrightarrow \qquad \ddot{\alpha} = \frac{\ddot{r}}{r} - \dot{\alpha}^2 \tag{2.259}$$

und somit die zu überprüfende Relation (unter Einsatz von Transformationsformeln aus Anhang D)

$$f_{2_1}(\mathcal{M}) = \frac{1}{r}\,f_{2_1}(\mathcal{S}) - \dot{\alpha}^2. \tag{2.260}$$

Zu beachten ist in diesem speziellen Fall, dass für (2.218) bzw. im gesamten § 2.2.4.4 der nicht-normalisierte Koeffizient c_{20} verwendet wurde und in (2.256) bzw. in diesem § 2.2.4.6 die normalisierte Variante bzw. $\overline{J}_{20}$.

[60] letztere, falls die Startwerte in $\mathcal{C}$ gegeben sind

Einsetzen der konkreten Formeln für die Vektorkomponenten in (2.260) liefert zunächst

$$\begin{aligned}&\frac{\mu_\oplus}{a_\oplus^3}\left\{-e^{-3\alpha}-3e^{-5\alpha}\left(\overline{\psi}_{200}+\overline{\psi}_{202}\cos 2\theta\right)\right\}-\dot{\alpha}^2+\dot{\theta}^2+\sin^2\!\theta\,\dot{\Lambda}^2=\\&=\frac{1}{r}\left\{-\frac{\mu_\oplus}{r^2}\left[1+\frac{3}{2}\left(\frac{a_\oplus}{r}\right)^2 c_{20}\left(3\cos^2\theta-1\right)\right]+\frac{1}{r}\left[\left(\frac{J}{r}\right)^2+\left(\frac{H}{r\sin\theta}\right)^2\right]\right\}-\dot{\alpha}^2\end{aligned}\tag{2.261}$$

und nach einigen Schritten (mittels (C.27), (C.32), (C.33), Tab. C.1, (2.221), (2.234) und Additionstheorem)

$$\begin{aligned}\frac{\mu_\oplus}{a_\oplus^3}\left\{-e^{-3\alpha}-3e^{-5\alpha}\overline{J}_{20}\sqrt{5}\left(\tfrac14+\tfrac34\cos 2\theta\right)\right\}+\dot{\theta}^2+\sin^2\!\theta\,\dot{\Lambda}^2&=-\frac{\mu_\oplus}{r^3}\left[1+\tfrac32\left(\frac{a_\oplus}{r}\right)^2 c_{20}\left(3\cos^2\theta-1\right)\right]+\frac{1}{r^2}\left[\left(\frac{J}{r}\right)^2+\left(\frac{H}{r\sin\theta}\right)^2\right]\\\frac{\mu_\oplus}{a_\oplus^3}\left\{-\frac{a_\oplus^3}{r^3}-3\frac{a_\oplus^5}{r^5}\,c_{20}\left(\tfrac14+\tfrac34\cos 2\theta\right)\right\}+\dot{\theta}^2+\sin^2\!\theta\,\dot{\Lambda}^2&=-\frac{\mu_\oplus}{r^3}\left[1+\tfrac32\left(\frac{a_\oplus}{r}\right)^2 c_{20}\left(3\cos^2\theta-1\right)\right]+\frac{1}{r^2}\left[\left(\frac{J}{r}\right)^2+\left(\frac{H}{r\sin\theta}\right)^2\right]\\-3\frac{\mu_\oplus}{r^3}\left(\frac{a_\oplus}{r}\right)^2 c_{20}\left(\tfrac14+\tfrac34\cos 2\theta\right)+\dot{\theta}^2+\sin^2\!\theta\,\dot{\Lambda}^2&=-3\frac{\mu_\oplus}{r^3}\left(\frac{a_\oplus}{r}\right)^2 c_{20}\left(\tfrac32\cos^2\theta-\tfrac12\right)+\frac{1}{r^2}\left[\left(\frac{J}{r}\right)^2+\left(\frac{H}{r\sin\theta}\right)^2\right]\\-3\frac{\mu_\oplus}{r^3}\left(\frac{a_\oplus}{r}\right)^2 c_{20}\left(\tfrac14+\tfrac34\cos 2\theta\right)+\frac{J^2}{r^4}+\sin^2\!\theta\frac{H^2}{(r\sin\theta)^4}&=-3\frac{\mu_\oplus}{r^3}\left(\frac{a_\oplus}{r}\right)^2 c_{20}\left(\tfrac32\cos^2\theta-\tfrac12\right)+\frac{1}{r^2}\left[\left(\frac{J}{r}\right)^2+\left(\frac{H}{r\sin\theta}\right)^2\right]\\-3\frac{\mu_\oplus}{r^3}\left(\frac{a_\oplus}{r}\right)^2 c_{20}\left(\tfrac14+\tfrac34\cos 2\theta\right)&=-3\frac{\mu_\oplus}{r^3}\left(\frac{a_\oplus}{r}\right)^2 c_{20}\left(\tfrac32\cos^2\theta-\tfrac12\right)\\\tfrac14+\tfrac34\cos 2\theta&=\tfrac32\cos^2\theta-\tfrac12\\\cos 2\theta&=2\cos^2\theta-1.\quad\checkmark\end{aligned}\tag{2.262}$$

Auf die gleiche Weise kann ein Plausibilitätscheck für weitere $\mathbf{f}_k$ und $\mathbf{g}_k$ bzw. deren Komponenten erfolgen. Für $\mathbf{g}_2$ erhält man formal

$$\mathbf{g}_2=\frac{\partial\mathbf{g}_1}{\partial\mathbf{p}}\frac{\partial F}{\partial\mathbf{q}}-\frac{\partial\mathbf{g}_1}{\partial\mathbf{q}}\frac{\partial F}{\partial\mathbf{p}}\,.\tag{2.263}$$

Die Aufstellung der Matrizen $\partial\mathbf{g}_1/\partial\mathbf{p}$ und $\partial\mathbf{g}_1/\partial\mathbf{q}$ resultiert in

$$\frac{\partial\mathbf{g}_1}{\partial\mathbf{p}}=\frac{2}{a_\oplus^2}\,e^{-2\alpha}\begin{bmatrix}p_\alpha & p_\theta & \dfrac{1}{\sin^2\theta}\,p_\Lambda\\ 0 & 0 & \dfrac{\cos\theta}{\sin^3\theta}\,p_\Lambda\\ 0 & 0 & 0\end{bmatrix}\tag{2.264}$$

und

$$\frac{\partial\mathbf{g}_1}{\partial\mathbf{q}}=\left[\begin{array}{c|}\dfrac{\mu_\oplus}{a_\oplus}e^{-\alpha}+9\dfrac{\mu_\oplus}{a_\oplus}e^{-3\alpha}\left(\overline{\psi}_{200}+\overline{\psi}_{202}\cos 2\theta\right)-\dfrac{2}{a_\oplus^2}e^{-2\alpha}\left(p_\alpha^2+p_\theta^2+\dfrac{1}{\sin^2\theta}p_\Lambda^2\right)\\ 6\dfrac{\mu_\oplus}{a_\oplus}e^{-3\alpha}\,\overline{\psi}_{202}\sin 2\theta-\dfrac{2}{a_\oplus^2}e^{-2\alpha}\dfrac{\cos\theta}{\sin^3\theta}p_\Lambda^2\\ 0\end{array}\cdots\right.$$
$$\left.\cdots\begin{array}{|cc}6\dfrac{\mu_\oplus}{a_\oplus}e^{-3\alpha}\,\overline{\psi}_{202}\sin 2\theta-\dfrac{2}{a_\oplus^2}e^{-2\alpha}\dfrac{\cos\theta}{\sin^3\theta}p_\Lambda^2 & 0\\ -4\dfrac{\mu_\oplus}{a_\oplus}e^{-3\alpha}\,\overline{\psi}_{202}\cos 2\theta-\dfrac{1}{a_\oplus^2}e^{-2\alpha}\dfrac{2+\cos 2\theta}{\sin^4\theta}p_\Lambda^2 & 0\\ 0 & 0\end{array}\right]\tag{2.265}$$

Ein Vergleich von (2.264) und (2.254) zeigt, dass

$$\frac{\partial\mathbf{g}_1}{\partial\mathbf{p}}=-\left(\frac{\partial\mathbf{f}_1}{\partial\mathbf{q}}\right)^T\tag{2.266}$$

gilt und aus (2.265) ist ersichtlich, dass die Matrix $\partial\mathbf{g}_1/\partial\mathbf{q}$ symmetrisch ist. Der praktische Rechenaufwand für $\mathbf{g}_2$ kann deshalb deutlich reduziert werden.

Für $\mathbf{g}_2$ folgt

$$\mathbf{g}_2 = \begin{bmatrix} \frac{\mu_\oplus}{a_\oplus^3}\left\{-e^{-3\alpha}p_\alpha + e^{-5\alpha}\Big(3\,\overline{\psi}_{200}\,p_\alpha + \overline{\psi}_{202}\big(3\cos 2\theta\,p_\alpha + 2\sin 2\theta\,p_\theta\big)\Big)\right\} \\ 2\frac{\mu_\oplus}{a_\oplus^3}\,e^{-5\alpha}\,\overline{\psi}_{202}\big(3\sin 2\theta\,p_\alpha - 2\cos 2\theta\,p_\theta\big) - \frac{1}{a_\oplus^4}\,e^{-4\alpha}\frac{1}{\sin^4\theta}\,p_\Lambda^2\big(\sin 2\theta\,p_\alpha + (2+\cos 2\theta)p_\theta\big) \\ 0 \end{bmatrix} \tag{2.267}$$

bzw. wiederum nach Ersetzung der generalisierten Impulse durch generalisierte Geschwindigkeiten

$$\mathbf{g}_2 = \begin{bmatrix} \frac{\mu_\oplus}{a_\oplus}\left\{-e^{-\alpha}\dot\alpha + e^{-3\alpha}\Big(3\,\overline{\psi}_{200}\dot\alpha + \overline{\psi}_{202}\big(3\cos 2\theta\,\dot\alpha + 2\sin 2\theta\,\dot\theta\big)\Big)\right\} \\ 2\frac{\mu_\oplus}{a_\oplus}\,e^{-3\alpha}\,\overline{\psi}_{202}\big(3\sin 2\theta\,\dot\alpha - 2\cos 2\theta\,\dot\theta\big) - a_\oplus^2 e^{2\alpha}\dot\Lambda^2\big(\sin 2\theta\,\dot\alpha + (2+\cos 2\theta)\,\dot\theta\big) \\ 0 \end{bmatrix}. \tag{2.268}$$

In der nächsten Ordnung erhält man

$$\mathbf{f}_3 = \begin{bmatrix} \frac{\mu_\oplus}{a_\oplus^3}\left\{5e^{-3\alpha}\dot\alpha + e^{-5\alpha}\Big(21\overline{\psi}_{200}\,\dot\alpha + \overline{\psi}_{202}\big(21\cos 2\theta\,\dot\alpha + 2\sin 2\theta\,\dot\theta\big)\Big)\right\} + 2\dot\alpha\big(\dot\alpha^2 - 3\dot\theta^2 - 3\sin^2\theta\,\dot\Lambda^2\big) \\ 2\frac{\mu_\oplus}{a_\oplus^3}\left\{e^{-3\alpha}\dot\theta + e^{-5\alpha}\Big(3\overline{\psi}_{200}\,\dot\theta + \overline{\psi}_{202}\big(7\sin 2\theta\,\dot\alpha + \cos 2\theta\,\dot\theta\big)\Big)\right\} - 2\dot\theta\big(\dot\theta^2 - 3\dot\alpha^2\big) - 3\dot\Lambda^2\big(\sin 2\theta\,\dot\alpha + \dot\theta\big) \\ 2\dot\Lambda\left[\frac{\mu_\oplus}{a_\oplus^3}\left\{e^{-3\alpha} + e^{-5\alpha}\Big(3\overline{\psi}_{200} + \overline{\psi}_{202}\big(2 + 5\cos 2\theta\big)\Big)\right\} + \frac{1}{a_\oplus^2}\,e^{-2\alpha}\Big(3\big(\dot\alpha + \cot\theta\,\dot\theta\big)^2 - \dot\Lambda^2\Big)\right] \end{bmatrix} \tag{2.269}$$

und

$$\mathbf{g}_3 = \begin{bmatrix} \frac{\mu_\oplus^2}{a_\oplus^4}\,e^{-4\alpha}\Big\{1 - e^{-4\alpha}\Big(9\overline{\psi}_{200}^2 + 18\cos 2\theta\,\overline{\psi}_{200}\overline{\psi}_{202} + \tfrac{1}{2}(5\cos 4\theta + 13)\overline{\psi}_{202}^2\Big)\Big\} + \frac{\mu_\oplus}{a_\oplus}\Big\{e^{-\alpha}(2\dot\alpha^2 - \dot\theta^2 - \sin^2\theta\,\dot\Lambda^2) - \\ -e^{-3\alpha}\Big(3\overline{\psi}_{200}(4\dot\alpha^2 - \dot\theta^2 - \sin^2\theta\,\dot\Lambda^2) + \overline{\psi}_{202}\big(\cos 2\theta(12\dot\alpha^2 - 7\dot\theta^2) + 16\sin 2\theta\,\dot\alpha\dot\theta - (2+5\cos 2\theta)\sin^2\theta\,\dot\Lambda^2\big)\Big)\Big\} \\ \frac{\mu_\oplus}{a_\oplus}\,e^{-\alpha}\sin 2\theta\,\dot\Lambda^2 - 2\frac{\mu_\oplus^2}{a_\oplus^4}\,e^{-6\alpha}\sin 2\theta\,\overline{\psi}_{202}\Big\{3 + e^{-2\alpha}\Big(9\overline{\psi}_{200} + 5\cos 2\theta\,\overline{\psi}_{202}\Big)\Big\} + \frac{\mu_\oplus}{a_\oplus}\,e^{-3\alpha}\Big\{32\cos 2\theta\,\dot\alpha\dot\theta\,\overline{\psi}_{202} + \\ + \sin 2\theta\Big(2\overline{\psi}_{202}(7\dot\theta^2 - 12\dot\alpha^2) + \dot\Lambda^2(3\overline{\psi}_{200} + 7\overline{\psi}_{202})\Big)\Big\} + 3a_\oplus^2 e^{2\alpha}\dot\Lambda^2\Big\{2(2+\cos 2\theta)\dot\alpha\dot\theta + \sin 2\theta\big(\dot\alpha^2 - \tfrac{1}{2}\dot\Lambda^2\big) + \\ + \cot\theta(3+\cos 2\theta)\dot\theta^2\Big\} \\ 0 \end{bmatrix} \tag{2.270}$$

Auf die explizite Wiedergabe weiterer Terme der Reihenentwicklung wird aus Gründen der Übersichtlichkeit verzichtet. Anzumerken bleibt, dass die Terme systematischer aufgebaut sind, als bei der Verwendung gewöhnlicher kanonischer Kugelkoordinaten. Die Verwendung eines konsequent spektral dargestellten Erdschwerefeldes (Anhang C.2) ermöglicht einen Einblick in auftretende Frequenzen bei den resultierenden Störungen der Bahnelemente.[61] Zudem sind die partiellen Ableitungen leichter zu bilden. Beim unterstützenden Einsatz von Programmen wie *MATHEMATICA*™ äussert sich dieser Vorteil vor allem in der spürbaren Rechenzeitersparnis.

Nachfolgend soll der Liereihen-Ansatz in modifizierten kanonischen Kugelkoordinaten auf ein etwas höher entwickeltes Erdschwerefeld (auch mit tesseralen Termen) angewendet werden.

2.2.5 Spezialfall 4×4-Erdschwerefeld

Die Hamilton-Funktion F hat die Form (2.244), wobei $V\big(\alpha, \theta, \lambda(\Lambda); t\big)$ für $n_{\max} = m_{\max} = 4$ dem Anhang C.2 entnommen werden kann. Man erhält konkret, unter Beachtung von $\lambda = \Lambda - \Theta$ und $\Theta = \Theta(t) = \omega_\oplus(t - t_0) + \Theta_0$,

$$F = V_{\oplus_{4\times4}}(\alpha, \theta, \Lambda; t) - \frac{1}{2a_\oplus^2}\,e^{-2\alpha}\Big(p_\alpha^2 + p_\theta^2 + \frac{1}{\sin^2\theta}\,p_\Lambda^2\Big) = \frac{\mu_\oplus}{a_\oplus}\,e^{-\alpha} + R_{\oplus_{4\times4}}(\alpha, \theta, \Lambda; t) - \frac{1}{2a_\oplus^2}\,e^{-2\alpha}\Big(p_\alpha^2 + p_\theta^2 + \frac{1}{\sin^2\theta}\,p_\Lambda^2\Big) \tag{2.271}$$

mit den generalisierten Impulsen (2.228).

Da Θ, d. h. GST, auftaucht, ist F zeitabhängig (denn es sind tesserale bzw. längenabhängige Terme enthalten). Hier wird nachfolgend stets o. B. d. A. $\Theta_0, t_0 \equiv 0$ gesetzt, so dass $\Theta = \omega_\oplus t$ und $\lambda = \Lambda - \omega_\oplus t$ bzw. $\Lambda = \lambda + \omega_\oplus t$.

[61] etwaige verbliebene Terme wie $\sin^2\theta$ lassen sich hierfür ebenfalls umschreiben, z. B. $\sin^2\theta = \frac{1}{2} - \frac{1}{2}\cos 2\theta$

Das Störpotential $R_{\oplus 4\times 4}(\alpha,\theta,\Lambda;t)$ lautet dann explizit (siehe Anhang C.2)

$$\begin{aligned}R_{\oplus 4\times 4}(\alpha,\theta,\Lambda;t) = \frac{\mu_\oplus}{a_\oplus}\Big[&e^{-3\alpha}\Big\{\big(\overline{\psi}_{200}+\overline{\psi}_{202}\cos 2\theta\big)+\overline{\psi}_{212}\sin 2\theta\cos\big((\Lambda-\omega_\oplus t)-\overline{\lambda}_{21}\big)+\\ &+\big(\overline{\psi}_{220}+\overline{\psi}_{222}\cos 2\theta\big)\cos\big(2(\Lambda-\omega_\oplus t)-\overline{\lambda}_{22}\big)\Big\}+\\ &+e^{-4\alpha}\Big\{\big(\overline{\psi}_{301}\cos\theta+\overline{\psi}_{303}\cos 3\theta\big)+\big(\overline{\psi}_{311}\sin\theta+\overline{\psi}_{313}\sin 3\theta\big)\cos\big((\Lambda-\omega_\oplus t)-\overline{\lambda}_{31}\big)+\\ &+\big(\overline{\psi}_{321}\cos\theta+\overline{\psi}_{323}\cos 3\theta\big)\cos\big(2(\Lambda-\omega_\oplus t)-\overline{\lambda}_{32}\big)+\\ &+\big(\overline{\psi}_{331}\sin\theta+\overline{\psi}_{333}\sin 3\theta\big)\cos\big(3(\Lambda-\omega_\oplus t)-\overline{\lambda}_{33}\big)\Big\}+\\ &+e^{-5\alpha}\Big\{\big(\overline{\psi}_{400}+\overline{\psi}_{402}\cos 2\theta+\overline{\psi}_{404}\cos 4\theta\big)+\big(\overline{\psi}_{412}\sin 2\theta+\overline{\psi}_{414}\sin 4\theta\big)\cos\big((\Lambda-\omega_\oplus t)-\overline{\lambda}_{41}\big)+\\ &+\big(\overline{\psi}_{420}+\overline{\psi}_{422}\cos 2\theta+\overline{\psi}_{424}\cos 4\theta\big)\cos\big(2(\Lambda-\omega_\oplus t)-\overline{\lambda}_{42}\big)+\\ &+\big(\overline{\psi}_{432}\sin 2\theta+\overline{\psi}_{434}\sin 4\theta\big)\cos\big(3(\Lambda-\omega_\oplus t)-\overline{\lambda}_{43}\big)+\\ &+\big(\overline{\psi}_{440}+\overline{\psi}_{442}\cos 2\theta+\overline{\psi}_{444}\cos 4\theta\big)\cos\big(4(\Lambda-\omega_\oplus t)-\overline{\lambda}_{44}\big)\Big\}\Big]\end{aligned} \tag{2.272}$$

und die (normalisierten) harmonischen Koeffizienten $\overline{c}_{nm}$, $\overline{s}_{nm}$ sind in den Grössen $\overline{\psi}_{nmj}$ und $\overline{\lambda}_{nm}$ enthalten. Da die Zeit t explizit in der Hamilton-Funktion F auftaucht, müsste der allgemeine Liereihen-Ansatz (2.49) mit (2.50) angewendet werden. Die notwendigen partiellen Ableitungen nach der Zeit $\partial\mathbf{f}_k/\partial t$ bzw. $\partial\mathbf{g}_k/\partial t$ können in die Poissonklammer-Terme $\{\mathbf{f}_k, F\}$ bzw. $\{\mathbf{g}_k, F\}$ verschoben werden, sofern man einen vollständigen Übergang in den erweiterten Phasenraum vornimmt. Dazu wird neben einer zur Zeit t proportionalen zusätzlichen generalisierten Koordinate τ mit

$$\tau-\tau_0 = t-t_0 \tag{2.273}$$

ein zugehöriger generalisierter Impuls p_τ eingeführt. Die Grössen τ und p_τ bilden ein kanonisch-konjugiertes Variablenpaar. Der zusätzliche Impuls wird der Hamilton-Funktion additiv beigefügt, so dass

$$F = V - T - p_\tau . \tag{2.274}$$

Die Einführung zusätzlicher Variablen ist zunächst rein mathematisch motiviert, wenngleich nach Cui [10] physikalische Interpretationen gefunden werden können.[62] Offensichtlich gilt

$$\frac{\mathrm{d}\tau}{\mathrm{d}t} = -\frac{\partial F}{\partial p_\tau} = 1 \qquad \longrightarrow \qquad \tau = t. \tag{2.275}$$

Die Zeit t wird hier also als zusätzliche Koordinate eingeführt; das System wird dadurch autonom und kann mathematisch leichter behandelt werden. Dieses Vorgehen ist insbesondere im Hinblick auf eventuelle spätere Erweiterungen des Kraftmodells um zusätzliche explizit zeitabhängige Störungen (etwa Drittkörpergravitation oder Oberflächenkräfte wie Strahlungsdruck, atmosphärische Reibung etc.) sinnvoll.

In (2.272) ist t formal durch τ zu ersetzen. Die physikalische Einheit von τ ist demnach, wie bei t, z. B. die Sekunde. Der zugehörige Impuls p_τ trägt die gleiche Einheit, wie die Hamilton-Funktion, z. B. m^2/sec^2.

Mit den Koordinaten $\mathbf{x}||(\alpha,\theta,\Lambda,\tau)^T$ und den Impulsen $\mathbf{p}||(p_\alpha,p_\theta,p_\Lambda,p_\tau)^T$ erhält man im Liereihen-Ansatz

$$\mathbf{f}_0 = [\alpha,\,\theta,\,\Lambda,\,\tau]^T, \qquad \mathbf{g}_0 = [p_\alpha,\,p_\theta,\,p_\Lambda,\,p_\tau]^T \tag{2.276}$$

und für $k \geq 0$

$$\begin{aligned}\mathbf{f}_{k+1} &= \{\mathbf{f}_k, F\} = \frac{\partial\,\mathbf{f}_k}{\partial(p_\alpha,p_\theta,p_\Lambda,p_\tau)}\frac{\partial F}{\partial(\alpha,\theta,\Lambda,\tau)} - \frac{\partial\,\mathbf{f}_k}{\partial(\alpha,\theta,\Lambda,\tau)}\frac{\partial F}{\partial(p_\alpha,p_\theta,p_\Lambda,p_\tau)},\\ \mathbf{g}_{k+1} &= \{\mathbf{g}_k, F\} = \frac{\partial\,\mathbf{g}_k}{\partial(p_\alpha,p_\theta,p_\Lambda,p_\tau)}\frac{\partial F}{\partial(\alpha,\theta,\Lambda,\tau)} - \frac{\partial\,\mathbf{g}_k}{\partial(\alpha,\theta,\Lambda,\tau)}\frac{\partial F}{\partial(p_\alpha,p_\theta,p_\Lambda,p_\tau)}.\end{aligned} \tag{2.277}$$

Wegen

$$\frac{\partial\,\mathbf{f}_0}{\partial(p_\alpha,p_\theta,p_\Lambda,p_\tau)} = \mathbf{0}_4, \qquad \frac{\partial\,\mathbf{f}_0}{\partial(\alpha,\theta,\Lambda,\tau)} = \boldsymbol{I}_4 \qquad \text{und} \qquad \frac{\partial\,\mathbf{g}_0}{\partial(p_\alpha,p_\theta,p_\Lambda,p_\tau)} = \boldsymbol{I}_4, \qquad \frac{\partial\,\mathbf{g}_0}{\partial(\alpha,\theta,\Lambda,\tau)} = \mathbf{0}_4 \tag{2.278}$$

folgt

$$\mathbf{f}_1 = -\frac{\partial F}{\partial(p_\alpha,p_\theta,p_\Lambda,p_\tau)} \qquad \text{und} \qquad \mathbf{g}_1 = \frac{\partial F}{\partial(\alpha,\theta,\Lambda,\tau)}. \tag{2.279}$$

[62] Der zur zeitartigen Grösse τ gehörende Impuls p_τ lässt sich als Drehmoment auffassen. Details zu den kanonischen Bewegungsgleichungen im homogenen Formalismus und zur Bedeutung des zusätzlichen Variablenpaares findet man z. B. bei Mittelstaedt [36].

2.2.5.1 Übergang auf den erweiterten Phasenraum für ein 2×1-Erdschwerefeld

In diesem Abschnitt wird die Äquivalenz im Ergebnis des Liereihen-Ansatzes zwischen reduziertem und erweitertem Phasenraum anhand einiger Koeffizienten $\mathbf{f}_k$ bzw. $\mathbf{g}_k$ explizit nachgewiesen.[63]

Für den einfachsten Fall eines nicht ausschliesslich zonalen Erdschwerefeldes ($n_{\max} = 2$, $m_{\max} = 1$) lautet die Hamilton-Funktion $\tilde{F}(\alpha, \theta, \Lambda, \tau; p_\alpha, p_\theta, p_\Lambda, p_\tau) := V_{\oplus 2\times 1}(\alpha, \theta, \Lambda, \tau) - T(\alpha, \theta; p_\alpha, p_\theta, p_\Lambda) - p_\tau$ konkret

$$\tilde{F} = \frac{\mu_\oplus}{a_\oplus}\left[e^{-\alpha} + e^{-3\alpha}\Big\{\big(\overline{\psi}_{200} + \overline{\psi}_{202}\cos 2\theta\big) + \overline{\psi}_{212}\sin 2\theta \cos\big((\Lambda - \omega_\oplus \tau) - \overline{\lambda}_{21}\big)\Big\}\right] - \frac{1}{2a_\oplus^2}\, e^{-2\alpha}\Big(p_\alpha^2 + p_\theta^2 + \frac{1}{\sin^2\theta}\, p_\Lambda^2\Big) - p_\tau . \tag{2.280}$$

Zur Gegenüberstellung der Ergebnisse werden zunächst einige Koeffizienten im Falle des reduzierten Phasenraumes hergeleitet. Anschliessend erfolgt die Herleitung der gleichen Koeffizienten im erweiterten Phasenraum.

Liereihen-Ansatz im reduzierten Phasenraum

Die zugehörige Hamilton-Funktion lautet

$$F = \frac{\mu_\oplus}{a_\oplus}\left[e^{-\alpha} + e^{-3\alpha}\Big\{\big(\overline{\psi}_{200} + \overline{\psi}_{202}\cos 2\theta\big) + \overline{\psi}_{212}\sin 2\theta \cos\big((\Lambda - \omega_\oplus t) - \overline{\lambda}_{21}\big)\Big\}\right] - \frac{1}{2a_\oplus^2}\, e^{-2\alpha}\Big(p_\alpha^2 + p_\theta^2 + \frac{1}{\sin^2\theta}\, p_\Lambda^2\Big), \tag{2.281}$$

so dass $\partial F / \partial t \neq 0$ und deshalb

$$\begin{aligned} \mathbf{f}_{k+1} &= \frac{\partial \mathbf{f}_k}{\partial t} + \{\mathbf{f}_k, F\} = \frac{\partial \mathbf{f}_k}{\partial t} + \frac{\partial\, \mathbf{f}_k}{\partial(p_\alpha, p_\theta, p_\Lambda)}\frac{\partial F}{\partial(\alpha, \theta, \Lambda)} - \frac{\partial\, \mathbf{f}_k}{\partial(\alpha, \theta, \Lambda)}\frac{\partial F}{\partial(p_\alpha, p_\theta, p_\Lambda)}, \\ \mathbf{g}_{k+1} &= \frac{\partial \mathbf{g}_k}{\partial t} + \{\mathbf{g}_k, F\} = \frac{\partial \mathbf{f}_k}{\partial t} + \frac{\partial\, \mathbf{g}_k}{\partial(p_\alpha, p_\theta, p_\Lambda)}\frac{\partial F}{\partial(\alpha, \theta, \Lambda)} - \frac{\partial\, \mathbf{g}_k}{\partial(\alpha, \theta, \Lambda)}\frac{\partial F}{\partial(p_\alpha, p_\theta, p_\Lambda)}, \end{aligned} \tag{2.282}$$

zu bilden ist, wobei wie in § 2.2.4.6

$$\mathbf{f}_0 = [\alpha,\, \theta,\, \Lambda]^T, \qquad \mathbf{g}_0 = [p_\alpha,\, p_\theta,\, p_\Lambda]^T. \tag{2.283}$$

Mit der Setzung

$$\overline{\xi}_{nm} := m\big(\Lambda - \omega_\oplus t\big) - \overline{\lambda}_{nm} \quad \rightarrow \quad \overline{\xi}_{21} = \Lambda - \omega_\oplus t - \overline{\lambda}_{21} \tag{2.284}$$

erhält man

$$\frac{\partial F}{\partial(\alpha, \theta, \Lambda)} = \begin{bmatrix} -\dfrac{\mu_\oplus}{a_\oplus}\left[e^{-\alpha} + 3e^{-3\alpha}\Big\{\overline{\psi}_{200} + \overline{\psi}_{202}\cos 2\theta + \overline{\psi}_{212}\sin 2\theta \cos \overline{\xi}_{21}\Big\}\right] + \dfrac{1}{a_\oplus^2 e^{2\alpha}}\left(p_\alpha^2 + p_\theta^2 + \dfrac{p_\Lambda^2}{\sin^2\theta}\right) \\ -2\dfrac{\mu_\oplus}{a_\oplus}\, e^{-3\alpha}\Big\{\overline{\psi}_{202}\sin 2\theta - \overline{\psi}_{212}\cos 2\theta \cos \overline{\xi}_{21}\Big\}\Big] + \dfrac{1}{a_\oplus^2 e^{2\alpha}}\dfrac{p_\Lambda^2}{\sin^2\theta}\cot\theta \\ -\dfrac{\mu_\oplus}{a_\oplus}\, e^{-3\alpha}\overline{\psi}_{212}\sin 2\theta \sin \overline{\xi}_{21} \end{bmatrix},$$

$$\frac{\partial F}{\partial(p_\alpha, p_\theta, p_\Lambda)} = -\frac{1}{a_\oplus^2 e^{2\alpha}}\begin{bmatrix} p_\alpha \\ p_\theta \\ p_\Lambda / \sin^2\theta \end{bmatrix} = -\begin{bmatrix} \dot{\alpha} \\ \dot{\theta} \\ \dot{\Lambda} \end{bmatrix}. \tag{2.285}$$

Wegen

$$\frac{\partial \mathbf{f}_0}{\partial t} = \mathbf{0} \quad \text{bzw.} \quad \frac{\partial \mathbf{g}_0}{\partial t} = \mathbf{0} \tag{2.286}$$

und

$$\frac{\partial \mathbf{f}_0}{\partial(p_\alpha, p_\theta, p_\Lambda)} = \mathbf{0}_3, \quad \frac{\partial \mathbf{f}_0}{\partial(\alpha, \theta, \Lambda)} = \boldsymbol{I}_3 \quad \text{bzw.} \quad \frac{\partial \mathbf{g}_0}{\partial(p_\alpha, p_\theta, p_\Lambda)} = \boldsymbol{I}_3, \quad \frac{\partial \mathbf{g}_0}{\partial(\alpha, \theta, \Lambda)} = \mathbf{0}_3 \tag{2.287}$$

gilt für die Berechnung von $\mathbf{f}_1$ und $\mathbf{g}_1$ (vgl. Formeln (2.250) und (2.251) aus § 2.2.4.6)

$$\mathbf{f}_1 = -\frac{\partial F}{\partial(p_\alpha, p_\theta, p_\Lambda)}, \qquad \mathbf{g}_1 = \frac{\partial F}{\partial(\alpha, \theta, \Lambda)}. \tag{2.288}$$

[63] der theoretische Nachweis soll hier nicht geführt werden

Die Berechnung von $\mathbf{f}_2$ verwendet $\partial\mathbf{f}_1/\partial t = \mathbf{0}$ und benötigt (vgl. Formel (2.254) aus § 2.2.4.6)

$$\frac{\partial\mathbf{f}_1}{\partial(p_\alpha, p_\theta, p_\Lambda)} = \frac{1}{a_\oplus^2 e^{2\alpha}}\begin{bmatrix} 1 & 0 & 0 \\ 0 & 1 & 0 \\ 0 & 0 & \dfrac{1}{\sin^2\theta} \end{bmatrix}, \qquad \frac{\partial\mathbf{f}_1}{\partial(\alpha, \theta, \Lambda)} = -\frac{2}{a_\oplus^2 e^{2\alpha}}\begin{bmatrix} p_\alpha & 0 & 0 \\ p_\theta & 0 & 0 \\ \dfrac{p_\Lambda}{\sin^2\theta} & \dfrac{p_\Lambda}{\sin^2\theta}\cot\theta & 0 \end{bmatrix}. \quad (2.289)$$

Man erhält

$$\mathbf{f}_2 = \begin{bmatrix} -\dfrac{\mu_\oplus}{a_\oplus^3}\left[e^{-3\alpha} + 3e^{-5\alpha}\left\{\overline{\psi}_{200} + \overline{\psi}_{202}\cos 2\theta + \overline{\psi}_{212}\sin 2\theta\cos\overline{\xi}_{21}\right\}\right] - \dfrac{1}{a_\oplus^4 e^{4\alpha}}\left(p_\alpha^2 - p_\theta^2 - \dfrac{p_\Lambda^2}{\sin^2\theta}\right) \\ -2\dfrac{\mu_\oplus}{a_\oplus^3}\, e^{-5\alpha}\left\{\overline{\psi}_{202}\sin 2\theta - \overline{\psi}_{212}\cos 2\theta\cos\overline{\xi}_{21}\right\}\Big] - \dfrac{1}{a_\oplus^4 e^{4\alpha}}\left(2p_\alpha p_\theta - \dfrac{p_\Lambda^2}{\sin^2\theta}\cot\theta\right) \\ -2\dfrac{\mu_\oplus}{a_\oplus^3}\, e^{-5\alpha}\overline{\psi}_{212}\cot\theta\sin\overline{\xi}_{21} - \dfrac{2}{a_\oplus^4 e^{4\alpha}}\dfrac{p_\Lambda}{\sin^2\theta}(p_\alpha + p_\theta\cot\theta) \end{bmatrix}. \quad (2.290)$$

In die Berechnung von $\mathbf{g}_2$ fliesst die Zeitableitung

$$\frac{\partial\mathbf{g}_1}{\partial t} = \frac{\mu_\oplus\omega_\oplus}{a_\oplus e^{3\alpha}}\,\overline{\psi}_{212}\begin{bmatrix} -3\sin 2\theta\sin\overline{\xi}_{21} \\ 2\cos 2\theta\sin\overline{\xi}_{21} \\ \sin 2\theta\cos\overline{\xi}_{21} \end{bmatrix} \quad (2.291)$$

ein, sowie (analog Formel (2.264) aus § 2.2.4.6 und wenn $\mathbf{g}_1 =: (g_{1_1}, g_{1_2}, g_{1_3})^T$ gesetzt wird)

$$\frac{\partial\mathbf{g}_1}{\partial(p_\alpha, p_\theta, p_\Lambda)} = \frac{2}{a_\oplus^2 e^{2\alpha}}\begin{bmatrix} p_\alpha & p_\theta & \dfrac{p_\Lambda}{\sin^2\theta} \\ 0 & 0 & \dfrac{p_\Lambda}{\sin^2\theta}\cot\theta \\ 0 & 0 & 0 \end{bmatrix} = -\left(\frac{\partial\mathbf{f}_1}{\partial(\alpha,\theta,\Lambda)}\right)^T, \qquad \frac{\partial\mathbf{g}_1}{\partial(\alpha,\theta,\Lambda)} = \begin{bmatrix} \dfrac{\partial g_{1_1}}{\partial\alpha} & \dfrac{\partial g_{1_1}}{\partial\theta} & \dfrac{\partial g_{1_1}}{\partial\Lambda} \\ \dfrac{\partial g_{1_2}}{\partial\alpha} & \dfrac{\partial g_{1_2}}{\partial\theta} & \dfrac{\partial g_{1_2}}{\partial\Lambda} \\ \dfrac{\partial g_{1_3}}{\partial\alpha} & \dfrac{\partial g_{1_3}}{\partial\theta} & \dfrac{\partial g_{1_3}}{\partial\Lambda} \end{bmatrix} \quad (2.292)$$

mit

$$\begin{aligned}
\frac{\partial g_{1_1}}{\partial\alpha} &= \frac{\mu_\oplus}{a_\oplus}\left[e^{-\alpha} + 9e^{-3\alpha}\left\{\overline{\psi}_{200} + \overline{\psi}_{202}\cos 2\theta + \overline{\psi}_{212}\sin 2\theta\cos\overline{\xi}_{21}\right\}\right] - \frac{2}{a_\oplus^2 e^{2\alpha}}\left(p_\alpha^2 + p_\theta^2 + \frac{p_\Lambda^2}{\sin^2\theta}\right), \\
\frac{\partial g_{1_1}}{\partial\theta} &= 6\frac{\mu_\oplus}{a_\oplus}\, e^{-3\alpha}\left\{\overline{\psi}_{202}\sin 2\theta - \overline{\psi}_{212}\cos 2\theta\cos\overline{\xi}_{21}\right\}\Big] - \frac{2}{a_\oplus^2 e^{2\alpha}}\frac{p_\Lambda^2}{\sin^2\theta}\cot\theta, \\
\frac{\partial g_{1_1}}{\partial\Lambda} &= 3\frac{\mu_\oplus}{a_\oplus}\, e^{-3\alpha}\,\overline{\psi}_{212}\sin 2\theta\sin\overline{\xi}_{21}, \\
\frac{\partial g_{1_2}}{\partial\alpha} &= 6\frac{\mu_\oplus}{a_\oplus}\, e^{-3\alpha}\left\{\overline{\psi}_{202}\sin 2\theta - \overline{\psi}_{212}\cos 2\theta\cos\overline{\xi}_{21}\right\}\Big] - \frac{2}{a_\oplus^2 e^{2\alpha}}\frac{p_\Lambda^2}{\sin^2\theta}\cot\theta \equiv \frac{\partial g_{1_1}}{\partial\theta}, \\
\frac{\partial g_{1_2}}{\partial\theta} &= -4\frac{\mu_\oplus}{a_\oplus}\, e^{-3\alpha}\left\{\overline{\psi}_{202}\cos 2\theta + \overline{\psi}_{212}\sin 2\theta\cos\overline{\xi}_{21}\right\}\Big] - \frac{1}{a_\oplus^2 e^{2\alpha}}\frac{p_\Lambda^2}{\sin^2\theta}\frac{2+\cos 2\theta}{\sin^2\theta}, \\
\frac{\partial g_{1_2}}{\partial\Lambda} &= -2\frac{\mu_\oplus}{a_\oplus}\, e^{-3\alpha}\,\overline{\psi}_{212}\cos 2\theta\sin\overline{\xi}_{21}, \\
\frac{\partial g_{1_3}}{\partial\alpha} &= 3\frac{\mu_\oplus}{a_\oplus}\, e^{-3\alpha}\,\overline{\psi}_{212}\sin 2\theta\sin\overline{\xi}_{21} = -\frac{1}{\omega_\oplus}\frac{\partial g_{1_1}}{\partial t} = \frac{\partial g_{1_1}}{\partial\Lambda}, \\
\frac{\partial g_{1_3}}{\partial\theta} &= -2\frac{\mu_\oplus}{a_\oplus}\, e^{-3\alpha}\,\overline{\psi}_{212}\cos 2\theta\sin\overline{\xi}_{21} = -\frac{1}{\omega_\oplus}\frac{\partial g_{1_2}}{\partial t} = \frac{\partial g_{1_2}}{\partial\Lambda}, \\
\frac{\partial g_{1_3}}{\partial\Lambda} &= -\frac{\mu_\oplus}{a_\oplus}\, e^{-3\alpha}\,\overline{\psi}_{212}\sin 2\theta\cos\overline{\xi}_{21} = -\frac{1}{\omega_\oplus}\frac{\partial g_{1_3}}{\partial t}.
\end{aligned} \quad (2.293)$$

Die Matrix $\partial \mathbf{g}_1/\partial \mathbf{x}$ ist symmetrisch, vgl. Formel (2.265). Einige ihrer Einträge sind aufgrund (2.284) bzw.

$$\frac{\partial \overline{\xi}_{nm}}{\partial \Lambda} = -\frac{1}{\omega_\oplus}\frac{\partial \overline{\xi}_{nm}}{\partial t} \qquad \leftrightarrow \qquad \frac{\partial \overline{\xi}_{nm}}{\partial t} = -\omega_\oplus \frac{\partial \overline{\xi}_{nm}}{\partial \Lambda} \tag{2.294}$$

zudem bereits bekannt. Der Rechenaufwand kann entsprechend reduziert werden. Man erhält schliesslich $\mathbf{g}_2$ als

$$\mathbf{g}_2 = \begin{bmatrix} -\frac{\mu_\oplus}{a_\oplus^3}\left[e^{-3\alpha}\left\{p_\alpha + 3a_\oplus^2\omega_\oplus\overline{\psi}_{212}\sin 2\theta\sin\overline{\xi}_{21}\right\} - e^{-5\alpha}\left\{3p_\alpha\left(\overline{\psi}_{200} + \overline{\psi}_{202}\cos 2\theta + \overline{\psi}_{212}\sin 2\theta\cos\overline{\xi}_{21}\right) + \right.\right. \\ \left.\left. + 2p_\theta\left(\overline{\psi}_{202}\sin 2\theta - \overline{\psi}_{212}\cos 2\theta\cos\overline{\xi}_{21}\right) + \frac{p_\Lambda}{\sin^2\theta}\overline{\psi}_{212}\sin 2\theta\sin\overline{\xi}_{21}\right\}\right] \\ \\ \frac{\mu_\oplus}{a_\oplus^3}\left[2e^{-3\alpha}a_\oplus^2\omega_\oplus\overline{\psi}_{212}\cos 2\theta\sin\overline{\xi}_{21} - e^{-4\alpha}a_\oplus^{-1}\mu_\oplus^{-1}\frac{p_\Lambda^2}{\sin^4\theta}(p_\alpha\sin 2\theta + p_\theta(2+\cos 2\theta)) + \right. \\ +2e^{-5\alpha}\left\{3p_\alpha\left(\overline{\psi}_{202}\sin 2\theta - \overline{\psi}_{212}\cos 2\theta\cos\overline{\xi}_{21}\right) - 2p_\theta\left(\overline{\psi}_{202}\cos 2\theta + \overline{\psi}_{212}\sin 2\theta\cos\overline{\xi}_{21}\right) - \right. \\ \left.\left. -\frac{p_\Lambda}{\sin^2\theta}\overline{\psi}_{212}(1+2\cos 2\theta)\sin\overline{\xi}_{21}\right\}\right] \\ \\ \frac{\mu_\oplus}{a_\oplus^3}\overline{\psi}_{212}\left[e^{-3\alpha}a_\oplus^2\omega_\oplus\sin 2\theta\cos\overline{\xi}_{21} + e^{-5\alpha}\left\{3p_\alpha\sin 2\theta\sin\overline{\xi}_{21} - 2p_\theta\cos 2\theta\sin\overline{\xi}_{21} - \frac{p_\Lambda}{\sin^2\theta}\sin 2\theta\cos\overline{\xi}_{21}\right\}\right] \end{bmatrix}. \tag{2.295}$$

Die Berechnung von $\mathbf{f}_3$ benötigt die Zeitableitung

$$\frac{\partial \mathbf{f}_2}{\partial t} = \frac{\mu_\oplus\omega_\oplus}{a_\oplus^3 e^{5\alpha}}\overline{\psi}_{212}\begin{bmatrix} -3\sin 2\theta\sin\overline{\xi}_{21} \\ 2\cos 2\theta\sin\overline{\xi}_{21} \\ 2\cot\theta\cos\overline{\xi}_{21} \end{bmatrix}, \tag{2.296}$$

für die, offensichtlich durch Vergleich mit (2.291) und mit Erinnerung an (2.289), gilt

$$\frac{\partial \mathbf{f}_2}{\partial t} = \frac{\partial \mathbf{f}_1}{\partial(p_\alpha, p_\theta, p_\Lambda)}\frac{\partial \mathbf{g}_1}{\partial t}. \tag{2.297}$$

Dieser Vektor kann also in der Praxis sehr einfach aus zuvor bestimmten Termen aufgestellt werden.
Die ebenfalls notwendige Ableitung von $\mathbf{f}_2$ nach den Impulsen

$$\frac{\partial \mathbf{f}_2}{\partial(p_\alpha, p_\theta, p_\Lambda)} = -\frac{2}{a_\oplus^4 e^{4\alpha}}\begin{bmatrix} p_\alpha & -p_\theta & -\frac{p_\Lambda}{\sin^2\theta} \\ p_\theta & p_\alpha & -\frac{p_\Lambda\cot\theta}{\sin^2\theta} \\ \frac{p_\Lambda}{\sin^2\theta} & \frac{p_\Lambda\cot\theta}{\sin^2\theta} & \frac{p_\alpha + p_\theta\cot\theta}{\sin^2\theta} \end{bmatrix} \tag{2.298}$$

ist eine antisymmetrische Matrix und lässt sich ebenfalls unter Verwendung schon bekannter Terme ausdrücken:

$$\frac{\partial \mathbf{f}_2}{\partial(p_\alpha, p_\theta, p_\Lambda)} = \frac{1}{a_\oplus^2 e^{2\alpha}}\left(\frac{\partial \mathbf{f}_1}{\partial(\alpha,\theta,\Lambda)} - \left(\frac{\partial \mathbf{f}_1}{\partial(\alpha,\theta,\Lambda)}\right)^T - 2\,\mathrm{diag}(p_\alpha, p_\alpha, p_\alpha + p_\theta\cot\theta)\frac{\partial \mathbf{f}_1}{\partial(p_\alpha, p_\theta, p_\Lambda)}\right), \tag{2.299}$$

wobei $\mathrm{diag}(d_1, d_2, \dots)$ allgemein für eine Diagonalmatrix mit den (Haupt-)Diagonalelementen $d_1, d_2, \dots$ steht.
Für die noch fehlende Ableitung von $\mathbf{f}_2$ nach den Koordinaten erhält man, wenn $\mathbf{f}_2 =: (f_{2_1}, f_{2_2}, f_{2_3})^T$,

$$\frac{\partial \mathbf{f}_2}{\partial(\alpha,\theta,\Lambda)} = \begin{bmatrix} \frac{\partial f_{2_1}}{\partial\alpha} & \frac{\partial f_{2_1}}{\partial\theta} & \frac{\partial f_{2_1}}{\partial\Lambda} \\ \frac{\partial f_{2_2}}{\partial\alpha} & \frac{\partial f_{2_2}}{\partial\theta} & \frac{\partial f_{2_2}}{\partial\Lambda} \\ \frac{\partial f_{2_3}}{\partial\alpha} & \frac{\partial f_{2_3}}{\partial\theta} & \frac{\partial f_{2_3}}{\partial\Lambda} \end{bmatrix} \tag{2.300}$$

mit

$$
\begin{aligned}
\frac{\partial f_{2_1}}{\partial \alpha} &= 3\frac{\mu_\oplus}{a_\oplus^3}\left[e^{-3\alpha} + 5e^{-5\alpha}\left\{\overline{\psi}_{200} + \overline{\psi}_{202}\cos 2\theta + \overline{\psi}_{212}\sin 2\theta\cos\overline{\xi}_{21}\right\}\right] + \frac{4}{a_\oplus^4 e^{4\alpha}}\left(p_\alpha^2 - p_\theta^2 - \frac{p_\Lambda^2}{\sin^2\theta}\right),\\
\frac{\partial f_{2_1}}{\partial \theta} &= 6\frac{\mu_\oplus}{a_\oplus^3}\, e^{-5\alpha}\left\{\overline{\psi}_{202}\sin 2\theta - \overline{\psi}_{212}\cos 2\theta\cos\overline{\xi}_{21}\right\}\Big] - \frac{2}{a_\oplus^4 e^{4\alpha}}\frac{p_\Lambda^2}{\sin^2\theta}\cot\theta,\\
\frac{\partial f_{2_1}}{\partial \Lambda} &= 3\frac{\mu_\oplus}{a_\oplus^3}\, e^{-5\alpha}\,\overline{\psi}_{212}\sin 2\theta\sin\overline{\xi}_{21},\\
\frac{\partial f_{2_2}}{\partial \alpha} &= 10\frac{\mu_\oplus}{a_\oplus^3}\, e^{-5\alpha}\left\{\overline{\psi}_{202}\sin 2\theta - \overline{\psi}_{212}\cos 2\theta\cos\overline{\xi}_{21}\right\}\Big] + \frac{4}{a_\oplus^4 e^{4\alpha}}\left(2p_\alpha p_\theta - \frac{p_\Lambda^2}{\sin^2\theta}\cot\theta\right),\\
\frac{\partial f_{2_2}}{\partial \theta} &= -4\frac{\mu_\oplus}{a_\oplus^3}\, e^{-5\alpha}\left\{\overline{\psi}_{202}\cos 2\theta + \overline{\psi}_{212}\sin 2\theta\cos\overline{\xi}_{21}\right\}\Big] - \frac{1}{a_\oplus^4 e^{4\alpha}}\frac{p_\Lambda^2}{\sin^4\theta}\left(2+\cos 2\theta\right),\\
\frac{\partial f_{2_2}}{\partial \Lambda} &= -2\frac{\mu_\oplus}{a_\oplus^3}\, e^{-5\alpha}\,\overline{\psi}_{212}\cos 2\theta\sin\overline{\xi}_{21},\\
\frac{\partial f_{2_3}}{\partial \alpha} &= 10\frac{\mu_\oplus}{a_\oplus^3}\, e^{-5\alpha}\,\overline{\psi}_{212}\cot\theta\sin\overline{\xi}_{21} + \frac{8}{a_\oplus^4 e^{4\alpha}}\frac{p_\Lambda}{\sin^2\theta}\left(p_\alpha + p_\theta\cot\theta\right),\\
\frac{\partial f_{2_3}}{\partial \theta} &= 2\frac{\mu_\oplus}{a_\oplus^3}\, e^{-5\alpha}\,\overline{\psi}_{212}\frac{1}{\sin^2\theta}\sin\overline{\xi}_{21} + \frac{2}{a_\oplus^4 e^{4\alpha}}\frac{p_\Lambda}{\sin^4\theta}\left(p_\alpha\sin 2\theta + p_\theta(2+\cos 2\theta)\right),\\
\frac{\partial f_{2_3}}{\partial \Lambda} &= -2\frac{\mu_\oplus}{a_\oplus^3}\, e^{-5\alpha}\,\overline{\psi}_{212}\cot\theta\cos\overline{\xi}_{21}.
\end{aligned}
\tag{2.301}
$$

Die Matrix (2.300) ist nicht (anti-/)symmetrisch; in der Praxis lässt sich gleichwohl Rechenzeit sparen, da die Einträge sehr systematisch aufgebaut und zudem teilweise nahezu identisch mit zuvor berechneten Grössen sind, vgl. etwa $\partial\mathbf{g}_1/\partial(\alpha,\theta,\Lambda)$ bzw. die Matrixelemente (2.293).

Man erhält schliesslich $\mathbf{f}_3$ als

$$
\mathbf{f}_3 = \begin{bmatrix}
\begin{aligned}
&\frac{\mu_\oplus}{a_\oplus^5}\left[e^{-5\alpha}\left\{5p_\alpha - 3a_\oplus^2\omega_\oplus\overline{\psi}_{212}\sin 2\theta\sin\overline{\xi}_{21}\right\} + 2e^{-6\alpha}a_\oplus^{-1}\mu_\oplus^{-1}p_\alpha\left(p_\alpha^2 - 3p_\theta^2 - 3\frac{p_\Lambda^2}{\sin^2\theta}\right) + \right.\\
&\quad + e^{-7\alpha}\left\{21p_\alpha\left(\overline{\psi}_{200} + \overline{\psi}_{202}\cos 2\theta + \overline{\psi}_{212}\sin 2\theta\cos\overline{\xi}_{21}\right) + 2p_\theta\left(\overline{\psi}_{202}\sin 2\theta - \overline{\psi}_{212}\cos 2\theta\cos\overline{\xi}_{21}\right) + \right.\\
&\qquad\left.\left. + \frac{p_\Lambda}{\sin^2\theta}\overline{\psi}_{212}\sin 2\theta\sin\overline{\xi}_{21}\right\}\right]\\[2ex]
&\frac{\mu_\oplus}{a_\oplus^5}\left[2e^{-5\alpha}\left\{p_\theta + a_\oplus^2\omega_\oplus\overline{\psi}_{212}\cos 2\theta\sin\overline{\xi}_{21}\right\} - e^{-6\alpha}a_\oplus^{-1}\mu_\oplus^{-1}\left\{2p_\theta\left(p_\theta^2 - 3p\alpha^2\right) + 3\frac{p_\Lambda^2}{\sin^4\theta}\left(p_\alpha\sin 2\theta + p_\theta\right)\right\} + \right.\\
&\quad + 2e^{-7\alpha}\left\{p_\theta\left(3\overline{\psi}_{200} + \overline{\psi}_{202}\cos 2\theta + \overline{\psi}_{212}\sin 2\theta\cos\overline{\xi}_{21}\right) + 7p_\alpha\left(\overline{\psi}_{202}\sin 2\theta - \overline{\psi}_{212}\cos 2\theta\cos\overline{\xi}_{21}\right) - \right.\\
&\qquad\left.\left. - \frac{p_\Lambda}{\sin^2\theta}\overline{\psi}_{212}\left(1 + 2\cos 2\theta\right)\sin\overline{\xi}_{21}\right\}\right]\\[2ex]
&\frac{\mu_\oplus}{a_\oplus^5}\frac{1}{\sin^2\theta}\left[e^{-5\alpha}\left\{2p_\Lambda + a_\oplus^2\omega_\oplus\overline{\psi}_{212}\sin 2\theta\cos\overline{\xi}_{21}\right\} + 2e^{-6\alpha}a_\oplus^{-1}\mu_\oplus^{-1}p_\Lambda\left(3\left(p_\alpha + p_\theta\cot\theta\right)^2 - \frac{p_\Lambda^2}{\sin^4\theta}\right) + \right.\\
&\quad + e^{-7\alpha}\left\{2p_\Lambda\left(3\overline{\psi}_{200} + \overline{\psi}_{202}(2 + 5\cos 2\theta) + \overline{\psi}_{212}(2 - 5\cos 2\theta)\cot\theta\cos\overline{\xi}_{21}\right) + 7p_\alpha\,\overline{\psi}_{212}\sin 2\theta\sin\overline{\xi}_{21}\right) + \right.\\
&\qquad\left.\left. + 2p_\theta\,\overline{\psi}_{212}(2 + \cos 2\theta)\sin\overline{\xi}_{21}\right\}\right]
\end{aligned}
\end{bmatrix}.
\tag{2.302}
$$

Diese Beispiele für die ersten $\mathbf{f}_k$ bzw. $\mathbf{g}_k$ sollen genügen und mit den nachfolgenden Ergebnissen aus einem Liereihen-Ansatz im erweiterten Phasenraum verglichen werden.

Liereihen-Ansatz im erweiterten Phasenraum

Basierend auf der bereits angegebenen Hamilton-Funktion (2.280), sind die Koeffizienten der Liereihe in diesem Falle nach der Vorschrift (2.277) zu berechnen. Für $k = 0$ wird (2.276) gesetzt. Damit folgen unmittelbar für $k = 1$ die allgemeinen (d. h. noch kraftmodellunabhängigen) Beziehungen (2.278) und (2.279) und hier speziell

$$\mathbf{f}_1 = -\frac{\partial \tilde{F}}{\partial(p_\alpha, p_\theta, p_\Lambda, p_\tau)} = \begin{bmatrix} \frac{1}{a_\oplus^2 e^{2\alpha}}\, p_\alpha \\ \frac{1}{a_\oplus^2 e^{2\alpha}}\, p_\theta \\ \frac{1}{a_\oplus^2 e^{2\alpha}} \frac{p_\Lambda}{\sin^2\theta} \\ 1 \end{bmatrix} \tag{2.303}$$

sowie

$$\mathbf{g}_1 = \frac{\partial \tilde{F}}{\partial(\alpha, \theta, \Lambda, \tau)} = \begin{bmatrix} -\frac{\mu_\oplus}{a_\oplus}\left[e^{-\alpha} + 3e^{-3\alpha}\left\{\overline{\psi}_{200} + \overline{\psi}_{202}\cos 2\theta + \overline{\psi}_{212}\sin 2\theta \cos \overline{\eta}_{21}\right\}\right] + \frac{1}{a_\oplus^2 e^{2\alpha}}\left(p_\alpha^2 + p_\theta^2 + \frac{p_\Lambda^2}{\sin^2\theta}\right) \\ -2\frac{\mu_\oplus}{a_\oplus}\, e^{-3\alpha}\left\{\overline{\psi}_{202}\sin 2\theta - \overline{\psi}_{212}\cos 2\theta \cos\overline{\eta}_{21}\right\}\Big] + \frac{1}{a_\oplus^2 e^{2\alpha}} \frac{p_\Lambda^2}{\sin^2\theta}\cot\theta \\ -\frac{\mu_\oplus}{a_\oplus}\, e^{-3\alpha}\overline{\psi}_{212}\sin 2\theta \sin\overline{\eta}_{21} \\ \omega_\oplus \frac{\mu_\oplus}{a_\oplus}\, e^{-3\alpha}\overline{\psi}_{212}\sin 2\theta\sin\overline{\eta}_{21} \end{bmatrix} \tag{2.304}$$

mit der Setzung

$$\overline{\eta}_{21} = \Lambda - \omega_\oplus \tau - \overline{\lambda}_{21} \quad \leftarrow \quad \overline{\eta}_{nm} := m\big(\Lambda - \omega_\oplus \tau\big) - \overline{\lambda}_{nm} \quad \rightarrow \quad \frac{\partial \overline{\eta}_{nm}}{\partial \Lambda} = -\frac{1}{\omega_\oplus}\frac{\partial \overline{\eta}_{nm}}{\partial \tau} \quad \leftrightarrow \quad \frac{\partial \overline{\eta}_{nm}}{\partial \tau} = -\omega_\oplus \frac{\partial \overline{\eta}_{nm}}{\partial \Lambda}\,. \tag{2.305}$$

Die Berechnung von $\mathbf{f}_2$ benötigt neben (2.303) und (2.304) die partiellen Ableitungen ($\mathbf{f}_1 =: (f_{1_1}, f_{1_2}, f_{1_3}, f_{1_4})^T$)

$$\frac{\partial \mathbf{f}_1}{\partial(p_\alpha, p_\theta, p_\Lambda, p_\tau)} = \begin{bmatrix} \frac{\partial f_{1_1}}{\partial p_\alpha} & \frac{\partial f_{1_1}}{\partial p_\theta} & \frac{\partial f_{1_1}}{\partial p_\Lambda} & \frac{\partial f_{1_1}}{\partial p_\tau} \\ \frac{\partial f_{1_2}}{\partial p_\alpha} & \frac{\partial f_{1_2}}{\partial p_\theta} & \frac{\partial f_{1_2}}{\partial p_\Lambda} & \frac{\partial f_{1_2}}{\partial p_\tau} \\ \frac{\partial f_{1_3}}{\partial p_\alpha} & \frac{\partial f_{1_3}}{\partial p_\theta} & \frac{\partial f_{1_3}}{\partial p_\Lambda} & \frac{\partial f_{1_3}}{\partial p_\tau} \\ \frac{\partial f_{1_4}}{\partial p_\alpha} & \frac{\partial f_{1_4}}{\partial p_\theta} & \frac{\partial f_{1_4}}{\partial p_\Lambda} & \frac{\partial f_{1_4}}{\partial p_\tau} \end{bmatrix}, \qquad \frac{\partial \mathbf{f}_1}{\partial(\alpha, \theta, \Lambda, \tau)} = \begin{bmatrix} \frac{\partial f_{1_1}}{\partial \alpha} & \frac{\partial f_{1_1}}{\partial \theta} & \frac{\partial f_{1_1}}{\partial \Lambda} & \frac{\partial f_{1_1}}{\partial \tau} \\ \frac{\partial f_{1_2}}{\partial \alpha} & \frac{\partial f_{1_2}}{\partial \theta} & \frac{\partial f_{1_2}}{\partial \Lambda} & \frac{\partial f_{1_2}}{\partial \tau} \\ \frac{\partial f_{1_3}}{\partial \alpha} & \frac{\partial f_{1_3}}{\partial \theta} & \frac{\partial f_{1_3}}{\partial \Lambda} & \frac{\partial f_{1_3}}{\partial \tau} \\ \frac{\partial f_{1_4}}{\partial \alpha} & \frac{\partial f_{1_4}}{\partial \theta} & \frac{\partial f_{1_4}}{\partial \Lambda} & \frac{\partial f_{1_4}}{\partial \tau} \end{bmatrix}. \tag{2.306}$$

Da der Impuls p_τ lediglich als linearer Term in die Hamilton-Funktion (2.280) eingeht, verschwindet er gleich bei der ersten Ableitung nach den Impulsen (2.303) und taucht daher auch nirgends in den sonstigen Formeln auf. Die letzte Spalte in den Matrizen $\partial\mathbf{f}_k/\partial(p_\alpha, p_\theta, p_\Lambda, p_\tau)$ und $\partial\mathbf{g}_k/\partial(p_\alpha, p_\theta, p_\Lambda, p_\tau)$ für $k = 1, 2, \ldots$ wird deshalb jeweils von Nullen belegt.

Jegliche eventuell konstante Vektorkomponente in den Koeffizienten $\mathbf{f}_k$ bzw. $\mathbf{g}_k$ führt unmittelbar zu entsprechenden Nullzeilen in den Matrizen $\partial\mathbf{f}_{\geq k}/\partial\mathbf{p}$ und $\partial\mathbf{f}_{\geq k}/\partial\mathbf{x}$ bzw. $\partial\mathbf{g}_{\geq k}/\partial\mathbf{p}$ und $\partial\mathbf{g}_{\geq k}/\partial\mathbf{x}$, so dass die Liereihe für die korrespondierende Grösse (Koordinate bzw. Impuls) an dieser Stelle abbricht. Dies geschieht hier konkret bei der generalisierten Koordinate τ, denn $f_{1_4} = \text{const.} = 1$. Die letzten Zeilen in den Matrizen $\partial\mathbf{f}_{\geq 1}/\partial(p_\alpha, p_\theta, p_\Lambda, p_\tau)$ und $\partial\mathbf{f}_{\geq 1}/\partial(\alpha, \theta, \Lambda, \tau)$ werden deshalb jeweils von Nullen belegt.

Die Liereihe für τ bricht also nach dem linearen Term in Δt ab, d. h. $f_{\geq 2_4} \equiv 0$. Nach (2.49) erhält man explizit

$$\begin{aligned} \tau(t_0 + \Delta t) &= \tfrac{1}{0!} f_{0_4}\big|_{t_0} (\Delta t)^0 + \tfrac{1}{1!} f_{1_4}\big|_{t_0} (\Delta t)^1 + \tfrac{1}{2!} f_{2_4}\big|_{t_0} (\Delta t)^2 + \tfrac{1}{3!} f_{3_4}\big|_{t_0} (\Delta t)^3 + \cdots \\ &= 1 \cdot \tau(t_0) \cdot 1 + 1 \cdot 1 \cdot \Delta t + \tfrac{1}{2} \cdot 0 \cdot (\Delta t)^2 + \tfrac{1}{6} \cdot 0 \cdot (\Delta t)^3 + \cdots = \tau(t_0) + \Delta t =: \tau_0 + \Delta t \end{aligned} \tag{2.307}$$

und da mit (2.275) unmittelbar $\tau = t$ gilt, folgt einfach die Identität

$$\tau(t_0 + \Delta t) = \tau(t_0) + \Delta t \quad \rightarrow \quad t(t_0 + \Delta t) = t(t_0) + \Delta t \quad \rightarrow \quad t_0 + \Delta t = t_0 + \Delta t. \ \checkmark \tag{2.308}$$

Die noch nicht direkt angesprochenen Elemente der Matrizen (2.306) sind identisch mit denjenigen aus (2.289).

Man erhält, vgl. Formel (2.290),

$$
\mathbf{f}_2 = \begin{bmatrix}
-\frac{\mu_\oplus}{a_\oplus^3}\left[e^{-3\alpha} + 3e^{-5\alpha}\left\{\overline{\psi}_{200} + \overline{\psi}_{202}\cos 2\theta + \overline{\psi}_{212}\sin 2\theta \cos\overline{\eta}_{21}\right\}\right] - \frac{1}{a_\oplus^4 e^{4\alpha}}\left(p_\alpha^2 - p_\theta^2 - \frac{p_\Lambda^2}{\sin^2\theta}\right) \\
-2\frac{\mu_\oplus}{a_\oplus^3}\, e^{-5\alpha}\left\{\overline{\psi}_{202}\sin 2\theta - \overline{\psi}_{212}\cos 2\theta\cos\overline{\eta}_{21}\right\}] - \frac{1}{a_\oplus^4 e^{4\alpha}}\left(2p_\alpha p_\theta - \frac{p_\Lambda^2}{\sin^2\theta}\cot\theta\right) \\
-2\frac{\mu_\oplus}{a_\oplus^3}\, e^{-5\alpha}\overline{\psi}_{212}\cot\theta\sin\overline{\eta}_{21} - \frac{2}{a_\oplus^4 e^{4\alpha}}\frac{p_\Lambda}{\sin^2\theta}(p_\alpha + p_\theta\cot\theta) \\
0
\end{bmatrix}. \tag{2.309}
$$

Auch bei der Berechnung von $\mathbf{g}_2$ ergeben sich, neben zusätzlichen Nullelementen, zunächst noch die gleichen Matrizeneinträge, wie im Falle des reduzierten Phasenraumes; einerseits, vgl. Formel (2.292),

$$
\frac{\partial \mathbf{g}_1}{\partial(p_\alpha, p_\theta, p_\Lambda, p_\tau)} = \begin{bmatrix}
\frac{\partial g_{1_1}}{\partial p_\alpha} & \frac{\partial g_{1_1}}{\partial p_\theta} & \frac{\partial g_{1_1}}{\partial p_\Lambda} & \frac{\partial g_{1_1}}{\partial p_\tau} \\
\frac{\partial g_{1_2}}{\partial p_\alpha} & \frac{\partial g_{1_2}}{\partial p_\theta} & \frac{\partial g_{1_2}}{\partial p_\Lambda} & \frac{\partial g_{1_2}}{\partial p_\tau} \\
\frac{\partial g_{1_3}}{\partial p_\alpha} & \frac{\partial g_{1_3}}{\partial p_\theta} & \frac{\partial g_{1_3}}{\partial p_\Lambda} & \frac{\partial g_{1_3}}{\partial p_\tau} \\
\frac{\partial g_{1_4}}{\partial p_\alpha} & \frac{\partial g_{1_4}}{\partial p_\theta} & \frac{\partial g_{1_4}}{\partial p_\Lambda} & \frac{\partial g_{1_4}}{\partial p_\tau}
\end{bmatrix} = \frac{2}{a_\oplus^2 e^{2\alpha}}\begin{bmatrix}
p_\alpha & p_\theta & \frac{p_\Lambda}{\sin^2\theta} & 0 \\
0 & 0 & \frac{p_\Lambda}{\sin^2\theta}\cot\theta & 0 \\
0 & 0 & 0 & 0 \\
0 & 0 & 0 & 0
\end{bmatrix} = -\left(\frac{\partial \mathbf{f}_1}{\partial(\alpha, \theta, \Lambda, \tau)}\right)^T \tag{2.310}
$$

und andererseits unter Ausnutzung von (2.305) sowie einigen Symmetrieeigenschaften

$$
\frac{\partial \mathbf{g}_1}{\partial(\alpha, \theta, \Lambda, \tau)} = \begin{bmatrix}
\frac{\partial g_{1_1}}{\partial \alpha} & \frac{\partial g_{1_1}}{\partial \theta} & \frac{\partial g_{1_1}}{\partial \Lambda} & \frac{\partial g_{1_1}}{\partial \tau} \\
\frac{\partial g_{1_2}}{\partial \alpha} & \frac{\partial g_{1_2}}{\partial \theta} & \frac{\partial g_{1_2}}{\partial \Lambda} & \frac{\partial g_{1_2}}{\partial \tau} \\
\frac{\partial g_{1_3}}{\partial \alpha} & \frac{\partial g_{1_3}}{\partial \theta} & \frac{\partial g_{1_3}}{\partial \Lambda} & \frac{\partial g_{1_3}}{\partial \tau} \\
\frac{\partial g_{1_4}}{\partial \alpha} & \frac{\partial g_{1_4}}{\partial \theta} & \frac{\partial g_{1_4}}{\partial \Lambda} & \frac{\partial g_{1_4}}{\partial \tau}
\end{bmatrix} = \begin{bmatrix}
\frac{\partial g_{1_1}}{\partial \alpha} & \frac{\partial g_{1_1}}{\partial \theta} & \frac{\partial g_{1_1}}{\partial \Lambda} & -\omega_\oplus\frac{\partial g_{1_1}}{\partial \Lambda} \\
\frac{\partial g_{1_1}}{\partial \theta} & \frac{\partial g_{1_2}}{\partial \theta} & \frac{\partial g_{1_2}}{\partial \Lambda} & -\omega_\oplus\frac{\partial g_{1_2}}{\partial \Lambda} \\
\frac{\partial g_{1_1}}{\partial \Lambda} & \frac{\partial g_{1_2}}{\partial \Lambda} & \frac{\partial g_{1_3}}{\partial \Lambda} & -\omega_\oplus\frac{\partial g_{1_3}}{\partial \Lambda} \\
-\omega_\oplus\frac{\partial g_{1_1}}{\partial \Lambda} & -\omega_\oplus\frac{\partial g_{1_2}}{\partial \Lambda} & -\omega_\oplus\frac{\partial g_{1_3}}{\partial \Lambda} & \omega_\oplus^2\frac{\partial g_{1_3}}{\partial \Lambda}
\end{bmatrix} \tag{2.311}
$$

mit den lediglich 6 (statt 16) tatsächlich zu bildenden partiellen Ableitungen (vgl. Formel (2.293))

$$
\begin{aligned}
\frac{\partial g_{1_1}}{\partial \alpha} &= \frac{\mu_\oplus}{a_\oplus}\left[e^{-\alpha} + 9e^{-3\alpha}\left\{\overline{\psi}_{200} + \overline{\psi}_{202}\cos 2\theta + \overline{\psi}_{212}\sin 2\theta\cos\overline{\eta}_{21}\right\}\right] - \frac{2}{a_\oplus^2 e^{2\alpha}}\left(p_\alpha^2 + p_\theta^2 + \frac{p_\Lambda^2}{\sin^2\theta}\right), \\
\frac{\partial g_{1_1}}{\partial \theta} &= 6\frac{\mu_\oplus}{a_\oplus}\, e^{-3\alpha}\left\{\overline{\psi}_{202}\sin 2\theta - \overline{\psi}_{212}\cos 2\theta\cos\overline{\eta}_{21}\right\}] - \frac{2}{a_\oplus^2 e^{2\alpha}}\frac{p_\Lambda^2}{\sin^2\theta}\cot\theta, \\
\frac{\partial g_{1_1}}{\partial \Lambda} &= 3\frac{\mu_\oplus}{a_\oplus}\, e^{-3\alpha}\,\overline{\psi}_{212}\sin 2\theta\sin\overline{\eta}_{21}, \\
\frac{\partial g_{1_2}}{\partial \theta} &= -4\frac{\mu_\oplus}{a_\oplus}\, e^{-3\alpha}\left\{\overline{\psi}_{202}\cos 2\theta + \overline{\psi}_{212}\sin 2\theta\cos\overline{\eta}_{21}\right\}] - \frac{1}{a_\oplus^2 e^{2\alpha}}\frac{p_\Lambda^2}{\sin^2\theta}\frac{2+\cos 2\theta}{\sin^2\theta}, \\
\frac{\partial g_{1_2}}{\partial \Lambda} &= -2\frac{\mu_\oplus}{a_\oplus}\, e^{-3\alpha}\,\overline{\psi}_{212}\cos 2\theta\sin\overline{\eta}_{21}, \\
\frac{\partial g_{1_3}}{\partial \Lambda} &= -\frac{\mu_\oplus}{a_\oplus}\, e^{-3\alpha}\,\overline{\psi}_{212}\sin 2\theta\cos\overline{\eta}_{21}\,.
\end{aligned} \tag{2.312}
$$

Bei der praktischen Auswertung dieser verbleibenden Ausdrücke lässt sich, aufgrund der vielen gleichen Terme bzw. Faktoren, bei entsprechender Programmierung zusätzlich etwas Rechenzeit einsparen.

Da die Matrix (2.311) tatsächlich voll besetzt ist, bricht an dieser Stelle keine der Liereihen für die generalisierten Impulse ab; also auch nicht diejenige für p_τ.

Man erhält, vgl. Formel (2.295),

$$
\mathbf{g}_2 = \begin{bmatrix}
\begin{array}{r}
-\dfrac{\mu_\oplus}{a_\oplus^3}\Bigg[e^{-3\alpha}\Big\{p_\alpha + 3a_\oplus^2\omega_\oplus\overline{\psi}_{212}\sin 2\theta\sin\overline{\eta}_{21}\Big\} - e^{-5\alpha}\Big\{3p_\alpha\Big(\overline{\psi}_{200} + \overline{\psi}_{202}\cos 2\theta + \overline{\psi}_{212}\sin 2\theta\cos\overline{\eta}_{21}\Big) + \\
+\, 2p_\theta\Big(\overline{\psi}_{202}\sin 2\theta - \overline{\psi}_{212}\cos 2\theta\cos\overline{\eta}_{21}\Big) + \dfrac{p_\Lambda}{\sin^2\theta}\,\overline{\psi}_{212}\sin 2\theta\sin\overline{\eta}_{21}\Big\}\Bigg]
\end{array} \\[2ex]
\begin{array}{r}
\dfrac{\mu_\oplus}{a_\oplus^3}\Bigg[2e^{-3\alpha}a_\oplus^2\omega_\oplus\overline{\psi}_{212}\cos 2\theta\sin\overline{\eta}_{21} - e^{-4\alpha}a_\oplus^{-1}\mu_\oplus^{-1}\dfrac{p_\Lambda^2}{\sin^4\theta}\left(p_\alpha\sin 2\theta + p_\theta(2+\cos 2\theta)\right) + \\
+2e^{-5\alpha}\Big\{3p_\alpha\Big(\overline{\psi}_{202}\sin 2\theta - \overline{\psi}_{212}\cos 2\theta\cos\overline{\eta}_{21}\Big) - 2p_\theta\Big(\overline{\psi}_{202}\cos 2\theta + \overline{\psi}_{212}\sin 2\theta\cos\overline{\eta}_{21}\Big) - \\
-\dfrac{p_\Lambda}{\sin^2\theta}\,\overline{\psi}_{212}(1 + 2\cos 2\theta)\sin\overline{\eta}_{21}\Big\}\Bigg]
\end{array} \\[2ex]
\dfrac{\mu_\oplus}{a_\oplus^3}\,\overline{\psi}_{212}\Bigg[e^{-3\alpha}a_\oplus^2\omega_\oplus\sin 2\theta\cos\overline{\eta}_{21} + e^{-5\alpha}\Big\{3p_\alpha\sin 2\theta\sin\overline{\eta}_{21} - 2p_\theta\cos 2\theta\sin\overline{\eta}_{21} - \dfrac{p_\Lambda}{\sin^2\theta}\sin 2\theta\cos\overline{\eta}_{21}\Big\}\Bigg] \\[2ex]
-\omega_\oplus\dfrac{\mu_\oplus}{a_\oplus^3}\,\overline{\psi}_{212}\Bigg[e^{-3\alpha}a_\oplus^2\omega_\oplus\sin 2\theta\cos\overline{\eta}_{21} + e^{-5\alpha}\Big\{3p_\alpha\sin 2\theta\sin\overline{\eta}_{21} - 2p_\theta\cos 2\theta\sin\overline{\eta}_{21} - \dfrac{p_\Lambda}{\sin^2\theta}\sin 2\theta\cos\overline{\eta}_{21}\Big\}\Bigg]
\end{bmatrix}. \tag{2.313}
$$

Die zur Berechnung von $\mathbf{f}_3$ benötigte partielle Ableitung $\partial\mathbf{f}_2/\partial\mathbf{p}$ ergibt eine antisymmetrische Matrix; und zwar (2.298), erweitert um jeweils eine Nullzeile und -spalte, also

$$
\frac{\partial\mathbf{f}_2}{\partial(p_\alpha, p_\theta, p_\Lambda, p_\tau)} = -\frac{2}{a_\oplus^4 e^{4\alpha}}\begin{bmatrix}
p_\alpha & -p_\theta & -\dfrac{p_\Lambda}{\sin^2\theta} & 0 \\
p_\theta & p_\alpha & -\dfrac{p_\Lambda\cot\theta}{\sin^2\theta} & 0 \\
\dfrac{p_\Lambda}{\sin^2\theta} & \dfrac{p_\Lambda\cot\theta}{\sin^2\theta} & \dfrac{p_\alpha + p_\theta\cot\theta}{\sin^2\theta} & 0 \\
0 & 0 & 0 & 0
\end{bmatrix}. \tag{2.314}
$$

Für die ebenfalls aufzustellende Matrix $\partial\mathbf{f}_2/\partial\mathbf{x}$ gilt

$$
\frac{\partial\mathbf{f}_2}{\partial(\alpha,\theta,\Lambda,\tau)} = \begin{bmatrix}
\dfrac{\partial f_{2_1}}{\partial\alpha} & \dfrac{\partial f_{2_1}}{\partial\theta} & \dfrac{\partial f_{2_1}}{\partial\Lambda} & \dfrac{\partial f_{2_1}}{\partial\tau} \\
\dfrac{\partial f_{2_2}}{\partial\alpha} & \dfrac{\partial f_{2_2}}{\partial\theta} & \dfrac{\partial f_{2_2}}{\partial\Lambda} & \dfrac{\partial f_{2_2}}{\partial\tau} \\
\dfrac{\partial f_{2_3}}{\partial\alpha} & \dfrac{\partial f_{2_3}}{\partial\theta} & \dfrac{\partial f_{2_3}}{\partial\Lambda} & \dfrac{\partial f_{2_3}}{\partial\tau} \\
\dfrac{\partial f_{2_4}}{\partial\alpha} & \dfrac{\partial f_{2_4}}{\partial\theta} & \dfrac{\partial f_{2_4}}{\partial\Lambda} & \dfrac{\partial f_{2_4}}{\partial\tau}
\end{bmatrix} = \begin{bmatrix}
\dfrac{\partial f_{2_1}}{\partial\alpha} & \dfrac{\partial f_{2_1}}{\partial\theta} & \dfrac{\partial f_{2_1}}{\partial\Lambda} & -\omega_\oplus\dfrac{\partial f_{2_1}}{\partial\Lambda} \\
\dfrac{\partial f_{2_2}}{\partial\alpha} & \dfrac{\partial f_{2_2}}{\partial\theta} & \dfrac{\partial f_{2_2}}{\partial\Lambda} & -\omega_\oplus\dfrac{\partial f_{2_2}}{\partial\Lambda} \\
\dfrac{\partial f_{2_3}}{\partial\alpha} & \dfrac{\partial f_{2_2}}{\partial\theta} & \dfrac{\partial f_{2_3}}{\partial\Lambda} & -\omega_\oplus\dfrac{\partial f_{2_3}}{\partial\Lambda} \\
0 & 0 & 0 & 0
\end{bmatrix}, \tag{2.315}
$$

wobei die 9 notwendigen partiellen Ableitungen analog (2.301) resultieren; es wird lediglich $\overline{\xi}_{21}$ durch $\overline{\eta}_{21}$ ersetzt.

Nach Einsetzen dieser Matrizen, $\partial\tilde{F}/\partial\mathbf{p}$ aus (2.303) und $\partial\tilde{F}/\partial\mathbf{x}$ aus (2.304) in die Vorschrift (2.277) ergeben sich die ersten drei Komponenten von $\mathbf{f}_3$ wie in (2.302), natürlich wiederum mit dem Austausch von $\overline{\xi}_{21}$ durch $\overline{\eta}_{21}$. Die vierte Komponente wird wegen der Nullzeilen in (2.314) und (2.315) identisch zu Null.

Da hier $\tau = t$ gilt, ist damit für die ersten Koeffizienten $\mathbf{f}_k$ bzw. $\mathbf{g}_k$ die Äquivalenz in den Ergebnissen gezeigt. Auf die explizite Darstellung für weitere Ordnungen wird verzichtet. Sämtliche Rechnungen in diesem Abschnitt erfolgten zweifach per Hand und wurden zusätzlich mittels *MATHEMATICA*™ überprüft.

Nachfolgend kommt ausschliesslich der Liereihen-Ansatz im erweiterten Phasenraum zum Einsatz, wenngleich die Aufstellung einer zusätzlichen Liereihenentwicklung für p_τ letztlich unnötig ist zur Satellitenbahnintegration.

2.2.5.2 Liereihen-Ansatz und Lösung

Jetzt wird der Liereihen-Ansatz im erweiterten Phasenraum der modifizierten kanonischen Kugelkoordinaten vom 2×1- auf den 4×4-Spezialfall ausgedehnt. Die Aufstellung der Liereihen-Koeffizienten erfolgt dabei nicht mehr per Hand sondern sämtlich mittels *MATHEMATICA*™.[64]

Die Hamilton-Funktion für diesen Spezialfall lautet zusammengefasst (mit $j_{\min}$ nach (C.46) im Anhang C.2)

$$F = \frac{\mu_\oplus}{a_\oplus}\left[e^{-\alpha} - \frac{1}{2\mu_\oplus a_\oplus}\, e^{-2\alpha}\left(p_\alpha^2 + p_\theta^2 + \frac{p_\Lambda^2}{\sin^2\theta}\right) + \sum_{n=2}^{4} e^{-(n+1)\alpha}\sum_{m=0}^{n}\cos\overline{\eta}_{nm}\sum_{j(2)}^{n}\overline{\psi}_{nmj}\, B_{nmj}(\theta)\right] - p_\tau . \tag{2.316}$$

Hinter der Dreifachsumme verbirgt sich explizit der Inhalt der eckigen Klammer aus (2.272) mit $t = \tau$.

Als partielle Ableitungen erhält man (zur ausführlichen Darstellung der Summen siehe Anhang I.1):[65]

$$\begin{aligned}
\frac{\partial F}{\partial \alpha} &= -\frac{\mu_\oplus}{a_\oplus}\left[e^{-\alpha} - \frac{1}{\mu_\oplus a_\oplus}\, e^{-2\alpha}\left(p_\alpha^2 + p_\theta^2 + \frac{p_\Lambda^2}{\sin^2\theta}\right) + \sum_{n=2}^{4}(n+1)\, e^{-(n+1)\alpha}\sum_{m=0}^{n}\cos\overline{\eta}_{nm}\sum_{j(2)}^{n}\overline{\psi}_{nmj}\, B_{nmj}(\theta)\right],\\
\frac{\partial F}{\partial \theta} &= \frac{\mu_\oplus}{a_\oplus}\left[\frac{1}{2\mu_\oplus a_\oplus}\, e^{-2\alpha}\,\frac{p_\Lambda^2}{\sin^4\theta}\,\sin 2\theta - \sum_{n=2}^{4} e^{-(n+1)\alpha}\sum_{m=0}^{n}(-1)^m\cos\overline{\eta}_{nm}\sum_{j(2)}^{n} j\,\overline{\psi}_{nmj}\, B_{n,m+1,j}(\theta)\right],\\
\frac{\partial F}{\partial \Lambda} &= -\frac{\mu_\oplus}{a_\oplus}\sum_{n=2}^{4} e^{-(n+1)\alpha}\sum_{m=1}^{n} m\sin\overline{\eta}_{nm}\sum_{j(2)}^{n}\overline{\psi}_{nmj}\, B_{nmj}(\theta),\\
\frac{\partial F}{\partial \tau} &= \omega_\oplus\frac{\mu_\oplus}{a_\oplus}\sum_{n=2}^{4} e^{-(n+1)\alpha}\sum_{m=1}^{n} m\sin\overline{\eta}_{nm}\sum_{j(2)}^{n}\overline{\psi}_{nmj}\, B_{nmj}(\theta) = -\omega_\oplus\frac{\partial F}{\partial \Lambda},
\end{aligned} \tag{2.317}$$

wobei ausgenutzt wurde, dass wegen (2.305) gilt

$$\frac{\partial\cos\overline{\eta}_{nm}}{\partial\Lambda} = -m\sin\overline{\eta}_{nm} \quad\leftrightarrow\quad \frac{\partial\cos\overline{\eta}_{nm}}{\partial\tau} = m\,\omega_\oplus\sin\overline{\eta}_{nm}\,. \tag{2.318}$$

Die partiellen Ableitungen nach den Impulsen sind unabhängig vom Grad der Erdschwerefeldentwicklung[66], so dass die partiellen Ableitungen der Hamilton-Funktion nach den Impulsen direkt vom 2×1-Beispiel übernommen werden können, siehe (2.303):

$$\frac{\partial F}{\partial p_\alpha} = -\frac{1}{a_\oplus^2 e^{2\alpha}}\, p_\alpha, \qquad \frac{\partial F}{\partial p_\theta} = -\frac{1}{a_\oplus^2 e^{2\alpha}}\, p_\theta, \qquad \frac{\partial F}{\partial p_\Lambda} = -\frac{1}{a_\oplus^2 e^{2\alpha}}\,\frac{p_\Lambda}{\sin^2\theta}, \qquad \frac{\partial F}{\partial p_\tau} = -1. \tag{2.319}$$

Die Berechnung der Liereihen-Koeffizienten $\mathbf{f}_k$ und $\mathbf{g}_k$ beginnt mit den Formeln (2.276) bis (2.279).

Ähnlich wie bei (2.67) in § 2.2.2.2 wird gesetzt

$$\tilde{\mathbf{f}}_k := \frac{\mathbf{f}_k}{k!} \qquad \text{und} \qquad \tilde{\mathbf{g}}_k := \frac{\mathbf{g}_k}{k!}\,, \tag{2.320}$$

wobei nachfolgend in Anlehnung an (2.68) zur besseren Übersicht bzw. schnelleren Orientierung verwendet wird

$$\mathbf{f}_k = \begin{bmatrix} f_{k_1}\\ f_{k_2}\\ f_{k_3}\\ f_{k_4}\end{bmatrix} =: \begin{bmatrix} f_k^\alpha\\ f_k^\theta\\ f_k^\Lambda\\ f_k^\tau\end{bmatrix}, \quad \mathbf{g}_k = \begin{bmatrix} g_{k_1}\\ g_{k_2}\\ g_{k_3}\\ g_{k_4}\end{bmatrix} =: \begin{bmatrix} g_k^{p_\alpha}\\ g_k^{p_\theta}\\ g_k^{p_\Lambda}\\ g_k^{p_\tau}\end{bmatrix} \quad \text{bzw.} \quad \tilde{\mathbf{f}}_k = \begin{bmatrix} \tilde{f}_k^\alpha\\ \tilde{f}_k^\theta\\ \tilde{f}_k^\Lambda\\ \tilde{f}_k^\tau\end{bmatrix}, \quad \tilde{\mathbf{g}}_k = \begin{bmatrix} \tilde{g}_k^{p_\alpha}\\ \tilde{g}_k^{p_\theta}\\ \tilde{g}_k^{p_\Lambda}\\ \tilde{g}_k^{p_\tau}\end{bmatrix}. \tag{2.321}$$

[64] das gilt auch für die weitestmögliche algebraische Zusammenfassung/Vereinfachung aller Endformeln, wodurch die Lesbarkeit zwar etwas erschwert, jedoch Rechenzeit eingespart wird

[65] für die in (C.45) eingeführte Grösse $B_{nmj}(\theta)$ gilt

$$\frac{\mathrm{d}B_{nmj}(\theta)}{\mathrm{d}\theta} = (-1)^{m+1} B_{n,m+1,j}(\theta) = -(-1)^m B_{n,m+1,j}(\theta)$$

[66] die eigentliche Motivation zur spektralen Darstellung des Erdschwerefeldes wie sie in Anhang C.2 vorgenommen wurde bestand gerade darin, die rein orts- (und eventuell zeit-) abhängige Potentialfunktion tatsächlich frei von jeglichen Impulsgrössen zu halten

Analog (2.69) kann nach Wahl eines maximalen Entwicklungsgrades $k_{\max}$ für die Liereihe geschrieben werden:

$$\alpha(t_0+\Delta t) = \sum_{k=0}^{k_{\max}} \frac{f_k^\alpha\big|_{t_0}}{k!}\Delta t^k =: \sum_{k=0}^{k_{\max}} \tilde{f}_k^\alpha\Big|_{t_0}\Delta t^k, \qquad p_\alpha(t_0+\Delta t) = \sum_{k=0}^{k_{\max}} \frac{g_k^{p_\alpha}\big|_{t_0}}{k!}\Delta t^k =: \sum_{k=0}^{k_{\max}} \tilde{g}_k^{p_\alpha}\Big|_{t_0}\Delta t^k,$$

$$\theta(t_0+\Delta t) = \sum_{k=0}^{k_{\max}} \frac{f_k^\theta\big|_{t_0}}{k!}\Delta t^k =: \sum_{k=0}^{k_{\max}} \tilde{f}_k^\theta\Big|_{t_0}\Delta t^k, \qquad p_\theta(t_0+\Delta t) = \sum_{k=0}^{k_{\max}} \frac{g_k^{p_\theta}\big|_{t_0}}{k!}\Delta t^k =: \sum_{k=0}^{k_{\max}} \tilde{g}_k^{p_\theta}\Big|_{t_0}\Delta t^k,$$

$$\Lambda(t_0+\Delta t) = \sum_{k=0}^{k_{\max}} \frac{f_k^\Lambda\big|_{t_0}}{k!}\Delta t^k =: \sum_{k=0}^{k_{\max}} \tilde{f}_k^\Lambda\Big|_{t_0}\Delta t^k, \qquad p_\Lambda(t_0+\Delta t) = \sum_{k=0}^{k_{\max}} \frac{g_k^{p_\Lambda}\big|_{t_0}}{k!}\Delta t^k =: \sum_{k=0}^{k_{\max}} \tilde{g}_k^{p_\Lambda}\Big|_{t_0}\Delta t^k,$$

$$\tau(t_0+\Delta t) = \sum_{k=0}^{k_{\max}} \frac{f_k^\tau\big|_{t_0}}{k!}\Delta t^k =: \sum_{k=0}^{k_{\max}} \tilde{f}_k^\tau\Big|_{t_0}\Delta t^k, \qquad p_\tau(t_0+\Delta t) = \sum_{k=0}^{k_{\max}} \frac{g_k^{p_\tau}\big|_{t_0}}{k!}\Delta t^k =: \sum_{k=0}^{k_{\max}} \tilde{g}_k^{p_\tau}\Big|_{t_0}\Delta t^k. \tag{2.322}$$

Statt die Liereihen-Koeffizienten für alle generalisierten Koordinaten und Impulse explizit herzuleiten[67], sollen hier einige der ersten Terme am Beispiel der Koordinate α behandelt werden; der sehr systematische Aufbau wird dadurch bereits deutlich und gilt in ähnlicher Weise auch für die restlichen Variablen, bis auf τ.

Für letztere gilt, wie im 2×1-Beispiel nach (2.308), nämlich

$$\tilde{f}_0^\tau\Big|_{t_0} = \tau\Big|_{t_0} = t_0, \qquad \tilde{f}_1^\tau\Big|_{t_0} = 1, \qquad \tilde{f}_{\geq 2}^\tau\Big|_{t_0} = 0 \qquad \rightarrow \qquad \tau(t_0+\Delta t) = t_0 + \Delta t. \tag{2.323}$$

Im Falle von α hingegen erhält man z. B.

$$\alpha(t_0+\Delta t) = \tilde{f}_0^\alpha\Big|_{t_0} + \tilde{f}_1^\alpha\Big|_{t_0}\Delta t + \tilde{f}_2^\alpha\Big|_{t_0}\Delta t^2 + \tilde{f}_3^\alpha\Big|_{t_0}\Delta t^3 + \cdots \qquad \text{mit} \qquad \tilde{f}_0^\alpha\Big|_{t_0} = \alpha(t_0) =: \alpha_0 \tag{2.324}$$

sowie

$$\tilde{f}_1^\alpha =: e^{-2\alpha}\,\overline{\alpha}_0^{(1)} p_\alpha \tag{2.325}$$

und nach vorteilhafter Sortierung der entstehenden Terme

$$\begin{aligned}
\tilde{f}_2^\alpha =:\ & e^{-3\alpha}\,\overline{\alpha}_0^{(2)} + e^{-4\alpha}\left\{\overline{\alpha}_{1,1}^{(2)} p_\alpha^2 + \overline{\alpha}_{1,2}^{(2)} p_\theta^2 + \overline{\alpha}_{1,3}^{(2)} \frac{p_\Lambda^2}{\sin^2\theta}\right\} + \\
&+ e^{-5\alpha}\left\{\overline{\alpha}_{2,1}^{(2)} + \overline{\alpha}_{2,2}^{(2)}\cos 2\theta + \overline{\alpha}_{2,3}^{(2)}\sin 2\theta\cos\overline{\eta}_{21} + \left(\overline{\alpha}_{2,4}^{(2)} + \overline{\alpha}_{2,5}^{(2)}\cos 2\theta\right)\cos\overline{\eta}_{22}\right\} + \\
&+ e^{-6\alpha}\left\{\overline{\alpha}_{3,1}^{(2)}\cos\theta + \overline{\alpha}_{3,2}^{(2)}\cos 3\theta + \left(\overline{\alpha}_{3,3}^{(2)}\sin\theta + \overline{\alpha}_{3,4}^{(2)}\sin 3\theta\right)\cos\overline{\eta}_{31} + \left(\overline{\alpha}_{3,5}^{(2)}\cos\theta + \overline{\alpha}_{3,6}^{(2)}\cos 3\theta\right)\cos\overline{\eta}_{32} + \right.\\
&\qquad\left. + \left(\overline{\alpha}_{3,7}^{(2)}\sin\theta + \overline{\alpha}_{3,8}^{(2)}\sin 3\theta\right)\cos\overline{\eta}_{33}\right\} + \\
&+ e^{-7\alpha}\left\{\overline{\alpha}_{4,1}^{(2)} + \overline{\alpha}_{4,2}^{(2)}\cos 2\theta + \overline{\alpha}_{4,3}^{(2)}\cos 4\theta + \left(\overline{\alpha}_{4,4}^{(2)}\sin 2\theta + \overline{\alpha}_{4,5}^{(2)}\sin 4\theta\right)\cos\overline{\eta}_{41} + \right.\\
&\qquad + \left(\overline{\alpha}_{4,6}^{(2)} + \overline{\alpha}_{4,7}^{(2)}\cos 2\theta + \overline{\alpha}_{4,8}^{(2)}\cos 4\theta\right)\cos\overline{\eta}_{42} + \\
&\qquad + \left(\overline{\alpha}_{4,9}^{(2)}\sin 2\theta + \overline{\alpha}_{4,10}^{(2)}\sin 4\theta\right)\cos\overline{\eta}_{43} + \\
&\qquad\left. + \left(\overline{\alpha}_{4,11}^{(2)} + \overline{\alpha}_{4,12}^{(2)}\cos 2\theta + \overline{\alpha}_{4,13}^{(2)}\cos 4\theta\right)\cos\overline{\eta}_{44}\right\}.
\end{aligned} \tag{2.326}$$

Der Anhang I.2 enthält die Koeffizienten $\overline{\alpha}_{i,j}^{(k)}$ explizit. In (2.325) und (2.326) sind für $\alpha, \theta, \Lambda, p_\alpha, p_\theta, p_\Lambda$ jeweils die Werte an der Entwicklungsstelle t_0 einzusetzen $(\alpha_0, \theta_0, \Lambda_0, p_{\alpha_0}, p_{\theta_0}, p_{\Lambda_0})$.

Darstellungen der Form (2.326) lassen sich unter Verwendung von Matrizen noch etwas übersichtlicher schreiben. Für das obige Beispiel kann man setzen

$$\tilde{f}_2^\alpha =: \sum_{l=0}^{4} e^{-(l+3)\alpha}\,\tilde{\Phi}_{2,l}^\alpha \tag{2.327}$$

[67] Mittels *MATHEMATICA*™ wurden alle Koeffizienten bis einschliesslich $k_{\max} = 9$ aufgestellt. Für die praktische Anwendung sollte dieser Entwicklungsgrad ausreichend sein - der damit verbundene Auswerteaufwand kann Probleme bereiten, siehe § 3.3.

mit

$$\tilde{\Phi}^{\alpha}_{2,0} = \overline{\alpha}^{(2)}_{0},$$

$$\tilde{\Phi}^{\alpha}_{2,1} = \begin{bmatrix} p_\alpha \\ p_\theta \\ p_\Lambda/\sin\theta \end{bmatrix}^T \begin{bmatrix} \overline{\alpha}^{(2)}_{1,1} & 0 & 0 \\ 0 & \overline{\alpha}^{(2)}_{1,2} & 0 \\ 0 & 0 & \overline{\alpha}^{(2)}_{1,3} \end{bmatrix} \begin{bmatrix} p_\alpha \\ p_\theta \\ p_\Lambda/\sin\theta \end{bmatrix},$$

$$\tilde{\Phi}^{\alpha}_{2,2} = \begin{bmatrix} \cos\overline{\eta}_{20} \\ \cos\overline{\eta}_{21} \\ \cos\overline{\eta}_{22} \end{bmatrix}^T \begin{bmatrix} \overline{\alpha}^{(2)}_{2,1} & 0 & \overline{\alpha}^{(2)}_{2,2} \\ 0 & \overline{\alpha}^{(2)}_{2,3} & 0 \\ \overline{\alpha}^{(2)}_{2,4} & 0 & \overline{\alpha}^{(2)}_{2,5} \end{bmatrix} \begin{bmatrix} \cos 0\theta \\ \sin 2\theta \\ \cos 2\theta \end{bmatrix} \quad \text{worin} \quad \begin{bmatrix} \cos 0\theta \\ \sin 2\theta \\ \cos 2\theta \end{bmatrix} = \begin{bmatrix} B_{n,0,0}(\theta) \\ B_{n,1,2}(\theta) \\ B_{n,2,2}(\theta) \end{bmatrix},$$

$$\tilde{\Phi}^{\alpha}_{2,3} = \begin{bmatrix} \cos\overline{\eta}_{30} \\ \cos\overline{\eta}_{31} \\ \cos\overline{\eta}_{32} \\ \cos\overline{\eta}_{33} \end{bmatrix}^T \begin{bmatrix} 0 & \overline{\alpha}^{(2)}_{3,1} & 0 & \overline{\alpha}^{(2)}_{3,2} \\ \overline{\alpha}^{(2)}_{3,3} & 0 & \overline{\alpha}^{(2)}_{3,4} & 0 \\ 0 & \overline{\alpha}^{(2)}_{3,5} & 0 & \overline{\alpha}^{(2)}_{3,6} \\ \overline{\alpha}^{(2)}_{3,7} & 0 & \overline{\alpha}^{(2)}_{3,8} & 0 \end{bmatrix} \begin{bmatrix} \sin 1\theta \\ \cos 1\theta \\ \sin 3\theta \\ \cos 3\theta \end{bmatrix} \quad \text{worin} \quad \begin{bmatrix} \sin 1\theta \\ \cos 1\theta \\ \sin 3\theta \\ \cos 3\theta \end{bmatrix} = \begin{bmatrix} B_{n,1,1}(\theta) \\ B_{n,2,1}(\theta) \\ B_{n,3,3}(\theta) \\ B_{n,4,3}(\theta) \end{bmatrix},$$

$$\tilde{\Phi}^{\alpha}_{2,4} = \begin{bmatrix} \cos\overline{\eta}_{40} \\ \cos\overline{\eta}_{41} \\ \cos\overline{\eta}_{42} \\ \cos\overline{\eta}_{43} \\ \cos\overline{\eta}_{44} \end{bmatrix}^T \begin{bmatrix} \overline{\alpha}^{(2)}_{4,1} & 0 & \overline{\alpha}^{(2)}_{4,2} & 0 & \overline{\alpha}^{(2)}_{4,3} \\ 0 & \overline{\alpha}^{(2)}_{4,4} & 0 & \overline{\alpha}^{(2)}_{4,5} & 0 \\ \overline{\alpha}^{(2)}_{4,6} & 0 & \overline{\alpha}^{(2)}_{4,7} & 0 & \overline{\alpha}^{(2)}_{4,8} \\ 0 & \overline{\alpha}^{(2)}_{4,9} & 0 & \overline{\alpha}^{(2)}_{4,10} & 0 \\ \overline{\alpha}^{(2)}_{4,11} & 0 & \overline{\alpha}^{(2)}_{4,12} & 0 & \overline{\alpha}^{(2)}_{4,13} \end{bmatrix} \begin{bmatrix} \cos 0\theta \\ \sin 2\theta \\ \cos 2\theta \\ \sin 4\theta \\ \cos 4\theta \end{bmatrix} \quad \text{worin} \quad \begin{bmatrix} \cos 0\theta \\ \sin 2\theta \\ \cos 2\theta \\ \sin 4\theta \\ \cos 4\theta \end{bmatrix} = \begin{bmatrix} B_{n,0,0}(\theta) \\ B_{n,1,2}(\theta) \\ B_{n,2,2}(\theta) \\ B_{n,3,4}(\theta) \\ B_{n,4,4}(\theta) \end{bmatrix}. \tag{2.328}$$

Wegen (C.32) aus Anhang C.2 und (2.305) gilt $\overline{\eta}_{n0} \equiv 0$ und damit $\cos\overline{\eta}_{n0} \equiv 1$.[68]
Betrachtet man die Werte (I.5) und (I.6) genauer, dann stellt man fest, dass diese z. T. linear abhängig sind.[69] Das ist nicht überraschend, denn hinter den Koeffizienten verbergen sich letztlich die Terme $\overline{\alpha}^{(1)}_0 = 1/a^2_\oplus$ sowie

$$\begin{aligned}
&\overline{\alpha}^{(2)}_{0} = -\frac{\mu_\oplus}{2a^3_\oplus}, && \overline{\alpha}^{(2)}_{2,3} = -\frac{3}{2}\frac{\mu_\oplus}{a^3_\oplus}\overline{\psi}_{212}, && \overline{\alpha}^{(2)}_{3,4} = -\frac{4}{2}\frac{\mu_\oplus}{a^3_\oplus}\overline{\psi}_{313}, && \overline{\alpha}^{(2)}_{4,2} = -\frac{5}{2}\frac{\mu_\oplus}{a^3_\oplus}\overline{\psi}_{402}, && \overline{\alpha}^{(2)}_{4,8} = -\frac{5}{2}\frac{\mu_\oplus}{a^3_\oplus}\overline{\psi}_{424},\\
&\overline{\alpha}^{(2)}_{1,1} = -\frac{1}{2a^4_\oplus}, && \overline{\alpha}^{(2)}_{2,4} = -\frac{3}{2}\frac{\mu_\oplus}{a^3_\oplus}\overline{\psi}_{220}, && \overline{\alpha}^{(2)}_{3,5} = -\frac{4}{2}\frac{\mu_\oplus}{a^3_\oplus}\overline{\psi}_{321}, && \overline{\alpha}^{(2)}_{4,3} = -\frac{5}{2}\frac{\mu_\oplus}{a^3_\oplus}\overline{\psi}_{404}, && \overline{\alpha}^{(2)}_{4,9} = -\frac{5}{2}\frac{\mu_\oplus}{a^3_\oplus}\overline{\psi}_{432},\\
&\overline{\alpha}^{(2)}_{1,2} = \frac{1}{2a^4_\oplus}, && \overline{\alpha}^{(2)}_{2,5} = -\frac{3}{2}\frac{\mu_\oplus}{a^3_\oplus}\overline{\psi}_{222}, && \overline{\alpha}^{(2)}_{3,6} = -\frac{4}{2}\frac{\mu_\oplus}{a^3_\oplus}\overline{\psi}_{323}, && \overline{\alpha}^{(2)}_{4,4} = -\frac{5}{2}\frac{\mu_\oplus}{a^3_\oplus}\overline{\psi}_{412}, && \overline{\alpha}^{(2)}_{4,10} = -\frac{5}{2}\frac{\mu_\oplus}{a^3_\oplus}\overline{\psi}_{434},\\
&\overline{\alpha}^{(2)}_{1,3} = \frac{1}{2a^4_\oplus}, && \overline{\alpha}^{(2)}_{3,1} = -\frac{4}{2}\frac{\mu_\oplus}{a^3_\oplus}\overline{\psi}_{301}, && \overline{\alpha}^{(2)}_{3,7} = -\frac{4}{2}\frac{\mu_\oplus}{a^3_\oplus}\overline{\psi}_{331}, && \overline{\alpha}^{(2)}_{4,5} = -\frac{5}{2}\frac{\mu_\oplus}{a^3_\oplus}\overline{\psi}_{414}, && \overline{\alpha}^{(2)}_{4,11} = -\frac{5}{2}\frac{\mu_\oplus}{a^3_\oplus}\overline{\psi}_{440},\\
&\overline{\alpha}^{(2)}_{2,1} = -\frac{3}{2}\frac{\mu_\oplus}{a^3_\oplus}\overline{\psi}_{200}, && \overline{\alpha}^{(2)}_{3,2} = -\frac{4}{2}\frac{\mu_\oplus}{a^3_\oplus}\overline{\psi}_{303}, && \overline{\alpha}^{(2)}_{3,8} = -\frac{4}{2}\frac{\mu_\oplus}{a^3_\oplus}\overline{\psi}_{333}, && \overline{\alpha}^{(2)}_{4,6} = -\frac{5}{2}\frac{\mu_\oplus}{a^3_\oplus}\overline{\psi}_{420}, && \overline{\alpha}^{(2)}_{4,12} = -\frac{5}{2}\frac{\mu_\oplus}{a^3_\oplus}\overline{\psi}_{442},\\
&\overline{\alpha}^{(2)}_{2,2} = -\frac{3}{2}\frac{\mu_\oplus}{a^3_\oplus}\overline{\psi}_{202}, && \overline{\alpha}^{(2)}_{3,3} = -\frac{4}{2}\frac{\mu_\oplus}{a^3_\oplus}\overline{\psi}_{311}, && \overline{\alpha}^{(2)}_{4,1} = -\frac{5}{2}\frac{\mu_\oplus}{a^3_\oplus}\overline{\psi}_{400}, && \overline{\alpha}^{(2)}_{4,7} = -\frac{5}{2}\frac{\mu_\oplus}{a^3_\oplus}\overline{\psi}_{422}, && \overline{\alpha}^{(2)}_{4,13} = -\frac{5}{2}\frac{\mu_\oplus}{a^3_\oplus}\overline{\psi}_{444}.
\end{aligned} \tag{2.329}$$

Die Grössen $\overline{\psi}_{nmj}$ sind teilweise linear abhängig, vgl. (C.49) bzw. Abb. C.1 im Anhang C.2, konkret:

$$\begin{aligned}
&\overline{\psi}_{202} = 3\overline{\psi}_{200}, && \overline{\psi}_{303} = \tfrac{5}{3}\overline{\psi}_{301}, && \overline{\psi}_{323} = -\overline{\psi}_{321}, && \overline{\psi}_{402} = \tfrac{20}{9}\overline{\psi}_{400}, && \overline{\psi}_{414} = \tfrac{7}{2}\overline{\psi}_{412}, && \overline{\psi}_{424} = -\tfrac{7}{3}\overline{\psi}_{420}, && \overline{\psi}_{442} = -\tfrac{4}{3}\overline{\psi}_{440},\\
&\overline{\psi}_{222} = -\overline{\psi}_{220}, && \overline{\psi}_{313} = \tfrac{1}{2}\overline{\psi}_{311}, && \overline{\psi}_{333} = -\tfrac{1}{3}\overline{\psi}_{331}, && \overline{\psi}_{404} = \tfrac{35}{9}\overline{\psi}_{400}, && \overline{\psi}_{422} = \tfrac{4}{3}\overline{\psi}_{420}, && \overline{\psi}_{434} = -\tfrac{1}{2}\overline{\psi}_{432}, && \overline{\psi}_{444} = \tfrac{1}{3}\overline{\psi}_{440}.
\end{aligned} \tag{2.330}$$

[68] zusätzlich kann hier die Definition (C.45) der Funktionen $B_{nmj}(\theta)$ aus Anhang C.2 einfliessen

[69] Anmerkung: *MATHEMATICA*™ liefert nicht unmittelbar die strukturierte Darstellung (2.326), so dass diese Abhängigkeiten keineswegs sofort offensichtlich sind.

Die Darstellung (2.326) kann deshalb umgeschrieben werden in

$$
\begin{aligned}
\tilde{f}_2^\alpha = -\frac{1}{2}\Bigg[& \frac{\mu_\oplus}{a_\oplus^3}\, e^{-3\alpha} + \frac{1}{a_\oplus^4}\, e^{-4\alpha}\left\{p_\alpha^2 - p_\theta^2 - \frac{p_\Lambda^2}{\sin^2\theta}\right\} + \\
& + \frac{\mu_\oplus}{a_\oplus^3}\Big[3e^{-5\alpha}\Big\{\overline{\psi}_{200}\big(1+3\cos 2\theta\big) + \overline{\psi}_{212}\sin 2\theta\cos\overline{\eta}_{21} + \overline{\psi}_{220}\big(1-\cos 2\theta\big)\cos\overline{\eta}_{22}\Big\} + \\
& \quad + 4e^{-6\alpha}\Big\{\overline{\psi}_{301}\big(\cos\theta + \tfrac{5}{3}\cos 3\theta\big) + \overline{\psi}_{311}\big(\sin\theta + 5\sin 3\theta\big)\cos\overline{\eta}_{31} + \\
& \qquad + \overline{\psi}_{321}\big(\cos\theta - \cos 3\theta\big)\cos\overline{\eta}_{32} + \overline{\psi}_{331}\big(\sin\theta - \tfrac{1}{3}\sin 3\theta\big)\cos\overline{\eta}_{33}\Big\} + \\
& \quad + 5e^{-7\alpha}\Big\{\overline{\psi}_{400}\big(1 + \tfrac{20}{9}\cos 2\theta + \tfrac{35}{9}\cos 4\theta\big) + \overline{\psi}_{412}\big(\sin 2\theta + \tfrac{7}{2}\sin 4\theta\big)\cos\overline{\eta}_{41} + \\
& \qquad + \overline{\psi}_{420}\big(1 + \tfrac{4}{3}\cos 2\theta - \tfrac{7}{3}\cos 4\theta\big)\cos\overline{\eta}_{42} + \overline{\psi}_{432}\big(\sin 2\theta - \tfrac{1}{2}\sin 4\theta\big)\cos\overline{\eta}_{43} + \\
& \qquad + \overline{\psi}_{440}\big(1 - \tfrac{4}{3}\cos 2\theta + \tfrac{1}{3}\cos 4\theta\big)\cos\overline{\eta}_{44}\Big\}\Big]\Bigg].
\end{aligned}
\tag{2.331}
$$

In (2.331) tauchen θ-abhängige Terme auf, die mit den ursprünglichen zugeordneten Legendre'schen Funktionen $P_{nm}(\theta)$ bzw. $\overline{P}_{nm}(\theta)$ korrespondieren, siehe Tab. C.1 im Anhang C.2. Nachdem alle nötigen partiellen Ableitungen für die Liereihen-Entwicklung abgeschlossen sind, besteht keine Notwendigkeit mehr, an der konsequent spektralen Zerlegung/Darstellung des Erdschwerefeldes festzuhalten. Stattdessen kann wieder die traditionelle Formulierung (vgl. Anhang C.1) verwendet werden, um für die Endformeln die Anzahl der auszuwertenden Terme und damit die Rechenzeit zu reduzieren.

Es folgt (unter Fortlassung des Arguments θ für die Legendre'schen Funktionen aus Platzgründen)

$$
\begin{aligned}
\tilde{f}_2^\alpha = -\frac{1}{2}\Bigg[& \frac{\mu_\oplus}{a_\oplus^3}\, e^{-3\alpha} + \frac{1}{a_\oplus^4}\, e^{-4\alpha}\left\{p_\alpha^2 - p_\theta^2 - \frac{p_\Lambda^2}{\sin^2\theta}\right\} + \\
& + \frac{\mu_\oplus}{a_\oplus^3}\Big[3e^{-5\alpha}\Big\{4P_{20}\overline{\psi}_{200} + \tfrac{2}{3}P_{21}\overline{\psi}_{212}\cos\overline{\eta}_{21} + \tfrac{2}{3}P_{22}\overline{\psi}_{220}\cos\overline{\eta}_{22}\Big\} + \\
& + 4e^{-6\alpha}\Big\{\tfrac{8}{3}P_{30}\overline{\psi}_{301} + \tfrac{8}{3}P_{31}\overline{\psi}_{311}\cos\overline{\eta}_{31} + \tfrac{4}{15}P_{32}\overline{\psi}_{321}\cos\overline{\eta}_{32} + \tfrac{4}{45}P_{33}\overline{\psi}_{331}\cos\overline{\eta}_{33}\Big\} + \\
& + 5e^{-7\alpha}\Big\{\tfrac{64}{9}P_{40}\overline{\psi}_{400} + \tfrac{8}{5}P_{41}\overline{\psi}_{412}\cos\overline{\eta}_{41} + \tfrac{16}{45}P_{42}\overline{\psi}_{420}\cos\overline{\eta}_{42} + \tfrac{4}{105}P_{43}\overline{\psi}_{432}\cos\overline{\eta}_{43} + \tfrac{8}{315}P_{44}\overline{\psi}_{440}\cos\overline{\eta}_{44}\Big\}\Big]\Bigg] \\
= -\frac{1}{2}\Bigg[& \frac{\mu_\oplus}{a_\oplus^3}\, e^{-3\alpha} + \frac{1}{a_\oplus^4}\, e^{-4\alpha}\left\{p_\alpha^2 - p_\theta^2 - \frac{p_\Lambda^2}{\sin^2\theta}\right\} + \\
& + \frac{\mu_\oplus}{a_\oplus^3}\Big[3e^{-5\alpha}\Big\{\tfrac{4}{\sqrt{5}}\,\overline{P}_{20}\overline{\psi}_{200} + \tfrac{2}{\sqrt{15}}\,\overline{P}_{21}\overline{\psi}_{212}\cos\overline{\eta}_{21} + \tfrac{4}{\sqrt{15}}\,\overline{P}_{22}\overline{\psi}_{220}\cos\overline{\eta}_{22}\Big\} + \\
& + 4e^{-6\alpha}\Big\{\tfrac{8}{3\sqrt{7}}\,\overline{P}_{30}\overline{\psi}_{301} + \tfrac{8\sqrt{2}}{\sqrt{21}}\,\overline{P}_{31}\overline{\psi}_{311}\cos\overline{\eta}_{31} + \tfrac{8}{\sqrt{105}}\,\overline{P}_{32}\overline{\psi}_{321}\cos\overline{\eta}_{32} + \tfrac{8\sqrt{2}}{3\sqrt{35}}\,\overline{P}_{33}\overline{\psi}_{331}\cos\overline{\eta}_{33}\Big\} + \\
+ 5e^{-7\alpha}\Big\{ & \tfrac{64}{27}\overline{P}_{40}\overline{\psi}_{400} + \tfrac{8\sqrt{2}}{3\sqrt{5}}\,\overline{P}_{41}\overline{\psi}_{412}\cos\overline{\eta}_{41} + \tfrac{32}{9\sqrt{5}}\,\overline{P}_{42}\overline{\psi}_{420}\cos\overline{\eta}_{42} + \tfrac{8\sqrt{2}}{3\sqrt{35}}\,\overline{P}_{43}\overline{\psi}_{432}\cos\overline{\eta}_{43} + \tfrac{64}{9\sqrt{35}}\,\overline{P}_{44}\overline{\psi}_{440}\cos\overline{\eta}_{44}\Big\}\Big]\Bigg]
\end{aligned}
\tag{2.332}
$$

und unter Ausnutzung von (C.49)

$$
\begin{aligned}
\tilde{f}_2^\alpha = -\frac{1}{2}\Bigg[& \frac{\mu_\oplus}{a_\oplus^3}\, e^{-3\alpha} + \frac{1}{a_\oplus^4}\, e^{-4\alpha}\left\{p_\alpha^2 - p_\theta^2 - \frac{p_\Lambda^2}{\sin^2\theta}\right\} + \\
& + \frac{\mu_\oplus}{a_\oplus^3}\Big[3e^{-5\alpha}\Big\{\overline{P}_{20}\overline{J}_{20} + \overline{P}_{21}\overline{J}_{21}\cos\overline{\eta}_{21} + \overline{P}_{22}\overline{J}_{22}\cos\overline{\eta}_{22}\Big\} + \\
& \quad + 4e^{-6\alpha}\Big\{\overline{P}_{30}\overline{J}_{30} + \overline{P}_{31}\overline{J}_{31}\cos\overline{\eta}_{31} + \overline{P}_{32}\overline{J}_{32}\cos\overline{\eta}_{32} + \overline{P}_{33}\overline{J}_{33}\cos\overline{\eta}_{33}\Big\} + \\
& \quad + 5e^{-7\alpha}\Big\{\overline{P}_{40}\overline{J}_{40} + \overline{P}_{41}\overline{J}_{41}\cos\overline{\eta}_{41} + \overline{P}_{42}\overline{J}_{42}\cos\overline{\eta}_{42} + \overline{P}_{43}\overline{J}_{43}\cos\overline{\eta}_{43} + \overline{P}_{44}\overline{J}_{44}\cos\overline{\eta}_{44}\Big\}\Big]\Bigg].
\end{aligned}
\tag{2.333}
$$

Die innere eckige Klammer in (2.333) lässt sich nun mittels einer (vertrauten) Doppelsumme zusammenfassen.

Desweiteren wird (2.305) und $\tau \equiv t$ berücksichtigt, so dass

$$\tilde{f}_2^\alpha = -\frac{1}{2}\left[\frac{\mu_\oplus}{a_\oplus^3}\,e^{-3\alpha} + \frac{1}{a_\oplus^4}\,e^{-4\alpha}\left\{p_\alpha^2 - p_\theta^2 - \frac{p_\Lambda^2}{\sin^2\theta}\right\} + \frac{\mu_\oplus}{a_\oplus^3}\sum_{n=2}^{4}(n+1)\,e^{-(n+3)\alpha}\sum_{m=0}^{n}\overline{J}_{nm}\overline{P}_{nm}(\theta)\cos\left(m(\Lambda-\omega_\oplus t)-\overline{\lambda}_{nm}\right)\right] \tag{2.334}$$

bzw.

$$\tilde{f}_2^\alpha = -\frac{1}{2a_\oplus^2 e^{2\alpha}}\left[\frac{\mu_\oplus}{a_\oplus}\,e^{-\alpha} + \frac{\mu_\oplus}{a_\oplus}\sum_{n=2}^{4} e^{-(n+1)\alpha}\sum_{m=0}^{n}\overline{J}_{nm}\overline{P}_{nm}(\theta)\cos\left(m(\Lambda-\,\omega_\oplus t)\,-\overline{\lambda}_{nm}\right) + \frac{1}{a_\oplus^2}\,e^{-2\alpha}\left\{p_\alpha^2 - p_\theta^2 - \frac{p_\Lambda^2}{\sin^2\theta}\right\} + \right.$$
$$\left. + \frac{\mu_\oplus}{a_\oplus}\sum_{n=2}^{4} e^{-(n+1)\alpha}\sum_{m=0}^{n}\overline{J}_{nm}\overline{P}_{nm}(\theta)\cos\left(m(\Lambda-\,\omega_\oplus t)\,-\overline{\lambda}_{nm}\right) n\right]. \tag{2.335}$$

Verwendung von (C.34) unter Auftrennung in Punktmassen- und Störpotential

$$V_{\oplus_{4\times4}} = \frac{\mu_\oplus}{r} + R_{\oplus_{4\times4}} = \frac{\mu_\oplus}{a_\oplus}\,e^{-\alpha} + \sum_{n=2}^{4}\sum_{m=0}^{n} R_{\oplus_{nm}} \tag{2.336}$$

liefert die kompakte Darstellung

$$\tilde{f}_2^\alpha = -\frac{1}{2a_\oplus^2 e^{2\alpha}}\left[V_{\oplus_{4\times4}} + \sum_{n=2}^{4}\sum_{m=0}^{n} n\,R_{\oplus_{nm}} + \frac{1}{a_\oplus^2 e^{2\alpha}}\left\{p_\alpha^2 - p_\theta^2 - \frac{p_\Lambda^2}{\sin^2\theta}\right\}\right]. \tag{2.337}$$

In (2.337) ist die Abhängigkeit des Gesamtpotentials bzw. der Störpotentialanteile vom Variablensatz bewusst nicht explizit vorgegeben worden, da die Bereitstellung dieser Zahlenwerte auf verschiedenen Wegen und unter Verwendung eines beliebigen (aber geeigneten) Variablensatzes erfolgen kann. Diese vorliegende Arbeit enthält Formeln für das Gesamtpotential bezüglich der Variablensätze $\mathcal{C}$, $\mathcal{S}$, $\mathcal{K}$, $\mathcal{H}$ und $\mathcal{M}$.[70]

Für die effiziente Berechnung der Störpotentialanteile $R_{\oplus_{nm}}$ können Rekursionsformeln herangezogen werden. Im Falle kartesischer Koordinaten findet man die entsprechenden Rechenvorschriften in den Formeln (H.25) bis (H.44) entwickelt im Anhang H.3.

Einsetzen von (2.337) und (2.325) in (2.324) ergibt schliesslich

$$\alpha(t_0+\Delta t) = \alpha_0 + \frac{p_{\alpha_0}}{a_\oplus^2 e^{2\alpha_0}}\,\Delta t - \frac{1}{2a_\oplus^2 e^{2\alpha_0}}\left[V_{\oplus_{4\times4}}\Big|_{t_0} + \sum_{n=2}^{4}\sum_{m=0}^{n} n\,R_{\oplus_{nm}}\Big|_{t_0} + \frac{1}{a_\oplus^2 e^{2\alpha_0}}\left\{p_{\alpha_0}^2 - p_{\theta_0}^2 - \frac{p_{\Lambda_0}^2}{\sin^2\theta_0}\right\}\right]\Delta t^2 + \cdots. \tag{2.338}$$

Auf ähnliche Weise kann versucht werden, für die weiteren Terme in der Reihenentwicklung möglichst kompakte Darstellungen zu finden; ebenso für alle Terme in den restlichen fünf wesentlichen Reihenentwicklungen (2.322), d. h. für die Bahnvariablen θ, Λ, p_α, p_θ und p_Λ. Die Reihenentwicklung für p_τ wird zur Satellitenbahnberechnung praktisch nicht benötigt.

Für die praktische Durchführung der numerischen Integration, basierend auf Liereihen, ist eine explizite Herleitung der kompakten Formeln nicht zwingend erforderlich. Die Liereihen-Koeffizienten können formal korrekt mittels *MATHEMATICA*™ bestimmt und ausgewertet werden. Die möglichst kompakte Darstellung wäre für weitergehende theoretische Betrachtungen (etwa zum Konvergenzradius), die lesbare bzw. noch überschaubare Dokumentation und potentielle Rechenzeitersparnisse von Bedeutung. Ein solches Unterfangen läuft letztlich auf eine semi-analytische Bahntheorie hinaus und könnte die hier vorgestellten Ansätze zum Ausgangspunkt nehmen. Diese Arbeit soll sich hingegen auf die eigentliche numerische Integration konzentrieren.

2.2.5.3 Kontrollmöglichkeiten

Satellitenbahnintegrationen unter Berücksichtigung eines Erdschwerefeldes mit tesseralen Anteilen lassen sich durch Berechnung des Jacobi-Integrals überprüfen. Weitere Erläuterungen hierzu finden sich im Anhang *H*.3, speziell bei den Formeln (H.13) und (H.14), bzw. in Mai [26].

Alternativ oder zusätzlich können die eigenen Berechnungen unabhängigen Bahnintegrationen gegenübergestellt werden, wie bereits im § 2.2.3.3 beschrieben. Zu diesem Zweck wird wiederum auf UTOPIA zurückgegriffen.

Im § 3.3 kommen beide Möglichkeiten zu Einsatz.

[70] zur Darstellung in kartesischen Koordinaten ($\mathcal{C}$) siehe Formeln (H.35) bzw. (H.36) im Anhang H.3
zur Darstellung in Kugelkoordinaten ($\mathcal{S}$) siehe Formeln (2.29) im § 2.1.4 bzw. (C.26) im Anhang C.1 oder (C.28) im Anhang C.2
zur Darstellung in Kepler-Variablen ($\mathcal{K}$) siehe Formeln (2.30) bis (2.32) im § 2.1.4
zur Darstellung in Hill-Variablen ($\mathcal{K}$) siehe Formeln (2.33) bis (2.36) im § 2.1.4
zur Darstellung in modifizierten Kugelkoordinaten ($\mathcal{M}$) siehe Formeln (C.48) im Anhang C.2 bzw. (2.272) im § 2.2.5

Kapitel 3

Praktischer Teil

3.1 Spezialfall Keplerproblem

3.1.1 Problemstellung

Das Bewegungsproblem (2.26) bzw. die masseneinheitbezogene Bewegungsgleichung

$$\ddot{\mathbf{r}} + \frac{\mu_\oplus}{r^3}\mathbf{r} = \mathbf{0} \tag{3.1}$$

soll unter Verwendung von (2.56) und (2.57) numerisch integriert werden.[1] Nach der Festlegung von Startwerten $\mathbf{r}_0$ und $\mathbf{v}_0$ für eine Startepoche t_0 ist zunächst zu klären, mit welcher Einzelschrittweite Δt die Bahn bis zur gewünschten Epoche t propagiert werden soll. Hierzu ist der Einzelschrittfehler zu bestimmen (s. § 2.2.2.3). Die globale Genauigkeit der Rechnung von t_0 bis t soll ebenfalls kontrolliert werden (s. § 2.2.2.4 und § 2.2.2.5).

3.1.2 Startwerte

Aus Gründen der geometrischen Anschaulichkeit werden die Startwerte für $t_0 = 0$, auf denen alle nachfolgenden Rechnungen beruhen, zunächst in Kepler-Variablen angegeben:

$$\mathcal{K}_0: \quad a_0 = 10000\,\mathrm{km}, \quad e_0 = 1/3, \quad i_0 = 10^\circ, \quad \Omega_0 = 20^\circ, \quad \omega = 30^\circ, \quad M_0 = 40^\circ. \tag{3.2}$$

Aus der Theorie der Satellitenbahnen (siehe z. B. Kaula [22]) ist bekannt, dass beim Keplerproblem lediglich die mittlere Anomalie variabel ist, d. h. $M = M(t)$, und alle anderen Kepler-Variablen konstant bleiben.[2]

Die Startwerte (3.2) werden in kartesische Koordinaten umgerechnet (zur Transformation siehe z. B. Mai [26]):

$$\begin{aligned} \mathcal{C}_0: \quad x_0 &= -4461.254\,589\,873\,326\ \mathrm{km}, & \dot{x}_0 &= -7.282\,787\,778\,641\,558\ \mathrm{km/s}, \\ y_0 &= 6652.161\,968\,871\,405\ \mathrm{km}, & \dot{y}_0 &= -2.280\,408\,476\,437\,687\ \mathrm{km/s}, \\ z_0 &= 1371.264\,327\,186\,285\ \mathrm{km}, & \dot{z}_0 &= 0.061\,357\,751\,782\,248\ \mathrm{km/s}. \end{aligned} \tag{3.3}$$

Im Gegensatz zu Kepler-Variablen sind kartesische Koordinaten auch beim Keplerproblem sämtlich zeitlich Veränderliche.[3] Die durch (3.2) bzw. (3.3) zusammen mit (3.1) festgelegte Satellitenbahn hat eine Periode oder Umlaufzeit von $P \approx 9952\,\mathrm{s} \approx 165.9\,\mathrm{m} \approx 2.76\,\mathrm{h}$ - der Satellit vollführt also pro Tag ca. 8.66 Umläufe. Für die numerische Integration wurden Bahnbögen verschiedener Länge untersucht: $t_e - t_0 = 10000$ s (ca. 1 Umlauf), $t_e - t_0 = 2$ d (ca. 17 Umläufe) und $t_e - t_0 = 183$ d (ein halbes Jahr oder ca. 1589 Umläufe).

Die Startwerte (3.2) werden schließlich in Hill-Variablen umgerechnet (zur Transformation siehe z. B. Mai [26]):

$$\begin{aligned} \mathcal{H}_0: \quad \dot{r}_0 &= 2.141\,831\,978\,551\,220\,679\,5\ \mathrm{km/s}, & r_0 &= 8126.156\,362\,683\,317\,585\,2\ \mathrm{km}, \\ G_0 &= 59524.071\,059\,996\,858\,682\ \mathrm{km^2/s}, & u_0 &= 103.645\,220\,011\,490\,465\,82^\circ, \\ H_0 &= 58619.766\,670\,734\,507\,979\ \mathrm{km^2/s}, & \Omega_0 &= 20^\circ. \end{aligned} \tag{3.4}$$

Im Keplerproblem sind nur $\dot{r}$, r und $u = \omega + f$ zeitlich Veränderliche.[4] Die Größen G und H stehen mit dem (im Keplerproblem bekanntlich konstanten) Drehimpulsvektor in Beziehung ($G = h = |\mathbf{h}|$, $H = h_z$).

[1] nachfolgend wird stets $\mu_\oplus = 398600.4415\ \mathrm{km^3/s^2}$ verwendet

[2] und somit Integrale der (Kepler-)Bewegung darstellen

[3] Ausnahmen sind nur in wenigen Spezialfällen denkbar - so gilt etwa $z = \mathrm{const.} = 0$, $\dot{z} = \mathrm{const.} = 0$ bei Äquatorbahnen ($i = 0$)

[4] Im Sonderfall einer Kreisbahn ($e = 0$) wäre einzig das Argument der Breite u eine variable Größe.

3.1.3 Einzelschritte

3.1.3.1 Einzelschrittgenauigkeit unter Verwendung von kartesischen Koordinaten

Der Einzelschritt wird unter Verwendung kartesischer Koordinaten mit Schrittweiten $\Delta t = 1\text{s}, 2\text{s}, 4\text{s}, 5\text{s}$ getestet.[5] Die *lokale* Genauigkeit kann im Sinne von § 2.2.2.3 durch $\delta\mathbf{r}_0$ und $\delta\mathbf{v}_0$ angegeben werden:

$$\delta\mathbf{r}_0 := \mathbf{r}_0 - \mathbf{r}_0^{\text{Rück}} \qquad \text{und} \qquad \delta\mathbf{v}_0 := \mathbf{v}_0 - \mathbf{v}_0^{\text{Rück}}\,, \tag{3.5}$$

wobei $\mathbf{r}_0^{\text{Rück}}$ und $\mathbf{v}_0^{\text{Rück}}$ aus der Rückrechnung einer zuvor ausgeführten Hinrechnung mit gleicher Schrittweite resultieren. Alternativ kann der Einzelschritt *global* kontrolliert werden, indem man ihn gegen eine vertrauenswürdige unabhängige Rechnung vergleicht und z. B. $\Delta\mathbf{r}$ und $\Delta\mathbf{v}$ mit

$$\Delta\mathbf{r} := \mathbf{r}(t_0 + \Delta t) - \mathbf{r}^{\text{Stumpff}}(t_0 + \Delta t) \qquad \text{und} \qquad \Delta\mathbf{v} := \mathbf{v}(t_0 + \Delta t) - \mathbf{v}^{\text{Stumpff}}(t_0 + \Delta t) \tag{3.6}$$

angibt, wobei $\mathbf{r}^{\text{Stumpff}}(t_0 + \Delta t)$ und $\mathbf{v}^{\text{Stumpff}}(t_0 + \Delta t)$ einer geschlossenen Lösung nach § 2.2.2.4 entspringen.

Tabelle 3.1: Einzelschrittgenauigkeit der numerischen Integration des Keplerproblems in kartesischen Koordinaten

Δt in s	$\mathbf{r}(t_0 + \Delta t)$ in km	$\mathbf{v}(t_0 + \Delta t)$ in km/s	$\delta\mathbf{r}_0$ in mm	$\delta\mathbf{v}_0$ in mm/s	$\Delta\mathbf{r}$ in mm	$\Delta\mathbf{v}$ in mm/s
1	$\begin{pmatrix} -4468.535720237\ldots \\ 6649.879090656\ldots \\ 1371.325175765\ldots \end{pmatrix}$	$\begin{pmatrix} -7.279472486488\ldots \\ -2.285347019959\ldots \\ 0.060339532306\ldots \end{pmatrix}$	$< 10^{-9}$	$< 10^{-12}$	$< 10^{-11}$	$< 10^{-9}$
2	$\begin{pmatrix} -4475.813533919\ldots \\ 6647.591276697\ldots \\ 1371.385006504\ldots \end{pmatrix}$	$\begin{pmatrix} -7.276154413848\ldots \\ -2.290279964445\ldots \\ 0.059322072868\ldots \end{pmatrix}$	$< 10^{-7}$	$< 10^{-10}$	$< 10^{-8}$	$< 10^{-7}$
4	$\begin{pmatrix} -4490.359200137\ldots \\ 6643.000863938\ldots \\ 1371.501617505\ldots \end{pmatrix}$	$\begin{pmatrix} -7.269509962793\ldots \\ -2.300129064767\ldots \\ 0.057289434857\ldots \end{pmatrix}$	$< 10^{-5}$	$< 10^{-8}$	$< 10^{-6}$	$< 10^{-6}$
5	$\begin{pmatrix} -4497.627047149\ldots \\ 6640.698276327\ldots \\ 1371.558399287\ldots \end{pmatrix}$	$\begin{pmatrix} -7.266183602184\ldots \\ -2.305045224859\ldots \\ 0.056274256653\ldots \end{pmatrix}$	$< 10^{-5}$	$< 10^{-7}$	$< 10^{-5}$	$< 10^{-5}$

Desweiteren kann die Genauigkeit sowohl der numerischen Integration als auch der geschlossenen Lösung durch Überprüfung der Bewegungsintegrale bewertet werden. So folgen aus $\mathbf{r}_0$ und $\mathbf{v}_0$ nach (2.84) etwa die Konstanten

$$\begin{aligned}
\mathbf{h}_0 &= \mathbf{r}_0 \times \mathbf{v}_0 = \begin{pmatrix} 3535.204498053554754\ \text{km}^2/\text{s} \\ -9712.894531556553864\ \text{km}^2/\text{s} \\ 58619.766670734507979\ \text{km}^2/\text{s} \end{pmatrix} \quad \rightarrow \quad h_0 = |\mathbf{h}_0| = 59524.071059996858682\ \text{km}^2/\text{s}\,, \\
F_0 &= \frac{v_0^2}{2} - \frac{\mu_\oplus}{r_0} = -19.930022075000000000\ \text{km}^2/\text{s}^2\,, \\
\mathbf{e}_0 &= \frac{\mathbf{v}_0 \times \mathbf{h}_0}{\mu_\oplus} - \frac{\mathbf{r}_0}{r_0} = \begin{pmatrix} 0.215128545644213701 88 \\ 0.252968807308395173 24 \\ 0.028941362944488391 47 \end{pmatrix} \quad \rightarrow \quad e_0 = |\mathbf{e}_0| = 0.33333333333333333333\,.
\end{aligned} \tag{3.7}$$

Nachfolgend werden die skalaren Größen h, F und e auf Konstanz überprüft. Alle Berechnungen wurden mit einer Präzision von mindestens 20 Stellen durchgeführt. Aus Tab. 3.2 sieht man, dass die geschlossene Lösung im Rahmen dieser Rechenschärfe als exakt und deshalb vertrauenswürdig gelten kann und demzufolge ebenfalls eine globale Kontrolle der numerischen Integration ermöglicht.

Lokale und globale Genauigkeit eines Einzelschrittes können sich um bis zu 3 Größenordnungen voneinander unterscheiden (vgl. Tab. 3.1). Die Größenordnung des globalen Fehlers reicht dabei von $O(10^{-18})$ für $\Delta t = 1$ s bis $O(10^{-14})$ für $\Delta t = 5$ s. Diese Angaben werden durch die Werte in Tab. 3.2 bestätigt. Größere/kleinere Schrittweiten vermindern/erhöhen die Genauigkeit. Kürzere Schrittweiten erfordern für Bahnbögen, die sich aus mehreren Einzelschritten zusammensetzen, eine größere Anzahl von Schritten und deshalb mehr Rechenaufwand sowie die Gefahr, dass sich der lokale Fehler übermässig im Laufe der Rechnung akkumuliert. Der globale Fehler wird also beeinflusst vom lokalen Fehler und dessen Fortpflanzung.

[5] bei grösseren Schrittweiten (praktisch schon ab $\Delta t > 10$ *sec*) wird die Einzelschrittgenauigkeit mit dem gegebenen Reihenentwicklungsgrad zu niedrig für eine spätere Verwendung zur Bahnbogenberechnung (Genauigkeitsabfall siehe Tab. 3.1)

Neben einer Schrittweitenänderung kann nur die Berücksichtigung weiterer/höherer Terme in der Liereihen-Entwicklung (2.56) bzw. (2.57) die Größe des lokalen Fehlers beeinflussen. Die Einbeziehung von Termen höherer Ordnung erfordert jedoch wiederum einen höheren Aufwand, so dass in der praktischen Rechnung ein Kompromiss gefunden werden muss. Wünschenswert sind natürlich möglichst wenige Terme in der Reihenentwicklung sowie möglichst große Schrittweiten. Ausführlichere Untersuchungen hierzu am Beispiel des Duffing-Oszillators findet man bei Mai [29].

Tabelle 3.2: Bewegungsintegrale für den Einzelschritt der numerischen Integration in kartesischen Koordinaten

		Numerische Integration (Liereihen)	Geschlossene Lösung (Stumpff)
$h_{t_0+\Delta t}$	$\Delta t = 1\,\mathrm{s}$	59524.071059996860446 km^2/s	59524.071059996858682 km^2/s
	$\Delta t = 2\,\mathrm{s}$	59524.071059996915173 km^2/s	59524.071059996858682 km^2/s
	$\Delta t = 4\,\mathrm{s}$	59524.071059998667978 km^2/s	59524.071059996858682 km^2/s
	$\Delta t = 5\,\mathrm{s}$	59524.071060002382632 km^2/s	59524.071059996858682 km^2/s
$F_{t_0+\Delta t}$	$\Delta t = 1\,\mathrm{s}$	-19.930022074999999185 $\mathrm{km}^2/\mathrm{s}^2$	-19.930022075000000000 $\mathrm{km}^2/\mathrm{s}^2$
	$\Delta t = 2\,\mathrm{s}$	-19.930022074999973933 $\mathrm{km}^2/\mathrm{s}^2$	-19.930022075000000000 $\mathrm{km}^2/\mathrm{s}^2$
	$\Delta t = 4\,\mathrm{s}$	-19.930022074999165345 $\mathrm{km}^2/\mathrm{s}^2$	-19.930022075000000000 $\mathrm{km}^2/\mathrm{s}^2$
	$\Delta t = 5\,\mathrm{s}$	-19.930022074997452016 $\mathrm{km}^2/\mathrm{s}^2$	-19.930022075000000000 $\mathrm{km}^2/\mathrm{s}^2$
$e_{t_0+\Delta t}$	$\Delta t = 1\,\mathrm{s}$	0.33333333333333330875	0.33333333333333333333
	$\Delta t = 2\,\mathrm{s}$	0.33333333333333254639	0.33333333333333333333
	$\Delta t = 4\,\mathrm{s}$	0.33333333333330811626	0.33333333333333333333
	$\Delta t = 5\,\mathrm{s}$	0.33333333333325632343	0.33333333333333333333

3.1.3.2 Einzelschrittgenauigkeit unter Verwendung von Hill-Variablen

Der Einzelschritt wird unter Verwendung von Hill-Elementen zunächst mit Schrittweiten $\Delta t \in [1s, 60s]$ getestet.

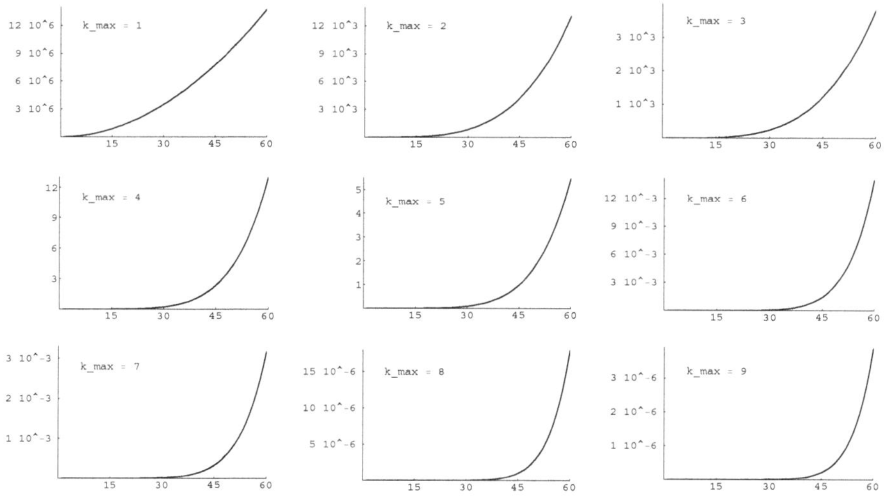

Abbildung 3.1: Lokale Einzelschrittgenauigkeit als $||\delta\mathbf{r}_0||$ *in* mm *vs. Einzelschrittweite in* s *in Abhängigkeit von* k_{max}

Die lokale Genauigkeit im Sinne von (3.5) wird in Abb. 3.1 dargestellt. Dazu wurden die Ergebnisse von Hill-Variablen jeweils in kartesische Koordinaten transformiert. Dies ermöglicht auch einen direkten Vergleich, insbesondere zur Stumpff'schen Lösung (globale Genauigkeit).[6] Im § 3.1.3.1 wurde mit konstantem Grad der Liereihen-Entwicklung ($k_{\text{max}} = 5$) getestet. Die Tests in Hill-Variablen erfolgten dagegen für diverse Ordnungen ($k_{\text{max}} = 1, 2, \ldots, 9$). Man erkennt, dass bei jedem Wechsel von ungeradem zu geradem k_{max} (benachbart und aufsteigend) eine Genauigkeitssteigerung um ca. drei signifikante Stellen bzw. um den Faktor 1000 erfolgt. Dies wird noch deutlicher, wenn man die Abhängigkeit doppelt logarithmisch aufträgt.

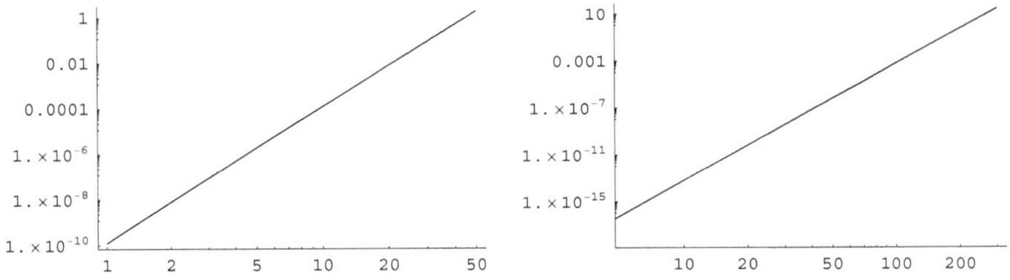

(a) $k_{\text{max}} = 5$ (b) $k_{\text{max}} = 9$

Abbildung 3.2: Lokale Einzelschrittgenauigkeit als $||\delta\mathbf{r}_0||$ *in* mm *vs. Einzelschrittweite in* s *für* $\text{k}_{max} = 5$ *und* $\text{k}_{max} = 9$

Den unmittelbaren Vergleich zur Tab. 3.1 ermöglicht Abb. 3.2(a). Es ist ersichtlich, dass zumindest bis $k_{\text{max}} = 5$ beide Variablensätze zu gleichen Größenordnungen für die lokale Einzelschrittgenauigkeit führen. Der Vorteil der Hill-Variablen liegt hier in den einfacheren Formeln und dem damit verbundenen geringeren Rechenaufwand. Reihenentwicklungen höherer Ordnung und somit höherer Genauigkeit lassen sich dadurch einfacher realisieren. Zudem ermöglicht dies Schrittweiten, die auch für längere Bahnbögen wirklich praktikabel sind.

Die Abb. 3.2(b) zeigt, dass bei einer Schrittweite von $\Delta t = 300\,s$ die Einzelschrittgenauigkeit im cm-Bereich liegt. Sofern nicht anders angegeben, wird die maximale Schrittweite auf $\Delta t_{\text{max}} = 60\,s = 1\,min$ beschränkt. Der Einzelschrittfehler beträgt dann etwa $3.9 \cdot 10^{-6}\,mm$. Auf eine Untersuchung des globalen Einzelschrittfehlers wird hier verzichtet; dies soll stattdessen im § 3.1.4 gleich für längere Bahnbögen erfolgen.

3.1.4 Bahnbögen

Nunmehr werden Bahnbögen aus nacheinander ausgeführten Einzelschritten zusammengesetzt. Die maximale Bahnbogenlänge in den Untersuchungen beträgt, wie bereits angedeutet, 183 Tage.

Die globale Genauigkeit wird wieder mittels einiger Bewegungsintegrale überprüft. Die Werte oszillieren ohne erkennbare säkulare Trends[7] um Mittelwerte. Diese werden dann ins Verhältnis gesetzt mit den Bandbreiten der Oszillationen; dies ergibt global erreichte relative Genauigkeiten über den gesamten Bahnbogen (siehe Tab. 3.3).

Tabelle 3.3: Relativer Fehler ausgewählter Bewegungsintegrale nach numerischer Integration des Keplerproblems in kartesischen Koordinaten ($\text{k}_{max} = 5$)*; Bahnbogenlänge 2 Tage*

Δt in s	$\lvert h_{\text{max}} - h_{\text{min}}\rvert/\bar{h}$	$\lvert F_{\text{max}} - F_{\text{min}}\rvert/\bar{F}$	$\lvert e_{\text{max}} - e_{\text{min}}\rvert/\bar{e}$
1	$1.1 \cdot 10^{-13}$	$3.9 \cdot 10^{-13}$	$6.8 \cdot 10^{-13}$
2	$1.8 \cdot 10^{-12}$	$6.2 \cdot 10^{-12}$	$1.1 \cdot 10^{-11}$
4	$2.9 \cdot 10^{-11}$	$1.0 \cdot 10^{-10}$	$1.8 \cdot 10^{-10}$
5	$7.2 \cdot 10^{-11}$	$2.5 \cdot 10^{-10}$	$4.5 \cdot 10^{-10}$

Bei Verwendung der Hill-Variablen folgt die Einhaltung einiger Bewegungsintegrale unmittelbar aus dem Liereihen-Ansatz selbst. So ergibt sich z. B. mit den Formeln (2.66) des § 2.2.2.2 sofort das Drehimpulsintegral, denn $G \equiv h = |\mathbf{h}|$ und $H \equiv h_z$.

[6] Zudem ist der Betrag des Abstandes zweier Punkte im Raum anschaulicher, als die direkte Differenz in den einzelnen Hill-Variablen. Im Falle einer Kreisbahn könnte z. B. ein erheblicher Fehler in der Position trotz perfekter Übereinstimmung in der Hill-Variablen r vorhanden sein; er würde erst durch Betrachtung mehrerer Größen (zusätzlicher Hill-Variablen) offensichtlich.

[7] Die numerische Integration mittels gewöhnlicher Integratoren kann aufgrund der Numerik (limitierte Rechengenauigkeit durch Diskretisierungs- und Rundungsfehler) bei längeren Bahnbögen zu theoretisch unerwarteten Trends führen; so etwa in der grossen Halbachse a, was z. B. der Theorie von Kaula [22] widerspricht, und zwar nicht nur im Resonanzfall (dort versagt dessen Theorie generell). Einige praktische Untersuchungen dazu findet man am Beispiel von *UTOPIA* (nutzt Krogh-Shampine-Gordon Integrator) in Mai [26]. Als Alternative bieten sich Bewegungsintegrale beachtende *symplektische Integratoren* an; siehe Schneider [42] § 25.4.

Alternativ kann die globale Genauigkeit wie zuvor beim Einzelschritt bestimmt werden durch Vergleich mit der geschlossenen (Stumpff'schen) Lösung im Sinne von § 2.2.2.4. Dies erfordert gegebenenfalls wiederum die nachträgliche Umrechnung von Endergebnissen in kartesische Koordinaten.

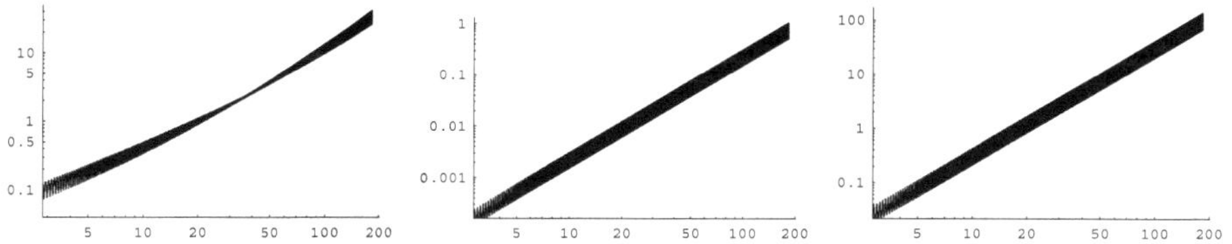

(a) $\mathcal{C}$, $\Delta t = 1\,s$, $k_{\max} = 5$ $(C - S)$ (b) $\mathcal{H}$, $\Delta t = 1\,s$, $k_{\max} = 5$ $(H_a - S)$ (c) $\mathcal{H}$, $\Delta t = 60\,s$, $k_{\max} = 9$ $(H_b - S)$

Abbildung 3.3: Globaler Fehler als $||\Delta\mathbf{r}(t) = \mathbf{r}(t) - \mathbf{r}^{Stumpff}(t)||$ *in* mm *vs. Bahnbogenlänge in* Tagen *(Keplerproblem)*

Die Abb. 3.3 verdeutlicht den Einfluss von Variablensatz ($\mathcal{C}$ oder $\mathcal{H}$), Einzel- bzw. Integationsschrittweite (Δt) und Grad der Reihenentwicklung ($k_{\max}$) auf die globale Genauigkeit der Integration. Man erkennt, dass Hill-Variablen den kartesischen Koordinaten hier vorzuziehen sind. Mit ersteren erzielt man bei ansonsten gleicher Konfiguration eine um ca. 2 Größenordnungen höhere Genauigkeit (vgl. Abb. 3.3(a) mit Abb. 3.3(b)).

Bei langen Bahnbögen und niedrigem Entwicklungsgrad können nur unverhältnismässig kurze Schrittweiten (wenige Sekunden) den mm- oder gar sub-mm-Bereich garantieren. Für akzeptable Schrittweiten (ab einer Minute) ist bereits ein relativ hoher Entwicklungsgrad nötig. Aber selbst für $k_{\max} = 9$ erreicht man nach einem halben Jahr nur den dm-Bereich (siehe Abb. 3.3(c)).

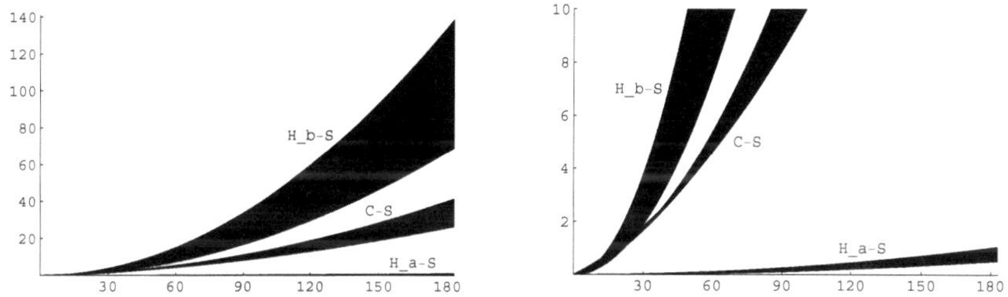

(a) direkter Vergleich diverser Konfigurationen (b) Zoom (Beschränkung auf mm-Bereich)

Abbildung 3.4: Globaler Fehler als $||\Delta\mathbf{r}(t)||$ *in* mm *vs. Bahnbogenlänge in* Tagen *(Keplerproblem) - linear aufgetragen*

Eine direkte Gegenüberstellung im gleichen Maßstab erlaubt genauere quantitative Aussagen (siehe Abb. 3.4). Die für die Praxis akzeptable Konfiguration aus Integrationsschrittweite und Entwicklungsgrad ($\mathcal{H}$, $\Delta t = 60\,s$, $k_{\max} = 9$) garantiert mm-Genauigkeit immerhin für maximale Bahnbogenlängen von ca. 45 Tagen (Abb. 3.4(b)). Bei Bedarf längerer Bahnbögen müsste der Entwicklungsgrad erhöht werden; dies sollte problemlos möglich sein.

3.2 Spezialfall Klassisches Hauptproblem

3.2.1 Problemstellung

Das Bewegungsproblem (2.37) bzw. die masseneinheitbezogene Bewegungsgleichung

$$\ddot{\mathbf{r}} + \nabla_{\mathbf{r}} V_{\oplus 20}(\mathbf{r}) = \mathbf{0} \tag{3.8}$$

soll unter Verwendung von (2.91), (2.92) bzw. (2.95) oder (2.112) numerisch integriert werden.

Nach der Festlegung von Startwerten und nominalen Werten für das Kraftmodell wird zunächst wiederum die Einzelschrittgenauigkeit untersucht (lokal und global), bevor längere Bahnbögen berechnet und durch Vergleich mit unabhängigen numerischen Integrationen sowie den Tests einiger Bewegungsintegrale kontrolliert werden.[8]

[8]Vergleiche mit existierenden analytischen Lösungsansätzen (z. B. Cui [10]) werden hier nicht angestellt. Eine analytische Theorie 2. Ordnung wurde bereits in einer früheren Arbeit gesondert untersucht (Mai [26]).

3.2.2 Startwerte

Die Startwerte zur Untersuchung des klassischen Hauptproblems gleichen denen beim Keplerproblem, vgl. (3.2). Für die Verwendung von UTOPIA als Kontrollinstrument werden diese Werte direkt übernommen. Eine weitere unabhängige Überprüfung durch Ettl [13] erfordert die Umrechnung in kartesische Koordinaten. Da diese Kontrollrechnung mit sehr hoher Stellenanzahl durchgeführt werden sollte, sind die Startwerte (3.3) um eine ausreichende Anzahl signifikanter Stellen erweitert worden. Gleiches gilt für die eigenen präzisen Berechnungen basierend auf Hill-Variablen: auch die Transformation von (3.2) in Startwerte (3.4) erfolgte mit entsprechender Präzision. Die Kraftmodellparameter orientieren sich am Erdschwerefeldmodell *JGM-3* (siehe Mai [26]):

$$\mu_\oplus = 398600.4415\,\mathrm{km}^3/\mathrm{s}^2, \qquad a_\oplus = 6378.1363\,\mathrm{km}, \qquad c_{20} = -0.00048416954845647 \quad (\bar{c}_{20} = \sqrt{5}\,c_{20}). \tag{3.9}$$

3.2.3 Einzelschritte

3.2.3.1 Einzelschrittgenauigkeit unter Verwendung sämtlicher Terme

Zuerst wird die lokale Einzelschrittgenauigkeit in Abhängigkeit von Integrationsschrittweite und Liereihen-Entwicklungsgrad untersucht (siehe Abb. 3.5). Hierbei kommen alle Terme sämtlicher Größenordnungen in c_{20} (speziell bis $O(c_{20}^9)$) zur Anwendung. Die erreichte lokale Genauigkeit entspricht im Wesentlichen der beim Keplerproblem, vgl. Abb. 3.1 bzw. Abb. 3.2.

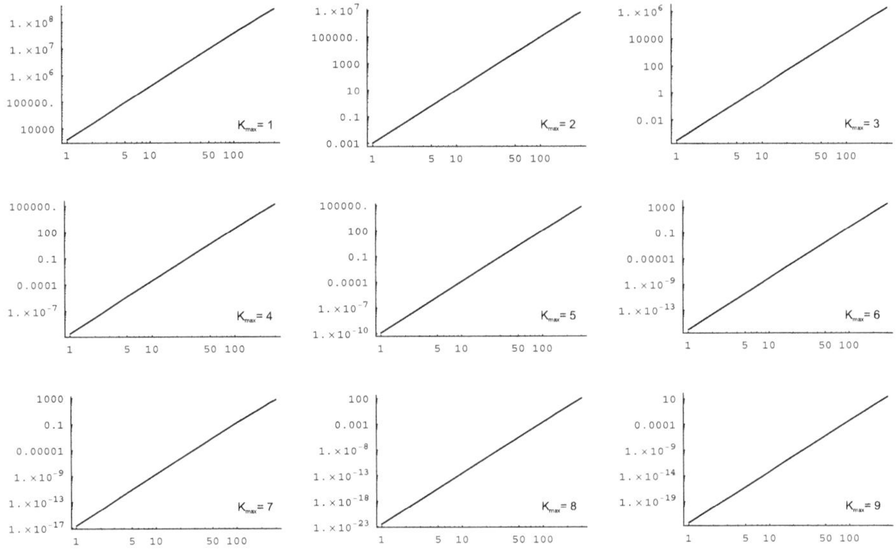

Abbildung 3.5: Lokale Einzelschrittgenauigkeit als $||\delta\mathbf{r}_0||$ *in* mm *vs. Einzelschrittweite in* s *in Abhängigkeit von* k_{max}

Zur Beurteilung der globalen Genauigkeit des Liereihen-Ansatzes (LR) werden unabhängige Berechnungen (ausschliesslich auf numerischer Integration beruhend) herangezogen, wie in § 2.2.3.3 erwähnt. Als erster Anhalt dient jeweils UTOPIA (UT), da dieses Programmsystem bereits etabliert und sehr vertrauenswürdig ist.

Für Vergleiche mit höherer Stellenanzahl wird auf Berechnungen von Ettl [13] (ET) zurückgegriffen.

Ein explizites Beispiel soll den Grad an Übereinstimmung hinsichtlich der Stellenanzahl illustrieren. Dazu wurde jeweils ein Einzelschritt mit $\Delta t = 5$ s und ansonsten möglichst hoher Präzision ausgeführt.[9] Ein Vergleich für den Positionsvektor (alle Angaben in km)

$$x^{(UT)}_{\Delta t=5s} = -4497.62701158476379348532 7, \quad y^{(UT)}_{\Delta t=5s} = 6640.6982234720879104353 16, \quad z^{(UT)}_{\Delta t=5s} = 1371.5583629625759388437 54,$$

$$x^{(ET)}_{\Delta t=5s} = -4497.6270115851021836854 59, \quad y^{(ET)}_{\Delta t=5s} = 6640.6982234719678114497 61, \quad z^{(ET)}_{\Delta t=5s} = 1371.5583629625847880211 88,$$

$$x^{(LR)}_{\Delta t=5s} = -4497.6270115851021836853 86, \quad y^{(LR)}_{\Delta t=5s} = 6640.6982234719678114498 67, \quad z^{(LR)}_{\Delta t=5s} = 1371.5583629625847880212 03$$

[9] UTOPIA mittels Shampine-Gordon, Ettl [13] hier mittels Runge-Kutta 10. Ordnung, eigene mittels Liereihen-Ansatz bis Grad 9

zeigt, dass LR und ET in wesentlich mehr Stellen übereinstimmen, als jeweils verglichen mit UT. Die Abweichung beider zu UT beträgt komponentenweise ca. 10^{-4} mm, untereinander dagegen nur etwa 10^{-14} mm. Die konkrete lokale Genauigkeit liegt für LR in diesem Beispiel bei $||\delta\mathbf{r}_0|| = 6.36 \cdot 10^{-17}$ mm und der relative Fehler damit bei $||\delta\mathbf{r}_0||/||\mathbf{r}_0|| = 7.82 \cdot 10^{-21}$. Die bisherigen Angaben erlauben noch kein Urteil über die Größe des globalen Fehlers für LR, da bisher nicht geklärt ist, welche der aufgeführten Lösungen der Wahrheit am nächsten kommt.

Um dies zu entscheiden, werden die numerischen Ergebnisse einem Test der Bewegungsintegrale unterzogen. Aus den Startwerten folgt z. B.[10]

$$h_{z_0} = 58619.766\,670\,734\,507\,979\,155\,168\,096\ \mathrm{km^2/s}\,, \qquad F_0 = 19.944\,982\,394\,669\,268\,038\,500\,465\,465\ \mathrm{km^2/s^2}. \tag{3.10}$$

Eine numerische Integration sollte diese theoretisch konstanten Werte praktisch mit möglichst vielen Stellen zu beliebigen Epochen (und erst recht nach dem ersten Einzelschritt) reproduzieren. Aus

$$\begin{aligned}
h^{(UT)}_{z_{\Delta t=5s}} &= 58619.766\,670\,734\,517\,878\,099\,534\,263\ \mathrm{km^2/s}\,,\ F^{(UT)}_{\Delta t=5s} = 19.944\,982\,394\,669\,268\,525\,207\,441\,606\ \mathrm{km^2/s^2},\\
h^{(ET)}_{z_{\Delta t=5s}} &= 58619.766\,670\,734\,507\,979\,155\,338\,416\ \mathrm{km^2/s}\,,\ F^{(ET)}_{\Delta t=5s} = 19.944\,982\,394\,669\,268\,038\,503\,169\,811\ \mathrm{km^2/s^2},\\
h^{(LR)}_{z_{\Delta t=5s}} &= 58619.766\,670\,734\,507\,979\,155\,168\,096\ \mathrm{km^2/s}\,,\ F^{(LR)}_{\Delta t=5s} = 19.944\,982\,394\,669\,268\,038\,500\,465\,327\ \mathrm{km^2/s^2}
\end{aligned} \tag{3.11}$$

kann man relative Fehler der Art $\Delta h^{(\cdot)}_{z_{t_0+\Delta t}} := (h^{(\cdot)}_{z_{t_0+\Delta t}} - h_{z_0})/h_{z_0}$ bzw. $\Delta F^{(\cdot)}_{t_0+\Delta t} := (F^{(\cdot)}_{t_0+\Delta t} - F_0)/F_0$ ableiten. Anmerkung: Da LR in Hill-Variablen erzeugt wurde unter Beachtung der dritten Gleichung in (2.92) und mit $H_{\mathrm{KP}}(t_0 + \Delta t)$ aus (2.66), kann das Bahndrehimpulsintegral bzw. h_{z_0} für diese numerische Integration keine wirksame Kontrolle sein; es verbleibt gleichwohl z. B. die Kontrollmöglichkeit über das Energieintegral bzw. F_0. Es folgt $\Delta h^{(UT)}_{z_{5s}} = O(10^{-16})$, $\Delta h^{(ET)}_{z_{5s}} = O(10^{-24})$, $\Delta F^{(UT)}_{5s} = O(10^{-17})$, $\Delta F^{(ET)}_{5s} = O(10^{-22})$, $\Delta F^{(LR)}_{5s} = O(10^{-27})$. Ersichtlich kann die Größenordnung der relativen Fehler für verschiedene Bewegungsintegrale auch innerhalb einer Berechnungsmethode variieren. Dies ist nicht verwunderlich, da alle Werte aus den numerisch integrierten Positions- und Geschwindigkeitsangaben erzeugt werden und damit einer formelabhängigen Fehlerfortpflanzung unterliegen. Die Güte eines Verfahrens ist auch bei Verwendung globaler Kontrollgrössen immer nur relativ zu einem anderen Verfahren zu beurteilen. Im konkreten Fall wird deutlich, dass LR zumindest für den Einzelschritt UT und ET qualitativ überlegen ist.[11] Bei allen Aussagen dieser Art ist zu beachten, dass sie nur für die speziell vorliegenden Konfigurationen gelten. Dies ist stets ein Nachteil numerischer Bahnintegrationen gegenüber einer analytischen Bahntheorie.

Vorerst kann für den globalen Positions- und Geschwindigkeitsfehler nur angenommen werden, dass auch hier LR die kleinsten, d. h. besten, Werte liefert. In diesem Sinne wäre LR, zumindest für Einzelschritte im klassischen Hauptproblem, dass Mass für UT und ET. Andererseits können diese unabhängigen Berechnungen zumindest die ersten (und in Ihrer Anzahl für alle praktischen Zwecke ausreichenden) Stellen absichern. Dies gilt insbesondere für die spätere Untersuchung von längeren Bahnbögen.

3.2.3.2 Einzelschrittgenauigkeit unter Beschränkung auf Terme diverser Ordnung in c_{20}

Wenn zu vermuten ist, dass LR in der bisherigen Form über die Gebühr präzise Ergebnisse liefert, dann sollte nunmehr untersucht werden, ob die Anzahl der auszuwertenden Terme und damit die benötigte Rechenzeit vorteilhaft reduziert werden kann. Diese Reduzierung basiert auf einer Vernachlässigung von Termen höherer Ordnung in c_{20}. Zunächst sind die Auswirkungen bezüglich der originalen LR-Ergebnisse selbst zu untersuchen. Danach wird getestet, wie weit man die Vernachlässigung treiben kann, ohne die Genauigkeiten von ET bzw. UT zu unterschreiten. Die UTOPIA-Ergebnisse sollten dabei also stets die untere Grenze bilden.[12]

Die Vernachlässigung von Termen höherer Ordnung in c_{20} kann auf zweierlei Wegen geschehen, die *nicht* äquivalent sind. Einerseits kann von vornherein der Entwicklungsgrad der Liereihen-Entwicklung herab gesetzt werden; bisher lag er bei $k_{\max} = 9$. Dies verringert die Anzahl der Terme unmittelbar und offensichtlich. Andererseits können nachträglich alle Terme aus einer bereits vorliegenden Reihenentwicklung eliminiert werden, die eine zu wählende maximale Ordnung in c_{20} überschreiten. Dabei wird allerdings oft übersehen, dass solche Terme durchaus nicht blind vernachlässigt werden dürfen, da deren tatsächliche Größenordnung erheblich über der Ordnung in c_{20} liegen kann. Dieser Punkt wird nachfolgend aufgegriffen. Schliesslich bleibt eine Kombination beider Wege, um eine maximal mögliche Reduzierung des Rechenaufwands zu erreichen.

Die Ergebnisse in Tab. 3.4 zeigen, dass ein Liereihen-Entwicklungsgrad von $k_{\max} = 4$ ausreichen würde, um zumindest für einen relativ kurzen Einzelschritt[13] die Präzision von UTOPIA zu erreichen. Mit Blick auf die

[10] Man beachte, dass zwischen § 2.2.2.5 und § 2.2.3.4 bzw. (2.84) und (2.118) das Vorzeichen der Hamilton-Funktion per Definition getauscht wurde. Deshalb tragen auch die Werte für F_0 in (3.7) und (3.10) unterschiedliche Vorzeichen.

[11] Hinsichtlich der Rechenzeit ist LR sicherlich unterlegen, wenngleich hierzu keine umfassenden Studien angestellt wurden.

[12] also alle signifikanten Stellen von UT, die mit dem ursprünglichen (d. h. besten bzw. nicht-reduzierten) LR übereinstimmen

[13] für die Praxis sind weit größere Schrittweiten als 5 Sekunden erforderlich

sonst üblichen Entwicklungsgrade von Potenzreihen in numerischen Integratoren ist dies ein vergleichsweise niedriger Wert. Für größere Einzelschritte und Bahnbögen sollte jedoch $k_{\max} > 4$ angesetzt werden.

Tabelle 3.4: Auswirkungen der Reduktion durch Herabsetzung des Entwicklungsgrades („Weg 1“, vgl. Abb. 3.5), wobei diejenigen Stellen unterstrichen wurden (ohne Rundungseffekte), die noch mit UT übereinstimmen und des weiteren diejenigen Stellen rechtsgeneigt wurden (ohne Rundungseffekte), die nicht mehr mit LR ($k_{max} = 9$) *übereinstimmen.*

$k_{\max}$	$x^{(LR)}_{\Delta t=5s}$ in km	$y^{(LR)}_{\Delta t=5s}$ in km	$z^{(LR)}_{\Delta t=5s}$ in km	$F^{(LR)}_{\Delta t=5s}$ in km^2/s^2
9	-4497.62701158510218368 5386	6640.6982234719678114 49867	1371.55836296258478802 1203	19.944982394669268038500465327
8	-4497.6270115851021836853 72	6640.6982234719678114498 78	1371.5583629625847880212 04	19.944982394669268038500 513586
7	-4497.6270115851021836 89520	6640.6982234719678114 48439	1371.558362962584788021 207	19.94498239466926803849 5991177
6	-4497.627011585102183 598972	6640.69822347196781 0518624	1371.5583629625847 87852240	19.9449823946692680 34208076787
5	-4497.62701158510 1570860303	6640.6982234719 68534317981	1371.558362962584 8754 11199	19.944982394669 270690307484956
4	-4497.627011585 457137582557	6640.69822347 1741315603513	1371.55836296256 7806880923	19.94498239466 8589318572959193
3	-4497.627011 488562171973929	6640.6982234 60850579526000	1371.558362 954821547309537	19.9449823946 16045329495510505
2	-4497.62 699948933655 0727590	6640.6982 81627093272485981	1371.5583 71977325066510058	19.944982 527200270106080692741
1	-4497.6 63297214722063155112	6640.6 6577027103562806 5851	1371.55 514833541728998 9326	19.9449 241816370279951215 86775

Weiterhin sieht man, dass die Herabsetzung des Entwicklungsgrades unterschiedlichen Einfluss auf die Genauigkeit der einzelnen numerischen Ergebnisse hat. Während z. B. die Positionsgenauigkeit mit sinkendem $k_{\max}$ vergleichsweise moderat abfällt, geht die Genauigkeit des Energieintegrals stärker zurück.[14]

Der oftmals eingeschlagene „Weg 1“ zur Reduktion des Aufwandes ist nicht per se unproblematisch. Das soll am Beispiel der Hill-Variable r vorgeführt werden. Der ursprüngliche[15] Liereihen-Ansatz (2.93) zeigt, dass auch Terme höherer Ordnung in Δt Terme aller niederen Ordnungen in c_{20} enthalten, siehe (2.94). Ohne nähere Untersuchungen ist nicht klar oder garantiert, ob oder dass deren Vorfaktoren jeweils von so geringer Größenordnung sind, dass die Terme als Ganzes bzw. Produkt tatsächlich vernachlässigbar gegenüber denen sind, die man offensichtlich und ebenfalls ohne nähere Untersuchung für notwendig hält. Erschöpfende Konvergenzuntersuchungen sind in der Theorie nicht trivial und in der Praxis mühsam bis unmöglich.

Die Untersuchung läuft darauf hinaus, den Konvergenzradius der angesetzten Reihenentwicklung zu bestimmen. Die Argumentation für dessen Herleitung, hier am Beispiel von r, ist einfach: Damit eine Reihenentwicklung der Form (2.93) sinnvoll eingesetzt werden kann, sollten die einzelnen Summanden für beliebige Entwicklungsgrade $k_{\max}$ auf der rechten Seite von links nach rechts betragsmäßig abnehmen - dann konvergiert die Reihe.

Der $k$te Summand setzt sich aus einem Produkt $\tilde{f}^r_k\Big|_{t_0} \Delta t^k$ zusammen. Die Konvergenzbedingung erfordert also

$$\left| \tilde{f}^r_k\Big|_{t_0} \Delta t^k \right| < \left| \tilde{f}^r_{k-1}\Big|_{t_0} \Delta t^{k-1} \right| \quad \rightarrow \quad \Delta t < \left| \frac{\tilde{f}^r_{k-1}\Big|_{t_0}}{\tilde{f}^r_k\Big|_{t_0}} \right| \qquad (k = 1, 2, \ldots, k_{\max})\,, \tag{3.12}$$

wobei für eine Vorwärtsrechnung $\Delta t > 0$ gilt. Ein endlicher Konvergenzradius Δt existiert dann, wenn die Folge aus den $k_{\max}$ Quotienten in (3.12) einen Grenzwert hat. Je höher dieser Grenzwert liegt, desto grösser ist der Konvergenzradius. Im bisher betrachteten Beispiel existiert jedoch *kein* Grenzwert:

$$\mathrm{Int}\left\{ \left| \frac{\tilde{f}^r_{k-1}\Big|_{t_0}}{\tilde{f}^r_k\Big|_{t_0}} \right| \right\} = \{3794s, 7635s, 827s, 3322s, 38767s, 154s, 1592s, 3741s, 4205s\} \tag{3.13}$$

In einem solchen Fall wird der Konvergenzradius durch das Minimum über alle Quotienten festgelegt, hier also $\Delta t = 154\,\mathrm{s}$. Solange man diesen Wert nicht überschreitet, ist die eingangs erwähnte Konvergenzbedingung erfüllt. Zu beachten ist, dass der gefundene Wert in der Praxis ganz offensichtlich von $k_{\max}$ abhängig ist; es ist nicht garantiert, dass bei einem höheren Entwicklungsgrad der Liereihe nicht doch noch ein niedrigerer Wert für Δt notwendig wird. Überschreitet man einen derart pragmatisch durch den $k = k^*$ten (minimalen) Quotienten festgelegten Konvergenzradius, dann tritt beim k^*+1 ten Summanden eine Verletzung der Konvergenzbedingung

[14] Dieser Effekt ist wiederum der Fehlerfortpflanzung geschuldet, wobei daran erinnert wird, dass auch die Positions- und Geschwindigkeitsangaben nachträglich aus den eigentlich numerisch integrierten Hill-Variablen abgeleitet werden und damit selbst einer Fehlerfortpflanzung des Integrationsfehlers unterliegen. Der Integrationsfehler an sich hat seine Ursache im praktisch notwendigen Abschneiden der unendlichen Liereihe.

[15] Sortierung der Terme nach Potenzen der Einzelschrittweite Δt

auf, siehe Abb. 3.6. Spätestens an dieser Stelle würde dann eine blindlings erfolgte nachträgliche Vernachlässigung von Termen höherer Ordnung in c_{20} das Ergebnis signifikant verfälschen. Das gleiche gilt für den Fall, dass man Δt sogar größer als den zweitniedrigsten Quotienten wählt usw., vgl. (3.13) mit Abb. 3.6 unten rechts.

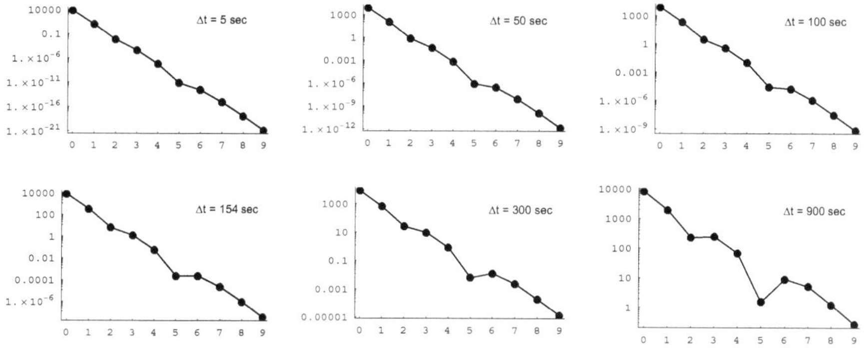

Abbildung 3.6: Betrag des kten *Summanden in (2.93) vs* k *in Abhängigkeit von* Δt *zur Illustration der Effekte bei Überschreiten des Konvergenzradius'.*

Anmerkung: Der Konvergenzradius ist auch abhängig von den konkreten Startwerten des gestellten Bewegungsproblems. Diese Tatsache trägt wesentlich zur Kompliziertheit bei theoretischen Untersuchungen über die Konvergenzeigenschaften einer Reihenentwicklung bei.

Die obige Betrachtung am Beispiel von r ist gleichsam für alle restlichen Hill-Variablen, die per Liereihen-Entwicklung numerisch integriert werden, durchzuführen.[16] Die Abb. 3.7 verdeutlicht, dass für jede dieser Reihenentwicklungen erwartungsgemäss ein spezifischer Konvergenzradius resultiert.[17] Für die Praxis kann man damit auf zweierlei Art umgehen: Entweder wählt man eine gemeinsame Einzelschrittweite als Minimum der einzelnen Konvergenzradien oder aber man integriert jede Hill-Variable mittels ihrer spezifischen Einzelschrittweite. Letzteres mag Rechenzeit einsparen, erschwert dafür aber Genauigkeits- und Performance-Vergleiche mit unabhängigen Berechnungsmethoden.

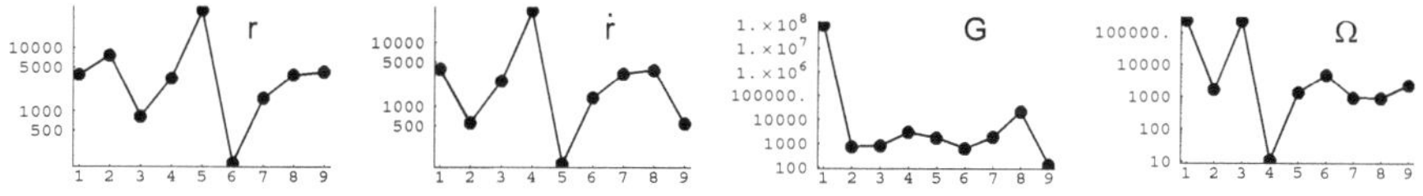

Abbildung 3.7: Quotienten analog (3.13) vs k *für diverse Hill-Variablen zur Illustration spezifischer Konvergenzradien*

Im betrachteten Beispiel liefert die Reihenentwicklung für Ω den kleinsten Konvergenzradius mit $\approx 10.746\,\mathrm{s}$.[18] Als gemeinsame Einzelschrittweite für das gestellte Bewegungsproblem und mit $k_{\max} = 9$ wäre etwa maximal $\Delta t = 10\,\mathrm{s}$ ansetzbar, um Konvergenz zu garantieren und damit überhaupt erst Vernachlässigungen von Termen höherer Ordnung in c_{20} gefahrlos vornehmen zu können. Wählt man eine Schrittweite, die diesen Wert übersteigt, dann sind signifikante Verschlechterungen des Ergebnisses nicht auszuschliessen, wenn Terme nachträglich blindlings vernachlässigt werden.

Anmerkung: Die ersten beiden Bilder in Abb. 3.7 spiegeln den in § 2.2.3.1 lediglich in einer Fussnote erwähnten Zusammenhang $(k+1)\tilde{f}^{r}_{k+1} = \tilde{g}^{\dot{r}}_{k}$ sehr deutlich wider.

[16] hier beim klassischen Hauptproblem also für alle Hill-Variablen ausser H

[17] auf die Darstellung der Verhältnisse für u wurde verzichtet, da hier der Konvergenzradius größer als bei r ist

[18] Aus der klassischen Störungsrechnung (z. B. Variation der Parameter nach Lagrange, siehe etwa Vallado [51]) ist bekannt, dass die säkulare Störung des aufsteigenden Knotens aufgrund c_{20} nach $\dot{\Omega}_{sec} = \frac{3}{2} a_{\oplus}^2 \sqrt{\mu_{\oplus}}\, c_{20} (1-e^2)^{-2}\, a^{-7/2} \cos i$ berechnet werden kann. Aus den Startwerten (3.2) wird klar, dass die Knotenbewegung relativ stark sein wird. Das ist auch unmittelbar anschaulich, denn die geringe Inklination von $i = 10°$ hält den Satelliten stets sehr dicht am störenden Äquatorwulst der Erde. Aus einem zu erwartenden grossen Störeinfluss resultiert das Verständnis für die Notwendigkeit einer entsprechend kleinen Integrationsschrittweite. Dass die anderen Hill-Variablen vergleichsweise moderater gestört werden, ist vorerst nur zu vermuten. Diese Vermutung wäre zu überprüfen, indem man die Langrange'schen Planetengleichungen für Hill-Variablen aufstellt und analysiert oder gleich eine explizite analytische Bahntheorie anwendet, wie zum Beispiel in Mai [26]. Beides soll jedoch nicht Gegenstand dieser Arbeit sein. Alternativ könnte aber durch Vergleich der Lösungen von klassischem Hauptproblem und Keplerproblem die obige Vermutung empirisch überprüft werden.

Mit der oben gewonnenen Einsicht in die Größe der Konvergenzradien kann nun eine abgesicherte Reduzierung des Berechnungsaufwandes vorgenommen werden. Nachfolgend werden die einzelnen Wege zur Reduzierung illustriert, wiederum am Zahlenbeispiel mit den zuvor verwendeten Start- und Parameterwerten, sowie $\Delta t = 5\,\text{s}$.

Als Maßstab („**Weg 0**“) werden die Ergebnisse für $k_{\max} = 9$ herangezogen, siehe § 3.2.3.1 oder Tab. 3.4, Zeile 1. Um neben den numerischen Angaben auch den Rechenaufwand vergleichen zu können, werden sowohl die Anzahl der auszuwertenden Terme als auch die zur Auswertung benötigte Rechenzeit ermittelt; beide Angaben verstehen sich jeweils relativ zu „Weg 0“ (100% entsprechend). Um die Anzahl der Terme überhaupt vergleichbar zu machen, wird als „Term“ jeder Ausdruck bzw. Formelbestandteil verstanden, der sich nach weitestmöglichem Ausmultiplizieren ergibt, also jeweils ein Summand.[19]

Folgende Wege zur Reduzierung wurden untersucht: Im „**Weg 1a**“ wird die originale Programmierung verwendet und nur der Parameter $k_{\max}$ bei der Berechnung auf $k_{\max} = 5$ herabgesetzt. Im „**Weg 1b**“ werden zusätzlich aus dem originalen Programmcode zuvor alle Terme eliminiert, die nur bei $k_{\max} = 6, 7, 8, 9$ herangezogen würden. Anmerkung: Die beiden Varianten von „Weg 1“ unterscheiden sich tatsächlich in der benötigten Rechenzeit wenn *MATHEMATICA*™ verwendet wird, da hier sinnvollerweise nicht mit Schleifen o. ä. sondern mit sog. Listen operiert wird.[20]

Für den „**Weg 2a**“ wird wiederum die originale Programmierung und $k_{\max} = 5$ verwendet, wobei vorher alle Terme eliminiert werden, die c_{20}^6, c_{20}^7, c_{20}^8 oder c_{20}^9 als Faktor enthalten. Die Variante „**Weg 2b**“ unterscheidet sich dadurch, dass $k_{\max} = 9$ verbleibt. Anmerkung: In der zweiten Variante berücksichtigt man also zusätzliche Terme, die c_{20}^0, c_{20}^1, c_{20}^2, c_{20}^3, c_{20}^4 und c_{20}^5 enthalten, aber aus den höheren Entwicklungsgraden $k_{\max} = 6, 7, 8, 9$ entspringen. Die Variante „Weg 2b“ wirkt demnach blindem Reduktionismus entgegen. Die Variante „Weg 2a“ unterscheidet sich von „Weg 1“ wiederum lediglich hinsichtlich der benötigten Rechenzeit.

Schliesslich wird noch ein „**Weg 3**“ beschritten, der zwar nicht praktikabel ist, aber dafür die Reduktion in der Anzahl von Termen am weitesten und saubersten vornimmt und deshalb nur zu Demonstrationszwecken und der Klärung von Begriffen dienen kann.[21] Dazu werden, erst *nach* dem Einsetzen von nominalen Start- und Parameterwerten sowie der Schrittweite, alle Terme hinsichtlich ihrer tatsächlichen Größenordnung bewertet und hier speziell in Relation zu c_{20} gesetzt. Diejenigen Terme, welche den Wert $c_{20}^5 \approx -1.49 \cdot 10^{-15}$ betragsmäßig unterschreiten, werden in der eigentlichen Auswertung dann sämtlich vernachlässigt.[22]

Die zuvor genannten Wege sollen darauf hinweisen, dass es einen feinen Unterschied gibt zwischen der Ordnung einer Lösung und der Ordnung bzw. dem Grad einer Theorie oder eines Ansatzes, siehe dazu auch Dallas [12] oder Mai [26]. In diesem Sinne würde ich im Rahmen einer numerischen Bahnintegration den „Weg 0“ als einen Liereihen-Ansatz 9ten (Entwicklungs-) Grades bezeichnen und den „Weg 1“ analog als einen Liereihen-Ansatz 5ten Grades; jeweils mit den entsprechenden Lösungen 9ten bzw. 5ten Grades. Der „Weg 2a“ bzw. „Weg 2b“ wäre dann ein Liereihen-Ansatz 5ter bzw. 9ter Ordnung in c_{20}, jeweils mit den entsprechenden Lösungen. Lediglich den „Weg 3“ könnte man tatsächlich eine *Lösung* 5ter Ordnung in c_{20} nennen.

Tabelle 3.5: Resultate nach Reduzierung des Aufwandes: Anzahl auszuwertender Terme und dazu benötigte Rechenzeit

		Weg 0	Weg 1a	Weg 1b	Weg 2a	Weg 2b	Weg 3
Anzahl an berücksichtigten Termen zur Berechnung der Hill-Variablen[23]	r	804	82	82	82	804	116
	u	3671	288	288	288	2511	63
	Ω	2532	294	294	294	1846	32
	$\dot{r}$	1292	169	169	169	1292	115
	G	3202	269	269	269	2200	203
	$\sum$	11501	1102	1102	1102	8653	529
	%	100	9.58	9.58	9.58	75.24	4.60
Rechenzeit[24] in %		100	99.02	1.62	22.61	22.85	—[25]

Die Tab. 3.5 zeigt: der „Weg 2b“ weist die geringste Ersparnis auf, ist gleichwohl für die Praxis zu empfehlen. Desweiteren unterscheiden sich einige Wege „nur“ hinsichtlich der benötigten Rechenzeit. Bei Verwendung von Programmen wie z. B. *MATHEMATICA*™ kann die Art und Weise der Termzusammenstellung entscheidend sein für die Schnelligkeit der eigentlichen Berechnung, selbst wenn der eigentliche Formelumfang unverändert bleibt.

[19] auf eine Umwandlung von Potenzen trigonometrischer Funktionen in Ausdrücke mit Vielfachen des Arguments wird verzichtet

[20] relevant für Quervergleiche mit anderen programmtechnischen Umsetzungen wäre dann nur der „Weg 1b“

[21] das Prozedere selbst macht eine Dokumentation der benötigten Rechenzeit unsinnig

[22] einerseits können sich mehrere vernachlässigte Terme höherer Ordnung zu einem Term signifikanter Ordnung akkumulieren, andererseits schwächen wechselnde Vorzeichen diesen Effekt ab

[23] die H-Berechnung war hier nicht nötig, vgl. (2.92)

[24] absolute Angaben etwa in Sekunden sind nur von zweifelhafter Aussagekraft, da in starkem Maße hard- und softwarespezifisch

[25] eine Angabe macht hier keinen Sinn, da dieser Weg für den routinemäßigen Einsatz in der Praxis nicht in Frage kommen kann

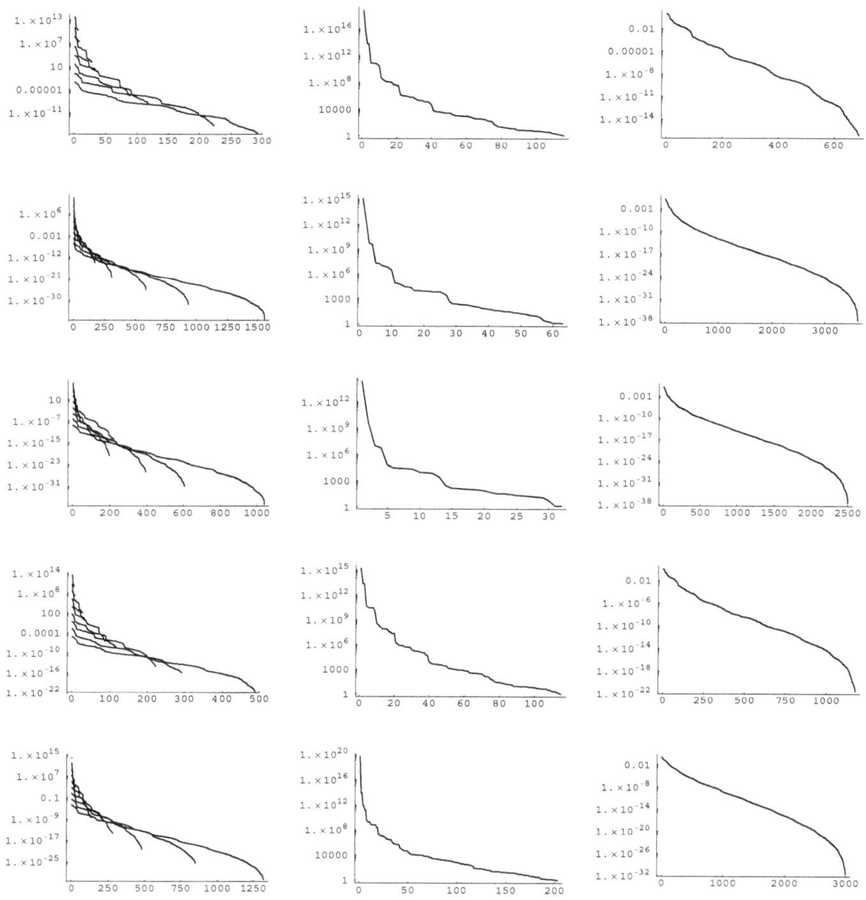

Abbildung 3.8: Bestimmung der im Sinne von „Weg 3" relevanten Terme, gesondert für die Hill-Variablen $r, u, \Omega, \dot{r}, G$ (v. o. n. u.). Jeweils dargestellt werden die absteigend sortierten Absolutbeträge der Terme, konkret: alle Terme nach Bildung von $\tilde{f}_k^{\mathcal{H}} \Delta t^k / c_{20}^5$ bzw. $\tilde{g}_k^{\mathcal{H}} \Delta t^k / c_{20}^5$ getrennt für alle $\mathrm{k} \in [1, 9]$ (links); nur diejenigen über alle k vereinigten Terme, deren Betrag $\geq |c_{20}^5|$ ist und die damit im Sinne von „Weg 3" heranzuziehen sind (Mitte); die verbleibenden über alle k vereinigten Terme, deren Betrag $< |c_{20}^5|$ ist und die damit im Sinne von „Weg 3" sämtlich zu vernachlässigen sind (rechts).

Das Zustandekommen der relativ stärksten Reduzierung bei „Weg 3" wird explizit durch Abb. 3.8 illustriert. Die Beschränkung auf Terme der Ordnung $O(c_{20}^5)$ lässt dann allerdings nur eine maximal mögliche (dafür umso „ehrlichere") Genauigkeit von 15 signifikanten Nachkommastellen in den zu berechnenden Hill-Variablen zu.

Tabelle 3.6: Resultate nach Reduzierung des Aufwandes: Positionswerte nach erfolgtem Einzelschritt

Weg		$x_{\Delta t=5s}^{(LR)}$ in km	$y_{\Delta t=5s}^{(LR)}$ in km	$z_{\Delta t=5s}^{(LR)}$ in km
0		-4497.62701158510218368538603456369755	6640.69822347196781144986776329210371	1371.55836296258478802120344633515209
1	a	-4497.62701158510157086030371021961389	6640.69822347196853431798112687496190	1371.55836296258487541119932827720910
	b	-4497.62701158510157086030371021961389	6640.69822347196853431798112687496190	1371.55836296258487541119932827720910
2	a	-4497.62701158510157086030371021961389	6640.69822347196853431798112687496190	1371.55836296258487541119932827720910
	b	-4497.62701158510218368538603456370242	6640.69822347196781144986776329210319	1371.55836296258478802120344633513864
3		-4497.62701158508725332129705926710372	6640.69822347197777829315877751027939	1371.55836296258545767069476056102706

Die Graphiken der ersten Spalte in Abb. 3.8 zeigen sehr klar, dass Terme höheren Grades von niederer Ordnung sein können und damit die Ordnungsrelation als Grundlage einer Reihenentwicklung bzw. die Konvergenzbedingung verletzen können.

Die Tab. 3.6 verdeutlicht, dass dieses theoretische Maximum in der Praxis selbst bei nur einem Einzelschritt nicht erreicht wird. Im gerechneten Beispiel gehen, bezogen auf das unreduzierte Ergebnis, für den Positionsvektor komponentenweise durchaus im unterschiedlichen Maße einige weitere signifikante Stellen verloren; dies ist wiederum der Fehlerfortpflanzung beim Übergang $\mathcal{H} \rightarrow \mathcal{C}$ geschuldet.

Die Auswirkung der Reduzierung auf die globale Genauigkeit kann z. B. wie zuvor zusätzlich durch Betrachtung des Energieintegrals veranschaulicht werden, siehe Tab. 3.7.

Tabelle 3.7: Resultate nach Reduzierung des Aufwandes: Energieintegral samt Abweichung nach erfolgtem Einzelschritt

Weg		$F^{(LR)}_{\Delta t=5s}$ in km^2/s^2	$F^{(LR)}_{\Delta t=5s} - F_0$ in km^2/s^2	$\Delta F^{(LR)}_{5s} := \left(F^{(LR)}_{\Delta t=5s} - F_0\right)/F_0$
0		19.944982394669268038500465327684927833	-0.000000000000000000000000137937211555	$-6.915\,885\,350 \cdot 10^{-27}$
1	a	19.944982394669270690307484956444036149	0.000000000000002651807019490821896761	$1.329\,560\,973 \cdot 10^{-16}$
	b	19.944982394669270690307484956444036149	0.000000000000002651807019490821896761	$1.329\,560\,973 \cdot 10^{-16}$
2	a	19.944982394669270690307484956444036149	0.000000000000002651807019490821896761	$1.329\,560\,973 \cdot 10^{-16}$
	b	19.944982394669268038500465327684927882	-0.000000000000000000000000137937211506	$-6.915\,885\,348 \cdot 10^{-27}$
3		19.944982394669279734756196952979606492	0.000000000000011696255731487357467104	$5.864\,259\,742 \cdot 10^{-16}$
F_0		19.944982394669268038500465465622139388		

Als Fazit bleibt, dass alle vorgestellten Wege zur Reduzierung des Aufwandes die in der Praxis gestellten Genauigkeitsanforderungen erfüllen können; selbst die extrem starke Reduzierung nach „Weg 3“. Eine moderate Reduzierung bei bestmöglicher Genauigkeit und gleichzeitig „sauberer“ Herangehensweise erlaubt „Weg 2b“. Dieser Weg wird in den nachfolgenden Bahnbogenberechnungen zum Einsatz kommen, wenn nötig. Sofern die Genauigkeit noch akzeptabel bleibt, sollte jedoch „Weg 1b“ verwendet werden, um Rechenzeit einzusparen.

Anmerkung: Nicht untersucht wurde, welche Auswirkungen eine etwaige Überschreitung des Konvergenzradius' auf die Ergebnisse der einzelnen Wege hat. Wie stets bei empirischen Untersuchungen sei nochmals betont, dass auch alle getroffenen qualitativen Aussagen in Strenge fallspezifisch und nur bedingt verallgemeinerbar sind.

3.2.4 Bahnbögen

Nunmehr werden wiederum Bahnbögen aus nacheinander ausgeführten Einzelschritten zusammengesetzt. Um diverse Varianten der numerischen Integration miteinander vergleichen zu können, sollte eine von ihnen als Maßstab gewählt werden. Aus Abb. 3.9 wird deutlich, dass LR („Weg 2b“) selbst für die hier maximal betrachtete Bahnbogenlänge von 30 Tagen als ausreichend genau eingeschätzt werden kann. Einerseits zeigt Abb. 3.9(b) mit Berücksichtigung von $F_0 \approx 19.945\ km^2/s^2$ für diese Variante und den betrachteten Bahnbogen einen relativen Fehler bzgl. des Energieintegrals mit $O(10^{-13})$. Andererseits ist die Positionsabweichung zu LR („Weg 0“) vernachlässigbar klein (Abb. 3.9(a)), so dass jene Variante keinen signifikanten Genauigkeitsvorteil erwarten lässt - damit gibt der Rechenzeitvorteil von LR („Weg 2b“) letztlich den Ausschlag für dessen Wahl als Maßstab.

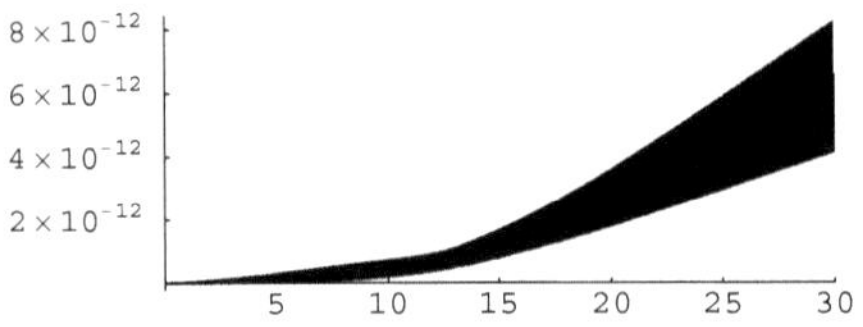

(a) $||\Delta\mathbf{r}(t) = \mathbf{r}^{(\text{LR Weg2b})}_{\Delta t=60s}(t) - \mathbf{r}^{(\text{LR Weg0})}_{\Delta t=60s}(t)||$ in mm

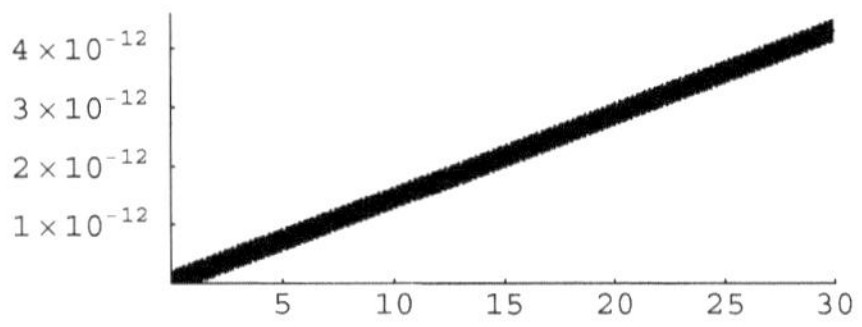

(b) $|F^{(\text{LR Weg2b})}_{\Delta t=60s} - F_0|$ in km^2/s^2

Abbildung 3.9: Globaler Fehler der Liereihen-Integration vs. Bahnbogenlänge in Tagen *(Klassisches Hauptproblem)*

Aus der Abb. 3.9 ist ersichtlich, dass eine Überschreitung des Konvergenzradius' (siehe § 3.2.3.2) nicht zwangsläufig zu gänzlich unbrauchbaren Resultaten führt. Um den Vergleich mit unabhängigen Bahnbogenberechnungen zu beginnen, soll zunächst jedoch wiederum eine abgesicherte Schrittweite von $h := \Delta t = 5\,s$ angesetzt werden. Die Bahnbogenlänge wird für diesen Fall auf 1 Tag begrenzt.

Zusätzlich zu den bereits erwähnten unabhängigen Berechnungen wurden noch weitere von Bezdek[26] [4] herangezogen, nachfolgend mit BZ gekennzeichnet. Bei einem Vergleich der einzelnen Resultate ist stets zu beachten, dass trotz gleicher Startwerte und Kraftmodellparameter immer noch mehr oder minder gravierende Unterschiede bestanden: die LR-Berechnungen erfolgten sämtlich in *MATHEMATICA*™ mit vergleichsweise hoher Stellenanzahl (zwischen 60 und 100). Die Startwerte wurden dabei mit 100 signifikanten Stellen angesetzt. Ähnlich bei den ET-Berechnungen: hier wurden 100-stellige (bei Bahnbogenlänge von 1 Tag) bzw. 20-stellige (bei Bahnbogenlänge von 30 Tagen) Startwerte verwendet, mit korrespondierender Stellengenauigkeit für die Integrationsergebnisse. Für die UT-Berechnungen sind jeweils 32 Stellen (quarter precision) angesetzt worden.[27] Die BZ-Resultate wurden mit einem Runge-Kutta-Integrator der Ordnung 8 (nach Dormand & Prince) erzeugt. Bei ET kam hier statt des zuvor genannten Shampine-Gordon-Integrators aus Schnelligkeitsgründen ebenfalls Runge-Kutta, aber mit der Ordnung 10, zum Einsatz.

Eine Untersuchung und Beurteilung der genannten unabhängigen Berechnungen (etablierte bzw. gewöhnliche numerische Integratoren) untereinander wurde nicht durchgeführt. Hier interessiert lediglich deren Abschneiden bezüglich der numerischen Integration mittels Liereihen-Ansatz. Hinsichtlich der Rechenzeiten war LR stets im Hintertreffen, wenngleich in unterschiedlichem Maße. Nachfolgend ein Vergleich der eigentlichen Ergebnisse:

Tabelle 3.8: Vergleich numerischer Integrationsverfahren: Positionswerte am Ende eines Bahnbogens von 1 Tag Länge

Verfahren		$x^{(\cdot)}_{h=5s}(t=1d)$ in km	$y^{(\cdot)}_{h=5s}(t=1d)$ in km	$z^{(\cdot)}_{h=5s}(t=1d)$ in km
LR	Weg 1b	5363.328720113869530437784256730	-8262.804833700833438750778660921	-1674.257781697470464424895230032
	Weg 2b	5363.328720151574906470562479588	-8262.804833651805038550056862613	-1674.257781691223500527857105690
ET		5363.328720151574898860326725569	-8262.804833651805061795188271765	-1674.257781691223502852969057294
UT		5363.328720151384649603662860371	-8262.804833652023925650268849085	-1674.257781691239951663388493288
BZ		5363.328720150	-8262.804833654	-1674.257781692

BZ-Ergebnisse wurden stets nur mit 13 Stellen zur Verfügung gestellt.[28] Ansonsten orientiert sich die Anzahl der Stellen in Tab. 3.8 an denjenigen der von UT gelieferten Ergebnisse.[29] Die Ergebnisse von LR „Weg 1b“ passen am schlechtesten zu allen anderen Werten. Angenommen, dass diese Berechnung nicht diejenige ist, die der „Wahrheit“ am nächsten kommt, bestätigt sich einmal mehr, dass eine simple Reduzierung nach Weg 1 (siehe § 3.2.3.2) mit signifikanten Fehlern behaftet ist. Alle anderen Berechnungen stimmen wechselseitig bis auf 13 Stellen überein. Eine weitere Stelle kommt nach Ausschluss von BZ hinzu. Darüber hinaus zeigt sich die beste Übereinstimmung zwischen ET und LR „Weg 2b“ mit jeweils ca. 20 gemeinsamen Stellen. Das Urteil über eine evtl. vorliegende noch höhere Präzision eines dieser Verfahren kann wiederum erst die Betrachtung des absoluten Fehlers erfolgen.

Dessen Größenordnung am Ende des Bahnbogens wird, wie zuvor beim Einzelschritt, durch die Auswertung eines Bewegungsintegrals (hier z. B. des Energieintegrals) bestimmt, siehe Tab. 3.9. In der Tat stellt sich LR („Weg 1b“) als das schlechteste Verfahren heraus, während LR („Weg 2b“) die höchste Präzision aller Berechnungen liefert. Es spricht nichts dagegen, dessen Ergebnisse auch für längere Bahnbögen (hier nachfolgend von 30 Tagen Länge) als Maßstab anzusetzen.

Tabelle 3.9: Vergleich numerischer Integrationsverfahren: Energieintegral am Ende eines Bahnbogens von 1 Tag Länge

Verfahren		$F^{(\cdot)}_{h=5s}(t=1d)$ in km^2/s^2	$F^{(\cdot)}_{h=5s}(t=1d) - F_0$ in km^2/s^2	$\Delta F^{(\cdot)}_{5s}(t=1d) := \left(F^{(\cdot)}_{h=5s}(t=1d) - F_0\right)/F_0$
LR	Weg 1b	19.9449823946662829709111311	-0.0000000000029850675893343	$-1.49 \cdot 10^{-13}$
	Weg 2b	19.9449823946692680385004345	-0.0000000000000000000000309	$-1.55 \cdot 10^{-24}$
ET		19.9449823946692680351080422	-0.0000000000000000033924232	$-1.70 \cdot 10^{-19}$
UT		19.9449823946692685252823911	0.0000000000000004867819257	$2.44 \cdot 10^{-17}$
BZ		19.9449823946696967013313683	0.0000000000004286628309029	$2.15 \cdot 10^{-14}$
	F_0	19.9449823946692680385004654		

Die Rangfolge in der Güte der unabhängigen Verfahren ET, UT und BZ scheint klar auf der Hand zu liegen; jedoch basiert sie bisher nur auf einem einzigen Bahnbogen und einer sehr kurzen Schrittweite von $h = 5\ s$. In der Tat ändert sich die Beurteilung gravierend, wenn z. B. der angesprochene 30-Tage-Bahnbogen und/oder größere Schrittweiten ($h = 60\ s$ bzw. $h = 120\ s$) angesetzt werden, siehe Abb. 3.10. Als Vergleich dient jeweils LR („Weg 2b“) mit $h = \Delta t = 60\ s$; erinnert sei an Abb. 3.9(b).

[26] dessen Software erlaubt umfangreiche Kraftfeldmodellierungen; u. a. dissipative Kraftfunktionen (für spätere Vergleiche dienlich)
[27] zu Fragen der Compiler- und Schrittweiten-Abhängigkeit u. ä. siehe Mai [26]
[28] was für die Praxis bisher oftmals als ausreichend angesehen wird (Montenbruck und Gill [37]); BZ-Fehlertoleranz lag bei 10^{-14}
[29] wobei eine der 32 Stellen für das Vorzeichen reserviert ist

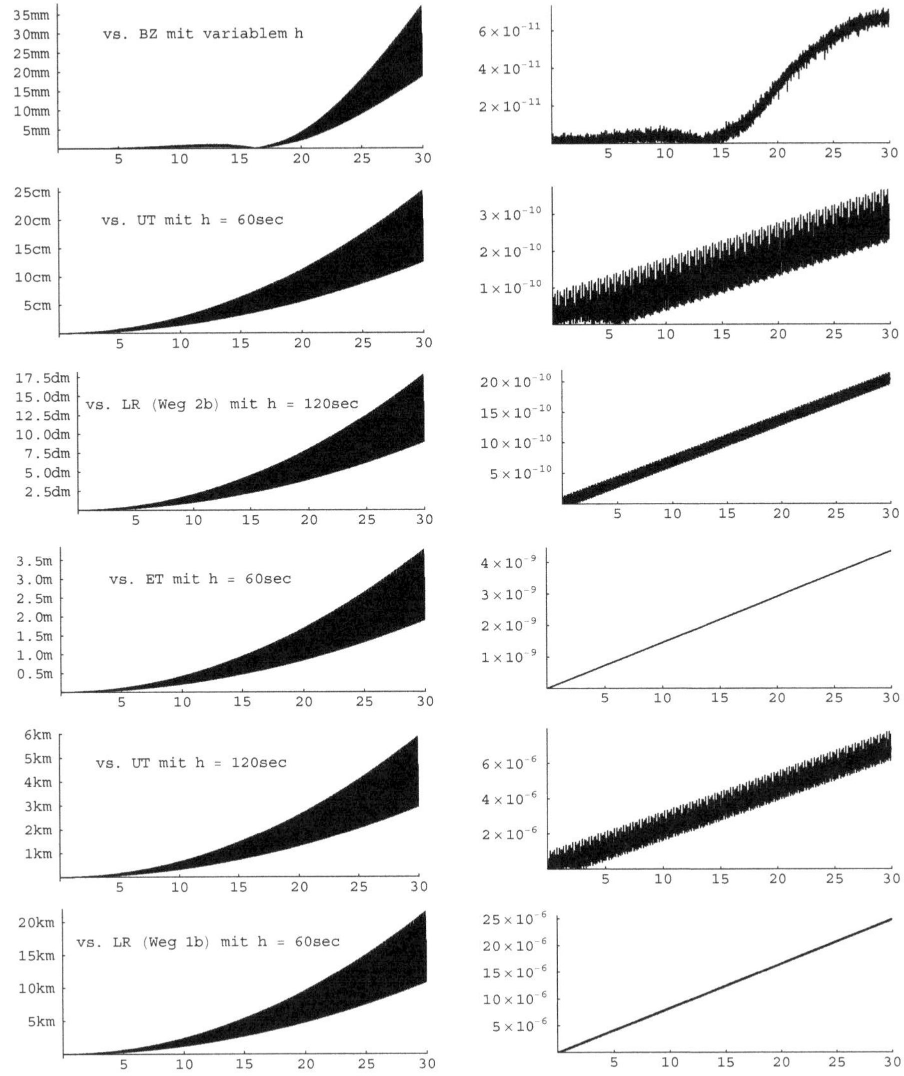

Abbildung 3.10: Vergleich globaler Fehler $||\Delta\mathbf{r}(t) = \mathbf{r}^{(LR\ Weg2b)}_{h:=\Delta t=60s}(t) - \mathbf{r}^{(\cdot)}_{h}(t)||$ *(links) bzw.* $|F^{(\cdot)}_{h} - F_0|$ *in* $\mathrm{km}^2/\mathrm{s}^2$ *(rechts) vs. Bahnbogenlänge in* Tagen *(Klassisches Hauptproblem)*

Die Schrittweite für BZ ist variabel und von Bezdek [4] nicht weiter spezifiziert worden.[30] Auffällig ist, dass die BZ-Berechnung für ca. 2 Wochen stabile Ergebnisse liefert; danach fällt die Präzision ungleich stärker ab. Insgesamt zeigt diese unabhängige Berechnung die beste Übereinstimmung mit den Ergebnissen aus LR („Weg 2b"); zudem benötigte BZ von allen Verfahren die geringste Rechenzeit. Vergleicht man die Auswertung des Energieintegrals (Abb. 3.9(b) vs. Abb. 3.10 o. r.), dann ist LR („Weg 2b") noch zuverlässiger als BZ einzuschätzen.

[30] zu Details der verwendeten Routine DOP853 wird verwiesen auf `http://www.unige.ch/math/folks/hairer/software` und `http://en.wikipedia.org/wiki/Dormand-Prince method`

Blickt man auf die restlichen Verfahren, so bleibt festzuhalten: Lag ET bei dem relativ kurzen Bahnbogen von 1 Tag Länge noch am dichtesten zu den Ergebnissen von LR („Weg 2b"), so fällt der Grad an Übereinstimmung beim längeren Bahnbogen von 30 Tagen deutlich ab. Um ca. 1 Größenordnung besser steht es dagegen bei UT. Wird jedoch die Integrationsschrittweite vergrößert, dann fällt die Präzision der UT-Ergebnisse sogar stärker ab als bei LR („Weg 2b"), obwohl für letzteres Verfahren sowohl mit $h = 60\,s$ als auch $h = 120\,s$ der gesicherte Konvergenzradius (erinnere $h \approx 10\,s$ aus § 3.2.3.2) jeweils deutlich überschritten wurde.[31] Und schliesslich wird nochmals deutlich, dass LR („Weg 1b") bei weitem nicht genau genug ist, insbesondere für längere Bahnbögen.

Hinsichtlich der Rechenzeiten ist zu erwähnen, dass BZ und UT jeweils nur wenige Sekunden hingegen ET und LR mehrere Minuten benötigten (teilweise gar Stundenbereich). Möglichkeiten der Zeitersparnis für LR eröffnen sich, wenn man die benötigten Endformeln z. B. durch *MATHEMATICA*™ vorher weitestgehend vereinfachen lässt, also die Anzahl der auszuwertenden Terme reduziert. Setzt man die ursprüngliche Variante aus Tab. 3.5 mit den dort aufgeführten 8653 Termen diesmal als Maßstab (Rechenzeit 100%) an, dann konnte durch Formelmanipulation die Rechenzeit auf nur noch 27.84% gesenkt werden. Wenn zusätzlich noch die nominalen Werte der Parameter $\mu_\oplus$, $a_\oplus$ und c_{20} vorher eingesetzt und in der Formelvereinfachung berücksichtigt wurden, dann sank die Rechenzeit noch weiter und zwar auf 5.20%. Alle Angaben beziehen sich auf $h = 60\,s$ und die Verwendung von 60-100 signifikanten Stellen in den Rechenschritten. Eine Reduzierung dieser sicherlich unnötig hohen Rechenschärfe (bis auf etwa 20-30 Stellen) würde die Auswertezeit noch weiter signifikant absinken lassen.

Zusammenfassend ist zu sagen, dass der im Abschnitt § 2.2.1 vorgestellte Liereihenansatz eine hochgenaue numerische Integration längerer Bahnbögen bei akzeptablen Schrittweiten ermöglicht. Nachteilig im Vergleich zu bestehenden Integratoren sind die Komplexität des Formelsatzes und der damit verbundene Rechen- bzw. Zeitaufwand. Insbesondere im Hinblick auf die notwendige Erweiterung des Kraftmodells ist zu erwarten, dass sich diese Nachteile im Vergleich zu den gewöhnlichen Integratoren noch verstärken. Aus diesem Grunde wird zuvor eine Modifizierung des Liereihen-Ansatzes vorgenommen (siehe § 2.2.4).

3.3 Spezialfall 4 × 4-Erdschwerefeld

3.3.1 Problemstellung

Die masseneinheitbezogene Bewegungsgleichung

$$\ddot{\mathbf{r}} + \nabla_{\mathbf{r}} V_{\oplus_{4\times 4}}(\mathbf{r}) = \mathbf{0} \tag{3.14}$$

soll unter Verwendung von (2.322) numerisch integriert werden.

Zunächst werden die Startwerte gewählt und nominale Werte für das Kraftmodell festgelegt (hier *JGM-3* bis Grad und Ordnung 4). Nach einer Untersuchung der Einzelschrittgenauigkeit erfolgt die Berechnung einiger Bahnbögen. Zur Kontrolle werden die Ergebnisse noch einer unabhängigen numerischen Integration (UTOPIA) gegenübergestellt, sowie dem Test eines Bewegungsintegrals (Jacobi-Integral[32]) unterzogen.

3.3.2 Startwerte

Da UTOPIA zur Kontrolle einsetzt werden soll, kommen nur Simulationen mit moderaten numerischen Bahnexzentrizitäten in Betracht. Abgesehen von Resonanzeffekten, wirken sich die Terme höherer Grade und/oder Ordnung in der Reihenentwicklung des Erdschwerefeldes im Allgemeinen umso stärker auf die Satellitenbahn bzw. Bahnbewegung aus, je geringer die Bahnhöhe des Satelliten ist. Zur Erzeugung eines möglichst deutlichen bzw. signifikanten Störeffektes in den Bahnelementen wird zur numerische Integration ein entsprechend niedriger Startwert für die grosse Halbachse angesetzt. Die restlichen Startwerte (im Sinne von Kepler-Variablen) könnten aus (3.2) übernommen werden.

Die Anhänge H.1 und H.3 behandeln eine unabhängige Methode der Satellitenbahnbestimmung (mittels Evolutionsstrategie). Um die damit gewonnenen Ergebnisse als weitere potentielle Kontrollmöglichkeit verwenden zu können, werden für § 3.3.3 und § 3.3.4 die dort gewählten Startwerte (H.2) bzw. (H.9) und (H.10) übernommen:

$$\mathcal{K}_0: \quad a_0 = 7000\,\text{km}, \quad e_0 = 0.007, \quad i_0 = 70^\circ, \quad \Omega_0 = 0^\circ, \quad \omega_0 = 0^\circ, \quad M_0 = -70^\circ,$$

$$\mathcal{C}_0: \quad \mathbf{r}_0 = \begin{bmatrix} x_0 \\ y_0 \\ z_0 \end{bmatrix} = \begin{bmatrix} 2301.718\,292\,292\,185\ \text{km} \\ -2255.051\,484\,571\,533\ \text{km} \\ -6195.703\,033\,567\,912\ \text{km} \end{bmatrix}, \quad \mathbf{v}_0 = \begin{bmatrix} \dot{x}_0 \\ \dot{y}_0 \\ \dot{z}_0 \end{bmatrix} = \begin{bmatrix} 7.124\,581\,369\,839\,439\ \text{km/sec} \\ 0.868\,731\,490\,519\,958\ \text{km/sec} \\ 2.386\,820\,153\,772\,743\ \text{km/sec} \end{bmatrix}. \tag{3.15}$$

Die Startepoche wird, wie in allen Berechnungen zuvor, o. B. d. A. mit $t_0 = 0$ angenommen.

[31]Montenbruck und Gill [37] charakterisieren UTOPIA als spezialisiert auf kreisnahe Orbits, was hier mit $e = \frac{1}{3}$ nicht erfüllt ist
[32]siehe (H.13) im Anhang H.3

Mit den Formeln (D.7) bis (D.9) im Anhang D.2 lassen sich die Werte (3.15) bzw. $\mathcal{C}_0$ in modifizierte kanonische Kugelkoordinaten $\mathcal{M}_0$ umrechnen:[33]

$$\begin{aligned}
\alpha_0 &= 0.090\,680\,724\,792\,149\,84, & \theta_0 &= 2.662\,006\,511\,173\,235\,42\,\mathrm{rad}, & \Lambda_0 &= 5.508\,027\,989\,513\,161\,38\,\mathrm{rad},\\
p_{\alpha_0} &= -348.283\,840\,818\,333\,235\,\tfrac{\mathrm{km}^2}{\mathrm{sec}}, & p_{\theta_0} &= -35\,455.236\,761\,931\,379\,6\,\tfrac{\mathrm{km}^2}{\mathrm{sec}}, & p_{\Lambda_0} &= 18\,065.872\,957\,827\,161\,4\,\tfrac{\mathrm{km}^2}{\mathrm{sec}}.
\end{aligned} \tag{3.16}$$

Die Winkelgrössen θ (Co-Breite) und Λ (Länge bzgl. Frühlingspunkt) entsprechen[34]

$$\begin{aligned}
\theta_0 &= 152.521\,738\,126\,571\,206^\circ & &\leftrightarrow & \phi_0 &= 62^\circ 31' 18.''257\,255\,656\,342 \text{ s. Br.},\\
\Lambda_0 &= 315.586\,757\,239\,032\,196^\circ & &\leftrightarrow & \lambda_0 &= 44^\circ 24' 47.''673\,939\,484\,092 \text{ w. L.}.
\end{aligned} \tag{3.17}$$

3.3.3 Einzelschritte

Bevor die eigentliche numerische Integration mittels Liereihen-Ansatz betrachtet wird, soll der mögliche Einsatz von Rechenkontrollen (unabhängige Bahnintegrationen, Bewegungsintegral JLC) überprüft werden.

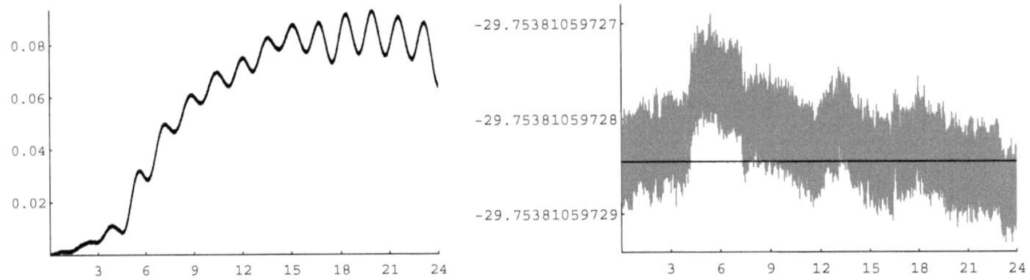

(a) $||\Delta\mathbf{r}(t) = \mathbf{r}^{(\mathrm{UT})}_{h=5\,s}(t) - \mathbf{r}^{(\mathrm{BZ})}||$ in mm vs. t in Stunden (b) JLC in km^2/s^2 nach (H.13) für UT (schwarz) und BZ (grau)

Abbildung 3.11: Vergleich UT mit $h = 5$ sec vs. BZ über einen Zeitraum von 24 Stunden. Fazit: UTOPIA ist vorzuziehen.

Letztlich soll UTOPIA zur Kontrolle eingesetzt werden.[35] Bei der Behandlung des Klassischen Hauptproblems (nur c_{20}) hatten sich die Ergebnisse von Bezdek [4] als am ehesten brauchbar zur Kontrolle erwiesen; deshalb wurden auch für das 4×4-Beispiel entsprechende Integrationen nachgefragt.[36] Das Softwarepaket verwendet als Standardvorgabe das *EGM08*-Erdschwerefeld. Die Werte für $\mu_\oplus$ und $a_\oplus$ wurden wie in (3.9) gesetzt. Die in UTOPIA verwendete Erdrotationsrate $\omega_\oplus = 2\pi/86164$ sec scheint hingegen nicht exakt realisiert worden zu sein. Um die Ergebnisse bestmöglich vergleichen zu können, wurden die Kugelfunktionskoeffizienten in UTOPIA temporär von *JGM3* auf *EGM08* umgestellt. Bis auf $\omega_\oplus$ waren damit alle Kraftmodellparameter identisch.

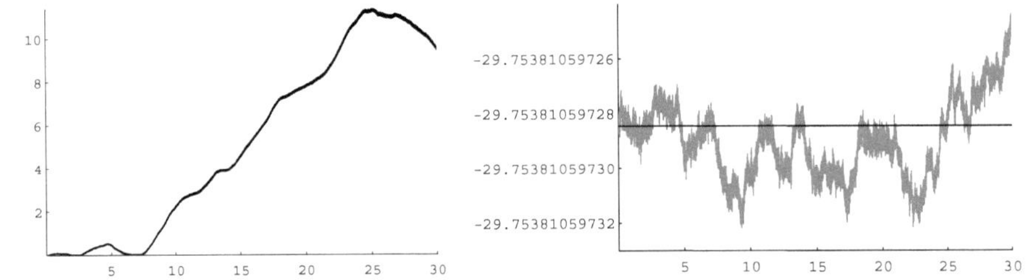

(a) $||\Delta\mathbf{r}(t) = \mathbf{r}^{(\mathrm{UT})}_{h=60\,s}(t) - \mathbf{r}^{(\mathrm{BZ})}||$ in mm vs. t in Tagen (b) JLC in km^2/s^2 nach (H.13) für UT (schwarz) und BZ (grau)

Abbildung 3.12: Vergleich UT mit $h = 60$ sec vs. BZ über einen Zeitraum von 30 Tagen. Fazit: UTOPIA ist vorzuziehen.

[33] Anmerkung: spezielle Werte für τ und p_τ fallen nicht an, da hier $\tau \equiv t$ ist und p_τ in keiner der benötigten Endformeln auftritt.
[34] mit der geographischen Breite ϕ und geographischen Länge λ (wobei hier $\lambda = \Lambda - \omega_\oplus t$ und somit wegen $t_0 = 0$ gilt $\lambda_0 = \Lambda_0$)
[35] da diese Möglichkeit dem Autor unmittelbar zur Verfügung steht
[36] Bezdek [4] verwendete wieder einen Runge-Kutta Integrator der Ordnung 8(5, 3) (Dormand & Prince) mit variabler Schrittweite

Numerische Integrationen erfolgten mit UTOPIA für diverse Integrationsschrittweiten h. Mit den Ergebnissen aller Bahnberechnungen wurde jeweils das Bewegungsintegral *JLC* ausgewertet. Abhängig von h ist UTOPIA (UT) oder den Ergebnissen von Bezdek (BZ) der Vorrang einzuräumen, siehe Abbildungen 3.11 bis 3.13.[37]

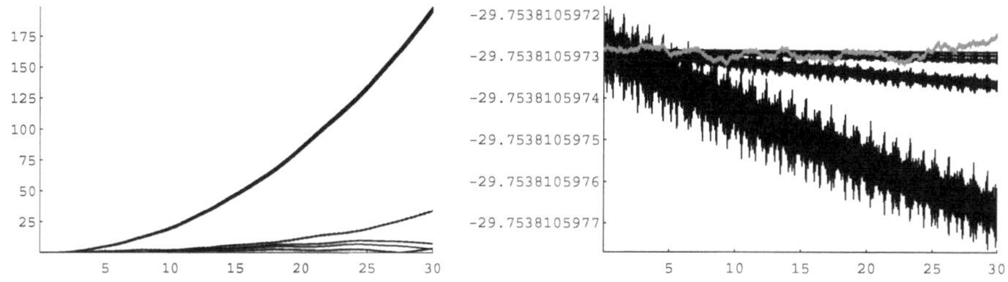

(a) $||\Delta\mathbf{r}(t) = \mathbf{r}^{(\mathrm{UT})}(t) - \mathbf{r}^{(\mathrm{BZ})}||$ in mm vs. t in Tagen (b) *JLC* in km^2/s^2 nach (H.13) für UT (schwarz) und BZ (grau)

Abbildung 3.13: Vergleich UT mit diversen Schrittweiten $h = 90$ sec, $h = 96$ sec, $h = 100$ sec, $h = 108$ sec, $h = 120$ sec vs. BZ über einen Zeitraum von 30 Tagen. Fazit: für grössere Schrittweiten sind die Ergebnisse von Bezdek vorzuziehen.

Anmerkung: Da die Kraftmodellparameter zwischen den Programmen nicht hundertprozentig übereinstimmen und sich zudem die *EGM08*-Koeffizienten auf geringfügig andere Werte beziehen, als in (3.9) angegeben, besitzen die bisher gezeigten Diagramme nur eingeschränkte Aussagekraft.

Der Einfluss unterschiedlicher nominaler Werte für die Kugelfunktionskoeffizienten ist aus Abb. 3.14 ersichtlich.

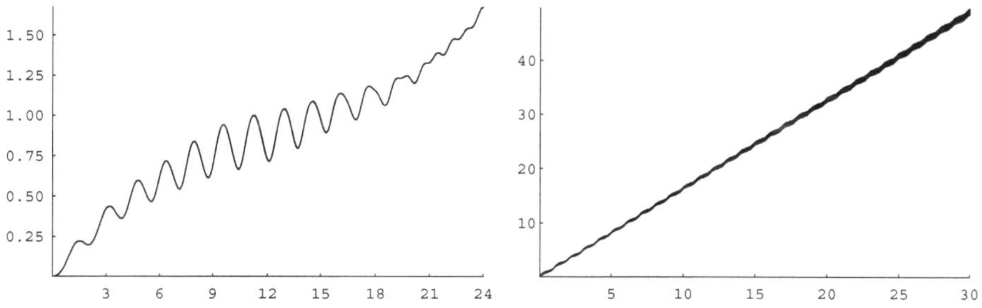

(a) $||\Delta\mathbf{r}(t) = \mathbf{r}^{(\mathrm{UT})}_{\mathrm{JGM\text{-}3}}(t) - \mathbf{r}^{(\mathrm{UT})}_{\mathrm{EGM08}}||$ in m vs. t in Stunden (b) $||\Delta\mathbf{r}(t) = \mathbf{r}^{(\mathrm{UT})}_{\mathrm{JGM\text{-}3}}(t) - \mathbf{r}^{(\mathrm{UT})}_{\mathrm{EGM08}}||$ in m vs. t in Tagen

Abbildung 3.14: Abhängigkeit numerischer Integrationen (mit UTOPIA) von verschiedenen Erdschwerefeldkoeffizienten (hier speziell JGM-3 vs. EGM08) für verschiedene Integrationsschrittweiten; $h = 5$ sec (links) bzw. $h = 120$ sec (rechts).

Nach den Erfahrungen aus § 3.2 bleibt die Schrittweite zur Sicherheit nachfolgend auf maximal $h = 60$ *sec* beschränkt. In diesem Bereich liefert UTOPIA zur Rechenkontrolle hinreichend genaue Ergebnisse.

Jetzt wird getestet, wie hoch die lokale Einzelschrittgenauigkeit für die numerische Integration mittels Liereihen unter Verwendung der modifizierten kanonischen Kugelkoordinaten ausfällt. Dazu wird der Betrag von $\delta\mathbf{r}_0$ nach (3.5) in Abhängigkeit von der Integrations- bzw. Einzelschrittweite $h = \Delta t$ aufgetragen, siehe Abb. 3.15.

Das Ergebnis ist, wie zu erwarten, stark abhängig vom gewählten Entwicklungsgrad für den Liereihen-Ansatz.[38] Bei praktisch begrenzter Stellenzahl (hier wurden z. B. 16 signifikante Stellen als ausreichend betrachtet, weil damit die Präzision der Zahlenrechnung bis in den Millionstel-*mm*-Bereich hinabreicht) und einer konvergenten Reihe existiert stets eine untere Genauigkeitsgrenze, die sich im Plot als waagerechte Linie darstellt und erst bei ausreichend hoher (Einzel-)Schrittweite verlassen wird (werden muss). Die absteigende Grössenordnung der Reihenterme macht sich also erst in Kombination mit hinreichend hohen Schrittweiten bemerkbar.[39]

[37] wobei hier die Einhaltung der Konstanz von (H.13) als entscheidendes Qualitätskriterium dient

[38] Aufgetragen wurden für jedes $k_{\max}$ die Wertepaare $(h_i, ||\delta\mathbf{r}_{0_i}||)$ aller ganzzahligen Schrittweiten zwischen $h_1 = 1$ und $h_{60} = 60$ Sekunden. Würden auch Schrittweiten $h_i \in (0, 1)$ betrachtet, sollten sich die oberen Kurven (für $k_{\max} = 2, 3$) in der Abbildung nach links unten fortsetzen.

[39] andernfalls würde die ganze Berechnung auch nicht konvergieren

Nochmals anders ausgedrückt: Bei einmal vorgegebener Präzision (Stellenzahl) der Berechnung lässt sich die Einzelschrittgenauigkeit numerischer Integrationen für eine gewählte Schrittweite *nicht* beliebig durch Erhöhung des (Reihen-)Entwicklungsgrades steigern. Der quantitative Verlauf der Genauigkeitsgrenze lässt sich allerdings auch durch Veränderung der übergeordneten Rechengenauigkeit (Präzision, verwendete Stellenanzahl) nicht beliebig beeinflussen, denn der Konvergenzradius einer Reihe ist letztlich davon unabhängig.

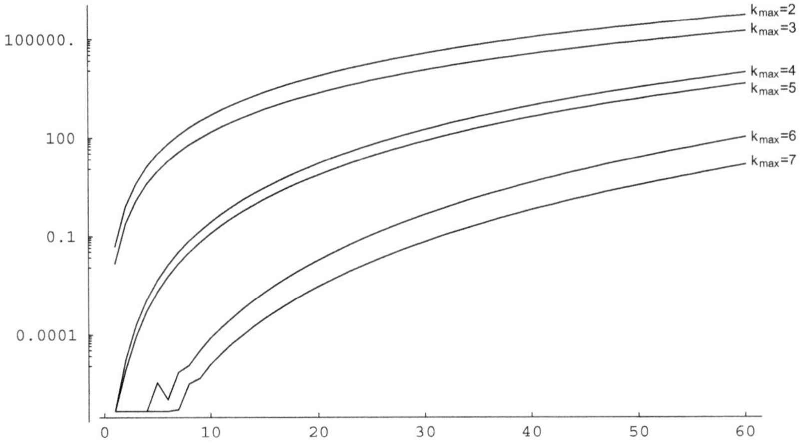

Abbildung 3.15: Lokale Einzelschrittgenauigkeit als $||\delta \mathrm{r}_0||$ (Vergleich Hin- und Rückrechnung) in mm vs. Einzelschrittweite in s in Abhängigkeit von k_{max}. Alle Berechnungen wurden mit einer gleichen Präzision von 16 Stellen durchgeführt. Anmerkung: Der Knick im Graphen für $k_{max} = 6$ ist bei dem Beispiel tatsächlich vorhanden und kein Rechenfehler; d. h., dass die Hin-Rück-Rechnung allein keine allgemeingültige Kontrolle bzw. abschliessende Genauigkeitsbeurteilung erlaubt.

Die derart ermittelte Einzelschrittgenauigkeit wird durch das angesprochene Bewegungsintegral (H.14) bestätigt; es kann für bestimmte Kombinationen $(k_{\max}, \Delta t)$ mit 16 signifikanten Stellen erfüllt werden, siehe Abb. 3.16. Anmerkung: Da die Anzahl bekannter Bewegungsintegrale für das vorliegende Problem kleiner ist als die Dimension des Phasenraumes, stellt diese Überprüfung lediglich eine notwendige aber keine hinreichende Bedingung für die Korrektheit der Berechnungen dar.

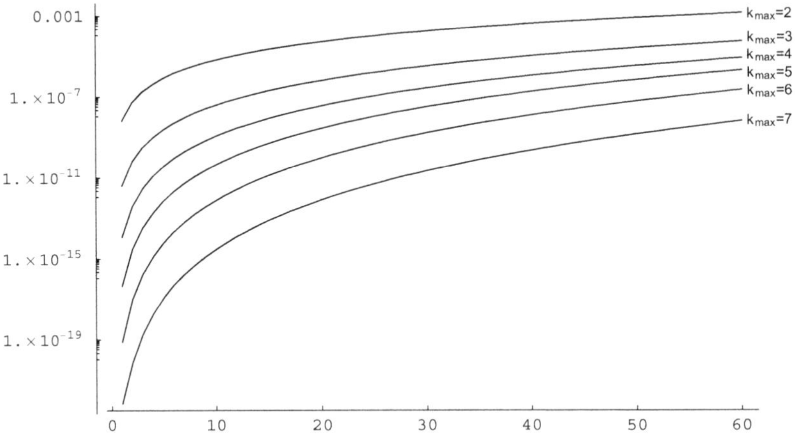

Abbildung 3.16: Überprüfung des Bewegungsintegrals $\underline{\text{J}}$acobi-$\underline{\text{L}}$ike-$\underline{\text{C}}$onstant $||(JLC(h) - JLC_0)/JLC_0||$ vs. Einzelschrittweite in s in Abhängigkeit von k_{max}. Alle Berechnungen wurden mit einer gleichen Präzision von 16 Stellen durchgeführt.

Der aus den Startwerten (3.15) bestimmbare Wert für *JLC* beträgt hier (dieses Mal mit *JGM-3* statt *EGM08*)

$$JLC(t_0) =: JLC_0 = -29.753\,810\,539\,914\,489\,549\,406\,787\,338\ldots\ \mathrm{km}^2/\mathrm{s}^2. \tag{3.18}$$

Der Genauigkeitslevel wird auch durch direkten Vergleich der Liereihen- und UTOPIA-Ergebnissen bestätigt, siehe Abb. 3.17. Der Plot für die Geschwindigkeiten sieht qualitativ ähnlich aus (ist deshalb hier weggelassen).

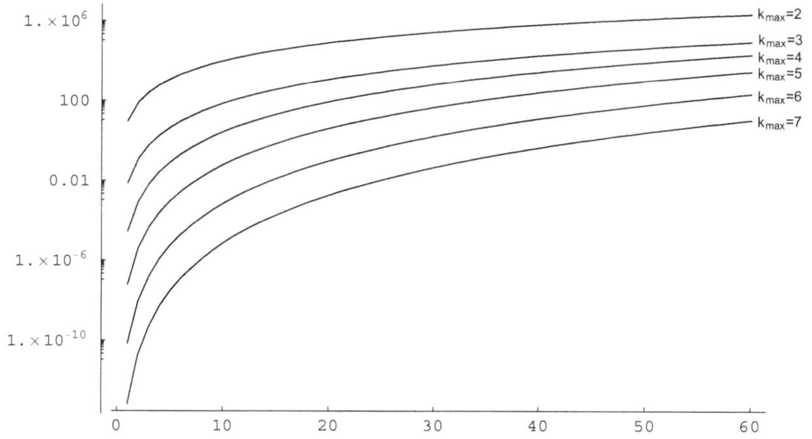

Abbildung 3.17: Globale Einzelschrittgenauigkeit als $||\Delta\mathbf{r}(h) = \mathbf{r}^{(LR)}(h) - \mathbf{r}^{(UT)}(h)||$ in mm vs. Einzelschrittweite in s in Abhängigkeit von k_{max}. Alle Berechnungen wurden mit einer gleichen Präzision von 16 Stellen durchgeführt.

Die Berechnungen mit UTOPIA erfolgten ebenfalls jeweils als Einzelschritt, d. h. es wurden 60 numerische Integrationen mit entsprechendem h-Wert durchgeführt. Die konkreten Liereihen-Ergebnisse für $k_{\max} = 7$ sind in Tab.3.10 dokumentiert und ermöglichen so den unmittelbaren Vergleich zu eventuell eigenen Berechnungen.

Tabelle 3.10: Ergebnisse der Einzelschrittberechnungen mittels Liereihen-Ansatz ($k_{max} = 7$) für ein 4 × 4-Erdschwerefeld

h in sec	x in km $\dot{x}$ in km/s	y in km $\dot{y}$ in km/s	z in km $\dot{z}$ in km/s	JLC in km^2/s^2
01	2308.8415307529914582200 7.1218941563326393364 5	-2254.1814388774336637338 3 0.8713597398687776606 7	-6193.3125929108067695066 4 2.3940607254119064531 3	-29.75381053991448954940
02	2315.9620778146472335171 3 7.1191985720818663588 0	-2253.3087654081193261081 3 0.8739870403561340366 0	-6190.9149129884279259263 7 2.4012986829422793415 0	-29.75381053991448954962
03	2323.0799251078161398356 9 7.1164946198142780326 9	-2252.4334651140492204697 0 0.8766133888600415911 8	-6188.5099964191663950016 4 2.4085340177401706597 7	-29.753810539914489555
04	2330.1950642658491943565 3 7.1137823022672295337 7	-2251.5555389487674817016 2 0.8792387822592566254 6	-6186.0978458300656303055 1 2.4157667211839922318 8	-29.753810539914489606
05	2337.3074869248398710558 6 7.1110616221882557645 8	-2250.6749878689390976105 3 0.8818632174333140565 9	-6183.6784638567895942190 4 2.4229967846543088696 3	-29.753810539914489887
06	2344.4171847236343020831 4 7.1083325823350705245 5	-2249.7918128343491250095 0 0.8844866912625313541 8	-6181.2518531436205923548 1 2.4302241995338491462 1	-29.753810539914491010
07	2351.5241493038415010782 8 7.1055951854755656204 1	-2248.9060148079018984843 2 0.8871092006280125233 2	-6178.8180163434570896241 3 2.4374489572075161681 8	-29.753810539914494598
08	2358.6283723098436204548 0 7.1028494343878098906 1	-2248.0175947556202301015 1 0.8897307424116521587 3	-6176.3769561178115037728 2 2.4446710490623983421 6	-29.753810539914504342
09	2365.7298453888062571172 3 7.1000953318600481106 6	-2247.1265536466445980154 0 0.8923513134961396003 2	-6173.9286751368079712586 5 2.4518904664877801312 2	-29.753810539914527758
10	2372.8285601906888234377 5 7.0973328806906997397 1	-2246.2328924532323216643 1 0.8949709107649632252 8	-6171.4731760791800793823 9 2.4591072008751527941 0	-29.753810539914578897
11	2379.9245083682550025919 2 7.0945620836883574616 2	-2245.3366121507567210133 4 0.8975895311024149174 2	-6169.0104616322685576149 2 2.4663212436182250984 3	-29.753810539914682330
12	2387.0176815770833095460 5 7.0917829436717854666 5	-2244.4377137177062571026 5 0.9002071713935947595 6	-6166.5405344920189200843 4 2.4735325861129339972 9	-29.753810539914878758
13	2394.1080714755777811021 1 7.0889954634699174125 1	-2243.5361981356836509981 1 0.9028238285244160000 2	-6164.0633973629790502005 4 2.4807412197574552556 7	-29.753810539915232676
14	2401.1956697249788204407 0 7.0861996459218539958 6	-2242.6320663894049781144 6 0.9054394993816103491 2	-6161.5790529582967173995 1 2.4879471359522140111 8	-29.753810539915842547
15	2408.2804679893742235600 5 7.0833954938768600577 3	-2241.7253194666987347916 3 0.9080541808527336668 3	-6159.0875039997170149868 3 2.4951503260998952504 2	-29.753810539916854017
16	2415.3624579357104168907 3 7.0805830101943611381 4	-2240.8159583585048739521 2 0.9106678698261721075 2	-6156.5887532175797070487 8 2.5023507816054541792 0	-29.753810539918476748
⋮	⋮	⋮	⋮	⋮

⋮	⋮	⋮	⋮	⋮
17	2422.44163123380393717319 7.07776219774393938726	-2239.90398405887380665291 0.91328056319114879243	-6154.08280335081647138088 2.50954849387612646213	-29.753810539921005509
18	2429.51797955635318641942 7.07493305940532873205	-2238.98939756496536636823 0.91589225783773108547	-6151.56965714694802435745 2.51674345432143830304	-29.753810539924846233
19	2436.59149457895049644274 7.07209559806840918878	-2238.07219987704773290204 0.91850295065683855241	-6149.04931736208111263214 2.52393565435321633450	-29.753810539930547798
20	2443.66216798009453903164 7.06924981663320020324	-2237.15239199849631292965 0.92111263854025168798	-6146.52178676090535551851 2.53112508538559728072	-29.753810539938840354
21	2450.72999144120311936712 7.06639571800985289168	-2236.22997493579257430871 0.92372131838062150009	-6143.98706811668992085193 2.53831173883503735406	-29.753810539950681110
22	2457.79495664662639173775 7.06353330511864104642	-2235.30494969852283147977 0.92632898707148004420	-6141.44516421128001607887 2.54549560612032134121	-29.753810539967308516
23	2464.85705528366053799603 7.06066258088995076126	-2234.37731729937697949709 0.92893564150725200570	-6138.89607783509317525856 2.55267667866257133071	-29.753810539990305896
24	2471.91627904256195052286 7.05778354826426852216	-2233.44707875414717449130 0.93154127858326743150	-6136.33981178711532159318 2.55985494788525502864	-29.753810540021675608
25	2478.97261961656196272676 7.05489621019216759968	-2232.51423508172645866666 0.93414589519577571672	-6133.77636887489658402857 2.56703040521419360490	-29.753810540063924923
26	2486.02606870188217130122 7.05200056963429257012	-2231.57878730410732827867 0.93674948824196095541	-6131.20575191454684538614 2.57420304207756900719	-29.753810540120164858
27	2493.07661799775039559930 7.04909662956134178245	-2230.64073644638024342113 0.93935205461995876872	-6128.62796373073099839972 2.58137284990593067467	-29.753810540194223285
28	2500.12425920641732055938 7.04618439295404757869	-2229.70008353673207887715 0.94195359122887472684	-6126.04300715666388493806 2.58853982013220157819	-29.753810540290773711
29	2507.16898403317387063239 7.04326386280315406549	-2228.75682960644451575535 0.94455409496880448480	-6123.45088503410489259443 2.59570394419168350809	-29.753810540415481203
30	2514.21078418636936311887 7.04033504210939222471	-2227.81097568989237414124 0.94715356274085575556	-6120.85160021335218172055 2.60286521352206152512	-29.753810540575167005
31	2521.24965137743049022592 7.03739793388345214085	-2226.86252282454188754431 0.94975199144717224670	-6118.24515555323651487163 2.61002361956340748410	-29.753810540777993486
32	2528.28557732088117999994 7.03445254114595211300	-2225.91147205094892051425 0.95234937799095969034	-6115.63155392111465951381 2.61717915375818253381	-29.753810541033671121
33	2535.31855373436338708296 7.03149886692740440906	-2224.95782441275713143448 0.95494571927651409861	-6113.01079819286233372443 2.62433180755123849061	-29.753810541353689297
34	2542.34857233865886497834 7.02853691426817740932	-2224.00158095669608317857 0.95754101220925237988	-6110.38289125286666348966 2.63148157238981797653	-29.753810541751572829
35	2549.37562485771197219851 7.02556668621845387660	-2223.04274273257930503498 0.96013525369574545330	-6107.74783599401811907309 2.63862843972355320655	-29.753810542243166141
36	2556.39970301865356530199 7.02258818583818507966	-2222.08131079330231006721 0.96272844064375400205	-6105.10563531770189679307 2.64577240100446330254	-29.753810542846947142
37	2563.42079855182603241299 7.01960141619704048584	-2221.11728619484057288160 0.96532056996226700768	-6102.45629213378871140618 2.65291344768695000507	-29.753810543584372957
38	2570.43890319080952135280 7.01660638037435272906	-2220.15066999624747362168 0.96791163856154321008	-6099.79980936062496314929 2.66005157122779164661	-29.753810544480259696
39	2577.45400867244941700154 7.01360308145905754815	-2219.18146325965221489801 0.97050164335315564003	-6097.13618992502224234308 2.66718676308613524322	-29.753810545563198590
40	2584.46610673688512295028 7.01059152254962838035	-2218.20966705025771929410 0.97309058125003937253	-6094.46543676224613330628 2.67431901472348655388	-29.753810546866010873
41	2591.47518912758020290058 7.00757170675400528411	-2217.23528243633851606406 0.97567844916654265148	-6091.78755281600427817201 2.68144831760369794958	-29.753810548426243894
42	2598.48124759135393761970 7.00454363718951785461	-2216.25831048923862665439 0.97826524401848153726	-6089.10254103843366003575 2.68857466319295392651	-29.753810550286711035
43	2605.48427387841435356814 7.00150731698280178495	-2215.27875228336945974172 0.98085096272319823068	-6086.41040439008706369848 2.69569804295975408992	-29.753810552496078093
44	2612.48425974239277958166 6.99846274926970871525	-2214.29660889620772758014 0.98343560219962322768	-6083.71114583991867109930 2.70281844837489342752	-29.753810555109498877
45	2619.48119694037998821355 6.99540993719520900120	-2213.31188140829339659536 0.98601915936834146053	-6081.00476836526874735835 2.70993587091143968302	-29.753810558189302874
46	2626.47507723296397852635 6.99234888391328702306	-2212.32457090322768634938 0.98860163115166258200	-6078.29127495184737217430 2.71705030204470763246	-29.753810561805737910
47	2633.46589238426945726553 6.98927959258682864526	-2211.33467846767113222675 0.99118301447369555022	-6075.57066859371717014061 2.72416173325223005764	-29.753810566037770849
48	2640.45363416199907545217 6.98620206638750042633	-2210.34220519134172846385 0.99376330626042767205	-6072.84295229327499236125 2.73127015601372520249	-29.753810570973949448
49	2647.43829433747647749879 6.98311630849562016807	-2209.34715216701316945384 0.99634250343980826386	-6070.10812906123250056033 2.73837556181106048963	-29.753810576713328592
50	2654.41986468569121998220 6.98002232210001838235	-2208.34952049051320861313 0.99892060294183708868	-6067.36620191659560369021 2.74547794212821226596	-29.753810583366464211
51	2661.39833698534561720107 6.97692011039789024323	-2207.34931126072215548973 1.00149760169865772896	-6064.61717388664269585074 2.75257728845122133699	-29.753810591056478311
52	2668.37370301890357060472 6.97380967659463758165	-2206.34652557957153322954 1.00407349664465605443	-6061.86104800690164313645 2.75967359226814404084	-29.753810599920198600
⋮	⋮	⋮	⋮	⋮

⋮	⋮	⋮	⋮	⋮
53	2675.3459545726414391042l 6.97069102390370046924	-2205.34116455204291999339 1.00664828471656394428	-6059.09782732112546583127 2.76676684506899860395	-29.753810610109376325
54	2682.31508343670100716766 6.96756415554637792741	-2204.33322928616699943524 1.00922196285356842284	-6056.32751488126666116955 2.77385703834570651118	-29.753810621791986010
55	2689.28108140514460746050 6.96442907475163728734	-2203.32272089302284690998 1.01179452799742636751	-6053.55011374745011067930 2.78094416359202861363	-29.753810635153610895
56	2696.24394027601245461802 6.96128578475591171610	-2202.30964048673747967818 1.01436597709258494733	-6050.76562698794451491867 2.78802821230349568862	-29.753810650398917960
57	2703.20365185138224653371 6.95813428880288541371	-2201.29398918448570101364 1.01693630708630794969	-6047.97405767913229720896 2.79510917597733315607	-29.753810667753226528
58	2710.16020793743108931260 6.95497459014326597567	-2200.27576810649026979828 1.01950551492880815230	-6045.17540890547791675824 2.80218704611237964653	-29.753810687464174532
59	2717.11360034449980177561 6.95180669203454340523	-2199.25497837602242890756 1.02207359757338589623	-6042.36968375949453035797 2.80926181420899910606	-29.753810709803486620
60	2724.06382088715965510890 6.94863059774073524941	-2198.23162111940282744711 1.02464055197657401515	-6039.55688534170894062175 2.81633347176898611345	-29.753810735068848400

3.3.4 Bahnbögen

Nachfolgend wird die Genauigkeit der numerischen Integration mittels Liereihen-Ansatzes anhand von Bahnbögen untersucht, welche sich aus sukzessiven Einzelschritten ergeben. Zur Rechenkontrolle werden wiederum UTOPIA und das Jacobi-Integral herangezogen.

Die Genauigkeit eines mittels Liereihen-Ansatzes berechneten Bahnbogens hängt entscheidend von drei Grössen ab[40]: der Integrationsschrittweite $h = \Delta t$, dem Reihenentwicklungsgrad k_{max} und der Rechenschärfe (bzw. präzision, d. h., der Anzahl der verwendeten Stellen in der Zahlenrechnung). Alle folgenden Beispiele wurden auf lediglich 16 Stellen genau berechnet. Dieser Wert kommt in der Praxis meistens zum Einsatz und ist i. d. R. auch ausreichend. Zusätzliche Stellen kosten hingegen lediglich unnötig Rechenzeit.

Als Startwerte wurden stets die Angaben aus (3.15) verwendet. Da die Anzahl der auszuwertenden Terme mit steigendem Entwicklungsgrad überproportional ansteigt, bleibt hier in allen Beispielen $k_{\text{max}} \leq 6$, lediglich für vergleichsweise kurze Bahnbögen kommt auch $k_{\text{max}} = 7$ zum Einsatz. Die Bahnbogenlänge beträgt zumeist 24 Stunden. In dieser Zeit vollführt ein Satellit mit den o. g. Startwerten ca. 15 Umläufe. Für längere Bahnbögen sind, nach den Erfahrungen aus dem klassischen Hauptproblem bzw. § 3.2, noch etwas höhere Entwicklungsgrade (etwa bis $k_{\text{max}} = 9$) nötig, um sub-mm-Genauigkeit in berechneten Satellitenpositionen garantieren zu können. Ebenfalls in den Erfahrungen aus § 3.2 begründet, wird die Schrittweite relativ klein gehalten und zu Testzwecken mit $\Delta t = 5, 10, 20\ sec$ angesetzt. Daraus ergeben sich verschiedene Kombinationsmöglichkeiten, um den Einfluss der Parameter auf die erzielbare Genauigkeit zu untersuchen. Tab. 3.11 fasst alle betrachteten Kombinationen zusammen und vergibt Kurzbezeichnungen, um die zugehörigen Graphen in den nachfolgenden Diagrammen und Tabellen leichter zuordnen zu können.

Tabelle 3.11: Untersuchte Bahnbogenlängen für Kombinationen aus Integrationsschrittweite Δt u. Entwicklungsgrad k_{max}

k_{max} / Δt	2	3	4	5	6	7
5 sec	Fall A 86400 sec	Fall B 86400 sec	Fall C 86400 sec	Fall D 86400 sec	Fall E 86400 sec	Fall F 7200 sec
10 sec	-	-	-	Fall G 86400 sec	Fall H 86400 sec	Fall I 14400 sec
20 sec	-	-	-	Fall J 86400 sec	Fall K 86400 sec	Fall L 28800 sec

Die Abb. 3.18 stellt alle Fälle bis einschliesslich $k_{\text{max}} = 6$ gegenüber. Aufgetragen ist jeweils über eine Bahnbogenlänge von 24 Stunden die Abweichung der mittels Liereihen-Ansatz integrierten raumfesten Satellitenposition zu vergleichbaren UTOPIA-Ergebnissen. D. h., auch die UTOPIA-Berechnungen erfolgten mit unterschiedlichen Integrationsschrittweiten ($h = 5, 10, 20\ sec$), um diesen Parameter als Ursache für Abweichungen weitgehend ausschliessen zu können. Die Tabellen 3.12 und 3.13 geben die Positionen bzw. Geschwindigkeiten zur Endepoche und deren Abweichungen bzgl. UTOPIA an.[41] Die Fälle mit $k_{\text{max}} = 7$ wurden gesondert untersucht.

[40] nachdem Startwerte und Kraftmodell bereits festgelegt wurden

[41] da die UTOPIA-Resultate (zu gleichen Epochen) für alle drei Integrationsschrittweiten in den ersten 16 signifikanten Stellen übereinstimmten (es wurde tatsächlich mit 32 Stellen berechnet), enthalten die Tabellen jeweils nur einen UTOPIA-Eintrag

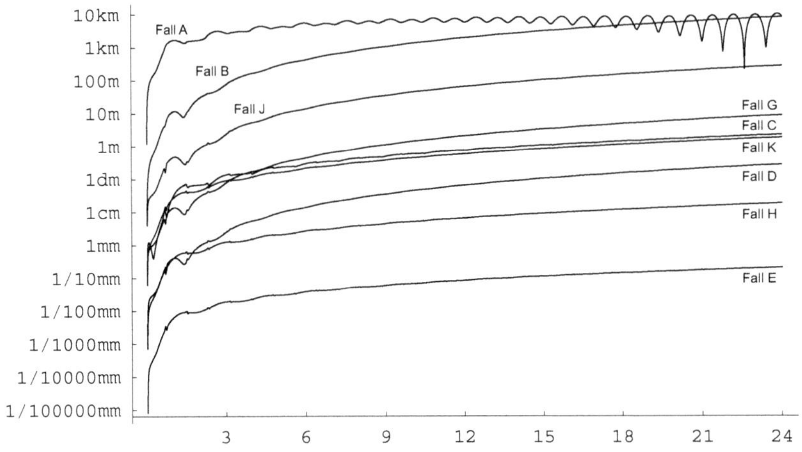

Abbildung 3.18: $||\Delta\mathbf{r}(t) = \mathbf{r}^{(LR)}(t) - \mathbf{r}^{(UT)}(t)||$ *vs. Zeit in Stunden in Abhängigkeit von* k_{max} *und* $h = \Delta t$.

Man erkennt deutlich, dass mindestens ein Entwicklungsgrad $k_{\max} = 6$ nötig ist, um bei tagelangen Bahnbögen sub-*mm*-Genauigkeit ($\Delta t = 5$ *sec*) oder zumindest *cm*-Genauigkeit ($\Delta t = 10$ *sec*) zu erreichen. Die Integrationsschrittweite muss dabei vergleichsweise klein gewählt werden, was aber nach den Erfahrungen aus § 3.2 zum klassischen Hauptproblem auch nicht anders zu erwarten war.

Da die Rechenzeit linear mit sinkender Schrittweite aber exponentiell mit steigendem Entwicklungsgrad anwächst, sollte man für eine vorgegebene Genauigkeit eher eine Kombination aus kleinem Δt und $k_{\max}$ wählen, als jeweils grössere Werte; siehe z. B. Fall *C* vs. Fall *K*.

Tabelle 3.12: Vergleich von Positionsvektoren zwischen Liereihen-Ansatz und unabhängigen Bahnintegrationen

Berechnung	$x(t_e = 1\ day)$ in km	$y(t_e = 1\ day)$ in km	$z(t_e = 1\ day)$ in km	Δx in mm	Δy in mm	Δz in mm
UTOPIA	-5856.511726128608	-1120.199343643628	-3759.035168352178	UTOPIA-Werte dienen als Vergleichsmaßstab		
Ettl	-5856.511726128649	-1120.199343643584	-3759.035168352128	$-4.1 \cdot 10^{-5}$	$4.4 \cdot 10^{-5}$	$5.0 \cdot 10^{-5}$
LR Fall A	-5836.243115621377	-1123.226134363536	-3789.670580975379	$2.0 \cdot 10^{7}$	$-3.0 \cdot 10^{6}$	$-3.0 \cdot 10^{6}$
LR Fall B	-5851.770986867132	-1122.703287502683	-3765.341895983076	$4.7 \cdot 10^{6}$	$-2.5 \cdot 10^{6}$	$-6.3 \cdot 10^{6}$
LR Fall C	-5856.510447490228	-1120.200263710333	-3759.036807758372	$1.2 \cdot 10^{3}$	$-9.2 \cdot 10^{2}$	$-1.6 \cdot 10^{3}$
LR Fall D	-5856.511882810582	-1120.199260817256	-3759.034959640653	$-1.5 \cdot 10^{2}$	$8.2 \cdot 10^{1}$	$2.0 \cdot 10^{2}$
LR Fall E	-5856.511726245723	-1120.199343571896	-3759.035168196862	$-1.1 \cdot 10^{-1}$	$7.1 \cdot 10^{-2}$	$1.5 \cdot 10^{-1}$
LR Fall G	-5856.516720309194	-1120.196705465336	-3759.028515386326	$-4.9 \cdot 10^{3}$	$2.6 \cdot 10^{3}$	$6.6 \cdot 10^{3}$
LR Fall H	-5856.511736616130	-1120.199337450393	-3759.035154425725	$-1.0 \cdot 10^{1}$	$6.1 \cdot 10^{0}$	$1.3 \cdot 10^{1}$
LR Fall J	-5856.669422928139	-1120.116157773569	-3758.825063782348	$-1.5 \cdot 10^{5}$	$8.3 \cdot 10^{4}$	$2.1 \cdot 10^{5}$
LR Fall K	-5856.512773705003	-1120.198748471081	-3759.033774955942	$-1.0 \cdot 10^{3}$	$5.9 \cdot 10^{2}$	$1.3 \cdot 10^{3}$

Als weitere unabhängige Kontrolle konnten noch entsprechende numerische Bahnintegrationen durch Ettl [13] gewonnen werden; sie bestätigen im Wesentlichen die UTOPIA-Genauigkeit.

Tabelle 3.13: Vergleich von Geschwindigkeitsvektoren zwischen Liereihen-Ansatz und unabhängigen Bahnintegrationen

Berechnung	$\dot{x}(t_e = 1\ d)$ in km/s	$\dot{y}(t_e = 1\ d)$ in km/s	$\dot{z}(t_e = 1\ d)$ in km/s	$\Delta\dot{x}$ in mm/s	$\Delta\dot{y}$ in mm/s	$\Delta\dot{z}$ in mm/s
UTOPIA	+4.197976072834063	-2.281736255783563	-5.779669613971355	UTOPIA-Werte dienen als Vergleichsmaßstab		
Ettl	+4.197976072833999	-2.281736255783534	-5.779669613971413	$-6.4 \cdot 10^{-8}$	$2.9 \cdot 10^{-8}$	$-5.8 \cdot 10^{-8}$
LR Fall A	+4.229446675316580	-2.281426009691008	-5.756712427061433	$3.1 \cdot 10^{4}$	$3.1 \cdot 10^{2}$	$2.2 \cdot 10^{4}$
LR Fall B	+4.205366624100100	-2.280370504584877	-5.774975573820035	$7.3 \cdot 10^{3}$	$1.3 \cdot 10^{3}$	$4.6 \cdot 10^{3}$
LR Fall C	+4.197978089076547	-2.281735708783898	-5.779668403812639	$2.0 \cdot 10^{0}$	$5.4 \cdot 10^{-1}$	$1.2 \cdot 10^{0}$
LR Fall D	+4.197975828297385	-2.281736300884714	-5.779669769103082	$-2.4 \cdot 10^{-1}$	$-4.5 \cdot 10^{-2}$	$-1.5 \cdot 10^{-1}$
LR Fall E	+4.197976072650061	-2.281736255824524	-5.779669614086186	$-1.8 \cdot 10^{-4}$	$-4.0 \cdot 10^{-5}$	$-1.1 \cdot 10^{-4}$
LR Fall G	+4.197968278503747	-2.281737691977473	-5.779674559071360	$-7.7 \cdot 10^{0}$	$-1.4 \cdot 10^{0}$	$-4.9 \cdot 10^{0}$
LR Fall H	+4.197976056391299	-2.281736259282039	-5.779669624281948	$-1.6 \cdot 10^{-2}$	$-3.4 \cdot 10^{-3}$	$-1.0 \cdot 10^{-2}$
LR Fall J	+4.197729960637704	-2.281781515922648	-5.779825781635941	$-2.4 \cdot 10^{2}$	$-4.5 \cdot 10^{1}$	$-1.5 \cdot 10^{2}$
LR Fall K	+4.197974433048316	-2.281736587920413	-5.779670646881107	$-1.6 \cdot 10^{0}$	$3.3 \cdot 10^{-1}$	$-1.0 \cdot 10^{0}$

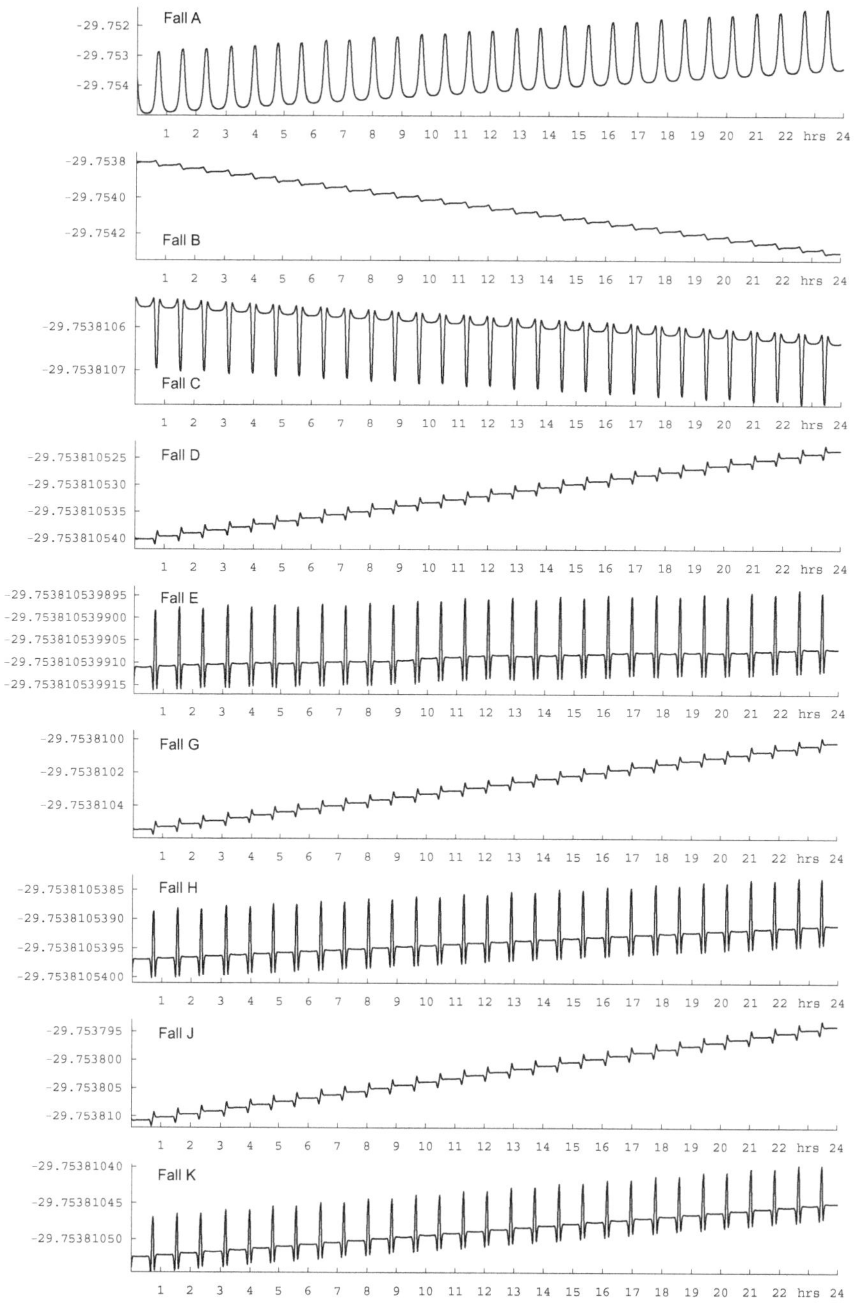

Abbildung 3.19: Überprüfung des Jacobi-Integrals (JLC) der betrachteten Fälle bis einschliesslich $k_{max} = 6$.

Die Abb. 3.19 verdeutlicht, wie sich die Einhaltung des Bewegungsintegrals (H.14) sukzessive mit der Erhöhung des Entwicklungsgrades verbessert. Der relative Fehler verringert sich schrittweise gleich um mehrere Grössenordnungen. Das Fehlerverhalten ist eher vom Entwicklungsgrad als von der Integrationsschrittweite abhängig; dies wird aus den qualitativ ähnlichen Diagrammen zu den Fällen D, G und J bzw. E, H und K deutlich.

Für den Fall E sind bereits 13 signifikante Stellen gesichert. Weitere Stellen kommen bei Erhöhung des Entwicklungsgrades ($k_{\max} > 6$) hinzu - es wird fast schon die angesetzte Rechenschärfe erreicht (vgl. Fall F in Abb. 3.20).

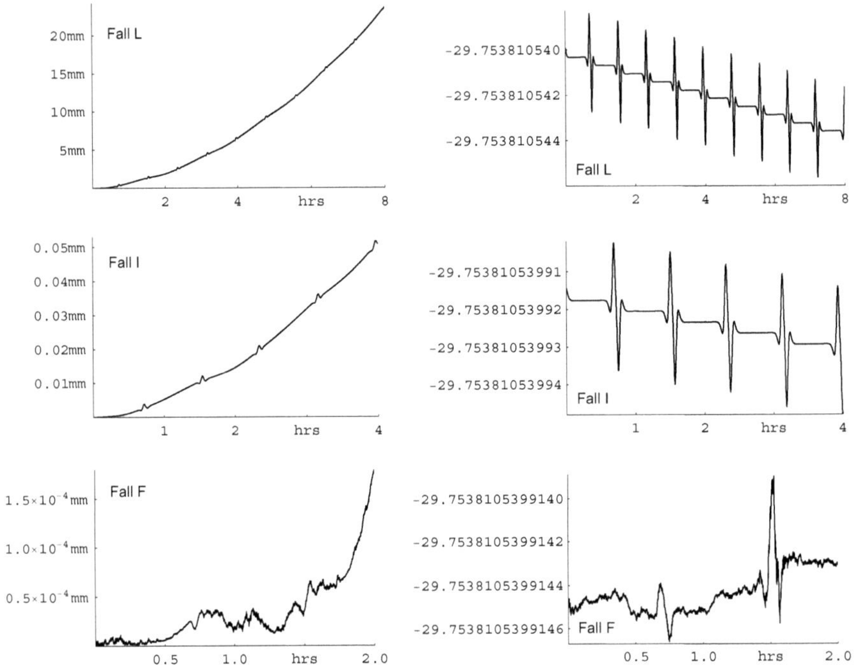

Abbildung 3.20: $||\Delta\mathbf{r}(t) = \mathbf{r}^{(LR)}(t) - \mathbf{r}^{(UT)}(t)||$ vs. Zeit in Abhängigkeit von $h = \Delta t$ (links) und Überprüfung des Jacobi-Integrals (rechts) der betrachteten Fälle mit $k_{max} = 7$.

In den Abbildungen 3.19 und 3.20 sind systematische Effekte in den Residuen zu erkennen. Auch ohne Spektralanalyse lässt sich deutlich ein 2 *cpr*-Signal ausmachen. Dies hängt mit der maximalen Ordnung $m_{\max} = 4$ des verwendeten Kraftmodells zusammen. Erst ab einer bestimmten Kombination aus hinreichend hohem Entwicklungsgrad (etwa $k_{\max} = 7$) und hinreichend kleiner Schrittweite (etwa $\Delta t = 5$ *sec*, die dem speziellen Konvergenzradius geschuldet ist) werden die Amplituden so klein, dass die Residuen nicht mehr durch ein einzelnes Signal dominiert werden (siehe wiederum Fall F in Abb. 3.20).

Fazit: Die numerische Integration mittels Liereihen-Ansatz kann hochgenaue Satellitenbahnen unter Annahme eines tesseralen Erdschwerefeldes erzeugen. Für Bahnbogenlängen von ca. 1 Tag lässt sich ab einem Entwicklungsgrad von $k_{\max} = 6$ sub-mm-Genauigkeit in den Satellitenpositionen (auch im Falle eines LEO) erreichen. Hierzu sind jedoch vergleichsweise geringe Schrittweiten erforderlich. Die Rechenzeit ist (noch) um ein Vielfaches höher, als bei den gewöhnlichen numerischen Integrationsverfahren. Für praktische Anwendungen, insbesondere bei längeren Bahnbögen und höher aufgelösten Erdschwerefeldmodellen, ist der vorgestellte Ansatz in der vorliegenden Form derzeit zu aufwendig in der rechnerischen Auswertung. Es wurde jedoch bereits angedeutet, wie der Aufwand zukünftig signifikant reduziert werden kann.

Von Vorteil sind hingegen bereits jetzt die einfache Grundidee bzw. das klare Konzept, dass sich prinzipiell auch auf dissipative Störkräfte anwenden lässt. Zudem gestattet die Verfügbarkeit expliziter Formeln Rückschlüsse auf die physikalischen Ursachen des untersuchten Bewegungsproblems.

Kapitel 4

Zusammenfassung und Ausblick

Die vorliegende Arbeit behandelte die Möglichkeit der numerischen Satellitenbahnintegration mittels Liereihen-Ansatzes. Damit stellt sie ein Bindeglied dar zwischen früheren Untersuchungen zur (herkömmlichen) numerischen (Mai [25], Mai [26] § 3.2 bzw. Anhang D) und analytischen Bahnintegration (Mai [26], Mai et al. [28]). Hierzu wurde der zuvor anhand eindimensionaler Oszillatoren getestete Ansatz (Mai [27], [29]) auf die (stark vereinfachte) Bewegungsgleichung eines Erdsatelliten übertragen.

Den Kern bildet im Hauptteil die theoretische Herleitung und praktische Anwendung des Verfahrens. Auftretende Nebenaspekte wurden in entsprechende Anhänge verlagert und dort ausführlich diskutiert. Deren Bedeutung geht über die Anwendung innerhalb dieser Arbeit hinaus und kann deshalb für weitere Untersuchungen, numerische wie analytische, von Nutzen sein.

Zunächst wurde dargestellt, wie sich die Newton'sche Formulierung von (speziellen) Bewegungsproblemen in eine äquivalente Darstellung unter Verwendung der Hamiltonfunktion überführen lässt.

Nach der allgemeinen Formulierung des Liereihen-Ansatzes zur Lösung von Bewegungsproblemen wurden die Endformeln für diverse Spezialfälle (Keplerproblem, Klassisches Hauptproblem (nur c_{20}), Hinzunahme tesseraler Terme am Beispiel eines 4×4-Erdschwerefeldes) detailliert hergeleitet. Während sich das Keplerproblem noch einigermaßen übersichtlich unter Verwendung kartesischer Koordinaten behandeln lässt, gerät die Darstellung für kompliziertere Kraftfunktionen zu unübersichtlich, so dass andere Variablensätze zum Einsatz kommen. Schon für das Keplerproblem wird deshalb eine alternative Formulierung mittels Hill-Variablen angegeben.

Für alle betrachteten Spezialfälle wird die Möglichkeit der unabhängigen Kontrolle späterer Berechnungsergebnisse angesprochen. Ganz allgemein kann stets eine erste Abschätzung der Genauigkeit über einen Vergleich von Hin- und Rückrechnung erfolgen. Abhängig vom konkreten Kraftmodell liegt zudem eine bestimmte Anzahl bekannter und damit überprüfbarer Bewegungsintegrale vor. Vereinfacht kann man sagen, dass deren Menge bzw. die Kenntnis darüber mit zunehmender Verallgemeinerung des Kraftmodells abnimmt, zumindest bisher. Für das Keplerproblem kann noch eine das Bewegungsproblem vollständig determinierende Anzahl gefunden werden, so dass geschlossene Lösungen zur Überprüfung numerischer Integrationen bereitstehen. Hier wird z. B. an die Lösung nach Stumpff erinnert und später im praktischen Teil angewendet. Der Anhang E.4 zeigt eine weitere Alternative.

Das klassische Hauptproblem wird unter alleiniger Verwendung der Hill-Variablen betrachtet. Für die Kontrolle kommen erstmals (wie später auch beim 4×4-Erdschwerefeld) zusätzlich unabhängige Bahnintegrationen durch Dritte zum Einsatz. Diese belegen im Vergleich die sehr hohe erzielbare Genauigkeit beim Liereihen-Ansatz.

Für den gewählten Liereihen-Ansatz wäre es sehr vorteilhaft, wenn die kanonischen Impulse und Koordinaten in der Hamiltonfunktion weitestgehend voneinander separiert auftreten würden; insbesondere sollte die Potentialfunktion für das Erdschwerefeld möglichst unabhängig von den Impulsen formuliert werden können (und damit wirklich eine reine Orts- und gegebenenfalls zusätzlich Zeitfunktion sein). Dies ist bei Verwendung von Hill-Variablen leider nicht der Fall, weil die Potentialfunktion dann von der Inklination i abhängig ist und wegen $\cos i = H/G$ somit auch von den Impulsgrössen $H = h_z$ und $G = |\mathbf{h}| = h$.

Für die Betrachtung eines um tesserale Terme erweiterten Erdschwerefeldes sollte deshalb vorher die erwähnte Separierbarkeit durch Verwendung eines geeigneten Variablensatzes ermöglicht werden. Zunächst fiel die Wahl auf kanonische Kugelkoordinaten, wie sie bereits bei Cui [10] auftauchen. Dieser Variablensatz wird detailliert vorgestellt und der Liereihen-Ansatz daraufhin explizit formuliert. Aufgrund der mit dem Verfahren verbundenen vielfachen Verschachtelung der partiellen Ableitungen ist abzusehen, dass insbesondere das Auftreten des Terms $1/r$ in der Erdschwerefelddarstellung zu (unnötig) komplizierten Ausdrücken führen wird. Aus diesem Grunde wurde die Variable r durch eine neue Grösse α geeignet ersetzt und damit ein neuer Variablensatz, hier als modifizierte kanonische Kugelkoordinaten bezeichnet, eingeführt.

Für diesen (endgültigen) Variablensatz wurde der Liereihenansatz neu ausgeführt und zum Abschluss des theoretischen Hauptteils für ein 4×4-Erdschwerefeld angedeutet. Die resultierenden Formeln sind sehr komplex, sollten nach zukünftigen Anstrengungen zu diesem Thema jedoch noch wesentlich vereinfacht werden können. Erste Hinweise hierzu finden sich bereits in der vorliegenden Arbeit. Ebenfalls nachgewiesen wird die Verwendbarkeit und Vorteilhaftigkeit eines (um die Zeit samt zugehörigen Impulses) erweiterten Phasenraumes.

Folgende konkrete Fragestellungen, welche mit den Überlegungen im theoretischen Hauptteil einhergingen, wurden in gesonderten Anhängen behandelt:

- Wie lassen sich nach erfolgter Festlegung geeigneter kanonischer Koordinaten die zugehörigen kanonischen Impulse formulieren ? (Anhang A)
- Wie können ganz allgemein, d. h. für diverse Variablensätze, die Endformeln für die Lagrangeklammern hergeleitet werden und welcher Zusammenhang besteht zu den Poissonklammern ? (Anhang B)
- Wie kann die traditionelle Darstellung des Erdgravitationspotentials mittels Kugelflächenfunktionen unter Verwendung der modifizierten kanonischen Kugelkoordinaten umgeschrieben werden ? (Anhang C)
- Wie sehen die Transformationsformeln zwischen diversen kanonischen Variablensätzen, die hier verwendet wurden, konkret bzw. zusammengefasst aus ? (Anhang D)
- Wie könnten alternative (analytische) Verfahren zur Lösung der angesprochenen Bewegungsprobleme aussehen ? (Anhänge E und F)
- Wie lässt sich selbst dann noch ein Bewegungsintegral formulieren, wenn die Bewegungsgleichung einen explizit geschwindigkeitsabhängigen Term enthält ? (Anhang G)
- Wie kann man geodätische/himmelsmechanische Probleme mittels stochastischer Verfahren, etwa evolutionären Algorithmen wie z. B. Evolutionsstrategien, angehen ? (Anhang H)

Zum Liereihen-Ansatz selbst lässt sich feststellen, dass er grundsätzlich zur präzisen Satellitenbahnberechnung geeignet ist. Voraussetzung ist, dass das vorliegende Bewegungsproblem mittels einer geeigneten Hamiltonfunktion vollständig beschrieben werden kann. Für ein Kraftmodell, welches auf das Erdschwerefeld beschränkt bleibt, enthält die vorliegende Arbeit alle notwendigen Schritte. Das hier betrachtete vereinfachte 4×4-Modell kann prinzipiell auf beliebige Grade und Ordnungen erweitert werden.

Zur Vereinfachung der resultierenden Endformeln, die tatsächlich möglich sein sollte, sind jedoch weitere Arbeiten nötig. In ihrer jetzigen Form sind sie bei weitem noch zu komplex, so dass ihre Auswertung vergleichsweise viel Rechenzeit in Anspruch nimmt. Auf die gewöhnlichen numerischen Satellitenbahnintegrationen kann deshalb bisher nicht komplett verzichtet werden.

Zudem muss der Liereihen-Ansatz an allgemeineren Kraftmodellen (weitere gravitative und auch nicht-gravitative Störkräfte) getestet werden. Generell sollte das vorgestellte Verfahren auch außerhalb der Satellitengeodäsie einsetzbar sein, etwa zur Integration von Planetenbahnen oder der Mondbahn.

Die vorliegende Liereihenlösung kann nur bedingt mit „echten“ analytischen Lösungen (etwa nach Kaula [22] oder nach Cui [8], [10]) verglichen werden. Die hier dargelegten analytischen Ausdrücke sind zwar bezüglich des Kleinheitsparameters $\varepsilon = c_{20}$ bereits bis zu einer relativ hohen Ordnung entwickelt worden[1], jedoch sind sie nur in einem recht engen Konvergenzintervall verwendbar. Es existieren jedoch bereits einige Ideen (Schneider [46]), wie man dieser Einschränkung begegnen könnte.

Darüber hinaus sind folgende Massnahmen denkbar, um die Rechengenauigkeit (bzw. den Konvergenzradius) und/oder die Rechengeschwindigkeit des vorgestellten Liereihen-Ansatzes anzuheben:[2]

- (genauigkeitsverlustfreie) Vereinfachung der resultierenden Endformeln (neben Rechenzeitersparnis auch positive Auswirkungen auf die Fortpflanzung des Diskretisierungsfehlers)
- Überprüftes bzw. gerechtfertigtes Weglassen von Termen höherer Ordnung mit vernachlässigbarer tatsächlicher Grössenordnung (vgl. Schlussfolgerungen aus §§ 3.2.3.1, 3.2.3.2),
- Hinzunahme zusätzlicher Terme höherer Ordnung speziell in c_{20} (vgl. Ergebnisse aus §§ 3.2.3.1, 3.2.3.2),
- Allgemeine Erhöhung des Entwicklungsgrades $k_{\max}$ der Reihenentwicklung (mindestens bis $k_{\max} = 9$),

[1] Im Falle des klassischen Hauptproblems bis $O(c_{20}^9)$ bzw. für die vereinfachte Berechnung bis $O(c_{20}^5)$. Beim (um tesserale Terme) erweiterten Kraftmodell lag die Reihenentwicklung etwa dazwischen; der Entwicklungsgrad wurde mit $k_{\max} = 7$ angesetzt. Der dominierende Parameter ist immer noch c_{20}, aber natürlich finden auch Terme mit $O(c_{nm}^k)$ bzw. $O(s_{nm}^k)$ bis $n_{\max} = m_{\max} = 4$ Berücksichtigung. Die Beurteilung der eigentlichen Ordnung des Verfahrens ist jedoch nicht trivial, erinnere §§ 3.2.3.1 und 3.2.3.2.

[2] gilt allgemein auch bei Verwendung von Kraftmodellen mit höher aufgelöstem Erdschwerefeld V

- Spezifische Anpassung des Entwicklungsgrades $k_{\max}$ der einzelnen Reihenentwicklungen (Angleichung der Konvergenzradien für die einzelnen generalisierten Koordinaten und Impulse für effizientere Berechnung),
- Einführung einer mobilen Basis (erzeugt zusätzliche Terme, ermöglicht aber niedrigen Entwicklungsgrad),
- Konsequente Darstellung aller Koeffizienten der Liereihenentwicklung in Abhängigkeit vom Erdschwerefeld selbst bzw. dessen partiellen Ableitungen (ermöglicht Verwendung bereits bekannter Zusammenhänge auch unter Verwendung anderer Variablensätze),
- Rekursive Berechnung der Koeffizienten der Liereihenentwicklung durch Auffinden von Bildungsgesetzen,
- Rückführung höherer Ableitungen (im Rahmen der Koeffizientenberechnung) auf die ersten Ableitungen (im Sinne einer *Analytischen Fortsetzung*),
- Implementierung variabler Schrittweitensteuerung (wie teilweise bei gewöhnlichen Integratoren realisiert),
- Suche nach effizienterer Schwerefeldmodellierung (ist evtl. tatsächlich durch weniger Parameter möglich),
- Umsetzung der Formeln in einer expliziten Programmiersprache (wie z. B. *FORTRAN* oder *C/C++*) um Rechenzeit einzusparen.

Die genannten Punkte können als Arbeitsgrundlage für zukünftige Forschungsprojekte zu diesem Thema dienen.

Die Behandlung der allgemeinen Bewegungsprobleme in der Satellitengeodäsie und Himmelsmechanik sollte mit verschiedenen Methoden angegangen werden, um eine möglichst breite Absicherung der Ergebnisse zu erreichen. Die Frage der Effizienz der einzelnen Verfahren untereinander wird nie abschliessend beantwortet werden können.

Es wird immer wieder berechtigte Bestrebungen hinsichtlich einer verbesserten analytischen Bahntheorie geben. Deren Komplexität sollte mit fortschreitender Software-Entwicklung durchaus in den Griff zu bekommen sein. Rechentechnisch anspruchsvolle Ansätze wie die hier vorgestellte numerische Integration mittels Liereihen oder die Bahnbestimmung mittels evolutionärer Algorithmen werden mit der fortschreitenden Hardware-Entwicklung ebenfalls praktikabel.

Die momentan so populären aber weitgehend undurchschaubaren gewöhnlichen numerischen Integrationsverfahren sollten und werden sicher nicht das einzige Mittel der Wahl zur Lösung von Bewegungsproblemen bleiben.

Anhang A

Kanonische Kugelkoordinaten

A.1 Grundlagen aus der Himmelsmechanik

Integrationen mittels Liereihenentwicklungen verwenden i. d. R. kanonische Bewegungsgleichungen und kanonische Variablen.[1] Oskulierende Keplerelemente führen hingegen zu nicht-kanonischen Bewegungsgleichungen und sind deshalb für die Satellitengeodäsie weniger geeignet.

Neben einer Variablentransformation kann man natürlich auch eine Systemtransformation vornehmen, indem man übergeht von einem Inertialsystem $[\mathbf{e}_i]$ auf ein einer konkreten Problemstellung angepasstes, nicht-inertiales, d. h. zeitabhängiges, mobiles Bezugssystem $[\underline{\mathbf{e}}_i(t)]$. Man erhält als Bewegungsgleichungen

$$\begin{aligned}
\mathbf{x}(t) &= [x_i(t)]^T [\mathbf{e}_i] = [\underline{x}_i(t)]^T [\underline{\mathbf{e}}_i(t)] \\
\dot{\mathbf{x}}(t) &= [\dot{x}_i(t)]^T [\mathbf{e}_i] = [\underline{x}_i(t)]^T [\dot{\underline{\mathbf{e}}}_i(t)] + [\dot{\underline{x}}_i(t)]^T [\underline{\mathbf{e}}_i(t)] \\
\ddot{\mathbf{x}}(t) &= [\ddot{x}_i(t)]^T [\mathbf{e}_i] = [\underline{x}_i(t)]^T [\ddot{\underline{\mathbf{e}}}_i(t)] + 2[\dot{\underline{x}}_i(t)]^T [\dot{\underline{\mathbf{e}}}_i(t)] + [\ddot{\underline{x}}_i(t)]^T [\underline{\mathbf{e}}_i(t)].
\end{aligned} \tag{A.1}$$

Zu beachten ist, dass hierdurch Trägheitskräfte (beispielsweise Fliehkräfte) auftreten, die bei der Modellierung des Kraftfeldes bzw. der Lagrange/Hamiltonfunktion zu berücksichtigen sind.

Die Zeitableitungen der mobilen Basisvektoren bezüglich einer inertialen, zeitunabhängigen Basis ergeben sich bekanntlich zu

$$[\dot{\underline{\mathbf{e}}}_i(t)] = [A]\,[\underline{\mathbf{e}}_i(t)], \tag{A.2}$$

sowie

$$[\ddot{\underline{\mathbf{e}}}_i(t)] = [B]\,[\underline{\mathbf{e}}_i(t)] = \Big\{[\dot{A}] + [A]\,[A]\Big\}[\underline{\mathbf{e}}_i(t)], \tag{A.3}$$

wobei A eine antisymmetrische Matrix ist.

Beispielsweise wählt man im Hinblick auf das Gravitationsfeld der Erde des öfteren anstelle des Inertialsystems ein erdverbundenes System mittels

$$[\underline{\mathbf{e}}_i(t)] = [R_2(x_p)]^T [R_1(y_p)]^T [R_3(\Theta + \triangle\Theta)]\,[\mathbf{e}_i] \tag{A.4}$$

(Θ = Stundenwinkel von Greenwich, $\triangle\Theta$ = Rotationsschwankungen, x_p, y_p = Polkoordinaten). In ähnlicher Weise lassen sich Präzession und Nutation berücksichtigen.

Zu einem möglichst effizienten Algorithmus für die Bahnberechnung können einem konkreten individuellen Problem angepasste Koordinaten/Impulsvariable gewählt werden. Generalisierte Variable sollten wie die kartesischen Vektorkomponenten kanonisch sein, um den Liereihen-Algorithmus effizient sowohl zur numerischen als auch analytischen Integration der Bewegungsgleichungen zu nutzen. Die generalisierten Koordinatenvariablen sollten geometrisch als Winkel interpretierbar sein, da sie dann eine Analyse der Messdaten im Spektralbereich ermöglichen. Die generalisierten Impulsvariablen sind stets sorgfältig von den Koordinatenvariablen zu trennen. Sind letztere Winkel, dann sind die korrespondierenden Impulse Drehimpulse. Der Variablensatz sollte einerseits zu einem möglichst einfach integrierbaren Differentialgleichungssystem, andererseits zu einer möglichst einfachen mathematischen Beschreibung der einwirkenden Kräfte als Funktion der Bahnvariablen führen.

Im folgenden werden die mathematischen Grundlagen zusammengestellt, die benötigt werden, um eine einer konkreten Mission (z. B. der GRACE-Mission) bestangepasste Wahl von generalisierten Bahnvariablen und damit der Bewegungsgleichungen zu ermöglichen.

[1] denn dann läuft der Lie-Operator einfach auf eine Poissonklammerbildung hinaus (zur Poissonklammer siehe auch Anhang B.5)

Lagrangefunktion L und Hamiltonfunktion H; kanonische Bewegungsgleichungen

Die Integration der Bewegungsgleichungen eines Satelliten durch Liereihenentwicklung beruht auf der Hamiltonfunktion H, eng verknüpft mit der Lagrangefunktion L. Mittels der kartesischen Vektorkomponenten x_i, $\dot{x}_i$

$$\begin{bmatrix} q_i \\ \dot{q}_i \\ p_i \end{bmatrix} = \begin{bmatrix} x_i \\ \dot{x}_i \\ m\dot{x}_i \end{bmatrix} \qquad \begin{matrix} q_i \ldots \text{generalisierte Koordinaten,} \\ \dot{q}_i \ldots \text{generalisierte Geschwindigkeiten,} \\ p_i \ldots \text{generalisierte Impulse} \end{matrix} \tag{A.5}$$

definiert man zwei skalare Funktionen, nämlich

- die *Lagrangefunktion* $L = T - V = \frac{m}{2}\left[\dot{x}_i\right]^T\left[\dot{x}_i\right] - V(x_i, t)$,
- die *Hamiltonfunktion* $H = T + V = \left[p_i\right]^T\left[\dot{q}_i\right] - L = m\left[\dot{x}_i\right]^T\left[\dot{x}_i\right] - \frac{m}{2}\left[\dot{x}_i\right]^T\left[\dot{x}_i\right] + V(x_i, t)$, also

$$H = \frac{m}{2}\left[\dot{x}_i\right]^T\left[\dot{x}_i\right] + V(x_i, t).$$

Kinetische Energie nennt man in der Physik die Grösse T und *potentielle Energie* nennt man die Grösse V. Als *Lagrangegleichungen* bezeichnet man die drei Differentialgleichungen 2. Ordnung

$$\frac{\mathrm{d}}{\mathrm{d}t}\left[\frac{\partial L}{\partial \dot{q}_i}\right] = \left[\frac{\partial L}{\partial q_i}\right], \quad i = 1, 2, 3. \tag{A.6}$$

Für $q_i = x_i$ und $\dot{q}_i = \dot{x}_i$, also für die Lagrangefunktion

$$L = \frac{m}{2}\left[\dot{x}_i\right]^T\left[\dot{x}_i\right] - V(x_i, t), \tag{A.7}$$

ergeben sich unmittelbar die bekannten Newton'schen Bewegungsgleichungen

$$m\begin{bmatrix} \mathrm{d}\dot{x}_1/\mathrm{d}t \\ \mathrm{d}\dot{x}_2/\mathrm{d}t \\ \mathrm{d}\dot{x}_3/\mathrm{d}t \end{bmatrix} = m\begin{bmatrix} \ddot{x}_1 \\ \ddot{x}_2 \\ \ddot{x}_3 \end{bmatrix} = \begin{bmatrix} \partial V/\partial x_1 \\ \partial V/\partial x_2 \\ \partial V/\partial x_3 \end{bmatrix} = \begin{bmatrix} k_1 \\ k_2 \\ k_3 \end{bmatrix}. \tag{A.8}$$

Das sind 3 Differentialgleichungen 2. Ordnung. Den Kraftvektor $\mathbf{k}$ kann man dabei auffassen als Gradient der potentiellen Energie (unter Verwendung der in Astronomie und Geodäsie üblichen Vorzeichenkonvention)

$$\mathbf{k} = \operatorname{grad} V = \nabla_{\mathbf{x}} V(\mathbf{x}, t). \tag{A.9}$$

Zu jedem System von 3 Differentialgleichungen 2. Ordnung existiert bekanntlich ein korrespondierendes System von 6 Differentialgleichungen 1. Ordnung, im Falle der Lagrangegleichungen die sog. Hamiltongleichungen. *Hamiltongleichungen* nennt man das folgende System von 6 Differentialgleichungen 1. Ordnung

$$\begin{bmatrix} \mathrm{d}p_i/\mathrm{d}t \\ \mathrm{d}q_i/\mathrm{d}t \end{bmatrix} = \begin{bmatrix} \dot{p}_i \\ \dot{q}_i \end{bmatrix} = \left[\begin{array}{c|c} 0 & -E \\ \hline E & 0 \end{array}\right]\begin{bmatrix} \partial H/\partial p_i \\ \partial H/\partial q_i \end{bmatrix} = \begin{bmatrix} -\partial H/\partial q_i \\ \partial H/\partial p_i \end{bmatrix}. \tag{A.10}$$

Kanonische Matrix nennt man jede Matrix der Form

$$\left[K\right] = K\left[\begin{array}{c|c} 0 & -E \\ \hline E & 0 \end{array}\right], \quad K = \text{const.} \tag{A.11}$$

Die Werte auf der rechten Seite der Hamiltongleichungen kann man auffassen als Gradienten der potentiellen bzw. kinetischen Energie (zur Aufklärung über die z. T. verwirrende Definitionsvielfalt hinsichtlich der potentiellen Energie siehe z. B. Kellogg [23], Kapitel III, § 1, Seiten 52-53)

$$\mathbf{k} = \operatorname{grad} V = \nabla_{\mathbf{x}} V(\mathbf{x}, t) = \left[\mathbf{e}_i\right]^T\left[\partial V/\partial x_i\right] \quad \text{bzw.} \quad \mathbf{p} = \operatorname{grad} T = \nabla_{\dot{\mathbf{x}}} T(\dot{\mathbf{x}}) = \left[\mathbf{e}_i\right]^T\left[\partial T/\partial \dot{x}_i\right]. \tag{A.12}$$

Anmerkung: Abgesehen von den unterschiedlichen Vorzeichenkonventionen sollte man, sobald das Körpermodell *Massepunkt* verlassen wird und man auf ein Körpermodell *starres Teilchensystem* oder ein *Kontinuum* übergeht, zwischen den Begriffen potentielle Energie und Potential(funktion) sauber unterscheiden. In diesen Fällen hat man für die potentielle Energie des Systems die Potentialfunktion aufzusummieren (für ein Teilchensystem, siehe Definition (6.173) bei Schneider [41], § 6.2, Seite 202) bzw. zu integrieren (für ein Kontinuum, siehe Definition (7.95) bei Schneider [41], § 7.6, Seite 222).

Im Falle kartesischer Vektorkomponenten erhält man explizit mit $q_i = x_i$, $p_i = m\ddot{x}_i$ und $m = 1$

$$\begin{bmatrix} \mathrm{d}\dot{x}_1/\mathrm{d}t \\ \mathrm{d}\dot{x}_2/\mathrm{d}t \\ \mathrm{d}\dot{x}_3/\mathrm{d}t \\ \hline \mathrm{d}x_1/\mathrm{d}t \\ \mathrm{d}x_2/\mathrm{d}t \\ \mathrm{d}x_3/\mathrm{d}t \end{bmatrix} = \left[\begin{array}{ccc|ccc} & & & -1 & 0 & 0 \\ & 0 & & 0 & -1 & 0 \\ & & & 0 & 0 & -1 \\ \hline 1 & 0 & 0 & & & \\ 0 & 1 & 0 & & 0 & \\ 0 & 0 & 1 & & & \end{array}\right] \begin{bmatrix} \partial H/\partial \dot{x}_1 \\ \partial H/\partial \dot{x}_2 \\ \partial H/\partial \dot{x}_3 \\ \partial H/\partial x_1 \\ \partial H/\partial x_2 \\ \partial H/\partial x_3 \end{bmatrix}. \tag{A.13}$$

Kanonisch nennt man Bewegungsgleichungen dann, wenn sie in dieser offensichtlich einfachsten Form auftreten; kanonisch konjugiert nennt man generalisierte Variable dann, wenn sie (wie kartesische Vektorkomponenten) zu kanonischen Bewegungsgleichungen führen.

Als illustrierendes Beispiel für nicht-kanonische Bewegungsgleichungen seien die Lagrange'schen Gleichungen für oskulierende Keplerelemente angegeben (Kaula [22], p. 29, $e = \sin\varepsilon$, $\sqrt{1-e^2} = \cos\varepsilon$, $F = -L$)

$$\begin{bmatrix} \mathrm{d}i/\mathrm{d}t \\ \mathrm{d}e/\mathrm{d}t \\ \mathrm{d}a/\mathrm{d}t \\ \hline \mathrm{d}\omega/\mathrm{d}t \\ \mathrm{d}\Omega/\mathrm{d}t \\ \mathrm{d}M/\mathrm{d}t \end{bmatrix} = \frac{1}{na^2} \left[\begin{array}{ccc|ccc} & & & -\cot i/\cos\varepsilon & 1/\sin i\cos\varepsilon & 0 \\ & 0 & & \cot\varepsilon & 0 & -\cot\varepsilon \\ & & & 0 & 0 & -2a \\ \hline \cot i/\cos\varepsilon & -\cot\varepsilon & 0 & & & \\ -1/\sin i\cos\varepsilon & 0 & 0 & & 0 & \\ 0 & \cot\varepsilon & 2a & & & \end{array}\right] \begin{bmatrix} \partial L/\partial i \\ \partial L/\partial e \\ \partial L/\partial a \\ \hline \partial L/\partial \omega \\ \partial L/\partial \Omega \\ \partial L/\partial M \end{bmatrix}. \tag{A.14}$$

Man beachte, dass die Keplerelemente hier nach Koordinaten- und Impulsgrössen getrennt wurden; die korrespondierende Matrix ist antisymmetrisch. Fasst man also die Variablen (ω, Ω, M) als (dimensionslose) Koordinatenvariable auf, so kann man die Keplerelemente (e, i, a) als Grössen auffassen, die die dazugehörigen Drehimpulsvariablen beschreiben, siehe auch § B.2.

Man beachte ferner, dass das Gleichungssystem singulär/instabil wird

- für $e = \sin\varepsilon = 0$ (nahezu kreisförmige Bahnen),
- für $i = 0$ (äquatornahe Bahnen; geostationäre Satelliten).

A.2 Kugelkoordinaten und korrespondierende Drehimpulse

Von besonderer Bedeutung in der Satellitengeodäsie sind Kugelkoordinaten; denn das Gravitationsfeld der Erde lässt sich mathematisch am einfachsten durch eine Kugelfunktionsentwicklung beschreiben.

Man führt zunächst eine mobile, mit dem Satelliten verknüpfte Basis $[\underline{\mathbf{e}}_i(t)]$ ein derart, dass der Positionsvektor des Satelliten bezüglich dieser Basis nur eine Komponente $\underline{x}_i(t)$ ungleich Null hat. Für die Basis gilt $\underline{\mathbf{e}}_1(t) = \mathbf{e}_r(t)$

$$\mathbf{x}(t) = r(t)\underline{\mathbf{e}}_1(t) + 0\,\underline{\mathbf{e}}_2(t) + 0\,\underline{\mathbf{e}}_3(t) = [r(t), 0, 0] \begin{bmatrix} \underline{\mathbf{e}}_1(t) \\ \underline{\mathbf{e}}_2(t) \\ \underline{\mathbf{e}}_3(t) \end{bmatrix} = \begin{bmatrix} r(t) \\ 0 \\ 0 \end{bmatrix}^T [\underline{\mathbf{e}}_i(t)] = r(t)\underline{\mathbf{e}}_1(t) = r(t)\mathbf{e}_r(t). \tag{A.15}$$

Zwischen raumfester und mobiler Basis gelten die Beziehungen (vgl. Abb. A.1)

$$[\underline{\mathbf{e}}_i(t)] = [R_2(\delta)]^T [R_3(\alpha)] [\mathbf{e}_i(t)], \qquad [\mathbf{e}_i(t)] = [R_3(\alpha)]^T [R_2(\delta)] [\underline{\mathbf{e}}_i(t)]. \tag{A.16}$$

Anmerkung: Hier werden die in der Himmelsmechanik üblichen Winkelbezeichnungen Rektaszension α und Deklination δ verwendet. Wenn im Rahmen der Satellitengeodäsie die raumfeste Basis durch eine erdfeste Basis ersetzt wird, so werden α und δ durch die Winkelbezeichnungen λ (geographische Länge) und ϕ (geographische Breite) bzw. $\theta = 90° - \phi$ (geographische Co-Breite) ausgetauscht.[2]

Als Komponenten x_i des Positionsvektors $\mathbf{x}(t)$ bezüglich der raumfesten Basis erhält man

$$\begin{bmatrix} x_1 \\ x_2 \\ x_3 \end{bmatrix} = \begin{bmatrix} \cos\alpha & -\sin\alpha & 0 \\ \sin\alpha & \cos\alpha & 0 \\ 0 & 0 & 1 \end{bmatrix} \begin{bmatrix} \cos\delta & 0 & -\sin\delta \\ 0 & 1 & 0 \\ \sin\delta & 0 & \cos\delta \end{bmatrix} \begin{bmatrix} r(t) \\ 0 \\ 0 \end{bmatrix} = \begin{bmatrix} \cos\alpha\cos\delta & -\sin\alpha & -\cos\alpha\sin\delta \\ \sin\alpha\cos\delta & \cos\alpha & -\sin\alpha\sin\delta \\ \sin\delta & 0 & \cos\delta \end{bmatrix} \begin{bmatrix} r(t) \\ 0 \\ 0 \end{bmatrix} \tag{A.17}$$

[2] entsprechend wäre in allen Formeln $\sin\alpha$, $\cos\alpha$ durch $\sin\lambda$, $\cos\lambda$ und $\sin\delta$, $\cos\delta$ durch $\sin\phi = \cos\theta$, $\cos\phi = \sin\theta$ zu ersetzen

also die vertraute Darstellung

$$\begin{bmatrix} x_1 \\ x_2 \\ x_3 \end{bmatrix} = r \begin{bmatrix} \cos\alpha\cos\delta \\ \sin\alpha\cos\delta \\ \sin\delta \end{bmatrix}, \tag{A.18}$$

wobei $r = r(t)$, $\alpha = \alpha(t)$ und $\delta = \delta(t)$ zeitabhängige Grössen sind, da Satellitenpositionen beschrieben werden. Anstelle der kartesischen Komponenten x_i können neben der Radialkomponente r die Transformationsparameter Rektaszension α und Deklination δ als generalisierte Koordinaten $q_i = (r, \alpha, \delta)$ eingeführt werden.

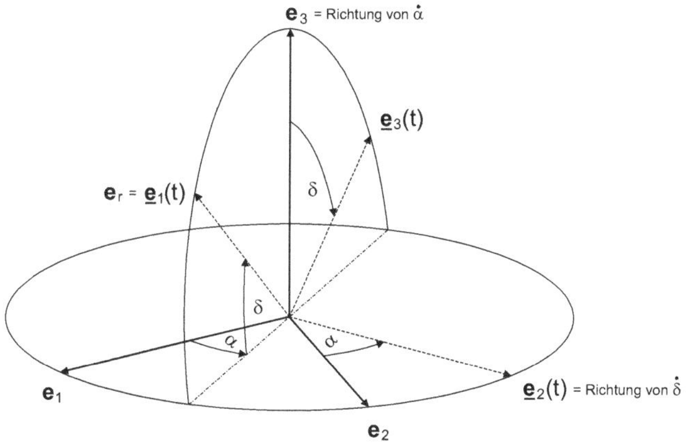

Abbildung A.1: Die sich drehende Basis $[\underline{\mathbf{e}}_i(t)]$

Zur Bestimmung des korrespondierenden Impulsvektors geht man aus von der zweiten Gleichung in (A.1) mit Berücksichtigung von (A.2), also

$$\dot{\mathbf{x}}(t) = [\dot{x}_i(t)]^T [\mathbf{e}_i(t)] = \left\{ [\underline{x}_i(t)]^T [A] + [\dot{\underline{x}}_i(t)]^T \right\} [\underline{\mathbf{e}}_i(t)]. \tag{A.19}$$

Die Matrix A lässt sich gemäss (A.2) aus (A.16) gewinnen. Formal gilt

$$[\dot{\underline{\mathbf{e}}}_i(t)] = \left\{ \frac{\mathrm{d}}{\mathrm{d}t}\Big([R_2(\delta)]^T\Big)[R_3(\alpha)] + [R_2(\delta)]^T \frac{\mathrm{d}}{\mathrm{d}t}\Big([R_3(\alpha)]\Big) \right\} [R_3(\alpha)]^T [R_2(\delta)] [\underline{\mathbf{e}}_i(t)]. \tag{A.20}$$

Die Matrix A kann als Summe von 2 Teilmatrizen A_1 und A_2 geschrieben werden, wobei

$$\begin{aligned} [A_1] &= \frac{\mathrm{d}}{\mathrm{d}t}\Big([R_2(\delta)]^T\Big)[R_3(\alpha)][R_3(\alpha)]^T[R_2(\delta)] = \frac{\mathrm{d}}{\mathrm{d}t}\Big([R_2(\delta)]^T\Big)[R_2(\delta)], \\ [A_2] &= [R_2(\delta)]^T \frac{\mathrm{d}}{\mathrm{d}t}\Big([R_3(\alpha)]\Big)[R_3(\alpha)]^T[R_2(\delta)]. \end{aligned} \tag{A.21}$$

Man erhält die antisymmetrische Matrix A

$$[A_1] = \begin{bmatrix} 0 & 0 & \dot\delta \\ 0 & 0 & 0 \\ -\dot\delta & 0 & 0 \end{bmatrix}, \quad [A_2] = \begin{bmatrix} 0 & \dot\alpha\cos\delta & 0 \\ -\dot\alpha\cos\delta & 0 & \dot\alpha\sin\delta \\ 0 & -\dot\alpha\sin\delta & 0 \end{bmatrix} \quad \rightarrow \quad [A] = \begin{bmatrix} 0 & \dot\alpha\cos\delta & \dot\delta \\ -\dot\alpha\cos\delta & 0 & \dot\alpha\sin\delta \\ -\dot\delta & -\dot\alpha\sin\delta & 0 \end{bmatrix}. \tag{A.22}$$

Die Komponenten des Geschwindigkeitsvektors bezüglich der mobilen Basis ergeben sich explizit zu

$$\begin{bmatrix} \dot x_1 \\ \dot x_2 \\ \dot x_3 \end{bmatrix}^T \begin{bmatrix} \mathbf{e}_1 \\ \mathbf{e}_2 \\ \mathbf{e}_3 \end{bmatrix} = \left\{ \begin{bmatrix} r \\ 0 \\ 0 \end{bmatrix}^T \begin{bmatrix} 0 & \dot\alpha\cos\delta & \dot\delta \\ -\dot\alpha\cos\delta & 0 & \dot\alpha\sin\delta \\ -\dot\delta & -\dot\alpha\sin\delta & 0 \end{bmatrix} + \begin{bmatrix} \dot r \\ 0 \\ 0 \end{bmatrix}^T \right\} \begin{bmatrix} \underline{\mathbf{e}}_1(t) \\ \underline{\mathbf{e}}_2(t) \\ \underline{\mathbf{e}}_3(t) \end{bmatrix} = \begin{bmatrix} \dot r \\ r\cos\delta\,\dot\alpha \\ r\dot\delta \end{bmatrix}^T \begin{bmatrix} \underline{\mathbf{e}}_1(t) \\ \underline{\mathbf{e}}_2(t) \\ \underline{\mathbf{e}}_3(t) \end{bmatrix}. \tag{A.23}$$

Die Komponenten des Geschwindigkeitsvektors bzgl. der raumfesten Basis ergeben sich aus (A.18) explizit zu

$$\begin{bmatrix} \dot{x}_1 \\ \dot{x}_2 \\ \dot{x}_3 \end{bmatrix}^T \begin{bmatrix} \mathbf{e}_1 \\ \mathbf{e}_2 \\ \mathbf{e}_3 \end{bmatrix} = \begin{bmatrix} \dot{r}\cos\delta\cos\alpha - \dot{\delta}\, r\sin\delta\cos\alpha - \dot{\alpha}\, r\cos\delta\sin\alpha \\ \dot{r}\cos\delta\sin\alpha - \dot{\delta}\, r\sin\delta\sin\alpha + \dot{\alpha}\, r\cos\delta\cos\alpha \\ \dot{r}\sin\delta \qquad + \dot{\delta}\, r\cos\delta \end{bmatrix}^T \begin{bmatrix} \mathbf{e}_1 \\ \mathbf{e}_2 \\ \mathbf{e}_3 \end{bmatrix}. \tag{A.24}$$

Für die kinetische Energie folgt somit (vgl. Schneider [41])

$$T = \frac{m}{2}\left[\dot{x}_i\right]^T\left[\dot{x}_i\right] = \frac{m}{2}\left(\dot{x}_1^2 + \dot{x}_2^2 + \dot{x}_3^2\right) \quad \text{bzw.} \quad T = \frac{m}{2}\left(\dot{r}^2 + r^2\cos^2\!\delta\,\dot{\alpha}^2 + r^2\dot{\delta}^2\right) \tag{A.25}$$

oder in Matrizenschreibweise

$$T = \frac{m}{2}\begin{bmatrix} \dot{r} \\ r\cos\delta\,\dot{\alpha} \\ r\dot{\delta} \end{bmatrix}^T \begin{bmatrix} \dot{r} \\ r\cos\delta\,\dot{\alpha} \\ r\dot{\delta} \end{bmatrix} = \frac{m}{2}\begin{bmatrix} \dot{r} \\ \dot{\alpha} \\ \dot{\delta} \end{bmatrix}^T \begin{bmatrix} 1 & 0 & 0 \\ 0 & r^2\cos^2\!\delta & 0 \\ 0 & 0 & r^2 \end{bmatrix} \begin{bmatrix} \dot{r} \\ \dot{\alpha} \\ \dot{\delta} \end{bmatrix}. \tag{A.26}$$

Die potentielle Energie (bzw. im Falle eines ausgedehnten Körpers zunächst das Potential oder die Potentialfunktion[3]) sei eine lediglich orts- und eventuell explizit zeitabhängige Funktion $V = V(r, \alpha, \delta; t)$. Damit erhält man die Lagrangefunktion

$$L = L(q, \dot{q}; t) = \frac{m}{2}\left(\dot{r}^2 + r^2\cos^2\!\delta\,\dot{\alpha}^2 + r^2\dot{\delta}^2\right) - V\left(r, \alpha, \delta; t\right), \tag{A.27}$$

wobei die $\dot{q}_i = (\dot{r}, \dot{\alpha}, \dot{\delta})$ als generalisierte Geschwindigkeiten bezeichnet werden.
Die Lagrangefunktion (A.27) dient als Ausgangspunkt zur Ableitung der den generalisierten Koordinaten q_i zugeordneten kanonisch konjugierten Impulse/Drehimpulse p_i. Letztere werden nach der allgemeinen Vorschrift

$$p_i = \frac{\partial L}{\partial \dot{q}_i} \tag{A.28}$$

gebildet. Da bei unserer (nun ersichtlich vorteilhaften) speziellen Wahl generalisierter Koordinaten die potentielle Energie unabhängig von den $\dot{q}_i$ ist, gilt hier

$$p_i = \frac{\partial T}{\partial \dot{q}_i} \tag{A.29}$$

und konkret

$$p_1 = \frac{\partial T}{\partial \dot{r}} = m\dot{r}, \qquad p_2 = \frac{\partial T}{\partial \dot{\alpha}} = mr^2\cos^2\!\delta\,\dot{\alpha}, \qquad p_3 = \frac{\partial T}{\partial \dot{\delta}} = mr^2\dot{\delta}. \tag{A.30}$$

Die Impulse p_2 und p_3 stehen offensichtlich in engem Zusammenhang mit den Komponenten des Bahndrehimpulsvektors $\mathbf{h} = \mathbf{x} \times \dot{\mathbf{x}}$, denn

$$\begin{bmatrix} h_1 \\ h_2 \\ h_3 \end{bmatrix} = \begin{bmatrix} x_2\dot{x}_3 - x_3\dot{x}_2 \\ x_3\dot{x}_1 - x_1\dot{x}_3 \\ x_1\dot{x}_2 - x_2\dot{x}_1 \end{bmatrix} = \begin{bmatrix} r^2\sin\alpha\,\dot{\delta} - r^2\sin\delta\cos\delta\cos\alpha\,\dot{\alpha} \\ -r^2\cos\alpha\,\dot{\delta} - r^2\sin\delta\cos\delta\sin\alpha\,\dot{\alpha} \\ r^2\cos^2\!\delta\,\dot{\alpha} \end{bmatrix} \tag{A.31}$$

also

$$p_2 = mh_3 \qquad \text{und} \qquad p_3 = m\left(\sin\alpha\, h_1 - \cos\alpha\, h_2\right). \tag{A.32}$$

Für den Gesamtbahndrehimpuls h gilt

$$h^2 = \begin{bmatrix} h_1 \\ h_2 \\ h_3 \end{bmatrix}^T \begin{bmatrix} h_1 \\ h_2 \\ h_3 \end{bmatrix} = r^4\left(\dot{\delta}^2 + \cos^2\!\delta\,\dot{\alpha}^2\right) \quad \text{bzw.} \quad h^2 = \frac{1}{m^2}\left(p_3^2 + \frac{p_2^2}{\cos^2\!\delta}\right). \tag{A.33}$$

Aus (A.30) lassen sich die Abhängigkeiten $\dot{q}_i = \dot{q}_i(p_i)$ gewinnen:

$$\dot{q}_1 = \dot{r} = \frac{p_1}{m}, \qquad \dot{q}_2 = \dot{\alpha} = \frac{p_2}{mr^2\cos^2\!\delta}, \qquad \dot{q}_3 = \dot{\delta} = \frac{p_3}{mr^2}. \tag{A.34}$$

Damit kann die Lagrangefunktion in Abhängigkeit von (p, q) gebracht werden.

[3]nach Kellogg [23] führte G. Green den Begriff *Potentialfunktion* ein, während C. F. Gauss einfach *Potential* benutzte

Einsetzen von (A.34) in (A.27) liefert

$$L = \frac{m}{2}\left(\frac{p_1^2}{m^2} + r^2\cos^2\delta\frac{p_2^2}{m^2r^4\cos^4\delta} + r^2\frac{p_3^2}{m^2r^4}\right) - V(r,\alpha,\delta;t) = \frac{1}{2m}\left(p_1^2 + \frac{1}{r^2\cos^2\delta}p_2^2 + \frac{1}{r^2}p_3^2\right) - V(r,\alpha,\delta;t) \tag{A.35}$$

und wegen

$$[p_i]^T[\dot{q}_i] = \frac{1}{m}\begin{bmatrix} p_1 \\ p_2 \\ p_3 \end{bmatrix}^T \begin{bmatrix} 1 & 0 & 0 \\ 0 & (r\cos\delta)^{-2} & 0 \\ 0 & 0 & r^{-2} \end{bmatrix} \begin{bmatrix} p_1 \\ p_2 \\ p_3 \end{bmatrix} = \frac{1}{m}\left(p_1^2 + \frac{1}{r^2\cos^2\delta}p_2^2 + \frac{1}{r^2}p_3^2\right) \tag{A.36}$$

erhält man formal die Hamilton-Funktion

$$H = [p_i]^T[\dot{q}_i] - L \qquad \longrightarrow \qquad H(p,q) = \frac{1}{2m}\left(p_1^2 + \frac{1}{q_1^2\cos^2 q_3}p_2^2 + \frac{1}{q_1^2}p_3^2\right) + V(q_1,q_2,q_3;t). \tag{A.37}$$

Zieht man die Masse m aus den Impulsen p_i heraus, so dass nunmehr

$$p_1 := \dot{r}, \qquad p_2 := r^2\cos^2\delta\,\dot{\alpha}, \qquad p_3 := r^2\dot{\delta}, \tag{A.38}$$

bzw.

$$\begin{bmatrix} p_1 \\ p_2 \\ p_3 \end{bmatrix}^T \begin{bmatrix} \underline{\mathbf{e}}_1(t) \\ \underline{\mathbf{e}}_2(t) \\ \underline{\mathbf{e}}_3(t) \end{bmatrix} = \begin{bmatrix} \dot{r} \\ r^2\cos^2\delta\,\dot{\alpha} \\ r^2\dot{\delta} \end{bmatrix}^T \begin{bmatrix} \underline{\mathbf{e}}_1(t) \\ \underline{\mathbf{e}}_2(t) \\ \underline{\mathbf{e}}_3(t) \end{bmatrix} = \begin{bmatrix} \dot{r} \\ r\cos\delta\,\dot{\alpha} \\ r\dot{\delta} \end{bmatrix}^T \begin{bmatrix} 1 & 0 & 0 \\ 0 & r\cos\delta & 0 \\ 0 & 0 & r \end{bmatrix} \begin{bmatrix} \underline{\mathbf{e}}_1(t) \\ \underline{\mathbf{e}}_2(t) \\ \underline{\mathbf{e}}_3(t) \end{bmatrix}, \tag{A.39}$$

dann folgt für die kinetische Energie in Matrizenform

$$T = \frac{m}{2}\begin{bmatrix} p_1 \\ p_2 \\ p_3 \end{bmatrix}^T \begin{bmatrix} 1 & 0 & 0 \\ 0 & (r\cos\delta)^{-2} & 0 \\ 0 & 0 & r^{-2} \end{bmatrix} \begin{bmatrix} p_1 \\ p_2 \\ p_3 \end{bmatrix}. \tag{A.40}$$

Nachfolgend wird o. B. d. A. die kinetische Energie stets durch die Masse m dividiert verwendet.
Unter Verwendung der Kugelkoordinaten (r,α,δ) als generalisierte Koordinaten und den resultierenden kanonisch konjugierten Impulsen/Drehimpulsen (A.38) erhält man dann die weiter zu verwendende Hamiltonfunktion

$$H = \frac{1}{2}\left(p_1^2 + \frac{1}{r^2\cos^2\delta}p_2^2 + \frac{1}{r^2}p_3^2\right) + V(r,\alpha,\delta;t). \tag{A.41}$$

Anmerkung: einige der oben auftretenden Matrizen können aufgefasst werden als kovariante bzw. kontravariante Komponenten des Metriktensors $\mathbf{M} = [\mathbf{e}_i]^T[E_{ij}][\mathbf{e}_j]$ bezüglich einer orthogonalen nicht-normierten Basis.

Ein Vergleich von (A.41) mit (2.214) und Berücksichtigung von (A.38) zeigt, dass

- Die von Cui [10] übernommene Definition für F und die aus der Physik für diesen Anhang übernommene Konvention für H verwenden unterschiedliche Vorzeichen, d. h., $F = -L$ (Anmerkung: die Benennung der Hamiltonfunktion mittels F wirkt möglichen Verwechslungen mit Bahnelementen aus diversen Variablensätzen entgegen),
- Die im § 2.2.4.1 eingeführten kanonischen Kugelkoordinaten $\mathcal{S} = (\dot{r}, J, H; r, \theta, \Lambda)^T$ entsprechen den oben verwendeten generalisierten und kanonisch konjugierten Koordinaten und Impulsen,d. h.,

$$r = q_1, \quad \theta = q_3, \quad \Lambda = q_2, \qquad \dot{r} = p_1, \quad J = p_3 = r^2\dot{\theta}, \quad H = p_2 = r^2\sin^2\theta\,\dot{\Lambda} \tag{A.42}$$

z. B. auch in Übereinstimmung mit (2.212).

A.3 Die Hamilton'schen Bewegungsgleichungen

Kugelkoordinaten lassen sich als (nichtlineare) Funktionen kartesischer Koordinaten beschreiben; zusammen mit ihren kanonisch konjugierten Impulsen/Drehimpulsen müssen sie kanonische Variable sein. Die Bewegungsgleichungen ergeben sich daher unmittelbar zu

$$\begin{bmatrix} \mathrm{d}p_1/\mathrm{d}t \\ \mathrm{d}p_2/\mathrm{d}t \\ \mathrm{d}p_3/\mathrm{d}t \\ \hline \mathrm{d}r/\mathrm{d}t \\ \mathrm{d}\alpha/\mathrm{d}t \\ \mathrm{d}\delta/\mathrm{d}t \end{bmatrix} = \left[\begin{array}{ccc|ccc} & & & -1 & 0 & 0 \\ & 0 & & 0 & -1 & 0 \\ & & & 0 & 0 & -1 \\ \hline 1 & 0 & 0 & & & \\ 0 & 1 & 0 & & 0 & \\ 0 & 0 & 1 & & & \end{array}\right] \begin{bmatrix} \partial H/\partial p_1 \\ \partial H/\partial p_2 \\ \partial H/\partial p_3 \\ \hline \partial H/\partial r \\ \partial H/\partial \alpha \\ \partial H/\partial \delta \end{bmatrix} = \begin{bmatrix} -\partial H/\partial r \\ -\partial H/\partial \alpha \\ -\partial H/\partial \delta \\ \hline \partial H/\partial p_1 \\ \partial H/\partial p_2 \\ \partial H/\partial p_3 \end{bmatrix}. \tag{A.43}$$

Die drei letzten Gleichungen liefern die trivialen Beziehungen

$$\begin{bmatrix} \mathrm{d}r/\mathrm{d}t \\ \mathrm{d}\alpha/\mathrm{d}t \\ \mathrm{d}\delta/\mathrm{d}t \end{bmatrix} = \begin{bmatrix} 1 & 0 & 0 \\ 0 & \left(r\cos\delta\right)^{-2} & 0 \\ 0 & 0 & r^{-2} \end{bmatrix} \begin{bmatrix} p_1 \\ p_2 \\ p_3 \end{bmatrix} = \begin{bmatrix} 1 & 0 & 0 \\ 0 & \left(r\cos\delta\right)^{-2} & 0 \\ 0 & 0 & r^{-2} \end{bmatrix} \begin{bmatrix} \dot{r} \\ r^2\cos^2\!\delta\,\dot{\alpha} \\ r^2\dot{\delta} \end{bmatrix} = \begin{bmatrix} \dot{r} \\ \dot{\alpha} \\ \dot{\delta} \end{bmatrix}. \tag{A.44}$$

Wie bei den Newton'schen Bewegungsgleichungen ist also zunächst das System der ersten drei Gleichungen zu integrieren, danach das System der letzten drei Gleichungen. Die ersten drei Gleichungen führen explizit zu

$$\text{Linke Seite:} \quad \begin{bmatrix} \mathrm{d}p_1/\mathrm{d}t \\ \mathrm{d}p_2/\mathrm{d}t \\ \mathrm{d}p_3/\mathrm{d}t \end{bmatrix} = \begin{bmatrix} \mathrm{d}(\dot{r})/\mathrm{d}t \\ \mathrm{d}\left(r^2\cos^2\!\delta\,\dot{\alpha}\right)/\mathrm{d}t \\ \mathrm{d}\left(r^2\dot{\delta}\right)/\mathrm{d}t \end{bmatrix},$$

$$\text{Rechte Seite:} \quad \begin{bmatrix} -\partial H/\partial r \\ -\partial H/\partial\alpha \\ -\partial H/\partial\delta \end{bmatrix} = \begin{bmatrix} r^{-3}\cos^{-2}\!\delta\,p_2^2 + r^{-3}p_3^2 - \partial V/\partial r \\ -\,\partial V/\partial\alpha \\ -r^{-2}\cos^{-2}\!\delta\tan\delta\,p_2^2 - \partial V/\partial\delta \end{bmatrix} = \begin{bmatrix} r\cos^2\!\delta\,\dot{\alpha}^2 + r\dot{\delta}^2 - \partial V/\partial r \\ -\,\partial V/\partial\alpha \\ -r^2\sin\delta\cos\delta\,\dot{\alpha}^2 - \partial V/\partial\delta \end{bmatrix}. \tag{A.45}$$

Bisher kennt man keine geschlossene Lösung für ein beliebiges $V\big(r,\alpha,\delta;t\big)$. Man beschränkt sich zunächst auf den Spezialfall der Zentralfelder, der vor allem im Hinblick auf die analytische Integration der Gleichungen von erheblicher Bedeutung ist.

Spezialfall Zentralfelder

Zentralfelder nennt man diejenigen Kraftfelder, bei dem alle auf den Satelliten einwirkenden Kraftvektoren in Richtung eines Zentrums (etwa den Massenmittelpunkt der Erde) zeigen.[4] Die Potentialfunktion nimmt dabei die spezielle Form $V(r,t)$ an.[5] Im Falle von Zentralfeldern steht bekanntlich die Richtung des Bahndrehimpulses $\mathbf{h}$ senkrecht auf der raumfesten Bahnebene des Satelliten.

Mit (A.41) und speziell mit der Einschränkung auf $V = V(r)$ erhält man als Bewegungsgleichungen

$$\begin{bmatrix} \mathrm{d}p_1/\mathrm{d}t \\ \mathrm{d}p_2/\mathrm{d}t \\ \mathrm{d}p_3/\mathrm{d}t \end{bmatrix} = \begin{bmatrix} r^{-3}\cos^{-2}\!\delta\,p_2^2 + r^{-3}p_3^2 - \partial V/\partial r \\ 0 \\ -r^{-2}\cos^{-2}\!\delta\tan\delta\,p_2^2 \end{bmatrix} \tag{A.46}$$

und explizit unter Berücksichtigung von (A.38) die Gleichungen

$$\begin{bmatrix} \mathrm{d}(\dot{r})/\mathrm{d}t \\ \mathrm{d}\left(r^2\cos^2\!\delta\,\dot{\alpha}\right)/\mathrm{d}t \\ \mathrm{d}\left(r^2\dot{\delta}\right)/\mathrm{d}t \end{bmatrix} = \begin{bmatrix} r\cos^2\!\delta\,\dot{\alpha}^2 + r\dot{\delta}^2 - \partial V/\partial r \\ 0 \\ -r^2\sin\delta\cos\delta\,\dot{\alpha}^2 \end{bmatrix}. \tag{A.47}$$

Anmerkung: Die Bewegungsgleichungen (A.47) wären auch unmittelbar aus den Lagrangegleichungen (A.6) mit der Lagrangefunktion (A.27) und speziell $V = V(r)$ zu gewinnen.

Für p_2 ergibt sich die Lösung unmittelbar zu

$$p_2 = r^2\cos^2\!\delta\,\dot{\alpha} = \text{const.} =: c_{p_2}, \tag{A.48}$$

d. h., nach (A.32) ist die $\mathbf{e}_3$-Komponente des Bahndrehimpulses konstant, also $h_3 = \text{const.}$

Nun kann argumentiert werden, dass alle Komponenten des Bahndrehimpulsvektors (und damit auch h) im Falle von Zentralfeldern konstant sein müssen, da die $\mathbf{e}_3$-Richtung physikalisch nicht ausgezeichnet ist und deshalb alle Richtungen gleichberechtigt sind (Volz [52]).

[4] Satelliten werden in dieser Arbeit stets in der Art eines Massepunkt-Modells betrachtet. Einwirkende Kräfte beziehen sich auf diesen Massepunkt, wobei dessen Festlegung praktisch über das Massenzentrum des ausgedehnten Satellitenkörpers geschieht. Diese Anmerkung ist insofern wichtig, weil das Massenzentrum unabhängig vom tatsächlich vorliegenden Gravitationsfeld (bzw. dessen Modellvorstellung) existiert, während der Schwerpunkt des Satellitenkörpers (der ja oftmals mit dem Massenzentrum gleichgesetzt wird) in Strenge z. B. für Zentralfelder nicht angegeben werden kann. Bei Sagirow [40], § 2.1 wird dieser Umstand anhand eines sehr einfachen (und idealisierten) Satellitenkörpers („Hantelsatellit") erläutert. Die Beschreibung der Bewegung eines Satellitenkörpers mittels den Gesetzen der Punktdynamik kann deshalb eigentlich nicht ohne vereinfachende Annahmen erfolgen; insbesondere bei sehr grossen Strukturen. Zusammengefasst: Schwerpunkt und Massenzentrum eines ausgedehnten Körpers sind i. A. *nicht* identisch.

[5] Wenn sich die Kugelkoordinaten auf eine raumfeste Basis beziehen (so dass α der Rektaszension entspricht), dann ist $V = V(r,t)$ der Allgemeinfall und $V = V(r)$ der Spezialfall (keine tesseralen Terme). Beziehen sich die Kugelkoordinaten auf eine erdfeste Basis (so dass α der geographischen Länge λ entspricht), dann ist ist $V = V(r)$ bereits der Allgemeinfall und t nur implizit enthalten.

Zur Bestätigung von $h = \text{const.}$ und Herleitung der Lösung für p_3 wird zunächst die dritte Gleichung aus (A.47) mit $2r^2\dot{\delta}$ multipliziert:

$$2r^2\dot{\delta}\frac{\mathrm{d}}{\mathrm{d}t}\left(r^2\dot{\delta}\right) = -2r^4 \sin\delta\cos\delta\,\dot{\alpha}^2\dot{\delta}. \tag{A.49}$$

Die linke Seite kann geschrieben werden als $\mathrm{d}/\mathrm{d}t\left(r^2\dot{\delta}\right)^2$.

Die rechte Seite ist nach (A.48) wegen $r^4\dot{\alpha}^2 = c_{p_2}^2/\cos^4\delta$ äquivalent zu $-2c_{p_2}^2 \sin\delta\,\dot{\delta}/\cos^3\delta$ und dieser Ausdruck kann geschrieben werden als $-c_{p_2}^2\,\mathrm{d}/\mathrm{d}t\,(1/\cos^2\delta)$. Es folgt

$$\frac{\mathrm{d}}{\mathrm{d}t}\left(r^2\dot{\delta}\right)^2 + \frac{\mathrm{d}}{\mathrm{d}t}\frac{c_{p_2}^2}{\cos^2\delta} = 0 \qquad \longrightarrow \qquad \left(r^2\dot{\delta}\right)^2 + \frac{c_{p_2}^2}{\cos^2\delta} = \text{const.} \tag{A.50}$$

Ersetzen von $c_{p_2}^2$ lt. (A.48) bestätigt unter Erinnerung an (A.33) die Konstanz von h (wobei hier $m = 1$ sei):

$$r^4\left(\dot{\delta}^2 + \cos^2\delta\,\dot{\alpha}^2\right) = h^2 = \text{const.} \tag{A.51}$$

Für p_3 ergibt sich die Lösung durch Einsetzen der Impulse in (A.50) zu

$$p_3^2 + \frac{p_2^2}{\cos^2\delta} = h^2 = \text{const.} \qquad \longrightarrow \qquad p_3 = \pm\sqrt{h^2 - \frac{p_2^2}{\cos^2\delta}}\,. \tag{A.52}$$

Aus (A.51) folgt $r\cos^2\delta\,\dot{\alpha}^2 + r\dot{\delta}^2 = h^2/r^3$ und wegen $h = \text{const.}$ damit für die erste Gleichung aus (A.47)

$$\frac{\mathrm{d}\dot{r}}{\mathrm{d}t} = \frac{h^2}{r^3} - \frac{\partial V}{\partial r} = -\frac{\partial}{\partial r}\left(\frac{h^2}{2r^2} + V(r)\right). \tag{A.53}$$

Da die rechte Seite nur in r variabel ist, könnte formal korrekt ∂ durch d ersetzt werden.

Der Klammerausdruck in (A.53) wird auch als *effektives Potential* bezeichnet, der erste Summand als *Zentrifugalpotential* und der zweite Summand, also $V(r)$, als *äußeres Potential* (Volz [52]).

Für $p_1 = \dot{r}$ ergibt sich die Lösung durch Lösung der Radialgleichung (A.53). Entsprechende Lösungswege für den Spezialfall Keplerproblem, d. h. für $V(r) = \mu_\oplus/r$, sind in der Standardliteratur zu finden (Schneider [41]).

Setzt man (A.51) bzw. (A.52) in (A.41) ein, dann erhält man letztlich die Hamilton-Funktion für Zentralfelder

$$H = \frac{1}{2}\left(p_1^2 + \frac{h^2}{r^2}\right) + V(r) =: H_r, \tag{A.54}$$

welche bei späterer Verallgemeinerung auf $V = V\big(r, \alpha, \delta; t\big)$ auch als *radialer Anteil* H_r *der Hamiltonfunktion* H bezeichnet wird. Da $H_r(p_1 = \dot{r}, r)$ unabhängig von t ist, ist der radiale Anteil einer Hamiltonfunktion stets konstant bezüglich der Zeit.

Anmerkung: Für den Allgemeinfall wird $\mathbf{h} \neq \text{const.}$ und damit auch $h \neq \text{const.}$ sein, so dass in (A.54) der speziell auf $V(r)$ bezogene und dann konstante Wert h einzusetzen ist.

Anhang B

Herleitung von Lagrangeklammern

B.1 Grundidee

Der Zustandsvektor (Positions- und Geschwindigkeitsvektor) eines Satelliten kann in diversen Variablensätzen $\boldsymbol{\alpha}$ ausgedrückt werden. In § 2.2.3.1 wurden einige Variablensätze explizit aufgeführt, etwa $\boldsymbol{\alpha} \in \{\mathcal{C}, \mathcal{S}, \mathcal{K}, \mathcal{H}, \ldots\}$.

$$\mathbf{r} = \mathbf{r}(\boldsymbol{\alpha}, t), \qquad \mathbf{v} = \mathbf{v}(\boldsymbol{\alpha}, t). \tag{B.1}$$

Aus den Newton'schen Bewegungsgleichungen eines Erdsatelliten (Setzung $m = 1$)

$$\frac{\mathrm{d}\mathbf{r}}{\mathrm{d}t} = \mathbf{v}, \qquad \frac{\mathrm{d}\mathbf{v}}{\mathrm{d}t} + \frac{\mu_\oplus}{r^3}\mathbf{r} = \nabla_\mathbf{r} R := \left[\frac{\partial R}{\partial \mathbf{r}}\right]^T \tag{B.2}$$

mit dem Störpotential $R = V_\oplus - V_{\mathrm{Kep}}$ (Vorzeichenkonvention aus der Physik) und dem entsprechenden Ansatz

$$\frac{\partial \mathbf{r}}{\partial t} = \mathbf{v}, \qquad \frac{\partial \mathbf{v}}{\partial t} + \frac{\mu_\oplus}{r^3}\mathbf{r} = \mathbf{0} \tag{B.3}$$

folgen nach Bildung der totalen Differentiale

$$\frac{\mathrm{d}\mathbf{r}}{\mathrm{d}t} = \frac{\partial \mathbf{r}}{\partial t} + \frac{\partial \mathbf{r}}{\partial \boldsymbol{\alpha}}\frac{\mathrm{d}\boldsymbol{\alpha}}{\mathrm{d}t}, \qquad \frac{\mathrm{d}\mathbf{v}}{\mathrm{d}t} = \frac{\partial \mathbf{v}}{\partial t} + \frac{\partial \mathbf{v}}{\partial \boldsymbol{\alpha}}\frac{\mathrm{d}\boldsymbol{\alpha}}{\mathrm{d}t} \tag{B.4}$$

die Bedingungsgleichungen

$$\frac{\partial \mathbf{r}}{\partial \boldsymbol{\alpha}}\frac{\mathrm{d}\boldsymbol{\alpha}}{\mathrm{d}t} = \mathbf{0}, \qquad \frac{\partial \mathbf{v}}{\partial \boldsymbol{\alpha}}\frac{\mathrm{d}\boldsymbol{\alpha}}{\mathrm{d}t} = \left[\frac{\partial R}{\partial \mathbf{r}}\right]^T. \tag{B.5}$$

Multiplikation der zweiten Gleichung in (B.5) mit $[\partial\mathbf{r}/\partial\boldsymbol{\alpha}]^T$ sowie der ersten Gleichung in (B.5) mit $[\partial\mathbf{v}/\partial\boldsymbol{\alpha}]^T$ und anschliessende Differenzbildung liefert

$$\left[\frac{\partial \mathbf{r}}{\partial \boldsymbol{\alpha}}\right]^T \frac{\partial \mathbf{v}}{\partial \boldsymbol{\alpha}}\frac{\mathrm{d}\boldsymbol{\alpha}}{\mathrm{d}t} - \left[\frac{\partial \mathbf{v}}{\partial \boldsymbol{\alpha}}\right]^T \frac{\partial \mathbf{r}}{\partial \boldsymbol{\alpha}}\frac{\mathrm{d}\boldsymbol{\alpha}}{\mathrm{d}t} = \left[\frac{\partial \mathbf{r}}{\partial \boldsymbol{\alpha}}\right]^T \left[\frac{\partial R}{\partial \mathbf{r}}\right]^T \tag{B.6}$$

bzw. wegen

$$\frac{\partial R}{\partial \boldsymbol{\alpha}} = \frac{\partial R}{\partial \mathbf{r}}\frac{\partial \mathbf{r}}{\partial \boldsymbol{\alpha}} \quad \rightarrow \quad \left[\frac{\partial R}{\partial \boldsymbol{\alpha}}\right]^T = \left[\frac{\partial \mathbf{r}}{\partial \boldsymbol{\alpha}}\right]^T \left[\frac{\partial R}{\partial \mathbf{r}}\right]^T \tag{B.7}$$

die Darstellung

$$\underbrace{\left(\left[\frac{\partial \mathbf{r}}{\partial \boldsymbol{\alpha}}\right]^T \frac{\partial \mathbf{v}}{\partial \boldsymbol{\alpha}} - \left[\frac{\partial \mathbf{v}}{\partial \boldsymbol{\alpha}}\right]^T \frac{\partial \mathbf{r}}{\partial \boldsymbol{\alpha}}\right)}_{=:L} \frac{\mathrm{d}\boldsymbol{\alpha}}{\mathrm{d}t} = \left[\frac{\partial R}{\partial \boldsymbol{\alpha}}\right]^T. \tag{B.8}$$

Die *Lagrangematrix* L setzt sich elementweise zusammen aus den *Lagrangeklammern*

$$[\alpha_i, \alpha_j] := \frac{\partial \mathbf{r}}{\partial \alpha_i}\frac{\partial \mathbf{v}}{\partial \alpha_j} - \frac{\partial \mathbf{r}}{\partial \alpha_j}\frac{\partial \mathbf{v}}{\partial \alpha_i} \qquad (i, j = 1, 2, \ldots, 6), \tag{B.9}$$

welche u. a. die nützlichen Eigenschaften

$$[\alpha_i, \alpha_i] = 0, \quad [\alpha_i, \alpha_j] = -[\alpha_j, \alpha_i], \quad \frac{\partial}{\partial t}[\alpha_i, \alpha_j] = 0 \qquad \Leftrightarrow \qquad L^T = -L, \quad \frac{\partial L}{\partial t} = 0 \tag{B.10}$$

besitzt. Die Matrix L ist also antisymmetrisch und nicht explizit zeitabhängig.[1] Die erste genannte Eigenschaft führt auf potentiell 15 herzuleitende Matrixelemente ungleich Null. Die zweite Eigenschaft erlaubt es, einen für die tatsächliche Berechnung der Lagrangeklammern möglichst vorteilhaften Zeitpunkt bzw. Bewegungszustand des Satelliten zu wählen. Für die betrachteten Variablensätze ist der Zeitpunkt der Perigäumspassage optimal.

Ausgangspunkt zur Berechnung der Lagrangeklammern ist stets die Konkretisierung des Zusammenhanges (B.1) zwischen Positions- bzw. Geschwindigkeitsvektor und den gewünschten Bahnvariablen. Hier sollen beispielhaft die Kepler-Variablen $\mathcal{K}$ und Hill-Variablen $\mathcal{H}$ Anwendung finden.

Es wird ein RTN-Koordinatensystem (radial, transversal, normal) eingeführt, dessen erste beiden Achsen in der durch $\mathbf{r}$ und $\mathbf{v}$ aufgespannten Bahnebene liegen; die dritte Achse koinzidiert mit der Richtung des Bahndrehimpulsvektors. Zunächst werden alle Komponenten des Positions- und Geschwindigkeitsvektors bezüglich dieses RTN-Systems im gewählten Variablensatz formuliert. Die dritte Komponente ist jeweils identisch Null. Dann werden die Komponenten über 3 elementare Rotationen in das Ausgangssystem $[\mathbf{e}_i]$ transformiert, vgl. (2.120).

Kepler-Variablen verwenden das Argument des Perigäum ω; das RTN-System, hier mit $[\mathbf{b}_i]$ symbolisiert, hat seinen Ursprung deshalb vorteilhafterweise im Perigäum. Die Hill-Variablen nutzen hingegen das Argument der Breite u; in diesem Falle hat das RTN-System seinen Ursprung im Satelliten - es ist also beweglich und identisch mit der im § 2.2.4.1 eingeführten Gaußbasis $[\mathbf{g}_i]$.

Für die nachfolgende Berechnung der partiellen Ableitungen $\partial\mathbf{r}/\partial\alpha_i$ bzw. $\partial\mathbf{v}/\partial\alpha_i$ ist es sinnvoll, zunächst einige Eigenschaften der vertrauten Rotationsmatrix vom jeweiligen RTN-System in die Basis $[\mathbf{e}_i]$ in Erinnerung zu rufen. Dies geschieht am Beispiel der Hill-Variablen mit der Gaußbasis; für Kepler-Variablen gilt Entsprechendes unter Ersetzung von $[\mathbf{g}_i]$ durch $[\mathbf{b}_i]$ und u durch ω.

Nach (2.129) gilt

$$[\mathbf{e}_i] = [R]\,[\mathbf{g}_i] \quad \text{mit} \quad [R] = \big(R_3(u)\,R_1(i)\,R_3(\Omega)\big)^T = [R_3(u)]^T\,[R_1(i)]^T\,[R_3(\Omega)]^T = R_3(-\Omega)\,R_1(-i)\,R_3(-u) \tag{B.11}$$

bzw.

$$[R] = [\mathbf{e}_i][\mathbf{g}_i]^T = \begin{bmatrix}\mathbf{e}_1\\ \mathbf{e}_2\\ \mathbf{e}_3\end{bmatrix}\begin{bmatrix}\mathbf{g}_1\\ \mathbf{g}_2\\ \mathbf{g}_3\end{bmatrix}^T = \begin{bmatrix}\mathbf{e}_1\cdot\mathbf{g}_1 & \mathbf{e}_1\cdot\mathbf{g}_2 & \mathbf{e}_1\cdot\mathbf{g}_3\\ \mathbf{e}_2\cdot\mathbf{g}_1 & \mathbf{e}_2\cdot\mathbf{g}_2 & \mathbf{e}_2\cdot\mathbf{g}_3\\ \mathbf{e}_3\cdot\mathbf{g}_1 & \mathbf{e}_3\cdot\mathbf{g}_2 & \mathbf{e}_3\cdot\mathbf{g}_3\end{bmatrix} = [\mathbf{g}_1\,\mathbf{g}_2\,\mathbf{g}_3] \tag{B.12}$$

und konkret

$$[R] = \begin{bmatrix} r_{11} & r_{12} & r_{13}\\ r_{21} & r_{22} & r_{23}\\ r_{31} & r_{32} & r_{33}\end{bmatrix} = \begin{bmatrix} \cos u\cos\Omega - \sin u\sin\Omega\cos i & -\sin u\cos\Omega - \cos u\sin\Omega\cos i & \sin\Omega\sin i\\ \cos u\sin\Omega + \sin u\cos\Omega\cos i & -\sin u\sin\Omega + \cos u\cos\Omega\cos i & -\cos\Omega\sin i\\ \sin u\sin i & \cos u\sin i & \cos i\end{bmatrix}. \tag{B.13}$$

Die Eigenschaften von Rotationsmatrizen und Basisvektoren führen hier zu folgenden nützlichen Beziehungen:

$$\mathbf{g}_i\cdot\mathbf{g}_j = \delta_{ij}, \qquad \mathbf{g}_i = \mathbf{g}_{\mathrm{Mod}[i,3]+1}\times\mathbf{g}_{\mathrm{Mod}[i+1,3]+1} \qquad (i,j = 1,2,3) \tag{B.14}$$

oder die Kreuzprodukte explizit ausgedrückt

$$\begin{aligned} r_{11} &= r_{22}\,r_{33} - r_{23}\,r_{32}, & r_{12} &= r_{23}\,r_{31} - r_{33}\,r_{21}, & r_{13} &= r_{21}\,r_{32} - r_{31}\,r_{22},\\ r_{21} &= r_{13}\,r_{32} - r_{12}\,r_{33}, & r_{22} &= r_{11}\,r_{33} - r_{13}\,r_{31}, & r_{23} &= r_{31}\,r_{12} - r_{11}\,r_{32},\\ r_{31} &= r_{12}\,r_{23} - r_{13}\,r_{22}, & r_{32} &= r_{13}\,r_{21} - r_{11}\,r_{23}, & r_{33} &= r_{11}\,r_{22} - r_{12}\,r_{21}. \end{aligned} \tag{B.15}$$

B.2 Anwendung auf Kepler-Variablen

Die detaillierte Herleitung *sämtlicher* Lagrangeklammern der Kepler-Variablen ist selten in der Literatur zu finden. Die nun folgende Herleitung orientiert sich an Battin [2]. Mit den üblichen Bezeichnungen für die wahre Anomalie f bzw. exzentrische Anomalie E erhält man Positions- und Geschwindigkeitsvektor bzgl. der Basis $[\mathbf{b}_i]$

$$\mathbf{r}_{[\mathbf{b}_i]} = \begin{bmatrix} r\cos f\\ r\sin f\\ 0\end{bmatrix} = \begin{bmatrix} a(\cos E - e)\\ b\sin E\\ 0\end{bmatrix},$$

$$\mathbf{v}_{[\mathbf{b}_i]} = \begin{bmatrix} \dot r\cos f - r\dot f\sin f\\ \dot r\sin f + r\dot f\cos f\\ 0\end{bmatrix} = \begin{bmatrix} -\sqrt{\dfrac{\mu_\oplus}{p}}\,\sin f\\ \sqrt{\dfrac{\mu_\oplus}{p}}\,(e+\cos f)\\ 0\end{bmatrix} = \begin{bmatrix} -\dfrac{na\sin E}{1-e\cos E}\\ \dfrac{nb\cos E}{1-e\cos E}\\ 0\end{bmatrix}. \tag{B.16}$$

[1] in Schneider [42] § 21.1 wird die Stationarität der Lagrangeklammern vorgeführt (einen Energieerhaltungssatz voraussetzend)

Für die später benötigten partiellen Ableitungen der rechten Seiten von (B.16) nach den Kepler-Variablen ist zu beachten, dass gilt

$$b = b(a,e) = a\sqrt{1-e^2}\,, \quad n = n(a) = \sqrt{\frac{\mu_\oplus}{a^3}}\,, \quad E = E(a,e,M_0) \text{ wegen } E - e\sin E = M = n(t-t_0) =: M_0 + nt \tag{B.17}$$

also

$$\frac{\partial b}{\partial a} = \sqrt{1-e^2} = \frac{b}{a}\,, \qquad \frac{\partial b}{\partial e} = -\frac{ae}{\sqrt{1-e^2}} = -\frac{a^2 e}{b}\,, \qquad \frac{\mathrm{d}n}{\mathrm{d}a} = -\frac{3}{2}\frac{n}{a} \tag{B.18}$$

und wegen $M_0 = \text{const}$ sowie $r(E) = a\,(1-e\cos E)$

$$\begin{aligned}
&\frac{\partial}{\partial a}(E - e\sin E) = \frac{\partial}{\partial a}(M_0 + nt) \;\rightarrow\; \frac{\partial E}{\partial a}(1-e\cos E) = -\frac{3}{2}\frac{n}{a}t \;\rightarrow\; \frac{\partial E}{\partial a} = -\frac{3}{2}\frac{nt}{a(1-e\cos E)} = -\frac{3}{2}\frac{nt}{r}\,,\\
&\frac{\partial}{\partial e}(E - e\sin E) = \frac{\partial}{\partial e}(M_0 + nt) \;\rightarrow\; \frac{\partial E}{\partial e}(1-e\cos E) - \sin E = 0 \;\rightarrow\; \frac{\partial E}{\partial e} = \frac{\sin E}{1-e\cos E} = \frac{a}{r}\sin E\,,\\
&\frac{\partial}{\partial M_0}(E - e\sin E) = \frac{\partial}{\partial M_0}(M_0 + nt) \;\rightarrow\; \frac{\partial E}{\partial M_0}(1-e\cos E) = 1 \;\rightarrow\; \frac{\partial E}{\partial M_0} = \frac{1}{1-e\cos E} = \frac{a}{r}\,.
\end{aligned} \tag{B.19}$$

Die letztlich partiell abzuleitenden Formeln für Positions- und Geschwindigkeitsvektor bezüglich $[\mathbf{e}_i]$ sind

$$\mathbf{r} = \big[R(\omega,i,\Omega)\big]\begin{bmatrix} a(\cos E - e)\\ b\sin E\\ 0\end{bmatrix}, \qquad \mathbf{v} = \big[R(\omega,i,\Omega)\big]\begin{bmatrix} -\dfrac{na\sin E}{1-e\cos E}\\ \dfrac{nb\cos E}{1-e\cos E}\\ 0\end{bmatrix}. \tag{B.20}$$

Die partiellen Ableitungen werden formal aufgestellt und, wie angedeutet, im Perigäum ($t = t_0$) ausgewertet. Es kann somit $E(t_0) =: E_0 = 0$ und $r(E_0) = a(1-e) =: r_p$ (radiale Entfernung zum Perigäum) gesetzt werden.

Die partielle Ableitung $\partial\mathbf{r}/\partial\Omega$

benötigt wegen

$$\frac{\partial\mathbf{r}}{\partial\Omega} = \frac{\partial[R]}{\partial\Omega}\begin{bmatrix} a(\cos E - e)\\ b\sin E\\ 0\end{bmatrix} \;\rightarrow\; \left.\frac{\partial\mathbf{r}}{\partial\Omega}\right|_{t_0} = \frac{\partial[R]}{\partial\Omega}\begin{bmatrix} r_p\\ 0\\ 0\end{bmatrix} \tag{B.21}$$

nur die erste Spalte von $[R]$, d. h.,

$$\left.\frac{\partial\mathbf{r}}{\partial\Omega}\right|_{t_0} = r_p\begin{bmatrix}\partial r_{11}/\partial\Omega\\ \partial r_{21}/\partial\Omega\\ \partial r_{31}/\partial\Omega\end{bmatrix} = r_p\frac{\partial\mathbf{b}_1}{\partial\Omega} = r_p\begin{bmatrix} -\cos\omega\sin\Omega - \sin\omega\cos\Omega\cos i\\ \cos\omega\cos\Omega - \sin\omega\sin\Omega\cos i\\ 0\end{bmatrix} = r_p\begin{bmatrix} -r_{21}\\ r_{11}\\ 0\end{bmatrix}. \tag{B.22}$$

Die partielle Ableitung $\partial\mathbf{r}/\partial i$

folgt in ähnlicher Weise zu

$$\frac{\partial\mathbf{r}}{\partial i} = \frac{\partial[R]}{\partial i}\begin{bmatrix} a(\cos E - e)\\ b\sin E\\ 0\end{bmatrix} \;\rightarrow\; \left.\frac{\partial\mathbf{r}}{\partial i}\right|_{t_0} = r_p\frac{\partial\mathbf{b}_1}{\partial i} = r_p\begin{bmatrix} \sin\omega\sin\Omega\sin i\\ -\sin\omega\cos\Omega\sin i\\ \sin\omega\cos i\end{bmatrix} = r_p\sin\omega\begin{bmatrix} r_{13}\\ r_{23}\\ r_{33}\end{bmatrix} = r_p\sin\omega\,\mathbf{b}_3. \tag{B.23}$$

Die partielle Ableitung $\partial\mathbf{r}/\partial\omega$

erhält man entsprechend als

$$\frac{\partial\mathbf{r}}{\partial\omega} = \frac{\partial[R]}{\partial\omega}\begin{bmatrix} a(\cos E - e)\\ b\sin E\\ 0\end{bmatrix} \;\rightarrow\; \left.\frac{\partial\mathbf{r}}{\partial\omega}\right|_{t_0} = r_p\frac{\partial\mathbf{b}_1}{\partial\omega} = r_p\begin{bmatrix} -\sin\omega\cos\Omega - \cos\omega\sin\Omega\cos i\\ -\sin\omega\sin\Omega + \cos\omega\cos\Omega\cos i\\ \cos\omega\sin i\end{bmatrix} = r_p\begin{bmatrix} r_{12}\\ r_{22}\\ r_{32}\end{bmatrix} = r_p\,\mathbf{b}_2. \tag{B.24}$$

Die partielle Ableitung $\partial\mathbf{r}/\partial a$

gestaltet sich etwas aufwendiger, denn sie benötigt die ersten beiden Spalten von $[R]$

$$\frac{\partial\mathbf{r}}{\partial a} = [R]\frac{\partial}{\partial a}\begin{bmatrix} a(\cos E - e) \\ b\sin E \\ 0 \end{bmatrix} = \frac{\partial\big(a(\cos E - e)\big)}{\partial a}\,\mathbf{b}_1 + \frac{\partial\big(b\sin E\big)}{\partial a}\,\mathbf{b}_2. \tag{B.25}$$

Mittels der Zusammenhänge (B.17) bis (B.19) folgt

$$\begin{aligned} \frac{\partial\big(a(\cos E - e)\big)}{\partial a} &= \cos E - e + a\,\frac{\partial\big(\cos E - e\big)}{\partial E}\frac{\partial E}{\partial a} = \cos E - e + \frac{3}{2}\frac{ant}{r}\,\sin E, \\ \frac{\partial\big(b\sin E\big)}{\partial a} &= \frac{\partial b}{\partial a}\,\sin E + b\,\frac{\partial\sin E}{\partial E}\frac{\partial E}{\partial a} = \sqrt{1-e^2}\,\sin E - \frac{3}{2}\frac{bnt}{r}\,\cos E. \end{aligned} \tag{B.26}$$

Für die Auswertung im Perigäum erhält man

$$\left.\frac{\partial\mathbf{r}}{\partial a}\right|_{t_0} = (1-e)\,\mathbf{b}_1 - \frac{3}{2}\frac{bnt_0}{r_p}\,\mathbf{b}_2 = \frac{r_p}{a}\,\mathbf{b}_1 + \frac{3}{2}\frac{bM_0}{r_p}\,\mathbf{b}_2. \tag{B.27}$$

Die partielle Ableitung $\partial\mathbf{r}/\partial e$

folgt in ähnlicher Weise zu

$$\frac{\partial\mathbf{r}}{\partial e} = [R]\frac{\partial}{\partial e}\begin{bmatrix} a(\cos E - e) \\ b\sin E \\ 0 \end{bmatrix} = \frac{\partial\big(a(\cos E - e)\big)}{\partial e}\,\mathbf{b}_1 + \frac{\partial\big(b\sin E\big)}{\partial e}\,\mathbf{b}_2. \tag{B.28}$$

Wiederum werden die Zusammenhänge (B.17) bis (B.19) ausgenutzt:

$$\begin{aligned} \frac{\partial\big(a(\cos E - e)\big)}{\partial e} &= a\,\frac{\partial\cos E}{\partial E}\frac{\partial E}{\partial e} - a = -\frac{a^2}{r}\,\sin^2 E - a, \\ \frac{\partial\big(b\sin E\big)}{\partial e} &= \frac{\partial b}{\partial e}\,\sin E + b\,\frac{\partial\sin E}{\partial E}\frac{\partial E}{\partial e} = -\frac{a^2 e}{b}\,\sin E + \frac{ab}{r}\,\sin E\cos E. \end{aligned} \tag{B.29}$$

Mit Bezug auf das Perigäum folgt

$$\left.\frac{\partial\mathbf{r}}{\partial e}\right|_{t_0} = -a\,\mathbf{b}_1. \tag{B.30}$$

Die partielle Ableitung $\partial\mathbf{r}/\partial M_0$

erhält man entsprechend als[2]

$$\frac{\partial\mathbf{r}}{\partial M_0} = [R]\frac{\partial}{\partial M_0}\begin{bmatrix} a(\cos E - e) \\ b\sin E \\ 0 \end{bmatrix} = \frac{\partial\big(a(\cos E - e)\big)}{\partial M_0}\,\mathbf{b}_1 + \frac{\partial\big(b\sin E\big)}{\partial M_0}\,\mathbf{b}_2. \tag{B.31}$$

Mit den Zusammenhängen (B.17) und (B.19) ergibt sich

$$\begin{aligned} \frac{\partial\big(a(\cos E - e)\big)}{\partial M_0} &= a\,\frac{\partial\cos E}{\partial E}\,\frac{\partial E}{\partial M_0} = -\frac{a^2}{r}\,\sin E, \\ \frac{\partial\big(b\sin E\big)}{\partial M_0} &= b\,\frac{\partial\sin E}{\partial E}\,\frac{\partial E}{\partial M_0} = \frac{ab}{r}\,\cos E. \end{aligned} \tag{B.32}$$

Ansetzen des Perigäum liefert

$$\left.\frac{\partial\mathbf{r}}{\partial M_0}\right|_{t_0} = \frac{ab}{r_p}\,\mathbf{b}_2. \tag{B.33}$$

Damit sind alle partiellen Ableitungen des Positionsvektors $\partial\mathbf{r}/\partial\alpha_i$ bekannt.

[2] Viele Autoren verwenden M_0 als Kepler-Variable anstelle einer der Anomalien M, E oder f. Wird einem Wertesatz von Kepler-Variablen $(a, e, i, \Omega, \omega, M_0)$ noch die Epoche t seiner Gültigkeit zugeordnet, dann lassen sich über die bekannten Zusammenhänge $M_0 + nt = M = E - e\sin E$ und $\tan(f/2) = \sqrt{(1+e)/(1-e)}\,\tan(E/2)$ alle Anomalien aus M_0 und t heraus bestimmen.

Es verbleibt die Bestimmung der entsprechenden partiellen Ableitungen des Geschwindigkeitsvektors $\partial\mathbf{v}/\partial\alpha_i$.

Die partielle Ableitung $\partial\mathbf{v}/\partial\Omega$

benötigt wegen

$$\frac{\partial\mathbf{v}}{\partial\Omega} = \frac{\partial[R]}{\partial\Omega}\begin{bmatrix} -na\sin E/(1-e\cos E) \\ nb\cos E/(1-e\cos E) \\ 0 \end{bmatrix} \quad\rightarrow\quad \left.\frac{\partial\mathbf{v}}{\partial\Omega}\right|_{t_0} = \frac{\partial[R]}{\partial\Omega}\begin{bmatrix} 0 \\ nb/(1-e) \\ 0 \end{bmatrix} = \frac{\partial[R]}{\partial\Omega}\begin{bmatrix} 0 \\ abn/r_p \\ 0 \end{bmatrix} \tag{B.34}$$

nur die zweite Spalte von $[R]$, d. h.,

$$\left.\frac{\partial\mathbf{v}}{\partial\Omega}\right|_{t_0} = \frac{abn}{r_p}\begin{bmatrix} \partial r_{12}/\partial\Omega \\ \partial r_{22}/\partial\Omega \\ \partial r_{32}/\partial\Omega \end{bmatrix} = \frac{abn}{r_p}\frac{\partial\mathbf{b}_2}{\partial\Omega} = \frac{abn}{r_p}\begin{bmatrix} \sin\omega\sin\Omega - \sin\omega\cos\Omega\cos i \\ -\sin\omega\cos\Omega - \cos\omega\sin\Omega\cos i \\ 0 \end{bmatrix} = \frac{abn}{r_p}\begin{bmatrix} -r_{22} \\ r_{12} \\ 0 \end{bmatrix}. \tag{B.35}$$

Die partielle Ableitung $\partial\mathbf{v}/\partial i$

folgt in ähnlicher Weise zu

$$\frac{\partial\mathbf{v}}{\partial i} = \frac{\partial[R]}{\partial i}\begin{bmatrix} -na\sin E/(1-e\cos E) \\ nb\cos E/(1-e\cos E) \\ 0 \end{bmatrix} \quad\rightarrow\quad \left.\frac{\partial\mathbf{v}}{\partial i}\right|_{t_0} = \frac{abn}{r_p}\frac{\partial\mathbf{b}_2}{\partial i} = \frac{abn}{r_p}\begin{bmatrix} \cos\omega\sin\Omega\sin i \\ -\cos\omega\cos\Omega\sin i \\ \cos\omega\cos i \end{bmatrix} \tag{B.36}$$

bzw.

$$\left.\frac{\partial\mathbf{v}}{\partial i}\right|_{t_0} = \frac{abn\cos\omega}{r_p}\begin{bmatrix} r_{13} \\ r_{23} \\ r_{33} \end{bmatrix} = \frac{abn\cos\omega}{r_p}\mathbf{b}_3. \tag{B.37}$$

Die partielle Ableitung $\partial\mathbf{v}/\partial\omega$

erhält man entsprechend als

$$\frac{\partial\mathbf{v}}{\partial\omega} = \frac{\partial[R]}{\partial\omega}\begin{bmatrix} -na\sin E/(1-e\cos E) \\ nb\cos E/(1-e\cos E) \\ 0 \end{bmatrix} \quad\rightarrow\quad \left.\frac{\partial\mathbf{v}}{\partial\omega}\right|_{t_0} = \frac{abn}{r_p}\frac{\partial\mathbf{b}_2}{\partial\omega} = \frac{abn}{r_p}\begin{bmatrix} -\cos\omega\cos\Omega + \sin\omega\sin\Omega\cos i \\ -\cos\omega\sin\Omega - \sin\omega\cos\Omega\cos i \\ -\sin\omega\sin i \end{bmatrix} \tag{B.38}$$

bzw.

$$\left.\frac{\partial\mathbf{v}}{\partial\omega}\right|_{t_0} = -\frac{abn}{r_p}\begin{bmatrix} r_{11} \\ r_{21} \\ r_{31} \end{bmatrix} = -\frac{abn}{r_p}\mathbf{b}_1. \tag{B.39}$$

Die partielle Ableitung $\partial\mathbf{v}/\partial a$

gestaltet sich etwas aufwendiger, denn sie benötigt die ersten beiden Spalten von $[R]$

$$\frac{\partial\mathbf{v}}{\partial a} = [R]\frac{\partial}{\partial a}\begin{bmatrix} -na\sin E/(1-e\cos E) \\ nb\cos E/(1-e\cos E) \\ 0 \end{bmatrix} = \frac{\partial}{\partial a}\left(\frac{-na\sin E}{1-e\cos E}\right)\mathbf{b}_1 + \frac{\partial}{\partial a}\left(\frac{nb\cos E}{1-e\cos E}\right)\mathbf{b}_2. \tag{B.40}$$

Zunächst folgt

$$\begin{aligned} \frac{\partial}{\partial a}\left(\frac{-na\sin E}{1-e\cos E}\right) &= -\frac{\dfrac{\partial(na\sin E)}{\partial a}(1-e\cos E) - na\sin E\,\dfrac{\partial(1-e\cos E)}{\partial a}}{(1-e\cos E)^2}, \\ \frac{\partial}{\partial a}\left(\frac{nb\cos E}{1-e\cos E}\right) &= \frac{\dfrac{\partial(nb\cos E)}{\partial a}(1-e\cos E) - nb\cos E\,\dfrac{\partial(1-e\cos E)}{\partial a}}{(1-e\cos E)^2}, \end{aligned} \tag{B.41}$$

worin mittels der Zusammenhänge (B.17) bis (B.19) gilt

$$\begin{aligned}
\frac{\partial(na\sin E)}{\partial a} &= \frac{\mathrm{d}n}{\mathrm{d}a}\,a\sin E + n\left(\sin E + a\,\frac{\partial \sin E}{\partial E}\frac{\partial E}{\partial a}\right) = -\frac{1}{2}\,n\sin E - \frac{3}{2}\frac{an^2t}{r}\cos E\,,\\
\frac{\partial(nb\cos E)}{\partial a} &= \frac{\mathrm{d}n}{\mathrm{d}a}\,b\cos E + n\left(\frac{\partial b}{\partial a}\cos E + b\,\frac{\partial \cos E}{\partial E}\frac{\partial E}{\partial a}\right) = -\frac{1}{2}\frac{bn}{a}\cos E + \frac{3}{2}\frac{bn^2t}{r}\sin E\,,\\
\frac{\partial(1-e\cos E)}{\partial a} &= -e\,\frac{\partial \cos E}{\partial E}\frac{\partial E}{\partial a} = -\frac{3}{2}\frac{ent}{r}\sin E
\end{aligned} \tag{B.42}$$

und damit

$$\begin{aligned}
\frac{\partial}{\partial a}\left(\frac{-na\sin E}{1-e\cos E}\right)\bigg|_{t_0} &= \frac{\frac{3}{2}\frac{an^2t_0}{r_p}(1-e)}{(1-e)^2} = \frac{3}{2}\frac{an^2t_0}{r_p\,(1-e)} = \frac{3}{2}\frac{a^2n^2t_0}{r_p^2}\,,\\
\frac{\partial}{\partial a}\left(\frac{nb\cos E}{1-e\cos E}\right)\bigg|_{t_0} &= \frac{-\frac{1}{2}\frac{bn}{a}(1-e)}{(1-e)^2} = -\frac{1}{2}\frac{bn}{a(1-e)} = -\frac{1}{2}\frac{bn}{r_p}\,.
\end{aligned} \tag{B.43}$$

Für die Auswertung im Perigäum erhält man

$$\frac{\partial \mathbf{v}}{\partial a}\bigg|_{t_0} = \frac{3}{2}\frac{a^2n^2t_0}{r_p^2}\,\mathbf{b}_1 - \frac{1}{2}\frac{bn}{r_p}\,\mathbf{b}_2. \tag{B.44}$$

Die partielle Ableitung $\partial\mathbf{v}/\partial e$

ergibt sich in ähnlicher Weise zu

$$\frac{\partial \mathbf{v}}{\partial e} = [R]\,\frac{\partial}{\partial e}\begin{bmatrix} -na\sin E/(1-e\cos E)\\ nb\cos E/(1-e\cos E)\\ 0\end{bmatrix} = \frac{\partial}{\partial e}\left(\frac{-na\sin E}{1-e\cos E}\right)\mathbf{b}_1 + \frac{\partial}{\partial e}\left(\frac{nb\cos E}{1-e\cos E}\right)\mathbf{b}_2. \tag{B.45}$$

Zunächst folgt

$$\begin{aligned}
\frac{\partial}{\partial e}\left(\frac{-na\sin E}{1-e\cos E}\right) &= -na\,\frac{\frac{\partial \sin E}{\partial e}(1-e\cos E) - \sin E\,\frac{\partial(1-e\cos E)}{\partial e}}{(1-e\cos E)^2}\,,\\
\frac{\partial}{\partial e}\left(\frac{nb\cos E}{1-e\cos E}\right) &= n\frac{\frac{\partial(b\cos E)}{\partial e}(1-e\cos E) - b\cos E\,\frac{\partial(1-e\cos E)}{\partial e}}{(1-e\cos E)^2}\,,
\end{aligned} \tag{B.46}$$

worin wegen (B.17) bis (B.19) gilt

$$\begin{aligned}
\frac{\partial \sin E}{\partial e} &= \frac{\partial \sin E}{\partial E}\frac{\partial E}{\partial e} = \frac{a}{r}\sin E\cos E\,,\\
\frac{\partial(b\cos E)}{\partial e} &= \frac{\partial b}{\partial e}\cos E + b\,\frac{\partial \cos E}{\partial E}\frac{\partial E}{\partial e} = -\frac{a^2e}{b}\cos E - \frac{ab}{r}\sin^2 E\,,\\
\frac{\partial(1-e\cos E)}{\partial e} &= -\cos E - e\,\frac{\partial \cos E}{\partial E}\frac{\partial E}{\partial e} = -\cos E + \frac{ae}{r}\sin^2 E.
\end{aligned} \tag{B.47}$$

Dies führt auf

$$\begin{aligned}
\frac{\partial}{\partial e}\left(\frac{-na\sin E}{1-e\cos E}\right)\bigg|_{t_0} &= 0\,,\\
\frac{\partial}{\partial e}\left(\frac{nb\cos E}{1-e\cos E}\right)\bigg|_{t_0} &= n\,\frac{-\frac{a^2e}{b}(1-e)+b}{(1-e)^2} = \frac{n}{b}\frac{b^2-a^2e\,(1-e)}{(1-e)^2} = \frac{n}{b}\frac{a^2}{1-e} = \frac{a^3n}{b\,r_p}\,.
\end{aligned} \tag{B.48}$$

und für die Auswertung im Perigäum erhält man

$$\frac{\partial \mathbf{v}}{\partial e}\bigg|_{t_0} = \frac{a^3n}{b\,r_p}\,\mathbf{b}_2. \tag{B.49}$$

Die partielle Ableitung $\partial\mathbf{v}/\partial M_0$

erhält man entsprechend als

$$\frac{\partial\mathbf{v}}{\partial M_0} = [R]\frac{\partial}{\partial M_0}\begin{bmatrix} -na\sin E/(1-e\cos E) \\ nb\cos E/(1-e\cos E) \\ 0 \end{bmatrix} = \frac{\partial}{\partial M_0}\left(\frac{-na\sin E}{1-e\cos E}\right)\mathbf{b}_1 + \frac{\partial}{\partial M_0}\left(\frac{nb\cos E}{1-e\cos E}\right)\mathbf{b}_2. \tag{B.50}$$

Aus den Ableitungen

$$\begin{aligned} \frac{\partial}{\partial M_0}\left(\frac{-na\sin E}{1-e\cos E}\right) &= -na\,\frac{\dfrac{\partial\sin E}{\partial M_0}(1-e\cos E) - \sin E\,\dfrac{\partial(1-e\cos E)}{\partial M_0}}{(1-e\cos E)^2}\,, \\ \frac{\partial}{\partial M_0}\left(\frac{nb\cos E}{1-e\cos E}\right) &= nb\frac{\dfrac{\partial\cos E}{\partial M_0}(1-e\cos E) - \cos E\,\dfrac{\partial(1-e\cos E)}{\partial M_0}}{(1-e\cos E)^2}\,, \end{aligned} \tag{B.51}$$

und den Zusammenhängen (B.17) sowie (B.19) ergibt sich

$$\begin{aligned} \frac{\partial\sin E}{\partial M_0} &= \frac{\partial\sin E}{\partial E}\frac{\partial E}{\partial M_0} = \frac{a}{r}\cos E\,, \\ \frac{\partial\cos E}{\partial M_0} &= \frac{\partial\cos E}{\partial E}\frac{\partial E}{\partial M_0} = -\frac{a}{r}\sin E\,, \\ \frac{\partial(1-e\cos E)}{\partial M_0} &= -e\frac{\partial\cos E}{\partial E}\frac{\partial E}{\partial M_0} = \frac{ae}{r}\sin E, \end{aligned} \tag{B.52}$$

also

$$\begin{aligned} \left.\frac{\partial}{\partial M_0}\left(\frac{-na\sin E}{1-e\cos E}\right)\right|_{t_0} &= -na\,\frac{\dfrac{a}{r_p}(1-e)}{(1-e)^2} = -\frac{na}{(1-e)^2} = -\frac{a^3n}{r_p^2}\,, \\ \left.\frac{\partial}{\partial M_0}\left(\frac{nb\cos E}{1-e\cos E}\right)\right|_{t_0} &= 0\,. \end{aligned} \tag{B.53}$$

Für die Auswertung im Perigäum folgt

$$\left.\frac{\partial\mathbf{v}}{\partial M_0}\right|_{t_0} = -\frac{a^3n}{r_p^2}\,\mathbf{b}_1. \tag{B.54}$$

Damit sind nunmehr auch alle partiellen Ableitungen des Geschwindigkeitsvektors $\partial\mathbf{v}/\partial\alpha_i$ bekannt.

Zusammenstellung der partiellen Ableitungen $\partial\mathbf{r}/\partial\alpha_i$ und $\partial\mathbf{v}/\partial\alpha_i$

Für die Berechnung der Lagrangeklammern sind neben (B.13) bis (B.15) folgende Beziehungen bedeutsam:

$$\begin{aligned} &\left.\frac{\partial\mathbf{r}}{\partial i}\right|_{t_0} = r_p\sin\omega\,\mathbf{b}_3\,, && \left.\frac{\partial\mathbf{r}}{\partial e}\right|_{t_0} = -a\,\mathbf{b}_1\,, && \left.\frac{\partial\mathbf{r}}{\partial a}\right|_{t_0} = \frac{r_p}{a}\,\mathbf{b}_1 + \frac{3}{2}\frac{bM_0}{r_p}\,\mathbf{b}_2\,, \\ &\left.\frac{\partial\mathbf{r}}{\partial\Omega}\right|_{t_0} = r_p\begin{bmatrix} -r_{21} \\ r_{11} \\ 0 \end{bmatrix}, && \left.\frac{\partial\mathbf{r}}{\partial\omega}\right|_{t_0} = r_p\,\mathbf{b}_2\,, && \left.\frac{\partial\mathbf{r}}{\partial M_0}\right|_{t_0} = \frac{ab}{r_p}\,\mathbf{b}_2\,, \\ &\left.\frac{\partial\mathbf{v}}{\partial i}\right|_{t_0} = \frac{abn}{r_p}\cos\omega\,\mathbf{b}_3\,, && \left.\frac{\partial\mathbf{v}}{\partial e}\right|_{t_0} = \frac{a^3n}{b\,r_p}\,\mathbf{b}_2\,, && \left.\frac{\partial\mathbf{v}}{\partial a}\right|_{t_0} = \frac{3}{2}\frac{a^2n^2t_0}{r_p^2}\,\mathbf{b}_1 - \frac{1}{2}\frac{bn}{r_p}\,\mathbf{b}_2\,, \\ &\left.\frac{\partial\mathbf{v}}{\partial\Omega}\right|_{t_0} = \frac{abn}{r_p}\begin{bmatrix} -r_{22} \\ r_{12} \\ 0 \end{bmatrix}, && \left.\frac{\partial\mathbf{v}}{\partial\omega}\right|_{t_0} = -\frac{abn}{r_p}\,\mathbf{b}_1\,, && \left.\frac{\partial\mathbf{v}}{\partial M_0}\right|_{t_0} = -\frac{a^3n}{r_p^2}\,\mathbf{b}_1\,. \end{aligned} \tag{B.55}$$

Anmerkung: In (B.13) ist lediglich u durch ω zu ersetzen und in (B.14) entsprechend $\mathbf{g}$ durch $\mathbf{b}$.

Berechnung der Lagrangeklammern $[\alpha_i, \alpha_j]$

Alle Lagrangeklammern unter Berücksichtigung von (B.10) mit der Inklination i als Argument lauten

$$
\begin{aligned}
[i,i] &\equiv 0,\\
[i,e] &= \left.\frac{\partial \mathbf{r}}{\partial i}\right|_{t_0} \cdot \left.\frac{\partial \mathbf{v}}{\partial e}\right|_{t_0} - \left.\frac{\partial \mathbf{r}}{\partial e}\right|_{t_0} \cdot \left.\frac{\partial \mathbf{v}}{\partial i}\right|_{t_0} = \frac{a^3 n}{b}\sin\omega \underbrace{\mathbf{b}_3\cdot\mathbf{b}_2}_{0} + \frac{a^2 bn}{r_p}\cos\omega \underbrace{\mathbf{b}_1\cdot\mathbf{b}_3}_{0} = 0,\\
[i,a] &= \left.\frac{\partial \mathbf{r}}{\partial i}\right|_{t_0} \cdot \left.\frac{\partial \mathbf{v}}{\partial a}\right|_{t_0} - \left.\frac{\partial \mathbf{r}}{\partial a}\right|_{t_0} \cdot \left.\frac{\partial \mathbf{v}}{\partial i}\right|_{t_0} = \frac{3}{2}\frac{a^2n^2t_0}{r_p}\sin\omega \underbrace{\mathbf{b}_3\cdot\mathbf{b}_1}_{0} - \frac{1}{2} bn\sin\omega \underbrace{\mathbf{b}_3\cdot\mathbf{b}_2}_{0} -\\
&\quad - bn\cos\omega \underbrace{\mathbf{b}_1\cdot\mathbf{b}_3}_{0} - \frac{3}{2}\frac{ab^2M_0n}{r_p^2}\cos\omega \underbrace{\mathbf{b}_2\cdot\mathbf{b}_3}_{0} = 0,\\
[i,\Omega] &= \left.\frac{\partial \mathbf{r}}{\partial i}\right|_{t_0} \cdot \left.\frac{\partial \mathbf{v}}{\partial \Omega}\right|_{t_0} - \left.\frac{\partial \mathbf{r}}{\partial \Omega}\right|_{t_0} \cdot \left.\frac{\partial \mathbf{v}}{\partial i}\right|_{t_0} = abn\sin\omega \underbrace{\begin{bmatrix} r_{13}\\ r_{23}\\ r_{33}\end{bmatrix} \cdot \begin{bmatrix} -r_{22}\\ r_{12}\\ 0\end{bmatrix}}_{-r_{13}r_{22}+r_{23}r_{12}=r_{31}} - abn\cos\omega \underbrace{\begin{bmatrix} -r_{21}\\ r_{11}\\ 0\end{bmatrix} \cdot \begin{bmatrix} r_{13}\\ r_{23}\\ r_{33}\end{bmatrix}}_{-r_{21}r_{13}+r_{11}r_{23}=-r_{32}}\\
&\quad = abn\big(\sin\omega\, r_{31} + \cos\omega\, r_{32}\big) = abn\left(\sin^2\omega\sin i + \cos^2\omega\sin i\right) = abn\sin i,\\
[i,\omega] &= \left.\frac{\partial \mathbf{r}}{\partial i}\right|_{t_0} \cdot \left.\frac{\partial \mathbf{v}}{\partial \omega}\right|_{t_0} - \left.\frac{\partial \mathbf{r}}{\partial \omega}\right|_{t_0} \cdot \left.\frac{\partial \mathbf{v}}{\partial i}\right|_{t_0} = -abn\sin\omega \underbrace{\mathbf{b}_3\cdot\mathbf{b}_1}_{0} - abn\cos\omega \underbrace{\mathbf{b}_2\cdot\mathbf{b}_3}_{0} = 0,\\
[i,M_0] &= \left.\frac{\partial \mathbf{r}}{\partial i}\right|_{t_0} \cdot \left.\frac{\partial \mathbf{v}}{\partial M_0}\right|_{t_0} - \left.\frac{\partial \mathbf{r}}{\partial M_0}\right|_{t_0} \cdot \left.\frac{\partial \mathbf{v}}{\partial i}\right|_{t_0} = -\frac{a^3n}{r_p}\sin\omega \underbrace{\mathbf{b}_3\cdot\mathbf{b}_1}_{0} - \frac{a^2b^2n}{r_p^2}\cos\omega \underbrace{\mathbf{b}_2\cdot\mathbf{b}_3}_{0} = 0.
\end{aligned}
\tag{B.56}
$$

Die verbleibenden Lagrangeklammern mit der numerischen Exzentrizität e als Argument lauten

$$
\begin{aligned}
[e,e] &\equiv 0,\\
[e,a] &= \left.\frac{\partial \mathbf{r}}{\partial e}\right|_{t_0} \cdot \left.\frac{\partial \mathbf{v}}{\partial a}\right|_{t_0} - \left.\frac{\partial \mathbf{r}}{\partial a}\right|_{t_0} \cdot \left.\frac{\partial \mathbf{v}}{\partial e}\right|_{t_0} = -\frac{3}{2}\frac{a^3n^2t_0}{r_p^2} \underbrace{\mathbf{b}_1\cdot\mathbf{b}_1}_{1} + \frac{1}{2}\frac{abn}{r_p} \underbrace{\mathbf{b}_1\cdot\mathbf{b}_2}_{0} - \frac{a^2n}{b} \underbrace{\mathbf{b}_1\cdot\mathbf{b}_2}_{0} - \frac{3}{2}\frac{a^3M_0n}{r_p^2} \underbrace{\mathbf{b}_2\cdot\mathbf{b}_2}_{1}\\
&\quad = -\frac{3}{2}\frac{a^3n}{r_p^2} \underbrace{\left(nt_0 + M_0\right)}_{\text{siehe (B.17)}} = 0,\\
[e,\Omega] &= \left.\frac{\partial \mathbf{r}}{\partial e}\right|_{t_0} \cdot \left.\frac{\partial \mathbf{v}}{\partial \Omega}\right|_{t_0} - \left.\frac{\partial \mathbf{r}}{\partial \Omega}\right|_{t_0} \cdot \left.\frac{\partial \mathbf{v}}{\partial e}\right|_{t_0} = -\frac{a^2bn}{r_p} \underbrace{\begin{bmatrix} r_{11}\\ r_{21}\\ r_{31}\end{bmatrix} \cdot \begin{bmatrix} -r_{22}\\ r_{12}\\ 0\end{bmatrix}}_{-r_{11}r_{22}+r_{21}r_{12}=-r_{33}} - \frac{a^3n}{b} \underbrace{\begin{bmatrix} -r_{21}\\ r_{11}\\ 0\end{bmatrix} \cdot \begin{bmatrix} r_{12}\\ r_{22}\\ r_{32}\end{bmatrix}}_{-r_{21}r_{12}+r_{11}r_{22}=r_{33}} = \left(\frac{a^2bn}{r_p} - \frac{a^3n}{b}\right) r_{33}\\
&\quad = \frac{a^3n}{b}\left(\frac{b^2}{ar_p} - 1\right)\cos i = \frac{a^3n}{b}\left(\frac{a^2\left(1-e^2\right)}{a^2\left(1-e\right)} - 1\right)\cos i = \frac{a^3en}{b}\cos i,\\
[e,\omega] &= \left.\frac{\partial \mathbf{r}}{\partial e}\right|_{t_0} \cdot \left.\frac{\partial \mathbf{v}}{\partial \omega}\right|_{t_0} - \left.\frac{\partial \mathbf{r}}{\partial \omega}\right|_{t_0} \cdot \left.\frac{\partial \mathbf{v}}{\partial e}\right|_{t_0} = \frac{a^2bn}{r_p} \underbrace{\mathbf{b}_1\cdot\mathbf{b}_1}_{1} - \frac{a^3n}{b} \underbrace{\mathbf{b}_2\cdot\mathbf{b}_2}_{1} = \underbrace{\frac{a^2bn}{r_p} - \frac{a^3n}{b}}_{\text{vgl. } [e,\Omega]} = \frac{a^3en}{b},\\
[e,M_0] &= \left.\frac{\partial \mathbf{r}}{\partial e}\right|_{t_0} \cdot \left.\frac{\partial \mathbf{v}}{\partial M_0}\right|_{t_0} - \left.\frac{\partial \mathbf{r}}{\partial M_0}\right|_{t_0} \cdot \left.\frac{\partial \mathbf{v}}{\partial e}\right|_{t_0} = \frac{a^4n}{r_p^2} \underbrace{\mathbf{b}_1\cdot\mathbf{b}_1}_{1} - \frac{a^4n}{r_p^2} \underbrace{\mathbf{b}_2\cdot\mathbf{b}_2}_{1} = 0.
\end{aligned}
\tag{B.57}
$$

Anmerkung: Die Vektoren $(-r_{21}, r_{11}, 0)^T$ und $(-r_{22}, r_{12}, 0)^T$ haben keine weitere spezielle Bedeutung; sie liegen einfach parallel zur Äquatorebene und setzen sich aus den x- bzw. y-Komponenten der Basisvektoren $\mathbf{b}_1$ und $\mathbf{b}_2$ (bzw. $\mathbf{g}_1$ und $\mathbf{g}_2$ im Anhang B.3, denn dort tauchen sie gleichfalls wieder auf) zusammen.

Die verbleibenden Lagrangeklammern mit der großen Halbachse a als Argument lauten

$$
\begin{aligned}
[a,a] &\equiv 0,\\
[a,\Omega] &= \left.\frac{\partial \mathbf{r}}{\partial a}\right|_{t_0}\cdot\left.\frac{\partial \mathbf{v}}{\partial \Omega}\right|_{t_0}-\left.\frac{\partial \mathbf{r}}{\partial \Omega}\right|_{t_0}\cdot\left.\frac{\partial \mathbf{v}}{\partial a}\right|_{t_0} = bn\underbrace{\begin{bmatrix} r_{11}\\ r_{21}\\ r_{31}\end{bmatrix}\cdot\begin{bmatrix} -r_{22}\\ r_{12}\\ 0\end{bmatrix}}_{-r_{11}r_{22}+r_{21}r_{12}=-r_{33}}+\frac{3}{2}\frac{ab^2M_0n}{r_p^2}\underbrace{\begin{bmatrix} r_{12}\\ r_{22}\\ r_{32}\end{bmatrix}\cdot\begin{bmatrix} -r_{22}\\ r_{12}\\ 0\end{bmatrix}}_{-r_{12}r_{22}+r_{22}r_{12}=0}-\\
&\quad -\frac{3}{2}\frac{a^2n^2t_0}{r_p}\underbrace{\begin{bmatrix} -r_{21}\\ r_{11}\\ 0\end{bmatrix}\cdot\begin{bmatrix} r_{11}\\ r_{21}\\ r_{31}\end{bmatrix}}_{-r_{21}r_{11}+r_{11}r_{21}=0}+\frac{1}{2}bn\underbrace{\begin{bmatrix} -r_{21}\\ r_{11}\\ 0\end{bmatrix}\cdot\begin{bmatrix} r_{12}\\ r_{22}\\ r_{32}\end{bmatrix}}_{-r_{21}r_{12}+r_{11}r_{22}=r_{33}}\\
&= -bn\,r_{33}+\frac{1}{2}bn\,r_{33} = -\frac{1}{2}bn\,r_{33} = -\frac{1}{2}bn\cos i,\\
[a,\omega] &= \left.\frac{\partial \mathbf{r}}{\partial a}\right|_{t_0}\cdot\left.\frac{\partial \mathbf{v}}{\partial \omega}\right|_{t_0}-\left.\frac{\partial \mathbf{r}}{\partial \omega}\right|_{t_0}\cdot\left.\frac{\partial \mathbf{v}}{\partial a}\right|_{t_0} = -bn\underbrace{\mathbf{b}_1\cdot\mathbf{b}_1}_{1}-\frac{3}{2}\frac{ab^2M_0n}{r_p^2}\underbrace{\mathbf{b}_2\cdot\mathbf{b}_1}_{0}-\frac{3}{2}\frac{a^2n^2t_0}{r_p}\underbrace{\mathbf{b}_2\cdot\mathbf{b}_1}_{0}+\frac{1}{2}bn\underbrace{\mathbf{b}_2\cdot\mathbf{b}_2}_{1}\\
&= -bn+\frac{1}{2}bn = -\frac{1}{2}bn,\\
[a,M_0] &= \left.\frac{\partial \mathbf{r}}{\partial a}\right|_{t_0}\cdot\left.\frac{\partial \mathbf{v}}{\partial M_0}\right|_{t_0}-\left.\frac{\partial \mathbf{r}}{\partial M_0}\right|_{t_0}\cdot\left.\frac{\partial \mathbf{v}}{\partial a}\right|_{t_0} = -\frac{a^2n}{r_p}\underbrace{\mathbf{b}_1\cdot\mathbf{b}_1}_{1}-\frac{3}{2}\frac{a^3bM_0n}{r_p^3}\underbrace{\mathbf{b}_2\cdot\mathbf{b}_1}_{0}-\frac{3}{2}\frac{a^3bn^2t_0}{r_p^3}\underbrace{\mathbf{b}_2\cdot\mathbf{b}_1}_{0}+\frac{1}{2}\frac{ab^2n}{r_p^2}\underbrace{\mathbf{b}_2\cdot\mathbf{b}_2}_{1}\\
&= -\frac{a^2n}{r_p}+\frac{1}{2}\frac{ab^2n}{r_p^2} = -\frac{an}{r_p}\left(a-\frac{1}{2}\frac{b^2}{r_p}\right) = -\frac{an}{r_p}\frac{2ar_p-b^2}{2r_p}\\
&= -\frac{an}{r_p}\frac{2a^2(1-e)-a^2(1-e^2)}{2r_p} = -\frac{an}{r_p}\frac{a^2(1-e)^2}{2r_p} = -\frac{an}{r_p}\frac{r_p^2}{2r_p} = -\frac{1}{2}an.
\end{aligned} \tag{B.58}
$$

Die verbleibenden Lagrangeklammern mit der Rektaszension des aufsteigenden Knotens Ω als Argument lauten

$$
\begin{aligned}
[\Omega,\Omega] &\equiv 0,\\
[\Omega,\omega] &= \left.\frac{\partial \mathbf{r}}{\partial \Omega}\right|_{t_0}\cdot\left.\frac{\partial \mathbf{v}}{\partial \omega}\right|_{t_0}-\left.\frac{\partial \mathbf{r}}{\partial \omega}\right|_{t_0}\cdot\left.\frac{\partial \mathbf{v}}{\partial \Omega}\right|_{t_0} = -abn\underbrace{\begin{bmatrix} -r_{21}\\ r_{11}\\ 0\end{bmatrix}\cdot\begin{bmatrix} r_{11}\\ r_{21}\\ r_{31}\end{bmatrix}}_{-r_{21}r_{11}+r_{11}r_{21}=0}-abn\underbrace{\begin{bmatrix} r_{12}\\ r_{22}\\ r_{32}\end{bmatrix}\cdot\begin{bmatrix} -r_{22}\\ r_{12}\\ 0\end{bmatrix}}_{-r_{12}r_{22}+r_{22}r_{12}=0} = 0,\\
[\Omega,M_0] &= \left.\frac{\partial \mathbf{r}}{\partial \Omega}\right|_{t_0}\cdot\left.\frac{\partial \mathbf{v}}{\partial M_0}\right|_{t_0}-\left.\frac{\partial \mathbf{r}}{\partial M_0}\right|_{t_0}\cdot\left.\frac{\partial \mathbf{v}}{\partial \Omega}\right|_{t_0} = -\frac{a^3n}{r_p}\underbrace{\begin{bmatrix} -r_{21}\\ r_{11}\\ 0\end{bmatrix}\cdot\begin{bmatrix} r_{11}\\ r_{21}\\ r_{31}\end{bmatrix}}_{-r_{21}r_{11}+r_{11}r_{21}=0}-\frac{a^2b^2n}{r_p^2}\underbrace{\begin{bmatrix} r_{12}\\ r_{22}\\ r_{32}\end{bmatrix}\cdot\begin{bmatrix} -r_{22}\\ r_{12}\\ 0\end{bmatrix}}_{-r_{12}r_{22}+r_{22}r_{12}=0} = 0.
\end{aligned} \tag{B.59}
$$

Die verbleibenden Lagrangeklammern mit dem Argument des Perigäum ω als Argument lauten

$$
\begin{aligned}
[\omega,\omega] &\equiv 0,\\
[\omega,M_0] &= \left.\frac{\partial \mathbf{r}}{\partial \omega}\right|_{t_0}\cdot\left.\frac{\partial \mathbf{v}}{\partial M_0}\right|_{t_0}-\left.\frac{\partial \mathbf{r}}{\partial M_0}\right|_{t_0}\cdot\left.\frac{\partial \mathbf{v}}{\partial \omega}\right|_{t_0} = -\frac{a^3n}{r_p}\underbrace{\mathbf{b}_2\cdot\mathbf{b}_1}_{0}+\frac{a^2b^2n}{r_p^2}\underbrace{\mathbf{b}_2\cdot\mathbf{b}_1}_{0} = 0.
\end{aligned} \tag{B.60}
$$

Die verbleibende Lagrangeklammer mit dem Hauptterm der mittleren Anomalie M_0 als Argument lautet

$$[M_0,M_0] \equiv 0. \tag{B.61}$$

Matrix der Lagrangeklammern bzw. Lagrangematrix L

Mittels (B.56) bis (B.61) und Berücksichtigung von (B.10) lässt sich L komplett aufstellen. Durch geschickte Wahl der ansonsten beliebigen Reihenfolge der Bahnelemente (und damit der Reihenfolge der Lagrangeklammern innerhalb der Lagrangematrix), lässt sich direkt ablesen bzw. bestätigen, dass die Kepler-Variablen kein kanonischer Variablensatz sind. Hier wird die Reihenfolge $\mathcal{K} := (i, e, a, \Omega, \omega, M_0)^T$ gewählt. Man erhält dann

$$L_{\mathcal{K}} := \begin{bmatrix} [i,i] & [i,e] & [i,a] & [i,\Omega] & [i,\omega] & [i,M_0] \\ [e,i] & [e,e] & [e,a] & [e,\Omega] & [e,\omega] & [e,M_0] \\ [a,i] & [a,e] & [a,a] & [a,\Omega] & [a,\omega] & [a,M_0] \\ [\Omega,i] & [\Omega,e] & [\Omega,a] & [\Omega,\Omega] & [\Omega,\omega] & [\Omega,M_0] \\ [\omega,i] & [\omega,e] & [\omega,a] & [\omega,\Omega] & [\omega,\omega] & [\omega,M_0] \\ [M_0,i] & [M_0,e] & [M_0,a] & [M_0,\Omega] & [M_0,\omega] & [M_0,M_0] \end{bmatrix} \tag{B.62}$$

und konkret

$$L_{\mathcal{K}} = \begin{bmatrix} 0 & 0 & 0 & abn\sin i & 0 & 0 \\ 0 & 0 & 0 & \frac{a^3en}{b}\cos i & \frac{a^3en}{b} & 0 \\ 0 & 0 & 0 & -\frac{1}{2}bn\cos i & -\frac{1}{2}bn & -\frac{1}{2}an \\ -abn\sin i & -\frac{a^3en}{b}\cos i & \frac{1}{2}bn\cos i & 0 & 0 & 0 \\ 0 & -\frac{a^3en}{b} & \frac{1}{2}bn & 0 & 0 & 0 \\ 0 & 0 & \frac{1}{2}an & 0 & 0 & 0 \end{bmatrix}. \tag{B.63}$$

Wie am Ende des nächsten Abschnittes über die Hill-Variablen gezeigt wird, setzt sich die antisymmetrische Lagrangematrix im Falle kanonischer Bahnvariablen (generalisierte Impulsen und Koordinaten) aus vier 3×3-Blöcken zusammen, wobei zwei davon Nullmatrizen und die beiden anderen eine positive bzw. negative Einheitsmatrix bilden, vgl. (A.11).

B.3 Anwendung auf Hill-Variablen

Die detaillierte Herleitung sämtlicher Lagrangeklammern der Hill-Variablen ist kaum in der Literatur zu finden. Die folgende Herleitung orientiert sich am vorherigen Abschnitt über die Kepler-Variablen und zur Absicherung einiger partieller Ableitungen an Schneider [42].
Von (2.127) und (2.130) übernimmt man

$$\mathbf{r} = r\mathbf{g}_1, \qquad \mathbf{v} = \dot{r}\mathbf{g}_1 + \frac{G}{r}\mathbf{g}_2 \tag{B.64}$$

bzw. unmittelbar die Komponenten von Positions- und Geschwindigkeitsvektor bzgl. der Basis $[\mathbf{g}_i]$

$$\mathbf{r}_{[\mathbf{g}_i]} = \begin{bmatrix} r \\ 0 \\ 0 \end{bmatrix}, \qquad \mathbf{v}_{[\mathbf{g}_i]} = \begin{bmatrix} \dot{r} \\ G/r \\ 0 \end{bmatrix}. \tag{B.65}$$

Aus (B.11) bis (B.13) ist ersichtlich, dass die $\mathbf{g}_i$ in (B.64) von u, i und Ω abhängig sind. Die Inklination i hängt dabei von den Hill-Variablen $G = h = |\mathbf{h} = \mathbf{r} \times \mathbf{v}|$ und $H = h_z = G\cos i$ ab (weitere Details siehe Mai [26]), d. h.,

$$\cos i = \frac{H}{G} \quad \rightarrow \quad \mathrm{d}i = \frac{\partial i}{\partial G}\mathrm{d}G + \frac{\partial i}{\partial H}\mathrm{d}H \quad \text{mit} \quad \frac{\partial i}{\partial G} = \frac{1}{G}\cot i \quad \text{und} \quad \frac{\partial i}{\partial H} = -\frac{1}{G}\frac{1}{\sin i} \tag{B.66}$$

sowie

$$\frac{\partial \cos i}{\partial G} = -\frac{1}{G}\cos i, \qquad \frac{\partial \cos i}{\partial H} = \frac{1}{G}, \qquad \frac{\partial \sin i}{\partial G} = \frac{1}{G}\cot i \cos i, \qquad \frac{\partial \sin i}{\partial H} = -\frac{1}{G}\cot i. \tag{B.67}$$

Anmerkung: Für die folgenden partiellen Ableitungen $\partial\mathbf{r}/\partial\alpha_i$ und $\partial\mathbf{v}/\partial\alpha_i$ ist zu beachten, dass die kanonischen Hill-Variablen generalisierte Impulse bzw. Koordinaten darstellen und somit voneinander unabhängig sind, d. h., indirekte partielle Ableitungen untereinander entfallen.

Zudem ist auch für die Hill-Variablen das Perigäum ein vorteilhafter Bahnpunkt, um die Lagrangeklammern aufzustellen, denn dort nehmen folgende Hill-Variablen spezielle Werte an:

$$\dot{r}\big|_{t_0} =: \dot{r}_p = 0 \quad \text{da in den Apsiden } \mathbf{r} \perp \mathbf{v}, \qquad r\big|_{t_0} = r_p = a(1-e), \qquad u\big|_{t_0} =: u_p = \omega + f\big|_{t_0} = \omega. \tag{B.68}$$

Die partielle Ableitung $\partial\mathbf{r}/\partial r$

$$\frac{\partial\mathbf{r}}{\partial r} = \frac{\partial r}{\partial r}\mathbf{g}_1 = \mathbf{g}_1 \quad \rightarrow \quad \frac{\partial\mathbf{r}}{\partial r}\bigg|_{t_0} = \mathbf{g}_1\big|_{u\|\omega}. \tag{B.69}$$

Die partielle Ableitung $\partial\mathbf{r}/\partial u$

$$\frac{\partial\mathbf{r}}{\partial u} = r\,\frac{\partial\mathbf{g}_1}{\partial u} = r\begin{bmatrix} -\sin u\cos\Omega - \cos u\sin\Omega\cos i \\ -\sin u\sin\Omega + \cos u\cos\Omega\cos i \\ \cos u\sin i \end{bmatrix} = r\mathbf{g}_2 \quad \rightarrow \quad \frac{\partial\mathbf{r}}{\partial u}\bigg|_{t_0} = r_p\,\mathbf{g}_2\big|_{u\|\omega}. \tag{B.70}$$

Die partielle Ableitung $\partial\mathbf{r}/\partial\Omega$

$$\frac{\partial\mathbf{r}}{\partial\Omega} = r\,\frac{\partial\mathbf{g}_1}{\partial\Omega} = r\begin{bmatrix} -\cos u\sin\Omega - \sin u\cos\Omega\cos i \\ \cos u\cos\Omega - \sin u\sin\Omega\cos i \\ 0 \end{bmatrix} = r\begin{bmatrix} -r_{21} \\ r_{11} \\ 0 \end{bmatrix} \quad \rightarrow \quad \frac{\partial\mathbf{r}}{\partial\Omega}\bigg|_{t_0} = r_p\begin{bmatrix} -r_{21} \\ r_{11} \\ 0 \end{bmatrix}\Bigg|_{u\|\omega}. \tag{B.71}$$

Die partielle Ableitung $\partial\mathbf{r}/\partial\dot{r}$

$$\frac{\partial\mathbf{r}}{\partial\dot{r}} = \mathbf{0} \quad \rightarrow \quad \frac{\partial\mathbf{r}}{\partial\dot{r}}\bigg|_{t_0} = \mathbf{0}. \tag{B.72}$$

Die partielle Ableitung $\partial\mathbf{r}/\partial G$

$$\frac{\partial\mathbf{r}}{\partial G} = r\,\frac{\partial\mathbf{g}_1}{\partial i}\frac{\partial i}{\partial G} = \frac{r}{G}\cot i\begin{bmatrix} \sin u\sin\Omega\sin i \\ -\sin u\cos\Omega\sin i \\ \sin u\cos i \end{bmatrix} = \frac{r}{G}\cot i\sin u\begin{bmatrix} \sin\Omega\sin i \\ -\cos\Omega\sin i \\ \cos i \end{bmatrix} = \frac{r}{G}\cot i\sin u\,\mathbf{g}_3 \tag{B.73}$$

und damit

$$\frac{\partial\mathbf{r}}{\partial G}\bigg|_{t_0} = \frac{r_p}{G}\cot i\sin\omega\,\mathbf{g}_3 = \frac{r_p}{G}\cos i\sin\omega\begin{bmatrix} \sin\Omega \\ -\cos\Omega \\ \cot i \end{bmatrix}. \tag{B.74}$$

Die partielle Ableitung $\partial\mathbf{r}/\partial H$

$$\frac{\partial\mathbf{r}}{\partial H} = r\,\frac{\partial\mathbf{g}_1}{\partial i}\frac{\partial i}{\partial H} = -\frac{r}{G}\frac{1}{\sin i}\begin{bmatrix} \sin u\sin\Omega\sin i \\ -\sin u\cos\Omega\sin i \\ \sin u\cos i \end{bmatrix} = -\frac{r}{G}\frac{\sin u}{\sin i}\begin{bmatrix} \sin\Omega\sin i \\ -\cos\Omega\sin i \\ \cos i \end{bmatrix} = -\frac{r}{G}\frac{\sin u}{\sin i}\mathbf{g}_3 = -\frac{1}{\cos i}\frac{\partial\mathbf{r}}{\partial G} \tag{B.75}$$

und damit

$$\frac{\partial\mathbf{r}}{\partial H}\bigg|_{t_0} = -\frac{r_p}{G}\frac{\sin\omega}{\sin i}\mathbf{g}_3 = -\frac{r_p}{G}\sin\omega\begin{bmatrix} \sin\Omega \\ -\cos\Omega \\ \cot i \end{bmatrix} \qquad \text{bzw.} \qquad \frac{\partial\mathbf{r}}{\partial H}\bigg|_{t_0} = -\frac{1}{\cos i}\frac{\partial\mathbf{r}}{\partial H}\bigg|_{t_0}. \tag{B.76}$$

Damit sind alle partiellen Ableitungen des Positionsvektors $\partial\mathbf{r}/\partial\alpha_i$ bekannt und offensichtlich wurde dabei

$$\frac{\partial\mathbf{g}_1}{\partial u} = \mathbf{g}_2 \qquad \text{bzw.} \qquad \frac{\partial\mathbf{g}_2}{\partial u} = -\mathbf{g}_1. \tag{B.77}$$

und

$$\frac{\partial\mathbf{g}_1}{\partial i} = \sin u\,\mathbf{g}_3 \qquad \text{bzw.} \qquad \frac{\partial\mathbf{g}_2}{\partial i} = \cos u\,\mathbf{g}_3. \tag{B.78}$$

Es verbleibt die Bestimmung der partiellen Ableitungen des Geschwindigkeitsvektors $\partial \mathbf{v}/\partial \alpha_i$.

Die partielle Ableitung $\partial \mathbf{v}/\partial r$

$$\frac{\partial \mathbf{v}}{\partial r} = \frac{\partial}{\partial r}\left(\frac{G}{r}\right)\mathbf{g}_2 = -\frac{G}{r^2}\,\mathbf{g}_2 \quad \rightarrow \quad \left.\frac{\partial \mathbf{v}}{\partial r}\right|_{t_0} = -\frac{G}{r_p^2}\,\mathbf{g}_2\big|_{u\|\omega}. \tag{B.79}$$

Die partielle Ableitung $\partial \mathbf{v}/\partial u$

nutzt die bereits bekannten Zusammenhänge (B.77) aus:

$$\frac{\partial \mathbf{v}}{\partial u} = \dot{r}\,\frac{\partial \mathbf{g}_1}{\partial u} + \frac{G}{r}\frac{\partial \mathbf{g}_2}{\partial u} = \dot{r}\,\mathbf{g}_2 - \frac{G}{r}\,\mathbf{g}_1 \quad \rightarrow \quad \left.\frac{\partial \mathbf{v}}{\partial u}\right|_{t_0} = -\frac{G}{r_p}\,\mathbf{g}_1\big|_{u\|\omega}. \tag{B.80}$$

Die partielle Ableitung $\partial \mathbf{v}/\partial \Omega$

$$\begin{aligned}\frac{\partial \mathbf{v}}{\partial \Omega} = \dot{r}\,\frac{\partial \mathbf{g}_1}{\partial \Omega} + \frac{G}{r}\frac{\partial \mathbf{g}_2}{\partial \Omega} &= \dot{r}\begin{bmatrix} -\cos u \sin\Omega - \sin u \cos\Omega \cos i \\ \cos u \cos\Omega - \sin u \sin\Omega \cos i \\ 0 \end{bmatrix} + \frac{G}{r}\begin{bmatrix} \sin u \sin\Omega - \cos u \cos\Omega \cos i \\ -\sin u \cos\Omega - \cos u \sin\Omega \cos i \\ 0 \end{bmatrix} \\ &= \dot{r}\begin{bmatrix} -r_{21} \\ r_{11} \\ 0 \end{bmatrix} + \frac{G}{r}\begin{bmatrix} -r_{22} \\ r_{12} \\ 0 \end{bmatrix}\end{aligned} \tag{B.81}$$

und damit

$$\left.\frac{\partial \mathbf{v}}{\partial \Omega}\right|_{t_0} = \frac{G}{r_p}\left.\begin{bmatrix} -r_{22} \\ r_{12} \\ 0 \end{bmatrix}\right|_{u\|\omega} = \frac{G}{r_p}\begin{bmatrix} \sin\omega \sin\Omega - \cos\omega \cos\Omega \cos i \\ -\sin\omega \cos\Omega - \cos\omega \sin\Omega \cos i \\ 0 \end{bmatrix}. \tag{B.82}$$

Die partielle Ableitung $\partial \mathbf{v}/\partial \dot{r}$

$$\frac{\partial \mathbf{v}}{\partial \dot{r}} = \frac{\partial \dot{r}}{\partial \dot{r}}\,\mathbf{g}_1 = \mathbf{g}_1 \quad \rightarrow \quad \left.\frac{\partial \mathbf{v}}{\partial \dot{r}}\right|_{t_0} = \mathbf{g}_1\big|_{u\|\omega}. \tag{B.83}$$

Die partielle Ableitung $\partial \mathbf{v}/\partial G$

nutzt die bereits bekannten Zusammenhänge (B.78) aus:

$$\frac{\partial \mathbf{v}}{\partial G} = \dot{r}\,\frac{\partial \mathbf{g}_1}{\partial i}\frac{\partial i}{\partial G} + \frac{\partial}{\partial G}\left(\frac{G}{r}\right)\mathbf{g}_2 + \frac{G}{r}\frac{\partial \mathbf{g}_2}{\partial i}\frac{\partial i}{\partial G} = \frac{\dot{r}}{G}\,\cot i \sin u\,\mathbf{g}_3 + \frac{1}{r}\,\mathbf{g}_2 + \frac{1}{r}\,\cot i \cos u\,\mathbf{g}_3 \tag{B.84}$$

und damit

$$\begin{aligned}\left.\frac{\partial \mathbf{v}}{\partial G}\right|_{t_0} = \frac{1}{r_p}\Big(\mathbf{g}_2\big|_{u\|\omega} + \cot i \cos\omega\,\mathbf{g}_3\Big) &= \frac{1}{r_p}\left(\begin{bmatrix} -\sin\omega \cos\Omega - \cos\omega \sin\Omega \cos i \\ -\sin\omega \sin\Omega + \cos\omega \cos\Omega \cos i \\ \cos\omega \sin i \end{bmatrix} + \cot i \cos\omega \begin{bmatrix} \sin\Omega \sin i \\ -\cos\Omega \sin i \\ \cos i \end{bmatrix}\right) \\ &= \frac{1}{r_p}\begin{bmatrix} -\sin\omega \cos\Omega \\ -\sin\omega \sin\Omega \\ \cos\omega / \sin i \end{bmatrix}.\end{aligned} \tag{B.85}$$

Die partielle Ableitung $\partial \mathbf{v}/\partial H$

nutzt ebenfalls die Zusammenhänge (B.78) aus:

$$\frac{\partial \mathbf{v}}{\partial H} = \dot{r}\,\frac{\partial \mathbf{g}_1}{\partial i}\frac{\partial i}{\partial H} + \frac{G}{r}\frac{\partial \mathbf{g}_2}{\partial i}\frac{\partial i}{\partial H} = -\frac{\dot{r}}{G}\frac{\sin u}{\sin i}\,\mathbf{g}_3 - \frac{1}{r}\frac{\cos u}{\sin i}\,\mathbf{g}_3 = -\frac{1}{\sin i}\left(\frac{\dot{r}}{G}\,\sin u + \frac{1}{r}\,\cos u\right)\mathbf{g}_3 \tag{B.86}$$

und damit

$$\left.\frac{\partial \mathbf{v}}{\partial H}\right|_{t_0} = -\frac{1}{r_p}\frac{\cos\omega}{\sin i}\,\mathbf{g}_3 = -\frac{1}{r_p}\frac{\cos\omega}{\sin i}\begin{bmatrix} \sin\Omega \sin i \\ -\cos\Omega \sin i \\ \cos i \end{bmatrix} = -\frac{1}{r_p}\,\cos\omega \begin{bmatrix} \sin\Omega \\ -\cos\Omega \\ \cot i \end{bmatrix}. \tag{B.87}$$

Damit sind nunmehr auch alle partiellen Ableitungen des Geschwindigkeitsvektors $\partial \mathbf{v}/\partial \alpha_i$ bekannt.

Berechnung der Lagrangeklammern $[\alpha_i, \alpha_{j\neq i}]$

Alle Lagrangeklammern unter Berücksichtigung von (B.10) mit der Radialgeschwindigkeit $\dot{r}$ als Argument lauten

$$
\begin{aligned}
[\dot{r}, G] &= \left.\frac{\partial \mathbf{r}}{\partial \dot{r}}\right|_{t_0} \cdot \left.\frac{\partial \mathbf{v}}{\partial G}\right|_{t_0} - \left.\frac{\partial \mathbf{r}}{\partial G}\right|_{t_0} \cdot \left.\frac{\partial \mathbf{v}}{\partial \dot{r}}\right|_{t_0} = \underbrace{\frac{1}{r_p}\begin{bmatrix}0\\0\\0\end{bmatrix} \cdot \begin{bmatrix}-\sin\omega\cos\Omega\\ -\sin\omega\sin\Omega\\ \cos\omega/\sin i\end{bmatrix}}_{0} - \frac{r_p}{G}\cot i \sin\omega \underbrace{\mathbf{g}_3 \cdot \mathbf{g}_1}_{0} = 0,\\
[\dot{r}, H] &= \left.\frac{\partial \mathbf{r}}{\partial \dot{r}}\right|_{t_0} \cdot \left.\frac{\partial \mathbf{v}}{\partial H}\right|_{t_0} - \left.\frac{\partial \mathbf{r}}{\partial H}\right|_{t_0} \cdot \left.\frac{\partial \mathbf{v}}{\partial \dot{r}}\right|_{t_0} = -\frac{1}{r_p}\frac{\cos\omega}{\sin i}\underbrace{\mathbf{0}\cdot\mathbf{g}_3}_{0} + \frac{r_p}{G}\frac{\sin\omega}{\sin i}\underbrace{\mathbf{g}_3\cdot\mathbf{g}_1}_{0} = 0,\\
[\dot{r}, r] &= \left.\frac{\partial \mathbf{r}}{\partial \dot{r}}\right|_{t_0} \cdot \left.\frac{\partial \mathbf{v}}{\partial r}\right|_{t_0} - \left.\frac{\partial \mathbf{r}}{\partial r}\right|_{t_0} \cdot \left.\frac{\partial \mathbf{v}}{\partial \dot{r}}\right|_{t_0} = -\frac{G}{r_p^2}\underbrace{\mathbf{0}\cdot\mathbf{g}_2}_{0} - \underbrace{\mathbf{g}_1\cdot\mathbf{g}_1}_{1} = -1,\\
[\dot{r}, u] &= \left.\frac{\partial \mathbf{r}}{\partial \dot{r}}\right|_{t_0} \cdot \left.\frac{\partial \mathbf{v}}{\partial u}\right|_{t_0} - \left.\frac{\partial \mathbf{r}}{\partial u}\right|_{t_0} \cdot \left.\frac{\partial \mathbf{v}}{\partial \dot{r}}\right|_{t_0} = -\frac{G}{r_p}\underbrace{\mathbf{0}\cdot\mathbf{g}_1}_{0} - r_p\underbrace{\mathbf{g}_2\cdot\mathbf{g}_1}_{0} = 0,\\
[\dot{r}, \Omega] &= \left.\frac{\partial \mathbf{r}}{\partial \dot{r}}\right|_{t_0} \cdot \left.\frac{\partial \mathbf{v}}{\partial \Omega}\right|_{t_0} - \left.\frac{\partial \mathbf{r}}{\partial \Omega}\right|_{t_0} \cdot \left.\frac{\partial \mathbf{v}}{\partial \dot{r}}\right|_{t_0} = \underbrace{\frac{G}{r_p}\begin{bmatrix}0\\0\\0\end{bmatrix}\cdot\begin{bmatrix}-r_{22}\\r_{12}\\0\end{bmatrix}}_{0} - r_p\underbrace{\begin{bmatrix}-r_{21}\\r_{11}\\0\end{bmatrix}\cdot\begin{bmatrix}r_{11}\\r_{21}\\r_{31}\end{bmatrix}}_{-r_{21}r_{11}+r_{11}r_{21}=0} = 0.
\end{aligned}
\tag{B.88}
$$

Die verbleibenden Lagrangeklammern mit dem Betrag des Bahndrehimpulsvektors G als Argument lauten

$$
\begin{aligned}
[G, H] &= \left.\frac{\partial \mathbf{r}}{\partial G}\right|_{t_0} \cdot \left.\frac{\partial \mathbf{v}}{\partial H}\right|_{t_0} - \left.\frac{\partial \mathbf{r}}{\partial H}\right|_{t_0} \cdot \left.\frac{\partial \mathbf{v}}{\partial G}\right|_{t_0} = -\frac{1}{G}\frac{\cot i \sin\omega\cos\omega}{\sin i}\Big(\underbrace{\mathbf{g}_3\cdot\mathbf{g}_3}_{1} - \underbrace{\mathbf{g}_3\cdot\mathbf{g}_3}_{1}\Big) + \frac{1}{G}\frac{\sin\omega}{\sin i}\underbrace{\mathbf{g}_3\cdot\mathbf{g}_2}_{0} = 0,\\
[G, r] &= \left.\frac{\partial \mathbf{r}}{\partial G}\right|_{t_0} \cdot \left.\frac{\partial \mathbf{v}}{\partial r}\right|_{t_0} - \left.\frac{\partial \mathbf{r}}{\partial r}\right|_{t_0} \cdot \left.\frac{\partial \mathbf{v}}{\partial G}\right|_{t_0} = -\frac{1}{r_p}\cot i\sin\omega\underbrace{\mathbf{g}_3\cdot\mathbf{g}_2}_{0} - \frac{1}{r_p}\underbrace{\mathbf{g}_1\cdot\mathbf{g}_2}_{0} - \frac{1}{r_p}\cot i\cos\omega\underbrace{\mathbf{g}_1\cdot\mathbf{g}_3}_{0} = 0,\\
[G, u] &= \left.\frac{\partial \mathbf{r}}{\partial G}\right|_{t_0} \cdot \left.\frac{\partial \mathbf{v}}{\partial u}\right|_{t_0} - \left.\frac{\partial \mathbf{r}}{\partial u}\right|_{t_0} \cdot \left.\frac{\partial \mathbf{v}}{\partial G}\right|_{t_0} = -\cot i\sin\omega\underbrace{\mathbf{g}_3\cdot\mathbf{g}_1}_{0} - \underbrace{\mathbf{g}_2\cdot\mathbf{g}_2}_{1} - \cot i\cos\omega\underbrace{\mathbf{g}_2\cdot\mathbf{g}_3}_{0} = -1,\\
[G, \Omega] &= \left.\frac{\partial \mathbf{r}}{\partial G}\right|_{t_0} \cdot \left.\frac{\partial \mathbf{v}}{\partial \Omega}\right|_{t_0} - \left.\frac{\partial \mathbf{r}}{\partial \Omega}\right|_{t_0} \cdot \left.\frac{\partial \mathbf{v}}{\partial G}\right|_{t_0} = \cot i\sin\omega\underbrace{\begin{bmatrix}r_{13}\\r_{23}\\r_{33}\end{bmatrix}\cdot\begin{bmatrix}-r_{22}\\r_{12}\\0\end{bmatrix}}_{-r_{13}r_{22}+r_{23}r_{12}=r_{31}} - \underbrace{\begin{bmatrix}-r_{21}\\r_{11}\\0\end{bmatrix}\cdot\begin{bmatrix}r_{12}\\r_{22}\\r_{32}\end{bmatrix}}_{-r_{21}r_{12}+r_{11}r_{22}=r_{33}} - \cot i\cos\omega\underbrace{\begin{bmatrix}-r_{21}\\r_{11}\\0\end{bmatrix}\cdot\begin{bmatrix}r_{13}\\r_{23}\\r_{33}\end{bmatrix}}_{-r_{21}r_{13}+r_{11}r_{23}=-r_{32}}\\
&= \cot i\left(\sin\omega\, r_{31}\big|_{u\|\omega} + \cos\omega\, r_{32}\big|_{u\|\omega}\right) - r_{33}\\
&= \cot i\left(\sin^2\omega\sin i + \cos^2\omega\sin i\right) - \cos i = \cot i\sin i - \cos i = 0.
\end{aligned}
\tag{B.89}
$$

Die verbleibenden Lagrangeklammern mit z-Komponente des Bahndrehimpulsvektors H als Argument lauten

$$
\begin{aligned}
[H, r] &= \left.\frac{\partial \mathbf{r}}{\partial H}\right|_{t_0} \cdot \left.\frac{\partial \mathbf{v}}{\partial r}\right|_{t_0} - \left.\frac{\partial \mathbf{r}}{\partial r}\right|_{t_0} \cdot \left.\frac{\partial \mathbf{v}}{\partial H}\right|_{t_0} = \frac{1}{r_p}\frac{\sin\omega}{\sin i}\underbrace{\mathbf{g}_3\cdot\mathbf{g}_2}_{0} + \frac{1}{r_p}\frac{\cos\omega}{\sin i}\underbrace{\mathbf{g}_1\cdot\mathbf{g}_3}_{0} = 0,\\
[H, u] &= \left.\frac{\partial \mathbf{r}}{\partial H}\right|_{t_0} \cdot \left.\frac{\partial \mathbf{v}}{\partial u}\right|_{t_0} - \left.\frac{\partial \mathbf{r}}{\partial u}\right|_{t_0} \cdot \left.\frac{\partial \mathbf{v}}{\partial H}\right|_{t_0} = \frac{\sin\omega}{\sin i}\underbrace{\mathbf{g}_3\cdot\mathbf{g}_1}_{0} + \frac{\cos\omega}{\sin i}\underbrace{\mathbf{g}_2\cdot\mathbf{g}_3}_{0} = 0,\\
[H, \Omega] &= \left.\frac{\partial \mathbf{r}}{\partial H}\right|_{t_0} \cdot \left.\frac{\partial \mathbf{v}}{\partial \Omega}\right|_{t_0} - \left.\frac{\partial \mathbf{r}}{\partial \Omega}\right|_{t_0} \cdot \left.\frac{\partial \mathbf{v}}{\partial H}\right|_{t_0} = -\frac{\sin\omega}{\sin i}\underbrace{\begin{bmatrix}r_{13}\\r_{23}\\r_{33}\end{bmatrix}\cdot\begin{bmatrix}-r_{22}\\r_{12}\\0\end{bmatrix}}_{-r_{13}r_{22}+r_{23}r_{12}=r_{31}} + \frac{\cos\omega}{\sin i}\underbrace{\begin{bmatrix}-r_{21}\\r_{11}\\0\end{bmatrix}\cdot\begin{bmatrix}r_{13}\\r_{23}\\r_{33}\end{bmatrix}}_{-r_{21}r_{13}+r_{11}r_{23}=-r_{32}}\\
&= -\frac{\sin\omega}{\sin i}r_{31}\big|_{u\|\omega} - \frac{\cos\omega}{\sin i}r_{32}\big|_{u\|\omega} = -\frac{1}{\sin i}\left(\sin^2\omega\sin i + \cos^2\omega\sin i\right) = -1.
\end{aligned}
\tag{B.90}
$$

Die verbleibenden Lagrangeklammern mit dem radialen Abstand r als Argument lauten

$$[r,u] = \left.\frac{\partial\mathbf{r}}{\partial r}\right|_{t_0}\cdot\left.\frac{\partial\mathbf{v}}{\partial u}\right|_{t_0} - \left.\frac{\partial\mathbf{r}}{\partial u}\right|_{t_0}\cdot\left.\frac{\partial\mathbf{v}}{\partial r}\right|_{t_0} = -\frac{G}{r_p}\underbrace{\mathbf{g}_1\cdot\mathbf{g}_1}_{1} + \frac{G}{r_p}\underbrace{\mathbf{g}_2\cdot\mathbf{g}_2}_{1} = 0,$$

$$[r,\Omega] = \left.\frac{\partial\mathbf{r}}{\partial r}\right|_{t_0}\cdot\left.\frac{\partial\mathbf{v}}{\partial \Omega}\right|_{t_0} - \left.\frac{\partial\mathbf{r}}{\partial \Omega}\right|_{t_0}\cdot\left.\frac{\partial\mathbf{v}}{\partial r}\right|_{t_0} = \frac{G}{r_p}\underbrace{\begin{bmatrix} r_{11}\\ r_{21}\\ r_{31}\end{bmatrix}\cdot\begin{bmatrix} -r_{22}\\ r_{12}\\ 0\end{bmatrix}}_{-r_{11}r_{22}+r_{21}r_{12}=-r_{33}} + \frac{G}{r_p}\underbrace{\begin{bmatrix} -r_{21}\\ r_{11}\\ 0\end{bmatrix}\cdot\begin{bmatrix} r_{12}\\ r_{22}\\ r_{32}\end{bmatrix}}_{-r_{21}r_{12}+r_{11}r_{22}=r_{33}} = \frac{G}{r_p}\big(-r_{33}+r_{33}\big) = 0. \tag{B.91}$$

Die verbleibende Lagrangeklammer mit dem Argument des Perigäum u als Argument lautet

$$[u,\Omega] = \left.\frac{\partial\mathbf{r}}{\partial u}\right|_{t_0}\cdot\left.\frac{\partial\mathbf{v}}{\partial \Omega}\right|_{t_0} - \left.\frac{\partial\mathbf{r}}{\partial \Omega}\right|_{t_0}\cdot\left.\frac{\partial\mathbf{v}}{\partial u}\right|_{t_0} = G\underbrace{\begin{bmatrix} r_{12}\\ r_{22}\\ r_{32}\end{bmatrix}\cdot\begin{bmatrix} -r_{22}\\ r_{12}\\ 0\end{bmatrix}}_{-r_{12}r_{22}+r_{22}r_{12}=0} + G\underbrace{\begin{bmatrix} -r_{21}\\ r_{11}\\ 0\end{bmatrix}\cdot\begin{bmatrix} r_{11}\\ r_{21}\\ r_{31}\end{bmatrix}}_{-r_{21}r_{11}+r_{11}r_{21}=0} = 0. \tag{B.92}$$

Zusammen mit $[\dot r,\dot r]$, $[G,G]$, $[H,H]$, $[r,r]$, $[u,u]$, $[\Omega,\Omega]\equiv 0$ sind nun alle Lagrangeklammern bekannt.

Matrix der Lagrangeklammern bzw. Lagrangematrix L

Durch geeignete Wahl der ansonsten beliebigen Reihenfolge der Bahnelemente lässt sich direkt bestätigen, dass die Hill-Variablen ein kanonischer Variablensatz sind. Hier wird die Reihenfolge $\mathcal{H} := (\dot r, G, H, r, u, \Omega)^T$ gewählt:

$$L_{\mathcal{H}} := \left[\begin{array}{ccc|ccc} [\dot r,\dot r] & [\dot r,G] & [\dot r,H] & [\dot r,r] & [\dot r,u] & [\dot r,\Omega]\\ [G,\dot r] & [G,G] & [G,H] & [G,r] & [G,u] & [G,\Omega]\\ [H,\dot r] & [H,G] & [H,H] & [H,r] & [H,u] & [H,\Omega]\\ \hline [r,\dot r] & [r,G] & [r,H] & [r,r] & [r,u] & [r,\Omega]\\ [u,\dot r] & [u,G] & [u,H] & [u,r] & [u,u] & [u,\Omega]\\ [\Omega,\dot r] & [\Omega,G] & [\Omega,H] & [\Omega,r] & [\Omega,u] & [\Omega,\Omega] \end{array}\right] = \left[\begin{array}{ccc|ccc} & & & -1 & 0 & 0\\ & 0 & & 0 & -1 & 0\\ & & & 0 & 0 & -1\\ \hline 1 & 0 & 0 & & & \\ 0 & 1 & 0 & & 0 & \\ 0 & 0 & 1 & & & \end{array}\right] \tag{B.93}$$

Ein Vergleich von (B.93) und (B.63) zeigt, dass auch die Kepler-Variablen in reine Koordinatengrössen (Ω, ω, M_0) und (dreh-)impulsartige Größen (i, e, a) unterteilbar sind (siehe § A.1); aber die Größen sind nicht kanonisch konjugiert. Die generalisierten Koordinaten (r, u, Ω) sowie (Dreh-)Impulse $(\dot r, G, H)$ der Hill-Variablen stellen hingegen kanonisch konjugierte Bahnvariablen dar.

B.4 Anwendung auf kanonische Kugelkoordinaten

Die detaillierte Herleitung sämtlicher Lagrangeklammern der kanonischen Kugelkoordinaten ist bisher nicht in der Literatur zu finden. Die folgende Herleitung orientiert sich an den vorherigen Abschnitten über die Kepler- bzw. Hill-Variablen und macht Gebrauch von einigen der in § 2.2.4.1 und § 2.2.4.2 aufgestellten Formeln.

Grundlage ist die Basis $[\mathbf{s}_i]$, eingeführt durch (2.121). Analog (B.11) bis (B.13) gilt hier

$$[\mathbf{e}_i] = [R][\mathbf{s}_i] \quad \text{mit} \quad [R] = \big(R_1(-90^\circ)\,R_2(\theta-90^\circ)\,R_3(\Lambda)\big)^T = R_3(-\Lambda)\,R_2(90^\circ-\theta)\,R_1(90^\circ) \tag{B.94}$$

bzw.

$$[R] = [\mathbf{e}_i][\mathbf{s}_i]^T = \begin{bmatrix}\mathbf{e}_1\\ \mathbf{e}_2\\ \mathbf{e}_3\end{bmatrix}\begin{bmatrix}\mathbf{s}_1\\ \mathbf{s}_2\\ \mathbf{s}_3\end{bmatrix}^T = \begin{bmatrix}\mathbf{e}_1\cdot\mathbf{s}_1 & \mathbf{e}_1\cdot\mathbf{s}_2 & \mathbf{e}_1\cdot\mathbf{s}_3\\ \mathbf{e}_2\cdot\mathbf{s}_1 & \mathbf{e}_2\cdot\mathbf{s}_2 & \mathbf{e}_2\cdot\mathbf{s}_3\\ \mathbf{e}_3\cdot\mathbf{s}_1 & \mathbf{e}_3\cdot\mathbf{s}_2 & \mathbf{e}_3\cdot\mathbf{s}_3\end{bmatrix} = [\mathbf{s}_1\,\mathbf{s}_2\,\mathbf{s}_3] \tag{B.95}$$

und konkret, ablesbar aus (2.122),

$$[R] = \begin{bmatrix} r_{11} & r_{12} & r_{13}\\ r_{21} & r_{22} & r_{23}\\ r_{31} & r_{32} & r_{33}\end{bmatrix} = \begin{bmatrix} \sin\theta\cos\Lambda & \cos\theta\cos\Lambda & -\sin\Lambda\\ \sin\theta\sin\Lambda & \cos\theta\sin\Lambda & \cos\Lambda\\ \cos\theta & -\sin\theta & 0\end{bmatrix}. \tag{B.96}$$

Für die späteren partiellen Ableitungen sind folgende, aus (B.96) offensichtliche, explizite Beziehungen hilfreich:

$$\frac{\partial\mathbf{s}_1}{\partial\theta} = \mathbf{s}_2, \qquad \frac{\partial\mathbf{s}_2}{\partial\theta} = -\mathbf{s}_1, \qquad \frac{\partial\mathbf{s}_1}{\partial\Lambda} = \sin\theta\,\mathbf{s}_3, \qquad \frac{\partial\mathbf{s}_2}{\partial\Lambda} = \cos\theta\,\mathbf{s}_3, \qquad \frac{\partial\mathbf{s}_3}{\partial\Lambda} = -\big(\sin\theta\,\mathbf{s}_1 + \cos\theta\,\mathbf{s}_2\big). \tag{B.97}$$

Darüber hinaus gelten ganz allgemein wiederum (B.14) mit $\mathbf{g}||\mathbf{s}$ bzw. (B.15).

Positions- und Geschwindigkeitsvektor bezüglich der Basis $[\mathbf{s}_i]$ in kanonischen Kugelkoordinaten lassen sich nach (2.125) und (2.153) ausdrücken als

$$\mathbf{r} = r\mathbf{s}_1\,, \qquad \mathbf{v} = \dot{r}\mathbf{s}_1 + \frac{J}{r}\,\mathbf{s}_2 + \frac{H}{r\sin\theta}\,\mathbf{s}_3\,. \tag{B.98}$$

Für die folgenden partiellen Ableitungen $\partial\mathbf{r}/\partial\alpha_i$ und $\partial\mathbf{v}/\partial\alpha_i$ ist zu beachten, dass die kanonischen Kugelkoordinaten generalisierte Impulse bzw. Koordinaten darstellen und somit voneinander unabhängig sind, d. h., indirekte partielle Ableitungen untereinander entfallen. Zudem ist auch für diesen Variablensatz das Perigäum ein vorteilhafter Bahnpunkt, um Lagrangeklammern aufzustellen, denn dort gilt $\dot{r}\big|_{t_0} = \dot{r}_p = 0$ und $r\big|_{t_0} = r_p$.

Die partiellen Ableitungen $\partial\mathbf{r}/\partial\dot{r}$, $\partial\mathbf{r}/\partial J$, $\partial\mathbf{r}/\partial H$

sind sehr einfach zu bilden, da der Positionsvektor komplett unabhängig von den generalisierten Impulsen ist:

$$\frac{\partial\mathbf{r}}{\partial\dot{r}} = \mathbf{0},\ \frac{\partial\mathbf{r}}{\partial J} = \mathbf{0},\ \frac{\partial\mathbf{r}}{\partial H} = \mathbf{0} \quad\rightarrow\quad \left.\frac{\partial\mathbf{r}}{\partial\dot{r}}\right|_{t_0} = \mathbf{0},\ \left.\frac{\partial\mathbf{r}}{\partial J}\right|_{t_0} = \mathbf{0},\ \left.\frac{\partial\mathbf{r}}{\partial H}\right|_{t_0} = \mathbf{0}. \tag{B.99}$$

Die partiellen Ableitungen $\partial\mathbf{r}/\partial r$, $\partial\mathbf{r}/\partial\theta$, $\partial\mathbf{r}/\partial\Lambda$

greifen zum Teil auf die Zusammenhänge (B.97) zurück:

$$\frac{\partial\mathbf{r}}{\partial r} = \frac{\partial r}{\partial r}\mathbf{s}_1 = \mathbf{s}_1,\ \frac{\partial\mathbf{r}}{\partial\theta} = r\frac{\partial\mathbf{s}_1}{\partial\theta} = r\mathbf{s}_2,\ \frac{\partial\mathbf{r}}{\partial\Lambda} = r\frac{\partial\mathbf{s}_1}{\partial\Lambda} = r\sin\theta\mathbf{s}_3 \quad\rightarrow\quad \left.\frac{\partial\mathbf{r}}{\partial r}\right|_{t_0} = \mathbf{s}_1,\ \left.\frac{\partial\mathbf{r}}{\partial\theta}\right|_{t_0} = r_p\,\mathbf{s}_2,\ \left.\frac{\partial\mathbf{r}}{\partial\Lambda}\right|_{t_0} = r_p\sin\theta\mathbf{s}_3. \tag{B.100}$$

Damit sind bereits alle partiellen Ableitungen des Positionsvektors $\partial\mathbf{r}/\partial\alpha_i$ bekannt und es verbleibt die Bestimmung der partiellen Ableitungen des Geschwindigkeitsvektors $\partial\mathbf{v}/\partial\alpha_i$. Diese sind nur geringfügig aufwendiger.

Die partielle Ableitung $\partial\mathbf{v}/\partial\dot{r}$

$$\frac{\partial\mathbf{v}}{\partial\dot{r}} = \frac{\partial\dot{r}}{\partial\dot{r}}\mathbf{s}_1 = \mathbf{s}_1 \quad\rightarrow\quad \left.\frac{\partial\mathbf{v}}{\partial\dot{r}}\right|_{t_0} = \mathbf{s}_1. \tag{B.101}$$

Die partielle Ableitung $\partial\mathbf{v}/\partial J$

$$\frac{\partial\mathbf{v}}{\partial J} = \frac{\partial}{\partial J}\left(\frac{J}{r}\right)\mathbf{s}_2 = \frac{1}{r}\,\mathbf{s}_2 \quad\rightarrow\quad \left.\frac{\partial\mathbf{v}}{\partial J}\right|_{t_0} = \frac{1}{r_p}\,\mathbf{s}_2. \tag{B.102}$$

Die partielle Ableitung $\partial\mathbf{v}/\partial H$

$$\frac{\partial\mathbf{v}}{\partial H} = \frac{\partial}{\partial H}\left(\frac{H}{r\sin\theta}\right)\mathbf{s}_3 = \frac{1}{r\sin\theta}\,\mathbf{s}_3 \quad\rightarrow\quad \left.\frac{\partial\mathbf{v}}{\partial H}\right|_{t_0} = \frac{1}{r_p\sin\theta}\,\mathbf{s}_3. \tag{B.103}$$

Die partielle Ableitung $\partial\mathbf{v}/\partial r$

$$\frac{\partial\mathbf{v}}{\partial r} = \frac{\partial}{\partial r}\left(\frac{J}{r}\right)\mathbf{s}_2 + \frac{\partial}{\partial r}\left(\frac{H}{r\sin\theta}\right)\mathbf{s}_3 = -\frac{J}{r^2}\,\mathbf{s}_2 - \frac{H}{r^2\sin\theta}\,\mathbf{s}_3 \quad\rightarrow\quad \left.\frac{\partial\mathbf{v}}{\partial r}\right|_{t_0} = -\frac{J}{r_p^2}\,\mathbf{s}_2 - \frac{H}{r_p^2\sin\theta}\,\mathbf{s}_3. \tag{B.104}$$

Die partielle Ableitung $\partial\mathbf{v}/\partial\theta$

greift zum Teil auf die Zusammenhänge (B.97) zurück, sowie auf die Tatsache $\mathbf{s}_3 = \mathbf{s}_3(\Lambda) \rightarrow \partial\mathbf{s}_3/\partial\theta = 0$, also

$$\frac{\partial\mathbf{v}}{\partial\theta} = \dot{r}\frac{\partial\mathbf{s}_1}{\partial\theta} + \frac{J}{r}\frac{\partial\mathbf{s}_2}{\partial\theta} + \frac{\partial}{\partial\theta}\left(\frac{H}{r\sin\theta}\right)\mathbf{s}_3 = \dot{r}\mathbf{s}_2 - \frac{J}{r}\,\mathbf{s}_1 - \frac{H\cot\theta}{r\sin\theta}\,\mathbf{s}_3 \quad\rightarrow\quad \left.\frac{\partial\mathbf{v}}{\partial\theta}\right|_{t_0} = -\frac{J}{r_p}\,\mathbf{s}_1 - \frac{H\cot\theta}{r_p\sin\theta}\,\mathbf{s}_3. \tag{B.105}$$

Die partielle Ableitung $\partial\mathbf{v}/\partial\Lambda$

greift ebenfalls zum Teil auf die Zusammenhänge (B.97) zurück:

$$\frac{\partial\mathbf{v}}{\partial\Lambda} = \dot{r}\frac{\partial\mathbf{s}_1}{\partial\Lambda} + \frac{J}{r}\frac{\partial\mathbf{s}_2}{\partial\Lambda} + \frac{H}{r\sin\theta}\frac{\partial\mathbf{s}_3}{\partial\Lambda} = \dot{r}\sin\theta\mathbf{s}_3 + \frac{J}{r}\cos\theta\mathbf{s}_3 - \frac{H}{r\sin\theta}\big(\sin\theta\,\mathbf{s}_1 + \cos\theta\,\mathbf{s}_2\big) \tag{B.106}$$

so dass

$$\left.\frac{\partial\mathbf{v}}{\partial\Lambda}\right|_{t_0} = -\frac{H}{r_p}\,\mathbf{s}_1 - \frac{H}{r_p}\cot\theta\mathbf{s}_2 + \frac{J}{r_p}\cos\theta\mathbf{s}_3. \tag{B.107}$$

Damit sind auch alle partiellen Ableitungen des Geschwindigkeitsvektors $\partial\mathbf{v}/\partial\alpha_i$ bekannt.

Berechnung der Lagrangeklammern $[\alpha_i, \alpha_{j\neq i}]$

Alle Lagrangeklammern unter Berücksichtigung von (B.10) mit der Radialgeschwindigkeit $\dot{r}$ als Argument lauten

$$\begin{aligned}
[\dot{r}, J] &= \left.\frac{\partial \mathbf{r}}{\partial \dot{r}}\right|_{t_0} \cdot \left.\frac{\partial \mathbf{v}}{\partial J}\right|_{t_0} - \left.\frac{\partial \mathbf{r}}{\partial J}\right|_{t_0} \cdot \left.\frac{\partial \mathbf{v}}{\partial \dot{r}}\right|_{t_0} = \frac{1}{r_p} \underbrace{\mathbf{0} \cdot \mathbf{s}_2}_{0} - \underbrace{\mathbf{0} \cdot \mathbf{s}_1}_{0} = 0, \\
[\dot{r}, H] &= \left.\frac{\partial \mathbf{r}}{\partial \dot{r}}\right|_{t_0} \cdot \left.\frac{\partial \mathbf{v}}{\partial H}\right|_{t_0} - \left.\frac{\partial \mathbf{r}}{\partial H}\right|_{t_0} \cdot \left.\frac{\partial \mathbf{v}}{\partial \dot{r}}\right|_{t_0} = \frac{1}{r_p \sin\theta} \underbrace{\mathbf{0} \cdot \mathbf{s}_3}_{0} - \underbrace{\mathbf{0} \cdot \mathbf{s}_1}_{0} = 0, \\
[\dot{r}, r] &= \left.\frac{\partial \mathbf{r}}{\partial \dot{r}}\right|_{t_0} \cdot \left.\frac{\partial \mathbf{v}}{\partial r}\right|_{t_0} - \left.\frac{\partial \mathbf{r}}{\partial r}\right|_{t_0} \cdot \left.\frac{\partial \mathbf{v}}{\partial \dot{r}}\right|_{t_0} = \underbrace{\mathbf{0} \cdot \left(-\frac{J}{r_p^2}\mathbf{s}_2 - \frac{H}{r_p^2 \sin\theta}\mathbf{s}_3\right)}_{0} - \underbrace{\mathbf{s}_1 \cdot \mathbf{s}_1}_{1} = -1, \\
[\dot{r}, \theta] &= \left.\frac{\partial \mathbf{r}}{\partial \dot{r}}\right|_{t_0} \cdot \left.\frac{\partial \mathbf{v}}{\partial \theta}\right|_{t_0} - \left.\frac{\partial \mathbf{r}}{\partial \theta}\right|_{t_0} \cdot \left.\frac{\partial \mathbf{v}}{\partial \dot{r}}\right|_{t_0} = \underbrace{\mathbf{0} \cdot \left(-\frac{J}{r_p}\mathbf{s}_1 - \frac{H\cot\theta}{r_p \sin\theta}\mathbf{s}_3\right)}_{0} - r_p \underbrace{\mathbf{s}_2 \cdot \mathbf{s}_1}_{0} = 0, \\
[\dot{r}, \Lambda] &= \left.\frac{\partial \mathbf{r}}{\partial \dot{r}}\right|_{t_0} \cdot \left.\frac{\partial \mathbf{v}}{\partial \Lambda}\right|_{t_0} - \left.\frac{\partial \mathbf{r}}{\partial \Lambda}\right|_{t_0} \cdot \left.\frac{\partial \mathbf{v}}{\partial \dot{r}}\right|_{t_0} = \underbrace{\mathbf{0} \cdot \left(-\frac{H}{r_p}\mathbf{s}_1 - \frac{H}{r_p}\cot\theta\mathbf{s}_2 + \frac{J}{r_p}\cos\theta\mathbf{s}_3\right)}_{0} - r_p \sin\theta \underbrace{\mathbf{s}_3 \cdot \mathbf{s}_1}_{0} = 0.
\end{aligned} \tag{B.108}$$

Die verbleibenden Lagrangeklammern mit $\mathbf{s}_3$-Komponente des Bahndrehimpulsvektors J als Argument lauten

$$\begin{aligned}
[J, H] &= \left.\frac{\partial \mathbf{r}}{\partial J}\right|_{t_0} \cdot \left.\frac{\partial \mathbf{v}}{\partial H}\right|_{t_0} - \left.\frac{\partial \mathbf{r}}{\partial H}\right|_{t_0} \cdot \left.\frac{\partial \mathbf{v}}{\partial J}\right|_{t_0} = \frac{1}{r_p \sin\theta} \underbrace{\mathbf{0} \cdot \mathbf{s}_3}_{0} - \frac{1}{r_p} \underbrace{\mathbf{0} \cdot \mathbf{s}_2}_{0} = 0, \\
[J, r] &= \left.\frac{\partial \mathbf{r}}{\partial J}\right|_{t_0} \cdot \left.\frac{\partial \mathbf{v}}{\partial r}\right|_{t_0} - \left.\frac{\partial \mathbf{r}}{\partial r}\right|_{t_0} \cdot \left.\frac{\partial \mathbf{v}}{\partial J}\right|_{t_0} = \underbrace{\mathbf{0} \cdot \left(-\frac{J}{r_p^2}\mathbf{s}_2 - \frac{H}{r_p^2 \sin\theta}\mathbf{s}_3\right)}_{0} - \frac{1}{r_p} \underbrace{\mathbf{s}_1 \cdot \mathbf{s}_2}_{0} = 0, \\
[J, \theta] &= \left.\frac{\partial \mathbf{r}}{\partial J}\right|_{t_0} \cdot \left.\frac{\partial \mathbf{v}}{\partial \theta}\right|_{t_0} - \left.\frac{\partial \mathbf{r}}{\partial \theta}\right|_{t_0} \cdot \left.\frac{\partial \mathbf{v}}{\partial J}\right|_{t_0} = \underbrace{\mathbf{0} \cdot \left(-\frac{J}{r_p}\mathbf{s}_1 - \frac{H\cot\theta}{r_p \sin\theta}\mathbf{s}_3\right)}_{0} - \underbrace{\mathbf{s}_2 \cdot \mathbf{s}_2}_{1} = -1, \\
[J, \Lambda] &= \left.\frac{\partial \mathbf{r}}{\partial J}\right|_{t_0} \cdot \left.\frac{\partial \mathbf{v}}{\partial \Lambda}\right|_{t_0} - \left.\frac{\partial \mathbf{r}}{\partial \Lambda}\right|_{t_0} \cdot \left.\frac{\partial \mathbf{v}}{\partial J}\right|_{t_0} = \underbrace{\mathbf{0} \cdot \left(-\frac{H}{r_p}\mathbf{s}_1 - \frac{H}{r_p}\cot\theta\mathbf{s}_2 + \frac{J}{r_p}\cos\theta\mathbf{s}_3\right)}_{0} - \sin\theta \underbrace{\mathbf{s}_3 \cdot \mathbf{s}_2}_{0} = 0.
\end{aligned} \tag{B.109}$$

Die verbleibenden Lagrangeklammern mit $\mathbf{e}_3$-Komponente des Bahndrehimpulsvektors H als Argument lauten

$$\begin{aligned}
[H, r] &= \left.\frac{\partial \mathbf{r}}{\partial H}\right|_{t_0} \cdot \left.\frac{\partial \mathbf{v}}{\partial r}\right|_{t_0} - \left.\frac{\partial \mathbf{r}}{\partial r}\right|_{t_0} \cdot \left.\frac{\partial \mathbf{v}}{\partial H}\right|_{t_0} = \underbrace{\mathbf{0} \cdot \left(-\frac{J}{r_p^2}\mathbf{s}_2 - \frac{H}{r_p^2 \sin\theta}\mathbf{s}_3\right)}_{0} - \frac{1}{r_p \sin\theta} \underbrace{\mathbf{s}_1 \cdot \mathbf{s}_3}_{0} = 0, \\
[H, \theta] &= \left.\frac{\partial \mathbf{r}}{\partial H}\right|_{t_0} \cdot \left.\frac{\partial \mathbf{v}}{\partial \theta}\right|_{t_0} - \left.\frac{\partial \mathbf{r}}{\partial \theta}\right|_{t_0} \cdot \left.\frac{\partial \mathbf{v}}{\partial H}\right|_{t_0} = \underbrace{\mathbf{0} \cdot \left(-\frac{J}{r_p}\mathbf{s}_1 - \frac{H\cot\theta}{r_p \sin\theta}\mathbf{s}_3\right)}_{0} - \frac{1}{\sin\theta} \underbrace{\mathbf{s}_2 \cdot \mathbf{s}_3}_{0} = 0, \\
[H, \Lambda] &= \left.\frac{\partial \mathbf{r}}{\partial H}\right|_{t_0} \cdot \left.\frac{\partial \mathbf{v}}{\partial \Lambda}\right|_{t_0} - \left.\frac{\partial \mathbf{r}}{\partial \Lambda}\right|_{t_0} \cdot \left.\frac{\partial \mathbf{v}}{\partial H}\right|_{t_0} = \underbrace{\mathbf{0} \cdot \left(-\frac{H}{r_p}\mathbf{s}_1 - \frac{H}{r_p}\cot\theta\mathbf{s}_2 + \frac{J}{r_p}\cos\theta\mathbf{s}_3\right)}_{0} - \underbrace{\mathbf{s}_3 \cdot \mathbf{s}_3}_{1} = -1.
\end{aligned} \tag{B.110}$$

Die verbleibenden Lagrangeklammern mit dem radialen Abstand r als Argument lauten

$$\begin{aligned}
[r, \theta] &= \left.\frac{\partial \mathbf{r}}{\partial r}\right|_{t_0} \cdot \left.\frac{\partial \mathbf{v}}{\partial \theta}\right|_{t_0} - \left.\frac{\partial \mathbf{r}}{\partial \theta}\right|_{t_0} \cdot \left.\frac{\partial \mathbf{v}}{\partial r}\right|_{t_0} = \mathbf{s}_1 \cdot \left(-\frac{J}{r_p}\mathbf{s}_1 - \frac{H\cot\theta}{r_p \sin\theta}\mathbf{s}_3\right) - r_p \mathbf{s}_2 \cdot \left(-\frac{J}{r_p^2}\mathbf{s}_2 - \frac{H}{r_p^2 \sin\theta}\mathbf{s}_3\right) \\
&= -\frac{J}{r_p}\Big(\underbrace{\mathbf{s}_1 \cdot \mathbf{s}_1}_{1} - \underbrace{\mathbf{s}_2 \cdot \mathbf{s}_2}_{1}\Big) - \frac{H}{r_p \sin\theta}\Big(\cot\theta \underbrace{\mathbf{s}_1 \cdot \mathbf{s}_3}_{0} - \underbrace{\mathbf{s}_2 \cdot \mathbf{s}_3}_{0}\Big) = 0, \\
[r, \Lambda] &= \left.\frac{\partial \mathbf{r}}{\partial r}\right|_{t_0} \cdot \left.\frac{\partial \mathbf{v}}{\partial \Lambda}\right|_{t_0} - \left.\frac{\partial \mathbf{r}}{\partial \Lambda}\right|_{t_0} \cdot \left.\frac{\partial \mathbf{v}}{\partial r}\right|_{t_0} = \mathbf{s}_1 \cdot \left(-\frac{H}{r_p}\mathbf{s}_1 - \frac{H}{r_p}\cot\theta\,\mathbf{s}_2 + \frac{J}{r_p}\cos\theta\mathbf{s}_3\right) - r_p \sin\theta\mathbf{s}_3 \cdot \left(-\frac{J}{r_p^2}\mathbf{s}_2 - \frac{H}{r_p^2 \sin\theta}\mathbf{s}_3\right) \\
&= -\frac{H}{r_p}\Big(\underbrace{\mathbf{s}_1 \cdot \mathbf{s}_1}_{1} + \cot\theta \underbrace{\mathbf{s}_1 \cdot \mathbf{s}_2}_{0} - \underbrace{\mathbf{s}_3 \cdot \mathbf{s}_3}_{1}\Big) + \frac{J}{r_p}\Big(\cos\theta \underbrace{\mathbf{s}_1 \cdot \mathbf{s}_3}_{0} + \sin\theta \underbrace{\mathbf{s}_3 \cdot \mathbf{s}_2}_{0}\Big) = 0.
\end{aligned} \tag{B.111}$$

Die verbleibende Lagrangeklammer mit der Poldistanz bzw. Co-Breite θ als Argument lautet

$$[\theta,\Lambda] = \frac{\partial \mathbf{r}}{\partial \theta}\Big|_{t_0} \cdot \frac{\partial \mathbf{v}}{\partial \Lambda}\Big|_{t_0} - \frac{\partial \mathbf{r}}{\partial \Lambda}\Big|_{t_0} \cdot \frac{\partial \mathbf{v}}{\partial \theta}\Big|_{t_0} = r_p\,\mathbf{s}_2\cdot\Big(-\frac{H}{r_p}\mathbf{s}_1 - \frac{H}{r_p}\cot\theta\,\mathbf{s}_2 + \frac{J}{r_p}\cos\theta\mathbf{s}_3\Big) - r_p\sin\theta\mathbf{s}_3\cdot\Big(-\frac{J}{r_p}\mathbf{s}_1 - \frac{H\cot\theta}{r_p\sin\theta}\mathbf{s}_3\Big)$$
$$= -H\underbrace{\mathbf{s}_2\cdot\mathbf{s}_1}_{0} + J\big(\cos\theta\underbrace{\mathbf{s}_2\cdot\mathbf{s}_3}_{0} + \sin\theta\underbrace{\mathbf{s}_3\cdot\mathbf{s}_1}_{0}\big) - H\cot\theta\big(\underbrace{\mathbf{s}_2\cdot\mathbf{s}_2}_{1} - \underbrace{\mathbf{s}_3\cdot\mathbf{s}_3}_{1}\big) = 0. \tag{B.112}$$

Zusammen mit $[\dot r,\dot r]$, $[J,J]$, $[H,H]$, $[r,r]$, $[\theta,\theta]$, $[\Lambda,\Lambda] \equiv 0$ sind jetzt alle Lagrangeklammern bekannt.

Matrix der Lagrangeklammern bzw. Lagrangematrix L

Die Kanonizität des Variablensatzes $\mathcal{S}$ lässt sich direkt aus der Lagrangematrix $L_\mathcal{S}$ ablesen bzw. bestätigen. Hier wird die Reihenfolge $\mathcal{S} := (\dot r, J, H; r, \theta, \Lambda)^T$ gewählt:

$$L_\mathcal{S} := \left[\begin{array}{ccc|ccc} [\dot r,\dot r] & [\dot r,J] & [\dot r,H] & [\dot r,r] & [\dot r,\theta] & [\dot r,\Lambda] \\ [J,\dot r] & [J,J] & [J,H] & [J,r] & [J,\theta] & [J,\Lambda] \\ [H,\dot r] & [H,J] & [H,H] & [H,r] & [H,\theta] & [H,\Lambda] \\ \hline [r,\dot r] & [r,J] & [r,H] & [r,r] & [r,\theta] & [r,\Lambda] \\ [\theta,\dot r] & [\theta,J] & [\theta,H] & [\theta,r] & [\theta,\theta] & [\theta,\Lambda] \\ [\Lambda,\dot r] & [\Lambda,J] & [\Lambda,H] & [\Lambda,r] & [\Lambda,\theta] & [\Lambda,\Lambda] \end{array}\right] = \left[\begin{array}{ccc|ccc} & & & -1 & 0 & 0 \\ & 0 & & 0 & -1 & 0 \\ & & & 0 & 0 & -1 \\ \hline 1 & 0 & 0 & & & \\ 0 & 1 & 0 & & 0 & \\ 0 & 0 & 1 & & & \end{array}\right] \tag{B.113}$$

Der Vergleich von (B.113) und (B.93) zeigt eine Gemeinsamkeit verschiedener Sätze kanonisch konjugierter Bahnvariablen. In allen Fällen nimmt die Lagrangematrix L die Form einer kanonischen Matrix an.

B.5 Langrangeklammern versus Poissonklammern

In der analytischen Bahntheorie (siehe z. B. Cui[8], [10]) haben *Poissonklammern* eine herausragende Bedeutung. Mit ihnen lassen sich beispielsweise infinitesimale Lie-Transformationen mittels einer erzeugenden Funktion s (kurz *Erzeugende*), ihrerseits bestehend aus mehreren aufeinanderfolgenden Schritten vermittelt durch $s^{(i)}$, übersichtlich ausdrücken. Die Erzeugende s setzt sich etwa im Falle von drei sukzessiven infinitesimalen Lie-Transformationen folgendermassen additiv zusammen

$$s = s^{(1)} + s^{(2)} + s^{(3)} + \tfrac{1}{2}\{s^{(1)}, s^{(2)}\} + \tfrac{1}{2}\{s^{(1)} + s^{(2)}, s^{(3)}\} + \tfrac{1}{12}\{s^{(1)} - s^{(2)}, \{s^{(1)}, s^{(2)}\}\} + \cdots, \tag{B.114}$$

wobei die geschweiften Klammern, im Unterschied zu den mittels eckigen Klammern symbolisierten Lagrangeklammern, für die Poissonklammern stehen; definiert durch (Vorzeichen wie bei Cui [8] wegen $F = V - T = -L$)

$$\{u,v\} := \Big(\frac{\partial u}{\partial p_1}\frac{\partial v}{\partial q_1} - \frac{\partial u}{\partial q_1}\frac{\partial v}{\partial p_1}\Big) + \Big(\frac{\partial u}{\partial p_2}\frac{\partial v}{\partial q_2} - \frac{\partial u}{\partial q_2}\frac{\partial v}{\partial p_2}\Big) + \Big(\frac{\partial u}{\partial p_3}\frac{\partial v}{\partial q_3} - \frac{\partial u}{\partial q_3}\frac{\partial v}{\partial p_3}\Big). \tag{B.115}$$

Darin sind $u(q,p;t)$ und $v(q,p;t)$ zwei beliebig im Phasenraum, aufgespannt durch die kanonisch konjugierten Variablen $q := (q_1, q_2, \ldots, q_n)$ (generalisierte Koordinaten) bzw. $p := (p_1, p_2, \ldots, p_n)$ (generalisierte Impulse), erklärte Funktionen, vgl. (A.5). Für (B.115) wurde $n = 3$ gesetzt. Die Anwendung (B.114) zeigt, dass u und v durch die Erzeugenden $s^{(i)}$ bzw. Linearkombinationen von ihnen ersetzt wurden; zudem tauchen geschachtelte Poissonklammern auf. Die Eigenschaften von Poissonklammern werden bei Schneider [41] ausführlich behandelt. Eine beliebige auf dem Phasenraum definierte Funktion $\phi(q,p;t)$ besitzt die totale Zeitableitung (wieder $n = 3$)

$$\frac{\mathrm{d}\phi}{\mathrm{d}t} = \frac{\partial\phi}{\partial t} + \sum_{i=1}^{3}\Big(\frac{\partial\phi}{\partial q_i}\frac{\mathrm{d}q_i}{\mathrm{d}t} + \frac{\partial\phi}{\partial p_i}\frac{\mathrm{d}p_i}{\mathrm{d}t}\Big) \tag{B.116}$$

bzw. nach Anwendung der Hamiltongleichungen (A.10) mit $H = V + T$

$$\frac{\mathrm{d}\phi}{\mathrm{d}t} = \frac{\partial\phi}{\partial t} + \sum_{i=1}^{3}\Big(\frac{\partial\phi}{\partial q_i}\frac{\partial H}{\partial p_i} - \frac{\partial\phi}{\partial p_i}\frac{\partial H}{\partial q_i}\Big) \tag{B.117}$$

und somit unter Ausnutzung der Definition (B.115)

$$\frac{\mathrm{d}\phi}{\mathrm{d}t} = \frac{\partial\phi}{\partial t} + \{H,\phi\} \quad\leftrightarrow\quad \frac{\mathrm{d}\phi}{\mathrm{d}t} = \frac{\partial\phi}{\partial t} - \{\phi,H\} \quad\leftrightarrow\quad \frac{\mathrm{d}\phi}{\mathrm{d}t} = \frac{\partial\phi}{\partial t} + \{\phi,F\} \quad\leftrightarrow\quad \frac{\mathrm{d}\phi}{\mathrm{d}t} = \frac{\partial\phi}{\partial t} - \{F,\phi\}. \tag{B.118}$$

Die dritte Gleichung aus (B.118) ist letztlich die Grundlage für den verwendeten Liereihen-Ansatz (vgl. § 2.2.1).[3]

[3]Anmerkung: Die Variation δ einer Funktion $\phi(p,q)$ lässt sich mittels Erzeugender ausdrücken als $\delta\phi = \{\phi, s\} + \frac{1}{2}\{\{\phi, s\}, s\} + \cdots$. Die Abhängigkeit der Funktion ϕ von den kanonisch konjugierten Variablen kann dabei sogar nur implizit sein, siehe Mai [26], § 2.3 zur Untersuchung des Graphen $e\sin\omega$ vs. $e\cos\omega$ im Falle von GPS-Orbits.

Ersetzt man die allgemeine Funktion ϕ speziell durch q_i bzw. p_i, dann können die Hamiltongleichungen (A.10) in der Poissonklammer-Formulierung als vollständig symmetrische kanonische Gleichungen geschrieben werden:

$$\dot{p}_i = -\{p_i, H\}, \ \dot{q}_i = -\{q_i, H\} \qquad \text{bzw.} \qquad \dot{p}_i = \{p_i, F\}, \ \dot{q}_i = \{q_i, F\}. \tag{B.119}$$

Selbstverständlich gilt $\partial q_i/\partial t = 0$ und $\partial p_i/\partial t = 0$. Darüberhinaus sind die kanonisch konjugierten Variablen untereinander unabhängig (Schneider [41]), was ja schon bei den vorangegangenen Lagrangeklammerbildungen für $\mathcal{H}$ und $\mathcal{S}$ ausgenutzt wurde, so dass aus (B.115) mit $u||\phi$ und $v||p_i$ bzw. $v||q_i$ folgt

$$\{\phi, p_i\} = -\frac{\partial \phi}{\partial q_i}, \qquad \{\phi, q_i\} = \frac{\partial \phi}{\partial p_i}. \tag{B.120}$$

Ersetzt man nun wiederum die allgemeine Funktion ϕ speziell durch q_i bzw. p_i, ergeben sich unter Beachtung der Unabhängigkeit der Variablen einige wesentliche Eigenschaften der Poissonklammern:[4]

$$\{q_i, p_j\} = -\delta_{ij}, \qquad \{p_i, p_j\} = 0, \qquad \{q_i, q_j\} = 0, \qquad \{p_i, q_j\} = \delta_{ij}. \tag{B.121}$$

Die Poissonklammern sind wie zuvor die Lagrangeklammern antisymmetrisch und stationär (zeitlich invariant) und sie werden ebenfalls in einer *Matrix der Poissonklammern* bzw. kurz *Poissonmatrix* $P_{\boldsymbol{\alpha}}$ zusammengefasst:[5]

$$P_{\boldsymbol{\alpha}} := \left[\begin{array}{ccc|ccc} \{p_1,p_1\} & \{p_1,p_2\} & \{p_1,p_3\} & \{p_1,q_1\} & \{p_1,q_2\} & \{p_1,q_3\} \\ \{p_2,p_1\} & \{p_2,p_2\} & \{p_2,p_3\} & \{p_2,q_1\} & \{p_2,q_2\} & \{p_2,q_3\} \\ \{p_3,p_1\} & \{p_3,p_2\} & \{p_3,p_3\} & \{p_3,q_1\} & \{p_3,q_2\} & \{p_3,q_3\} \\ \hline \{q_1,p_1\} & \{q_1,p_2\} & \{q_1,p_3\} & \{q_1,q_1\} & \{q_1,q_2\} & \{q_1,q_3\} \\ \{q_2,p_1\} & \{q_2,p_2\} & \{q_2,p_3\} & \{q_2,q_1\} & \{q_2,q_2\} & \{q_2,q_3\} \\ \{q_3,p_1\} & \{q_3,p_2\} & \{q_3,p_3\} & \{q_3,q_1\} & \{q_3,q_2\} & \{q_3,q_3\} \end{array}\right] = \left[\begin{array}{ccc|ccc} & & & 1 & 0 & 0 \\ & 0 & & 0 & 1 & 0 \\ & & & 0 & 0 & 1 \\ \hline -1 & 0 & 0 & & & \\ 0 & -1 & 0 & & 0 & \\ 0 & 0 & -1 & & & \end{array}\right]. \tag{B.122}$$

Einige Eigenschaften der Lagrangeklammern können analog zu (B.121) geschrieben werden als

$$[q_i, p_j] = \delta_{ij}, \qquad [p_i, p_j] = 0, \qquad [q_i, q_j] = 0, \qquad [p_i, q_j] = -\delta_{ij}. \tag{B.123}$$

Vergleicht man die Eigenschaften (B.121) und (B.123) bzw. direkt Lagrangematrix $L_{\boldsymbol{\alpha}}$ und Poissonmatrix $P_{\boldsymbol{\alpha}}$, dann gilt offensichtlich[6]

$$L_{\boldsymbol{\alpha}} = -P_{\boldsymbol{\alpha}}, \quad L_{\boldsymbol{\alpha}}^T = P_{\boldsymbol{\alpha}}, \quad L_{\boldsymbol{\alpha}}^{-1} = P_{\boldsymbol{\alpha}} \qquad \longrightarrow \qquad L_{\boldsymbol{\alpha}} P_{\boldsymbol{\alpha}} = E \quad (\text{Einheitsmatrix}). \tag{B.124}$$

Anmerkung: zu beachten ist die hier sehr spezielle Vorzeichenkonvention. Falls die üblichere Poissonklammer $(u; v)$ verwendet wird, gilt stattdessen (vgl. Schneider [42])

$$L^{-1} = -P, \quad L^{-1} = P^T \qquad \longrightarrow \qquad LP^T = E \quad \Leftrightarrow \quad LP = -E. \tag{B.125}$$

Die Zusammenhänge (B.124) bzw. (B.125) sind zum Wechsel zwischen Lagrange- und Poissonklammern dienlich.

Die Behandlung eines Bewegungsproblems im Sinne der *Variation der Konstanten* (*Variation of Parameters*) kann etwa im Falle Newton'scher Bewegungsgleichungen unter Beteiligung der Lagrangeklammern erfolgen, vgl. (B.8), so dass unter der Voraussetzung der Invertierbarkeit ($|L| \neq 0$) folgt

$$\frac{\mathrm{d}\boldsymbol{\alpha}}{\mathrm{d}t} = L^{-1} \left[\frac{\partial R}{\partial \boldsymbol{\alpha}}\right]^T. \tag{B.126}$$

Dieser Weg führt mit $\boldsymbol{\alpha} = \mathcal{K}$ dann unmittelbar zu den Lagrange'schen Planetengleichungen und zur Theorie von Kaula [22]. In (B.126) kann L^{-1} wahlweise durch die Poissonklammern ersetzt werden.

Die Lösung kanonischer Bewegungsgleichungen unter Beteiligung von Poissonklammern (Liereihen-Ansatz) wird etwa im Rahmen einer analytischen Bahntheorie 2. Ordnung von Cui [10] behandelt und für GPS-ähnliche Orbits getestet (Mai [26]).

---

[4] Schneider [41] verwendet für die Definition der Poissonklammern im Vergleich zu (B.115) das entgegengesetzte Vorzeichen und als Symbol runde Klammern mit Semikolon, so dass im Falle $n = 3$ geschrieben wird

$$(u; v) := \left(\frac{\partial u}{\partial q_1}\frac{\partial v}{\partial p_1} - \frac{\partial u}{\partial p_1}\frac{\partial v}{\partial q_1}\right) + \left(\frac{\partial u}{\partial q_2}\frac{\partial v}{\partial p_2} - \frac{\partial u}{\partial p_2}\frac{\partial v}{\partial q_2}\right) + \left(\frac{\partial u}{\partial q_3}\frac{\partial v}{\partial p_3} - \frac{\partial u}{\partial p_3}\frac{\partial v}{\partial q_3}\right).$$

[5] nachfolgend umfasst $\boldsymbol{\alpha}$ als Platzhalter ausschliesslich kanonisch konjugierte Variablensätze, z. B. $\boldsymbol{\alpha} \in \{\mathcal{C}, \mathcal{S}, \mathcal{M}, \mathcal{H}, \mathcal{D}, \mathcal{P}, \mathcal{E}, \ldots\}$ bzw. Cartesian, Spherical, Modified spherical, Hill, Delaunay, Poincaré, Equinoctial, ... (ausgeschlossen sei z. B. $\mathcal{K}$ bzw. Keplerian)

[6] weniger offensichtlich bzw. etwas aufwändiger ist der Nachweis, dass diese Zusammenhänge zwischen L und P für beliebige, also auch nicht-kanonische, Variablensätze gelten, siehe dazu Schneider [42] im dortigen § 21.1.4, Formeln (21.61) bis (21.67)

Anhang C

Das Erdgravitationspotential

C.1 Traditionelle Darstellung des Erdgravitationspotentials

Zur Erinnerung an die traditionelle Darstellung des Erdgravitationspotentials V wird Heiskanen und Moritz [20] herangezogen. Da die Dichte im Aussenraum des Erdkörpers Null ist, muss die gesuchte Potentialfunktion dort die Laplacegleichung erfüllen, also

$$\Delta V = 0. \tag{C.1}$$

Die Darstellung des Potentials in kartesischen Koordinaten ist durchaus möglich und gelegentlich anzutreffen[1], jedoch werden meistens Kugelkoordinaten verwendet. Die Koordinatentransformation $(x, y, z) \leftrightarrow (r, \theta, \lambda)$ ist vertraut und das Linienelement

$$\mathrm{d}s^2 = \mathrm{d}x^2 + \mathrm{d}y^2 + \mathrm{d}z^2 \tag{C.2}$$

lässt sich aus (2.143) mit $\Lambda \| \lambda$ durch Bildung der totalen Differentiale für alle drei Vektorkomponenten in

$$\mathrm{d}s^2 = \mathrm{d}r^2 + r^2 \mathrm{d}\theta^2 + r^2 \sin^2\theta \, \mathrm{d}\lambda^2 \tag{C.3}$$

überführen. Aus (C.2) und (C.3) ist ersichtlich, dass (x, y, z) und (r, θ, λ) orthogonale Koordinaten sind.[2] Ganz allgemein gilt für orthogonale Koordinaten (q_1, q_2, q_3) mit

$$\mathrm{d}s^2 = h_1^2 \mathrm{d}q_1^2 + h_2^2 \mathrm{d}q_2^2 + h_3^2 \mathrm{d}q_3^2 \tag{C.4}$$

für die Anwendung des Laplaceoperators Δ auf V dann

$$\Delta V = \frac{1}{h_1 h_2 h_3} \left\{ \frac{\partial}{\partial q_1} \left(\frac{h_2 h_3}{h_1} \frac{\partial V}{\partial q_1} \right) + \frac{\partial}{\partial q_2} \left(\frac{h_1 h_3}{h_2} \frac{\partial V}{\partial q_2} \right) + \frac{\partial}{\partial q_3} \left(\frac{h_1 h_2}{h_3} \frac{\partial V}{\partial q_3} \right) \right\}. \tag{C.5}$$

Im Falle von Kugelkoordinaten ersetzt man z. B. $q_1 \| r$, $q_2 \| \theta$, $q_3 \| \lambda$, so dass $h_1 = 1$, $h_2 = r$, $h_3 = r \sin\theta$ und somit

$$\begin{aligned} \Delta V &= \frac{1}{r^2 \sin\theta} \left\{ \frac{\partial}{\partial r} \left(r^2 \sin\theta \frac{\partial V}{\partial r} \right) + \frac{\partial}{\partial \theta} \left(\sin\theta \frac{\partial V}{\partial \theta} \right) + \frac{\partial}{\partial \lambda} \left(\frac{1}{\sin\theta} \frac{\partial V}{\partial \lambda} \right) \right\} \\ &= \frac{1}{r^2} \frac{\partial}{\partial r} \left(r^2 \frac{\partial V}{\partial r} \right) + \frac{1}{r^2 \sin\theta} \frac{\partial}{\partial \theta} \left(\sin\theta \frac{\partial V}{\partial \theta} \right) + \frac{1}{r^2 \sin^2\theta} \frac{\partial}{\partial \lambda} \left(\frac{1}{\sin\theta} \frac{\partial V}{\partial \lambda} \right). \end{aligned} \tag{C.6}$$

Nach formaler Bildung der zweiten partiellen Ableitungen folgt mit Berücksichtigung von (C.1) die zu lösende partielle Differentialgleichung für $V(r, \theta, \lambda)$ als

$$\Delta V = r^2 \frac{\partial^2 V}{\partial r^2} + 2r \frac{\partial V}{\partial r} + \frac{\partial^2 V}{\partial \theta^2} + \cot\theta \frac{\partial V}{\partial \theta} + \frac{1}{\sin^2\theta} \frac{\partial^2 V}{\partial \lambda^2} = 0. \tag{C.7}$$

Der von Heiskanen und Moritz [20] gewählte Lösungsansatz trennt die Variablen r, θ, λ, so dass V die Form[3]

$$V(r, \theta, \lambda) = f(r) g(\theta) h(\lambda) \tag{C.8}$$

[1] erinnert sei u. a. an die vertraute *Formel von MacCullagh* und die Anmerkungen zur Verwendung von $\mathcal{C}$ in § 2.1.4

[2] d. h., der Metriktensor entspricht einer Diagonalmatrix bzw. es treten keine gemischten Produkte von Differentialen in $\mathrm{d}s^2$ auf

[3] Dieser Ansatz entspricht einem Spezialfall im Ergebnis einer viel allgemeineren Betrachtungsweise, nämlich Untersuchungen zur Separierbarkeit der Hamilton-Jacobi-Gleichung (Schneider [41] § 12.4). Die Aufstellung von Separationsbedingungen wiederum ist eng verknüpft mit der Einführung von Stäckel-Systemen (Schneider [44] § 50). Diese Systeme stellen Bedingungen an die Funktionsstruktur von V. Abhängig vom Variablensatz ist auch die Funktionsstruktur der Hamiltonfunktion nicht beliebig, wenn die Hamilton-Jacobi-Gleichung durch Separation gelöst werden soll. Räumliche Polarkoordinaten (r, θ, λ) sind eine von 11 möglichen Realisierungen zulässiger orthogonaler krummliniger Koordinaten. In Verbindung mit der oben erwähnten Laplacegleichung kann dann die zulässige Funktionsstruktur von V festgelegt werden auf eine spezielle Summe von Termen. Jeder dieser einzelnen Terme ist wiederum z. B. unter Verwendung von (r, θ, λ) vollständig faktorisierbar (Details siehe Schneider [44] § 50.2.5.1, Fall I).

annimmt und letztlich drei zu lösende gewöhnliche Differentialgleichungen zweiter Ordnung in den unabhängigen Variablen r, θ und λ resultieren. Die Trennung wird in zwei Schritten vollzogen; zunächst wird nur r separiert, θ und λ verbleiben vorerst in einer gemeinsamen Funktion $Y(\theta,\lambda) = g(\theta)h(\lambda)$. Mit der Kennzeichnung partieller Ableitungen durch tiefgestellte Symbole erhält man

$$\frac{\partial V}{\partial r} = f_r Y, \quad \frac{\partial^2 V}{\partial r^2} = f_{rr} Y, \quad \frac{\partial V}{\partial \theta} = f Y_\theta, \quad \frac{\partial^2 V}{\partial \theta^2} = f Y_{\theta\theta}, \quad \frac{\partial V}{\partial \lambda} = f Y_\lambda, \quad \frac{\partial^2 V}{\partial \lambda^2} = f Y_{\lambda\lambda} \tag{C.9}$$

und nach Einsetzen in (C.7) sowie Abtrennung von r-abhängigen Termen

$$\frac{1}{f}\left(r^2 f_{rr} + 2 r f_r\right) = -\frac{1}{Y}\left(Y_{\theta\theta} + \cot\theta\, Y_\theta + \frac{1}{\sin^2\theta} Y_{\lambda\lambda}\right). \tag{C.10}$$

Die Gleichheit von Funktionen unabhängiger und getrennter Variablen impliziert das Vorhandensein einer Invarianten bzw. Konstanten, die in diesem ersten Trennungsschritt $n(n+1)$ sei:

$$\begin{aligned} r^2 f_{rr} + 2 r f_r - n(n+1) f &= 0, \\ Y_{\theta\theta} + \cot\theta\, Y_\theta + \frac{1}{\sin^2\theta} Y_{\lambda\lambda} + n(n+1) Y &= 0. \end{aligned} \tag{C.11}$$

Wie bei Heiskanen und Moritz [20] gezeigt wird, muss gelten $n \in \mathbb{N}^+$ (Menge der nichtnegativen ganzen Zahlen), also $n = 0, 1, 2, \ldots$. Die Abhängigkeit der Funktion Y von n wird nachfolgend mittels Y_n ausgedrückt.

Wie bereits angedeutet, wird die Trennung der Variablen in einem zweiten Schritt über den Lösungsansatz

$$Y_n(\theta,\lambda) = g(\theta)h(\lambda) \tag{C.12}$$

endgültig vollzogen. Mittels der partiellen Ableitungen

$$\frac{\partial Y_n}{\partial \theta} = g_\theta h, \quad \frac{\partial^2 Y_n}{\partial \theta^2} = g_{\theta\theta} h, \quad \frac{\partial Y_n}{\partial \lambda} = g h_\lambda, \quad \frac{\partial^2 Y_n}{\partial \lambda^2} = g h_{\lambda\lambda}. \tag{C.13}$$

wird die zweite Gleichung aus (C.11) umgeschrieben und nach Termen abhängig von θ bzw. λ sortiert:

$$\frac{\sin\theta}{g}\Big(\sin\theta\, g_{\theta\theta} + \cos\theta\, g_\theta + n(n+1)\sin\theta\, g\Big) = -\frac{h_{\lambda\lambda}}{h}. \tag{C.14}$$

Mit der gleichen Argumentation, wie bei (C.10), kann eine Invariante bzw. Konstante angesetzt werden; hier wird m^2 verwendet. Heiskanen und Moritz [20] merken an, dass dabei nur $m = 0, \ldots, n$ zu physikalisch sinnvollen Lösungen führen wird. Zusammen mit der ersten Gleichung aus (C.11) erhält man schliesslich ein System aus drei entkoppelten gewöhnlichen Differentialgleichungen:

$$\begin{aligned} r^2 f_{rr} + 2 r f_r - n(n+1) f &= 0, \\ \sin\theta\, g_{\theta\theta} + \cos\theta\, g_\theta + \left(n(n+1)\sin\theta - \frac{m^2}{\sin\theta}\right) g &= 0, \\ h_{\lambda\lambda} + m^2 h &= 0. \end{aligned} \tag{C.15}$$

Alle drei Gleichungen sind einfach zu lösen, man erhält z. B. mittels *MATHEMATICA*™ direkt

$$f(r) = c_1^r\, r^n + c_2^r\, r^{-(n+1)}, \qquad g(\theta) = c_1^\theta\, P_{nm}(\cos\theta) + c_2^\theta\, Q_{nm}(\cos\theta), \qquad h(\lambda) = c_1^\lambda \cos m\lambda + c_2^\lambda \sin m\lambda \tag{C.16}$$

mit den Integrationskonstanten c_1^r, c_2^r, c_1^θ, c_2^θ, c_1^λ und c_2^λ.[4]

Die zweite Gleichung aus (C.16) nimmt dabei Bezug auf die *zugeordneten Legendre'schen Funktionen 1. Art und 1. Typs* $P_{nm}(\cos\theta)$, explizit angebbar durch

$$P_{nm}(\cos\theta) = \frac{1}{2^n}\sin^m\theta \sum_{k=0}^{k_{\max}} (-1)^k \frac{(2n-2k)!}{k!\,(n-k)!\,(n-m-2k)!}\cos^{n-m-2k}\theta \qquad \text{mit} \qquad k_{\max} = \mathrm{Int}\left(\frac{n-m}{2}\right), \tag{C.17}$$

und ebenso die zugeordneten Legendre'schen Funktionen 2. Art $Q_{nm}(\cos\theta)$. Letztere beinhalten bei den hier vorhandenen ganzzahligen m eine logarithmische Singularität für $\cos\theta = \pm 1$ bzw. $\theta = 0, \pi$. An den beiden Erdpolen sind die Q_{nm} also nicht definiert. In der Geodäsie beschränkt man sich auf die Verwendung der P_{nm}.

[4] ohne Beschränkung auf $n \in \mathbb{N}^+$ wären z. B. auch komplexe Lösungen für $f(r)$ möglich mit

$$f(r) = c_1^r\, r^{\frac{1}{2} i\left(i - \sqrt{-1-4n-4n^2}\right)} + c_2^r\, r^{\frac{1}{2} i\left(i + \sqrt{-1-4n-4n^2}\right)}$$

Die *Legendre'schen Polynome 1. Art* folgen aus (C.17) als Spezialfall durch Setzung $m = 0$, d. h.,

$$P_{n0}(\cos\theta) =: P_n(\cos\theta) = \frac{1}{2^n}\sum_{k=0}^{k_{\max}}(-1)^k \frac{(2n-2k)!}{k!\,(n-k)!\,(n-2k)!}\cos^{n-2k}\theta \qquad \text{mit} \qquad k_{\max} = \mathrm{Int}\Big(\frac{n}{2}\Big). \tag{C.18}$$

Die Legendre'schen Polynome 1. und 2. Art $P_n(\cos\theta)$ und $Q_n(\cos\theta)$ erfüllen demnach die Differentialgleichung

$$\sin\theta\, g_{\theta\theta} + \cos\theta\, g_\theta + n(n+1)\sin\theta\, g = 0. \tag{C.19}$$

Die Legendre'schen Polynome P_n und zugeordneten Funktionen P_{nm} lassen sich mit der Setzung $t = \cos\theta$ noch allgemeiner darstellen. Nach Heiskanen und Moritz [20] gilt mittels Binomialreihenentwicklung für $(t^2-1)^n$

$$\begin{aligned} P_{nm}(t) &= \frac{1}{2^n}\left(1-t^2\right)^{\frac{m}{2}}\sum_{k=0}^{k_{\max}}(-1)^k\frac{(2n-2k)!}{k!\,(n-k)!\,(n-m-2k)!}\,t^{n-m-2k} &&= \frac{1}{2^n n!}\left(1-t^2\right)^{\frac{m}{2}}\frac{\mathrm{d}^{n+m}}{\mathrm{d}t^{n+m}}\left(t^2-1\right)^n, \\ P_n(t) &= \frac{1}{2^n}\sum_{k=0}^{k_{\max}}(-1)^k\frac{(2n-2k)!}{k!\,(n-k)!\,(n-2k)!}\,t^{n-2k} &&= \frac{1}{2^n n!}\frac{\mathrm{d}^n}{\mathrm{d}t^n}\left(t^2-1\right)^n, \end{aligned} \tag{C.20}$$

so dass aus einem Vergleich der rechten Seiten folgt

$$P_{nm}(t) = \left(1-t^2\right)^{\frac{m}{2}}\frac{\mathrm{d}^m}{\mathrm{d}t^m}P_n(t). \tag{C.21}$$

Um die zweite Gleichung aus (C.15) oder (C.19) auf die unabhängige Variable t umzuschreiben, müssen die Differentiale transformiert werden:

$$\cos\theta = t \quad\leftrightarrow\quad \sin\theta = \left(1-t^2\right)^{\frac{1}{2}} \qquad\to\qquad -\sin\theta\,\mathrm{d}\theta = \mathrm{d}t \quad\leftrightarrow\quad \frac{1}{\mathrm{d}\theta} = -\sin\theta\frac{1}{\mathrm{d}t} \quad\leftrightarrow\quad \frac{\mathrm{d}t}{\mathrm{d}\theta} = -\sin\theta \tag{C.22}$$

und damit

$$\begin{aligned} g_\theta &:= \frac{\mathrm{d}g}{\mathrm{d}\theta} = \frac{\mathrm{d}g}{\mathrm{d}t}\frac{\mathrm{d}t}{\mathrm{d}\theta} =: -\sin\theta\, g_t\,, \\ g_{\theta\theta} &:= \frac{\mathrm{d}^2 g}{\mathrm{d}\theta^2} = \frac{\mathrm{d}g_\theta}{\mathrm{d}\theta} = -\cos\theta\, g_t - \sin\theta\frac{\mathrm{d}g_t}{\mathrm{d}\theta} = -\cos\theta\, g_t - \sin\theta(-\sin\theta)\frac{\mathrm{d}g_t}{\mathrm{d}t} =: -\cos\theta\, g_t + \sin^2\theta\, g_{tt}\,. \end{aligned} \tag{C.23}$$

Einsetzen von (C.22) und (C.23) in (C.15) bzw. (C.19) liefert die Differentialgleichungen für $g(t) = P_{nm}(t)$ als

$$\left(1-t^2\right)g_{tt} - 2t\,g_t + \left(n(n+1) - \frac{m^2}{1-t^2}\right)g = 0 \quad \text{bzw.} \quad \left(1-t^2\right)g_{tt} - 2t\,g_t + n(n+1)\,g = 0 \ (\text{für } m = 0). \tag{C.24}$$

Dem Lösungsansatz (C.8) folgend erhält man durch Aufsummieren der (unendlich vielen) Einzellösungen (C.16) vom *Grad* $n = 0, 1, 2, \ldots$ und von der *Ordnung* $m = 0, \ldots, n$ unter Vernachlässigung aller Terme mit r^n (repräsentieren physikalisch das hier nicht interessierende Innenraumpotential V_i der Erde) und Q_{nm} (unzulässig aufgrund der vorhandenen Singularitäten) schliesslich die Gesamtlösung für das Aussenraumpotential der Erde

$$V_e(r,\theta,\lambda) =: V(r,\theta,\lambda) = \sum_{n=0}^{\infty}\frac{1}{r^{n+1}}\sum_{m=0}^{n}P_{nm}(\cos\theta)\big(a_{nm}\cos m\lambda + b_{nm}\sin m\lambda\big), \tag{C.25}$$

wobei die Koeffizienten a_{nm} und b_{nm} alle früheren Integrationskonstanten in Kombination vereinen. Ausgehend von (C.25) sind in der Geodäsie etliche Varianten zur Darstellung der Erdgravitationspotentials entwickelt worden, auch schon bei Heiskanen und Moritz [20], die sich im Wesentlichen in der Definition der Koeffizienten unterscheiden. Nach (C.25) sind a_{nm} und b_{nm} physikalisch nicht dimensionslos, so dass u. a. für Vergleichszwecke zwischen verschiedenen praktischen Erdschwerefeldmodellen eine „Normalisierung" wünschenswert ist.[5]

In der vorliegenden Arbeit werden für praktische Berechnungen ausschliesslich die Festlegungen des „JGM-3" (Joint Gravity Model, Version 3) verwendet, siehe Mai [26]. Die Darstellung orientiert sich an (2.29)

$$V_\oplus(r,\theta,\lambda) = \frac{\mu_\oplus}{r} + \frac{\mu_\oplus}{r}\sum_{n=2}^{\infty}\sum_{m=0}^{n}\left(\frac{a_\oplus}{r}\right)^n\overline{P}_{nm}(\cos\theta)\big(\overline{c}_{nm}\cos m\lambda + \overline{s}_{nm}\sin m\lambda\big), \tag{C.26}$$

wobei die Koeffizienten $\overline{c}_{nm}$, $\overline{s}_{nm}$ und die zugeordneten Legendre'schen Funktionen $\overline{P}_{nm}$ eine Normalisierung

$$\overline{c}_{nm} = N_{nm}c_{nm}, \quad \overline{s}_{nm} = N_{nm}s_{nm}, \quad \overline{P}_{nm} = P_{nm}/N_{nm} \quad \text{mit} \quad N_{nm} := \sqrt{\frac{1}{(2-\delta_{0m})(2n+1)}\frac{(n+m)!}{(n-m)!}} \tag{C.27}$$

beinhalten.

[5] Der Gebrauch des Begriffes „Normalisierung" ist leider nicht einheitlich; zu weiteren Details und Begründungen, welche die Notwendigkeit einer Normalisierung motivieren, siehe Heiskanen und Moritz [20].

C.2 Spektrale Darstellung des Erdgravitationspotentials

Ausgangspunkt ist (C.26) bzw.

$$V_\oplus(r,\theta,\lambda)=\sum_{n=0}^{\infty}\sum_{m=0}^{n}\frac{\mu_\oplus}{r}\Big(\frac{a_\oplus}{r}\Big)^n\overline{P}_{nm}(\cos\theta)\big(\overline{c}_{nm}\cos m\lambda+\overline{s}_{nm}\sin m\lambda\big). \tag{C.28}$$

Zunächst wird die Koordinate r durch eine Grösse α ersetzt[6]

$$r=:c\,e^{\alpha}\quad\leftrightarrow\quad\frac{r}{c}=e^{\alpha}\quad\leftrightarrow\quad\frac{c}{r}=e^{-\alpha}\quad\leftrightarrow\quad\frac{1}{r}=\frac{1}{c}\,e^{-\alpha}, \tag{C.29}$$

wodurch r als eine auf c bezogene Grösse aufgefasst werden kann. Für c könnte man z. B. einen zu definierenden Mittelwert für r ansetzen; hier wird stattdessen $c:=a_\oplus$ verwendet. Damit folgt

$$\frac{1}{r}=\frac{1}{a_\oplus}\,e^{-\alpha}\quad\text{und}\quad\Big(\frac{a_\oplus}{r}\Big)^n=e^{-n\alpha}\qquad\rightarrow\qquad\frac{\mu_\oplus}{r}\Big(\frac{a_\oplus}{r}\Big)^n=\frac{\mu_\oplus}{a_\oplus}\,e^{-(n+1)\alpha}. \tag{C.30}$$

Eingesetzt in (C.28) erhält man vorerst

$$V_\oplus(\alpha,\theta,\lambda)=\frac{\mu_\oplus}{a_\oplus}\sum_{n=0}^{\infty}\sum_{m=0}^{n}e^{-(n+1)\alpha}\overline{P}_{nm}(\cos\theta)\big(\overline{c}_{nm}\cos m\lambda+\overline{s}_{nm}\sin m\lambda\big). \tag{C.31}$$

Mit der Ersetzung der $\overline{c}_{nm}$ und $\overline{s}_{nm}$ durch eine Amplituden/Phasen-Darstellung mittels der vertrauten Notation über die Symbole J_{nm} (Amplitude) und λ_{nm} (Phasenwinkel)

$$\overline{J}_{nm}:=\sqrt{\overline{c}_{nm}^2+\overline{s}_{nm}^2},\quad\overline{\lambda}_{nm}:=\arctan\frac{\overline{s}_{nm}}{\overline{c}_{nm}}\qquad\rightarrow\qquad\overline{c}_{nm}=\overline{J}_{nm}\cos\overline{\lambda}_{nm},\quad\overline{s}_{nm}=\overline{J}_{nm}\sin\overline{\lambda}_{nm} \tag{C.32}$$

gilt

$$\big(\overline{c}_{nm}\cos m\lambda+\overline{s}_{nm}\sin m\lambda\big)=\overline{J}_{nm}\big(\cos\overline{\lambda}_{nm}\cos m\lambda+\sin\overline{\lambda}_{nm}\sin m\lambda\big)=\overline{J}_{nm}\cos(m\lambda-\overline{\lambda}_{nm}). \tag{C.33}$$

Eingesetzt in (C.28) erhält man also in der *J-Notation*

$$V_\oplus(\alpha,\theta,\lambda)=\frac{\mu_\oplus}{a_\oplus}\sum_{n=0}^{\infty}\sum_{m=0}^{n}e^{-(n+1)\alpha}\overline{P}_{nm}(\cos\theta)\overline{J}_{nm}\cos(m\lambda-\overline{\lambda}_{nm}). \tag{C.34}$$

Auch die normalisierten zugeordneten Legendre'schen Funktionen $\overline{P}_{nm}$ lassen sich spektral darstellen mittels Amplituden/Phasen. Um Schreibarbeit zu sparen, werden zunächst die nicht-normalisierten Funktionen P_{nm} betrachtet und erst am Ende die Normalisierung (C.27) berücksichtigt.

Ausgangspunkt ist die Formel (C.17). Die auftretenden Potenzen von $\sin\theta$ und $\cos\theta$ lassen sich ersetzen durch

$$\sin^m\theta=\begin{cases}\dfrac{(-1)^{\frac{m}{2}}}{2^m}\displaystyle\sum_{s=0}^{m}(-1)^s\binom{m}{s}\cos\big((m-2s)\,\theta\big) & \text{für } m \text{ gerade}\\[2ex]\dfrac{(-1)^{\frac{m-1}{2}}}{2^m}\displaystyle\sum_{s=0}^{m}(-1)^s\binom{m}{s}\sin\big((m-2s)\,\theta\big) & \text{für } m \text{ ungerade}\end{cases} \tag{C.35}$$

bzw. für beliebige Integerwerte m auch durch[7]

$$\sin^m\theta=\frac{(-1)^{\mathrm{Int}[\frac{m}{2}]}}{2^m}\sum_{s=0}^{m}(-1)^{m+s}\binom{m}{s}\cos\Big((m-2s)\,\theta+(m\bmod 2)\frac{\pi}{2}\Big), \tag{C.36}$$

sowie

$$\cos^{n-m-2k}\theta=\frac{1}{2^{n-m-2k}}\sum_{c=0}^{n-m-2k}\binom{n-m-2k}{c}\cos\big((n-m-2k-2c)\,\theta\big). \tag{C.37}$$

[6] Die elliptische Parametrisierung ist in der Himmelsmechanik nicht ungewöhnlich. Sie wird z. B. eingesetzt bei der Behandlung des Schwarzschild-Problems, um das Quadrat des raumzeitlichen Abstands (Linienelement ds^2) vorteilhaft auszudrücken; siehe Schneider [43] § 33.2.1. Ein weiteres Anwendungsbeispiel findet sich im relativistischen N-Körper-Problem, wenn die Einstein'schen Feldgleichungen näherungsweise linearisiert werden sollen; siehe Schneider [43] § 38.2.1.

[7] alternativ kann einerseits $(-1)^{\mathrm{Int}[\frac{m}{2}]}$ unter Verwendung der imaginären Einheit i ausgedrückt werden als $i^{m+\frac{(-1)^m-1}{2}}$ und andererseits könnte $(m\bmod 2)\frac{\pi}{2}$ durch $\frac{(-1)^{m+1}+1}{4}\pi$ ersetzt werden

Eingesetzt in (C.17) folgt nach einigen Zusammenfassungen mit

$$k_{\max} = \mathrm{Int}\left[\frac{n-m}{2}\right], \quad c_{\max} = n - m - 2k, \quad \alpha_{nm}^{ksc} := \frac{m!\,(2n-2k)!\,4^{k-n}(-1)^{\mathrm{Int}\left[\frac{m}{2}\right]+k+m+s}}{k!\,s!\,c!\,(n-k)!\,(m-s)!\,(n-m-2k-c)!} \tag{C.38}$$

vorerst

$$P_{nm}(\theta) = \sum_{k=0}^{k_{\max}} \sum_{s=0}^{m} \sum_{c=0}^{c_{\max}} \alpha_{nm}^{ksc} \cos\big((n-m-2k-2c)\,\theta\big) \cos\Big((m-2s)\,\theta + (m \bmod 2)\frac{\pi}{2}\Big). \tag{C.39}$$

Die *cos*-Ausdrücke können folgendermassen umgeformt werden

$$\cos\big((n-m-2k-2c)\,\theta\big) \cos\Big((m-2s)\,\theta + (m \bmod 2)\frac{\pi}{2}\Big) =$$

$$= \frac{1}{2}\Big\{\cos\Big((m \bmod 2)\frac{\pi}{2} + \big(2(m+k-s+c)-n\big)\theta\Big) + \cos\Big((m \bmod 2)\frac{\pi}{2} - \big(2(k+s+c)-n\big)\theta\Big)\Big\} =: C_{nm}^{ksc}(\theta), \tag{C.40}$$

so dass

$$\overline{P}_{nm}(\theta) = \sum_{k=0}^{k_{\max}} \sum_{s=0}^{m} \sum_{c=0}^{c_{\max}} \overline{\alpha}_{nm}^{ksc}\, C_{nm}^{ksc}(\theta) \qquad \text{für} \qquad k_{\max} = \mathrm{Int}\left[\frac{n-m}{2}\right],\ c_{\max} = n - m - 2k \tag{C.41}$$

mit den neuen (und zudem normalisierten) Koeffizienten

$$\overline{\alpha}_{nm}^{ksc} := \frac{\alpha_{nm}^{ksc}}{N_{nm}} = \frac{m!\,(2n-2k)!\,4^{k-n}(-1)^{\mathrm{Int}\left[\frac{m}{2}\right]+k+m+s}}{k!\,s!\,c!\,(n-k)!\,(m-s)!\,(n-m-2k-c)!} \sqrt{(2-\delta_{0m})(2n+1)\frac{(n+m)!}{(n-m)!}}. \tag{C.42}$$

In Tab. C.1 werden für einige der ersten Grade und Ordnungen die Koeffizienten $\overline{\alpha}_{nm}^{ksc}$ und zugehörigen Funktionen $C_{nm}^{ksc}(\theta)$ explizit aufgeführt, sowie die daraus resultierenden Endformeln für die $\overline{P}_{nm}(\theta)$. Unterteilt man letztere nach geraden und ungeraden Ordnungen, dann kann der systematische Aufbau der Legendre-Funktionen bzw. deren Spektrum sehr gut in Matrizendarstellung veranschaulicht werden:

$$\begin{bmatrix} \overline{P}_{11} \\ \overline{P}_{21} \\ \overline{P}_{31} \\ \overline{P}_{33} \\ \overline{P}_{41} \\ \overline{P}_{43} \\ \overline{P}_{51} \\ \overline{P}_{53} \\ \overline{P}_{55} \\ \overline{P}_{61} \\ \overline{P}_{63} \\ \overline{P}_{65} \\ \overline{P}_{71} \\ \overline{P}_{73} \\ \overline{P}_{75} \\ \overline{P}_{77} \\ \vdots \end{bmatrix} = \begin{bmatrix} \sqrt{3} & & & & & & \\ 0 & \frac{1}{2}\sqrt{15} & & & & & \\ \frac{1}{8}\sqrt{\frac{21}{2}} & 0 & \frac{5}{8}\sqrt{\frac{21}{2}} & & & & \\ \frac{3}{8}\sqrt{\frac{35}{2}} & 0 & -\frac{1}{8}\sqrt{\frac{35}{2}} & & & & \\ 0 & \frac{3}{8}\sqrt{\frac{5}{2}} & 0 & \frac{21}{16}\sqrt{\frac{5}{2}} & & & \\ 0 & \frac{3}{8}\sqrt{\frac{35}{2}} & 0 & -\frac{3}{16}\sqrt{\frac{35}{2}} & & & \\ \frac{1}{64}\sqrt{165} & 0 & \frac{7}{128}\sqrt{165} & 0 & \frac{21}{128}\sqrt{165} & & \\ \frac{3}{64}\sqrt{\frac{385}{2}} & 0 & \frac{13}{128}\sqrt{\frac{385}{2}} & 0 & -\frac{9}{128}\sqrt{\frac{385}{2}} & & \\ \frac{15}{64}\sqrt{\frac{77}{2}} & 0 & -\frac{15}{128}\sqrt{\frac{77}{2}} & 0 & \frac{3}{128}\sqrt{\frac{77}{2}} & & \\ 0 & \frac{5}{256}\sqrt{273} & 0 & \frac{3}{64}\sqrt{273} & 0 & \frac{33}{256}\sqrt{273} & \\ 0 & \frac{9}{256}\sqrt{\frac{1365}{2}} & 0 & \frac{3}{64}\sqrt{\frac{1365}{2}} & 0 & -\frac{11}{256}\sqrt{\frac{1365}{2}} & \\ 0 & \frac{15}{256}\sqrt{\frac{1001}{2}} & 0 & -\frac{3}{64}\sqrt{\frac{1001}{2}} & 0 & \frac{3}{256}\sqrt{\frac{1001}{2}} & \\ \frac{25}{2048}\sqrt{105} & 0 & \frac{81}{2048}\sqrt{105} & 0 & \frac{165}{2048}\sqrt{105} & 0 & \frac{429}{2048}\sqrt{105} \\ \frac{135}{2048}\sqrt{35} & 0 & \frac{351}{2048}\sqrt{35} & 0 & \frac{363}{2048}\sqrt{35} & 0 & -\frac{429}{2048}\sqrt{35} \\ \frac{75}{2048}\sqrt{385} & 0 & \frac{99}{2048}\sqrt{385} & 0 & -\frac{129}{2048}\sqrt{385} & 0 & \frac{39}{2048}\sqrt{385} \\ \frac{105}{2048}\sqrt{715} & 0 & -\frac{63}{2048}\sqrt{715} & 0 & \frac{21}{2048}\sqrt{715} & 0 & -\frac{3}{2048}\sqrt{715} \\ \vdots & \vdots & \vdots & \vdots & \vdots & \vdots & \vdots \end{bmatrix} \begin{bmatrix} \sin\theta \\ \sin 2\theta \\ \sin 3\theta \\ \sin 4\theta \\ \sin 5\theta \\ \sin 6\theta \\ \sin 7\theta \\ \vdots \end{bmatrix}, \tag{C.43}$$

Tabelle C.1: Spektrale Zerlegung für die $\overline{P}_{nm}(\theta)$, hier auszugsweise explizit dargestellt bis $\overline{P}_{41}(\theta)$

n	m	k	s	c	$\overline{\alpha}_{nm}^{ksc}$	$C_{nm}^{ksc}(\theta)$
0	0	0	0	0	1	1
$\overline{P}_{00}(\theta) = 1$						
1	0	0	0	0	$\frac{1}{2}\sqrt{3}$	$\cos\theta$
1	0	0	0	1	$\frac{1}{2}\sqrt{3}$	$\cos\theta$
$\overline{P}_{10}(\theta) = \sqrt{3}\cos\theta$						
1	1	0	0	0	$-\frac{1}{2}\sqrt{3}$	$-\sin\theta$
1	1	0	1	0	$\frac{1}{2}\sqrt{3}$	$\sin\theta$
$\overline{P}_{11}(\theta) = \sqrt{3}\sin\theta$						
2	0	0	0	0	$\frac{3}{8}\sqrt{5}$	$\cos 2\theta$
2	0	0	0	1	$\frac{3}{4}\sqrt{5}$	1
2	0	0	0	2	$\frac{3}{8}\sqrt{5}$	$\cos 2\theta$
2	0	1	0	0	$-\frac{1}{2}\sqrt{5}$	1
$\overline{P}_{20}(\theta) = \frac{1}{4}\sqrt{5} + \frac{3}{4}\sqrt{5}\cos 2\theta$						
2	1	0	0	0	$-\frac{1}{4}\sqrt{15}$	$-\frac{1}{2}\sin 2\theta$
2	1	0	0	1	$-\frac{1}{4}\sqrt{15}$	$-\frac{1}{2}\sin 2\theta$
2	1	0	1	0	$\frac{1}{4}\sqrt{15}$	$\frac{1}{2}\sin 2\theta$
2	1	0	1	1	$\frac{1}{4}\sqrt{15}$	$\frac{1}{2}\sin 2\theta$
$\overline{P}_{21}(\theta) = \frac{1}{2}\sqrt{15}\sin 2\theta$						
2	2	0	0	0	$-\frac{1}{8}\sqrt{15}$	$\cos 2\theta$
2	2	0	1	0	$\frac{1}{4}\sqrt{15}$	1
2	2	0	2	0	$-\frac{1}{8}\sqrt{15}$	$\cos 2\theta$
$\overline{P}_{22}(\theta) = \frac{1}{4}\sqrt{15} - \frac{1}{4}\sqrt{15}\cos 2\theta$						
3	0	0	0	0	$\frac{5}{16}\sqrt{7}$	$\cos 3\theta$
3	0	0	0	1	$\frac{15}{16}\sqrt{7}$	$\cos\theta$
3	0	0	0	2	$\frac{15}{16}\sqrt{7}$	$\cos\theta$
3	0	0	0	3	$\frac{5}{16}\sqrt{7}$	$\cos 3\theta$
3	0	1	0	0	$-\frac{3}{4}\sqrt{7}$	$\cos\theta$
3	0	1	0	1	$-\frac{3}{4}\sqrt{7}$	$\cos\theta$
$\overline{P}_{30}(\theta) = \frac{3}{8}\sqrt{7}\cos\theta + \frac{5}{8}\sqrt{7}\cos 3\theta$						
3	1	0	0	0	$-\frac{5}{16}\sqrt{\frac{21}{2}}$	$\frac{1}{2}(\sin\theta - \sin 3\theta)$
3	1	0	0	1	$-\frac{5}{8}\sqrt{\frac{21}{2}}$	$-\sin\theta$
3	1	0	0	2	$-\frac{5}{16}\sqrt{\frac{21}{2}}$	$\frac{1}{2}(\sin\theta - \sin 3\theta)$
3	1	0	1	0	$\frac{5}{16}\sqrt{\frac{21}{2}}$	$-\frac{1}{2}(\sin\theta - \sin 3\theta)$
3	1	0	1	1	$\frac{5}{8}\sqrt{\frac{21}{2}}$	$\sin\theta$
3	1	0	1	2	$\frac{5}{16}\sqrt{\frac{21}{2}}$	$-\frac{1}{2}(\sin\theta - \sin 3\theta)$
3	1	1	0	0	$\frac{1}{4}\sqrt{\frac{21}{2}}$	$-\sin\theta$
3	1	1	1	0	$-\frac{1}{4}\sqrt{\frac{21}{2}}$	$\sin\theta$
$\overline{P}_{31}(\theta) = \frac{1}{8}\sqrt{\frac{21}{2}}\sin\theta + \frac{5}{8}\sqrt{\frac{21}{2}}\sin 3\theta$						

n	m	k	s	c	$\overline{\alpha}_{nm}^{ksc}$	$C_{nm}^{ksc}(\theta)$
3	2	0	0	0	$-\frac{1}{16}\sqrt{105}$	$\frac{1}{2}(\cos\theta + \cos 3\theta)$
3	2	0	0	1	$-\frac{1}{16}\sqrt{105}$	$\frac{1}{2}(\cos\theta + \cos 3\theta)$
3	2	0	1	0	$\frac{1}{8}\sqrt{105}$	$\cos\theta$
3	2	0	1	1	$\frac{1}{8}\sqrt{105}$	$\cos\theta$
3	2	0	2	0	$-\frac{1}{16}\sqrt{105}$	$\frac{1}{2}(\cos\theta + \cos 3\theta)$
3	2	0	2	1	$-\frac{1}{16}\sqrt{105}$	$\frac{1}{2}(\cos\theta + \cos 3\theta)$
$\overline{P}_{32}(\theta) = \frac{1}{8}\sqrt{105}\cos\theta - \frac{1}{8}\sqrt{105}\cos 3\theta$						
3	3	0	0	0	$\frac{1}{16}\sqrt{\frac{35}{2}}$	$-\sin 3\theta$
3	3	0	1	0	$-\frac{3}{16}\sqrt{\frac{35}{2}}$	$-\sin\theta$
3	3	0	2	0	$\frac{3}{16}\sqrt{\frac{35}{2}}$	$\sin\theta$
3	3	0	3	0	$-\frac{1}{16}\sqrt{\frac{35}{2}}$	$\sin 3\theta$
$\overline{P}_{33}(\theta) = \frac{3}{8}\sqrt{\frac{35}{2}}\sin\theta - \frac{1}{8}\sqrt{\frac{35}{2}}\sin 3\theta$						
4	0	0	0	0	$\frac{105}{128}$	$\cos 4\theta$
4	0	0	0	1	$\frac{105}{32}$	$\cos 2\theta$
4	0	0	0	2	$\frac{315}{64}$	1
4	0	0	0	3	$\frac{105}{32}$	$\cos 2\theta$
4	0	0	0	4	$\frac{105}{128}$	$\cos 4\theta$
4	0	1	0	0	$-\frac{45}{16}$	$\cos 2\theta$
4	0	1	0	1	$-\frac{45}{8}$	1
4	0	1	0	2	$-\frac{45}{16}$	$\cos 2\theta$
4	0	2	0	0	$\frac{9}{8}$	1
$\overline{P}_{40}(\theta) = \frac{27}{64} + \frac{15}{16}\cos 2\theta + \frac{105}{64}\cos 4\theta$						
4	1	0	0	0	$-\frac{21}{32}\sqrt{\frac{5}{2}}$	$\frac{1}{2}(\sin 2\theta - \sin 4\theta)$
4	1	0	0	1	$-\frac{63}{32}\sqrt{\frac{5}{2}}$	$-\frac{1}{2}\sin 2\theta$
4	1	0	0	2	$-\frac{63}{32}\sqrt{\frac{5}{2}}$	$-\frac{1}{2}\sin 2\theta$
4	1	0	0	3	$-\frac{21}{32}\sqrt{\frac{5}{2}}$	$\frac{1}{2}(\sin 2\theta - \sin 4\theta)$
4	1	0	1	0	$\frac{21}{32}\sqrt{\frac{5}{2}}$	$-\frac{1}{2}(\sin 2\theta - \sin 4\theta)$
4	1	0	1	1	$\frac{63}{32}\sqrt{\frac{5}{2}}$	$\frac{1}{2}\sin 2\theta$
4	1	0	1	2	$\frac{63}{32}\sqrt{\frac{5}{2}}$	$\frac{1}{2}\sin 2\theta$
4	1	0	1	3	$\frac{21}{32}\sqrt{\frac{5}{2}}$	$-\frac{1}{2}(\sin 2\theta - \sin 4\theta)$
4	1	1	0	0	$\frac{9}{8}\sqrt{\frac{5}{2}}$	$-\frac{1}{2}\sin 2\theta$
4	1	1	0	1	$\frac{9}{8}\sqrt{\frac{5}{2}}$	$-\frac{1}{2}\sin 2\theta$
4	1	1	1	0	$-\frac{9}{8}\sqrt{\frac{5}{2}}$	$\frac{1}{2}\sin 2\theta$
4	1	1	1	1	$-\frac{9}{8}\sqrt{\frac{5}{2}}$	$\frac{1}{2}\sin 2\theta$
$\overline{P}_{41}(\theta) = \frac{3}{8}\sqrt{\frac{5}{2}}\sin 2\theta + \frac{21}{16}\sqrt{\frac{5}{2}}\sin 4\theta$						

$$
\begin{bmatrix} \overline{P}_{00} \\ \overline{P}_{10} \\ \overline{P}_{20} \\ \overline{P}_{22} \\ \overline{P}_{30} \\ \overline{P}_{32} \\ \overline{P}_{40} \\ \overline{P}_{42} \\ \overline{P}_{44} \\ \overline{P}_{50} \\ \overline{P}_{52} \\ \overline{P}_{54} \\ \overline{P}_{60} \\ \overline{P}_{62} \\ \overline{P}_{64} \\ \overline{P}_{66} \\ \overline{P}_{70} \\ \overline{P}_{72} \\ \overline{P}_{74} \\ \overline{P}_{76} \\ \vdots \end{bmatrix}
=
\begin{bmatrix}
1 & & & & & & & \\
0 & \sqrt{3} & & & & & & \\
\frac{1}{4}\sqrt{5} & 0 & \frac{3}{4}\sqrt{5} & & & & & \\
\frac{1}{4}\sqrt{15} & 0 & -\frac{1}{4}\sqrt{15} & & & & & \\
0 & \frac{3}{8}\sqrt{7} & 0 & \frac{5}{8}\sqrt{7} & & & & \\
0 & \frac{1}{8}\sqrt{105} & 0 & -\frac{1}{8}\sqrt{105} & & & & \\
\frac{27}{64} & 0 & \frac{15}{16} & 0 & \frac{105}{64} & & & \\
\frac{9}{32}\sqrt{5} & 0 & \frac{3}{8}\sqrt{5} & 0 & -\frac{21}{32}\sqrt{5} & & & \\
\frac{9}{64}\sqrt{35} & 0 & -\frac{3}{16}\sqrt{35} & 0 & \frac{3}{64}\sqrt{35} & & & \\
0 & \frac{15}{64}\sqrt{11} & 0 & \frac{35}{128}\sqrt{11} & 0 & \frac{63}{128}\sqrt{11} & & \\
0 & \frac{1}{32}\sqrt{1155} & 0 & \frac{1}{64}\sqrt{1155} & 0 & -\frac{3}{64}\sqrt{1155} & & \\
0 & \frac{3}{64}\sqrt{385} & 0 & -\frac{9}{128}\sqrt{385} & 0 & \frac{3}{128}\sqrt{385} & & \\
\frac{25}{256}\sqrt{13} & 0 & \frac{105}{512}\sqrt{13} & 0 & \frac{63}{256}\sqrt{13} & 0 & \frac{231}{512}\sqrt{13} & \\
\frac{5}{256}\sqrt{\frac{1365}{2}} & 0 & \frac{17}{512}\sqrt{\frac{1365}{2}} & 0 & \frac{3}{256}\sqrt{\frac{1365}{2}} & 0 & -\frac{33}{512}\sqrt{\frac{1365}{2}} & \\
\frac{15}{256}\sqrt{91} & 0 & \frac{15}{512}\sqrt{91} & 0 & -\frac{39}{256}\sqrt{91} & 0 & \frac{33}{512}\sqrt{91} & \\
\frac{5}{256}\sqrt{\frac{3003}{2}} & 0 & -\frac{15}{512}\sqrt{\frac{3003}{2}} & 0 & \frac{3}{256}\sqrt{\frac{3003}{2}} & 0 & -\frac{1}{512}\sqrt{\frac{3003}{2}} & \\
0 & \frac{175}{1024}\sqrt{15} & 0 & \frac{189}{1024}\sqrt{15} & 0 & \frac{231}{1024}\sqrt{15} & 0 & \frac{429}{1024}\sqrt{15} \\
0 & \frac{225}{1024}\sqrt{\frac{35}{2}} & 0 & \frac{171}{1024}\sqrt{\frac{35}{2}} & 0 & \frac{33}{1024}\sqrt{\frac{35}{2}} & 0 & -\frac{429}{1024}\sqrt{\frac{35}{2}} \\
0 & \frac{45}{1024}\sqrt{385} & 0 & -\frac{9}{1024}\sqrt{385} & 0 & -\frac{75}{1024}\sqrt{385} & 0 & \frac{39}{1024}\sqrt{385} \\
0 & \frac{15}{1024}\sqrt{\frac{5005}{2}} & 0 & -\frac{27}{1024}\sqrt{\frac{5005}{2}} & 0 & \frac{15}{1024}\sqrt{\frac{5005}{2}} & 0 & -\frac{3}{1024}\sqrt{\frac{5005}{2}} \\
\vdots & \vdots & \vdots & \vdots & \vdots & \vdots & \vdots & \vdots
\end{bmatrix}
\begin{bmatrix} 1 \\ \cos\theta \\ \cos 2\theta \\ \cos 3\theta \\ \cos 4\theta \\ \cos 5\theta \\ \cos 6\theta \\ \cos 7\theta \\ \vdots \end{bmatrix} . \tag{C.44}
$$

Anmerkung: Blickt man nur auf (C.43) und (C.44), dann könnte man versucht sein, ein einfacheres Bildungsgesetz zu finden als jenes, welches Tab. C.1 zugrunde liegt. Vorsicht ist geboten, denn während (C.41) im Zusammenspiel mit (C.42) die korrekte Spektralzerlegung der Legendre-Funktionen liefert, wird der Leser z. B. aus (C.44) einige falsche Schlüsse ziehen bzw. unzutreffende Verallgemeinerungen ableiten.

Beispielsweise würde vermutlich ausser konstanten Termen (Frequenz 0) auch das Auftreten der Frequenzen 2, 4, 6 und 8 in allen Legendre-Funktionen achten Grades (beliebiger Ordnung) propagiert - tatsächlich ist dem aber *nicht* so. Schaut man sich etwa die ausführliche Zerlegung von $\overline{P}_{82}(\theta)$ an, so taucht die Frequenz 6 zwar in diversen Termen mit Kombinationen $k\,s\,c$ auf[8], aber in der Summe der Terme heben sich die Amplituden gerade auf, so dass diese Frequenz insgesamt hier nicht aktiv ist. Ähnliche Aussagen gelten für $\overline{P}_{86}(\theta)$ und weitere Legendre-Funktionen; wir kommen etwas später darauf zurück.

Statt eines neuen Bildungsgesetzes, soll ein Operator Extract[Gesamtausdruck, Teilausdruck] eingeführt werden, der aus einem gegebenen Gesamtausdruck alle auftretenden Vorfaktoren eines bestimmten Teilausdrucks als Summe zusammenfasst. Das Ergebnis sind hier die Einträge in den Matrizen aus (C.43) bzw. (C.44).[9]

Mit

$$
B_{nmj}(\theta) := \begin{cases} \cos j\theta & \text{für } m \text{ gerade} \\ \sin j\theta & \text{für } m \text{ ungerade} \end{cases}, \quad \overline{\beta}_{nmj} := \text{Extract}\left[\overline{P}_{nm}(\theta) = \sum_{k=0}^{k_{\max}} \sum_{s=0}^{m} \sum_{c=0}^{c_{\max}} \overline{\alpha}_{nm}^{ksc} C_{nm}^{ksc}(\theta), B_{nmj}(\theta)\right] \tag{C.45}
$$

[8] und zwar bei den $k\,s\,c$-Kombinationen 001, 005, 010, 016, 021, 025, 100, 104, 120 und 124

[9] *MATHEMATICA*™ liefert diese Ergebnisse natürlich unmittelbar

folgt

$$\overline{P}_{nm}(\theta) = \sum_{j(2)}^{n} \overline{\beta}_{nmj} B_{nmj}(\theta) \qquad \text{für} \qquad j_{\min} = n \bmod 2 + 2\big((n+1) \bmod 2\big)\big((n-m) \bmod 2\big). \tag{C.46}$$

Einsetzen in (C.34) liefert

$$V_{\oplus}(\alpha, \theta, \lambda) = \frac{\mu_{\oplus}}{a_{\oplus}} \sum_{n=0}^{\infty} \sum_{m=0}^{n} \sum_{j(2)}^{n} \underbrace{\overline{\beta}_{nmj}\, \overline{J}_{nm}}_{=:\, \overline{\psi}_{nmj}} e^{-(n+1)\alpha} B_{nmj}(\theta) \cos(m\lambda - \overline{\lambda}_{nm}). \tag{C.47}$$

Mit den neu definierten (normalisierten) Koeffizienten des Erdgravitationspotentials kann man also schreiben

$$V_{\oplus}(\alpha, \theta, \lambda) = \frac{\mu_{\oplus}}{a_{\oplus}} \sum_{n=0}^{\infty} \sum_{m=0}^{n} \sum_{j(2)}^{n} \overline{\psi}_{nmj}\, e^{-(n+1)\alpha} B_{nmj}(\theta) \cos(m\lambda - \overline{\lambda}_{nm}), \tag{C.48}$$

wobei die Transformationsmatrix zwischen den $\overline{J}_{nm}$ und $\overline{\psi}_{nmj}$ nur schwach besetzt ist, insbesondere für niedrige Grade n und Ordnungen m:

$$\begin{bmatrix} \overline{\psi}_{000} \\ \overline{\psi}_{101} \\ \overline{\psi}_{111} \\ \overline{\psi}_{200} \\ \overline{\psi}_{202} \\ \overline{\psi}_{212} \\ \overline{\psi}_{220} \\ \overline{\psi}_{222} \\ \vdots \end{bmatrix} = \begin{bmatrix} 1 & & & & & & \\ 0 & \sqrt{3} & & & & & \\ 0 & 0 & \sqrt{3} & & & & \\ 0 & 0 & 0 & \frac{1}{4}\sqrt{5} & & & \\ 0 & 0 & 0 & \frac{3}{4}\sqrt{5} & & & \\ 0 & 0 & 0 & 0 & \frac{1}{2}\sqrt{15} & & \\ 0 & 0 & 0 & 0 & 0 & \frac{1}{4}\sqrt{15} & \\ 0 & 0 & 0 & 0 & 0 & -\frac{1}{4}\sqrt{15} & \\ \vdots & \vdots & \vdots & \vdots & \vdots & \vdots & \ddots \end{bmatrix} \begin{bmatrix} \overline{J}_{00} \\ \overline{J}_{10} \\ \overline{J}_{11} \\ \overline{J}_{20} \\ \overline{J}_{21} \\ \overline{J}_{22} \\ \vdots \end{bmatrix}. \tag{C.49}$$

Für die praktischen Tests werden hier die Parameter des *JGM-3* verwendet (zu Details siehe z. B. Mai [26]). In Übereinstimmung mit (E.1) und im Sinne von (B.2) beginnt die Reihenentwicklung für das Störpotential $R_{\oplus}$ mit dem Grad $n = 2$ unter der Annahme, dass $c_{10}, c_{11}, s_{11} \equiv 0$ gilt.[10]

Im Falle eines 8×8-Erdschwerefeldes ($n_{\max} = m_{\max} = 8$) würden $8^2 + 2 \cdot 8 - 3 = 77$ potentiell von Null verschiedene Koeffizienten c_{nm}, s_{nm} bzw. $\overline{c}_{nm}$, $\overline{s}_{nm}$ verbleiben; das bedeutet $\frac{1}{2}8^2 + \frac{3}{2}8 - 2 = 42$ potentiell von Null verschiedene Koeffizienten (Amplituden) J_{nm} bzw. $\overline{J}_{nm}$. Der so scheinbar komprimierte Informationsgehalt wird wieder aufgefüllt durch $\frac{1}{2}8^2 + \frac{1}{2}8 - 1 = 35$ potentiell von Null verschiedene Phasenwinkel λ_{nm} bzw. $\overline{\lambda}_{nm}$. Schaut man sich die Struktur der Matrizen in (C.43) und (C.44) genauer an, dann findet man eine einfache Folge für die Anzahl a_n der potentiell von Null verschiedenen Koeffizienten $\overline{\beta}_{nmj}$ in Abhängigkeit vom Grad n:

$$\begin{array}{llllllll} n = 2 & 3 & 4 & 5 & 6 & 7 & 8 & \cdots \\ a_n = 1+4=5 & 4+4=8 & 4+9=13 & 9+9=18 & 9+16=25 & 16+16=32 & 16+25=41 & \cdots \end{array}. \tag{C.50}$$

Für die Folge $(a_n) = 5, 8, 13, 18, 25, 32, 41, \ldots$ ($n \geq 2$) als Summe jeweils zweier Quadratzahlen lässt sich ein Bildungsgesetz finden; z. B. mittels *MATHEMATICA*™ oder etwa Sloane und Plouffe [47][11], nämlich[12]

$$a_n = \text{Ceiling}\left[\frac{(n+1)^2}{2}\right] \qquad \text{bzw.} \qquad a_n = \tfrac{1}{4}\big(2n^2 + 4n + 3 + (-1)^n\big). \tag{C.51}$$

Die zugehörige Summenfolge $(A_n) = 5, 13, 26, 44, 69, 101, 142, \ldots$ (ebenfalls $n \geq 2$) gilt

$$A_n = \sum_{i=2}^{n} a_i = \tfrac{1}{24}\big(4n^3 + 18n^2 + 32n - 51 + 3(-1)^n\big), \tag{C.52}$$

so dass für unser 8×8-Erdschwerefeld maximal $A_8 = 142$ potentiell von Null verschiedene neue Koeffizienten $\overline{\psi}_{nmj}$ aus den gegebenen $\overline{J}_{nm}$ berechnet werden müssen. In (C.49) würde also eine 142×42-Matrix auftreten.

[10] entsprechend sind auch die zugehörigen normalisierten Werte $\overline{c}_{10}$, $\overline{c}_{11}$ und $\overline{s}_{11}$ identisch Null

[11] bzw. *The On-Line Encyclopedia of Integer Sequences* unter `http://www.research.att.com/~njas/sequences/index.html`

[12] wobei *Ceiling* das Aufrunden zur nächsthöheren Ganzzahl meint; im Gegensatz zu *Floor* (Abrunden) bzw. *Int* (Ganzzahl-Anteil)

Der so scheinbar aufgeblähte Informationsgehalt (um den Faktor 3.38) wird wieder abgebaut durch die Tatsache, dass $\cos j\theta$ und $\sin j\theta$ nicht unabhängig voneinander sind, sondern sich (bei Bedarf[13]) ineinander umrechnen lassen. Die zugehörigen Amplituden $\overline{\psi}_{nmj}$ sind demzufolge ebenfalls untereinander nicht komplett unabhängig.

Anmerkung: Dieser zunächst offensichtlich unnötige Mehraufwand bei der Modellierung des Erdgravitationspotentials wird hier unternommen, um die späteren Ableitungen der Endformel für die Potentialdarstellung zu vereinfachen, sowie um die Frequenzen deutlicher hervortreten zu lassen als in der traditionellen Darstellung.

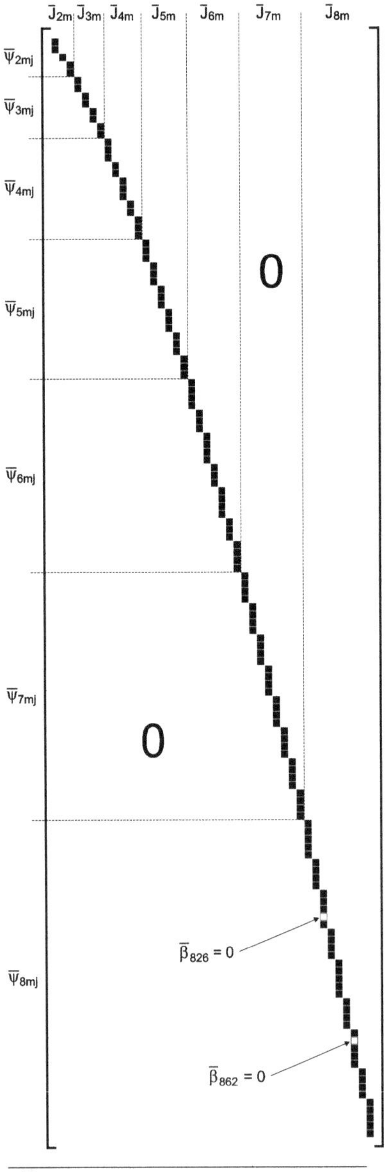

Abbildung C.1: Struktur der Matrix der $\overline{\beta}_{nmj}$, vgl. (C.49), für $n \in [2,8]$, $m \in [0,n]$. Dargestellt ist das Vorkommen der Nicht-Nullelemente (jeweils als schwarzes Kästchen). Hervorgehoben wurde ausserdem das systematische Fehlen bestimmter Frequenzen, abhängig von Grad und Ordnung. Für diese „Fehlstellen" (□) kann sicher ein Bildungsgesetz gefunden werden. Dessen Herleitung allein über das Auffinden notwendiger Indexkombinationen, basierend auf der Definition (C.45) und dann Anwendung der Beziehungen (C.40) bis (C.42), ist sehr komplex.

Stattdessen wurde empirisch vorgegangen: zunächst wurden für einige niedere Grade n alle $\overline{\beta}_{nmj}$ berechnet, bis eine ausreichende Anzahl von Kombinationen $n_i^\square, m_i^\square, j_i^\square$ mit $\overline{\beta}_{n_i^\square m_i^\square j_i^\square} = 0$ vorlag, um daraus Bildungsgesetze ableiten zu können. Diese Formeln wurden bis $n \leq 360$ validiert. Das schliesst natürlich (wie bei jeder Empirie) nicht aus, dass weitere „Fehlstellen" existieren, da nicht jede Indexkombination explizit berechnet wurde.

Es folgen konkrete Bsp.e $\overline{\beta}_{n_i^\square m_i^\square j_i^\square} = 0 \;\rightarrow\; \overline{\psi}_{n_i^\square m_i^\square j_i^\square} = 0$:

$$\overline{\beta}_{008,002,006} = 0 \rightarrow \overline{\psi}_{008,002,006} = 0,$$
$$\overline{\beta}_{008,006,002} = 0 \rightarrow \overline{\psi}_{008,006,002} = 0,$$
$$\overline{\beta}_{017,014,005} = 0 \rightarrow \overline{\psi}_{017,014,005} = 0,$$
$$\overline{\beta}_{018,003,016} = 0 \rightarrow \overline{\psi}_{018,003,016} = 0,$$
$$\overline{\beta}_{018,013,004} = 0 \rightarrow \overline{\psi}_{018,013,004} = 0,$$
$$\overline{\beta}_{032,004,030} = 0 \rightarrow \overline{\psi}_{032,004,030} = 0,$$
$$\overline{\beta}_{032,030,004} = 0 \rightarrow \overline{\psi}_{032,030,004} = 0,$$
$$\overline{\beta}_{033,003,029} = 0 \rightarrow \overline{\psi}_{033,003,029} = 0,$$
$$\overline{\beta}_{033,029,003} = 0 \rightarrow \overline{\psi}_{033,029,003} = 0,$$
$$\overline{\beta}_{033,030,007} = 0 \rightarrow \overline{\psi}_{033,030,007} = 0,$$
$$\overline{\beta}_{049,002,035} = 0 \rightarrow \overline{\psi}_{049,002,035} = 0,$$
$$\overline{\beta}_{050,005,048} = 0 \rightarrow \overline{\psi}_{050,005,048} = 0,$$
$$\overline{\beta}_{066,047,004} = 0 \rightarrow \overline{\psi}_{066,047,004} = 0,$$
$$\overline{\beta}_{072,006,070} = 0 \rightarrow \overline{\psi}_{072,006,070} = 0,$$
$$\overline{\beta}_{072,070,006} = 0 \rightarrow \overline{\psi}_{072,070,006} = 0,$$
$$\overline{\beta}_{081,078,011} = 0 \rightarrow \overline{\psi}_{081,078,011} = 0,$$
$$\overline{\beta}_{098,007,096} = 0 \rightarrow \overline{\psi}_{098,007,096} = 0,$$
$$\overline{\beta}_{113,110,013} = 0 \rightarrow \overline{\psi}_{113,110,013} = 0,$$
$$\overline{\beta}_{128,008,126} = 0 \rightarrow \overline{\psi}_{128,008,126} = 0,$$
$$\overline{\beta}_{128,126,008} = 0 \rightarrow \overline{\psi}_{128,126,008} = 0,$$
$$\overline{\beta}_{162,009,160} = 0 \rightarrow \overline{\psi}_{162,009,160} = 0,$$
$$\overline{\beta}_{193,190,017} = 0 \rightarrow \overline{\psi}_{193,190,017} = 0,$$
$$\overline{\beta}_{242,011,240} = 0 \rightarrow \overline{\psi}_{242,011,240} = 0,$$
$$\overline{\beta}_{338,013,336} = 0 \rightarrow \overline{\psi}_{338,013,336} = 0, \ldots$$

(Auflistung ohne Anspruch auf Vollständigkeit)

[13]dieser tritt sicher auf, wenn ein vergleichsweise hoch aufgelöstes Potential verwendet werden soll (z. B. bis Grad/Ordnung 360); dann liesse sich der Rechenaufwand bzgl. der $\overline{\psi}_{nmj}$ tatsächlich erheblich reduzieren - hier kann dagegen darauf verzichtet werden

Der Aufwand zur Berechnung der $\overline{\psi}_{nmj}$ aus den $\overline{J}_{nm}$ bzw. $\overline{c}_{nm}$, $\overline{s}_{nm}$ (sowie die Berechnung der $\overline{\lambda}_{nm}$) hat nur ein einziges Mal zu erfolgen und wird nachfolgend in seinen Ergebnissen bis $n_{\max}$, $m_{\max} = 8$ dokumentiert:[14]

Tabelle C.2: Spektralzerlegung durch den Übergang $\overline{c}_{nm}, \overline{s}_{nm} \rightarrow \overline{J}_{nm}, \overline{\lambda}_{nm} \rightarrow \overline{\psi}_{nmj}, \overline{\lambda}_{nm}$

n	m	$\overline{J}_{nm}$ in 10^{-6}	$\overline{\lambda}_{nm}$	j	$B_{nmj}(\theta)$	$\overline{\beta}_{nmj}$	$\overline{\psi}_{nmj}$ in 10^{-6}
2	0	-484.16954845647	0	0	1	0.559016994374947	-270.6590057460113
				2	$\cos 2\theta$	1.677050983124842	-811.9770172380340
2	1	0.00120981771	1.72597691922	2	$\sin 2\theta$	1.936491673103708	0.0023428019242
2	2	2.81260359527	-0.52112273913	0	1	0.968245836551854	2.7232917209950
				2	$\cos 2\theta$	-0.968245836551854	-2.7232917209950
3	0	0.95717059088	0	1	$\cos\theta$	0.992156741649221	0.9496632546578
				3	$\cos 3\theta$	1.653594569415369	1.5827720910964
3	1	2.04524472042	0.12162043924	1	$\sin\theta$	0.405046293650491	0.8284187936151
				3	$\sin 3\theta$	2.025231468252456	4.1420939680755
3	2	1.09615649148	-0.59998489435	1	$\cos\theta$	1.280868845744950	1.4040327000087
				3	$\cos 3\theta$	-1.280868845744950	-1.4040327000087
3	3	1.58745801036	1.09923636671	1	$\sin\theta$	1.568737549751392	2.4903049895141
				3	$\sin 3\theta$	-0.522912516583797	-0.8301016631713
4	0	0.53977706835	0	0	1	0.421875	0.2277184507132
				2	$\cos 2\theta$	0.9375	0.5060410015849
				4	$\cos 4\theta$	1.640625	0.8855717527736
4	1	0.71555391738	-2.41796747873	2	$\sin 2\theta$	0.592927061281571	0.4242712814239
				4	$\sin 4\theta$	2.075244714485499	1.4849494849837
4	2	0.74964681490	1.08401841847	0	1	0.628894118671815	0.4714484729741
				2	$\cos 2\theta$	0.838525491562421	0.6285979639654
				4	$\cos 4\theta$	-1.467419610234237	-1.1000464369395
4	3	1.01104752867	-0.20012435284	2	$\sin 2\theta$	1.568737549751392	1.5860682228152
				4	$\sin 4\theta$	-0.784368774875695	-0.7930341114076
4	4	0.36181809762	2.11873469023	0	1	0.831948719498383	0.3010141030066
				2	$\cos 2\theta$	-1.109264959331178	-0.4013521373422
				4	$\cos 4\theta$	0.277316239832794	0.1003380343355
5	0	0.06865898798	0	1	$\cos\theta$	0.777333935239546	0.0533709613211
				3	$\cos 3\theta$	0.906889591112804	0.0622661215413
				5	$\cos 5\theta$	1.632401264003048	0.1120790187744
5	1	0.11316957025	-2.15829124518	1	$\sin\theta$	0.200706759041642	0.0227138976683
				3	$\sin 3\theta$	0.702473656645749	0.0794986418393
				5	$\sin 5\theta$	2.107420969937248	0.2384959255181
5	2	0.72818128529	-0.46009142022	1	$\cos\theta$	1.062040341747902	0.7733579010860
				3	$\cos 3\theta$	0.531020170873950	0.3866789505430
				5	$\cos 5\theta$	-1.593060512621853	-1.1600368516290
5	3	0.50036189234	-2.69754570466	1	$\sin\theta$	0.650364230883356	0.3254174772792
				3	$\sin 3\theta$	1.409122500247273	0.7050712007717
				5	$\sin 5\theta$	-0.975546346325034	-0.4881262159188
5	4	0.29928586116	2.97461744503	1	$\cos\theta$	0.919753915797589	0.2752693427470
				3	$\cos 3\theta$	-1.379630873696385	-0.4129040141205
				5	$\cos 5\theta$	0.459876957898794	0.1376346713735
5	5	0.69184751571	-1.31532396015	1	$\sin\theta$	1.454258630389554	1.0061252206410
				3	$\sin 3\theta$	-0.727129315194776	-0.5030626103205
				5	$\sin 5\theta$	0.145425863038955	0.1006125220641
6	0	-0.14967156178	0	0	1	0.352104616744530	-0.0527000479002
				2	$\cos 2\theta$	0.739419695163513	-0.1106701005904
				4	$\cos 4\theta$	0.887303634196216	-0.1328041207085
				6	$\cos 6\theta$	1.626723329359730	-0.2434742212990
⋮	⋮	⋮	⋮	⋮	⋮	⋮	⋮

[14] die nominalen Werte der $\overline{c}_{nm}$ und $\overline{s}_{nm}$ sind Mai [26] entnommen worden; aus Platzgründen werden in der Tabelle die Nachkommastellen nur angedeutet

n	m	$\overline{J}_{nm}$ in 10^{-6}	$\overline{\lambda}_{nm}$	j	$B_{nmj}(\theta)$	$\overline{\beta}_{nmj}$	$\overline{\psi}_{nmj}$ in 10^{-6}
⋮	⋮	⋮	⋮	⋮	⋮	⋮	⋮
6	1	0.08071775027	2.80183587061	2	$\sin 2\theta$	0.322709211755045	0.0260483615658
				4	$\sin 4\theta$	0.774502108212108	0.0625160677579
				6	$\sin 6\theta$	2.129880797583297	0.1719191863342
6	2	0.37692689767	-1.44222797474	0	1	0.510248065531762	0.1923262203859
				2	$\cos 2\theta$	0.867421711403997	0.3269545746560
				4	$\cos 4\theta$	0.306148839319057	0.1153957322315
				6	$\cos 6\theta$	-1.683818616254818	-0.6346765272734
6	3	0.05770973297	0.15465344254	2	$\sin 2\theta$	0.918446517957173	0.0530033033061
				4	$\sin 4\theta$	1.224595357276231	0.0706710710748
				6	$\sin 6\theta$	-1.122545744169878	-0.0647818151519
6	4	0.47922651589	-1.75171332514	0	1	0.558948750830241	0.2678630624215
				2	$\cos 2\theta$	0.279474375415120	0.1339315312107
				4	$\cos 4\theta$	-1.453266752158628	-0.6964439622961
				6	$\cos 6\theta$	0.614843625913265	0.2946493686637
6	5	0.59923687341	-2.03281279458	2	$\sin 2\theta$	1.310851014913892	0.7855102636874
				4	$\sin 4\theta$	-1.048680811931114	-0.6284082109499
				6	$\sin 6\theta$	0.262170202982778	0.1571020527374
6	6	0.23745165982	-1.53077054067	0	1	0.756820186328029	0.1797082094350
				2	$\cos 2\theta$	-1.135230279492045	-0.2695623141525
				4	$\cos 4\theta$	0.454092111796817	0.1078249256610
				6	$\cos 6\theta$	-0.075682018632802	-0.0179708209435
7	0	0.09072294164	0	1	$\cos\theta$	0.661886802330369	0.0600483177422
				3	$\cos 3\theta$	0.714837746516798	0.0648521831616
				5	$\cos 5\theta$	0.873690579076087	0.0792637794197
				7	$\cos 7\theta$	1.622568218284162	0.1472041617795
7	1	0.29587712721	0.32607424691	1	$\sin\theta$	0.125084848217280	0.0370097455483
				3	$\sin 3\theta$	0.405274908223988	0.1199115755765
				5	$\sin 5\theta$	0.825559998234049	0.2442643206189
				7	$\sin 7\theta$	2.146455995408529	0.6350872336091
7	2	0.34267604631	0.27542775796	1	$\cos\theta$	0.919182158057456	0.3149817077687
				3	$\cos 3\theta$	0.698578440123666	0.2393860979042
				5	$\cos 5\theta$	0.134813383181760	0.0461973171394
				7	$\cos 7\theta$	-1.752573981362883	-0.6005651228124
7	3	0.33163088583	-0.71458924580	1	$\sin\theta$	0.389975962264867	0.1293280738216
				3	$\sin 3\theta$	1.013937501888655	0.3362529919363
				5	$\sin 5\theta$	1.048602031867754	0.3477488207204
				7	$\sin 7\theta$	-1.239256946752800	-0.4109758790332
7	4	0.30221505166	-2.71829190483	1	$\cos\theta$	0.862269296060240	0.2605907598593
				3	$\cos 3\theta$	-0.172453859212048	-0.0521181519718
				5	$\cos 5\theta$	-1.437115493433734	-0.4343179330989
				7	$\cos 7\theta$	0.747300056585541	0.2258453252114
7	5	0.01814994469	1.48009300860	1	$\sin\theta$	0.718557746716867	0.0130417833613
				3	$\sin 3\theta$	0.948496225666264	0.0172151540370
				5	$\sin 5\theta$	-1.235919324353011	-0.0224318673815
				7	$\sin 7\theta$	0.373650028292770	0.0067817273479
7	6	0.38962112651	2.74144643463	1	$\cos\theta$	0.732787994430513	0.2855096838894
				3	$\cos 3\theta$	-1.319018389974924	-0.5139174310009
				5	$\cos 5\theta$	0.732787994430513	0.2855096838894
				7	$\cos 7\theta$	-0.146557598886102	-0.0571019367778
7	7	0.02416799784	1.51368496485	1	$\sin\theta$	1.370920806150096	0.0331324110826
				3	$\sin 3\theta$	-0.822552483690057	-0.0198794466496
				5	$\sin 5\theta$	0.274184161230019	0.0066264822165
				7	$\sin 7\theta$	-0.039169165890002	-0.0009466403166
⋮	⋮	⋮	⋮	⋮	⋮	⋮	⋮

n	m	$\overline{J}_{nm}$ in 10^{-6}	$\overline{\lambda}_{nm}$	j	$B_{nmj}(\theta)$	$\overline{\beta}_{nmj}$	$\overline{\psi}_{nmj}$ in 10^{-6}
⋮	⋮	⋮	⋮	⋮	⋮	⋮	⋮
8	0	0.04911800317	0	0	1	0.308276635216164	0.0151419327472
				2	$\cos 2\theta$	0.634169078158966	0.0311491187943
				4	$\cos 4\theta$	0.697585985974863	0.0342640306737
				6	$\cos 6\theta$	0.863677887397449	0.0424221332151
				8	$\cos 8\theta$	1.619396038870218	0.0795414997783
8	1	0.06298118081	1.19126231543	2	$\sin 2\theta$	0.211389692719655	0.0133135724585
				4	$\sin 4\theta$	0.465057323983242	0.0292898594088
				6	$\sin 6\theta$	0.863677887397449	0.0543954531878
				8	$\sin 8\theta$	2.159194718493624	0.1359886329696
8	2	0.10346010249	0.68577587423	0	1	0.442153264799642	0.0457452220954
				2	$\cos 2\theta$	0.808508827062203	0.0836484061174
				4	$\cos 4\theta$	0.555849818605264	0.0575082792057
				6	$\cos 6\theta$	0	0
				8	$\cos 8\theta$	-1.806511910467111	-0.1869019074186
8	3	0.08840744321	-1.79031697937	2	$\sin 2\theta$	0.615783446394423	0.0544398400715
				4	$\sin 4\theta$	1.026305743990705	0.0907330667858
				6	$\sin 6\theta$	0.889464978125278	0.0786353245477
				8	$\sin 8\theta$	-1.334197467187917	-0.1179529868215
8	4	0.25414734808	2.86313982627	0	1	0.463734256369185	0.1178568314741
				2	$\cos 2\theta$	0.529982007279068	0.1346935216847
				4	$\cos 4\theta$	-0.476983806551161	-0.1212241695162
				6	$\cos 6\theta$	-1.377953218925579	-0.3502031563802
				8	$\cos 8\theta$	0.861220761828486	0.2188769727376
8	5	0.09266741617	1.84955294081	2	$\sin 2\theta$	0.955438651159005	0.0885380311175
				4	$\sin 4\theta$	0.573263190695403	0.0531228186705
				6	$\sin 6\theta$	-1.337614111622608	-0.1239532435646
				8	$\sin 8\theta$	0.477719325579502	0.0442690155587
8	6	0.31586297232	1.78084355644	0	1	0.515995845949839	0.1629839816085
				2	$\cos 2\theta$	0	0
				4	$\cos 4\theta$	-1.238390030279616	-0.3911615558605
				6	$\cos 6\theta$	0.943535261165421	0.2980278520842
				8	$\cos 8\theta$	-0.221141076835645	-0.0698502778322
8	7	0.10060459965	0.83849231054	2	$\sin 2\theta$	1.130490257622752	0.1137325197764
				4	$\sin 4\theta$	-1.130490257622752	-0.1137325197764
				6	$\sin 6\theta$	0.484495824695465	0.0487425084756
				8	$\sin 8\theta$	-0.080749304115910	-0.0081237514126
8	8	0.17284313470	2.37063472802	0	1	0.706556411014220	0.1221234249290
				2	$\cos 2\theta$	-1.130490257622752	-0.1953974798864
				4	$\cos 4\theta$	0.565245128811376	0.0976987399432
				6	$\cos 6\theta$	-0.161498608231821	-0.0279139256980
				8	$\cos 8\theta$	0.020187326028977	0.0034892407122

Beispielsweise folgt für ein 2 × 2 - Störpotential $R_{\oplus 2\times 2}(\mathbf{r})$ mit $\alpha = \ln(r/a\oplus)$

$$R_{\oplus 2\times 2} = \begin{cases} \dfrac{\mu_\oplus}{r}\left(\dfrac{a_\oplus}{r}\right)^2\Big(\overline{P}_{20}(\theta)\,\overline{c}_{20} + \overline{P}_{21}(\theta)\big(\overline{c}_{21}\cos\lambda + \overline{s}_{21}\sin\lambda\big) + \overline{P}_{22}(\theta)\big(\overline{c}_{22}\cos\lambda + \overline{s}_{22}\sin\lambda\big)\Big) & \text{[trad. Darstellung]} \\ \dfrac{\mu_\oplus}{a_\oplus}\, e^{-3\alpha}\Big(\big(\overline{\psi}_{200} + \overline{\psi}_{202}\cos 2\theta\big) + \overline{\psi}_{212}\sin 2\theta\cos(\lambda - \overline{\lambda}_{21}) + \big(\overline{\psi}_{220} + \overline{\psi}_{222}\cos 2\theta\big)\cos(2\lambda - \overline{\lambda}_{22})\Big) & \text{[spektral]} \end{cases} \tag{C.53}$$

Anhang D

Transformation einiger Variablensätze

D.1 Kartesische Koordinaten $\leftrightarrow$ Kanonische Kugelkoordinaten

Ziel: Transformation zwischen kartesischen Koordinaten $\mathcal{C} = (x, y, z; \dot{x}, \dot{y}, \dot{z})^T$ (als Komponenten des Positions- und Geschwindigkeitsvektors) bzgl. der Basis $[\mathbf{e}_i]$ und den kanonischen Kugelkoordinaten $\mathcal{S} = (r, \theta, \Lambda; \dot{r}, J, H)^T$ bzgl. der Basis $[\mathbf{s}_i]$.

$\mathcal{S} \to \mathcal{C}$

Aus (2.143) und (2.154) kann direkt übernommen werden:

$$\begin{bmatrix} x \\ y \\ z \end{bmatrix} = r \begin{bmatrix} \sin\theta\cos\Lambda \\ \sin\theta\sin\Lambda \\ \cos\theta \end{bmatrix}, \qquad \begin{bmatrix} \dot{x} \\ \dot{y} \\ \dot{z} \end{bmatrix} = \dot{r} \begin{bmatrix} \sin\theta\cos\Lambda \\ \sin\theta\sin\Lambda \\ \cos\theta \end{bmatrix} + \frac{J}{r} \begin{bmatrix} \cos\theta\cos\Lambda \\ \cos\theta\sin\Lambda \\ -\sin\theta \end{bmatrix} + \frac{H}{r\sin\theta} \begin{bmatrix} -\sin\Lambda \\ \cos\Lambda \\ 0 \end{bmatrix}. \tag{D.1}$$

$\mathcal{C} \to \mathcal{S}$

Die ersten vier kanonischen Kugelkoordinaten folgen unmittelbar als

$$r = \sqrt{x^2 + y^2 + z^2}\,, \qquad \theta = \arctan\frac{\sqrt{x^2+y^2}}{z}\,, \qquad \Lambda = \arctan\frac{y}{x}\,, \qquad \mathbf{r}\cdot\dot{\mathbf{r}} = r\dot{r} \quad\to\quad \dot{r} = \frac{\mathbf{r}\cdot\dot{\mathbf{r}}}{r}. \tag{D.2}$$

Aus den jeweils dritten Zeilen/Komponenten in (D.1) und den bereits berechneten Grössen (D.2) erhält man

$$\dot{z} = \dot{r}\cos\theta - \frac{J}{r}\sin\theta \quad\to\quad J = \frac{\dot{r}r\cos\theta - r\dot{z}}{\sin\theta} \quad\to\quad J = \frac{\dot{r}z - r\dot{z}}{\sin\theta}. \tag{D.3}$$

Die Variable H entspricht (wie bei den Hill-Variablen) der z-Komponente des Bahndrehimpulsvektors, d. h.,

$$H = h_z \quad\text{mit}\quad \mathbf{h} = \mathbf{r}\times\dot{\mathbf{r}} = (h_x, h_y, h_z)^T \quad\to\quad H = (\mathbf{r}\times\dot{\mathbf{r}})\cdot\mathbf{e}_3 \quad\text{mit}\quad \mathbf{e}_3 = (0,0,1)^T \tag{D.4}$$

bzw.

$$\begin{bmatrix} h_x \\ h_y \\ h_z \end{bmatrix} = \begin{bmatrix} x \\ y \\ z \end{bmatrix} \times \begin{bmatrix} \dot{x} \\ \dot{y} \\ \dot{z} \end{bmatrix} = \begin{bmatrix} y\dot{z} - z\dot{y} \\ z\dot{x} - x\dot{z} \\ x\dot{y} - y\dot{x} \end{bmatrix} \quad\to\quad H = x\dot{y} - y\dot{x}. \tag{D.5}$$

D.2 Kartesische Koordinaten $\leftrightarrow$ Modifizierte Kugelkoordinaten

Ziel: Transformation zwischen kartesischen Koordinaten $\mathcal{C} = (x, y, z; \dot{x}, \dot{y}, \dot{z})^T$ (als Komponenten des Positions- und Geschwindigkeitsvektors) bzgl. der Basis $[\mathbf{e}_i]$ und modifizierten Kugelkoordinaten $\mathcal{M} = (\alpha, \theta, \Lambda; p_\alpha, p_\theta, p_\Lambda)^T$ bzgl. der Basis $[\mathbf{s}_i]$.

$\mathcal{M} \to \mathcal{C}$

Aus (2.224) sowie (2.225) unter Beachtung von (2.229) folgt ($a_\oplus$ ist der mittlere Radius des Erdäquators)

$$\begin{bmatrix} x_1 \\ x_2 \\ x_3 \end{bmatrix} = a_\oplus e^\alpha \begin{bmatrix} \sin\theta\cos\Lambda \\ \sin\theta\sin\Lambda \\ \cos\theta \end{bmatrix}, \qquad \begin{bmatrix} \dot{x}_1 \\ \dot{x}_2 \\ \dot{x}_3 \end{bmatrix} = \frac{1}{a_\oplus e^\alpha} \left\{ p_\alpha \begin{bmatrix} \sin\theta\cos\Lambda \\ \sin\theta\sin\Lambda \\ \cos\theta \end{bmatrix} + p_\theta \begin{bmatrix} \cos\theta\cos\Lambda \\ \cos\theta\sin\Lambda \\ -\sin\theta \end{bmatrix} + \frac{p_\Lambda}{\sin\theta} \begin{bmatrix} -\sin\Lambda \\ \cos\Lambda \\ 0 \end{bmatrix} \right\}. \tag{D.6}$$

$\mathcal{C} \to \mathcal{M}$

Die drei generalisierten Koordinaten ergeben sich aus (2.221) und (D.6) unmittelbar zu

$$\alpha := \ln \frac{\sqrt{x^2+y^2+z^2}}{a_\oplus}, \qquad \theta = \arctan \frac{\sqrt{x^2+y^2}}{z}, \qquad \Lambda = \arctan \frac{y}{x}. \tag{D.7}$$

Den generalisierten Impuls p_α erhält man mittels (2.221), (2.228) und (D.2):

$$p_\alpha = a_\oplus^2 e^{2\alpha}\dot{\alpha} = r^2\dot{\alpha} \quad \text{mit} \quad \dot{\alpha} = \frac{\dot{r}}{r} = \frac{\mathbf{r}\cdot\dot{\mathbf{r}}}{r^2} = \frac{\mathbf{r}\cdot\dot{\mathbf{r}}}{a_\oplus^2 e^{2\alpha}} \quad \longrightarrow \quad p_\alpha = r\dot{r} = \mathbf{r}\cdot\dot{\mathbf{r}} \quad \leftrightarrow \quad p_\alpha = x\dot{x}+y\dot{y}+z\dot{z}. \tag{D.8}$$

Dieses Ergebnis hätte man unmittelbar aus einem Koeffizientenvergleich von (D.6) mit (D.1) gewinnen können. Eben dieser Vergleich liefert auch die Identitäten $p_\theta \equiv J$ sowie $p_\Lambda \equiv H$ und damit

$$p_\theta = \frac{\dot{r}z - r\dot{z}}{\sin\theta}, \qquad p_\Lambda = x\dot{y} - y\dot{x} \tag{D.9}$$

mit θ aus (D.7) und $\dot{r} = \mathbf{r}\cdot\dot{\mathbf{r}}/r$, vgl. (D.8) oder (D.2).

Für einige Anwendungen ist eine Zusammenstellung sämtlicher generalisierter Geschwindigkeiten für $\mathcal{M}$ aus $\mathcal{C}$ hilfreich:

$$\dot{\alpha} = \frac{\dot{r}}{r}, \qquad \dot{\theta} = \frac{\dot{r}z - r\dot{z}}{r^2\sin\theta}, \qquad \dot{\Lambda} = \frac{x\dot{y} - y\dot{x}}{r^2\sin^2\theta}. \tag{D.10}$$

D.3 Kanonische Kugelkoordinaten ↔ Modifizierte Kugelkoordinaten

Ziel: Transformation zwischen kanonischen Kugelkoordinaten $\mathcal{S} = (r,\theta,\Lambda;\dot{r},J,H)^T$ bzgl. der Basis $[\mathbf{s}_i]$ und modifizierten Kugelkoordinaten $\mathcal{M} = (\alpha,\theta,\Lambda;p_\alpha,p_\theta,p_\Lambda)^T$ bzgl. der Basis $[\mathbf{s}_i]$.

Wie bereits in § D.2 gezeigt wurde, sind p_θ bzw. p_Λ identisch mit J bzw. H. Damit stimmen zwei der drei kanonisch konjugierten Variablenpaare zwischen den beiden Variablensätzen überein.

$\mathcal{M} \to \mathcal{S}$

Es verbleibt mit (2.221), (2.228) und $a_\oplus$ als mittlerem Radius des Erdäquators

$$r = a_\oplus e^\alpha, \qquad \theta = \theta, \qquad \Lambda = \Lambda, \qquad \dot{r} = \frac{p_\alpha}{a_\oplus e^\alpha}, \qquad J = p_\theta, \qquad H = p_\Lambda. \tag{D.11}$$

$\mathcal{S} \to \mathcal{M}$

Ebenso mit (2.221) und aus (D.8) folgt

$$\alpha = \ln\frac{r}{a_\oplus}, \qquad \theta = \theta, \qquad \Lambda = \Lambda, \qquad p_\alpha = r\dot{r}, \qquad p_\theta = J, \qquad p_\Lambda = H. \tag{D.12}$$

Anhang E

Das Eliminationsverfahren

In Mai et al. [28] wurde das Eliminationsverfahren bereits zur Lösung des Duffing-Oszillators vorgestellt. Hier soll die Anwendbarkeit des Verfahrens auf das gestörte Keplerproblem untersucht werden. Der grundlegende Lösungsansatz besteht darin, alle variablen Größen in der Bewegungsgleichung durch eine Reihenentwicklung nach einem Kleinheitsparameter ε zu ersetzen, anschliessend alle Terme nach Potenzen von ε zu ordnen und dann durch einen Koeffizientenvergleich die Bestimmungsgleichungen für die variablen Größen zu gewinnen. Deren Lösungen sollten sich sukzessive in immer höherer Ordnung aufbauen, bis eine gewählte Genauigkeit erreicht ist. Als Ausgangsnäherung dient dem Eliminationsverfahren die Lösung des ungestörten Keplerproblems.[1]

Zunächst muss jedoch die vertraute Bewegungsgleichung des gestörten Keplerproblems

$$\ddot{\mathbf{r}} + \frac{\mu_\oplus}{r^3}\,\mathbf{r} = \mathbf{f} \tag{E.1}$$

auf eine Gestalt gebracht werden, die wie beim gestörten Duffing-Oszillator, derjenigen eines gestörten harmonischen Oszillators gleicht.

E.1 Burdet-Gleichungen in der Bahntheorie

Die folgende Darstellung orientiert sich an den Ausführungen von Schneider [44].

Die Sundman-Variable s

Grundlegend ist die Einführung einer regularisierenden Variablen s über[2]

$$\mathrm{d}s := \frac{1}{r}\,\mathrm{d}t \qquad \leftrightarrow \qquad r\mathrm{d}s = \mathrm{d}t \qquad \leftrightarrow \qquad r = \frac{\mathrm{d}t}{\mathrm{d}s} =: t', \tag{E.2}$$

so dass

$$\frac{\mathrm{d}r}{\mathrm{d}t} = \frac{\mathrm{d}r}{\mathrm{d}s}\frac{\mathrm{d}s}{\mathrm{d}t} = r'\frac{1}{r} \qquad \rightarrow \qquad \dot{r} = \frac{1}{r}\,r' \tag{E.3}$$

und

$$\mathbf{r}\cdot\dot{\mathbf{r}} = r\dot{r} = r\frac{1}{r}\,r' = r'. \tag{E.4}$$

Für die Ersetzung der unabhängigen Variablen t in (E.1) durch die neue unabhängige Variable s benötigt man die zweite Ableitung des Positionsvektors $\mathbf{r}''$, also

$$\begin{aligned}
\mathbf{r}' &= \frac{\mathrm{d}\mathbf{r}}{\mathrm{d}s} = \frac{\mathrm{d}\mathbf{r}}{\mathrm{d}t}\frac{\mathrm{d}t}{\mathrm{d}s} && \rightarrow \quad \mathbf{r}' = r\dot{\mathbf{r}} && \leftrightarrow \quad \dot{\mathbf{r}} = \frac{1}{r}\,\mathbf{r}', \\
\mathbf{r}'' &= \frac{\mathrm{d}\mathbf{r}'}{\mathrm{d}s} = \frac{\mathrm{d}r}{\mathrm{d}s}\,\dot{\mathbf{r}} + r\frac{\mathrm{d}\dot{\mathbf{r}}}{\mathrm{d}t}\frac{\mathrm{d}t}{\mathrm{d}s} && \rightarrow \quad \mathbf{r}'' = r'\dot{\mathbf{r}} + r^2\ddot{\mathbf{r}} && \leftrightarrow \quad \ddot{\mathbf{r}} = \frac{1}{r^2}\,\mathbf{r}'' - \frac{r'}{r^2}\,\dot{\mathbf{r}} = \frac{1}{r^2}\,\mathbf{r}'' - \frac{r'}{r^3}\,\mathbf{r}'.
\end{aligned} \tag{E.5}$$

Da hier als Ausgangsnäherung zur Lösung von (E.1) die Lösung des Keplerproblems ($\mathbf{f} = \mathbf{0}$) verwendet wird, können nachfolgend die dort geltenden Bewegungsintegrale ausgenutzt werden, vgl. (2.84) in § 2.2.2.5.[3]

---

[1] vgl. § 2.1.3 und § 2.2.2

[2] s wird als *Sundman-Variable* bezeichnet

[3] für weitere Details zu Bewegungsintegralen im Falle unterschiedlicher Kraftfunktionen siehe z. B. Mai [26]

Das Energieintegral
folgt aus der skalaren Multiplikation der entsprechenden Bewegungsgleichung mit $\dot{\mathbf{r}}$ unter Beachtung von (E.4)

$$\ddot{\mathbf{r}} + \frac{\mu_\oplus}{r^3}\mathbf{r} = \mathbf{0} \quad \Big/ \cdot \dot{\mathbf{r}} \qquad \rightarrow \qquad \ddot{\mathbf{r}}\cdot\dot{\mathbf{r}} + \frac{\mu_\oplus}{r^3}\mathbf{r}\cdot\dot{\mathbf{r}} = \mathbf{0}\cdot\dot{\mathbf{r}} \qquad \leftrightarrow \qquad \ddot{\mathbf{r}}\cdot\dot{\mathbf{r}} + \frac{\mu_\oplus \dot{r}}{r^2} = 0, \tag{E.6}$$

also

$$\frac{\mathrm{d}}{\mathrm{d}t}\left(\frac{\dot{\mathbf{r}}\cdot\dot{\mathbf{r}}}{2}\right) - \frac{\mathrm{d}}{\mathrm{d}t}\left(\frac{\mu_\oplus}{r}\right) = 0 \qquad \rightarrow \qquad \frac{\dot{\mathbf{r}}\cdot\dot{\mathbf{r}}}{2} - \frac{\mu_\oplus}{r} = \text{const.} =: \mathcal{E}_\mathrm{K}, \tag{E.7}$$

wobei $\mathcal{E}_\mathrm{K}$ für die spezifische Bahnenergie (Summe aus der jeweils auf die Masseneinheit bezogenen kinetischen und potentiellen Energie) im Keplerproblem steht.

Das Laplaceintegral
in seiner klassischen Formulierung folgt aus der vektoriellen Multiplikation der entsprechenden Bewegungsgleichung von rechts mit $\mathbf{h} = \mathbf{r}\times\dot{\mathbf{r}}$ unter Beachtung des Drehimpulsintegrals[4] $\mathbf{h} = \text{const.}$, also

$$\ddot{\mathbf{r}} + \frac{\mu_\oplus}{r^3}\mathbf{r} = \mathbf{0} \quad \Big/ \times\mathbf{h} \qquad \rightarrow \qquad \ddot{\mathbf{r}}\times\mathbf{h} + \frac{\mu_\oplus}{r^3}\mathbf{r}\times\mathbf{h} = \mathbf{0}\times\mathbf{h} \qquad \leftrightarrow \qquad \ddot{\mathbf{r}}\times\mathbf{h} + \frac{\mu_\oplus}{r^3}\Big((\mathbf{r}\cdot\dot{\mathbf{r}})\mathbf{r} - (\mathbf{r}\cdot\mathbf{r})\dot{\mathbf{r}}\Big) = \mathbf{0} \tag{E.8}$$

bzw.

$$\ddot{\mathbf{r}}\times\mathbf{h} + \frac{\mu_\oplus}{r^3}\Big(r\dot{r}\mathbf{r} - r^2\dot{\mathbf{r}}\Big) = \mathbf{0} \qquad \leftrightarrow \qquad \ddot{\mathbf{r}}\times\mathbf{h} + \mu_\oplus\left(\frac{\dot{r}}{r^2}\mathbf{r} - \frac{1}{r}\dot{\mathbf{r}}\right) = \mathbf{0} \tag{E.9}$$

und damit wegen $\dot{\mathbf{h}} = \mathbf{0}$

$$\frac{\mathrm{d}}{\mathrm{d}t}(\dot{\mathbf{r}}\times\mathbf{h}) - \mu_\oplus\frac{\mathrm{d}}{\mathrm{d}t}\left(\frac{\mathbf{r}}{r}\right) = \mathbf{0} \qquad \rightarrow \qquad \dot{\mathbf{r}}\times\mathbf{h} - \mu_\oplus\frac{\mathbf{r}}{r} = \mathbf{const.} =: \mathbf{l} = \mu_\oplus\,\mathbf{e}. \tag{E.10}$$

Dabei steht $\mathbf{l}$ für den *Laplacevektor* und $\mathbf{e}$ für den *Exzentrizitätsvektor* (vgl. (2.84)).[5]

Herleitung der Differentialgleichungen
Unter Berücksichtigung des Energieintegrals (E.7) kann man $\mathbf{l}$ umschreiben auf

$$\mathbf{l} = \dot{\mathbf{r}}\times(\mathbf{r}\times\dot{\mathbf{r}}) - \mu_\oplus\frac{\mathbf{r}}{r} = (\dot{\mathbf{r}}\cdot\dot{\mathbf{r}})\mathbf{r} - (\dot{\mathbf{r}}\cdot\mathbf{r})\dot{\mathbf{r}} - \mu_\oplus\frac{\mathbf{r}}{r} = 2\left(\mathcal{E}_\mathrm{K} + \frac{\mu_\oplus}{r}\right)\mathbf{r} - r\dot{r}\dot{\mathbf{r}} - \mu_\oplus\frac{\mathbf{r}}{r} \tag{E.11}$$

und mittels der Beziehungen (E.3) für $\dot{r}$ sowie (E.5) für $\dot{\mathbf{r}}$ in Verbindung mit der Sundman-Variablen s bringen:

$$\mathbf{l} = 2\mathcal{E}_\mathrm{K}\mathbf{r} + \frac{\mu_\oplus}{r}\mathbf{r} - r\frac{1}{r}r'\frac{1}{r}\mathbf{r}' \qquad \rightarrow \qquad \mathbf{l} - 2\mathcal{E}_\mathrm{K}\mathbf{r} = \frac{\mu_\oplus}{r}\mathbf{r} - \frac{r'}{r}\mathbf{r}'. \tag{E.12}$$

Einsetzen der Beziehung (E.5) für $\ddot{\mathbf{r}}$ in die ursprüngliche Bewegungsgleichung (E.1) liefert mittels (E.12) dann

$$\frac{1}{r^2}\mathbf{r}'' - \frac{r'}{r^3}\mathbf{r}' + \frac{\mu_\oplus}{r^3}\mathbf{r} = \mathbf{f} \qquad \leftrightarrow \qquad \mathbf{r}'' - \frac{r'}{r}\mathbf{r}' + \frac{\mu_\oplus}{r}\mathbf{r} = r^2\mathbf{f} \tag{E.13}$$

und somit die *Burdet'sche Form* der Bewegungsgleichung

$$\mathbf{r}'' - 2\mathcal{E}_\mathrm{K}\mathbf{r} + \mathbf{l} = r^2\mathbf{f}. \tag{E.14}$$

Für $\mathbf{f} = \mathbf{0}$, d. h. $\mathcal{E}_\mathrm{K}, \mathbf{l} = \text{const.}$, entspräche (E.14) dann einem räumlichen harmonischen Oszillator und $\mathbf{r}(s)$ einer Oszillatorbewegung (Schneider [41]). Falls $\mathbf{f} \neq \mathbf{0}$ gilt, wären die Koeffizienten $\mathcal{E}_\mathrm{K}$ und $\mathbf{l}$ i. A. nicht länger konstant, sondern selbst von s abhängig. Für die Darstellung (E.14) benötigt man also $\mathcal{E}_\mathrm{K}(s)$ und $\mathbf{l}(s)$.
Aus (E.7) und der ersten Zeile in (E.5) erhält man

$$\mathcal{E}_\mathrm{K}(s) = \frac{\mathbf{r}'\cdot\mathbf{r}'}{2r^2} - \frac{\mu_\oplus}{r} \tag{E.15}$$

und nach Einsetzen dieses Ergebnisses in (E.12)

$$\mathbf{l}(s) = \left(\frac{\mathbf{r}'\cdot\mathbf{r}'}{r^2} - \frac{\mu_\oplus}{r}\right)\mathbf{r} - \frac{r'}{r}\mathbf{r}'. \tag{E.16}$$

Für die nachfolgend noch herzuleitende Lösung von (E.14) mittels des Eliminationsverfahrens ist zu beachten, dass alle beteiligten Grössen s-abhängig sind, also $\mathbf{r} = \mathbf{r}(s)$, $\mathcal{E}_\mathrm{K} = \mathcal{E}_\mathrm{K}(s)$, $\mathbf{l} = \mathbf{l}(s)$, $r = r(s)$ und $\mathbf{f} = \mathbf{f}(s)$ gilt. Aus (E.14) bis (E.16) ist ersichtlich, dass die Grössen $\mathbf{r}$, $\mathcal{E}_\mathrm{K}$, $\mathbf{l}$ und r untereinander abhängig sind, so dass die Lösung auf die Behandlung eines gekoppelten Differentialgleichungssystems hinauslaufen wird.

[4] das impliziert, dass diese beiden Bewegungsintegrale nicht unabhängig voneinander existieren
[5] in der Physik spricht man vom *Runge-Lenz-Vektor*

Die Differentialgleichung für $r(s)$ ergibt sich, wenn (E.14) skalar mit $\mathbf{r}$ multipliziert wird:

$$\mathbf{r}'' - 2\mathcal{E}_\mathrm{K}\mathbf{r} + \mathbf{l} = r^2\mathbf{f} \quad \Big/ \cdot \mathbf{r} \quad \to \quad \mathbf{r}''\cdot \mathbf{r} - 2\mathcal{E}_\mathrm{K}\mathbf{r}\cdot\mathbf{r} + \mathbf{l}\cdot\mathbf{r} = r^2\mathbf{f}\cdot\mathbf{r} \quad \to \quad \mathbf{r}''\cdot\mathbf{r} - 2\mathcal{E}_\mathrm{K} r^2 + \mathbf{l}\cdot\mathbf{r} = r^2\mathbf{f}\cdot\mathbf{r}, \tag{E.17}$$

wobei die noch auf der linken Seite verbliebenen Skalarprodukte umzuschreiben sind. Aus (E.5) und (E.4) folgt

$$\mathbf{r}' = r\dot{\mathbf{r}} \quad \to \quad \mathbf{r}'\cdot\mathbf{r} = r\dot{\mathbf{r}}\cdot\mathbf{r} = rr'. \tag{E.18}$$

Eine Ableitung dieser Gleichung nach s liefert

$$\mathbf{r}''\cdot\mathbf{r} + \mathbf{r}'\cdot\mathbf{r}' = r'^2 + rr'' \quad \to \quad \mathbf{r}''\cdot\mathbf{r} = r'^2 + rr'' - \mathbf{r}'\cdot\mathbf{r}'. \tag{E.19}$$

Mit (E.16) erhält man unter Ausnutzung von (E.18)

$$\mathbf{l}\cdot\mathbf{r} = \left(\frac{\mathbf{r}'\cdot\mathbf{r}'}{r^2} - \frac{\mu_\oplus}{r}\right)\mathbf{r}\cdot\mathbf{r} - \frac{r'}{r}\mathbf{r}'\cdot\mathbf{r} = \left(\frac{\mathbf{r}'\cdot\mathbf{r}'}{r^2} - \frac{\mu_\oplus}{r}\right)r^2 - \frac{r'}{r}rr' \quad \to \quad \mathbf{l}\cdot\mathbf{r} = \mathbf{r}'\cdot\mathbf{r}' - \mu_\oplus r - r'^2. \tag{E.20}$$

Die Resultate von (E.19) und (E.20) eingesetzt in (E.17) führen schliesslich zur gesuchten Differentialgleichung

$$r'^2 + rr'' - \mathbf{r}'\cdot\mathbf{r}' - 2\mathcal{E}_\mathrm{K}r^2 + \mathbf{r}'\cdot\mathbf{r}' - \mu_\oplus r - r'^2 = r^2\mathbf{f}\cdot\mathbf{r} \quad \leftrightarrow \quad rr'' - 2\mathcal{E}_\mathrm{K}r^2 - \mu_\oplus r = r^2\mathbf{f}\cdot\mathbf{r} \tag{E.21}$$

bzw.

$$r'' - 2\mathcal{E}_\mathrm{K}r - \mu_\oplus = r\,\mathbf{f}\cdot\mathbf{r}. \tag{E.22}$$

Die Bewegungsgleichung des Keplerproblems kann auf die Gestalt eines einfachen harmonischen Oszillators mit der Kreisfrequenz ω gebracht werden[6] (Schneider [42]), wobei gilt

$$\omega := \sqrt{-\frac{\mathcal{E}_\mathrm{K}}{2}} \quad \leftrightarrow \quad \omega^2 = -\frac{\mathcal{E}_\mathrm{K}}{2} \quad \leftrightarrow \quad \mathcal{E}_\mathrm{K} = -2\omega^2 \quad \to \quad \frac{\mathrm{d}\mathcal{E}_\mathrm{K}}{\mathrm{d}s} = -2\frac{\mathrm{d}\omega^2}{\mathrm{d}s}. \tag{E.23}$$

Für die formale Ableitung von (E.15) nach s

$$\mathcal{E}_\mathrm{K}' = \frac{\mathrm{d}\mathcal{E}_\mathrm{K}}{\mathrm{d}s} = \frac{1}{r^2}\mathbf{r}''\cdot\mathbf{r}' - \frac{r'}{r^3}\mathbf{r}'\cdot\mathbf{r}' + \mu_\oplus\frac{r'}{r^2} = \frac{1}{r^2}\mathbf{r}''\cdot\mathbf{r}' - 2\frac{r'}{r}\mathcal{E}_\mathrm{K} - \mu_\oplus\frac{r'}{r^2} \tag{E.24}$$

benötigt man den Ausdruck $\mathbf{r}''\cdot\mathbf{r}'$, gewinnbar aus der skalaren Multiplikation von (E.14) mit $\mathbf{r}'$, also

$$\mathbf{r}'' - 2\mathcal{E}_\mathrm{K}\mathbf{r} + \mathbf{l} = r^2\mathbf{f} \quad \Big/ \cdot \mathbf{r}' \quad \to \quad \mathbf{r}''\cdot\mathbf{r}' - 2\mathcal{E}_\mathrm{K}\mathbf{r}\cdot\mathbf{r}' + \mathbf{l}\cdot\mathbf{r}' = r^2\mathbf{f}\cdot\mathbf{r}' \quad \to \quad \mathbf{r}''\cdot\mathbf{r}' - 2\mathcal{E}_\mathrm{K}rr' + \mathbf{l}\cdot\mathbf{r}' = r^2\mathbf{f}\cdot\mathbf{r}', \tag{E.25}$$

wobei das Skalarprodukt $\mathbf{l}\cdot\mathbf{r}'$ auf der linken Seite noch umzuschreiben ist. Mit (E.16) und (E.18) folgt

$$\mathbf{l}\cdot\mathbf{r}' = \left(\frac{\mathbf{r}'\cdot\mathbf{r}'}{r^2} - \frac{\mu_\oplus}{r}\right)\mathbf{r}\cdot\mathbf{r}' - \frac{r'}{r}\mathbf{r}'\cdot\mathbf{r}' = \left(\frac{\mathbf{r}'\cdot\mathbf{r}'}{r^2} - \frac{\mu_\oplus}{r}\right)rr' - \frac{r'}{r}\mathbf{r}'\cdot\mathbf{r}' \quad \to \quad \mathbf{l}\cdot\mathbf{r}' = -\mu_\oplus r', \tag{E.26}$$

so dass

$$\mathbf{r}''\cdot\mathbf{r}' - 2\mathcal{E}_\mathrm{K}rr' - \mu_\oplus r' = r^2\mathbf{f}\cdot\mathbf{r}' \quad \to \quad \frac{1}{r^2}\mathbf{r}''\cdot\mathbf{r}' = 2\mathcal{E}_\mathrm{K}\frac{r'}{r} + \mu_\oplus\frac{r'}{r^2} + \mathbf{f}\cdot\mathbf{r}'. \tag{E.27}$$

Einsetzen von (E.27) in (E.24) liefert die gesuchte Differentialgleichung für $\mathcal{E}_\mathrm{K}$ bzw. ω^2:

$$\mathcal{E}_\mathrm{K}' = \mathbf{f}\cdot\mathbf{r}' \quad \leftrightarrow \quad \omega^{2\prime} = \frac{\mathrm{d}\omega^2}{\mathrm{d}s} = -\frac{1}{2}\mathcal{E}_\mathrm{K}' = -\frac{1}{2}\mathbf{f}\cdot\mathbf{r}'. \tag{E.28}$$

Für die ausstehende Aufstellung von $\mathbf{l}'$ ist es einfacher, auf $\mathbf{l}(t)$ zurückzugreifen, als direkt die Ableitung von $\mathbf{l}(s)$ bzw. (E.16) nach s zu bilden.[7] Man bestimmt erst $\dot{\mathbf{l}}$ und transformiert dann mittels (E.2) und (E.5) das Ergebnis:

$$\mathbf{l}' = \frac{\mathrm{d}\mathbf{l}}{\mathrm{d}s} = \frac{\mathrm{d}\mathbf{l}}{\mathrm{d}t}\frac{\mathrm{d}t}{\mathrm{d}s} \quad \leftrightarrow \quad \mathbf{l}' = r\dot{\mathbf{l}}. \tag{E.29}$$

Ausgangspunkt zur Bildung von $\dot{\mathbf{l}}$ ist (E.11) bzw. geringfügig umgestellt

$$\mathbf{l}(t) = \left(\dot{\mathbf{r}}\cdot\dot{\mathbf{r}} - \frac{\mu_\oplus}{r}\right)\mathbf{r} - (\mathbf{r}\cdot\dot{\mathbf{r}})\dot{\mathbf{r}}. \tag{E.30}$$

Das formale Ableiten von (E.30) nach t liefert

$$\dot{\mathbf{l}} = 2(\dot{\mathbf{r}}\cdot\ddot{\mathbf{r}})\mathbf{r} + \mu_\oplus\frac{\dot{r}}{r^2}\mathbf{r} - \frac{\mu_\oplus}{r}\dot{\mathbf{r}} - (\mathbf{r}\cdot\ddot{\mathbf{r}})\dot{\mathbf{r}} - (\mathbf{r}\cdot\dot{\mathbf{r}})\ddot{\mathbf{r}}, \tag{E.31}$$

worin jetzt, da wir letztlich eine Differentialgleichung 1. Ordnung lösen wollen, die zweite Ableitung $\ddot{\mathbf{r}}$ mittels (E.1) mehrfach ersetzt wird:

$$\dot{\mathbf{l}} = 2(\dot{\mathbf{r}}\cdot\mathbf{f})\mathbf{r} - 2\frac{\mu_\oplus}{r^3}(\dot{\mathbf{r}}\cdot\mathbf{r})\mathbf{r} + \mu_\oplus\frac{\dot{r}}{r^2}\mathbf{r} - \frac{\mu_\oplus}{r}\dot{\mathbf{r}} - (\mathbf{r}\cdot\mathbf{f})\dot{\mathbf{r}} + \frac{\mu_\oplus}{r^3}(\mathbf{r}\cdot\mathbf{r})\dot{\mathbf{r}} - (\mathbf{r}\cdot\dot{\mathbf{r}})\mathbf{f} + \frac{\mu_\oplus}{r^3}(\mathbf{r}\cdot\dot{\mathbf{r}})\mathbf{r}. \tag{E.32}$$

[6] im Gegensatz zur dafür genutzten KS-Transformation (die auf die Ausnutzung bekannter Bewegungsintegrale verzichtet und stattdessen auf den Einsatz von Spinoren ausweicht), bleibt der Burdet-Ansatz nah an der vertrauten Newton'schen Formulierung

[7] es läuft einfach darauf hinaus, die Ketten- bzw. Produkt/Quotientenregel nicht so häufig anwenden zu müssen

Unter Berücksichtigung von $\mathbf{r}\cdot\mathbf{r} = r^2$ und $\mathbf{r}\cdot\dot{\mathbf{r}} = r\dot{r}$ vereinfacht sich (E.32) zu

$$\dot{\mathbf{l}} = 2(\dot{\mathbf{r}}\cdot\mathbf{f})\mathbf{r} - (\mathbf{r}\cdot\mathbf{f})\dot{\mathbf{r}} - (\mathbf{r}\cdot\dot{\mathbf{r}})\mathbf{f} \tag{E.33}$$

und man erhält nach Ersetzen von $\dot{\mathbf{r}}$ durch $\mathbf{r}'$ über (E.5) und die Transformation (E.29) schliesslich

$$\mathbf{l}' = r\left(\frac{2}{r}(\mathbf{r}'\cdot\mathbf{f})\mathbf{r} - \frac{1}{r}(\mathbf{r}\cdot\mathbf{f})\mathbf{r}' - \frac{1}{r}(\mathbf{r}\cdot\mathbf{r}')\mathbf{f}\right) \quad\rightarrow\quad \mathbf{l}' = 2(\mathbf{r}'\cdot\mathbf{f})\mathbf{r} - (\mathbf{r}\cdot\mathbf{f})\mathbf{r}' - (\mathbf{r}\cdot\mathbf{r}')\mathbf{f}. \tag{E.34}$$

Anmerkung: Offensichtlich besitzen $\dot{\mathbf{l}}$ und $\mathbf{l}'$ die gleiche Funktionsstruktur.

Damit stehen alle vier benötigten Differentialgleichungen für $\mathbf{r}(s)$, $r(s)$, $\mathcal{E}_\mathrm{K}$ und $\mathbf{l}$ zur Lösung des Bewegungsproblems bereit. Ist die Lösung in Abhängigkeit von der ursprünglichen Variablen t gesucht, dann kommt eine fünfte Differentialgleichung für t hinzu.

Zusammenstellung der Differentialgleichungen

Für die Bestimmung der Lösung $\mathbf{r}(t)$ ist das nachfolgende System gekoppelter Differentialgleichungen, aus (E.14), (E.22), (E.2), (E.28) und (E.34) entnehmbar unter Berücksichtigung von (E.23) bzw. $\mathcal{E}_\mathrm{K} = -2\omega^2$, z. B. mittels des Eliminationsverfahrens zu behandeln:

$$\begin{aligned}
\mathbf{r}'' &= r^2\mathbf{f} - 4\omega^2\mathbf{r} - \mathbf{l},\\
r'' &= r\mathbf{f}\cdot\mathbf{r} - 4\omega^2 r + \mu_\oplus,\\
t' &= r,\\
\omega^{2\prime} &= -\tfrac{1}{2}\mathbf{f}\cdot\mathbf{r}',\\
\mathbf{l}' &= 2(\mathbf{r}'\cdot\mathbf{f})\mathbf{r} - (\mathbf{r}\cdot\mathbf{f})\mathbf{r}' - (\mathbf{r}\cdot\mathbf{r}')\mathbf{f}.
\end{aligned} \tag{E.35}$$

E.2 Eliminationsverfahren zur Lösung der Burdet-Gleichungen

Wie beim Duffingoszillator (vgl. Mai et al. [28]) soll das Eliminationsverfahren herangezogen werden zur Lösung der Bewegungsgleichungen, d. h. (E.35). Auch hier ist mit dem Auftreten physikalisch unsinniger Poisson-Terme zu rechnen, die entsprechend zu eliminieren sind.

Lösungsansatz

Alle in (E.35) auftretenden Funktionen von s werden als Potenzreihen in einem Kleinheitsparameter ε aufgefasst und entsprechend in die Differentialgleichungen eingeführt. Die dabei entstehenden Terme auf beiden Seiten der Gleichungen werden nach Potenzen von ε geordnet und aus einem Koeffizientenvergleich erhält man dann die Bestimmungsgleichungen für die einzelnen Ordnungen. Die Genauigkeit der Gesamtlösung hängt in der Praxis vom gewählten Entwicklungsgrad der Reihen ab.

Als Lösung nullter Ordnung wird die verfügbare geschlossene/exakte Lösung des Keplerproblems angesetzt. Zur praktischen Berechnung einer speziellen Lösung werden in allen Ordnungen, wie bei jeder Integration von Differentialgleichungen, Startwerte $\mathbf{r}^* := \mathbf{r}(t = t^*)$ und $\mathbf{v}^* := \mathbf{v}(t = t^*) = \dot{\mathbf{r}}(t = t^*) =: \dot{\mathbf{r}}^*$ benötigt.

Formal gilt zunächst

$$\begin{aligned}
&\sum_{n=0}^{\infty}\varepsilon^n\mathbf{r}_n'' = \left(\sum_{n=0}^{\infty}\varepsilon^n r_n\right)^2\sum_{n=0}^{\infty}\varepsilon^n\mathbf{f}_n - 4\sum_{n=0}^{\infty}\varepsilon^n\omega_n^2\sum_{n=0}^{\infty}\varepsilon^n\mathbf{r}_n - \sum_{n=0}^{\infty}\varepsilon^n\mathbf{l}_n,\\
&\sum_{n=0}^{\infty}\varepsilon^n r_n'' = \sum_{n=0}^{\infty}\varepsilon^n r_n\left(\sum_{n=0}^{\infty}\varepsilon^n\mathbf{f}_n\right)\cdot\left(\sum_{n=0}^{\infty}\varepsilon^n\mathbf{r}_n\right) - 4\sum_{n=0}^{\infty}\varepsilon^n\omega_n^2\sum_{n=0}^{\infty}\varepsilon^n r_n + \mu_\oplus,\\
&\sum_{n=0}^{\infty}\varepsilon^n t_n' = \sum_{n=0}^{\infty}\varepsilon^n r_n,\\
&\sum_{n=0}^{\infty}\varepsilon^n\omega_n^{2\,\prime} = -\frac{1}{2}\left(\sum_{n=0}^{\infty}\varepsilon^n\mathbf{f}_n\right)\cdot\left(\sum_{n=0}^{\infty}\varepsilon^n\mathbf{r}_n'\right),\\
&\sum_{n=0}^{\infty}\varepsilon^n\mathbf{l}_n' = 2\left(\sum_{n=0}^{\infty}\varepsilon^n\mathbf{r}_n'\right)\cdot\left(\sum_{n=0}^{\infty}\varepsilon^n\mathbf{f}_n\right)\sum_{n=0}^{\infty}\varepsilon^n\mathbf{r}_n - \left(\sum_{n=0}^{\infty}\varepsilon^n\mathbf{r}_n\right)\cdot\left(\sum_{n=0}^{\infty}\varepsilon^n\mathbf{f}_n\right)\sum_{n=0}^{\infty}\varepsilon^n\mathbf{r}_n' - \left(\sum_{n=0}^{\infty}\varepsilon^n\mathbf{r}_n\right)\cdot\left(\sum_{n=0}^{\infty}\varepsilon^n\mathbf{r}_n'\right)\sum_{n=0}^{\infty}\varepsilon^n\mathbf{f}_n.
\end{aligned} \tag{E.36}$$

Die Aufstellung der Bestimmungsgleichungen für die einzelnen Ordnungen $n = 0, 1, 2, \ldots$ per Handrechnung aus (E.36) ist recht mühsam, insbesondere für höhere n. Hier kommt deshalb, wie schon beim Duffingoszillator in Mai et al. [28] unterstützend *MATHEMATICA*™ zum Einsatz.[8] Man findet die allgemeinen Bildungsgesetze[9]

$$
\begin{aligned}
\mathbf{r}_n''(s) &= \sum_{k=0}^{n}\sum_{l=0}^{n-k} r_{n-k-l}(s)\, r_l(s)\, \mathbf{f}_k(s) - 4\sum_{k=0}^{n} \omega_{n-k}^2(s)\, \mathbf{r}_k(s) - \mathbf{l}_n(s) && \Rightarrow \mathbf{r}_n(s),\\
r_n''(s) &= \sum_{k=0}^{n}\sum_{l=0}^{n-k} r_{n-k-l}(s)\, \mathbf{r}_l(s)\cdot \mathbf{f}_k(s) - 4\sum_{k=0}^{n} \omega_k^2(s)\, r_{n-k}(s) + \delta_{0n}\mu_\oplus && \Rightarrow r_n(s),\\
t_n'(s) &= r_n(s) && \Rightarrow t_n(s),\\
\omega_n^{2\,\prime}(s) &= -\tfrac{1}{2}\sum_{k=0}^{n} \mathbf{r}_{n-k}'(s)\cdot \mathbf{f}_k(s) && \Rightarrow \omega_n^2(s),\\
\mathbf{l}_n'(s) &= \sum_{k=1}^{n}\sum_{l=0}^{n-k} \Big(2\big(\mathbf{r}_{n-k-l}'(s)\cdot \mathbf{f}_{l+1}(s)\big)\mathbf{r}_{k-1}(s) - \big(\mathbf{r}_{n-k-l}(s)\cdot \mathbf{f}_{l+1}(s)\big)\mathbf{r}_{k-1}'(s) - \big(\mathbf{r}_{n-k-l}'(s)\cdot \mathbf{r}_l(s)\big)\mathbf{f}_k(s)\Big) && \Rightarrow \mathbf{l}_n(s).
\end{aligned}
\tag{E.37}
$$

Anmerkung: Für die Lösung nullter Ordnung (Keplerproblem) gilt $\mathbf{f}_0 = \mathbf{0}$. Die Bestimmungsgleichung für die $\mathbf{l}_n'$ gilt in Strenge nur für $n \geq 1$. Der Fall $\mathbf{l}_0'$ ist vergleichsweise umständlich z. B. über den Index k mit Start bei $k = 0$ zu berücksichtigen. Aber aus § E.1 und dem dort abgeleiteten Laplaceintegral (E.10) ist unmittelbar klar, dass $\mathbf{l}_0 = \text{const.}$ und damit $\mathbf{l}_0' = \mathbf{0}$ gilt, da der Fall $n = 0$ dem Keplerproblem entspricht.

Die ersten beiden Zeilen in (E.37) stellen Oszillatorgleichungen dar und sollten deshalb analog zur Behandlung des Duffingoszillators (vgl. Mai et al. [28]) z. B. über Laplace-Transformationen lösbar sein. Die restlichen Zeilen sind Differentialgleichungen je 1. Ordnung und können durch unbestimmte Integration über s gelöst werden.

Nachfolgend werden die Bestimmungsgleichungen für die Ordnungen $n = 0$ und $n = 1$ explizit angegeben.

Ordnung $n = 0$

Anwendung von $n = 0$ auf (E.37) liefert zunächst mit $\mathbf{f}_0 = \mathbf{0}$

$$
\begin{aligned}
\mathbf{r}_0'' + 4\omega_0^2\mathbf{r}_0 + \mathbf{l}_0 &= r_0^2\mathbf{f}_0 = \mathbf{0},\\
r_0'' + 4\omega_0^2 r_0 - \mu_\oplus &= r_0\mathbf{r}_0\cdot\mathbf{f}_0 = 0,\\
t_0' &= r_0,\\
\omega_0^{2\,\prime} &= -\tfrac{1}{2}\mathbf{r}_0'\cdot\mathbf{f}_0 = 0,\\
\mathbf{l}_0' &= \mathbf{0}.
\end{aligned}
\tag{E.38}
$$

Aus den letzten beiden Gleichungen folgt

$$
\omega_0^2 = \text{const.} \qquad \text{und} \qquad \mathbf{l}_0 = \text{const.}, \tag{E.39}
$$

wobei diese Konstanten jeweils durch Einsetzen der Startwerte in (E.15) bzw. (E.16) mit Berücksichtigung von (E.23) berechnet werden. Die originalen Startwerte $\mathbf{r}^*$ und $\dot{\mathbf{r}}^*$ könnten direkt in t-abhängigen Formeln $\omega^2(t)$ bzw. $\mathbf{l}(t)$ eingesetzt werden. Für die Anwendung in (E.15) bzw. (E.16) müssen die Startwerte zuvor in Abhängigkeit von s ausgedrückt werden.[10] Diese Transformation geht zurück auf die Einführung der Sundman-Variable mittels (E.2).[11] Zu beachten ist, dass wegen der Reihenentwicklung für t die Transformation auf s erst schrittweise bzw. sukzessive mit jeder Ordnung aufgebaut wird.

[8] vgl. Mai et al. [28] - im dortigen § 11.3.2 werden die wesentlichsten *MATHEMATICA*™ -Befehle explizit aufgeführt

[9] dem Leser bleibt es überlassen, diese Gesetze bei Bedarf in Matrizendarstellung auszuformulieren

[10] Um den wichtigen Unterschied zwischen Startwerten und Termen nullter Ordnung in den Reihenentwicklungen symbolisieren zu können, wird hier der ungewohnte Superskript $*$ statt des üblichen Subskripts 0 für die Startwerte verwendet.

[11] Anmerkung zu den physikalischen Einheiten: hier wird t mit der Zeit identifiziert, d. h. $[t] = sec$. Die eckige Klammer [ ] sei als Operator *Einheit von* verstanden und die Zeiteinheit Sekunde wird entgegen der SI-Festlegung zumindest in diesem Anhang mit sec symbolisiert, um Verwechslungen mit der Sundman-Variablen s vorzubeugen. Mit $[r]$ bzw. $[\mathbf{r}] = m$ folgt $[\dot{r}]$ bzw. $[\dot{\mathbf{r}}] = m/sec$ und $[\ddot{r}]$ bzw. $[\ddot{\mathbf{r}}] = m/sec^2$, da $[\mathrm{d}^0] = [\mathrm{d}^1] = [\mathrm{d}^2] = \cdots = [\mathrm{d}^\infty] = 1$ und somit $[\mathrm{d}^n r] = [\mathrm{d}^n][r]$ bzw. $[\mathrm{d}^n\mathbf{r}] = [\mathrm{d}^n][\mathbf{r}] = m$ für $n \geq 0$ gilt, sowie $[\mathrm{d}t^n] = sec^n$. Insbesondere wegen des trivialen Zusammenhangs $[\mathrm{d}^1 t] = [\mathrm{d}^0 t] \leftrightarrow [\mathrm{d}t] = [t] = sec$ folgt aus der Transformation (E.2) unmittelbar $[\mathrm{d}s] = [\mathrm{d}t/r] = [\mathrm{d}t]/[r] = sec/m$ und damit wiederum wegen der Trivialität $[\mathrm{d}^1 s] = [\mathrm{d}^0 s]$ sofort $[s] = sec/m$. Für r' bzw. $\mathbf{r}'$ und r'' bzw. $\mathbf{r}''$ erhält man dann $[r']$ bzw. $[\mathbf{r}'] = m^2/sec$ (also eine „Flächengeschwindigkeit“ oder die Einheit von Drehimpulsen) und $[r'']$ bzw. $[\mathbf{r}''] = m^3/sec^2$ (also eine „Volumenbeschleunigung“ oder die Einheit des gravitationellen Parameters $\mu_\oplus$, unmittelbar einsichtig auch aus der zweiten Zeile in (E.37)).

Der Startpositionsvektor bzw. dessen Komponenten und Betrag sind zwar epochen- aber nicht explizit zeitabhängig und damit auch nicht explizit s-abhängig. Für eine t^* zugeordnete Epoche s^* gilt also

$$\mathbf{r}^* := \mathbf{r}(t = t^*) \equiv \mathbf{r}(s = s^*) \quad \rightarrow \quad r^* := r(t = t^*) = |\mathbf{r}^*| = r(s = s^*). \tag{E.40}$$

Der gegebene Startgeschwindigkeitsvektor ist jedoch tatsächlich umzurechnen, da „Geschwindigkeit" sich hier auf zwei unterschiedliche Skalen (mit $\mathrm{d}t \neq \mathrm{d}s$) bezieht. Mit Erinnerung an (E.5) und (E.4) erhält man

$$\mathbf{r}'^* = r^* \dot{\mathbf{r}}^* \qquad \text{und} \qquad r'^* = r^* \dot{r}^* = \mathbf{r}^* \cdot \dot{\mathbf{r}}^*. \tag{E.41}$$

Anmerkung: Da i. A. $\dot{r} \neq |\dot{\mathbf{r}}|$ gilt, wäre $\dot{r}^*$ bei Bedarf erst aus $\mathbf{r}^*$ und $\dot{\mathbf{r}}^*$ mittels (E.4) bzw. (E.41) zu berechnen. Aus (E.38), (E.15) mit (E.23) sowie (E.16) folgen dann sofort die Teillösungen

$$\omega_0^2 = -\frac{\mathbf{r}'^* \cdot \mathbf{r}'^*}{4 r^{*2}} + \frac{\mu_\oplus}{2 r^*} \tag{E.42}$$

und

$$\mathbf{l}_0 = \left(\frac{\mathbf{r}'^* \cdot \mathbf{r}'^*}{r^{*2}} - \frac{\mu_\oplus}{r^*} \right) \mathbf{r}^* - \frac{r'^*}{r^*} \mathbf{r}'^*. \tag{E.43}$$

Die ersten beiden Differentialgleichungen in (E.38) besitzen jetzt konstante Koeffizienten und lassen sich folglich wie gewöhnliche ungestörte Oszillatorgleichungen lösen. Man erhält

$$\mathbf{r}_0(s) = \mathbf{c}_s^{\mathbf{r}_0} \sin(2\omega_0 s) + \mathbf{c}_c^{\mathbf{r}_0} \cos(2\omega_0 s) - \frac{1}{4\omega_0^2} \mathbf{l}_0 \quad \rightarrow \quad \mathbf{r}_0'(s) = 2\omega_0 \mathbf{c}_s^{\mathbf{r}_0} \cos(2\omega_0 s) - 2\omega_0 \mathbf{c}_c^{\mathbf{r}_0} \sin(2\omega_0 s) \tag{E.44}$$

und

$$r_0(s) = c_s^{r_0} \sin(2\omega_0 s) + c_c^{r_0} \cos(2\omega_0 s) + \frac{\mu_\oplus}{4\omega_0^2} \quad \rightarrow \quad r_0'(s) = 2\omega_0 c_s^{r_0} \cos(2\omega_0 s) - 2\omega_0 c_c^{r_0} \sin(2\omega_0 s) \tag{E.45}$$

zunächst formal mit den Integrationskonstanten $\mathbf{c}_s^{\mathbf{r}_0}$, $\mathbf{c}_c^{\mathbf{r}_0}$, $c_s^{r_0}$ und $c_c^{r_0}$. Diese werden, wie üblich, durch Einsetzen der Startwerte festgelegt. Da die Definition (E.2) keine Aussage über den Nullpunkt bzw. einen nominalen Wert für den Referenzpunkt der s-Skala beinhaltet, ist man frei in der Wahl von s^*; hier wird o. B. d. A. nachfolgend stets $s^* = 0$ angesetzt. Damit wird

$$\mathbf{r}_0(s^*) = \mathbf{c}_c^{\mathbf{r}_0} - \frac{1}{4\omega_0^2} \mathbf{l}_0 = \mathbf{r}^* \quad \rightarrow \quad \mathbf{c}_c^{\mathbf{r}_0} = \mathbf{r}^* + \frac{1}{4\omega_0^2} \mathbf{l}_0 \qquad \text{und} \qquad \mathbf{r}_0'(s^*) = 2\omega_0 \mathbf{c}_s^{\mathbf{r}_0} = \mathbf{r}'^* \quad \rightarrow \quad \mathbf{c}_s^{\mathbf{r}_0} = \frac{1}{2\omega_0} \mathbf{r}'^* \tag{E.46}$$

sowie

$$r_0(s^*) = c_c^{r_0} + \frac{\mu_\oplus}{4\omega_0^2} = r^* \quad \rightarrow \quad c_c^{r_0} = r^* - \frac{\mu_\oplus}{4\omega_0^2} \qquad \text{und} \qquad r_0'(s^*) = 2\omega_0 c_s^{r_0} = r'^* \quad \rightarrow \quad c_s^{r_0} = \frac{1}{2\omega_0} r'^*, \tag{E.47}$$

so dass unter Berücksichtigung von (E.40) und (E.41) gilt:

$$\mathbf{r}_0(s) = \frac{1}{2\omega_0} \sin(2\omega_0 s)\, \mathbf{r}'^* + \left(\mathbf{r}^* + \frac{1}{4\omega_0^2} \mathbf{l}_0 \right) \cos(2\omega_0 s) - \frac{1}{4\omega_0^2} \mathbf{l}_0 \tag{E.48}$$

und

$$r_0(s) = \frac{1}{2\omega_0} \sin(2\omega_0 s)\, r'^* + \left(r^* - \frac{\mu_\oplus}{4\omega_0^2} \right) \cos(2\omega_0 s) + \frac{\mu_\oplus}{4\omega_0^2}. \tag{E.49}$$

Anmerkung: In (E.46) bzw. (E.47) wurden wegen

$$\mathbf{r}(s) = \sum_{n=0}^{\infty} \varepsilon^n \mathbf{r}_n(s) = \mathbf{r}_0(s) + \varepsilon\, \mathbf{r}_1(s) + \varepsilon^2 \mathbf{r}_2(s) + \cdots \quad \rightarrow \quad \mathbf{r}^* = \mathbf{r}(s = s^*) = \sum_{n=0}^{\infty} \varepsilon^n \mathbf{r}_n(s^*) =: \sum_{n=0}^{\infty} \varepsilon^n \mathbf{r}_n^* \tag{E.50}$$

bzw.

$$r(s) = \sum_{n=0}^{\infty} \varepsilon^n r_n(s) = r_0(s) + \varepsilon\, r_1(s) + \varepsilon^2 r_2(s) + \cdots \quad \rightarrow \quad r^* = r(s = s^*) = \sum_{n=0}^{\infty} \varepsilon^n r_n(s^*) =: \sum_{n=0}^{\infty} \varepsilon^n r_n^* \tag{E.51}$$

und $\varepsilon \neq 0$ die Forderungen $\mathbf{r}_0(s^*) =: \mathbf{r}_0^* = \mathbf{r}^*$ bzw. $r_0(s^*) =: r_0^* = r^*$ erhoben, denn die spätere Gesamtlösung soll formal allgemeingültig, d. h. für alle Ordnungen, anwendbar sein[12], insbesondere also auch schon in nullter Ordnung bzw. für das Keplerproblem. Dort gilt $\mathbf{f} = \mathbf{0} \rightarrow \varepsilon = 0$, denn der Kleinheitsparameter entstammt den Kraftmodellparametern. Dies impliziert desweiteren die Forderungen[13] $\mathbf{r}_{n>0}^* = \mathbf{0}$ bzw. $r_{n>0}^* = 0$, welche dann zur Festsetzung der Integrationskonstanten $\mathbf{c}_\alpha^{\mathbf{r}_{n>0}}$ bzw. $c_\alpha^{r_{n>0}}$ dienen können. Analog argumentiert man für die jeweils ersten Ableitungen.

[12] wenngleich bei dann unterschiedlicher Genauigkeit

[13] alle sonstig denkbaren Linearkombinationen der $\mathbf{r}_n^*$ bzw. r_n^* zum Erreichen von $\mathbf{r}^* = \mathbf{r}(s = s^*)$ bzw. $r^* = r(s = s^*)$ werden hier demnach ausgeschlossen

Einsetzen von (E.49) in die dritte Gleichung aus (E.38) liefert

$$t_0(s) = \int r_0(s)\,\mathrm{d}s = \frac{\mu_\oplus}{4\omega_0^2}\,s - \frac{1}{4\omega_0^2}\cos(2\omega_0 s)\,r'^* + \left(\frac{r^*}{2\omega_0} - \frac{\mu_\oplus}{8\omega_0^3}\right)\sin(2\omega_0 s) + c^{t_0} \tag{E.52}$$

mit einer weiteren Integrationskonstanten c^{t_0}, welche letztlich einen eventuell vorhandenen nominalen Offset zwischen der Zeit- bzw. t-Skala und der s-Skala aufnimmt. Mit der zu $\mathbf{r}_0(s)$ bzw. $r_0(s)$ gleichen Argumentation des Zusammenhangs zwischen Startwerten und Termen nullter Ordnung in den Reihenentwicklungen folgt wegen

$$t(s) = \sum_{n=0}^{\infty} \varepsilon^n t_n(s) = t_0(s) + \varepsilon\, t_1(s) + \varepsilon^2 t_2(s) + \cdots \quad \rightarrow \quad t^* = t(s = s^*) = \sum_{n=0}^{\infty} \varepsilon^n t_n(s^*) =: \sum_{n=0}^{\infty} \varepsilon^n t_n^* \tag{E.53}$$

die Forderung $t_0(s^*) =: t_0^* = t^*$ sowie $t_{n>0}^* = 0$ und nach Berücksichtigung der getroffenen Festlegung $s^* = 0$

$$t_0(s^*) = -\frac{1}{4\omega_0^2}\,r'^* + c^{t_0} = t^* \quad \rightarrow \quad c^{t_0} = t^* + \frac{1}{4\omega_0^2}\,r'^*, \tag{E.54}$$

so dass

$$t_0(s) = t^* + \frac{1}{4\omega_0^2}\left(r'^* + \mu_\oplus s\right) - \frac{r'^*}{4\omega_0^2}\cos(2\omega_0 s) + \left(\frac{r^*}{2\omega_0} - \frac{\mu_\oplus}{8\omega_0^3}\right)\sin(2\omega_0 s). \tag{E.55}$$

Die Transformation $t_0 \leftrightarrow s$ stellt, wie direkt aus (E.55) ersichtlich, eine transzendente Gleichung in s dar, d. h., es ist keine geschlossene Darstellung $s = s(t_0)$ bekannt. Dies ist letztlich eine Folge der ebenfalls transzendenten Keplergleichung, denn aus (E.2) bzw. der dritten Gleichung in (E.38) könnte man alternativ bilden (siehe dazu die Fussnote vor (2.30) in § 2.1.4)

$$\mathrm{d}s = \frac{1}{r_0(t_0)}\,\mathrm{d}t_0 \quad \rightarrow \quad s(t_0) = \int \frac{1 + e\cos f(E(M(t_0)))}{p}\,\mathrm{d}t_0 \qquad \text{mit} \qquad M(t = t_0) = n(t_0 - t_\mathrm{P}). \tag{E.56}$$

Bei einer unterstellten Reihenentwicklung von $r(t)$ würde $r_0(t)$ der klassischen Lösung des Keplerproblems, also der bekannten Bahngleichung bzw. Kegelschnittgleichung, entsprechen. Die für das Keplerproblem konstanten Größen e (numerische Exzentrizität), p (semi-latus rectum), n (mittlere Bewegung) bzw. a (große Halbachse) und t_P (Zeitepoche des Perigäumdurchgangs des Satelliten) lassen sich aus den Startwerten und der bekannten Transformation $\mathcal{C} \leftrightarrow \mathcal{K}$ berechnen.[14] Da für $E = E(M)$ keine geschlossene Darstellung bekannt ist (stattdessen Keplergleichung) kann auch die Integration (E.56) nicht in geschlossener Form erfolgen.

Gleichwohl lassen sich in praktischen Berechnungen entsprechende nominale Werte aus beiden Skalen zuordnen.

Zusammenfassung der Lösung nullter Ordnung:

$$\begin{aligned}
\mathbf{l}_0(s) &= \left(\frac{\mathbf{r}'^*\cdot\mathbf{r}'^*}{r^{*2}} - \frac{\mu_\oplus}{r^*}\right)\mathbf{r}^* - \frac{r'^*}{r^*}\,\mathbf{r}'^* = \text{const.} =: \mathbf{l}^*,\\
\omega_0^2(s) &= -\frac{\mathbf{r}'^*\cdot\mathbf{r}'^*}{4r^{*2}} + \frac{\mu_\oplus}{2r^*} = \text{const.} =: \omega^{*2},\\
t_0(s) &= t^* + \frac{1}{4\omega_0^2}\left(r'^* + \mu_\oplus s\right) - \frac{r'^*}{4\omega_0^2}\cos(2\omega_0 s) + \left(\frac{r^*}{2\omega_0} - \frac{\mu_\oplus}{8\omega_0^3}\right)\sin(2\omega_0 s),\\
r_0(s) &= \frac{1}{2\omega_0}\sin(2\omega_0 s)\,r'^* + \left(r^* - \frac{\mu_\oplus}{4\omega_0^2}\right)\cos(2\omega_0 s) + \frac{\mu_\oplus}{4\omega_0^2},\\
\mathbf{r}_0(s) &= \frac{1}{2\omega_0}\sin(2\omega_0 s)\,\mathbf{r}'^* + \left(\mathbf{r}^* + \frac{1}{4\omega_0^2}\,\mathbf{l}_0\right)\cos(2\omega_0 s) - \frac{1}{4\omega_0^2}\,\mathbf{l}_0.
\end{aligned} \tag{E.57}$$

Zur praktischen Berechnung (siehe Tests in § E.4) werden die ursprünglichen Startwerte bzw. (E.41) benötigt.

Anmerkung: Falls die Startwerte in Form von Keplervariablen $\mathcal{K}$ (vgl. § 2.1.4) vorliegen, kann (E.57), d. h. die Lösung für den Spezialfall Keplerproblem, wegen des bekannten Zusammenhangs für Kegelschnitte

$$\mathcal{E}_\mathrm{K} = -\frac{\mu_\oplus}{2a} = \text{const.} \tag{E.58}$$

[14] erinnert sei dazu an die vertrauten Zusammenhänge $n^2 a^3 = \mu_\oplus$ (drittes Kepler'sches Gesetz) und $p = a(1 - e^2)$ bzw. Mai [26]

und wegen (E.23) teilweise vereinfacht ausgedrückt werden als[15]

$$\begin{aligned} \omega_0^2(s) &= \frac{\mu_\oplus}{4a^*} = \text{const.} =: \omega^{*2}, \\ t_0(s) &= t^* + a^* s + \frac{a^* r'^*}{\mu_\oplus}\big(1 - \cos(2\omega_0 s)\big) + \frac{r^* - a^*}{2\omega_0}\sin(2\omega_0 s), \\ r_0(s) &= a^* + \big(r^* - a^*\big)\cos(2\omega_0 s) + \frac{r'^*}{2\omega_0}\sin(2\omega_0 s), \\ \mathbf{r}_0(s) &= -\frac{a^*}{\mu_\oplus}\mathbf{l}_0 + \left(\mathbf{r}^* + \frac{a^*}{\mu_\oplus}\mathbf{l}_0\right)\cos(2\omega_0 s) + \frac{\mathbf{r}'^*}{2\omega_0}\sin(2\omega_0 s). \end{aligned} \tag{E.59}$$

Ordnung $n = 1$

Anwendung von $n = 1$ auf (E.37) liefert zunächst

$$\begin{aligned} \mathbf{r}_1'' + 4\big(\omega_0^2\mathbf{r}_1 + \omega_1^2\mathbf{r}_0\big) + \mathbf{l}_1 &= r_0^2\mathbf{f}_1, \\ r_1'' + 4\big(\omega_0^2 r_1 + \omega_1^2 r_0\big) &= r_0\mathbf{r}_0\cdot\mathbf{f}_1, \\ t_1' &= r_1, \\ \omega_1^{2\prime} &= -\tfrac{1}{2}\mathbf{r}_0'\cdot\mathbf{f}_1, \\ \mathbf{l}_1' &= 2\big(\mathbf{r}_0'\cdot\mathbf{f}_1\big)\mathbf{r}_0 - \big(\mathbf{r}_0\cdot\mathbf{f}_1\big)\mathbf{r}_0' - \big(\mathbf{r}_0'\cdot\mathbf{r}_0\big)\mathbf{f}_1. \end{aligned} \tag{E.60}$$

Neben den bereits vorhandenen Teillösungen nullter Ordnung ω_0, $r_0(s)$, $\mathbf{r}_0(s)$ (und auch $\mathbf{r}_0'(s)$) benötigt man erstmals zusätzlich Anteile des Kraftmodells bzw. $\mathbf{f}$. Wegen des zugrundeliegenden Reihenansatzes auch für $\mathbf{f}(s)$

$$\mathbf{f}(s) = \sum_{n=0}^{\infty}\varepsilon^n\mathbf{f}_n(s) = \underbrace{\mathbf{f}_0(s)}_{=:\,0} + \varepsilon\,\mathbf{f}_1(s) + \varepsilon^2\mathbf{f}_2(s) + \cdots = \varepsilon\,\mathbf{f}_1(s) + \varepsilon^2\mathbf{f}_2(s) + \cdots = \sum_{n=1}^{\infty}\varepsilon^n\mathbf{f}_n(s) \tag{E.61}$$

umfasst $\mathbf{f}_1$ alle Terme, die ε als Faktor beinhalten.

Das Eliminationsverfahren soll im Rahmen dieser Arbeit lediglich in seiner prinzipiellen Funktionsweise vorgestellt werden. Zu diesem Zwecke ist es ausreichend, sich auf ein einfaches Kraftmodell zu beschränken. Konkret wird hier ausschliesslich das *klassische Hauptproblem* behandelt (vgl. § 2.1.4). Das ermöglicht dem Leser den unmittelbaren Vergleich mit der Liereihen-Integration; siehe § 2.2.3 und § 2.2.4 (theoretischer Ansatz) bzw. § 3.2 (praktische Ergebnisse). Unter dem Kleinheitsparameter wird nachfolgend also stets $\varepsilon =: c_{20}$ verstanden.

Im Anhang A.1 mit (A.9) wurde der grundsätzliche Zusammenhang zwischen Kraftvektor und Potentialdarstellung konservativer Kräfte ausgedrückt:

$$\mathbf{k} = \nabla_{\mathbf{r}}V(\mathbf{r}, t) \qquad \text{oder} \qquad \mathbf{k} = \nabla_{\mathbf{r}}V(\mathbf{r}, s). \tag{E.62}$$

Bei Beschränkung auf das zonale (rotationssymmetrische und damit längen- sowie explizit zeitunabhängige) c_{20}-Erdgravitationspotential $V_{\oplus_{20}}(\mathbf{r})$ (siehe (2.48) im § 2.1.4)

$$V_{\oplus_{20}}(\mathbf{r}) = \frac{\mu_\oplus}{r}\left[1 + \left(\frac{a_\oplus}{r}\right)^2 c_{20}\left(\frac{3}{2}\frac{z^2}{r^2} - \frac{1}{2}\right)\right] \qquad \text{mit} \qquad r = \sqrt{x^2 + y^2 + z^2} \tag{E.63}$$

und mit dem mittleren Erdäquatorradius $a_\oplus$ kann das Potential aufgetrennt werden in einen dominierenden Punktmassenanteil (auch *Keplerpotential* genannt) $V_{\text{Kep}}(\mathbf{r})$ (vgl. (2.24) - (2.26) in § 2.1.3) und den Rest $R_{\oplus_{20}}(\mathbf{r})$ (vgl. (B.2) im Anhang B.1), hier als *Störpotential* bezeichnet. Diese Unterscheidung in (E.62) eingesetzt liefert[16]

$$\mathbf{k} = \nabla_{\mathbf{r}}V_{\oplus_{20}}(\mathbf{r}) =: \nabla_{\mathbf{r}}\big(-V_{\text{Kep}}(\mathbf{r}) + R_{\oplus_{20}}(\mathbf{r})\big) = -\frac{\mu_\oplus}{r^3}\mathbf{r} + \nabla_{\mathbf{r}}R_{\oplus_{20}}(\mathbf{r}) \quad \rightarrow \quad \mathbf{f} := \nabla_{\mathbf{r}}R_{\oplus_{20}}(\mathbf{r}) \tag{E.64}$$

und damit die Definition der *Störkraft* in Übereinstimmung mit (E.1) und im Sinne von (B.2).

Gradientenbildung für das Störpotential R liefert

$$R_{\oplus_{20}}(\mathbf{r}) = \frac{\mu_\oplus}{r}\left(\frac{a_\oplus}{r}\right)^2 c_{20}\left(\frac{3}{2}\frac{z^2}{r^2} - \frac{1}{2}\right) \quad \rightarrow \quad \nabla_{\mathbf{r}}R_{\oplus_{20}}(\mathbf{r}) = \frac{3}{2}\frac{\mu_\oplus}{r^3}\left(\frac{a_\oplus}{r}\right)^2 c_{20}\left\{\left(1 - 5\frac{z^2}{r^2}\right)\mathbf{r} - \begin{bmatrix}0\\0\\2z\end{bmatrix}\right\} = \mathbf{f}. \tag{E.65}$$

[15] ansonsten könnte man die grosse Halbachse bzw. (Kepler-)Energie natürlich auch aus den Startwerten in Form kartesischer Koordinaten sehr einfach gewinnen (zur Transformation $\mathcal{C} \leftrightarrow \mathcal{K}$ siehe z. B. Mai [26]):

$$\mathcal{E}_{\text{K}}^* = \frac{v^{*2}}{2} - \frac{\mu_\oplus}{r^*} \quad \text{mit} \quad v^* = |\mathbf{v}^*| = |\dot{\mathbf{r}}^*| \quad \text{und} \quad r^* = |\mathbf{r}^*| \qquad \rightarrow \qquad a^* = -\frac{\mu_\oplus}{2\mathcal{E}_{\text{K}}^*}$$

[16] Vorzeichenkonvention aus der Astronomie und Geodäsie

Der zunächst naheliegende Schluss aus (E.65), dass $\mathbf{f}$ in Gänze ein Term der Ordnung $O(c_{20})$ sei und deshalb $\mathbf{f}_1 \equiv \nabla_\mathbf{r} R_{\oplus 20}(\mathbf{r})/c_{20}$ gesetzt werden könnte, ist aus folgendem Grunde nicht statthaft: Das Störpotential R hängt selbst von $\mathbf{r}$, also unserer eigentlich gesuchten Grösse (für die wir eine Reihenentwicklung ausführen) ab; das gilt im Allgemeinen auch für die n-fache Gradientenbildung von R. Deshalb muss hier formal die Reihenentwicklung (E.50) für $\mathbf{r}$ bzw. (E.51) für r angesetzt werden. Dadurch entstehen Terme mit den Potenzen von c_{20} als Faktor und damit letztlich die formal korrekte Reihenentwicklung von $\mathbf{f}$ bezüglich c_{20}.[17]

Der klarste und schnellste Weg zu dieser Darstellung führt über eine Taylorreihenentwicklung von $\mathbf{f}(\mathbf{r})$ mit dem Entwicklungspunkt $\mathbf{r}_0$. Mit Berücksichtigung von (E.50) und $\varepsilon = c_{20}$ folgt

$$\mathbf{f}(\mathbf{r}) = \sum_{m=0}^{\infty} \frac{1}{m!} \nabla_\mathbf{r}^m \mathbf{f}(\mathbf{r})\Big|_{\mathbf{r}_0} (\mathbf{r} - \mathbf{r}_0)^m = \sum_{m=0}^{\infty} \frac{1}{m!} \nabla_\mathbf{r}^m \mathbf{f}(\mathbf{r})\Big|_{\mathbf{r}_0} \left(\sum_{n=1}^{\infty} c_{20}^n \mathbf{r}_n \right)^m \tag{E.66}$$

und mit Berücksichtigung von (E.65)

$$\mathbf{f}(\mathbf{r}) = \nabla_\mathbf{r} R_{\oplus 20}(\mathbf{r})\Big|_{\mathbf{r}_0} + \nabla_\mathbf{r}^2 R_{\oplus 20}(\mathbf{r})\Big|_{\mathbf{r}_0} \left(c_{20}\mathbf{r}_1 + c_{20}^2 \mathbf{r}_2 + \cdots \right) + \tfrac{1}{2} \nabla_\mathbf{r}^3 R_{\oplus 20}(\mathbf{r})\Big|_{\mathbf{r}_0} \left(c_{20}\mathbf{r}_1 + c_{20}^2 \mathbf{r}_2 + \cdots \right)^2 + \cdots , \tag{E.67}$$

wobei $\nabla_\mathbf{r} R_{\oplus 20}(\mathbf{r})$ bereits explizit ebenfalls in (E.65) aufgeführt wurde und desweiteren z. B. für $\nabla_\mathbf{r}^2 R_{\oplus 20}(\mathbf{r})$ gilt

$$\nabla_\mathbf{r}^2 R_{\oplus 20}(\mathbf{r}) = \frac{3}{2} \frac{\mu_\oplus}{r^3} \left(\frac{a_\oplus}{r} \right)^2 c_{20} \begin{pmatrix} 1 - \frac{5}{r^2}(x^2 + z^2) + \frac{35}{r^4} x^2 z^2 & -\frac{5}{r^2} xy + \frac{35}{r^4} xyz^2 & -\frac{15}{r^2} xz + \frac{35}{r^4} xz^3 \\ -\frac{5}{r^2} xy + \frac{35}{r^4} xyz^2 & 1 - \frac{5}{r^2}(y^2 + z^2) + \frac{35}{r^4} y^2 z^2 & -\frac{15}{r^2} yz + \frac{35}{r^4} yz^3 \\ -\frac{15}{r^2} xz + \frac{35}{r^4} xz^3 & -\frac{15}{r^2} yz + \frac{35}{r^4} yz^3 & 3 - \frac{30}{r^2} z^2 + \frac{35}{r^4} z^4 \end{pmatrix} . \tag{E.68}$$

Mit

$$\frac{1}{(k-1)!} \nabla_\mathbf{r}^k R_{\oplus 20}(\mathbf{r})\Big|_{\mathbf{r}_0} =: c_{20} \Psi_k(\mathbf{r})\Big|_{\mathbf{r}_0} =: c_{20} \Psi_{k_0} \qquad \text{für } k = 1, 2, \ldots , \tag{E.69}$$

wobei die Funktionen $\Psi_k(\mathbf{r})$ für ungerade k jeweils 3×1-Vektoren und für gerade k jeweils 3×3-Matrizen entsprechen, erhält man[18]

$$\begin{aligned} \mathbf{f} &= c_{20} \sum_{m=0}^{\infty} \Psi_{(m+1)_0} \left(\sum_{n=1}^{\infty} c_{20}^n \mathbf{r}_n \right)^m \\ &= c_{20} \left\{ \Psi_{1_0} + \Psi_{2_0} \left(c_{20}\mathbf{r}_1 + c_{20}^2 \mathbf{r}_2 + \cdots \right) + \Psi_{3_0} \left(c_{20}\mathbf{r}_1 + c_{20}^2 \mathbf{r}_2 + \cdots \right)^2 + \Psi_{4_0} \left(c_{20}\mathbf{r}_1 + c_{20}^2 \mathbf{r}_2 + \cdots \right)^3 + \cdots \right\} \\ &= c_{20} \left\{ \Psi_{1_0} + \Psi_{2_0} \left(\sum_{n=1}^{\infty} c_{20}^n \mathbf{r}_n \right) + \Psi_{3_0} \sum_{n=1}^{\infty} \left(c_{20}^{2n} r_n^2 + 2 \sum_{p=n+1}^{\infty} c_{20}^{n+p}\, \mathbf{r}_n \cdot \mathbf{r}_p \right) + \right. \\ &\qquad \left. + \Psi_{4_0} \sum_{q=1}^{\infty} \sum_{n=1}^{\infty} \left(c_{20}^{2n+q} r_n^2 + 2 \sum_{p=n+1}^{\infty} c_{20}^{n+p+1}\, \mathbf{r}_n \cdot \mathbf{r}_{p+n} \right) \mathbf{r}_q + \cdots \right\} \\ &= c_{20} \Psi_{1_0} + \Psi_{2_0} \left(\sum_{n=1}^{\infty} c_{20}^{n+1} \mathbf{r}_n \right) + \Psi_{3_0} \sum_{n=1}^{\infty} \left(c_{20}^{2n+1} r_n^2 + 2 \sum_{p=n+1}^{\infty} c_{20}^{n+p+1}\, \mathbf{r}_n \cdot \mathbf{r}_p \right) + \\ &\qquad + \Psi_{4_0} \sum_{q=1}^{\infty} \sum_{n=1}^{\infty} \left(c_{20}^{2n+q+1} r_n^2 + 2 \sum_{p=n+1}^{\infty} c_{20}^{n+p+2}\, \mathbf{r}_n \cdot \mathbf{r}_{p+n} \right) \mathbf{r}_q + \cdots . \end{aligned} \tag{E.70}$$

Für die endgültige Reihenentwicklung von $\mathbf{f}$ lt. (E.61) sortiert man die Terme in (E.70) nach Potenzen von c_{20}

$$\mathbf{f} = c_{20} \underbrace{\Psi_{1_0}}_{=:\,\mathbf{f}_1} + c_{20}^2 \underbrace{\Psi_{2_0} \mathbf{r}_1}_{=:\,\mathbf{f}_2} + c_{20}^3 \underbrace{\left(\Psi_{2_0} \mathbf{r}_2 + \Psi_{3_0} r_1^2 \right)}_{=:\,\mathbf{f}_3} + c_{20}^4 \underbrace{\left(\Psi_{2_0} \mathbf{r}_3 + 2\Psi_{3_0} \mathbf{r}_1 \cdot \mathbf{r}_2 + \Psi_{4_0} r_1^2 \mathbf{r}_2 \right)}_{=:\,\mathbf{f}_4} + \cdots . \tag{E.71}$$

Es bestätigt sich, dass alle (Störkraft-)Anteile $\mathbf{f}_k$ nur von den bereits in vorangegangenen Schritten bestimmten Teillösungen $\mathbf{r}_{j<k}$ bzw. $r_{j<k}$ abhängen.

[17] eine geschlossene Darstellung des c_{20}-Problems ist demnach auch mit dem Eliminationsverfahren, basierend auf den Burdet-Gleichungen, nicht möglich

[18] Wieder bleibt es dem Leser vorbehalten, Summen durch geeignete Matrizendarstellung eventuell noch kompakter auszudrücken. Es ist zu beachten, dass das Pascal'sche Dreieck nicht ohne weiteres angewendet werden kann, da die $\mathbf{r}_n$ i. A. nicht kollinear sind.

Anmerkung: In (E.71) tauchen Terme bis zur Ordnung $O(c_{20}^{n_{\max}^2})$ auf, sofern man in der Praxis für (E.61) bzw. (E.66) einen maximalen Grad der Reihenentwicklung $n_{\max} = m_{\max}$ wählt.[19] Sobald $n_{\max}$ festgelegt ist, existiert eine wohldefinierte Anzahl von Termen zur vollständigen Lösung im Rahmen dieser Reihenentwicklung. Man sollte sich bewusst sein, dass die Vernachlässigung einiger jener Terme (wenngleich sie auch vergleichsweise hoher Ordnung in c_{20} sein mögen) zu einem Anstieg des Approximationsfehlers führen wird.[20]

Zur Berechnung der Teillösung für die Ordnung $n = 1$ kann also

$$\mathbf{f}_1 = \Psi_{1_0} = \frac{1}{c_{20}} \nabla_{\mathbf{r}} R_{\oplus 20}(\mathbf{r})\Big|_{\mathbf{r}_0} = \frac{3}{2}\frac{\mu_\oplus}{r_0^3}\left(\frac{a_\oplus}{r_0}\right)^2 \left\{\left(1 - 5\frac{z_0^2}{r_0^2}\right)\mathbf{r}_0 - \begin{bmatrix} 0 \\ 0 \\ 2z_0 \end{bmatrix}\right\} \tag{E.72}$$

in die Differentialgleichungen (E.60) eingesetzt werden.

Die auftretenden Funktionen $r_0(s)$, $\mathbf{r}_0(s)$ und $z_0(s)$ (dritte Komponente von $\mathbf{r}_0(s)$) sind aus (E.57) entnehmbar, bzw. wegen $\mathbf{l}_0 = \text{const.} = \mathbf{l}^*$ und $\omega_0 = \text{const.} = \omega^*$ aus

$$\begin{aligned} r_0(s) &= \frac{1}{2\omega^*}\sin(2\omega^* s)\, r'^* + \left(r^* - \frac{\mu_\oplus}{4\omega^{*2}}\right)\cos(2\omega^* s) + \frac{\mu_\oplus}{4\omega^{*2}}, \\ \mathbf{r}_0(s) &= \frac{1}{2\omega^*}\sin(2\omega^* s)\, \mathbf{r}'^* + \left(\mathbf{r}^* + \frac{1}{4\omega^{*2}}\mathbf{l}^*\right)\cos(2\omega^* s) - \frac{1}{4\omega^{*2}}\mathbf{l}^*. \end{aligned} \tag{E.73}$$

Wie bei der Betrachtung der nullten Ordnung, müssen zunächst die Teillösungen für ω und $\mathbf{l}$ bestimmt werden, da diese zur Berechnung der Teillösungen für $\mathbf{r}$ und r nötig sind, siehe (E.60). Das r-Ergebnis seinerseits wird dann abschliessend bei der Teillösung für t verwendet.[21]

Die Berechnung von $\omega_1(s)$ und $\mathbf{l}_1(s)$ erfordert zudem die Bereitstellung von $\mathbf{r}'_0(s)$. Ableiten der zweiten Gleichung aus (E.73) nach s liefert

$$\mathbf{r}'_0(s) = \cos(2\omega^* s)\,\mathbf{r}'^* - \left(2\omega^*\mathbf{r}^* + \frac{1}{2\omega^*}\mathbf{l}^*\right)\sin(2\omega^* s). \tag{E.74}$$

Da innerhalb der Formulierung für $\mathbf{f}_1$ (und später ebenso für alle weiteren $\mathbf{f}_{n>1}$) einzelne Vektorkomponenten auftauchen, macht es Sinn, die beteiligten Vektoren durch ihre Vektorkomponenten zu ersetzen und gegebenenfalls vektorielle Differentialgleichungen in ein System aus drei skalaren Differentialgleichungen umzuschreiben. Die Vektorkomponenten seien beispielsweise folgendermassen symbolisiert:

$$\mathbf{l}^* =: \begin{bmatrix} l_x^* \\ l_y^* \\ l_z^* \end{bmatrix},\ \mathbf{r}^* =: \begin{bmatrix} x^* \\ y^* \\ z^* \end{bmatrix},\ \mathbf{r}'^* =: \begin{bmatrix} x'^* \\ y'^* \\ z'^* \end{bmatrix},\ \mathbf{r}_0 =: \begin{bmatrix} x_0 \\ y_0 \\ z_0 \end{bmatrix},\ \mathbf{r}'_0 =: \begin{bmatrix} x'_0 \\ y'_0 \\ z'_0 \end{bmatrix},\ \mathbf{r}_1 =: \begin{bmatrix} x_1 \\ y_1 \\ z_1 \end{bmatrix},\ \mathbf{r}'_1 =: \begin{bmatrix} x'_1 \\ y'_1 \\ z'_1 \end{bmatrix},\ \mathbf{r}''_1 =: \begin{bmatrix} x''_1 \\ y''_1 \\ z''_1 \end{bmatrix},\ \mathbf{f}_1 =: \begin{bmatrix} f_{1x} \\ f_{1y} \\ f_{1z} \end{bmatrix}. \tag{E.75}$$

Aus der klassischen Himmelsmechanik ist bekannt, dass unter alleiniger Wirkung konservativer Störkräfte die Hamiltonfunktion konstante Werte aufweist.[22] Falls nur zonale Terme des Erdgravitationspotentials wie z. B. c_{20} einfliessen, ist auch die Bahnenergie des Satelliten konstant (zu Bewegungsintegralen siehe z. B. Mai [26]), also

$$\textit{Klassisches Hauptproblem} \text{ (nur } c_{20}) \quad \longrightarrow \quad \mathcal{E} = \mathcal{E}_\mathrm{K} - R_{\oplus 20}(\mathbf{r}) = \frac{\dot{\mathbf{r}}\cdot\dot{\mathbf{r}}}{2} - \frac{\mu_\oplus}{r} - R_{\oplus 20}(\mathbf{r}) = \text{const.}, \tag{E.76}$$

denn (vgl. (E.24))

$$\dot{\mathcal{E}}_\mathrm{K} = \frac{\mathrm{d}\mathcal{E}_\mathrm{K}}{\mathrm{d}t} = \dot{\mathbf{r}}\cdot\ddot{\mathbf{r}} + \frac{\mu_\oplus}{r^2}\dot{r} = \dot{\mathbf{r}}\cdot\ddot{\mathbf{r}} + \frac{\mu_\oplus}{r^3}\dot{\mathbf{r}}\cdot\mathbf{r} = \dot{\mathbf{r}}\cdot\left(\ddot{\mathbf{r}} + \frac{\mu_\oplus}{r^3}\mathbf{r}\right) = \dot{\mathbf{r}}\cdot\mathbf{f} \quad \text{mit} \quad \mathbf{f} = \nabla_{\mathbf{r}} R_{\oplus 20}(\mathbf{r}) \tag{E.77}$$

und wegen

$$\frac{\mathrm{d}R_{\oplus 20}(\mathbf{r})}{\mathrm{d}t} = \frac{\partial R_{\oplus 20}(\mathbf{r})}{\partial \mathbf{r}}\frac{\mathrm{d}\mathbf{r}}{\mathrm{d}t} + \frac{\partial R_{\oplus 20}(\mathbf{r})}{\partial t} = \frac{\partial R_{\oplus 20}(\mathbf{r})}{\partial \mathbf{r}}\frac{\mathrm{d}\mathbf{r}}{\mathrm{d}t} = \dot{\mathbf{r}}\nabla_{\mathbf{r}} R_{\oplus 20}(\mathbf{r}) = \dot{\mathbf{r}}\cdot\mathbf{f} \tag{E.78}$$

folgt

$$\frac{\mathrm{d}\mathcal{E}_\mathrm{K}}{\mathrm{d}t} = \frac{\mathrm{d}R_{\oplus 20}(\mathbf{r})}{\mathrm{d}t} \quad \leftrightarrow \quad \frac{\mathrm{d}\big(\mathcal{E}_\mathrm{K} - R_{\oplus 20}(\mathbf{r})\big)}{\mathrm{d}t} = 0 \quad \longrightarrow \quad \mathcal{E}_\mathrm{K} - R_{\oplus 20}(\mathbf{r}) = \text{const.} \tag{E.79}$$

[19] für $n_{\max} \neq m_{\max}$ tauchen Terme bis zur maximalen Ordnung $O(c_{20}^{n_{\max} m_{\max}})$ auf

[20] im § 3.2.3.2 wurde ausführlichst am Beispiel der Liereihen-Integration nachgewiesen, dass der Ordnungsbegriff in der Praxis mit Vorsicht zu behandeln ist, um unerwartete Vernachlässigungen von Termen bestimmter Grössenordnung zu vermeiden

[21] diese Reihenfolge der Lösung der fünf Differentialgleichungen wiederholt sich in jeder zu betrachtenden Ordnung

[22] der vorgestellte Ansatz ist allgemein, d. h. auch für nicht-gravitative Störkräfte, gültig

In (E.60) tauchen die s-abhängigen Grössen $r_0(s)$, $\mathbf{r}_0(s)$, $\mathbf{r}_0'(s)$ und $\mathbf{f}_1(z_0(s), r_0(s), \mathbf{r}_0(s))$ auf. Eine geschlossene Integration der entstehenden Differentialgleichungen ist, wenn überhaupt, nur sehr umständlich möglich. Als Ausweg für praktische Berechnungen bietet sich eine iterative Vorgehensweise an[23], zumal ein Zahlenwert für die unabhängige Variable s selbst erst aus den gelösten Differentialgleichungen bestimmt wird.

Nominale Werte für die genannten Grössen werden deshalb (als Ausgangsnäherung) zunächst aus dem Ergebnis der nullten Ordnung übernommen und durch einen geklammerten Iterationsindex entsprechend gekennzeichnet. Konsequenterweise muss der Iterationsindex dann auch an den eigentlich gesuchten Grössen $\mathbf{l}_1$, ω_1^2, $\mathbf{r}_1$, r_1 und t_1 angebracht werden. Aus Gründen der Übersichtlichkeit werden zudem einige Abkürzungen eingeführt, so dass schliesslich folgt (die Sortierung der Differentialgleichungen richtet sich nach deren Abfolge in der Behandlung):

$$\begin{aligned}
\mathbf{l}'_{1_{(i)}} &= \underbrace{2\big(\mathbf{r}'_{0_{(i)}}\cdot \mathbf{f}_{1_{(i)}}\big)\mathbf{r}_{0_{(i)}} - \big(\mathbf{r}_{0_{(i)}}\cdot \mathbf{f}_{1_{(i)}}\big)\mathbf{r}'_{0_{(i)}} - \big(\mathbf{r}'_{0_{(i)}}\cdot \mathbf{r}_{0_{(i)}}\big)\mathbf{f}_{1_{(i)}}}_{=:\, \mathbf{c}^{\mathbf{l}_1}_{(i)}}\,, \\
\omega^{2\prime}_{1_{(i)}} &= \underbrace{-\tfrac{1}{2}\mathbf{r}'_{0_{(i)}}\cdot \mathbf{f}_{1_{(i)}}}_{=:\, c^{\omega_1^2}_{(i)}}\,, \\
\mathbf{r}''_{1_{(i)}} + 4\big(\omega^{*2}\mathbf{r}_{1_{(i)}} + \omega^2_{1_{(i)}}\mathbf{r}_{0_{(i)}}\big) + \mathbf{l}_{1_{(i)}} &= \underbrace{r^2_{0_{(i)}}\mathbf{f}_{1_{(i)}}}_{=:\, \mathbf{c}^{\mathbf{r}_1}_{(i)}}\,, \\
r''_{1_{(i)}} + 4\big(\omega^{*2} r_{1_{(i)}} + \omega^2_{1_{(i)}} r_{0_{(i)}}\big) &= \underbrace{r_{0_{(i)}}\mathbf{r}_{0_{(i)}}\cdot \mathbf{f}_{1_{(i)}}}_{=:\, c^{r_1}_{(i)}}\,, \\
t'_{1_{(i)}} &= r_{1_{(i)}}\,.
\end{aligned} \tag{E.80}$$

Die entstehenden Differentialgleichungen (E.80) mit (iterierten) konstanten Koeffizienten lassen sich geschlossen sehr einfach lösen. Mit dem resultierenden s-Wert werden $r_0(s)$, $\mathbf{r}_0(s)$, $\mathbf{r}_0'(s)$ und $\mathbf{f}_1(s)$ nach (E.57) bzw. (E.73), (E.74), (E.72) neu ausgewertet und das Differentialgleichungssystem anschliessend erneut gelöst. Diese Prozedur wird solange wiederholt, bis eine zuvor festgelegte Genauigkeit in den Grössen $\mathbf{l}_1(s)$, $\omega_1^2(s)$, $\mathbf{r}_1(s)$, $r_1(s)$ und $t_1(s)$ erreicht ist. Anmerkung: Für eine Lösung erster Ordnung muss nicht iteriert werden; es genügt dann die einmalige Auswertung des Differentialgleichungssystems (nur $i = 0$ bzw. der Iterationsindex kann entfallen).

Als erstes erhält man die Teillösung für den Laplace-Vektor

$$\mathbf{l}'_{1_{(i)}} = \mathbf{c}^{\mathbf{l}_1}_{(i)} \qquad \rightarrow \qquad \mathbf{l}_{1_{(i)}} = \mathbf{c}^{\mathbf{l}_1}_{(i)} s_{(i)} + \mathbf{c}^{(i)}_{\mathbf{l}_1} \tag{E.81}$$

mit der Integrationskonstanten $\mathbf{c}^{(i)}_{\mathbf{l}_1}$.

Es tritt ein linear s-abhängiger Term auf, der physikalisch nicht begründet ist und deshalb durch Einführung einer Renormierung beseitigt werden muss.[24] Aus der klassischen Störungsrechnung (z. B. durch Einsetzen von $R_{\oplus 20}$ in die Lagrange'schen Planetengleichungen, siehe Kaula [22]) ist bekannt, dass aufgrund des c_{20}-Einflusses (je nach Bahnneigung quantitativ und qualitativ unterschiedliche) säkulare Trends in der räumlichen Orientierung der momentanen Bahnellipse (oskulierende bzw. säkular präzidierende Keplerellipse) auftreten. Die Lage des aufsteigenden Knotens (bzw. der Knotenlinie) und des Perigäums (bzw. der Apsidenlinie) ändert sich säkular bzgl. der Zeit t und damit auch bzgl. der Sundman-Variablen s.[25] Der Laplace-Vektor zeigt definitionsgemäss in Richtung des Perigäums (der momentanen Bahnellipse). Diese Richtung wird wesentlich durch die driftenden Winkelwerte für Ω (Rektaszension des aufsteigenden Knotens) und ω (Argument des Perigäums) bestimmt. Die alternativ zur Richtungsfestlegung verwendbaren kartesische Komponenten des Laplace-(Einheits-)Vektors sind jedoch *keine* driftenden Werte, da das Perigäum ein die Erde umlaufender Punkt ist. Die Vektorkomponenten von $\mathbf{l}$ und damit auch von $\mathbf{l}_n$ können deshalb keinen linear s-abhängigen Term enthalten (Abb. E.1).

Die Elimination dieses Terms kann nicht einfach durch eine entsprechende Festlegung der Integrationskonstanten

$$\mathbf{c}^{(i)}_{\mathbf{l}_1} = -\mathbf{c}^{\mathbf{l}_1}_{(i)} s_{(i)} \tag{E.82}$$

erfolgen, weil sonst (sofern bei allen weiteren Ordnungen die gleiche Herangehensweise unterstellt wird) $\mathbf{l}_n = 0$ gelten würde und somit $\mathbf{l} = \mathbf{l}_0 = \text{const}$. Da die Richtung zum Perigäum i. A. durch c_{20} tatsächlich gestört wird, kann $\mathbf{l}$ in diesem Falle keine Konstante sein. Als notwendige Alternative zu (E.82) bietet sich eine Renormierung an (vgl. Vorgehen am Beispiel des Duffingoszillators in Mai et al. [28]).

[23] dieser Weg wird z. B. auch oft bei der Auswertung der klassischen Lagrange'schen Planetengleichungen beschritten

[24] eine Nicht-Beseitigung würde nach Einsetzen von $\mathbf{l}_1$ in die restlichen Differentialgleichungen von (E.80) auch in deren Lösungen zu (physikalisch unsinnigen) Poisson-Termen führen

[25] jeder harmonische Koeffizient einer Reihenentwicklung des Erdschwerefeldes (also auch c_{20}) bewirkt kurzperiodische Störungen in allen Bahnvariablen; je nach Grad n und Ordnung m der/des betrachteten Koeffizienten können zudem langperiodische, m-tägliche oder gar resonante Störungen resultieren

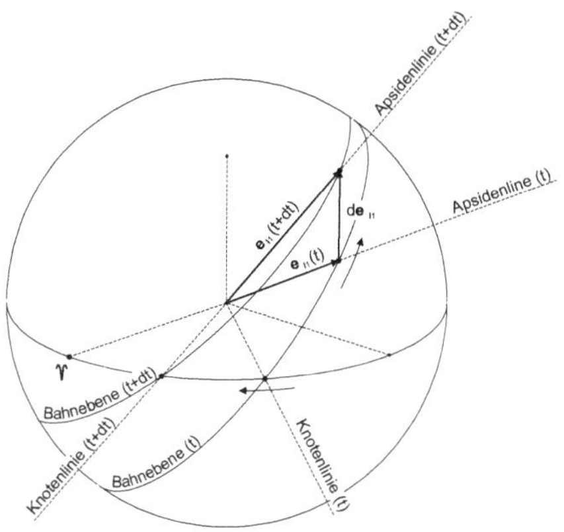

Abbildung E.1: Qualitative Änderung des Laplace-(Einheits-)Vektors $\mathbf{e}_{\mathrm{l}_1}$ *durch Kombination der säkularen Trends in* Ω *und* ω *aufgrund des* c_{20}*-Störeffektes. Hier wurde ein Orbit mit* $i \in (0, i_{kritisch})$ *angenommen, wobei* $\sin i_{kritisch} = 2/\sqrt{5}$.

Die regularisierende Variable s könnte durch eine zusätzlich renormierend wirkende Variable τ ersetzt werden; und zwar ebenfalls durch einen Reihenansatz in ε.[26]

$$s = \tau \sum_{\sigma=0}^{\infty} \varpi_\sigma \varepsilon^\sigma = \tau\big(\varpi_0 + \varpi_1 \varepsilon + \varpi_2 \varepsilon^2 + \cdots\big), \tag{E.83}$$

so dass

$$\mathrm{d}s = \mathrm{d}\tau \sum_{\sigma=0}^{\infty} \varpi_\sigma \varepsilon^\sigma \quad \leftrightarrow \quad \frac{1}{\mathrm{d}s} = \frac{1}{\mathrm{d}\tau\left(\sum\limits_{\sigma=0}^{\infty} \varpi_\sigma \varepsilon^\sigma\right)}, \quad \frac{1}{\mathrm{d}s^2} = \frac{1}{\mathrm{d}\tau^2\left(\sum\limits_{\sigma=0}^{\infty} \varpi_\sigma \varepsilon^\sigma\right)^2}. \tag{E.84}$$

Um die Ableitungen nach τ von denen nach s bzw. t unterscheiden zu können, würde ein neues Symbol eingeführt:

$$\frac{\mathrm{d}(\,)}{\mathrm{d}\tau} =: (\,)', \qquad \frac{\mathrm{d}(\,)}{\mathrm{d}s} =: (\,)', \qquad \frac{\mathrm{d}(\,)}{\mathrm{d}t} =: \dot{(\,)}. \tag{E.85}$$

Um diesen Ansatz verwenden zu können, müssten darüberhinaus alle nicht-konstanten Grössen in der betrachteten Differentialgleichung ebenfalls durch eine Reihenentwicklung in ε ersetzt werden. Dann könnten durch einen Koeffizientenvergleich Bestimmungsgleichungen für die einzelnen Ordnungen aufgestellt werden und die Lösung bezüglich τ sukzessive (bei Unterdrückung sämtlicher Poisson-Glieder durch entsprechende ϖ_σ-Festlegungen) erfolgen und danach eine Rücktransformation in die Abhängigkeit von s.

Dieses Vorgehen mutet ziemlich umständlich an, da z. B. $\mathbf{l}'_{1_{(i)}}$ selbst einer Reihenentwicklung in ε entspringt. Effizienter wäre, die Renormierung *gleichzeitig* mit der Regularisierung vorzunehmen; also die Variablenwechsel (E.2) und (E.83) zu kombinieren bzw. in einem Schritt zusammenzufassen (siehe nachfolgenden Abschnitt).

E.3 Kombination von Regularisierung und Renormierung

In diesem Abschnitt wird eine Kombination aus Regularisierung (vgl. (E.2)) und Renormierung (vgl. (E.83) bzw. (E.84)) eingeführt. Die neue unabhängige Variable wird zur Unterscheidung von der Sundman-Variablen mit τ bezeichnet und Ableitungen nach τ entsprechend (E.85). Es folgt

$$\mathrm{d}\tau \sum_{\sigma=0}^{\infty} \varpi_\sigma \varepsilon^\sigma := \frac{1}{r}\,\mathrm{d}t \quad \leftrightarrow \quad \underbrace{\frac{\mathrm{d}\tau}{\mathrm{d}t}}_{=:\,\dot{\tau}} = \frac{1}{r \sum\limits_{\sigma=0}^{\infty} \varpi_\sigma \varepsilon^\sigma} \quad \leftrightarrow \quad \mathrm{d}t = r\,\mathrm{d}\tau \sum_{\sigma=0}^{\infty} \varpi_\sigma \varepsilon^\sigma \quad \leftrightarrow \quad \frac{1}{r} = \dot{\tau} \sum_{\sigma=0}^{\infty} \varpi_\sigma \varepsilon^\sigma \tag{E.86}$$

[26] bzw. hier $\varepsilon = c_{20}$

bzw.

$$r = \underbrace{\frac{\mathrm{d}t}{\mathrm{d}\tau}}_{=:\,t'} \frac{1}{\sum\limits_{\sigma=0}^{\infty} \varpi_\sigma \varepsilon^\sigma} \qquad \leftrightarrow \qquad t' = r \sum_{\sigma=0}^{\infty} \varpi_\sigma \varepsilon^\sigma, \tag{E.87}$$

so dass

$$\dot{r} = \frac{\mathrm{d}r}{\mathrm{d}t} = \frac{\mathrm{d}r}{\mathrm{d}\tau}\frac{\mathrm{d}\tau}{\mathrm{d}t} = \frac{r'}{r\sum\limits_{\sigma=0}^{\infty} \varpi_\sigma \varepsilon^\sigma} \qquad \rightarrow \qquad \mathbf{r}\cdot\dot{\mathbf{r}} = r\dot{r} = \frac{r'}{\sum\limits_{\sigma=0}^{\infty} \varpi_\sigma \varepsilon^\sigma}. \tag{E.88}$$

Als Transformationsformeln für die erste und zweite Ableitung des Positionsvektors erhält man

$$\begin{aligned} \mathbf{r}' &= \frac{\mathrm{d}\mathbf{r}}{\mathrm{d}\tau} = \frac{\mathrm{d}\mathbf{r}}{\mathrm{d}t}\frac{\mathrm{d}t}{\mathrm{d}\tau} = r\sum_{\sigma=0}^{\infty} \varpi_\sigma \varepsilon^\sigma\, \dot{\mathbf{r}} \qquad &\leftrightarrow \qquad \dot{\mathbf{r}} &= \frac{1}{r\sum\limits_{\sigma=0}^{\infty} \varpi_\sigma \varepsilon^\sigma}\,\mathbf{r}', \\ \mathbf{r}'' &= \left(\sum_{\sigma=0}^{\infty} \varpi_\sigma \varepsilon^\sigma\right)^2 \left(r^2\ddot{\mathbf{r}} + r\dot{r}\dot{\mathbf{r}}\right) \qquad &\leftrightarrow \qquad \ddot{\mathbf{r}} &= \left(\sum_{\sigma=0}^{\infty} \varpi_\sigma \varepsilon^\sigma\right)^{-2} \left(\frac{1}{r^2}\mathbf{r}'' - \frac{r'}{r^3}\mathbf{r}'\right). \end{aligned} \tag{E.89}$$

Anmerkung: Die erste Ableitung $\mathbf{r}'$ trägt die physikalische Einheit m^2/sec (Flächengeschwindigkeit[27]) und die zweite Ableitung $\mathbf{r}''$ trägt die physikalische Einheit m^3/sec^2 (Volumenbeschleunigung[28]).

Einsetzen von (E.88) und (E.89) in (E.11) liefert die neue Darstellung für den Laplacevektor

$$\mathbf{l} = 2\mathcal{E}_{\mathrm{K}}\mathbf{r} + \frac{\mu_\oplus}{r}\mathbf{r} - \left(\sum_{\sigma=0}^{\infty} \varpi_\sigma \varepsilon^\sigma\right)^{-2} \frac{r'}{r}\mathbf{r}'. \tag{E.90}$$

Berücksichtigung von (E.89) und (E.90) in der ursprünglichen Bewegungsgleichung (E.1) führt zunächst auf

$$\left(\sum_{\sigma=0}^{\infty} \varpi_\sigma \varepsilon^\sigma\right)^{-2} \left(\frac{1}{r^2}\mathbf{r}'' - \frac{r'}{r^3}\mathbf{r}'\right) + \frac{\mu_\oplus}{r^3}\mathbf{r} = \mathbf{f} \qquad \rightarrow \qquad \mathbf{r}'' - \frac{r'}{r}\mathbf{r}' + \left(\sum_{\sigma=0}^{\infty} \varpi_\sigma \varepsilon^\sigma\right)^2 \frac{\mu_\oplus}{r}\mathbf{r} = \left(\sum_{\sigma=0}^{\infty} \varpi_\sigma \varepsilon^\sigma\right)^2 r^2\mathbf{f} \tag{E.91}$$

und schliesslich auf die zur Burdet'schen Form (E.14) analoge Darstellung

$$\mathbf{r}'' - \left(\sum_{\sigma=0}^{\infty} \varpi_\sigma \varepsilon^\sigma\right)^2 \left(2\mathcal{E}_{\mathrm{K}}\mathbf{r} - \mathbf{l}\right) = \left(\sum_{\sigma=0}^{\infty} \varpi_\sigma \varepsilon^\sigma\right)^2 r^2\mathbf{f}. \tag{E.92}$$

Anmerkung: Falls keine Störungen vorliegen ($\mathbf{f} \equiv \mathbf{0}$), gilt $\varpi_0 = 1$ und $\varpi_{\sigma>0} = 0$, sowie $\mathcal{E}_{\mathrm{K}}, \mathbf{l} = \text{const}$.
Im gestörten Problem sind $\mathcal{E}_{\mathrm{K}}$ und $\mathbf{l}$ hingegen im Allgemeinen variabel und es gilt bezüglich τ dann

$$\mathcal{E}_{\mathrm{K}}(\tau) = \left(\sum_{\sigma=0}^{\infty} \varpi_\sigma \varepsilon^\sigma\right)^{-2} \frac{\mathbf{r}'\cdot\mathbf{r}'}{2r^2} - \frac{\mu_\oplus}{r} \tag{E.93}$$

und

$$\mathbf{l}(\tau) = \left(\left(\sum_{\sigma=0}^{\infty} \varpi_\sigma \varepsilon^\sigma\right)^{-2} \frac{\mathbf{r}'\cdot\mathbf{r}'}{r^2} - \frac{\mu_\oplus}{r}\right)\mathbf{r} - \left(\sum_{\sigma=0}^{\infty} \varpi_\sigma \varepsilon^\sigma\right)^{-2} \frac{r'}{r}\mathbf{r}'. \tag{E.94}$$

Die Differentialgleichung für $r(\tau)$ ergibt sich, wenn (E.92) skalar mit $\mathbf{r}$ multipliziert wird

$$\mathbf{r}'' - \left(\sum_{\sigma=0}^{\infty} \varpi_\sigma \varepsilon^\sigma\right)^2 \left(2\mathcal{E}_{\mathrm{K}}\mathbf{r} - \mathbf{l}\right) = \left(\sum_{\sigma=0}^{\infty} \varpi_\sigma \varepsilon^\sigma\right)^2 r^2\mathbf{f} \Big/ \cdot\mathbf{r} \;\rightarrow\; \mathbf{r}''\cdot\mathbf{r} - \left(\sum_{\sigma=0}^{\infty} \varpi_\sigma \varepsilon^\sigma\right)^2 \left(2\mathcal{E}_{\mathrm{K}}r^2 - \mathbf{l}\cdot\mathbf{r}\right) = \left(\sum_{\sigma=0}^{\infty} \varpi_\sigma \varepsilon^\sigma\right)^2 r^2\mathbf{f}\cdot\mathbf{r} \tag{E.95}$$

und die verbleibenden Skalarprodukte auf der linken Seite umgeschrieben werden. Aus (E.89) und (E.88) folgt

$$\mathbf{r}'\cdot\mathbf{r} = r\sum_{\sigma=0}^{\infty} \varpi_\sigma \varepsilon^\sigma \underbrace{\dot{\mathbf{r}}\cdot\mathbf{r}}_{=r\dot{r}} = r\sum_{\sigma=0}^{\infty} \varpi_\sigma \varepsilon^\sigma \frac{r'}{\sum\limits_{\sigma=0}^{\infty} \varpi_\sigma \varepsilon^\sigma} = rr' \tag{E.96}$$

so dass man durch Ableitung dieser Beziehung nach τ einen Ausdruck für $\mathbf{r}''\cdot\mathbf{r}$ erhält:

$$\mathbf{r}''\cdot\mathbf{r} + \mathbf{r}'\cdot\mathbf{r}' = r'^2 + rr'' \qquad \rightarrow \qquad \mathbf{r}''\cdot\mathbf{r} = r'^2 + rr'' - \mathbf{r}'\cdot\mathbf{r}'. \tag{E.97}$$

[27] wie ein gewöhnlicher Drehimpuls
[28] wie etwa der gravitationelle Parameter $\mu_\oplus$

Mit (E.94) bekommt man unter Ausnutzung von (E.96)

$$\mathbf{l}\cdot\mathbf{r} = \left(\left(\sum_{\sigma=0}^{\infty}\varpi_\sigma\varepsilon^\sigma\right)^{-2}\frac{\mathbf{r}'\cdot\mathbf{r}'}{r^2} - \frac{\mu_\oplus}{r}\right)\mathbf{r}\cdot\mathbf{r} - \left(\sum_{\sigma=0}^{\infty}\varpi_\sigma\varepsilon^\sigma\right)^{-2}\frac{r'}{r}\mathbf{r}'\cdot\mathbf{r} \quad\rightarrow\quad \mathbf{l}\cdot\mathbf{r} = \left(\sum_{\sigma=0}^{\infty}\varpi_\sigma\varepsilon^\sigma\right)^{-2}\left(\mathbf{r}'\cdot\mathbf{r}' - r'^2\right) - \mu_\oplus r. \tag{E.98}$$

Die Resultate von (E.97) und (E.98) eingesetzt in (E.95) führen schliesslich zur gesuchten Differentialgleichung

$$r'^2 + rr'' - \mathbf{r}'\cdot\mathbf{r}' - \left(\sum_{\sigma=0}^{\infty}\varpi_\sigma\varepsilon^\sigma\right)^{2}\left(2\mathcal{E}_{\mathrm{K}}r^2 - \left(\sum_{\sigma=0}^{\infty}\varpi_\sigma\varepsilon^\sigma\right)^{-2}\mathbf{r}'\cdot\mathbf{r}' + \left(\sum_{\sigma=0}^{\infty}\varpi_\sigma\varepsilon^\sigma\right)^{-2}r'^2 + \mu_\oplus r\right) = \left(\sum_{\sigma=0}^{\infty}\varpi_\sigma\varepsilon^\sigma\right)^{2}r^2\mathbf{f}\cdot\mathbf{r} \tag{E.99}$$

bzw.

$$r'' - \left(\sum_{\sigma=0}^{\infty}\varpi_\sigma\varepsilon^\sigma\right)^{2}\left(2\mathcal{E}_{\mathrm{K}}r + \mu_\oplus\right) = \left(\sum_{\sigma=0}^{\infty}\varpi_\sigma\varepsilon^\sigma\right)^{2} r\,\mathbf{f}\cdot\mathbf{r}. \tag{E.100}$$

Wie zuvor, kann die Grösse $\mathcal{E}_{\mathrm{K}}$ durch die Kreisfrequenz ω ersetzt werden, erinnere (E.23). Die Herleitung einer Differentialgleichung für diese Grösse(n) beginnt mit der Ableitung von (E.93) nach τ

$$\mathcal{E}_{\mathrm{K}}' = \frac{\mathrm{d}\mathcal{E}_{\mathrm{K}}}{\mathrm{d}\tau} = \left(\sum_{\sigma=0}^{\infty}\varpi_\sigma\varepsilon^\sigma\right)^{-2}\left(\frac{1}{2r^2}\left(\mathbf{r}''\cdot\mathbf{r}' + \mathbf{r}'\cdot\mathbf{r}''\right) - \mathbf{r}'\cdot\mathbf{r}'\frac{r'}{r^3}\right) + \mu_\oplus\frac{r'}{r^2} = \left(\sum_{\sigma=0}^{\infty}\varpi_\sigma\varepsilon^\sigma\right)^{-2}\frac{1}{r^2}\mathbf{r}''\cdot\mathbf{r}' - 2\mathcal{E}_{\mathrm{K}}\frac{r'}{r} - \mu_\oplus\frac{r'}{r^2} \tag{E.101}$$

und der nachfolgenden Ersetzung des Skalarprodukts $\mathbf{r}''\cdot\mathbf{r}'$. Hierzu wird (E.92) skalar mit $\mathbf{r}'$ multipliziert

$$\mathbf{r}''\cdot\mathbf{r}' - \left(\sum_{\sigma=0}^{\infty}\varpi_\sigma\varepsilon^\sigma\right)^{2}\left(2\mathcal{E}_{\mathrm{K}}\underbrace{\mathbf{r}\cdot\mathbf{r}'}_{=rr'} - \mathbf{l}\cdot\mathbf{r}'\right) = \left(\sum_{\sigma=0}^{\infty}\varpi_\sigma\varepsilon^\sigma\right)^{2}r^2\mathbf{f}\cdot\mathbf{r}' \tag{E.102}$$

und das Skalarprodukt $\mathbf{l}\cdot\mathbf{r}'$ mittels (E.94) und (E.96) umgeschrieben auf (vgl. (E.26))

$$\mathbf{l}\cdot\mathbf{r}' = \left(\left(\sum_{\sigma=0}^{\infty}\varpi_\sigma\varepsilon^\sigma\right)^{-2}\frac{\mathbf{r}'\cdot\mathbf{r}'}{r^2} - \frac{\mu_\oplus}{r}\right)\underbrace{\mathbf{r}\cdot\mathbf{r}'}_{=rr'} - \left(\sum_{\sigma=0}^{\infty}\varpi_\sigma\varepsilon^\sigma\right)^{-2}\frac{r'}{r}\mathbf{r}'\cdot\mathbf{r}' \quad\rightarrow\quad \mathbf{l}\cdot\mathbf{r}' = -\mu_\oplus r', \tag{E.103}$$

so dass

$$\frac{1}{r^2}\mathbf{r}''\cdot\mathbf{r}' = \left(\sum_{\sigma=0}^{\infty}\varpi_\sigma\varepsilon^\sigma\right)^{2}\left(2\mathcal{E}_{\mathrm{K}}\frac{r'}{r} + \mu_\oplus\frac{r'}{r^2} + \mathbf{f}\cdot\mathbf{r}'\right) \tag{E.104}$$

in (E.101) ersetzt werden kann

$$\mathcal{E}_{\mathrm{K}}' = \mathbf{f}\cdot\mathbf{r}' \quad\leftrightarrow\quad \omega^{2\prime} = \frac{\mathrm{d}\omega^2}{\mathrm{d}\tau} = -\frac{1}{2}\mathcal{E}_{\mathrm{K}}' = -\frac{1}{2}\mathbf{f}\cdot\mathbf{r}'. \tag{E.105}$$

Für die Aufstellung von $\mathbf{l}'$ greift man am besten auf $\mathbf{l}(t)$ zurück:

$$\mathbf{l}' = \frac{\mathrm{d}\mathbf{l}}{\mathrm{d}\tau} = \frac{\mathrm{d}\mathbf{l}}{\mathrm{d}t}\frac{\mathrm{d}t}{\mathrm{d}\tau} \quad\leftrightarrow\quad \mathbf{l}' = t'\,\dot{\mathbf{l}} = r\sum_{\sigma=0}^{\infty}\varpi_\sigma\varepsilon^\sigma\,\dot{\mathbf{l}}. \tag{E.106}$$

In (E.33) wird $\dot{\mathbf{r}}$ jeweils über (E.89) durch $\mathbf{r}'$ ersetzt. Dies führt zu

$$\mathbf{l}' = r\sum_{\sigma=0}^{\infty}\varpi_\sigma\varepsilon^\sigma\left(\frac{2}{r\sum_{\sigma=0}^{\infty}\varpi_\sigma\varepsilon^\sigma}(\mathbf{r}'\cdot\mathbf{f})\mathbf{r} - (\mathbf{r}\cdot\mathbf{f})\frac{1}{r\sum_{\sigma=0}^{\infty}\varpi_\sigma\varepsilon^\sigma}\mathbf{r}' - \frac{1}{r\sum_{\sigma=0}^{\infty}\varpi_\sigma\varepsilon^\sigma}(\mathbf{r}\cdot\mathbf{r}')\mathbf{f}\right) \tag{E.107}$$

bzw.

$$\mathbf{l}' = 2(\mathbf{r}'\cdot\mathbf{f})\mathbf{r} - (\mathbf{r}\cdot\mathbf{f})\mathbf{r}' - (\mathbf{r}\cdot\mathbf{r}')\mathbf{f}. \tag{E.108}$$

Man erkennt, dass einige Differentialgleichungen die gleiche Struktur aufweisen, wie zuvor (ohne Renormierung). Zur Lösung des Bewegungsproblems steht das folgende System von gekoppelten Differentialgleichungen bereit.

Zusammenstellung der Differentialgleichungen

$$\begin{aligned}
\mathbf{r}'' &= \left(\sum_{\sigma=0}^{\infty} \varpi_\sigma \varepsilon^\sigma\right)^2 \left(r^2\mathbf{f} - 4\omega^2\mathbf{r} - \mathbf{l}\right),\\
r'' &= \left(\sum_{\sigma=0}^{\infty} \varpi_\sigma \varepsilon^\sigma\right)^2 \left(r\mathbf{f}\cdot\mathbf{r} - 4\omega^2 r + \mu_\oplus\right),\\
t' &= \left(\sum_{\sigma=0}^{\infty} \varpi_\sigma \varepsilon^\sigma\right) r,\\
\omega^{2\prime} &= -\tfrac{1}{2}\,\mathbf{f}\cdot\mathbf{r}',\\
\mathbf{l}' &= 2(\mathbf{r}'\cdot\mathbf{f})\mathbf{r} - (\mathbf{r}\cdot\mathbf{f})\mathbf{r}' - (\mathbf{r}\cdot\mathbf{r}')\mathbf{f}.
\end{aligned} \tag{E.109}$$

Anschliessend wird der allgemeine Lösungsansatz (Ersetzung der variablen Grössen durch Reihenentwicklungen), analog zum Übergang von (E.35) auf (E.36), eingeführt. Man erhält zunächst

$$\begin{aligned}
\sum_{n=0}^{\infty}\varepsilon^n\mathbf{r}_n'' &= \left(\sum_{\sigma=0}^{\infty} \varpi_\sigma \varepsilon^\sigma\right)^2 \left\{\left(\sum_{n=0}^{\infty}\varepsilon^n r_n\right)^2 \sum_{n=0}^{\infty}\varepsilon^n\mathbf{f}_n - 4\sum_{n=0}^{\infty}\varepsilon^n\omega_n^2 \sum_{n=0}^{\infty}\varepsilon^n\mathbf{r}_n - \sum_{n=0}^{\infty}\varepsilon^n\mathbf{l}_n\right\},\\
\sum_{n=0}^{\infty}\varepsilon^n r_n'' &= \left(\sum_{\sigma=0}^{\infty} \varpi_\sigma \varepsilon^\sigma\right)^2 \left\{\sum_{n=0}^{\infty}\varepsilon^n r_n \left(\sum_{n=0}^{\infty}\varepsilon^n\mathbf{f}_n\right)\cdot\left(\sum_{n=0}^{\infty}\varepsilon^n\mathbf{r}_n\right) - 4\sum_{n=0}^{\infty}\varepsilon^n\omega_n^2 \sum_{n=0}^{\infty}\varepsilon^n r_n + \mu_\oplus\right\},\\
\sum_{n=0}^{\infty}\varepsilon^n t_n' &= \sum_{\sigma=0}^{\infty} \varpi_\sigma \varepsilon^\sigma \sum_{n=0}^{\infty}\varepsilon^n r_n,\\
\sum_{n=0}^{\infty}\varepsilon^n \omega_n^{2\prime} &= -\frac{1}{2}\left(\sum_{n=0}^{\infty}\varepsilon^n\mathbf{f}_n\right)\cdot\left(\sum_{n=0}^{\infty}\varepsilon^n\mathbf{r}_n'\right),\\
\sum_{n=0}^{\infty}\varepsilon^n \mathbf{l}_n' &= 2\left(\sum_{n=0}^{\infty}\varepsilon^n\mathbf{r}_n'\right)\cdot\left(\sum_{n=0}^{\infty}\varepsilon^n\mathbf{f}_n\right)\sum_{n=0}^{\infty}\varepsilon^n\mathbf{r}_n - \left(\sum_{n=0}^{\infty}\varepsilon^n\mathbf{r}_n\right)\cdot\left(\sum_{n=0}^{\infty}\varepsilon^n\mathbf{f}_n\right)\sum_{n=0}^{\infty}\varepsilon^n\mathbf{r}_n' - \left(\sum_{n=0}^{\infty}\varepsilon^n\mathbf{r}_n\right)\cdot\left(\sum_{n=0}^{\infty}\varepsilon^n\mathbf{r}_n'\right)\sum_{n=0}^{\infty}\varepsilon^n\mathbf{f}_n.
\end{aligned} \tag{E.110}$$

Wieder sind die Bestimmungsgleichungen (durch Koeffizientenvergleich bzgl. ε) aufzustellen. Das ist prinzipiell wie zuvor im nicht-renormierten Fall mittels *MATHEMATICA*™ möglich. Die Komplexität der Formeln erhöht sich nochmals, wobei die Schwierigkeiten mit der Behandlung der letzten beiden Differentialgleichungen ersten Grades durch die Renormierung vorerst nicht behoben wurden. Als Ausweg könnte eine Nachdifferenzierung aller Differentialgleichungen 1. Ordnung in Betracht kommen (Schneider [46]), um dann das gesamte Differentialgleichungssystem 2. Ordnung (bestehend aus 5 gekoppelten Gleichungen) auf gleiche Weise zu behandeln. Eine Ausführung dieser Idee soll späteren Arbeiten vorbehalten bleiben. In der hier verbliebenen Form ist das Eliminationsverfahren noch nicht zur Lösung des klassischen Hauptproblems geeignet.

In Mai et al. [28] wurden bereits Alternativen zur Entwicklung von Bahntheorien erwähnt. Eine von ihnen soll, statt des Eliminationsverfahrens, im nächsten Anhang vertieft werden.

E.4 Test zur Lösung 0. Ordnung nach dem Eliminationsverfahren

Unter der Annahme, dass die Reihenentwicklungen (E.36) bzw. (E.37) schon bei $n = 0$ abgebrochen werden (Keplerproblem), erhält man die Satellitenpositionen $\mathbf{r}(s)$ bezüglich der s-Skala laut (E.57) bzw. (E.73) mittels

$$\mathbf{r}(s) = \frac{1}{2\omega^*}\sin(2\omega^* s)\,\mathbf{r}'^* + \left(\mathbf{r}^* + \frac{1}{4\omega^{*2}}\,\mathbf{l}^*\right)\cos(2\omega^* s) - \frac{1}{4\omega^{*2}}\,\mathbf{l}^*, \tag{E.111}$$

also aus den (transformierten) Startwerten sowie

$$\omega^* = \sqrt{-\frac{\mathbf{r}'^*\cdot\mathbf{r}'^*}{4r^{*2}} + \frac{\mu_\oplus}{2r^*}} \quad \text{und} \quad \mathbf{l}^* = \left(\frac{\mathbf{r}'^*\cdot\mathbf{r}'^*}{r^{*2}} - \frac{\mu_\oplus}{r^*}\right)\mathbf{r}^* - \frac{r'^*}{r^*}\,\mathbf{r}'^*. \tag{E.112}$$

Sind die Satellitenpositionen $\mathbf{r}(t)$ bezüglich der Zeit- bzw. t-Skala gefragt, so berechnet man letztlich $\mathbf{r}(s(t))$, wobei für diskrete Werte t_i erst die zugehörigen Werte $s_i = s(t_i)$ über die Beziehung (bzw. erinnere Anm. (E.59))

$$t_i = t^* + \frac{1}{4\omega^{*2}}(r'^* + \mu_\oplus s_i) - \frac{r'^*}{4\omega^{*2}}\cos(2\omega^* s_i) + \left(\frac{r^*}{2\omega^*} - \frac{\mu_\oplus}{8\omega^{*3}}\right)\sin(2\omega^* s_i) \qquad \text{(E.113)}$$

unter Anwendung geeigneter numerischer (Standard-)Verfahren zu bestimmen sind.

Für den Spezialfall des Keplerproblems existiert als unabhängige Kontrollmöglichkeit der Satellitenbahnberechnung über die Formeln (E.111) bis (E.113) z. B. die Lösung von Stumpff (siehe § 2.2.2.4) oder die Integration mittels Liereihen-Entwicklung (siehe § 2.2.2.1); numerische Ergebnisse sollten sich z. B. an den Resultaten aus § 3.1 überprüfen und messen lassen.

Zur Berechnung werden, wie bei der Untersuchung der Liereihen-Integration oder der Stumpff'schen Lösung, die Startwerte (3.3) aus § 3.1.2 verwendet[29], d. h.,

$$t^* = 0, \quad \mathbf{r}^* = \begin{bmatrix} -4461.254\,589\,873\,326 \text{ km} \\ 6652.161\,968\,871\,405 \text{ km} \\ 1371.264\,327\,186\,285 \text{ km} \end{bmatrix}, \quad \dot{\mathbf{r}}^* = \begin{bmatrix} -7.282\,787\,778\,641\,558 \text{ km/sec} \\ -2.280\,408\,476\,437\,687 \text{ km/sec} \\ 0.061\,357\,751\,782\,248 \text{ km/sec} \end{bmatrix} \qquad \text{(E.114)}$$

bzw. nach Anwendung von (E.40) und (E.41)

$$r^* = 8126.156\,362\,683\,317 \text{ km}, \quad \mathbf{r}'^* = \begin{bmatrix} -59181.072\,245\,480\,405 \text{ km}^2/\text{sec} \\ -18530.955\,850\,321\,083 \text{ km}^2/\text{sec} \\ 498.602\,685\,045\,264 \text{ km}^2/\text{sec} \end{bmatrix}, \quad r'^* = 17404.861\,560\,302\,600 \text{ km}^2/\text{sec}. \qquad \text{(E.115)}$$

Für das Laplace- sowie Energieintegral erhält man unmittelbar die Werte

$$\mathbf{l}^* = \begin{bmatrix} 85750.333\,273\,036\,483 \text{ km}^3/\text{sec}^2 \\ 100833.478\,278\,854\,742 \text{ km}^3/\text{sec}^2 \\ 11536.040\,047\,284\,812 \text{ km}^3/\text{sec}^2 \end{bmatrix}, \quad \omega^* = 3.156\,740\,571\,776\,527\,853 \text{ km/sec}. \qquad \text{(E.116)}$$

Gesucht sei die Satellitenposition $\mathbf{r}(t_i)$ wahlweise genau 180 (Sonnen-)Tage[30] nach der Startepoche, also für

$$t_i = t^* + 180\,\text{d} \cdot 86400\,\text{sec/d} = 15\,552\,000\,\text{sec}. \qquad \text{(E.117)}$$

Um die äquivalente Lösung $\mathbf{r}(s_i) \equiv \mathbf{r}(t_i)$ bezüglich der s-Skala zu berechnen, wird als nächstes $s_i(t_i)$ bestimmt:[31]

$$-15551563.350 + 10000 s_i - 436.64932970\cos(6.3134811435 s_i) - 296.80038551\sin(6.3134811435 s_i) = 0 \qquad \text{(E.118)}$$

liefert nach numerischer Nullstellensuche z. B. mittels *MATHEMATICA*™ die gesuchte s-Epoche

$$s_i = 1555.103587123911 \text{ sec/km}. \qquad \text{(E.119)}$$

Einsetzen aller benötigten Werte in die letzten beiden Gleichungen aus (E.57) bzw. in (E.111) ergibt schliesslich

$$\mathbf{r}_i := \mathbf{r}(s_i) \equiv \mathbf{r}(t_i) = \begin{bmatrix} 5300.304\,011\,220\,128 \text{ km} \\ -8140.530\,716\,542\,360 \text{ km} \\ -1668.477\,723\,761\,019 \text{ km} \end{bmatrix}, \quad r_i := r(s_i) \equiv r(t_i) = 9856.230\,561\,072\,150 \text{ km}. \qquad \text{(E.120)}$$

Eine unabhängige Berechnung mittels der Stumpff'schen Lösung (vgl. § 2.2.2.4 und § 3.1) zeigt Übereinstimmung bis hinab zum $\frac{1}{100}$ *mm*-Level (und liefert so vorerst eine Ahnung von der relativen Genauigkeit der Lösung):

$$\mathbf{r}^{\text{Stumpff}}(t_i) = \begin{bmatrix} 5300.304\,011\,240\,243 \text{ km} \\ -8140.530\,716\,516\,672 \text{ km} \\ -1668.477\,723\,757\,975 \text{ km} \end{bmatrix}, \qquad r^{\text{Stumpff}}(t_i) = 9856.230\,561\,061\,234 \text{ km}. \qquad \text{(E.121)}$$

Eine weitere Abschätzung der erreichten Genauigkeit (nun der absoluten) kann nach den in § 2.2.2.3 und § 2.2.2.5 vorgestellten Methoden gewonnen werden. Hier beschränken wir uns auf die Kontrolle der Bewegungsintegrale $\mathbf{l}$ (Laplaceintegral) und $\mathcal{E}_\text{K}$ bzw. ω (Energieintegral), da diese Eigenschaften dem oben verwendeten Ansatz inhärent sind und entsprechende Sollwerte bereits mit (E.116) vorliegen.

[29] wie in der gesamten Arbeit, wird hier der gravitationelle Parameter mit $\mu_\oplus = 398600.4415\ km^3/sec^2$ angesetzt (*JGM-3*-Wert)
[30] dies entspricht für den angegebenen Orbit ca. 1562.7 Erdumläufen des Satelliten
[31] hier sind aus Platzgründen nur relativ wenige signifikante Stellen dokumentiert

Die explizite Berechnung von $\mathbf{l}$ und ω zu beliebiger Epoche t_i bzw. s_i erfordert neben $\mathbf{r}_i$ zusätzlich die Kenntnis des Geschwindigkeitsvektors $\dot{\mathbf{r}}(t_i) =: \dot{\mathbf{r}}_i$ bzw. $\mathbf{r}'(s_i) =: \mathbf{r}'_i$, denn (vgl. Herleitungen in § E.1, § E.2 und (E.112))

$$\mathbf{l}(t_i) = \left(\dot{\mathbf{r}}_i \cdot \dot{\mathbf{r}}_i - \frac{\mu_\oplus}{r_i}\right)\mathbf{r}_i - (\mathbf{r}_i \cdot \dot{\mathbf{r}}_i)\dot{\mathbf{r}}_i, \qquad \omega(t_i) = \sqrt{\frac{\mu_\oplus}{2r_i} - \frac{\dot{\mathbf{r}}_i \cdot \dot{\mathbf{r}}_i}{4}},$$
$$\mathbf{l}(s_i) = \left(\frac{\mathbf{r}'_i \cdot \mathbf{r}'_i}{r_i^2} - \frac{\mu_\oplus}{r_i}\right)\mathbf{r}_i - \frac{r'_i}{r_i}\mathbf{r}'_i, \qquad \omega(s_i) = \sqrt{\frac{\mu_\oplus}{2r_i} - \frac{\mathbf{r}'_i \cdot \mathbf{r}'_i}{4r_i^2}}. \tag{E.122}$$

Aus (E.111) kann formal durch Ableitung nach s (vgl. (E.74)) sowie mittels (E.5) gewonnen werden

$$\mathbf{r}'_i = \cos(2\omega^* s_i)\,\mathbf{r}'^* - \left(2\omega^*\mathbf{r}^* + \frac{1}{2\omega^*}\,\mathbf{l}^*\right)\cos(2\omega^* s_i) \quad \rightarrow \quad \dot{\mathbf{r}}_i = \frac{1}{r_i}\,\mathbf{r}'_i \tag{E.123}$$

und damit für das obige Zahlenbeispiel die Ergebnisse

$$\mathbf{r}'_i = \begin{bmatrix} 38753.252\,770\,406\,07 \text{ km}^2/\text{sec} \\ 49487.329\,527\,577\,47 \text{ km}^2/\text{sec} \\ 5862.605\,028\,299\,61 \text{ km}^2/\text{sec} \end{bmatrix} \quad \rightarrow \quad \dot{\mathbf{r}}_i = \begin{bmatrix} 3.931\,853\,311\,494\,627 \text{ km/sec} \\ 5.020\,918\,415\,101\,918 \text{ km/sec} \\ 0.594\,812\,082\,770\,706 \text{ km/sec} \end{bmatrix} \tag{E.124}$$

versus

$$\dot{\mathbf{r}}^{\text{Stumpff}}(t_i) = \begin{bmatrix} 3.931\,853\,311\,483\,337 \text{ km/sec} \\ 5.020\,918\,415\,119\,255 \text{ km/sec} \\ 0.594\,812\,082\,774\,260 \text{ km/sec} \end{bmatrix}. \tag{E.125}$$

Auch für den Geschwindigkeitsvektor stimmt die Lösung aus dem Eliminationsverfahren komponentenweise in jeweils 11 signifikanten Stellen mit der Stumpff'schen Lösung überein.

Ein Berechnung der genannten Integrale nach der ersten Zeile in (E.122) lieferte Übereinstimmungen mit den Sollwerten (E.116) von mindestens 16 signifikanten Stellen; das gilt auch für die Stumpff'sche Lösung. Eine explizite Wiedergabe der nominalen Werte für $\mathbf{l}_i$ bzw. ω_i zum Zwecke einer eventuellen Nachrechnung durch den Leser kann deshalb unterbleiben. Die Genauigkeit der Lösung aus dem Eliminationsverfahren wurde begrenzt durch die Rechengenauigkeit in der Bestimmung von s_i (wahlweise hier mit 16 Stellen angesetzt).

Fazit: Die Anwendung des Eliminationsverfahrens in nullter Ordnung ist zur Lösung des Keplerproblems ebenso geeignet, wie die bereits getestete numerische Integration mittels Liereihen[32] oder die Stumpff'sche Lösung.

[32] die damit erreichbare hohe Genauigkeit wurde bereits im regulären Teil dieser Arbeit umfänglich herausgestellt

Anhang F

Die Volterra-Gleichung

Die Bewegungsgleichung eines Erdsatelliten ist nicht-linear. Sie kann trotzdem mit Verfahren behandelt werden, die gewöhnlicherweise zur Lösung (eindimensionaler) linearer harmonischer Oszillatoren zum Einsatz kommen. So erhält man z. B. für deren Differentialgleichung bei äusserer Erregung $k(t)$

$$\frac{\mathrm{d}^2 y(t)}{\mathrm{d}t^2} + y(t) = k(t) \quad \Rightarrow \quad \frac{\mathrm{d}^2 y(t)}{\mathrm{d}t^2} = k(t) - y(t) \tag{F.1}$$

nach einer Laplace-Transformation die Lösungsdarstellung (Mai et al. [28])

$$y(t) = y(t_0)\cos t + \dot{y}(t_0)\sin t + \int_{t_0}^{t} \sin(t-\tau)k(\tau)\,\mathrm{d}\tau \tag{F.2}$$

mit den Anfangswerten $y_0 := y(t_0)$ und $\dot{y}_0 := \dot{y}(t_0)$. Es wurde angenommen, dass für die Eigenkreisfrequenz $\omega_0 = 1$ gilt. Der Startzeitpunkt lässt sich für die Herleitungen o. B. d. A. auf $t_0 = 0$ setzen.

Auf einen nicht-linearen freien ungedämpften Oszillator (in Mai et al. [28] wird als Beispiel der Duffing-Oszillator behandelt) lässt sich gleichsam die Laplace-Transformation anwenden, wenn man die Gesamtbewegung $y(t)$ als Überlagerung einzelner Oszillatorbewegungen $y_n(t)$ unterschiedlicher Grössenordnung auffasst.

Durch eine fast-identische Transformation

$$y(t) = \sum_{n=0}^{\infty} \varepsilon^n y_n(t) \tag{F.3}$$

kann aus der ursprünglichen Bewegungsgleichung der nicht-lineare (Stör-)Anteil, seinerseits abhängig von einem Kleinheitsparameter[1] ε, eliminiert werden. Dem Auftreten von Poisson-Termen wird wieder durch Einführung einer Renormierung ($t \to s$) entgegengewirkt; der Lösungsansatz ist dann ebenso für den renormierten Fall $y(s)$ gültig. Einsetzen des Potenzreihenansatzes (F.3) in die Bewegungsgleichung und nachfolgender Koeffizientenvergleich bzgl. ε führt auf ein System von Bestimmungsgleichungen für die Koeffizientenfunktionen $y_n(t)$ bzw. $y_n(s)$

$$\frac{\mathrm{d}^2 y_n}{\mathrm{d}s^2} + y_n(s) =: y_n'' + y_n(s) = f_n(s) \qquad \text{für} \qquad n = 0, 1, 2, \ldots \tag{F.4}$$

mit den neuen Anregungsfunktionen $f_n(s)$. Für jede Ordnung erhält man so die lösbare Schwingungsgleichung eines linearen harmonischen Oszillators mit äusserer zeitabhängiger Anregung. Dabei ist die Anregungsfunktion einer Ordnung bestimmt durch die Lösungen der niedrigeren Ordnungen, d.h.,

$$f_n(s) = f_n\big(y_0(s), y_1(s), \ldots, y_{n-1}(s)\big) \qquad \text{für} \qquad n = 1, 2, \ldots \tag{F.5}$$

und $f_0(s) \equiv 0$. Die nullte Ordnung liefert als Lösung somit den freien ungedämpften Oszillator; eine einfache sin- bzw. cos-Schwingung, deren Amplitude und Phase aus den gegebenen Startwerten bestimmt werden können, sofern man die Anfangsbedingungen gänzlich auf die 0. Ordnung überträgt (es gäbe ja auch andere Varianten). Die Teillösungen ergeben sich dann wiederum nach Anwendung der Laplace-Transformation als

$$y_n(s) = y_{n_0}\cos s + y'_{n_0}\sin s + \int_{s_0}^{s} \sin(s-\sigma) f_n(\sigma)\,\mathrm{d}\sigma \qquad \text{für} \qquad n = 1, 2, \ldots . \tag{F.6}$$

Die Laplace-Transformation ist jedoch nicht die einzige Möglichkeit, das Differentialgleichungssystem (F.4) zu lösen. Als Alternative kann man die allgemeinere Volterra'schen Integralgleichung (Schneider [41]) heranziehen.

[1] wird z. B. später im klassischen Hauptproblem mit c_{20} identifiziert

F.1 Grundidee anhand eindimensionaler Bewegungsprobleme

Die Bewegungsgleichungen (F.4) lassen sich derart umschreiben

$$\frac{\mathrm{d}^2 y_n}{\mathrm{d}s^2} = -y_n(s) + f_n(s) =: g_n(s) \qquad \Rightarrow \qquad y_n'' = g_n, \tag{F.7}$$

dass deren Lösung äquivalent durch Ansatz der Volterra'schen Integralgleichung dargestellt werden kann

$$y_n(s) = y_{n_0} + y'_{n_0}(s - s_0) + \int_{s_0}^{s} (s - \sigma)\, g_n(\sigma)\, \mathrm{d}\sigma. \tag{F.8}$$

Nach Setzung von

$$h_n(s) := y_{n_0} + y'_{n_0}(s - s_0) + \int_{s_0}^{s} (s - \sigma)\, f_n(\sigma)\, \mathrm{d}\sigma \tag{F.9}$$

folgt mit

$$y_n(s) = h_n(s) - \int_{s_0}^{s} (s - \sigma)\, y_n(\sigma)\, \mathrm{d}\sigma \tag{F.10}$$

die Lösungsdarstellung als Spezialfall einer *linearen Volterra'schen Integralgleichung zweiter Art*

$$\phi(x) = f(x) + \lambda \int_a^x K(x,y)\, \phi(y)\, \mathrm{d}y \qquad \text{mit} \qquad a \le x \le b, \qquad \lambda \in \mathbb{R}, \tag{F.11}$$

wobei hier also

$$\phi(x) \mathrel{\hat{=}} y_n(s), \qquad f(x) \mathrel{\hat{=}} h_n(s), \qquad K(x,y) \mathrel{\hat{=}} K(s,\sigma) = s - \sigma, \qquad \lambda = -1. \tag{F.12}$$

Die Gleichung (F.10) ist selbst natürlich ebenfalls erst noch zu lösen. Die Lösung von (F.11) ist bekannt:

$$\phi(x) = f(x) + \lambda \int_a^x R(x,y,\lambda) f(y)\, \mathrm{d}y \tag{F.13}$$

mit dem lösenden Kern (Resolvente) der Neumann'schen Reihe

$$R(x,y,\lambda) := \sum_{m=1}^{\infty} \lambda^{m-1} K^{(m)}(x,y) \tag{F.14}$$

und den iterierten Kernen

$$\begin{aligned} K^{(1)}(x,y) &:= K(x,y), \\ K^{(2)}(x,y) &:= \int_y^x K(x,\sigma)\, K(\sigma,y)\, \mathrm{d}\sigma, \\ &\vdots \\ K^{(m+1)}(x,y) &:= \int_y^x K(x,\sigma)\, K^{(m)}(\sigma,y)\, \mathrm{d}\sigma \qquad \text{für} \quad m = 1, 2, \dots . \end{aligned} \tag{F.15}$$

Anmerkung: Ein Vorteil der Verwendung dieses Ansatzes liegt darin, dass auch allgemeinere Bewegungsprobleme bzw. Differentialgleichungen mittels einer Volterra-Gleichung ausgedrückt und entsprechend gelöst werden können. Fügt man etwa geschwindigkeits- bzw. y'-abhängige Terme zur Berücksichtigung dissipativer (Stör-) Kräfte hinzu, also z. B. ganz allgemein

$$y'' + a(s)\, y' + b(s)\, y = f(s), \tag{F.16}$$

dann erhält man die (stattdessen möglichst durch analytische Integration zu lösende) Volterra-Gleichung

$$y(s) = y_0 + \big(a(s_0)\, y_0 + y_0'\big)(s - s_0) + \int_{s_0}^{s} (s - \sigma)\, f(\sigma)\, \mathrm{d}\sigma - \int_{s_0}^{s} \Big(a(\sigma) + (s - \sigma)\big(b(\sigma) - a'(\sigma)\big)\Big) y(\sigma)\, \mathrm{d}\sigma. \tag{F.17}$$

Sind keine dissipativen Terme im Spiel, d. h. $a(s) \equiv 0$, so vereinfachen sich (F.16) und (F.17) entsprechend zu

$$y'' + b(s)\,y = f(s) \tag{F.18}$$

und

$$y(s) = y_0 + y_0'(s - s_0) + \int_{s_0}^{s} (s-\sigma)\,f(\sigma)\,\mathrm{d}\sigma - \int_{s_0}^{s} (s-\sigma)\,b(\sigma)\,y(\sigma)\,\mathrm{d}\sigma. \tag{F.19}$$

In Sonderfällen mag die Zusammenfassung

$$y(s) = y_0 + y_0'(s - s_0) + \int_{s_0}^{s} (s-\sigma)\big(f(\sigma) - b(\sigma)\,y(\sigma)\big)\,\mathrm{d}\sigma \tag{F.20}$$

sinnvoll sein; i. d. R. berechnet man die beiden bestimmten Integrale in (F.17) gesondert, das zweite z. B. mittels Ansatzes der Neumann'schen Reihe[2] und den iterierten Kernen.

Angewendet auf unsere spezielle Volterra'sche Integralgleichung zweiter Art (F.10) folgt

$$y_n(s) = h_n(s) - \int_{s_0}^{s} \sum_{m=1}^{\infty} (-1)^{m-1} K^{(m)}(s,\sigma)\,h_n(\sigma)\,\mathrm{d}\sigma = h_n(s) - \int_{s_0}^{s} \left(\sum_{m=1(2)}^{\infty} K^{(m)}(s,\sigma) - \sum_{m=2(2)}^{\infty} K^{(m)}(s,\sigma) \right) h_n(\sigma)\,\mathrm{d}\sigma \tag{F.21}$$

mit den iterierten Kernen

$$\begin{aligned}
K^{(1)}(s,\sigma) &= K(s,\sigma) = (s-\sigma), \\
K^{(2)}(s,\sigma) &= \int_{\sigma}^{s} (s-\varsigma)\,K^{(1)}(\varsigma,\sigma)\,\mathrm{d}\varsigma = \int_{\sigma}^{s} (s-\varsigma)(\varsigma-\sigma)\,\mathrm{d}\varsigma = \tfrac{1}{6}\,(s-\sigma)^3, \\
K^{(3)}(s,\sigma) &= \int_{\sigma}^{s} (s-\varsigma)\,K^{(2)}(\varsigma,\sigma)\,\mathrm{d}\varsigma = \tfrac{1}{6}\int_{\sigma}^{s} (s-\varsigma)(\varsigma-\sigma)^3\,\mathrm{d}\varsigma = \tfrac{1}{120}\,(s-\sigma)^5, \\
K^{(4)}(s,\sigma) &= \int_{\sigma}^{s} (s-\varsigma)\,K^{(3)}(\varsigma,\sigma)\,\mathrm{d}\varsigma = \tfrac{1}{120}\int_{\sigma}^{s} (s-\varsigma)(\varsigma-\sigma)^5\,\mathrm{d}\varsigma = \tfrac{1}{5040}\,(s-\sigma)^7, \\
&\vdots
\end{aligned} \tag{F.22}$$

für die man das allgemeine Bildungsgesetz

$$K^{(m)}(s,\sigma) = \frac{1}{(2m-1)!}\,(s-\sigma)^{2m-1} \tag{F.23}$$

angeben kann. Die Resolvente lässt sich deshalb geschlossen darstellen

$$R(s,\sigma;\lambda=-1) = \sin(s-\sigma) \tag{F.24}$$

und die Teillösungen entsprechend als

$$y_n(s) = h_n(s) - \int_{s_0}^{s} \sin(s-\sigma)\,h_n(\sigma)\,\mathrm{d}\sigma \tag{F.25}$$

bzw. nach Berücksichtigung von (F.9)

$$y_n(s) = y_{n_0} + y_{n_0}'(s-s_0) + \int_{s_0}^{s} (s-\sigma)\,f_n(\sigma)\,\mathrm{d}\sigma - \int_{s_0}^{s} \sin(s-\sigma) \left(y_{n_0} + y_{n_0}'(\sigma - s_0) + \int_{s_0}^{\sigma} (\sigma-\varsigma)\,f_n(\varsigma)\,\mathrm{d}\varsigma \right) \mathrm{d}\sigma. \tag{F.26}$$

Die Anwendbarkeit dieses Verfahrens bei eindimensionalen Bewegungsproblemen ist in Mai et al. [28] am Beispiel des Duffing-Oszillators nachgewiesen worden.

[2] oder eben durch Laplace-Transformation

F.2 Anwendung auf das klassische Hauptproblem

Für die Anwendung auf eine räumliches bzw. dreidimensionales Bewegungsproblem wird die Gleichung (F.16) zunächst verallgemeinert (hier unter Verwendung der Zeit t als unabhängige Variable):

$$\frac{\mathrm{d}^2\mathbf{r}}{\mathrm{d}t^2} + A(t)\frac{\mathrm{d}\mathbf{r}}{\mathrm{d}t} + B(t)\,\mathbf{r} = \mathbf{f}(t) \qquad \text{mit} \qquad \mathbf{r}(t=t^*) =: \mathbf{r}^* \quad \text{und} \quad \dot{\mathbf{r}}(t=t^*) =: \dot{\mathbf{r}}^*. \tag{F.27}$$

Die Vorfaktoren A und B können i. A. zeitabhängige Matrizen sein. Die Anfangswerte $\mathbf{r}^*$ und $\dot{\mathbf{r}}^*$ sind gegeben.[3] Analog zu (F.17) erhält man die zu lösende Volterra-Gleichung (Details siehe Mai et al. [28])

$$\mathbf{r}(t) = \mathbf{r}^* + \big(A(t^*)\,\mathbf{r}^* + \dot{\mathbf{r}}^*\big)(t-t^*) + \int_{t^*}^{t}(t-\tau)\,\mathbf{f}(\tau)\,\mathrm{d}\tau - \int_{t^*}^{t}\Big(A(\tau) + (t-\tau)\big(B(\tau) - \dot{A}(\tau)\big)\Big)\mathbf{r}(\tau)\,\mathrm{d}\tau. \tag{F.28}$$

Sind wiederum keine dissipativen Terme im Spiel, d. h. $A(t) \equiv 0$ wie z. B. beim klassischen Hauptproblem, so vereinfachen sich (F.27) und (F.28) entsprechend zur Bewegungsgleichung

$$\frac{\mathrm{d}^2\mathbf{r}}{\mathrm{d}t^2} + B(t)\,\mathbf{r} = \mathbf{f}(t) \tag{F.29}$$

und der dazu äquivalenten Volterra-Gleichung

$$\mathbf{r}(t) = \mathbf{r}^* + \dot{\mathbf{r}}^*(t-t^*) + \int_{t^*}^{t}(t-\tau)\,\mathbf{f}(\tau)\,\mathrm{d}\tau - \int_{t^*}^{t}(t-\tau)\,B(\tau)\,\mathbf{r}(\tau)\,\mathrm{d}\tau. \tag{F.30}$$

Speziell für Newton'sche Bewegungsgleichungen gilt nach (2.19) mit der Setzung $m = 1$ und unter Vernachlässigung sonstiger Störkräfte ($\mathbf{a}(t) = \mathbf{0}$)

$$\frac{\mathrm{d}^2\mathbf{r}}{\mathrm{d}t^2} + \nabla_{\mathbf{r}}V = \mathbf{0}. \tag{F.31}$$

Bei Beschränkung auf das Erdgravitationspotential, und dieses selbst nur auf den dominanten c_{20}-Term, erhält man (wie schon in diversen Abschnitten dieser Arbeit gezeigt) die Darstellung für das klassische Hauptproblem

$$\frac{\mathrm{d}^2\mathbf{r}}{\mathrm{d}t^2} + \nabla_{\mathbf{r}}V_{\oplus 20} = \mathbf{0} \qquad \rightarrow \qquad \frac{\mathrm{d}^2\mathbf{r}}{\mathrm{d}t^2} + \frac{\mu_\oplus}{r^3}\,\mathbf{r} = \nabla_{\mathbf{r}}R_{\oplus 20} \tag{F.32}$$

mit (erinnere (E.65))

$$\nabla_{\mathbf{r}}R_{\oplus 20}(\mathbf{r}) = \frac{3}{2}\frac{\mu_\oplus}{r^3}\Big(\frac{a_\oplus}{r}\Big)^2 c_{20}\left\{\Big(1 - 5\frac{z^2}{r^2}\Big)\mathbf{r} - \begin{pmatrix}0\\0\\2z\end{pmatrix}\right\}. \tag{F.33}$$

Wegen $\mathbf{r} = \mathbf{r}(t)$ und $r = r(t)$ ist das Störpotential $R_{\oplus 20}\big(\mathbf{r}(t)\big)$ bzw. dessen Gradient implizit auch zeitabhängig; ein Vergleich von (F.32) mit (F.29) liefert also

$$B(t) := \frac{\mu_\oplus}{r^3(t)}, \qquad \mathbf{f}(t) := \nabla_{\mathbf{r}}R_{\oplus 20}\big(\mathbf{r}(t)\big). \tag{F.34}$$

Man hätte demnach folgende Volterra-Gleichung zu lösen:

$$\mathbf{r}(t) = \mathbf{r}^* + \dot{\mathbf{r}}^*(t-t^*) + \int_{t^*}^{t}(t-\tau)\nabla_{\mathbf{r}}R_{\oplus 20}\big(\mathbf{r}(\tau)\big)\,\mathrm{d}\tau - \mu_\oplus\int_{t^*}^{t}(t-\tau)\frac{\mathbf{r}(\tau)}{r^3(\tau)}\,\mathrm{d}\tau. \tag{F.35}$$

Die Auswertung der bestimmten Integrale in (F.35) ist nicht trivial, da diese Volterra-Gleichung im Allgemeinfall elliptischer Bahnen nicht-linear in $\mathbf{r}(t)$ ist. Einige Anmerkungen bzw. Vorschläge zur Linearisation sind in Mai et al. [28] (im dortigen § 12.2.1.3) zu finden.

Ebenfalls in Mai et al. [28] (im dortigen § 12.2.1.5) wird das Poisson-Verfahren zur Lösung der Volterra-Gleichung angedeutet. Als Lösungsansatz wird, ähnlich zum Eliminationsverfahren in § E.2 bzw. § E.3, gewählt[4]

$$\mathbf{r}(t) := \sum_{\nu=0}^{\infty} c_{20}^{\nu}\mathbf{r}_\nu(t) = \mathbf{r}_0(t) + c_{20}\mathbf{r}_1(t) + c_{20}^2\mathbf{r}_2(t) + \cdots \tag{F.36}$$

mit $\mathbf{r}_0(t)$ als bekannter Lösung (z. B. Ephemeridenrechnung nach Stumpff) des ungestörten Bewegungsproblems

$$\frac{\mathrm{d}^2\mathbf{r}_0}{\mathrm{d}t^2} + \frac{\mu_\oplus}{r_0^3}\,\mathbf{r}_0 = \mathbf{0}. \tag{F.37}$$

[3]Startwerte tragen wie in § E.2 und § E.4 das *-Symbol, da der tiefgestellte Index wiederum anderweitig benötigt wird
[4]Näherungen unterschiedlicher Ordnung werden nachfolgend durch den tiefgestellten Index gekennzeichnet

Mit den Festlegungen

$$\mathbf{f}_0(\mathbf{r}) := -\frac{\mu_\oplus}{r^3}\,\mathbf{r} \quad \rightarrow \quad \ddot{\mathbf{r}}_0 = \mathbf{f}_0(\mathbf{r}_0) \qquad \text{und} \qquad c_{20}\mathbf{f}_1(\mathbf{r}) := \nabla_{\mathbf{r}} R_{\oplus 20} \tag{F.38}$$

kann man (F.30) bzw. (F.35) auch schreiben als

$$\mathbf{r}(t) = \mathbf{r}^* + \dot{\mathbf{r}}^*(t-t^*) + \int_{t^*}^{t} (t-\tau)\Big(c_{20}\mathbf{f}_1\big(\mathbf{r}(\tau)\big) + \mathbf{f}_0\big(\mathbf{r}(\tau)\big)\Big)\mathrm{d}\tau. \tag{F.39}$$

Eintragen des Lösungsansatzes in diese Integralgleichung liefert zunächst

$$\sum_{\nu=0}^{\infty} c_{20}^{\nu}\mathbf{r}_\nu(t) = \mathbf{r}^* + \dot{\mathbf{r}}^*(t-t^*) + \int_{t^*}^{t} (t-\tau)\left(c_{20}\mathbf{f}_1\left(\sum_{\nu=0}^{\infty} c_{20}^{\nu}\mathbf{r}_\nu(\tau)\right) + \mathbf{f}_0\left(\sum_{\nu=0}^{\infty} c_{20}^{\nu}\mathbf{r}_\nu(\tau)\right)\right)\mathrm{d}\tau. \tag{F.40}$$

Zu bestimmen sind die Koeffizientenfunktionen $\mathbf{r}_\nu(t)$. Durch Einführung eines Differentialoperators

$$D_\sigma := \left(\left(\sum_{\nu=1}^{\infty} c_{20}^{\nu}\mathbf{r}_\nu(t)\right)\cdot\nabla_{\mathbf{r}}\right)^{(\sigma)}, \tag{F.41}$$

der σ-mal iterativ auf die Funktionen $\mathbf{f}_0$ und $\mathbf{f}_1$ anzuwenden ist, werden diese in Taylorreihen entwickelt, so dass

$$\mathbf{f}_n = \sum_{\sigma=0}^{\infty} \frac{1}{\sigma!} D_\sigma \mathbf{f}_n(\mathbf{r})\Big|_{\mathbf{r}_0(t)} \tag{F.42}$$

und damit

$$\sum_{\nu=0}^{\infty} c_{20}^{\nu}\mathbf{r}_\nu(t) = \mathbf{r}^* + \dot{\mathbf{r}}^*(t-t^*) + c_{20}\int_{t^*}^{t} (t-\tau)\sum_{\sigma=0}^{\infty}\frac{1}{\sigma!}D_\sigma\mathbf{f}_1(\mathbf{r})\Big|_{\mathbf{r}_0(\tau)}\mathrm{d}\tau + \int_{t^*}^{t}(t-\tau)\sum_{\sigma=0}^{\infty}\frac{1}{\sigma!}D_\sigma\mathbf{f}_0(\mathbf{r})\Big|_{\mathbf{r}_0(\tau)}\mathrm{d}\tau. \tag{F.43}$$

Ein Koeffizientenvergleich bezüglich des Kleinheitsparameters c_{20} resultiert für jede Koeffizientenfunktion in einer eigenen zu lösenden Volterra-Gleichung, nämlich
in nullter Ordnung (Koeffizient für c_{20}^0)

$$\mathbf{r}_0(t) = \mathbf{r}^* + \dot{\mathbf{r}}^*(t-t^*) + \int_{t^*}^{t}(t-\tau)\,\mathbf{f}_0\big(\mathbf{r}_0(\tau)\big)\mathrm{d}\tau, \tag{F.44}$$

in erster Näherung (Koeffizient für c_{20}^1)

$$\mathbf{r}_1(t) = \underbrace{\int_{t^*}^{t}(t-\tau)\,\mathbf{f}_1\big(\mathbf{r}_0(\tau)\big)\mathrm{d}\tau}_{=:\,\mathbf{r}_1^R(t)} + \int_{t^*}^{t}(t-\tau)\Big(\mathbf{r}_1(\tau)\cdot\nabla_{\mathbf{r}}\mathbf{f}_0\big|_{\mathbf{r}_0(\tau)}\Big)\mathrm{d}\tau, \tag{F.45}$$

in zweiter Näherung (Koeffizient für c_{20}^2)

$$\mathbf{r}_2(t) = \underbrace{\int_{t^*}^{t}(t-\tau)\Big(\mathbf{r}_1(\tau)\cdot\nabla_{\mathbf{r}}\mathbf{f}_1\big|_{\mathbf{r}_0(\tau)} + \tfrac{1}{2}\big(\mathbf{r}_1(\tau)\cdot\nabla_{\mathbf{r}}\big)\big(\mathbf{r}_1(\tau)\cdot\nabla_{\mathbf{r}}\big)\,\mathbf{f}_0\Big|_{\mathbf{r}_0(\tau)}\Big)\mathrm{d}\tau}_{=:\,\mathbf{r}_2^R(t)} + \int_{t^*}^{t}(t-\tau)\Big(\mathbf{r}_2(\tau)\cdot\nabla_{\mathbf{r}}\mathbf{f}_0\big|_{\mathbf{r}_0(\tau)}\Big)\mathrm{d}\tau, \tag{F.46}$$

usw.

Die bestimmten Integrale $\mathbf{r}_n^R(t)$ (für $n = 1, 2, \ldots$) sind zumindest theoretisch direkt lösbar, da sie nur von den bekannten Funktionen $\mathbf{f}_0$ und $\mathbf{f}_1$ (plus deren bildbaren Ableitungen) sowie den zuvor berechneten Teillösungen $\mathbf{r}_{\nu<n}(t)$ abhängen. Mehr Aufwand ist nötig zur indirekten Lösung der verbleibenden Volterra-Gleichungen

$$\mathbf{r}_n(t) = \mathbf{r}_n^R(t) + \int_{t^*}^{t}(t-\tau)\Big(\mathbf{r}_n(\tau)\cdot\nabla_{\mathbf{r}}\mathbf{f}_0(\mathbf{r})\big|_{\mathbf{r}_0(\tau)}\Big)\mathrm{d}\tau \qquad \text{für} \qquad n = 0, 1, 2, \ldots, \tag{F.47}$$

wobei für $\mathbf{r}_0(t)$ auch eine geeignete Ausgangsnäherung (im Sinne einer Referenzbahn) angesetzt werden kann, welche zudem die gegebenen Anfangsbedingungen komplett aufnimmt; es gilt $\mathbf{r}_0^R(t) := \mathbf{r}^* + \dot{\mathbf{r}}^*(t-t^*)$.

Für den in (F.47) auftauchenden Gradienten erhält man die symmetrische Matrix

$$\nabla_{\mathbf{r}}\mathbf{f}_0(\mathbf{r}) = \frac{\mu_\oplus}{r^5}\begin{pmatrix} 3x^2 - r^2 & 3xy & 3xz \\ 3yx & 3y^2 - r^2 & 3yz \\ 3zx & 3zy & 3z^2 - r^2 \end{pmatrix} \tag{F.48}$$

Für einige Spezialfälle ist die Lösung etwas weniger kompliziert. So ergibt sich z. B. eine einfachere Abhängigkeit von der Zeit, wenn man eine *kreisnahe Polbahn* betrachtet. Da ein zonales und damit längenunabhängiges Kraftmodell vorliegt, kann zur Herleitung o. B. d. A. eine bestimmte Meridianebene gewählt werden, die die Polbahn enthalten soll. Hier wird dazu die yz-Ebene gewählt, d. h. die x-Komponente wird einfach Null gesetzt. In nullter bzw. als Ausgangsnäherung könnte man eine Kreisbahn mit dem Radius a ansetzen, so dass

$$\mathbf{r}_0(t) := a\begin{pmatrix} 0 \\ \cos n(t-t^*) \\ \sin n(t-t^*) \end{pmatrix} \quad\rightarrow\quad r_0 = a \qquad \text{mit} \qquad n = \sqrt{\frac{\mu_\oplus}{a^3}}\,. \tag{F.49}$$

Wenn etwa zur Epoche t^* als Startwerte eine Satellitenposition über dem Äquator gewählt wird, die Geschwindigkeit derjenigen auf einer Kreisbahn (mit dem Radius a) entsprechen und die momentane Bewegungsrichtung nordwärts normal zur Äquatorebene sein soll, dann wäre (vgl. Abb. F.1)

$$\mathbf{r}_0^* := \mathbf{r}_0(t^*) \equiv \mathbf{r}(t^*) =: \mathbf{r}^* = \begin{pmatrix} 0 \\ a \\ 0 \end{pmatrix} \qquad \text{und} \qquad \dot{\mathbf{r}}_0^* := \dot{\mathbf{r}}_0(t^*) \equiv \dot{\mathbf{r}}(t^*) =: \dot{\mathbf{r}}^* = \begin{pmatrix} 0 \\ 0 \\ na \end{pmatrix}. \tag{F.50}$$

Einsetzen der Entwicklungsstelle $\mathbf{r}_0$ in (F.48) führt zu

$$\nabla_{\mathbf{r}}\mathbf{f}_0\big|_{\mathbf{r}_0(\tau)} = -\frac{\mu_\oplus}{a^3}\begin{pmatrix} 1 & 0 & 0 \\ 0 & 1-3\cos^2 n\tau & -3\cos n\tau\sin n\tau \\ 0 & -3\cos n\tau \sin n\tau & 1-3\sin^2 n\tau \end{pmatrix}, \tag{F.51}$$

wobei hier nachfolgend wieder o. B. d. A. als Startepoche $t^* = 0$ angenommen wird.

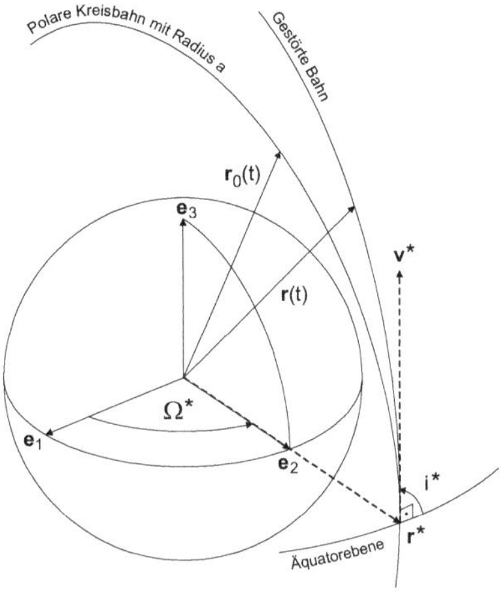

Abbildung F.1: Ausgangsnäherung polare Kreisbahn (definierbar mittels a^*, $e^* = 0$, $i^* = 90°$, $\Omega^* = 90°$, $\omega^* = 0°$, $M^* = 0°$).

Für eine Lösung erster Ordnung wird zunächst $\mathbf{r}_1^R(t)$ benötigt und darin speziell $\mathbf{f}_1(\mathbf{r}_0(\tau))$. Einsetzen von (F.49) in die letzte Gleichung von (F.38) liefert unter Erinnerung an (F.33) den Ausdruck

$$\mathbf{f}_1(\mathbf{r}) = \frac{1}{c_{20}}\nabla_{\mathbf{r}}R_{\oplus 20} \quad\rightarrow\quad \mathbf{f}_1\big(\mathbf{r}_0(\tau)\big) = -\frac{3}{2}\frac{\mu_\oplus a_\oplus^2}{a^4}\begin{pmatrix} 0 \\ \cos n\tau\big(5\sin^2 n\tau - 1\big) \\ \sin n\tau\big(5\sin^2 n\tau + 1\big) \end{pmatrix}. \tag{F.52}$$

Verwendung des Zwischenergebnisses (F.52) in der Definition aus (F.45) ergibt (erinnere (F.49) bzw. $n^2a^3 = \mu_\oplus$)

$$\mathbf{r}_1^R(t) = -\frac{3}{2}\frac{\mu_\oplus a_\oplus^2}{a^4}\int_0^t \begin{pmatrix} 0 \\ (t-\tau)\cos n\tau\big(5\sin^2 n\tau - 1\big) \\ (t-\tau)\sin n\tau\big(5\sin^2 n\tau + 1\big) \end{pmatrix} \mathrm{d}\tau \quad \to \quad \mathbf{r}_1^R(t) = -\frac{a_\oplus^2}{24a}\begin{pmatrix} 0 \\ 4 - 9\cos nt + 5\cos 3nt \\ 156nt - 171\sin nt + 5\sin 3nt \end{pmatrix}. \tag{F.53}$$

Für die Teillösung $\mathbf{r}_1(t)$ muss dann die spezielle Volterra-Gleichung

$$\mathbf{r}_1(t) = \mathbf{r}_1^R(t) - n^2\int_0^t \begin{pmatrix} t-\tau & 0 & 0 \\ 0 & (t-\tau)(1-3\cos^2 n\tau) & -3(t-\tau)\cos n\tau\sin n\tau \\ 0 & -3(t-\tau)\cos n\tau\sin n\tau & (t-\tau)(1-3\sin^2 n\tau) \end{pmatrix} \cdot \mathbf{r}_1(\tau)\,\mathrm{d}\tau \tag{F.54}$$

gelöst werden. Nach Ansetzen von Neumann'scher Reihe und iterierten Kernen gilt

$$\mathbf{r}_1(t) = \mathbf{r}_1^R(t) - n^2\int_0^t R\big(t,\tau,-n^2\big)\,\mathbf{r}_1^R(\tau)\,\mathrm{d}\tau \tag{F.55}$$

mit der Resolventen

$$R\big(t,\tau,-n^2\big) = \sum_{m=1}^{\infty}\big(-n^2\big)^{m-1}K^{(m)}(t,\tau) \tag{F.56}$$

und den nach Definition (F.15) iterierten Kernen

$$K^{(m+1)}(t,\tau) = \int_\tau^t K(t,\sigma)\,K^{(m)}(\sigma,\tau)\,\mathrm{d}\sigma \qquad \text{für} \quad m = 1,2,\ldots, \tag{F.57}$$

wobei

$$K^{(1)}(t,\tau) = K(t,\tau) := \begin{pmatrix} t-\tau & 0 & 0 \\ 0 & (t-\tau)(1-3\cos^2 n\tau) & -3(t-\tau)\cos n\tau\sin n\tau \\ 0 & -3(t-\tau)\cos n\tau\sin n\tau & (t-\tau)(1-3\sin^2 n\tau) \end{pmatrix}. \tag{F.58}$$

Die weiteren Kerne nehmen rasch an Komplexität zu; so erhält man für $K^{(2)}(t,\tau)$ etwa bereits

$$K^{(2)}(t,\tau) = \int_\tau^t \underbrace{K(t,\sigma)\,K^{(1)}(\sigma,\tau)}_{=:\,\Xi^{(2)}(t,\tau,\sigma)}\,\mathrm{d}\sigma \qquad \text{mit} \qquad \Xi^{(2)}(t,\tau,\sigma) =: \begin{pmatrix} \xi_{11}^{(2)} & 0 & 0 \\ 0 & \xi_{22}^{(2)} & \xi_{23}^{(2)} \\ 0 & \xi_{32}^{(2)} & \xi_{33}^{(2)} \end{pmatrix} \tag{F.59}$$

und den Nicht-Null-Matrixelementen

$$\begin{aligned}
\xi_{11}^{(2)} &= (t-\sigma)(\sigma-\tau), \\
\xi_{22}^{(2)} &= (t-\sigma)(\sigma-\tau)\big((1-3\cos^2 n\sigma)(1-3\cos^2 n\tau) + 9\cos n\sigma\sin n\sigma\cos n\tau\sin n\tau\big) \\
&= \tfrac{3}{4}(t-\sigma)(\sigma-\tau)\big(\cos 2n\sigma + 3\cos 2n(\sigma-\tau) + \cos 2n\tau + \tfrac{1}{3}\big), \\
\xi_{23}^{(2)} &= -3(t-\sigma)(\sigma-\tau)\big((1-3\cos^2 n\sigma)\cos n\tau\sin n\tau + (1-3\sin^2 n\tau)\cos n\sigma\sin n\sigma\big) \\
&= \tfrac{3}{4}(t-\sigma)(\sigma-\tau)\big(\sin 2n\sigma - 3\sin 2n(\sigma-\tau) + \sin 2n\tau\big), \\
\xi_{32}^{(2)} &= -3(t-\sigma)(\sigma-\tau)\big((1-3\cos^2 n\tau)\cos n\sigma\sin n\sigma + (1-3\sin^2 n\sigma)\cos n\tau\sin n\tau\big) \\
&= \tfrac{3}{4}(t-\sigma)(\sigma-\tau)\big(\sin 2n\sigma + 3\sin 2n(\sigma-\tau) + \sin 2n\tau\big), \\
\xi_{33}^{(2)} &= (t-\sigma)(\sigma-\tau)\big((1-3\sin^2 n\sigma)(1-3\sin^2 n\tau) + 9\cos n\sigma\sin n\sigma\cos n\tau\sin n\tau\big) \\
&= -\tfrac{3}{4}(t-\sigma)(\sigma-\tau)\big(\cos 2n\sigma - 3\cos 2n(\sigma-\tau) + \cos 2n\tau - \tfrac{1}{3}\big),
\end{aligned} \tag{F.60}$$

so dass

$$K^{(2)}(t,\tau) =: \begin{pmatrix} k_{11}^{(2)} & 0 & 0 \\ 0 & k_{22}^{(2)} & k_{23}^{(2)} \\ 0 & k_{32}^{(2)} & k_{33}^{(2)} \end{pmatrix} \tag{F.61}$$

mit

$$k_{ij}^{(2)} = \int_\tau^t \xi_{ij}^{(2)}(t,\tau,\sigma)\,\mathrm{d}\sigma. \tag{F.62}$$

Die Integrale (F.62) sind sämtlich geschlossen lösbar. Man erhält

$$
\begin{aligned}
k_{11}^{(2)} &= \tfrac{1}{6}(t-\tau)^3,\\
k_{22}^{(2)} &= \frac{1}{48n^3}\Big(2n^3(t-\tau)^3\big(1+3\cos 2n\tau\big) - 9n(t-\tau)\big(\cos 2nt + 3\cos 2n(t-\tau) + \cos 2n\tau + 3\big) +\\
&\qquad + 9\big(\sin 2nt + 3\,\sin 2n(t-\tau) - \sin 2n\tau\big)\Big),\\
k_{23}^{(2)} &= \frac{1}{16n^3}\Big(2n^3(t-\tau)^3\sin 2n\tau - 3n(t-\tau)\big(\sin 2nt - 3\sin 2n(t-\tau) + \sin 2n\tau\big) -\\
&\qquad - 3\big(\cos 2nt - 3\cos 2n(t-\tau) - \cos 2n\tau + 3\big)\Big),\\
k_{32}^{(2)} &= \frac{1}{16n^3}\Big(2n^3(t-\tau)^3\sin 2n\tau - 3n(t-\tau)\big(\sin 2nt + 3\sin 2n(t-\tau) + \sin 2n\tau\big) -\\
&\qquad - 3\big(\cos 2nt + 3\cos 2n(t-\tau) - \cos 2n\tau - 3\big)\Big),\\
k_{33}^{(2)} &= \frac{1}{48n^3}\Big(2n^3(t-\tau)^3\big(1-3\cos 2n\tau\big) + 9n(t-\tau)\big(\cos 2nt - 3\cos 2n(t-\tau) + \cos 2n\tau - 3\big) -\\
&\qquad - 9\big(\sin 2nt - 3\,\sin 2n(t-\tau) - \sin 2n\tau\big)\Big).
\end{aligned}
\tag{F.63}
$$

In gleicher Weise sind die weiteren Kerne berechenbar. Man erkennt deutlich einen systematischen Aufbau der einzelnen Matrizenelemente; sicherlich kann bereits nach einigen wenigen weiteren Kernen ein Bildungsgesetz gefunden werden, so dass sich eine geschlossene Formel für die Resolvente(-n) ergibt. Für die x-Komponente ist dies unmittelbar einsichtig, da hier die gleiche Abfolge wie in (F.22) entsteht. Deren Resolvente wird demnach $\sin(t-\tau)$ lauten. Für die Formeln bei den anderen Komponenten ist mehr Aufwand nötig, der über den Rahmen dieser einzelnen Arbeit hinausgeht.

Sind einmal alle Resolventen bestimmt, können sie in (F.55) eingesetzt werden. Die Teillösung erster Ordnung erhält man dann durch abschliessende Berechnung eines bestimmten Integrals. Für die höheren Ordnungen ist das Vorgehen entsprechend.

Anmerkung: dem aufmerksamen Leser wird das (nach dem eingangs Gesagten ja erwartbare) Auftauchen eines Poisson-Gliedes in (F.53), nämlich $156nt$, nicht verborgen geblieben sein. Die z-Komponente des Positionsvektors wird in der Realität (sofern Resonanzeffekte ausgeschlossen werden können) keinen zeitlich säkularen Trend aufweisen.[5] Diesem künstlichen Auftreten eines solchen Terms muss wiederum durch Einführung einer Renormierung (eventuell in Kombination mit einer Regularisierung) begegnet werden. Das prinzipielle Vorgehen dazu ist bereits im Anhang E zum Eliminationsverfahren erläutert worden.

Die komplette Ausführung aller Schritte zur Aufstellung einer analytischen Lösung des klassischen Hauptproblems mittels der Volterra'schen Integralgleichung soll zukünftigen Arbeiten vorbehalten bleiben. Die Anhänge dieser vorliegenden Arbeit könnten sicherlich als Arbeitsgrundlage dienen.

[5] die beiden anderen Vektorkomponenten natürlich auch nicht

Anhang G

Ein nicht-klassisches Bewegungsintegral

Für viele praktische Anwendungen, insbesondere niedrigfliegender Satelliten[1], wird das Kraftmodell zur Bahnberechnung auch dissipative Störungen, etwa aufgrund atmosphärischer Reibung, enthalten. In diesem Fall versagen die üblichen Bewegungsintegrale zur Kontrolle der numerischen Integration; beispielsweise ist der Wert der Hamiltonfunktion nicht länger konstant. Es bleibt die Frage, ob überprüfbare Bewegungsintegrale existieren.

Um diese Fragestellung grundsätzlich anzugehen, wird das Bewegungsproblem zunächst wiederum vereinfacht - hier speziell auf einen eindimensionalen nicht-linearen gedämpften Oszillator. Konkret wurde das Problem des gedämpften Duffingoszillators herangezogen. Dessen hochgenaue numerische Integrierbarkeit mittels des Liereihenansatzes wurde in Mai [29] untersucht und bestätigt. Gleichwohl wurde die Überprüfbarkeit der Integration, abgesehen von unabhängigen Berechnungen und Vorwärts-/Rückwärtsrechnung, mittels Bewegungsintegralen dort aus Platzgründen nur am Rande diskutiert. Das soll an dieser Stelle vertieft werden, da diese Frage auch für die Satellitenbahnintegration von Bedeutung ist.

Der gedämpfte Duffingoszillator besitzt die Bewegungsgleichung (Mai [29])

$$\ddot{u}(t) + \omega_0^2 u(t) + \varepsilon u^3(t) + \gamma \dot{u}(t) = 0 \tag{G.1}$$

mit den konstanten Faktoren ω_0 (Eigenkreisfrequenz), ε (Nichtlinearitätsparameter), γ (Dämpfungsparameter). Eine äussere Anregung findet in diesem Beispiel nicht statt; ansonsten würde auf der rechten Seite statt Null z. B. ein Term der Form $a\cos(2\pi ft + \phi)$ mit der Erregerfrequenz f auftauchen.

Dieses Bewegungsproblem wurde in der zitierten Arbeit für diverse Parameterkombinationen numerisch mittels Liereihen-Ansatz integriert. Aus Abb. G.1 ist ersichtlich, dass der Wert der Hamiltonfunktion F nicht mehr als Kontrollgrösse in Form eines Bewegungsintegrals genutzt werden kann (wie etwa bei ungedämpften Oszillatoren).

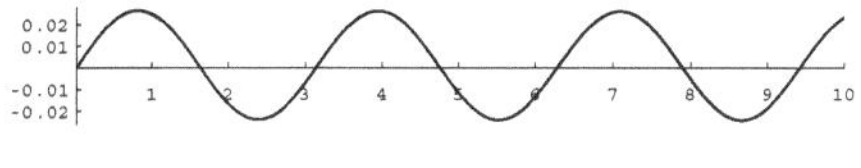

Abbildung G.1: Zeitreihe für $\Delta F(t) = F(t) - F(t_0) = F(t) - \frac{201}{400}\frac{m^2}{s^2}$, für 2501 Epochen von $t_0 = 0\,s$ bis $t_e = 10\,s$ ($\Delta t = 0.004\,s$); Parameter: $\omega_0 = 1\,\frac{1}{s}$, $\varepsilon = \frac{1}{100}\,\frac{1}{m^2 s^2}$, $\gamma = \frac{1}{10}\,\frac{1}{s}$; Startwerte: $t_0 = 0$, $u_0 = 1\,m$, $\dot{u}_0 = 0$

Die Hamiltonfunktion hängt explizit von der Zeit ab; sie ist hier keine Konstante. Vielmehr zeigt ihre Zeitreihe einen periodischen Verlauf, dessen Amplitude bei festgehaltenem ε insbesondere von der Wahl für γ abhängt und dessen Periodizität durch die Wahl von ω_0 bestimmt wird. Es stellt sich die Frage, ob (und wenn ja, wie) ein allgemeineres Bewegungsintegral gefunden werden kann.

Von Schneider und Cui [45] wird die Herleitung aus dem *Gauß'schen Prinzip des kleinsten Zwangs* vorgeschlagen. Für eine Bewegungsgleichung der Form $m\ddot{\mathbf{r}} = \mathbf{K}$ resultiert dabei die partielle Differentialgleichung 1. Ordnung

$$\frac{\partial N}{\partial t} + \sum_{k=1}^{3} \dot{x}_k \frac{\partial N}{\partial x_k} = -\sum_{k=1}^{3} K_k \frac{\partial N}{\partial \dot{x}_k} \tag{G.2}$$

zur Bestimmung eines im Allgemeinen nicht-holonomen Bewegungsintegrals $N(\mathbf{r}, \dot{\mathbf{r}}; t)$. Für den Spezialfall von hier betrachteten eindimensionalen Bewegungsproblemen erhält man $N(x, \dot{x}; t)$ entsprechend aus dem Ansatz

$$\frac{\partial N}{\partial t} + \dot{x}\frac{\partial N}{\partial x} = -K\frac{\partial N}{\partial \dot{x}} \tag{G.3}$$

unter zusätzlichen Annahmen über die Funktionsstruktur von $N(x, \dot{x}; t)$.

[1] Low Earth Orbits (LEO) wie z. B. bei den Schwerefeldmissionen CHAMP, GRACE oder GOCE

Angewendet auf einen gedämpften *linearen* Oszillator der Form

$$m\ddot{x} = \underbrace{-k\dot{x} - cx}_{=:\,K(x,\dot{x})} \tag{G.4}$$

mit den Konstanten m, k und c erhält man beispielsweise so das Bewegungsintegral

$$N(x,\dot{x};t) = \big(m\dot{x}^2 + cx^2 + k\dot{x}x\big)e^{\frac{k}{m}t} = \text{const.} \tag{G.5}$$

Für den hier diskutierten gedämpften Duffingoszillator führt ein analoges Vorgehen unter Annahme gleicher Funktionsstruktur für $N(u,\dot{u};t)$ jedoch (vorerst) nicht zum Ziel. Dieses negative Ergebnis mag im Ansatz einer speziellen Gestalt für das gesuchte Bewegungsintegral begründet sein (Schneider und Cui [45]). Es ist aber nicht auszuschließen, dass ein Bewegungsintegral anderer Gestalt gleichwohl existiert. Eine weitergehende Diskussion darüber findet sich z. B. in Mai et al. [28].

Darüber hinaus wäre ein Vorschlag von Vujanovic et al. [55] zum Auffinden von Bewegungsintegralen in Betracht zu ziehen. Demnach könnten allgemeine Bewegungsintegrale z. B. durch Ausnutzung der *Noether-Identität* für den Spezialfall konservativer dynamischer Systeme gefunden werden. Es ergibt sich

$$\frac{\partial L}{\partial x^i}\,S^i + \frac{\partial L}{\partial \dot{x}^i}\,\dot{S}^i + \dot{s}\left(L - \frac{\partial L}{\partial \dot{x}^i}\,\dot{x}^i\right) + \frac{\partial L}{\partial t}\,s - \dot{P} = 0, \tag{G.6}$$

wobei alle auftretenden Funktionen im allgemeinen von der Zeit t und den generalisierten Koordinaten x^i sowie Geschwindigkeiten $\dot{x}^i$ abhängen können. Der obere wiederholte Index i ($i = 1, 2, \ldots, n$) ist der Summenkonvention geschuldet. Für den hier ausschließlich behandelten Spezialfall eindimensionaler Oszillatoren ist $n = 1$ zu setzen, so dass die Summation entfällt und damit der Index i weggelassen werden kann.

In (G.6) steht $L(\mathbf{x},\dot{\mathbf{x}};t)$ für die einer vorgelegten Bewegungsgleichung äquivalente Lagrangefunktion und die Funktionen $S^i(\mathbf{x},\dot{\mathbf{x}};t)$ bzw. $s(\mathbf{x},\dot{\mathbf{x}};t)$ sind jeweils die Erzeugenden einer räumlichen bzw. zeitlichen infinitesimalen Transformation und $P(\mathbf{x},\dot{\mathbf{x}};t)$ ist die so genannte Distanzfunktion. Eine Erhaltungsgrösse bei vorgegebener Bewegungsgleichung bzw. Lagrangefunktion zu finden, entspricht dem Auffinden von Funktionen S, s und P so, dass (G.6) erfüllt ist. Man gewinnt dann (unter bestimmten Voraussetzungen) ein Erhaltungsgesetz der Form

$$\frac{\partial L}{\partial \dot{x}^i}\,S^i + s\left(L - \frac{\partial L}{\partial \dot{x}^i}\,\dot{x}^i\right) - P = \text{const.} \tag{G.7}$$

Anmerkung: Dieser Ansatz lässt sich auch für den verallgemeinerten nicht-konservativen Fall verwenden.

Die Aufgabe, aus einer Gleichung $n+2$ Unbekannte (S^i, s, P) zu bestimmen, ist nicht trivial. In der Literatur existieren verschiedene Ansätze (Jones und Ames [21], Vujanovic [53], [54]), die sich in den Anforderungen an die Struktur der zu findenden Funktionen unterscheiden. Zum Beispiel könnte man fordern, dass die Erzeugenden nicht von den generalisierten Geschwindigkeiten abhängen sollen.

Eine Möglichkeit, die Unbekannten zu finden, besteht in der Zerlegung von (G.6) in ein System aus partiellen Differentialgleichungen (linear in den Unbekannten); oft auch als *Killing-Gleichungen* bezeichnet. Dieses System ist im allgemeinen überbestimmt, so dass Annahmen über die Struktur der Unbekannten eine Rolle spielen.[2]

Wenn man die Unbekannten S^i und s derart wählt, dass sie die ursprüngliche Identität (G.6) auf

$$L - \dot{P} = 0 \tag{G.8}$$

reduzieren, dann kann man das Erhaltungsgesetz in Form einer Integralrelation schreiben:

$$\frac{\partial L}{\partial \dot{x}^i}\,S^i + s\left(L - \frac{\partial L}{\partial \dot{x}^i}\,\dot{x}^i\right) - \int L\,\mathrm{d}t = \text{const.} \tag{G.9}$$

Einem anderen Lösungsansatz folgend (Vujanovic [53]) kann die Invarianzbedingung (G.6) auch unter Umgehung der Distanzfunktion P geschrieben werden als

$$\begin{aligned} &\frac{\partial L}{\partial x^i}\,S^i + \frac{\partial L}{\partial \dot{x}^i}\,\dot{S}^i + \dot{s}\left(L - \frac{\partial L}{\partial \dot{x}^i}\,\dot{x}^i\right) + \frac{\partial L}{\partial t}\,s + \\ &+ \frac{\partial L}{\partial \dot{x}^i}\left(\frac{\partial S^i}{\partial x^j}\,\dot{x}^j - \frac{\partial s}{\partial x^j}\,\dot{x}^j\dot{x}^i\right) + L\,\frac{\partial s}{\partial x^i}\,\dot{x}^i = 0. \end{aligned} \tag{G.10}$$

[2] In Vujanovic et al. [56] wird die Vermutung geäussert, dass als Grundelement der Erzeugenden ein Ausdruck auftauchen sollte, der die totale Energie des dynamischen Systems enthält, d. h. $(\partial L/\partial\dot{x})\,\dot{x} - L$, jedoch durchaus mit einer Funktion der dynamischen Variablen multipliziert werden kann.

Die Darstellung (G.10) ist wiederum in Killing-Gleichungen überführbar; aus diesen bestimmt man, notwendigerweise unter Strukturannahmen, die Funktionen S^i und s. Falls angenommen wird, dass diese *holonom* sind, d. h. unabhängig von den generalisierten Geschwindigkeiten $\dot{x}^i$, dann erhält man als Erhaltungsgesetz schließlich

$$\frac{\partial L}{\partial \dot{x}^i} S^i + s\left(L - \frac{\partial L}{\partial \dot{x}^i} \dot{x}^i\right) = \text{const.} \tag{G.11}$$

Für unser Beispiel des eindimensionalen Duffing-Oszillators (G.1) können wir also $n = 1$, $x||u$, $\dot{x}||\dot{u}$ sowie die Lagrangegleichung

$$L(u, \dot{u}; t) = \tfrac{1}{2} e^{\gamma t}\big(\dot{u}^2 - \omega_0^2 u^2 - \tfrac{1}{2}\varepsilon u^4\big) \tag{G.12}$$

verwenden und erhalten zunächst die partiellen Ableitungen

$$\begin{aligned}
\frac{\partial L}{\partial t} &= \tfrac{1}{2}\gamma e^{\gamma t}\big(\dot{u}^2 - \omega_0^2 u^2 - \tfrac{1}{2}\varepsilon u^4\big), \\
\frac{\partial L}{\partial u} &= -e^{\gamma t}\big(\omega_0^2 u + \varepsilon u^3\big), \\
\frac{\partial L}{\partial \dot{u}} &= +e^{\gamma t}\dot{u}.
\end{aligned} \tag{G.13}$$

Nach Einsetzen in (G.6) und mit (G.8) bzw. $\dot{P} = L$ folgt

$$-\big(\omega_0^2 u + \varepsilon u^3\big)S + \dot{u}\dot{S} - \tfrac{1}{2}\big(\dot{u}^2 + \omega_0^2 u^2 + \tfrac{1}{2}\varepsilon u^4\big)\dot{s} + +\tfrac{1}{2}\big(\dot{u}^2 - \omega_0^2 u^2 - \tfrac{1}{2}\varepsilon u^4\big)\gamma s - \tfrac{1}{2}\big(\dot{u}^2 - \omega_0^2 u^2 - \tfrac{1}{2}\varepsilon u^4\big) = 0 \tag{G.14}$$

als *eine* Gleichung zum Auffinden geeigneter Funktionen S und s. Aufgrund des Freiheitsgrades besteht bezüglich der Struktur einer dieser Funktionen eine gewisse Wahlfreiheit, die aber tatsächlich eingeschränkt ist. Die zunächst nahe liegende Wahl $S = 0 \to \dot{S} = 0$ und $s = 1/\gamma \to \dot{s} = 0$ etwa führt nicht zu einem Bewegungsintegral, da hierfür nach Anwendung von (G.11) auf der linken Seite die Hamiltonfunktion entsteht, deren Nicht-Konstanz hier aber schon nachgewiesen wurde.

Eine andere konsistente Wahl für S und s ist bisher nicht gefunden worden. In diesem Falle bleibt nur die allgemeinere Form (G.9) als Möglichkeit. Für den praktischen Einsatz ist diese Integralrelation nur bedingt zu gebrauchen, da das Integral $\int L\,dt$ mit einer vergleichsweise kleinen Schrittweite ausgewertet werden müsste, während für die eigentliche numerische Integration des Bewegungsproblems eine maximale Schrittweite angesetzt werden sollte.

Anhang H

Evolutionsstrategie & Himmelsmechanik

Evolutionsstrategien (ES), in den 1970er Jahren u. a. von Rechenberg [39] konzipiert und seitdem kontinuierlich weiterentwickelt, werden mittlerweile für diverse Fragestellungen in einer grossen Bandbreite von Anwendungen als Optimierungsverfahren eingesetzt (siehe z. B. Alvers [1], Kursawe [24]); insbesondere, wenn herkömmliche Strategien (etwa Gradientenverfahren) versagen. In Mai [30] wurde das Konzept der ES aufgegriffen und deren Anwendung anhand einer geodätischen Fragestellung demonstriert (zur Bestimmung von Erdschwerefeldkoeffizienten aus Satellitenpositionen, siehe Anhang H.1).

Hier werden lediglich zusammenfassend die Vor- und Nachteile dieses Optimierungsverfahrens aufgeführt, sowie die prinzipiellen Unterschiede zu den ebenfalls gebräuchlichen *genetischen Algorithmen* (GA)[1] hervorgehoben. Letztere wurden z. B. vorangetrieben von Goldberg [16], [17]. Ist man mit den grundlegenden Begriffen der EA vertraut, dann kann man die wesentlichen Eigenschaften von GA und ES konsequent gegenüberstellen (Tab. H.1) und sich aufgrund der Unterschiede und abhängig vom zu lösenden Problem für einen der Ansätze entscheiden.

Tabelle H.1: Genetische Algorithmen vs. Evolutionsstrategien

Genetische Algorithmen	Evolutionsstrategien
- Imitation der Ursache	- Imitation der Wirkung
- Mutation am Genotyp	- Mutation am Phänotyp
- viel Experiment, wenig Theorie	- durchaus theoretisch fundiert
- Motor: Rekombination + Selektion (kleine Mutationsrate, weiche Selektion)	- Motor: Mutation + Selektion (große Mutationsrate, harte Selektion)
- sehr große Populationen	- relativ kleine Populationen
- keine überschüssigen Nachkommen	- variabler Selektionsdruck möglich
- qualitativ gute Eltern werden bevorzugt reproduziert (proportional zur Fitness)	- alle Eltern haben die gleiche Reproduktionswahrscheinlichkeit
- anfangs schnellere Konvergenz	- benötigt Zeit zur Schrittweitenadaption
- schlechte Feineinstellbarkeit	- Parameter sehr genau einstellbar
- Zerstörung starker Kausalität möglich	- je robuster, desto langsamer
- Rekombinierungsergebnis spiegelt vorwiegend Kodierung wider	- keine Transformation in andere (z. B. binäre) Repräsentationen nötig

Evolutionsstrategien sind vergleichsweise schnell umsetzbar in Algorithmen zur technischen Optimierung realer Probleme. Sie sind universell, anspruchslos, realitätsnah, robust, einfach implementierbar und stellen einen Kompromiss dar zwischen volumen- und pfadorientierter Suche nach der optimalen Problemlösung. Vorteilhaft ist insbesondere, dass ein und derselbe Algorithmus ohne grössere Änderungen/Anpassungen für unterschiedliche Anwendungen eingesetzt werden kann. Oftmals genügt es dabei, die zu minimierende Zielfunktion entsprechend auszutauschen. In vielen Fällen ist keine weitere a priori Einsicht in das Optimierungsproblem nötig.

Die einzig wirkliche Voraussetzung für das Funktionieren einer ES ist das Vorliegen von starker Kausalität (Rechenberg [39]).[2] Andererseits gibt es keine Garantie zum Auffinden des globalen Optimums und ausserdem kann die Konvergenz im Vergleich zu problemspezifisch angelegten Verfahren geringer ausfallen.

[1]die Begriffe ES, GA werden z. T. synonym verwendet; es sind aber unterschiedliche Spielarten *evolutionärer Algorithmen* (EA)

[2]Der *starke* Kausalitätsbegriff (ähnliche Ursachen haben ähnliche Wirkungen) unterscheidet sich vom *schwachen* Kausalitätsbegriff (gleiche Ursachen haben gleiche Wirkungen) durch seine tatsächliche Anwendbarkeit (hierauf zielt das Attribut *stark* ab), denn in der realen Welt sind vollkommen gleiche Ursachen kaum anzutreffen.

Die ES sind seit ihrer ersten Konzeption durch Rechenberg [39][3] sukzessive weiterentwickelt worden. Wesentliche Erweiterungen sind u. a. von Hansen und Ostermeier [18], [38], [19] geleistet worden. Die nachfolgenden Abschnitte setzen jeweils eine sogenannte ES mit Kovarianzmatrixadaption (ES-CMA) ein, wie sie z. B. in Hansen und Ostermeier [18] beschrieben ist. Die Programmierung erfolgte noch herkömmlich in *MATHEMATICA*™ auf einem Ein-Kern-Rechner.[4] Der Unterschied zwischen den einzelnen Anwendungen bestand lediglich in der Wahl der Strategieparameter (die Suche nach dem Optimum von Strategieparametern könnte man ebenfalls der ES überlassen (Meta-ES)) und natürlich in der problemspezifischen Aufstellung der Zielfunktion.

H.1 Zur Bestimmung von Erdschwerefeldkoeffizienten

Details dieser ES-Anwendung findet man in Mai [30]. Ziel ist die Bestimmung von Parametern des Erdschwerefeldes, traditionell repräsentiert mittels der harmonischen Koeffizienten c_{nm} und s_{nm} einer Reihenentwicklung in Kugelflächenfunktionen (Anhang C.1). Dazu gegeben seien eine Anzahl n „gemessener" bzw. „beobachteter" Satellitenpositionen. Diese auch als inverses Problem bezeichnete Aufgabe gehört heute noch zu den Standardproblemen innerhalb der Satellitengeodäsie. Statt realer Messwerte (Satellitenpositionen etwa aus GPS- oder SLR-Beobachtungen) werden hier simulierte Positionen verwendet. Dies ermöglicht ein unmittelbares Ablesen der erreichten absoluten Genauigkeit für die Unbekannten c_{nm} und s_{nm}.

Gesucht ist also derjenige (optimale) Satz von harmonischen Koeffizienten, dessen Verwendung innerhalb einer Bahnsimulation zu gerechneten Satellitenpositionen $\mathbf{r}_{\text{ger}}$ führt, die von den gemessenen Satellitenpositionen $\mathbf{r}_{\text{gem}}$ im Rahmen einer vorgegebenen Toleranz geringstmöglich abweichen. In welcher Form die Positionsabweichungen $\Delta\mathbf{r} = \mathbf{r}_{\text{gem}} - \mathbf{r}_{\text{ger}}$ in der Zielfunktion Ausdruck finden, hängt ganz von der gewählten Norm ab. Hier wurde als Qualitätskriterium

$$Q = \sum_{i=1}^{n} |\Delta\mathbf{r}_i| \quad \rightarrow \quad \min \tag{H.1}$$

verwendet.[5]

Vorgegeben wurden $n = 90$ Satellitenpositionen. Die Simulation des Bahnbogens erfolgte durch numerische Integration (Integrationsschrittweite = Ausgabeschrittweite = 1 Minute, d. h. Bahnbogenlänge = 90 Minuten) mittels *NUMTEXAS*. Diese Software stellt ein Extrakt der für diese Aufgabe benötigten Teile aus dem Bahnbestimmungsprogramm *UTOPIA* der University of Texas at Austin dar. Den Kern bildet dabei ein numerischer Integrator nach Krogh-Shampine-Gordon.

Als Startwerte wurden die folgenden (Kepler-)Bahnvariablen benutzt:

$$a_0 = 7000\,km, \qquad e_0 = 0.007, \qquad i_0 = 70°, \qquad \Omega_0 = 0°, \qquad \omega_0 = 0°, \qquad M_0 = -70°. \tag{H.2}$$

Auf dieser Bahnhöhe ($\approx 630\,km$) vollführt ein Satellit in den vorgegebenen 90 Minuten etwa einen kompletten Erdumlauf. Die Startwerte für die unbekannten Koeffizienten innerhalb der ES wurden einheitlich mit Null angesetzt. Diese Wahl ist durchaus beliebig; sie hat keine unmittelbare Auswirkung auf die notwendige Dauer der Optimierung (Rechenberg [39]).

Die ES wurde als $(1, \lambda = 40)$-ES-CMA realisiert. Dies bedeutet, dass 1 Elter 40 Nachkommen erzeugt, welche dann *ohne* den Elter nach (H.1) selektiert werden. Die Optimierung läuft unter Adaption der Kovarianzmatrix (der Schrittweitenänderungen bzw. -mutabilität) ab.

Experimente wurden mit diversen Erdschwerefeldern niedriger Grade n und Ordnungen m durchgeführt. Für ein Feld mit $n_{\max} = m_{\max} = N$ steigt die Rechenzeit, wie zu erwarten, mit wachsendem N. Dies war der hauptsächliche Grund, die Experimente vorerst auf niedrige N zu beschränken. Abhängig von der geforderten Genauigkeit bzw. Terminierungsqualität (Toleranzgrenze) kann die Rechenzeit beträchtlich schwanken (Mai [30]). Dieses Phänomen ist ein charakteristisches Merkmal der ES-CMA. Ist die Kovarianzmatrix erst einmal auf das Problem hinreichend adaptiert, dann kann nachfolgend die Qualitätssteigerung sehr viel schneller um ganze Größenordnungen erfolgen. Der eigentliche Rechenaufwand lässt sich ausdrücken über die Anzahl erforderlicher Funktionsaufrufe (hier der numerischen Integration mittels *NUMTEXAS*), die sich ihrerseits zusammensetzt aus dem Produkt $\lambda \cdot G$, wobei G für die benötigte Anzahl Generationen bis zur Erfüllung der Zielfunktion steht.

---

[3] dieses Standardwerk enthält als Anhang auch die erste Version von 1974

[4] Auf den mittlerweile verfügbaren Mehr-Kern-Rechnern könnte die Programmierung für zukünftige ES-Anwendungen wesentlich effizienter erfolgen, da bereits *MATHEMATICA*™-Versionen existieren, die paralleles bzw. verteiltes Rechnen unkompliziert unterstützen. Zudem werden in dieser Software auch schon in älteren Versionen Befehlsstrukturen (wie z. B. `NEST`) angeboten, die eine elegante Umsetzung von sogenannten Meta-ES (Mai [30], Kursawe [24]) erlauben.

[5] Auch, um von der bei gewöhnlichen Optimierungen (etwa im Rahmen einer Ausgleichungsrechnung mittels kleinste-Quadrate-Ansatzes) üblicherweise verwendeten L_2-Norm abzuweichen. Die obige Forderung ist strenger, die Ergebnisse vertrauenswürdiger.

Abb. H.1 zeigt alle Zwischenergebnisse des Durchlaufes einer ES-CMA bis zum Erreichen der Toleranzgrenze. Man erkennt deutlich, dass der Algorithmus einen Grossteil der benötigten Zeit auf die Adaptionsphase verwendet, was jedoch nur ein einziges Mal geschehen muss. In der Praxis könnte diese Zeit zudem reduziert werden durch Verwendung von problemspezifischen Vorinformationen.

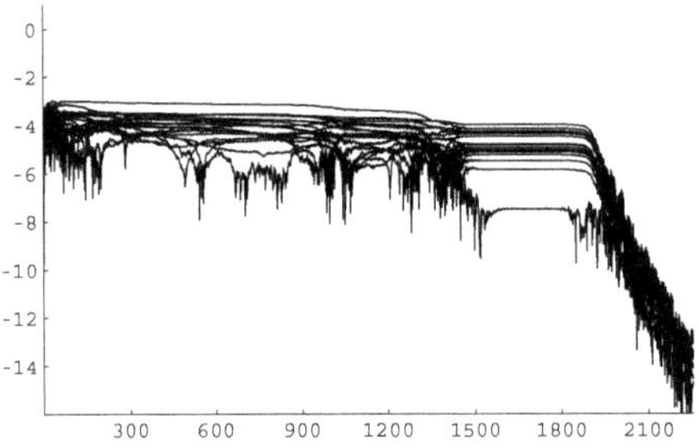

(a) Log(Abs(Differenzen der Unbekannten zum Sollwert))

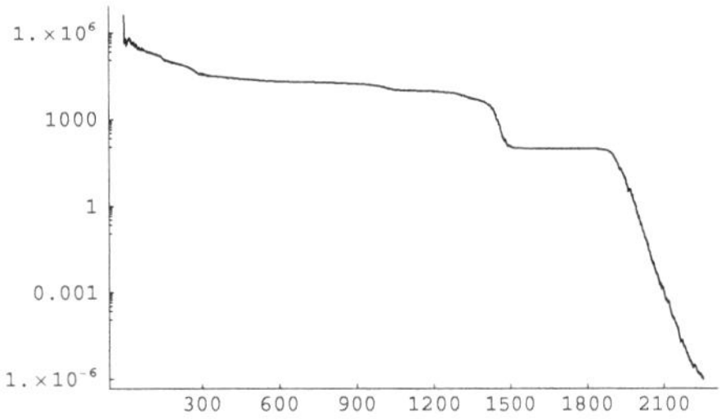

(b) Qualität in m, berechnet nach (H.1)

Abbildung H.1: Zwischenergebnisse einer (1,40)-ES-CMA zur Bestimmung eines 4×4*-Erdschwerefeldes; aufgetragen jeweils über die bis dahin benötigte Anzahl an Generationen*

Die nach Erreichen der (überaus strengen, da unrealistisch hohen) Terminierungsqualität $Q^* = 1/1000\,mm$ resultierenden Werte für die Koeffizienten eines 4×4-Erdschwerefeldes sind aus Tab. H.2 ersichtlich. Aus dem Vergleich mit den ursprünglich für die Simulation verwendeten Werten (zum *Joint Gravity Model - Version 3* siehe z. B. Mai [26]) folgt, dass die Koeffizienten für diese spezielle Konfiguration aus Anzahl, Dichte, Höhe und Präzision der Bahndaten im Mittel auf 7 signifikante Stellen genau (entspricht im Mittel 10^{-13}) reproduziert werden konnten. Dies gibt eine Ahnung über das erreichbare Auflösungsvermögen bei vergleichbaren inversen Problemen (zumal bei realistischerer Terminierungsqualität im cm-Bereich).

Tabelle H.2: Endergebnis der Optimierung für ein 4×4*-Erdschwerefeld*

		Soll (Simulation mittels JGM-3)		Ist (Endergebnis (1,40)-ES-CMA)	
n	m	$c_{n,m}$	$s_{n,m}$	$c_{n,m}$	$s_{n,m}$
2	0	$-4.8416954845647 \cdot 10^{-04}$	-	$-4.8416954834480 \cdot 10^{-04}$	-
3	0	$+9.5717059088800 \cdot 10^{-07}$	-	$+9.5717060002975 \cdot 10^{-07}$	-
4	0	$+5.3977706835730 \cdot 10^{-07}$	-	$+5.3977705833457 \cdot 10^{-07}$	-
2	1	$-1.8698764000000 \cdot 10^{-10}$	$+1.1952801000000 \cdot 10^{-09}$	$-1.8694714700433 \cdot 10^{-10}$	$+1.1954500954474 \cdot 10^{-09}$
3	1	$+2.0301372055530 \cdot 10^{-06}$	$+2.4813079825561 \cdot 10^{-07}$	$+2.0301372076698 \cdot 10^{-06}$	$+2.4813079540691 \cdot 10^{-07}$
4	1	$-5.3624355429851 \cdot 10^{-07}$	$-4.7377237061597 \cdot 10^{-07}$	$-5.3624358305647 \cdot 10^{-07}$	$-4.7377249759825 \cdot 10^{-07}$
2	2	$+2.4392607486563 \cdot 10^{-06}$	$-1.4002663975880 \cdot 10^{-06}$	$+2.4392609849473 \cdot 10^{-06}$	$-1.4002665205972 \cdot 10^{-06}$
3	2	$+9.0470634127291 \cdot 10^{-07}$	$-6.1892284647849 \cdot 10^{-07}$	$+9.0470636114776 \cdot 10^{-07}$	$-6.1892285463862 \cdot 10^{-07}$
4	2	$+3.5067015645938 \cdot 10^{-07}$	$+6.6257134594268 \cdot 10^{-07}$	$+3.5067012168619 \cdot 10^{-07}$	$+6.6257136424735 \cdot 10^{-07}$
3	3	$+7.2114493982309 \cdot 10^{-07}$	$+1.4142039847354 \cdot 10^{-06}$	$+7.2114491711647 \cdot 10^{-07}$	$+1.4142039502771 \cdot 10^{-06}$
4	3	$+9.9086890577441 \cdot 10^{-07}$	$-2.0098735484731 \cdot 10^{-07}$	$+9.9086882512345 \cdot 10^{-07}$	$-2.0098746087090 \cdot 10^{-07}$
4	4	$-1.8848136742527 \cdot 10^{-07}$	$+3.0884803690355 \cdot 10^{-07}$	$-1.8848146556533 \cdot 10^{-07}$	$+3.0884815006772 \cdot 10^{-07}$

Der verwendete Algorithmus selbst ist in keiner Weise problemspezifisch optimiert worden. So spielte etwa physikalisches bzw. (satelliten-) geodätisches oder himmelsmechanisches Vorwissen noch gar keine Rolle. Durch Zuhilfenahme solchen Wissens, etwa in Form von Nebenbedingungen zur eigentlichen Zielfunktion bzw. durch Einführung von Strafparametern (Alvers [1]), sind ES auf das jeweilige Problem anpassbar. Dies kann, trotz zusätzlichen Zeitaufwands für die rechentechnische Auswertung der Nebenbedingung(en), zu einer deutlichen Beschleunigung des gesamten Verfahrens führen.

Im Rahmen der Erdbeobachtung sollte mit diesem Ansatz tatsächlich ein echtes Monitoring der Schwerefeldparameter möglich sein. Anstatt, wie bisher üblich, in grossen zeitlichen Abständen mit erheblichem zeitlichen Aufwand jeweils „nur" epochenbezogene Einzellösungen für die c_{nm}, s_{nm} sowie $\dot{c}_{nm}$, $\dot{s}_{nm}$ zu berechnen, könnte die ES mit ihrer Fähigkeit zur Verfolgung wandernder Optima zum Einsatz kommen. Der Übergang vom stark vereinfachten 4×4-Beispiel zu einem hochaufgelösten Erdschwerefeldmodell (z. B. 360×360) stellt sicherlich hohe Anforderungen an Soft- und Hardware. Letztlich ist der benötigte Rechenaufwand entscheidend. Beachtet man, dass eine ES-CMA die meiste Zeit damit verbringt, die Kovarianzmatrix zu adaptieren, dann sollte aus einer älteren Lösung eine mehr oder weniger aktuelle Kovarianzmatrix als Vorinformation einfliessen. Für obiges Beispiel wurde die Einheitsmatrix als Startwert für die Kovarianzmatrix (der Mutabilität der Unbekannten) angenommen. Ist die Adaption dieser Parameter erst einmal weitgehend erfolgreich passiert, so könnte die ES mit jedem Eintreffen neuer Beobachtungsdaten (aus weiteren Satellitenmissionen oder erdgebundenen Messkampagnen) die harmonischen Koeffizienten (und natürlich auch alle anderen zu optimierenden Parameter) kontinuierlich fortschreiben; ganz im Sinne eines echten Monitoring.

Unterstellt man, dass die Computer auch in Zukunft an Rechengeschwindigkeit eher zulegen werden, dann spricht einiges dafür, inverse Probleme direkt (durch Vorwärtsrechnung ohne jegliche Matrizeninversion) anzugehen (Alvers [1]), anstatt durch aufwendige Behandlung riesiger Normalgleichungssysteme im Rahmen einer Ausgleichungsrechnung mit all' den damit verbundenen stillschweigenden Voraussetzungen (stetige Differenzierbarkeit usw.). Der eigentliche Programmcode zur Optimierung würde vergleichsweise wenige Zeilen, d. h. potentielle Fehlerquellen, umfassen. Der grösste Aufwand besteht in der mehrfachen Auswertung der Zielfunktion.

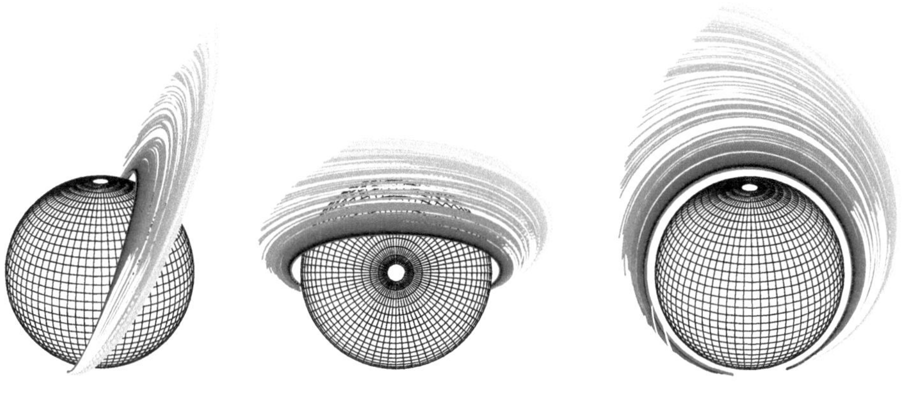

Abbildung H.2: Evolution der Satellitenbahn in Abhängigkeit vom momentanen Stand der Optimierung der Unbekannten (harmonische Koeffizienten c_{nm} und s_{nm}) am Beispiel eines 3×3-Erdschwerefeldes. Insgesamt wurden 747 Generationen benötigt (erreichte Qualität: $9.55 \cdot 10^{-7} m$). Hier dargestellt sind die Generationen 105 bis 330 in Grauschattierungen von weiss (Generation 105) bis schwarz (Generation 330). Der Sollorbit („gemessen" bzw. „beobachtet") ist rot/fett gedruckt.

Die Abb. H.2 zeigt am Beispiel einer 3×3-Erdschwerefeld-Optimierung, wie sich die verändernden Unbekannten auf die jeweils resultierende Satellitenbahn auswirken. Dargestellt ist die gleiche Situation aus drei verschiedenen Blickrichtungen: schwach inklinierte Seitenansicht (links), Draufsicht von oben (Mitte), Blick senkrecht zur Bahnebene (rechts).

H.2 Zur Spektralanalyse

Ein sehr grundlegendes Problem, über geodätische Anwendungen hinaus, ist die Spektralanalyse von Zeitreihen. Klassische Verfahren wie z. B. FFT liefern nicht immer die beste Lösung zu diesem Problem. Insbesondere ist oftmals eine Überparametrisierung festzustellen, d. h., Signale setzen sich tatsächlich oftmals aus viel weniger Frequenzen (samt zugehöriger Amplituden und Phasen) additiv zusammen, als es die Resultate der klassischen Verfahren suggerieren. Ursache hierfür ist oft die realitätsferne Annahme oder verfahrenstechnisch notwendige Beschränkung auf ausschliesslich ganzzahlige(r) Frequenzen.[6]

Diverse Alternativen zur Überwindung dieser Einschränkung sind entwickelt worden, z. B. durch Mautz [31]. Ist den periodischen Anteilen des Signals zudem ein Offset und zusätzlich ein linearer Trend überlagert, dann versagen jedoch i. d. R. auch diese Alternativen. Das (heuristische) Verfahren von Mautz etwa kann lineare Trends

[6]ähnliche Überparametrisierungen geschehen z. B. auch bei der Polynomapproximation von Funktionen durch Beschränkung auf ganzzahlige Exponenten etc.

nicht berücksichtigen[7]; ein solcher muss im Bedarfsfall zuvor gesondert eliminiert werden, siehe z. B. Mai [26]. Aus diesem Grunde sollte versucht werden, die ES zur Spektralanalyse heranzuziehen; zur *gleichzeitigen* Bestimmung[8] von Offset n, Trend m und Parametern periodischer Anteile (Frequenzen f_i, Amplituden a_i, Phasen ϕ_i). Es wird also angenommen, dass eine durch Wertepaare (t_k, y_k) gegebene Zeitreihe modelliert werden kann als[9]

$$y_k = n + m\,t_k + \sum_{i=1}^{i_{\max}} a_i \sin(f_i\,t_k + \phi_i). \tag{H.3}$$

Sofern keine Meta-ES eingesetzt wird, muss in der Praxis eine Annahme über die maximale Anzahl $i_{\max}$ von zu bestimmenden periodischen Anteilen getroffen werden. Das vereinfachte Modell (H.3) wird in praktischen Anwendungen zudem von zufälligen und systematischen Fehlern (etwa Rauschen und Messfehlern) überlagert. Anmerkung: Die Frequenzen f_i, wie alle anderen Unbekannten auch, können hier beliebige reelle Zahlenwerte annehmen und die Stützstellen t_k müssen nicht äquidistant sein.

Als Zielfunktion dieses Problems dient die übliche Minimierung der Quadratsumme der Verbesserungen, d. h.,

$$Q = \sum_{k=1}^{k_{\max}} v_k^2 \quad \to \quad \min, \tag{H.4}$$

wobei o. B. d. A. gleichgewichtige Beobachtungen angenommen wurden und die Verbesserungen v_k definiert sind als Differenz zwischen („gemessenen" bzw. „beobachteten") Sollwerten $y_{k_{\text{Soll}}}$ und berechneten Istwerten aus der Simulation bzw. nach der obigen Modellierung $y_{k_{\text{Ist}}}$, also $v_k = y_{k_{\text{Soll}}} - y_{k_{\text{Ist}}}$.

Zunächst wurde ein Signal mit den Parametern

$$\begin{aligned} n = \tfrac{2}{3},\quad m = \tfrac{1}{3}, \qquad & a_1 = \tfrac{5}{2},\quad f_1 = \tfrac{19}{10},\quad \phi_1 = 1,\\ & a_2 = 2,\quad f_2 = \tfrac{15}{7},\quad \phi_2 = 4,\\ & a_3 = 3,\quad f_3 = \tfrac{4}{3},\quad \phi_3 = 5,\\ & a_4 = 1,\quad f_4 = \tfrac{31}{9},\quad \phi_4 = 3 \end{aligned} \tag{H.5}$$

festgelegt (d. h., $i_{\max} = 4$ überlagerte Einzelschwingungen plus linearem Trend und Offset). Nach der Wahl eines Zeitintervalls $[t_a, t_e] := [0, 10]$ wurden mittels Zufallszahlengenerator $k_{\max} = 100$ Stützstellen in diesem Intervall bestimmt und die t_k-Werte mit 16 signifikanten Stellen angesetzt.[10] Zusammen mit den nach (H.3) berechneten zugehörigen Stützwerten y_k ist damit die Simulation einer (Soll-)Zeitreihe abgeschlossen (Abb. H.3).

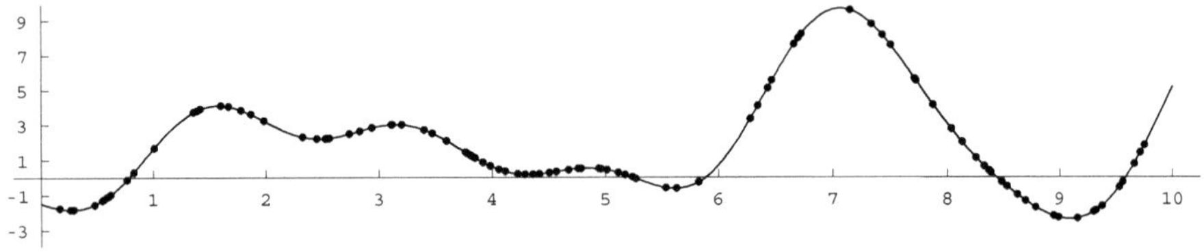

Abbildung H.3: Simulierte (Beobachtungs-)Zeitreihe (t_k, y_k), erzeugt nach (H.3) mit den Parametern (H.5). Die später zur Rekonstruktion der Parameter allein zu verwendenden Wertepaare sind mittels fett geplotteter Punkte hervorgehoben.

Die Optimierung erfolgte mit exakt dem gleichen ES-Algorithmus, wie zur Erdschwerefeldbestimmung (§ H.1); lediglich eine andere Zielfunktion wurde aufgerufen. Zudem wurde beim Aufruf des Programms der Strategieparameter λ (Anzahl der erzeugten Kinder pro Generation) auf 10 reduziert. Ansonsten erfolgte hier keinerlei problemspezifische Anpassung. Die Terminierungsqualität (Quadratsumme der Verbesserungen) ist auf 10^{-16} festgelegt worden, da die Zeitreihenwerte ebenfalls mit dieser Präzision vorlagen.

[7]In Mautz [31] § 5.6 wird die Erweiterung des funktionalen Modells ganz allgemein durch Polynome beliebiger Ordnung (inkonsequenterweise unter Beschränkung auf ganzzahlige Exponenten) zwar angesprochen aber tatsächlich nicht realisiert. Eine Berücksichtigung von Polynomen, allerdings immer noch basierend auf der von Mautz [31] bzw. Mautz und Petrović [32] eingeführten Intervall-Newton-Methode, kann man bei Frank [14] finden.

[8]eine weitere Einschränkung bei Mautz [31] besteht darin, dass die Frequenzen *nacheinander* aus den jeweils verbleibenden Residuen des Signals gewonnen werden

[9]für die praktische Berechnung ist es letztlich unerheblich, ob der Winkel in der Form $f_i\,t_k + \phi_i$ oder $2\pi f_i\,t_k + \phi_i$ definiert wird

[10]Aus ausgleichungstechnischer Sicht ist das Problem damit hinreichend überbestimmt (100 Beobachtungen vs. 14 Unbekannte, wobei die Zeitreihe hier als fehlerfrei gegeben betrachtet wird - sowohl in den Stützstellen als auch in den Stützwerten; in der Praxis sind Beobachtungen natürlich mit Messfehlern behaftet). Diese „Abtastrate" des Signals erfüllt für das gegebene Zahlenbeispiel zudem die Forderungen hinsichtlich der Nyquist-Frequenz und sie sollte Aliasing-Effekte ausschliessen, vgl. Mai [26], Mautz [31].

Abb. H.4 illustriert die Zwischenergebnisse für die Parameter und die Qualität als Ergebnis einer Optimierung mittels $(1, \lambda = 10)$-ES-CMA. Die (theoretisch beliebige) Wahl der Startwerte für die Unbekannten fiel dabei auf

$$n_0 = 0, \quad m_0 = 0, \qquad a_{i_0} = 1, \quad f_{i_0} = 1, \quad \phi_{i_0} = 0 \qquad (i = 1, 2, 3, 4), \tag{H.6}$$

so dass als Ausgangsnäherung durch Superposition von vier Grundschwingungen eine simple Schwingung (mit der Amplitude 4, Frequenz 1, Phasenablage 0) ohne Trend und Offset resultierte.

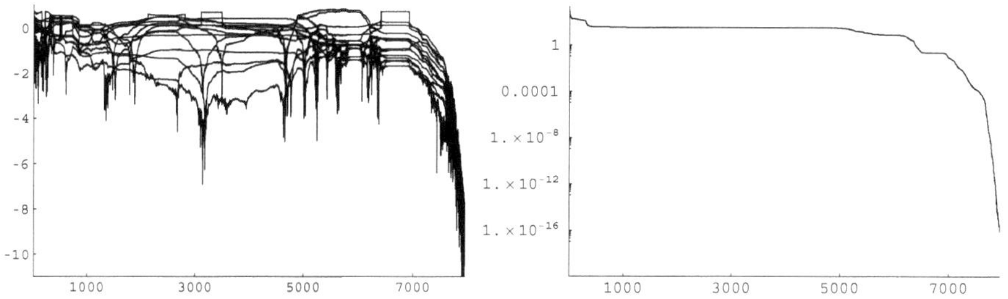

(a) Log(Abs(Differenzen der Unbekannten zum Sollwert)) (b) Qualität, berechnet nach (H.4)

Abbildung H.4: Zwischenergebnisse einer (1,10)-ES-CMA zur Bestimmung von Offset, linearem Trend und Schwingungsparametern; aufgetragen jeweils über die bis dahin benötigte Anzahl an Generationen

Die Optimierung bis zur Erfüllung der Terminierungsqualität benötigte im gezeigten Beispiel 7945 Generationen (und damit 79450 Funktionsauswertungen von (H.3)) bzw. etwas mehr als 4 Minuten an Rechenzeit auf einem handelsüblichen PC.[11]

Die Abb. H.5 zeigt, wie sich die veränderten Unbekannten auf das jeweils resultierende Signal auswirken. Etwas ungewohnt mag die gleichzeitige Darstellung des Amplitudenspektrums und der Geradengleichung in einem gemeinsamen Plot erscheinen. Der Wertebereich des Diagramms H.5(b) wurde für beide Darstellungen aus Gründen der Übersichtlichkeit begrenzt (es gab zwischenzeitlich sowohl Amplituden > 4 als auch negative Offsets). Zu einer vollständigen Spektraldarstellung von Zeitreihen gehört natürlich ein Plot des Phasenspektrums, worauf hier jedoch verzichtet wurde, da er qualitativ dem Amplitudenspektrum ähnelt.

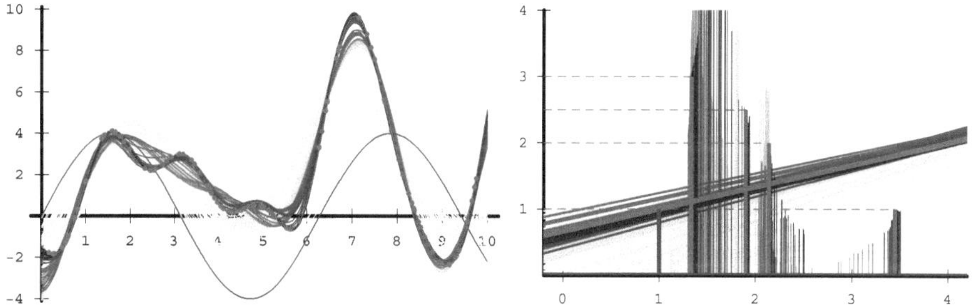

(a) Zeitreihe bzw. Signalplot (b) Amplitudenspektrum + Geradengleichung (Offset, Trend)

Abbildung H.5: Evolution des Signals in Abhängigkeit vom momentanen Stand der Optimierung der Unbekannten (Offset, Trend, Schwingungsparameter). Dargestellt sind jeweils die Sollsituation (rot), Startsituation (blau) und eine Auswahl an Zwischenschritten (Graustufen), um die Plots nicht zu überfrachten. Die Graustufen zwischen weiss (Anfang) und schwarz (Ende) korrespondieren linear mit der Generationenzahl.

In Abb. H.5 tritt, selbst bei Beschränkung auf ausgewählte Zwischenergebnisse, deutlich die Existenz von mehreren Nebenoptima hervor. Die Zielfunktionen vieler realer Probleme, gerade auch in der Spektralanalyse,

[11](statistische) Aussagen hierzu sind bei einem stochastischen Verfahren wie der ES aber erst sinnvoll, wenn eine ausreichend grosse Anzahl an Experimenten durchgeführt wurde; die obigen Zahlen sollen lediglich einen Eindruck von der Grössenordnung des Berechnungsaufwandes vermitteln

sind tatsächlich multimodal.[12] Um auf der Suche nach dem globalen Optimum eventuell vorhandenen lokalen Optima entkommen zu können, benötigt die ES eine hinreichend weite Mutationsmöglichkeit. Unter Umständen kann das „Gebirge der Zielfunktion“ derart multimodal sein, dass das starke Kausalitätsprinzip verletzt wird und damit die ES bei der Suche nach dem globalen Optimum versagen muss. Dies könnte z. B. der Fall sein, wenn sich ein periodisches Signal aus mehreren Schwingungen mit Frequenzen sehr unterschiedlicher Grössenordnung zusammensetzt, siehe Meiselbach und Weisbrich [33].[13] Hierzu wären weitere ES-Untersuchungen nötig.

Als Endergebnis des obigen Beispiels erhält man nach Erreichen einer ausreichenden Qualität von $8.43 \cdot 10^{-17}$ folgende optimierte Werte für die Unbekannten

$$n_{\text{opt}} = 0.66666666687723619, \quad m_{\text{opt}} = 0.33333333336748294,$$

$$\begin{aligned}
a_{1_{\text{opt}}} &= 2.5000000006812679, & f_{1_{\text{opt}}} &= 1.8999999998354982, & \phi_{1_{\text{opt}}} &= 1.0000000027772898,\\
a_{2_{\text{opt}}} &= 2.0000000034682333, & f_{2_{\text{opt}}} &= 2.1428571426125096, & \phi_{2_{\text{opt}}} &= 4.0000000018840954,\\
a_{3_{\text{opt}}} &= 2.9999999989811399, & f_{3_{\text{opt}}} &= 1.3333333331555282, & \phi_{3_{\text{opt}}} &= 5.0000000011299169,\\
a_{4_{\text{opt}}} &= 0.9999999998978919, & f_{4_{\text{opt}}} &= 3.4444444446683979, & \phi_{4_{\text{opt}}} &= 2.9999999986259762.
\end{aligned} \tag{H.7}$$

Die (bekannten, da simulierten) Sollwerte (H.5) können bei dem oben gewählten Abbruchkriterium demnach mit etwa 10 signifikanten Stellen (entspricht hier einer Genauigkeit von 10^{-10}) rekonstruiert werden. Für dieses vereinfachte Modell (kein Rauschen und Unbekannte von nahezu gleicher Grössenordnung) liefert das gewählte ES-Verfahren brauchbare Ergebnisse. Weitere eigene Untersuchungen zu allgemeineren Fällen sind bisher nicht unternommen worden.

H.3 Zur Bestimmung von Satellitenbahnen

Das Ziel in diesem dritten Beispiel zur ES-Anwendung im Rahmen der Himmelsmechanik bzw. Satellitengeodäsie ist die Bestimmung von Satellitenbahnen. Aus der Vielzahl möglicher Aufgabenstellungen wird hier die Lösung eines einfachen Randwertproblems betrachtet.[14] Gegeben seien für einen Satelliten zu zwei bekannten Epochen t_A und t_B dessen Positionsvektoren $\mathbf{r}_A$ und $\mathbf{r}_B$, etwa aus Richtungsmessungen (Rektaszension/Deklination bzw. Azimut/Elevation) durch (dann mindestens) drei bzw. vier Bodenstationen, vgl. Abb H.6.[15]

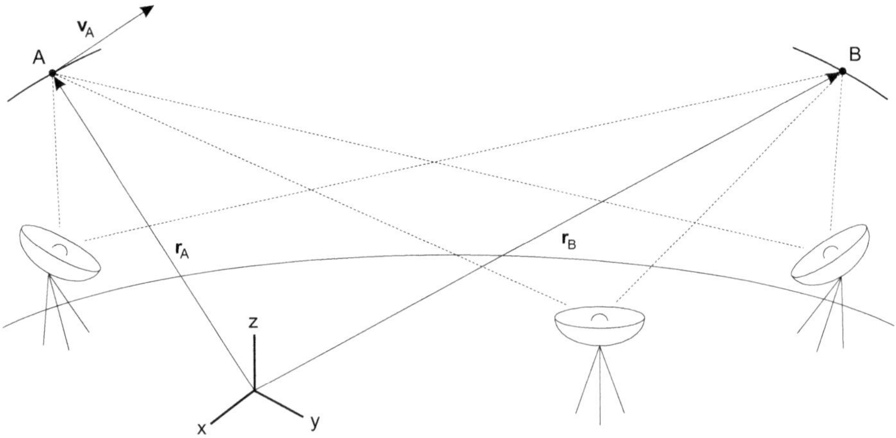

Abbildung H.6: Randwertproblem: gegeben sind t_A, $\mathbf{r}_A$, t_B, $\mathbf{r}_B$ und ein konkretes Kraftmodell; gesucht ist z. B. $\mathbf{v}_A$

[12] das zeitweise Verharren in der Umgebung von Nebenoptima äussert sich schon in den Plots von Abb. H.4, wenn nämlich die Verbesserung der Unbekannten und folglich der Qualitätsfortschritt zu stagnieren scheint, so dass eine mehr oder weniger lang andauernde Phase der (Kovarianzmatrix-)Adaption resultiert (Seitwärtsbewegung in den jeweiligen Plots)

[13] in einigen Fällen könnte auch eine zu geringe Stellenanzahl in der praktischen Umsetzung für ein Festfahren auf Nebenoptima verantwortlich sein (eine vorübergehend sehr klein gewordene Mutationsschrittweite hätte keine Chance mehr, wieder anzuwachsen)

[14] am Ende dieses Abschnittes folgen einige Anmerkungen zur Un-/Möglichkeit der Ersetzung klassischer Integrationsverfahren (numerisch/analytisch bzw. deterministisch) durch ES-Anwendung (stochastisch)

[15] ist die Zeit keine fehlerbehaftete Grösse bzw. sind Uhrenfehler keine Unbekannte, so genügen prinzipiell drei Bodenstationen

Ziel ist die Überführung des Randwertproblems in ein Anfangswertproblem, d. h., gesucht ist z. B. der zugehörige Geschwindigkeitsvektor $\mathbf{v}_A$ (die Epoche A diene als Startepoche mit $t_A < t_B$). Aus dem Startzustandsvektor $\mathbf{z}_A := \mathbf{z}(t_A) = (\mathbf{r}(t_A), \mathbf{v}(t_A))^T =: (\mathbf{r}_A, \mathbf{v}_A)^T$ und der gegebenen Bahnbogenlänge bzw. -dauer $t_B - t_A$ kann die Satellitenbahn zwischen A und B mit herkömmlichen Verfahren bestimmt werden.[16] Hier wird, wie im § H.1, eine gewöhnliche numerische Integration mittels UTOPIA eingesetzt. Das Kraftmodell sei beschränkt auf die Masseninhomogenität der Erde, dargestellt durch ein 8 × 8-Erdschwerefeld nach *JGM-3*.

Die ES hat in diesem Beispiel lediglich drei Unbekannte (Komponenten des Startgeschwindigkeitsvektors) zu bestimmen. Ausser der Bewegungsgleichung des gestörten Zweikörperproblems, die zur Auswertung der Zielfunktion einer numerischen Integration unterzogen wird, braucht kein weiteres Vorwissen (himmelsmechanisch und/oder satellitengeodätisch, wie etwa um die Existenz eines Bewegungsintegrals) berücksichtigt zu werden. Wir kommen am Ende dieses Abschnittes darauf zurück.

Mit den jeweils aktuellen Werten für die Unbekannten wird das Startwertproblem gelöst und das Ergebnis in Form der Endposition $\mathbf{r}_B^{\mathrm{UT}}(\mathbf{r}_A, \mathbf{v}_A^{\mathrm{ES}}; \Delta t)$ dem gegebenen Randwert $\mathbf{r}_B$ gegenübergestellt, so dass die Zielfunktion

$$Q = |\Delta r_B| := |\mathbf{r}_B^{\mathrm{UT}} - \mathbf{r}_B| \quad \rightarrow \quad \min \tag{H.8}$$

lautet.

Für ein Zahlenbeispiel werden zunächst folgende Randwerte vorgegeben:

$$t_A = 0\ s \quad \mathbf{r}_A = \begin{bmatrix} 2301.718\,292\,292\,185 \text{ km} \\ -2255.051\,484\,571\,533 \text{ km} \\ -6195.703\,033\,567\,912 \text{ km} \end{bmatrix}, \qquad t_B = 5400\ s \quad \mathbf{r}_B = \begin{bmatrix} -984.488\,266\,610\,331 \text{ km} \\ -2371.119\,117\,315\,444 \text{ km} \\ -6520.625\,324\,462\,045 \text{ km} \end{bmatrix}. \tag{H.9}$$

Anmerkung: Die nominalen Werte (H.9) entsprangen der numerischen Integration eines $\Delta t = t_B - t_A = 90\ min$-Bahnbogens mit den (Kepler-)Startwerten (H.2). Umrechnen dieser Angaben in kartesische Koordinaten liefert

$$\mathbf{v}_A^{\mathrm{Soll}} = \begin{bmatrix} 7.124\,581\,369\,839\,439 \text{ km/s} \\ 0.868\,731\,490\,519\,958 \text{ km/s} \\ 2.386\,820\,153\,772\,743 \text{ km/s} \end{bmatrix}. \tag{H.10}$$

Es stellt sich heraus, dass die ES obige (Soll-)Werte mit hoher Präzision bei akzeptablem Zeitaufwand reproduzieren kann.[17] Hierzu wurde wiederum eine $(1, \lambda = 40)$-ES-CMA eingesetzt. Als Abbruchkriterium bzw. Terminierungsqualität diente mit $Q^* = 1 \cdot 10^{-16}\ km = 1 \cdot 10^{-10}\ mm$ ein besonders strenger Wert, der etwaige praktische Anforderungen (maximal im mm-Bereich) um etliche Grössenordnungen übererfüllt. Nach 145 Generationen bzw. 5800 Auswertungen der Zielfunktion und benötigten ca. 21 Minuten war Q^* erreicht (Abb. H.7).

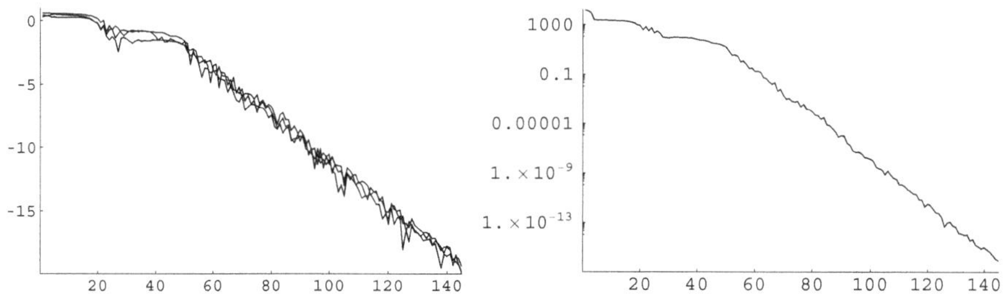

(a) Log(Abs(Differenzen der Unbekannten zum Sollwert)) (b) Qualität in *km*, berechnet nach (H.8)

Abbildung H.7: Zwischenergebnisse einer (1,40)-ES-CMA zur $\mathbf{v}_A$*-Bestimmung vs. benötigte Anzahl an Generationen*

[16] Wie bei anderen Randwertaufgaben auch, man denke an die artverwandte Zweite Geodätische Hauptaufgabe, kann die Lösung mehrdeutig sein. Die eigentliche Lösung wird dann durch Ausschluss physikalisch unsinniger Teillösungen identifiziert. In unserem Beispiel muss etwa der radiale Abstand $r = |\mathbf{r}|$ für jeden Bahnpunkt grösser als der Erdradius sein. Die Eindeutigkeit der Lösung wird sichergestellt, wenn man weitere Randwerte, hier also mindestens einen dritten Positionsvektor, vorgibt. Aus dem ungestörten Zweikörperproblem ist ersichtlich, dass eine Ellipse (oder ein Kreis) durch drei Punkte eindeutig festgelegt wird. Bei lediglich zwei Punkten ist eine ganze Schar von verbindenden Ellipsen unterschiedlicher Größe und Form möglich.

[17] um eine hohe Genauigkeit in den numerischen Ergebnissen sicherzustellen, wurde intern mit mehr als den aus Platzgründen nur 16 dokumentierten Stellen gerechnet

Die Abb. H.8 zeigt für das obige Beispiel, wie sich die verändernden Unbekannten auf die jeweils resultierende Satellitenbahn bzw. Endposition $\mathbf{r}_B^{\mathrm{UT}}$ auswirken. Dargestellt ist die gleiche Situation aus drei verschiedenen Blickrichtungen: inklinierte Sicht von unten (links), Draufsicht von oben (Mitte), Blick senkrecht zur Bahnebene (rechts). Als Ausgangsnäherung wurde $\mathbf{v}_A^0 = (5\,\mathrm{km/s}, 5\,\mathrm{km/s}, 5\,\mathrm{km/s})^T$ gewählt. Im Prinzip ist die Wahl der Ausgangsnäherung, wie in den vorangegangenen Beispielen, beliebig. Ausgeschlossen ist lediglich die bequemste Wahl $\mathbf{v}_A^0 = (0,0,0)^T$, falls das Programm zur numerischen Integration zunächst Keplervariablen einliest, da bei einer solchen Kombination von $\mathbf{r}_A$ und $\mathbf{v}_A$ nur ein stationärer Punkt resultiert und keine Keplerellipse (es treten Singularitäten auf). Ansonsten sind keinerlei Vorüberlegungen zu geeigneten Ausgangsnäherungen nötig (ganz im Gegensatz zur klassischen Ausgleichungsrechnung für nichtlineare Problemstellungen wie dieser).

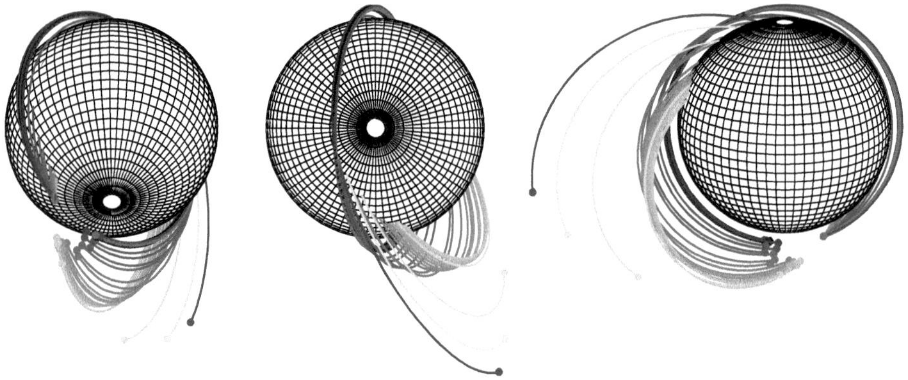

Abbildung H.8: Evolution der Satellitenbahn abhängig vom momentanen Stand der Optimierung der Unbekannten (Vektorkomponenten v_{A_x}, v_{A_y} und v_{A_z}). Insgesamt wurden 145 Generationen benötigt (erreichte Qualität: $9.00 \cdot 10^{-17}$km). Hier dargestellt sind die Generationen 1 bis 30 in Grauschattierungen von hellgrau (Generation 1) bis schwarz (Generation 30). Vorgegebene Randwerte und Sollorbit sind rot/fett gedruckt, die Ausgangsnäherung (Generation 0) in blau.

Weitere ES-Anwendungen in der Satellitenbahnbestimmung sind ebenfalls denkbar; einigen davon stehen jedoch noch numerische und/oder analytische Schwierigkeiten entgegen.

Als Beispiel sei die Lösung der Anfangswertproblems, diesmal ohne Rückgriff auf herkömmliche numerische oder analytische Integrationsmethoden, genannt. Das Ziel in diesem Falle wäre die Bestimmung der Satellitenposition und -geschwindigkeit, also des Zustandsvektors $\mathbf{z}(t_e) = (\mathbf{r}(t_e), \mathbf{v}(t_e))^T$, zu einem gewählten (End-)Zeitpunkt t_e. Vorgegeben sind die Bewegungsgleichung (bzw. ein konkretes Kraftmodell) sowie Startwerte (Startzustandsvektor des Satelliten $\mathbf{z}(t_0) = (\mathbf{r}(t_0), \mathbf{v}(t_0))^T$).

Die Angabe des Geschwindigkeitsvektors wird zunächst als nachrangig betrachtet; Priorität habe die Positionsbestimmung. Tatsächlich müssen zur Lösung der gestellten Aufgabe zusätzlich Positionen in unmittelbarer Nachbarschaft zu t_e bestimmt werden. Der Geschwindigkeitsvektor $\mathbf{v}(t_e)$ folgt dann aus $\mathbf{r}(t_e)$ und den benachbarten Positionen durch numerische Differentiation.[18] Die Anzahl der Unbekannten ist demnach vorerst $u = 3p$, wobei p die Anzahl der zur Lösung benötigten Positionsvektoren ist.[19]

Aus p Positionsvektoren lassen sich, je nach numerischem Differentiationsverfahren, höchstens $p-1$ linear unabhängige Geschwindigkeitsvektoren ableiten; und aus diesen, durch eine weitere numerische Differentiation, wiederum höchstens $p-2$ linear unabhängige Beschleunigungsvektoren.

Beschleunigungsvektoren werden benötigt, da die problemspezifische Bewegungsgleichung (vgl. (E.1) bzw. (B.2))

$$\frac{\mathrm{d}\mathbf{r}}{\mathrm{d}t} = \mathbf{v}, \qquad \frac{\mathrm{d}\mathbf{v}}{\mathrm{d}t} + \frac{\mu_\oplus}{r^3}\,\mathbf{r} = \left[\frac{\partial R}{\partial \mathbf{r}}\right]^T \tag{H.11}$$

mit dem Störpotential $R(\mathbf{r}, t)$ im Rahmen einer Zielfunktion für die ES-CMA ausgewertet wird. Die erste Gleichung in (H.11), die auch als kinematische Beziehungen für kartesische Koordinaten aufgefasst werden können, liefert im hier gewählten Lösungsansatz keine zusätzlich verwertbare Information. Es verbleibt somit nur die zweite Gleichung in (H.11), die bei p angenommenen Positionen also $p-2$ mal linear unabhängig zwecks

[18] vgl. dazu Mai [26] § 3.1 mit Details zur Veröffentlichung von GPS-Bahndaten im SP3-Format vs. SP1-Format

[19] jeder dieser Positionsvektoren bedeutet 3 unbekannte Grössen (Vektorkomponenten)

Informationsgewinns ausgewertet werden kann. Die Anzahl der wegen Berücksichtigung der Bewegungsgleichung zur Verfügung stehenden („Beobachtungs"-)Gleichungen beträgt also $n_{\mathrm{EOM}} = 3(p-2)$.[20]

Im Sprachgebrauch der Ausgleichsrechnung hätte man bisher eine Redundanz r von

$$r_{\mathrm{EOM}} = n_{\mathrm{EOM}} - u = 3(p-2) - 3p = -6, \tag{H.12}$$

d. h., das Problem ist noch stark unterbestimmt.

Da r_{EOM} unabhängig von p ist, muss neben der Bewegungsgleichung zusätzliche Information einfliessen, um die Unterbestimmung ($r < 0$) reduzieren oder gar aufheben zu können. Die ES ist prinzipiell auch auf unterbestimmte Probleme anwendbar; das Auffinden einer Lösung wird dadurch allerdings im besten Falle erschwert. Hier soll zumindest die Eindeutigkeit in der Problemformulierung ($r = 0$) eingehalten werden. Eine Überbestimmung ($r > 0$) ist unnötig, wenn keine Fehlerrechnung für die Unbekannten angestrebt wird. Statistische Aussagen über Endresultate sind bei stochastischen Verfahren wie der ES (im Unterschied zu den in der klassischen Ausgleichsrechnung verwendeten deterministischen bzw. Gradientenverfahren) nur durch eine hinreichend hohe Anzahl von Berechnungswiederholungen zu erreichen. Da hier nur die prinzipielle Anwendbarkeit/Nicht-Anwendbarkeit der ES demonstriert werden sollte, wurde auf den für Statistiken verbundenen höheren Rechenaufwand verzichtet.

Die geforderte „zusätzliche Information" ist indirekt in den Startwerten enthalten. Der Wert $r_{\mathrm{EOM}} = -6$ spiegelt letztlich nur die Tatsache wider, dass für eine vektorielle Differentialgleichung zweiter Ordnung genau 6 linear unabhängige Integrationskonstanten vorzugeben sind, um die ansonsten unendliche allgemeine Lösungsmenge auf eine partikuläre Lösung einzuschränken.

Es wird ausgenutzt, dass zu diversen Bewegungsgleichungen oder Kraftmodellen spezielle Bewegungsintegrale existieren (siehe z. B. Mai [26] § 3.2.3 oder Schneider und Cui [45]). Beispielsweise könnte konkret ein 4×4-Erdschwerefeldmodell (speziell mit Werten aus dem *JGM-3*) vorliegen; gewissermassen als inverses Problem zur ES-Anwendung im § H.1. In diesem Falle wäre dem Autor lediglich das sogenannte *Jacobi-Integral* (Bond und Allman [5], Mai [26] § 3.2.3) als praktikables Bewegungsintegral bekannt (siehe § 2.2.3.4 und Anhang G). Es ist nicht auszuschliessen, dass weitere Bewegungsintegrale existieren.

Das Jacobi-Integral[21]

$$\mathcal{E}_{\mathrm{K}} - V(\mathbf{r}, t) - \boldsymbol{\omega}_{\oplus} \cdot \mathbf{h}(t) = const \tag{H.13}$$

liefert eine skalare Konstante, nachfolgend *JLC* genannt. Bei Verwendung raumfester Werte $\mathbf{r}_{\mathrm{ECI}}$, $\mathbf{v}_{\mathrm{ECI}}$ (Earth Centered Inertial, ECI) ist *JLC* mit Berücksichtigung tesseraler Terme in der Potentialfunktion $V(\mathbf{r}, t)$ zwar explizit zeitabhängig und trotzdem wertmässig invariant, d. h., $JLC(\mathbf{r}_0, \mathbf{v}_0; t_0) = JLC(\mathbf{r}_e, \mathbf{v}_e; t_e) = \cdots = JLC$. Mit erdfesten Werten $\mathbf{r}_{\mathrm{ECEF}}$, $\mathbf{v}_{\mathrm{ECEF}}$ (Earth Centered Earth Fixed, ECEF) taucht t nicht explizit in *JLC* auf, weil V eine rein ortsabhängige Funktion wird (gleichmässig rotierende starre Modellerde vorausgesetzt). Es gilt

$$\frac{v_{\mathrm{ECEF}}^2}{2} - V(\mathbf{r}_{\mathrm{ECEF}}) - \frac{\omega_{\oplus}^2}{2}(x_{\mathrm{ECEF}}^2 + y_{\mathrm{ECEF}}^2) = const =: JLC_{\mathrm{ECEF}}. \tag{H.14}$$

Alternative Formulierungen für JLC in Abhängigkeit von $\mathcal{H}$ oder $\mathcal{C}$ ($\mathbf{r}_{\mathrm{ECI}}$, $\mathbf{v}_{\mathrm{ECI}}$) findet man in Mai [26] § 3.2.3.

Da JLC aus Startwerten und -epoche berechnet werden kann (somit bekannt ist) für alle weiteren Epochen aber von Unbekannten (Positions- und Geschwindigkeitsvektoren) abhängig ist, kann die Beziehung (H.14) für diese weiteren Epochen als zusätzliche („Beobachtungs"-)Gleichungen verwendet werden. In (H.14) ist die Geschwindigkeit enthalten, so dass für p Epochen tatsächlich nur $n_{\mathrm{JLC}} = p - 1$ („Beobachtungs"-)Gleichungen resultieren. Für die Gesamtredundanz folgt

$$r = n - u = n_{\mathrm{EOM}} + n_{\mathrm{JLC}} - u = 3(p-2) + (p-1) - 3p = p - 7. \tag{H.15}$$

Offensichtlich kann man mit einer relativ moderaten Anzahl von Unbekannten (hier $p = 7$ Positionsvektoren bzw. $3p = 3 \cdot 7 = 21$ Vektorkomponenten) eine Redundanz $r = 0$ erreichen.[22]

[20] wiederum unter Beachtung von je 3 Vektorkomponenten

[21] es bedeuten $\mathcal{E}_{\mathrm{K}}$ die Energie im Keplerproblem (siehe § E.1), $V(\mathbf{r}, t)$ die Potentialfunktion (siehe § 2.1.4, § C), $\boldsymbol{\omega}_{\oplus}$ den Erdrotationsvektor und $\mathbf{h}$ den Bahndrehimpulsvektor (zu beiden siehe § 2.2.4.3)

[22] Anmerkung: Nur „zufällig" ist die Anzahl der Unbekannten aus den zueinander inversen Beispielen § H.1 und § H.3 gleich. In der Koeffizientenbestimmung ist die Anzahl der Unbekannten direkt abhängig vom gewünschten Grad der Auflösung $n_{\max}$ des Erdschwerefeldes. Für die Positionsbestimmung verbleibt die Anzahl (unabhängig vom Auflösungsgrad) bei $u = 21$. Es sei denn, das Kraftmodell wird vereinfacht; dann kommen andere Bewegungsintegrale hinzu und die benötigte Anzahl von Positionen bzw. Epochen reduziert sich und damit die Anzahl der zu optimierenden (Hilfs-)Unbekannten. Das gleiche gilt natürlich für den Fall, dass auch für das obige Kraftmodell (mit tesseralen Termen) noch weitere Bewegungsintegrale entdeckt werden. Folgt man der Idee des Laplace'schen Dämons, dann sollten bei Vorgabe von Bewegungsgesetz(en) und Startwerten alle Zustände determiniert sein (es sei denn, die Bewegung wäre chaotisch). Die eigentliche Anzahl der Unbekannten wäre dann in jedem Falle, wie lt. Problemstellung gefordert, $u = 3$ (Vektorkomponenten von $\mathbf{r}(t_e)$ bzw. $u = 6$, falls auch explizit die Vektorkomponenten von $\mathbf{v}(t_e)$ zu bestimmen sind). Streng genommen bräuchte man nicht mehr von „Unbekannten" zu reden. Bewegungsprobleme liessen sich eindeutig und in geschlossener Form (wie das Keplerproblem) nach gesuchten Positionen/Geschwindigkeiten auflösen (abgesehen von der Tatsache, dass transzendente Gleichungen wie die Keplergleichung auch weiterhin numerisch bzw. approximativ behandelt werden müssen).

Achtung: die Redundanz ist lediglich künstlich auf Null gebracht worden. Dadurch ist nur sichergestellt, dass die zu allen verwendeten Epochen gehörenden Positionen die bisher bekannten Bedingungsgleichungen (EOM, JLC) gleichermassen erfüllen. Ob alle Positionen auch physikalisch zum gleichen Orbit durch den Startpunkt gehören, ist damit nicht entschieden; die eigentliche Redundanz beträgt, da JLC ein skalares Integral darstellt, nun $r = -5$. Die Lösungsmenge wurde zwar eingeschränkt, bleibt vorerst aber immer noch unendlich.[23]

Diese Uneindeutigkeit ist im vorliegenden Problemfall nur auf zweierlei Art zu überwinden: entweder gelingt es, weitere Bewegungsintegrale zu finden (was den Rahmen dieser Arbeit natürlich bei weitem übersteigt und zudem die ES komplett unnötig zur Problemlösung machen würde), oder aber man stellt eine Verbindung zu den Integrationskonstanten, d. h. Startwerten $\mathbf{r}_0$ und $\mathbf{v}_0$ her, indem man wie bei der numerischen Integration eine hohe Anzahl hinreichend eng benachbarter Epochen zwischen t_0 und t_e einfügt. Die zu optimierenden Positionen würden einer (zweifachen) numerischen Differentiation unterzogen, um die Bewegungsgleichung auswerten zu können. Auf abgeleitete Bewegungsintegrale wie JLC kann dann gänzlich verzichtet werden. Die letztgenannte Alternative ist zwar möglich, aber im Vergleich zur numerischen Integration nicht praktikabel, da viel rechen- und folglich zeitaufwendiger.

Ohne beide Massnahmen ist das oben skizzierte Vorgehen aber immerhin noch geeignet, Näherungslösungen zu erzeugen. Dies ist tatsächlich möglich, da die potentiell unendliche Lösungsmenge durch (satellitengeodätisches) Vorwissen hinreichend eingegrenzt werden kann.[24]

Für die numerische Differentiation bleibt zu wählen, wie die eigentlich nicht nachgefragten aber benötigten Positionen um die eigentliche Position bzw. Epoche t_e herum verteilt werden sollten. Da der Approximationsfehler einer abgebrochenen Taylorreihenentwicklung (die ja der hier zu verwendenden numerischen Differentiation zugrunde liegt) mit zunehmendem Abstand von der Entwicklungsstelle (t_e bzw. $\mathbf{r}_e$) grösser wird, ist es sinnvoll, jeweils drei der sechs Hilfsepochen bzw. -positionen vor und hinter die Entwicklungsstelle zu legen (Abb. H.9).

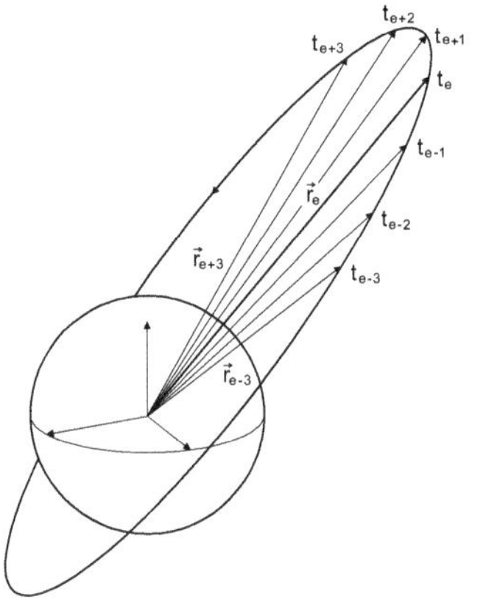

Abbildung H.9: Äquidistante Stützstellen für die numerische Differentiation; es werden hier 7 Positionsvektoren benötigt.

Das in Mai [25], [26] vorgestellte Differentiationsverfahren kann hier direkt übernommen werden. Entscheidend sind die Formeln für den einfachen zentralen (bzw. zweiseitigen) Differenzenquotienten Δ_α^j zur Anwendung auf die Epoche t_e, sowie den jeweils einfachen einseitigen Differenzenquotienten $\overline{\Delta}_\alpha^{\pm j}$ zur Anwendung auf die vor- bzw. nachgelagerten Hilfsepochen t_{e-3}, t_{e-2}, t_{e-1} bzw. t_{e+1}, t_{e+2}, t_{e+3}. Sie sind prinzipiell sowohl für die ersten als auch zweiten Ableitungen anwendbar; zur Unterscheidung wurde deshalb ein Subskript $\alpha \in (\dot{\mathbf{r}}, \ddot{\mathbf{r}})$ beigefügt.

Anm.: Als einfacher Abstand vom Entwicklungspunkt (in der zugrundeliegenden Taylorreihenentwicklung) kann $\Delta t = 1$ *sec* angesetzt werden. Die Endformeln zur praktischen Anwendung lauten mit $j = 1, 2, 3$ und $n = 1, 2, 3$

$$\begin{aligned} \overline{\Delta}_{\dot{\mathbf{r}}_{e-n}}^{+j} &:= \frac{\mathbf{r}_{e-n+j} - \mathbf{r}_{e-n}}{j\Delta t}, & \Delta_{\dot{\mathbf{r}}_e}^{j} &:= \frac{\mathbf{r}_{e+j} - \mathbf{r}_{e-j}}{2j\Delta t}, & \overline{\Delta}_{\dot{\mathbf{r}}_{e+n}}^{-j} &:= \frac{\mathbf{r}_{e+n} - \mathbf{r}_{e+n-j}}{j\Delta t}, \\ \overline{\Delta}_{\ddot{\mathbf{r}}_{e-n}}^{+j} &:= \frac{\dot{\mathbf{r}}_{e-n+j} - \dot{\mathbf{r}}_{e-n}}{j\Delta t}, & \Delta_{\ddot{\mathbf{r}}_e}^{j} &:= \frac{\dot{\mathbf{r}}_{e+j} - \dot{\mathbf{r}}_{e-j}}{2j\Delta t}, & \overline{\Delta}_{\ddot{\mathbf{r}}_{e+n}}^{-j} &:= \frac{\dot{\mathbf{r}}_{e+n} - \dot{\mathbf{r}}_{e+n-j}}{j\Delta t} \end{aligned} \tag{H.16}$$

[23] wenngleich von geringerer Mächtigkeit

[24] Beispielsweise durch den Vergleich mit vereinfachten aber hoch genau bekannten Lösungen (z. B. Stumpff'sche Ephemeridenrechnung für das Keplerproblem oder Liereihen-Ansatz für das klassischen Hauptproblem). Zudem können Ergebnisse etablierter Störungsrechnung (z. B. nach Kaula [22]) hinzugezogen werden, wie die säkulare Drift von Knoten und Perigäum aufgrund c_{20}.

und damit

$$
\begin{aligned}
\dot{\mathbf r}_{e-n} &= 3\overline{\Delta}^{+1}_{\dot{\mathbf r}_{e-n}} - 3\overline{\Delta}^{+2}_{\dot{\mathbf r}_{e-n}} + \overline{\Delta}^{+3}_{\dot{\mathbf r}_{e-n}}, &\quad \dot{\mathbf r}_{e} &= \tfrac{1}{10}\big(15\Delta^1_{\dot{\mathbf r}_e} - 6\Delta^2_{\dot{\mathbf r}_e} + \Delta^3_{\dot{\mathbf r}_e}\big), &\quad \dot{\mathbf r}_{e+n} &= 3\overline{\Delta}^{-1}_{\dot{\mathbf r}_{e+n}} - 3\overline{\Delta}^{-2}_{\dot{\mathbf r}_{e+n}} + \overline{\Delta}^{-3}_{\dot{\mathbf r}_{e+n}}, \\
\ddot{\mathbf r}_{e-n} &= 3\overline{\Delta}^{+1}_{\ddot{\mathbf r}_{e-n}} - 3\overline{\Delta}^{+2}_{\ddot{\mathbf r}_{e-n}} + \overline{\Delta}^{+3}_{\ddot{\mathbf r}_{e-n}}, &\quad \ddot{\mathbf r}_{e} &= \tfrac{1}{10}\big(15\Delta^1_{\ddot{\mathbf r}_e} - 6\Delta^2_{\ddot{\mathbf r}_e} + \Delta^3_{\ddot{\mathbf r}_e}\big), &\quad \ddot{\mathbf r}_{e+n} &= 3\overline{\Delta}^{-1}_{\ddot{\mathbf r}_{e+n}} - 3\overline{\Delta}^{-2}_{\ddot{\mathbf r}_{e+n}} + \overline{\Delta}^{-3}_{\ddot{\mathbf r}_{e+n}}.
\end{aligned}
\tag{H.17}
$$

In den Formeln (H.17) werden jeweils 7 Geschwindigkeits- und Beschleunigungsvektoren aus 7 Positionsvektoren abgeleitet. Nach dem oben Gesagten bestehen demnach lineare Abhängigkeiten zwischen den Vektoren bzw. zugrundeliegenden Differenzenquotienten. Diese Abhängigkeiten können für eine effiziente praktische Berechnung ausgenutzt werden. Beispielsweise gelten folgende Beziehungen

$$
\begin{aligned}
\Delta^j_{\dot{\mathbf r}_e} &= \frac{1}{j}\left((j-1)\Delta^{j-1}_{\dot{\mathbf r}_e} + \frac{\overline{\Delta}^{-1}_{\dot{\mathbf r}_{e+j}} + \overline{\Delta}^{+1}_{\dot{\mathbf r}_{e-j}}}{2}\right) && \ldots \text{ Rekursionsformel mit } \Delta^0_{\dot{\mathbf r}_e} := 0\,, \\
\Delta^j_{\dot{\mathbf r}_e} &= \frac{1}{2j}\sum_{n=1}^{j}\left(\overline{\Delta}^{-1}_{\dot{\mathbf r}_{e+n}} + \overline{\Delta}^{+1}_{\dot{\mathbf r}_{e-n}}\right) && \ldots \text{ explizite Formeln (Version 1)}\,, \\
\Delta^j_{\dot{\mathbf r}_e} &= \frac{\overline{\Delta}^{-j}_{\dot{\mathbf r}_{e+j}} + \overline{\Delta}^{+j}_{\dot{\mathbf r}_{e-j}}}{2} && \ldots \text{ explizite Formeln (Version 2)}\,, \\
&\left.\begin{aligned}
\Delta^1_{\dot{\mathbf r}_e} &= \overline{\Delta}^{-2}_{\dot{\mathbf r}_{e+1}} = \overline{\Delta}^{+2}_{\dot{\mathbf r}_{e-1}} \\
2\Delta^2_{\dot{\mathbf r}_e} &= \overline{\Delta}^{-2}_{\dot{\mathbf r}_{e+2}} + \overline{\Delta}^{+2}_{\dot{\mathbf r}_{e-2}} \\
3\Delta^3_{\dot{\mathbf r}_e} - \Delta^1_{\dot{\mathbf r}_e} &= \overline{\Delta}^{-2}_{\dot{\mathbf r}_{e+3}} + \overline{\Delta}^{+2}_{\dot{\mathbf r}_{e-3}} \\
\tfrac{4}{3}\Delta^2_{\dot{\mathbf r}_e} + \tfrac{2}{3}\Delta^1_{\dot{\mathbf r}_e} &= \overline{\Delta}^{-3}_{\dot{\mathbf r}_{e+1}} + \overline{\Delta}^{+3}_{\dot{\mathbf r}_{e-1}}
\end{aligned}\right\} && \ldots \text{ explizite Formeln (Version 3)}\,, \\
&\left.\begin{aligned}
\overline{\Delta}^{-2}_{\dot{\mathbf r}_{e+1}} &= \overline{\Delta}^{+2}_{\dot{\mathbf r}_{e-1}} \\
\overline{\Delta}^{-3}_{\dot{\mathbf r}_{e+1}} &= \overline{\Delta}^{+3}_{\dot{\mathbf r}_{e-2}} \\
\overline{\Delta}^{-3}_{\dot{\mathbf r}_{e+2}} &= \overline{\Delta}^{+3}_{\dot{\mathbf r}_{e-1}}
\end{aligned}\right\} && \ldots \text{ direkte Identitäten}\,.
\end{aligned}
\tag{H.18}
$$

Für die eigentliche Zielfunktion der ES sollten die zweite Gleichung von (H.11) sowie (H.14) ausgewertet werden. Die Startwerte liegen i. d. R. als raumfeste Vektoren $\mathbf r_{\mathrm{ECI}_0}$, $\mathbf v_{\mathrm{ECI}_0}$ vor; die gesuchte(n) Satellitenposition(en) sind dann ebenfalls bezüglich der raumfesten Basis zu berechnen. Für die Verwendung von (H.14) muss die Transformation $ECI \leftrightarrow ECEF$ berücksichtigt werden. Dort geht auch die vorgegebene Epoche t_e explizit ein. Mit der Transformationsmatrix $T^{\mathrm{ECEF}}_{\mathrm{ECI}}$ von raumfesten in erdfeste kartesische Koordinaten gilt (Mai [26])

$$
\begin{aligned}
\mathbf r_{\mathrm{ECEF}} &= T^{\mathrm{ECEF}}_{\mathrm{ECI}}\,\mathbf r_{\mathrm{ECI}}, \\
\mathbf v_{\mathrm{ECEF}} &= T^{\mathrm{ECEF}}_{\mathrm{ECI}}\,\mathbf v_{\mathrm{ECI}} + \frac{\mathrm d T^{\mathrm{ECEF}}_{\mathrm{ECI}}}{\mathrm d t}\,\mathbf r_{\mathrm{ECI}}
\end{aligned}
\tag{H.19}
$$

mit

$$
T^{\mathrm{ECEF}}_{\mathrm{ECI}} = \begin{bmatrix} \cos\Theta & \sin\Theta & 0 \\ -\sin\Theta & \cos\Theta & 0 \\ 0 & 0 & 1 \end{bmatrix}. \tag{H.20}
$$

Anmerkung: Präzession, Nutation, Polbewegung, Erdrotationsschwankung etc. wurden im vereinfachten Kraftmodell nicht berücksichtigt. Die Sternzeit von Greenwich (GST) bzw. Θ, wie zuvor im § 2.1.4 eingeführt, ist

$$
\Theta = \omega_{\oplus}(t - t_0) + \Theta_0 =: \omega_{\oplus} t, \tag{H.21}
$$

wobei o. B. d. A. nachfolgend $\Theta(t = t_0) = \Theta_0 = 0$ gesetzt wird, d. h., zur Startepoche enthält die Meridianebene von Greenwich die Richtung zum Frühlingspunkt.[25] Zu diesem Zeitpunkt fallen also die Achsrichtungen beider Koordinatensysteme (ECEF, ECI) zusammen.

[25]in dieser Arbeit wird stets $\omega_{\oplus} = 0.0000729211585530\ \frac{rad}{sec}$ verwendet (*JGM-3*-Wert, vgl. Mai [26])

Man erhält

$$T_{\text{ECI}}^{\text{ECEF}} = \begin{bmatrix} \cos\omega_\oplus t & \sin\omega_\oplus t & 0 \\ -\sin\omega_\oplus t & \cos\omega_\oplus t & 0 \\ 0 & 0 & 1 \end{bmatrix}, \quad \frac{\mathrm{d}T_{\text{ECI}}^{\text{ECEF}}}{\mathrm{d}t} = \begin{bmatrix} -\omega_\oplus \sin\omega_\oplus t & \omega_\oplus \cos\omega_\oplus t & 0 \\ -\omega_\oplus \cos\omega_\oplus t & -\omega_\oplus \sin\omega_\oplus t & 0 \\ 0 & 0 & 0 \end{bmatrix} = \begin{bmatrix} 0 & \omega_\oplus & 0 \\ -\omega_\oplus & 0 & 0 \\ 0 & 0 & 0 \end{bmatrix} T_{\text{ECI}}^{\text{ECEF}}. \tag{H.22}$$

Da die Zeit t (welche in Form der nachgefragten Epoche vorzugeben ist) nicht separat, sondern stets im Argument trigonometrischer Funktionen (2π-periodisch) auftritt, sollte eine Positionsbestimmung nur bis

$$t_{\max} = \frac{2\pi}{\omega_\oplus} \approx 86164 \; sec \tag{H.23}$$

(Dauer eines Sterntages) erfolgen (bzw. weil das Wertepaar $(\sin\omega_\oplus t, \cos\omega_\oplus t)$ im Intervall $[0, 2\pi]$ eindeutig ist). Erstreckt sich der Bahnbogen über einen grösseren Zeitraum ($t_e > t_{\max}$), so muss dieser wie bei gewöhnlichen numerischen Bahnintegrationen in Intervalle (maximale „Schrittweite“ gleich $\Delta t = t_{\max}$) unterteilt werden.[26]

Schliesslich wird noch die Darstellung des Potentials sowie der ersten Ableitung des (Stör-)Potentials in kartesischen Koordinaten benötigt. Formeln für V in Abhängigkeit diverser Variablensätze sind in § 2.1.4 bzw. im Anhang C enthalten. Für die Verwendung kartesischer Koordinaten soll hier nicht auf die Formel von MacCullagh (2.28) zurückgegriffen werden, sondern auf eine Herleitung von Cunningham [11], welche die Berücksichtigung der traditionellen Erdschwerefeldparameter c_{nm} und s_{nm} ermöglicht.

Ausgangspunkt dieser Herleitung ist die Darstellung in gewöhnlichen Kugelkoordinaten, siehe Formel (2.29). Man ersetzt die Klammer $(c_{nm}\cos m\lambda + s_{nm}\sin m\lambda)$ durch den neuen Ausdruck (mit der imaginären Einheit i)

$$(c_{nm} - i\,s_{nm})(\cos m\lambda + i\sin m\lambda) = (c_{nm}\cos m\lambda + s_{nm}\sin m\lambda) + i(c_{nm}\sin m\lambda - s_{nm}\cos m\lambda) \tag{H.24}$$

Um Äquivalenz zur ursprünglichen Potentialdarstellung herzustellen, darf man nur den Realteil betrachten, also

$$V_\oplus(r,\theta,\lambda) = \mathrm{Re}\left[\frac{\mu_\oplus}{r} + \frac{\mu_\oplus}{r}\sum_{n=2}^{\infty}\sum_{m=0}^{n}\left(\frac{a_\oplus}{r}\right)^n P_{nm}(\cos\theta)(c_{nm} - i\,s_{nm})(\cos m\lambda + i\sin m\lambda)\right]. \tag{H.25}$$

Für die weiteren Schritte ist es sinnvoll, die Doppelsumme zunächst wieder allgemeiner bei $n = 0$ beginnen zu lassen und eine Abkürzung $V_{nm}(r,\theta,\lambda)$ einzuführen, die von keinerlei Schwerefeldparametern abhängt bzw. rein ortsabhängig ist und nachfolgend einer Koordinatentransformation $(r,\theta,\lambda) \to (x,y,z)$ unterzogen werden kann:

$$V_{nm}(r,\theta,\lambda) := \frac{1}{r^{n+1}}\,P_{nm}(\cos\theta)(\cos m\lambda + i\sin m\lambda). \tag{H.26}$$

Nach den Euler'schen Formeln bzw. vorübergehender Schreibweise mittels der e-Funktion gilt

$$\cos m\lambda + i\sin m\lambda = e^{i\,m\lambda} = \left(e^{i\lambda}\right)^m = (\cos\lambda + i\sin\lambda)^m. \tag{H.27}$$

Desweiteren gilt analog (2.143)

$$\begin{bmatrix} x \\ y \\ z \end{bmatrix} = \begin{bmatrix} r\sin\theta\cos\lambda \\ r\sin\theta\sin\lambda \\ r\cos\theta \end{bmatrix} \quad \longrightarrow \quad \cos\lambda = \frac{x}{r\sin\theta}, \quad \sin\lambda = \frac{y}{r\sin\theta}, \tag{H.28}$$

so dass

$$\cos m\lambda + i\sin m\lambda = \left(\frac{x}{r\sin\theta} + i\frac{y}{r\sin\theta}\right)^m = \left(\frac{x+iy}{r\sin\theta}\right)^m \tag{H.29}$$

und folglich

$$V_{nm} = \frac{1}{r^{n+1}}\,P_{nm}(\cos\theta)\left(\frac{x+iy}{r\sin\theta}\right)^m = \frac{1}{r^{n+m+1}}\,P_{nm}(\cos\theta)\frac{(x+iy)^m}{\sin^m\theta}. \tag{H.30}$$

Für eine alleinige Darstellung mittels (x,y,z) muss noch θ in (H.30) ersetzt werden. Hierzu führt Cunningham [11] eine Hilfsfunktion Z_{nm} ein (die u. a. alle θ-abhängigen Terme aufnimmt) über[27]

$$Z_{nm} := \frac{1}{r^{-n+m}}\,P_{nm}(\cos\theta)\frac{1}{\sin^m\theta} \quad \longrightarrow \quad V_{nm} = \frac{(x+iy)^m}{r^{2n+1}}\,Z_{nm}. \tag{H.31}$$

[26] je nach Bahnhöhe des Satelliten, etwa LEO (z. B. CHAMP) mit ca. 16 Erdumläufen pro Tag oder HEO mit ca. 1 (geostationäre/-synchrone TV- oder Kommunikationssatelliten z. B. ASTRA) bis 2 (z. B. GPS) Erdumläufen pro Tag, bedeutet dies aber immer noch eine vergleichsweise riesige Schrittweite

[27] tatsächlich benutzt Cunningham [11] stets die Breite ϕ statt der Co-Breite θ

Es verbleibt also, Z_{nm} umzuformen. Aus (C.17) und (H.28) bzw. $\cos\theta = z/r$ erhält man

$$\begin{aligned} P_{nm}(\cos\theta)\frac{1}{\sin^m\theta} &= \frac{1}{2^n}\sum_{k=0}^{k_{\max}}(-1)^k\frac{(2n-2k)!}{k!\,(n-k)!\,(n-m-2k)!}\cos^{n-m-2k}\theta \\ &= \frac{1}{2^n}\sum_{k=0}^{k_{\max}}(-1)^k\frac{(2n-2k)!}{k!\,(n-k)!\,(n-m-2k)!}\frac{z^{n-m-2k}}{r^{n-m-2k}} \end{aligned} \tag{H.32}$$

und für Z_{nm}

$$Z_{nm} = \frac{1}{2^n}\sum_{k=0}^{k_{\max}}(-1)^k\frac{(2n-2k)!}{k!\,(n-k)!\,(n-m-2k)!}\frac{z^{n-m-2k}}{r^{-2k}} \tag{H.33}$$

bzw. analog zur Formulierung bei Cunningham [11]

$$Z_{nm} = \frac{1}{2^n n!}\sum_{k=0}^{k_{\max}}(-1)^k\binom{n}{k}\frac{(2n-2k)!}{(n-m-2k)!}z^{n-m-2k}r^{2k}. \tag{H.34}$$

Schliesslich lautet die Potentialfunktion in Abhängigkeit von (körperfesten) kartesischen Koordinaten (ECEF)

$$V_\oplus(x,y,z) = \frac{\mu_\oplus}{r} + \operatorname{Re}\left[\sum_{n=2}^{\infty}\sum_{m=0}^{n}\mu_\oplus a_\oplus^n(c_{nm} - i\,s_{nm})V_{nm}(x,y,z)\right] =: \frac{\mu_\oplus}{r} + \sum_{n=2}^{\infty}\sum_{m=0}^{n}R_{\oplus_{nm}}(x,y,z) \tag{H.35}$$

mit den Erdstörpotential-Anteilen $R_{\oplus_{nm}}$ und ausführlich

$$V_\oplus(x,y,z) = \frac{\mu_\oplus}{r} + \operatorname{Re}\left[\sum_{n=2}^{\infty}\sum_{m=0}^{n}\mu_\oplus a_\oplus^n(c_{nm} - i\,s_{nm})\frac{(x+iy)^m}{2^n\,n!\,r^{2n+1}}\sum_{k=0}^{k_{\max}}(-1)^k\binom{n}{k}\frac{(2n-2k)!}{(n-m-2k)!}z^{n-m-2k}r^{2k}\right] \tag{H.36}$$

mit

$$r = \sqrt{x^2+y^2+z^2} \qquad \text{und} \qquad k_{\max} = \operatorname{Int}\left[\frac{n-m}{2}\right]. \tag{H.37}$$

Für das *klassische Hauptproblem* (nur c_{20} bzw. $R_{\oplus_{20}}$) folgt unter Beachtung von $s_{n0} \equiv 0$ mit

$$\begin{aligned} V_{\oplus_{20}}(x,y,z) := \frac{\mu_\oplus}{r} + R_{\oplus_{20}}(x,y,z) &= \frac{\mu_\oplus}{r} + \mu_\oplus a_\oplus^2 c_{20}\underbrace{\frac{1}{8r^5}\sum_{k=0}^{1}(-1)^k\binom{2}{k}\frac{(4-2k)!}{(2-2k)!}z^{2-2k}r^{2k}}_{=V_{20}(x,y,z)} \\ &= \frac{\mu_\oplus}{r} + \mu_\oplus a_\oplus^2 c_{20}\frac{1}{8r^5}\left(12z^2 - 4r^2\right) \\ &= \frac{\mu_\oplus}{r} + \frac{\mu_\oplus}{r}\left(\frac{a_\oplus}{r}\right)^2 c_{20}\left(\frac{3}{2}\frac{z^2}{r^2} - \frac{1}{2}\right) \end{aligned} \tag{H.38}$$

unmittelbar eine Bestätigung der Formel (2.48) aus § 2.1.4.

In gleicher Weise lassen sich Endformeln aller benötigten Anteile des Störpotentials aufstellen; Cunningham [11] gibt sie bis Grad und Ordnung 6 explizit an; vgl. Tab. H.3 im Falle eines 4 × 4-Erdschwerefeldes.

Tabelle H.3: Benötigte Funktionen $V_{nm}(x,y,z)$ für ein 4 × 4-Erdschwerefeld (Quelle: Cunningham [11])

$n \diagdown m$	0	1	2	3	4
2	$\frac{2z^2-x^2-y^2}{2r^5}$	$\frac{3z(x+iy)}{r^5}$	$\frac{3(x+iy)^2}{r^5}$	-	-
3	$\frac{z\left(2z^2-3x^2-3y^2\right)}{2r^7}$	$\frac{3\left(4z^2-x^2-y^2\right)(x+iy)}{2r^7}$	$\frac{15z(x+iy)^2}{r^7}$	$\frac{15(x+iy)^3}{r^7}$	-
4	$\frac{3\left(x^2+y^2\right)^2-24\left(x^2+y^2\right)z^2+8z^4}{8r^9}$	$\frac{5z\left(4z^2-3x^2-3y^2\right)(x+iy)}{2r^9}$	$\frac{15\left(6z^2-x^2-y^2\right)(x+iy)^2}{2r^9}$	$\frac{105z(x+iy)^3}{r^9}$	$\frac{105(x+iy)^4}{r^9}$

Insbesondere bei höher aufgelösten Schwerefeldern ist es sinnvoll, statt der expliziten Formeln Rekursionsformeln, die man ebenfalls bei Cunningham [11] findet, anzuwenden. Man benötigt dafür explizit lediglich einen Startwert $V_{0,0} = 1/r = 1/\sqrt{x^2+y^2+z^2}$, der dem Punktmassenterm entspricht.

Zuerst werden alle sektoriellen Terme ($m = n$) rekursiv berechnet. Aus Tab. H.3 kann das Bildungsgesetz auch direkt abgelesen werden (allgemein gültig für $n = 1, 2, 3, \ldots, n_{\max}$):

$$V_{nn} = (2n-1)\frac{x+iy}{r^2} V_{n-1,n-1} \quad \rightarrow \quad V_{nn} = (2n-1)!!\,\frac{(x+iy)^n}{r^{2n+1}} \;\text{ mit } (2n-1)!! = \frac{(2n)!}{2^n\,n!} = 1\cdot 3\cdot 5\cdot \cdots \cdot (2n-1). \tag{H.39}$$

Fasst man die sektoriellen Terme als Hauptdiagonalelemente einer unteren Dreiecksmatrix auf (vgl. Tab. H.3), dann werden von dieser Hauptdiagonalen ausgehend sukzessive alle unteren Nebendiagonalelemente berechnet. Die erste Nebendiagonale (Sonderfall $m = n - 1$) hängt nur von der Hauptdiagonalen ab, alle weiteren benutzen jeweils die beiden über ihr liegenden Diagonalen (Abb. H.10).

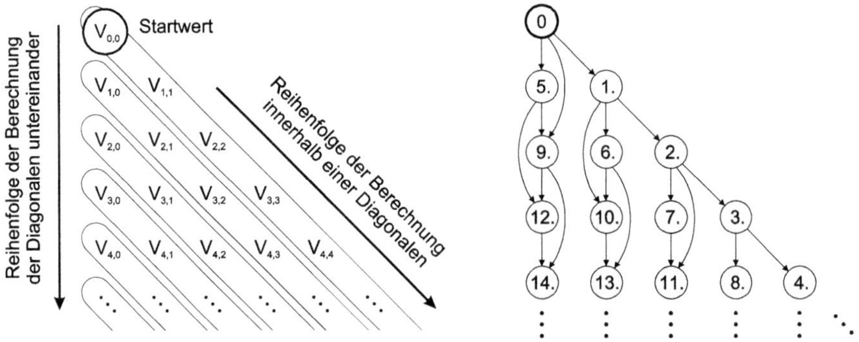

(a) ein mögliches Rekursionsschema ausgehend von $V_{0,0} = 1/r$ (b) Berechnungsreihenfolge und Abhängigkeiten

Abbildung H.10: Effizientere rekursive Berechnung der $V_{nm}(x, y, z)$, angedeutet für ein 4×4-(Erd-)Schwerefeld. Die hier tatsächlich neben $V_{0,0}$ benötigten Terme (aufgrund vereinfachender Annahmen) sind in der rechten Skizze grau hinterlegt. Anmerkung: Alternativ könnten die V_{nm} spaltenweise (statt diagonalweise) berechnet werden; jedoch ist der Spezialfall $m = n-1$ dann mehrmals (und nicht nur einmal innerhalb einer einzigen Schleife für die erste Nebendiagonale) zu berücksichtigen. Diese Alternative (wie von Cunningham [11] in seiner Zusammenfassung der Rekursionsformeln beschrieben) würde somit geringfügig mehr Rechenzeit für die Fallunterscheidungen erfordern.

Das in Abb. H.10 angedeutete Schema erfüllt man zusätzlich zu (H.39) mit der Berechnung der Nebendiagonalen:

$$V_{p,p-n} = \begin{cases} \dfrac{(2p-1)\,z}{r^2}\, V_{p-1,p-1} & \text{falls } n = 1 \text{ (erste Nebendiagon., } m = n-1\text{)}, \\[2ex] \dfrac{(2p-1)\,z}{n\,r^2}\, V_{p-1,p-n} - \dfrac{2p-n-1}{n\,r^2}\, V_{p-2,p-n} & \text{falls } n > 1 \text{ (sonstige Nebendiag., } m < n-1\text{)}, \end{cases} \tag{H.40}$$

wobei

$$n = 1, 2, \ldots, n_{\max} \text{ (äussere Schleife, } n\text{te Nebendiagonale)}, \qquad p = n, n+1, \ldots, n_{\max} \text{ (innere Schleife)}. \tag{H.41}$$

Die Rekursionsformeln können im Bedarfsfall kombiniert und umgestellt werden. Setzt man z. B. (H.39) in den Sonderfall $m = n - 1$ aus (H.40) ein, dann erhält man (mit Ersetzung von p durch n in der Endformel)

$$V_{n,n-1} = (4n^2-8n+3)\frac{z(x+iy)}{r^4} V_{n-2,n-2} \;(n = 2, 3, \ldots) \quad \rightarrow \quad V_{n,n-1} = (2n-1)!!\,\frac{z(x+iy)^{n-1}}{r^{2n+1}} \;(n = 1, 2, \ldots). \tag{H.42}$$

Eine weitere nützliche Formel für die restlichen Nebendiagonalen ($m < n - 1$) erhält man ebenfalls aus (H.40), wiederum durch Indexumnumerierung bzw. -verschiebung:

$$V_{nm} = \frac{(2n-1)z}{(n-m)r^2} V_{n-1,m} - \frac{n+m-1}{(n-m)r^2} V_{n-2,m} \qquad (n = 2, 3, \ldots) \tag{H.43}$$

bzw.

$$V_{n+1,m} = \frac{(2n+1)z}{(n-m+1)r^2} V_{nm} - \frac{n+m}{(n-m+1)r^2} V_{n-1,m} \qquad (n = 1, 2, \ldots). \tag{H.44}$$

Neben den Funktionswerten $V_{nm}(x, y, z)$ werden für die Auswertung der Bewegungsgleichung (H.11) auch die partiellen Ableitungen $\partial V_{nm}/\partial x$, $\partial V_{nm}/\partial y$ und $\partial V_{nm}/\partial z$ benötigt. Cunningham [11] zeigt, dass

$$\frac{\partial^{\alpha+\beta+\gamma}V(x,y,z)}{\partial x^\alpha \partial y^\beta \partial z^\gamma} = \mathrm{Re}\left[\sum_{n=0}^{\infty}\sum_{m=0}^{n} \mu_\oplus a_\oplus^n (c_{nm} - i\, s_{nm}) \frac{\partial^{\alpha+\beta+\gamma}V_{nm}(x,y,z)}{\partial x^\alpha \partial y^\beta \partial z^\gamma}\right] \quad \text{(H.45)}$$

mit

$$\frac{\partial^{\alpha+\beta+\gamma}V_{nm}}{\partial x^\alpha \partial y^\beta \partial z^\gamma} = i^\beta \sum_{j=0}^{\alpha+\beta} \frac{(-1)^{\alpha+\gamma-j}}{2^{\alpha+\beta}} \frac{(n-m+\gamma+2j)!}{(n-m)!} C_{\alpha\beta j} V_{n+\alpha+\beta+\gamma, m+\alpha+\beta-2j}, \quad \text{(H.46)}$$

worin

$$C_{\alpha\beta j} := \sum_{k=k_{\min}}^{k_{\max}} (-1)^k \binom{\alpha}{j-k}\binom{\beta}{k} \qquad (k_{\min} = \mathrm{Max}(0, j-\alpha),\ k_{\max} = \mathrm{Min}(\beta, j)). \quad \text{(H.47)}$$

Hier interessieren nur die ersten partiellen Ableitungen, d. h., $(\alpha,\beta,\gamma) \in \{(1,0,0),(0,1,0),(0,0,1)\}$. Es gilt

$$\begin{aligned}
\partial V_{nm}/\partial x &: (\alpha,\beta,\gamma) = (1,0,0) \rightarrow j_{\max} = 1 \ , \ C_{1,0,j} = \binom{1}{j} \rightarrow C_{1,0,0} = 1,\ C_{1,0,1} = 1,\\
\partial V_{nm}/\partial y &: (\alpha,\beta,\gamma) = (0,1,0) \rightarrow j_{\max} = 1 \ , \ C_{0,1,j} = (-1)^j \rightarrow C_{0,1,0} = 1,\ C_{0,1,1} = -1,\\
\partial V_{nm}/\partial z &: (\alpha,\beta,\gamma) = (0,0,1) \rightarrow j_{\max} = 0 \qquad \rightarrow C_{0,0,0} = 1.
\end{aligned} \quad \text{(H.48)}$$

Für die partiellen Ableitungen folgt zunächst, wobei $(n-m+2)!/(n-m)!$ äquivalent ist zu $(n-m)^2+3(n-m)+2$,

$$\begin{aligned}
\frac{\partial V_{nm}}{\partial x} &= -\frac{1}{2}\left(V_{n+1,m+1} - \frac{(n-m+2)!}{(n-m)!}V_{n+1,m-1}\right),\\
\frac{\partial V_{nm}}{\partial y} &= \frac{i}{2}\left(V_{n+1,m+1} + \frac{(n-m+2)!}{(n-m)!}V_{n+1,m-1}\right),\\
\frac{\partial V_{nm}}{\partial z} &= -(n-m+1)V_{n+1,m}.
\end{aligned} \quad \text{(H.49)}$$

Aus (H.49) ist ersichtlich, dass die Formeln $\partial V_{nm}/\partial x$ und $\partial V_{nm}/\partial y$ für $m = 0$ (zonale Terme) einer Modifikation bedürfen, da sonst ungewohnte $V_{n+1,-1}$ (Terme negativer Ordnung -1) auftauchen. Nach Cunningham [11] gilt

$$V_{n,-m} = (-1)^m \frac{(n-m)!}{(n+m)!} V_{nm}^* \quad \rightarrow \quad V_{n+1,-1} = -\frac{n!}{(n+2)!} V_{n+1,1}^*, \quad \text{(H.50)}$$

wobei V_{nm}^* allgemein der zu V_{nm} konjugiert komplexe Ausdruck ist. Im Falle $m = 0$ ist also zu verwenden

$$\frac{\partial V_{n0}}{\partial x} = -\frac{1}{2}\left(V_{n+1,1} + V_{n+1,1}^*\right), \qquad \frac{\partial V_{n0}}{\partial y} = \frac{i}{2}\left(V_{n+1,1} - V_{n+1,1}^*\right). \quad \text{(H.51)}$$

Die Abhängigkeit der partiellen Ableitungen von den ursprünglichen Werten V_{nm} ist in Abb. H.11 skizziert.

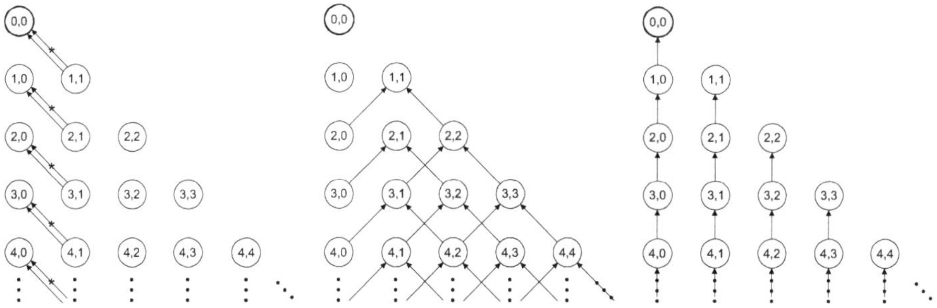

(a) benötigte Terme für $\frac{\partial}{\partial x}$, $\frac{\partial}{\partial y}$ $(m = 0)$ (b) benötigte Terme für $\frac{\partial}{\partial x}$, $\frac{\partial}{\partial y}$ $(m \neq 0)$ (c) benötigte Terme für $\frac{\partial}{\partial z}$ (m beliebig)

Abbildung H.11: Vorläufiges Schema zur Berechnung partieller Ableitungen der $V_{nm}(x,y,z)$ aus den $V_{nm}(x,y,z)$ selbst. Dargestellt sind die jeweils benötigten Terme nach (H.49) und (H.51). Grau hinterlegt sind diejenigen Grade/Ordnungen, für die tatsächlich eine partielle Ableitung berechnet wird. Verbindung mit ⇄ bedeutet, dass zusätzlich zum ursprünglichem Term auch noch dessen konjugiert komplexer Ausdruck verwendet werden muss.

Es ist deutlich zu erkennen (bereits aus den Formeln (H.49) und (H.51)), dass in allen Fällen für die Ableitung eines Terms $n$ter Ordnung zunächst ausschliesslich Terme der nächsthöheren Ordnung $n+1$ benötigt werden. In der Praxis betrachtet man Erdschwerefelder mit einer maximalen Ordnung $n_{\max}$ (in unserem Beispiel $n_{\max} = 4$).
Für die Berechnung der jeweils letzten Zeilen in Abb. H.11 schreibt man die Formeln (H.49) und (H.51)) um. Hierzu werden die in Abb. H.10(b) dargestellten und in (H.39), (H.40) und (H.43) bzw. (H.44) ausformulierten Abhängigkeiten berücksichtigt. Man erhält folgende für die praktische Auswertung nützlichen Zusammenhänge:

$$\frac{\partial V_{nn}}{\partial z} = \underbrace{-V_{n+1,n}}_{\text{Variante 1}} = \underbrace{-(2n+1)\frac{z}{r^2}V_{nn}}_{\text{Variante 2}} \quad \rightarrow \quad \text{z. B. } \frac{V_{0,0}}{\partial z} = -V_{1,0} = -\frac{z}{r^2}V_{0,0} = -\frac{z}{r^3} \qquad \text{(H.52)}$$

für die partiellen Ableitungen nach z und $m = n < n_{\max}$ (Variante 1) bzw. $m = n \leq n_{\max}$ (Variante 2), sowie

$$\frac{\partial V_{nm}}{\partial z} = -\frac{1}{r^2}\Big((2n+1)zV_{nm} - (n+m)V_{n-1,m}\Big) \quad \rightarrow \quad \text{z. B. } \frac{V_{1,0}}{\partial z} = -\frac{1}{r^2}\Big(3zV_{1,0} - V_{0,0}\Big) = \frac{x^2+y^2-2z^2}{r^5} \qquad \text{(H.53)}$$

allgemein für alle restlichen Terme $m \neq n$ bis einschliesslich $n = n_{\max}$.[28]
Die partielle Ableitung der zonalen Terme nach x bzw. y kann nach Einführung von (H.44) mit $m = 1$ bzw.

$$V_{n+1,1} = \frac{1}{nr^2}\Big((2n+1)zV_{n,1} - (n+1)V_{n-1,1}\Big) = -\frac{1}{n}\frac{\partial V_{n,1}}{\partial z} \qquad \text{(H.54)}$$

für $n = 2, 3, \ldots, n_{\max}$ geschrieben werden als

$$\begin{aligned}\frac{\partial V_{n0}}{\partial x} &= -\frac{1}{2nr^2}\Big((2n+1)z\big(V_{n,1} + V^*_{n,1}\big) - (n+1)\big(V_{n-1,1} + V^*_{n-1,1}\big)\Big),\\ \frac{\partial V_{n0}}{\partial y} &= \frac{i}{2nr^2}\Big((2n+1)z\big(V_{n,1} - V^*_{n,1}\big) - (n+1)\big(V_{n-1,1} - V^*_{n-1,1}\big)\Big).\end{aligned} \qquad \text{(H.55)}$$

Wegen $V_{0,1} \equiv 0$ gilt im Fall $n = 1$ unter Beachtung von (H.39)

$$\begin{aligned}\frac{\partial V_{1,0}}{\partial x} &= -\frac{3z}{2r^2}\Big(V_{1,1} + V^*_{1,1}\Big) = -\frac{3z}{2r^2}\left(\frac{x+iy}{r^2}V_{0,0} + \frac{x-iy}{r^2}V_{0,0}\right) = -\frac{3zx}{r^5},\\ \frac{\partial V_{1,0}}{\partial y} &= \frac{3zi}{2r^2}\Big(V_{1,1} - V^*_{1,1}\Big) = \frac{3zi}{2r^2}\left(\frac{x+iy}{r^2}V_{0,0} - \frac{x-iy}{r^2}V_{0,0}\right) = -\frac{3zy}{r^5}.\end{aligned} \qquad \text{(H.56)}$$

Einsetzen von $n = 0$ in (H.51) liefert, wiederum unter Verwendung von (H.39), als weiteren Sonderfall

$$\begin{aligned}\frac{\partial V_{0,0}}{\partial x} &= -\frac{1}{2}\Big(V_{1,1} + V^*_{1,1}\Big) = -\frac{1}{2}\left(\frac{x+iy}{r^2}V_{0,0} + \frac{x-iy}{r^2}V_{0,0}\right) = -\frac{x}{r^2}V_{0,0} = -\frac{x}{r^3},\\ \frac{\partial V_{0,0}}{\partial y} &= \frac{i}{2}\Big(V_{1,1} - V^*_{1,1}\Big) = \frac{i}{2}\left(\frac{x+iy}{r^2}V_{0,0} - \frac{x-iy}{r^2}V_{0,0}\right) = -\frac{y}{r^2}V_{0,0} = -\frac{y}{r^3}.\end{aligned} \qquad \text{(H.57)}$$

Für alle sektoriellen Terme (n beliebig) erhält man unter Nutzung von (H.49), (H.39), (H.40), (H.43), (H.44)[29]

$$\begin{aligned}\frac{\partial V_{n,n}}{\partial x} &= -\frac{1}{2}\Big(V_{n+1,n+1} - 2V_{n+1,n-1}\Big) = -\frac{(2n+1)\big((x+iy)^2 - z^2\big) + r^2}{2r^2}\frac{V_{nn}}{x+iy},\\ \frac{\partial V_{n,n}}{\partial y} &= \frac{i}{2}\Big(V_{n+1,n+1} + 2V_{n+1,n-1}\Big) = i\frac{(2n+1)\big((x+iy)^2 + z^2\big) - r^2}{2r^2}\frac{V_{nn}}{x+iy},\end{aligned} \qquad \text{(H.58)}$$

worin u. a.

$$V_{n,n-1} = (2n-1)\frac{z}{r^2}V_{n-1,n-1}, \quad V_{n-1,n-1} = \frac{r^2}{2n-1}\frac{V_{nn}}{x+iy} \quad \rightarrow \quad V_{n,n-1} = \frac{zV_{nn}}{x+iy} \qquad \text{(H.59)}$$

ausgenutzt wurde. Die partiellen Ableitungen der ersten Nebendiagonale (mit $n \geq 1$) folgen auf ähnliche Weise:

$$\begin{aligned}\frac{\partial V_{n,n-1}}{\partial x} &= -\frac{1}{2}\Big(V_{n+1,n} - 6V_{n+1,n-2}\Big) = -\frac{(2n+1)\big((x+iy)^2 - z^2\big) + 3r^2}{2r^2}\frac{V_{n,n-1}}{x+iy},\\ \frac{\partial V_{n,n-1}}{\partial y} &= \frac{i}{2}\Big(V_{n+1,n} + 6V_{n+1,n-2}\Big) = i\frac{(2n+1)\big((x+iy)^2 + z^2\big) - 3r^2}{2r^2}\frac{V_{n,n-1}}{x+iy}.\end{aligned} \qquad \text{(H.60)}$$

[28] für das Beispiel in (H.53) wurde (H.40) verwendet, so dass sich $V_{1,0} = \frac{z}{r^2}V_{0,0}$ ergibt

[29] (H.57) lässt sich auch aus (H.58) herleiten mit $n = 0$ und $V_{1,-1} = -\frac{1}{2}V^*_{1,1} \leftrightarrow V^*_{1,1} = -2V_{1,-1}$ aus (H.50)

Die verbleibenden Ausdrücke (für $n = 3, 4, \ldots, n_{\max}$ und $m = 1, 2, \ldots, n-2$) aller weiteren Nebendiagonalen ergeben sich mittels (H.43), wenn die Ersetzungen $n||n+1$, $m||m+1$ sowie $n||n+1$, $m||m-1$ vorgenommen werden, vgl. (H.49). Die Endformeln hängen danach von vier verschiedenen und zuvor bestimmten Termen ab:

$$\begin{aligned}
\frac{\partial V_{nm}}{\partial x} &= -\frac{1}{2r^2}\left((2n+1)z\left(\frac{V_{n,m+1}}{n-m} - (n-m+1)V_{n,m-1}\right) - \frac{n+m+1}{n-m}V_{n-1,m+1} + \left(n^2 - (m-1)^2\right)V_{n-1,m-1}\right),\\
\frac{\partial V_{nm}}{\partial y} &= \frac{i}{2r^2}\left((2n+1)z\left(\frac{V_{n,m+1}}{n-m} + (n-m+1)V_{n,m-1}\right) - \frac{n+m+1}{n-m}V_{n-1,m+1} - \left(n^2 - (m-1)^2\right)V_{n-1,m-1}\right).
\end{aligned} \tag{H.61}$$

Das Schema zur Berechnung der partiellen Ableitungen der $V_{nm}(x, y, z)$ sieht schliesslich folgendermassen aus:

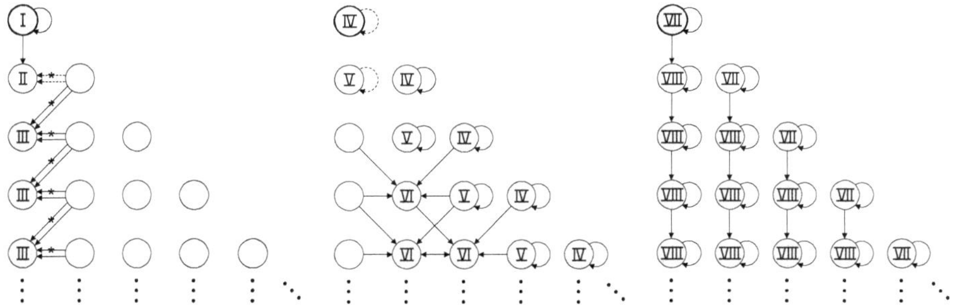

(a) benötigte Terme für $\frac{\partial V_{n0}}{\partial x}$, $\frac{\partial V_{n0}}{\partial y}$ (b) benötigte Terme für $\frac{\partial V_{nm}}{\partial x}$, $\frac{\partial V_{nm}}{\partial y}$ (c) benötigte Terme für $\frac{\partial V_{nm}}{\partial z}$

Abbildung H.12: Geeignetes Schema zur Berechnung partieller Ableitungen der $V_{nm}(x, y, z)$ aus den $V_{nm}(x, y, z)$ selbst. Gestrichelte Verbindungen deuten im Text erwähnte alternative Berechnungsmöglichkeiten an. Römische Ziffern bedeuten: I: Formel (H.57), II: Formel (H.56), III: Formel (H.55) für $n = 2, 3, \ldots, n_{max}$, IV: Formel (H.58) für $n = 0, 1, \ldots, n_{max}$, V: Formel (H.60) für $n = 1, 2, \ldots, n_{max}$, VI: Formel (H.61) für $n = 3, 4, \ldots, n_{max}$ und $m = 1, 2, \ldots, n-2$ bei jedem n, VII: Formel (H.52) in der Variante 2 für $n = 0, 1, \ldots, n_{max}$, VIII: Formel (H.53) für $n = 1, 2, \ldots, n_{max}$ und $m < n$.

Anmerkung: Das vorgeschlagene Schema stellt nur eine von mehreren Möglichkeiten dar. Je nach gewünschter Art der Programmierung mag ein anderes Schema vorteilhafter sein.[30] Mit dem Einsatz symbolischer Formelmanipulationsprogramme wie etwa *MATHEMATICA*™ verliert der Vorteil der rekursiven Berechnung insgesamt an Bedeutung - zumal bei niedrigdimensionalen Problemen, wie dem hier vorliegenden.

Die Zielfunktion (Qualitätskriterium Q) für die ES setzt sich aus mehreren Teilen Q_α zusammen. Deren Kombination kann z. B. additiv erfolgen.[31] Alternativ lassen sich auch ES-Varianten einsetzen, welche eine unabhängige und/oder gewichtete Mehrziele-Optimierung erlauben; vgl. dazu Rechenberg [39].

$$\begin{aligned}
Q_{\text{EOM}} &= \sum_{k=1}^{7} \left\| \ddot{\mathbf{r}}_{\text{ECI}k} + \frac{\mu_\oplus}{r_k^3}\mathbf{r}_{\text{ECI}k} - \nabla_{\mathbf{r}_{\text{ECI}}} R_{\oplus 4\times4}\Big|_{\mathbf{r}_{\text{ECI}_k}} \right\| &&\rightarrow \quad \min,\\
Q_{\text{JLC}} &= \sum_{k=1}^{7} \left| JLC_{\text{ECEF}} - JLC_{\text{ECEF}}\Big|_{\mathbf{r}_{\text{ECEF}_k}} \right| &&\rightarrow \quad \min,\\
&\;\vdots
\end{aligned} \tag{H.62}$$

lauten. Etwaiges (einschränkendes) Vorwissen lässt sich über sog. Strafparameter berücksichtigen (Alvers [1]).

In (H.62) ist das Störpotential $R_{\oplus 4\times4}$ nach raumfesten kartesischen Koordinaten abzuleiten. Da sich die Formeln (H.45) bis (H.61) auf erdfeste kartesische Koordinaten beziehen, kann der Vektor $\nabla_{\mathbf{r}_{\text{ECI}}} R_{\oplus 4\times4}$ nach einer Transformation gewonnen werden (vgl. Mai [26], §§ 1.2.2, 1.2.3, 1.2.4)

$$\nabla_{\mathbf{r}_{\text{ECI}}} R_{\oplus 4\times4} = T_{\text{ECEF}}^{\text{ECI}} \nabla_{\mathbf{r}_{\text{ECEF}}} R_{\oplus 4\times4}. \tag{H.63}$$

[30] so könnten z. B. durchaus *alle* partiellen Ableitungen *jedes* Terms V_{nm} lediglich in Abhängigkeit dieses Terms selbst gebracht werden, so dass während der Berechnung der einzelnen V_{nm} auch immer gleich deren Ableitungen $\partial V_{nm}/\partial x$, $\partial V_{nm}/\partial y$ und $\partial V_{nm}/\partial z$ anfallen (ohne zuvor schon die Gesamtheit der V_{nm} bestimmt haben zu müssen). Die Komplexität der dafür notwendigen Formeln würde aber die Vorteile der rekursiven gegenüber der expliziten Berechnung (Einfachheit und ggf. Rechenzeitersparnis) schmälern.

[31] In diesem Fall sollte eine Normierung erfolgen, da die physikalischen Dimensionen der Q_i sich i. A. unterscheiden werden.

Die Transformationsmatrix $T_{\mathrm{ECEF}}^{\mathrm{ECI}}$ ist die Inverse zu $T_{\mathrm{ECI}}^{\mathrm{ECEF}}$ und, da als Rotationsmatrix orthogonal, gleich der Transponierten zu (H.20)

$$T_{\mathrm{ECEF}}^{\mathrm{ECI}} = \begin{bmatrix} \cos\Theta & -\sin\Theta & 0 \\ \sin\Theta & \cos\Theta & 0 \\ 0 & 0 & 1 \end{bmatrix} =: \begin{bmatrix} \cos\omega_{\oplus}t & -\sin\omega_{\oplus}t & 0 \\ \sin\omega_{\oplus}t & \cos\omega_{\oplus}t & 0 \\ 0 & 0 & 1 \end{bmatrix} \tag{H.64}$$

unter Beachtung von (H.21). Kombination von (H.19), (H.22) und (H.64) liefert die zugehörige Transformation

$$\mathbf{r}_{\mathrm{ECI}} = T_{\mathrm{ECEF}}^{\mathrm{ECI}}\mathbf{r}_{\mathrm{ECEF}}, \qquad \mathbf{v}_{\mathrm{ECI}} = T_{\mathrm{ECEF}}^{\mathrm{ECI}}\left(\mathbf{v}_{\mathrm{ECEF}} - \begin{bmatrix} 0 & \omega_{\oplus} & 0 \\ -\omega_{\oplus} & 0 & 0 \\ 0 & 0 & 0 \end{bmatrix}\mathbf{r}_{\mathrm{ECEF}}\right). \tag{H.65}$$

Das vorgestellte Verfahren zur numerischen Differentiation liefert genaue Ergebnisse. Lediglich für die ersten bzw. letzten drei Epochen sind die Werte etwas weniger präzise, da dort nur einseitige Differenzenquotienten einfliessen. Im Rahmen der ES kann alternativ komplett auf die numerische Differentiation verzichtet werden, wenn stattdessen neben den Positionsvektoren auch die Geschwindigkeits- und Beschleunigungsvektoren als Unbekannte aufgefasst und entsprechend optimiert werden. Experimente zum Vergleich der numerischen Stabilität beider Ansätze sind bisher nicht umfassend genug erfolgt.

In der Himmelsmechanik wird das oben betrachtete Problem im Rahmen der vorläufigen bzw. definitiven Bahnbestimmung behandelt. Liegt eine Anfangswertaufgabe vor, so kommt z. B. die Laplace-Methode zum Einsatz; bei Randwertaufgaben z. B. die (verkürzte) Gauss-Methode. Beiden Methoden ist gemeinsam, dass die Problemstellung als Integralgleichung formuliert werden kann.[32] Für das Keplerproblem verbindet ein Kegelschnitt, also ein einzelner ebener Orbit, die vorgegebenen Randwerte/Satellitenpositionen. Die Parameter des Kegelschnittes lassen sich nach Gauss [15] durch Lösung eines gekoppelten nicht-linearen Integralgleichungssystems mittels des Sektor-zu-Dreieck-Verfahrens iterativ bestimmen. Bei Erweiterung des Bewegungsproblems um Störkräfte kann der prinzipielle Ansatz (Lösung eines gekoppelten Integralgleichungssystems) beibehalten werden. Bucerius [6] hat die Gauss-Methode entsprechend erweitert.[33] Statt eines einzelnen Kegelschnittes wird ersatzweise eine Kegelschnittbewegung beschrieben (so wie ein Anfangswertproblem im gestörten Fall mittels oskulierendem Kegelschnitt beschrieben werden kann). Die genannten Ansätze zur Bahnbestimmung werden bei Schneider [41] in § 14 bzw. [44] in § 70, § 72 ausführlich vorgestellt.

Die Evolutionsstrategie kann hierzu eine praktikable Alternative bzw. Ergänzung sein.

[32] als Volterra'sche Integralgleichung (beim Anfangswertproblem) bzw. Fredholm'sche Integralgleichung (beim Randwertproblem)
[33] in Bucerius [7] wird die Determinierung von Bewegungsproblemen durch Randwerte in der klassischen Mechanik motiviert

Anhang I

Ausführliche Darstellungen zu § 2.2.5.2

I.1 Partielle Ableitungen der Hamilton-Funktion

Die partiellen Ableitungen der Hamilton-Funktion (2.316) nach den generalisierten Koordinaten sind in (2.317) in komprimierter Form angegeben. Ein besseres Verständnis für den systematischen Aufbau der Terme erlangt man, wenn sie ausgeschrieben werden:

$$
\begin{aligned}
\frac{\partial F}{\partial \alpha} = -\frac{\mu_\oplus}{a_\oplus}\Bigg[& e^{-\alpha} - \frac{1}{\mu_\oplus a_\oplus}\, e^{-2\alpha}\left(p_\alpha^2 + p_\theta^2 + \frac{p_\Lambda^2}{\sin^2\theta}\right) + \\
& + 3\, e^{-3\alpha}\Big(\overline{\psi}_{200} + \overline{\psi}_{202}\cos 2\theta + \overline{\psi}_{212}\sin 2\theta\cos\overline{\eta}_{21} + (\overline{\psi}_{220} + \overline{\psi}_{222}\cos 2\theta)\cos\overline{\eta}_{22}\Big) + \\
& + 4\, e^{-4\alpha}\Big(\overline{\psi}_{301}\cos\theta + \overline{\psi}_{303}\cos 3\theta + (\overline{\psi}_{311}\sin\theta + \overline{\psi}_{313}\sin 3\theta)\cos\overline{\eta}_{31} + \\
& \qquad + (\overline{\psi}_{321}\cos\theta + \overline{\psi}_{323}\cos 3\theta)\cos\overline{\eta}_{32} + \\
& \qquad + (\overline{\psi}_{331}\sin\theta + \overline{\psi}_{333}\sin 3\theta)\cos\overline{\eta}_{33}\Big) + \\
& + 5\, e^{-5\alpha}\Big(\overline{\psi}_{400} + \overline{\psi}_{402}\cos 2\theta + \overline{\psi}_{404}\cos 4\theta + (\overline{\psi}_{412}\sin 2\theta + \overline{\psi}_{414}\sin 4\theta)\cos\overline{\eta}_{41} + \\
& \qquad + (\overline{\psi}_{420} + \overline{\psi}_{422}\cos 2\theta + \overline{\psi}_{424}\cos 4\theta)\cos\overline{\eta}_{42} + \\
& \qquad + (\overline{\psi}_{432}\sin 2\theta + \overline{\psi}_{434}\sin 4\theta)\cos\overline{\eta}_{43} + \\
& \qquad + (\overline{\psi}_{440} + \overline{\psi}_{442}\cos 2\theta + \overline{\psi}_{444}\cos 4\theta)\cos\overline{\eta}_{44}\Big)\Bigg],
\end{aligned}
\tag{I.1}
$$

$$
\begin{aligned}
\frac{\partial F}{\partial \theta} = -\frac{\mu_\oplus}{a_\oplus}\Bigg[& -\frac{1}{2\mu_\oplus a_\oplus}\, e^{-2\alpha}\,\frac{p_\Lambda^2}{\sin^4\theta}\,\sin 2\theta + \\
& + e^{-3\alpha}\Big(2\overline{\psi}_{202}\sin 2\theta - 2\overline{\psi}_{212}\cos 2\theta\cos\overline{\eta}_{21} + 2\overline{\psi}_{222}\sin 2\theta\cos\overline{\eta}_{22}\Big) + \\
& + e^{-4\alpha}\Big(\overline{\psi}_{301}\sin\theta + 3\overline{\psi}_{303}\sin 3\theta - (\overline{\psi}_{311}\cos\theta + 3\overline{\psi}_{313}\cos 3\theta)\cos\overline{\eta}_{31} + \\
& \qquad + (\overline{\psi}_{321}\sin\theta + 3\overline{\psi}_{323}\sin 3\theta)\cos\overline{\eta}_{32} - \\
& \qquad - (\overline{\psi}_{331}\cos\theta + 3\overline{\psi}_{333}\cos 3\theta)\cos\overline{\eta}_{33}\Big) + \\
& + e^{-5\alpha}\Big(2\overline{\psi}_{402}\sin 2\theta + 4\overline{\psi}_{404}\sin 4\theta - (2\overline{\psi}_{412}\cos 2\theta + 4\overline{\psi}_{414}\cos 4\theta)\cos\overline{\eta}_{41} + \\
& \qquad + (2\overline{\psi}_{422}\sin 2\theta + 4\overline{\psi}_{424}\sin 4\theta)\cos\overline{\eta}_{42} - \\
& \qquad - (2\overline{\psi}_{432}\cos 2\theta + 4\overline{\psi}_{434}\cos 4\theta)\cos\overline{\eta}_{43} + \\
& \qquad + (2\overline{\psi}_{442}\sin 2\theta + 4\overline{\psi}_{444}\sin 4\theta)\cos\overline{\eta}_{44}\Big)\Bigg],
\end{aligned}
\tag{I.2}
$$

$$\frac{\partial F}{\partial \Lambda} = -\frac{\mu_\oplus}{a_\oplus}\Bigg[e^{-3\alpha}\Big(\overline{\psi}_{212}\sin 2\theta\sin\overline{\eta}_{21} + 2\big(\overline{\psi}_{220} + \overline{\psi}_{222}\cos 2\theta\big)\sin\overline{\eta}_{22}\Big) +$$
$$+ e^{-4\alpha}\Big(\big(\overline{\psi}_{311}\sin\theta + \overline{\psi}_{313}\sin 3\theta\big)\sin\overline{\eta}_{31} + 2\big(\overline{\psi}_{321}\cos\theta + \overline{\psi}_{323}\cos 3\theta\big)\sin\overline{\eta}_{32} + 3\big(\overline{\psi}_{331}\sin\theta + \overline{\psi}_{333}\sin 3\theta\big)\sin\overline{\eta}_{33}\Big) +$$
$$+ e^{-5\alpha}\Big(\big(\overline{\psi}_{412}\sin 2\theta + \overline{\psi}_{414}\sin 4\theta\big)\sin\overline{\eta}_{41} + 2\big(\overline{\psi}_{420} + \overline{\psi}_{422}\cos 2\theta + \overline{\psi}_{424}\cos 4\theta\big)\sin\overline{\eta}_{42} +$$
$$+ 3\big(\overline{\psi}_{432}\sin 2\theta + \overline{\psi}_{434}\sin 4\theta\big)\sin\overline{\eta}_{43} + 4\big(\overline{\psi}_{440} + \overline{\psi}_{442}\cos 2\theta + \overline{\psi}_{444}\cos 4\theta\big)\sin\overline{\eta}_{44}\Big)\Bigg] = -\frac{1}{\omega_\oplus}\frac{\partial F}{\partial \tau}\,. \tag{I.3}$$

I.2 Einige Liereihen-Koeffizienten

Setzt man die Erdschwerefeldparameter[1]

$$\mu_\oplus = 398600.4415\ \text{km}^3/\text{s}^2, \qquad a_\oplus = 6378.1362\ \text{km}, \qquad \omega_\oplus = 2\pi/86164\ \text{rad/s}, \tag{I.4}$$

sowie die Kugelfunktionskoeffizienten bis Grad und Ordnung 4 laut Tab. C.2 aus Anhang C.2 an, dann ergeben sich folgende Koeffizienten für die Formeln (2.325) und (2.326) im § 2.2.5.2 (hier mit 16 signifikanten Stellen):

$$\overline{\alpha}_0^{(1)} = 2.458\,172\,797\,215\,818\ldots\cdot 10^{-08}\ \text{km}^{-2}, \tag{I.5}$$

sowie

$$\begin{aligned}
\overline{\alpha}_0^{(2)} &= -7.681\,152\,582\,561\,736\ldots\cdot 10^{-07}\ \text{s}^{-2}, \\
\overline{\alpha}_{1,1}^{(2)} &= -3.021\,306\,750\,485\,920\ldots\cdot 10^{-16}\ \text{km}^{-4}, \\
\overline{\alpha}_{1,2}^{(2)} &= 3.021\,306\,750\,485\,920\ldots\cdot 10^{-16}\ \text{km}^{-4}, \\
\overline{\alpha}_{1,3}^{(2)} &= 3.021\,306\,750\,485\,920\ldots\cdot 10^{-16}\ \text{km}^{-4}, \\
\overline{\alpha}_{2,1}^{(2)} &= 6.236\,919\,362\,938\,699\ldots\cdot 10^{-10}\ \text{s}^{-2}, \\
\overline{\alpha}_{2,2}^{(2)} &= 1.871\,075\,808\,881\,609\ldots\cdot 10^{-09}\ \text{s}^{-2}, \\
\overline{\alpha}_{2,3}^{(2)} &= -5.398\,625\,715\,197\,878\ldots\cdot 10^{-15}\ \text{s}^{-2}, \\
\overline{\alpha}_{2,4}^{(2)} &= -6.275\,405\,770\,736\,973\ldots\cdot 10^{-12}\ \text{s}^{-2}, \\
\overline{\alpha}_{2,5}^{(2)} &= 6.275\,405\,770\,736\,973\ldots\cdot 10^{-12}\ \text{s}^{-2}, \\
\overline{\alpha}_{3,1}^{(2)} &= -2.917\,803\,344\,431\,798\ldots\cdot 10^{-12}\ \text{s}^{-2}, \\
\overline{\alpha}_{3,2}^{(2)} &= -4.863\,005\,574\,052\,998\ldots\cdot 10^{-12}\ \text{s}^{-2}, \\
\overline{\alpha}_{3,3}^{(2)} &= -2.545\,284\,462\,407\,756\ldots\cdot 10^{-12}\ \text{s}^{-2}, \\
\overline{\alpha}_{3,4}^{(2)} &= -1.272\,642\,231\,203\,878\ldots\cdot 10^{-11}\ \text{s}^{-2}, \\
\overline{\alpha}_{3,5}^{(2)} &= -4.313\,835\,759\,869\,340\ldots\cdot 10^{-12}\ \text{s}^{-2}, \\
\overline{\alpha}_{3,6}^{(2)} &= 4.313\,835\,759\,869\,340\ldots\cdot 10^{-12}\ \text{s}^{-2}, \\
\overline{\alpha}_{3,7}^{(2)} &= -7.651\,365\,040\,629\,231\ldots\cdot 10^{-12}\ \text{s}^{-2}, \\
\overline{\alpha}_{3,8}^{(2)} &= 2.550\,455\,013\,543\,077\ldots\cdot 10^{-12}\ \text{s}^{-2}, \\
\overline{\alpha}_{4,1}^{(2)} &= -8.745\,700\,828\,964\,646\ldots\cdot 10^{-13}\ \text{s}^{-2}, \\
\overline{\alpha}_{4,2}^{(2)} &= -1.943\,489\,073\,103\,254\ldots\cdot 10^{-12}\ \text{s}^{-2}, \\
\overline{\alpha}_{4,3}^{(2)} &= -3.401\,105\,877\,930\,696\ldots\cdot 10^{-12}\ \text{s}^{-2}, \\
\overline{\alpha}_{4,4}^{(2)} &= -1.629\,446\,224\,508\,049\ldots\cdot 10^{-12}\ \text{s}^{-2}, \\
\overline{\alpha}_{4,5}^{(2)} &= -5.703\,061\,785\,778\,173\ldots\cdot 10^{-12}\ \text{s}^{-2}, \\
\overline{\alpha}_{4,6}^{(2)} &= -1.810\,633\,827\,864\,947\ldots\cdot 10^{-12}\ \text{s}^{-2}, \\
\overline{\alpha}_{4,7}^{(2)} &= -2.414\,178\,437\,153\,263\ldots\cdot 10^{-12}\ \text{s}^{-2}, \\
\overline{\alpha}_{4,8}^{(2)} &= 4.224\,812\,265\,018\,210\ldots\cdot 10^{-12}\ \text{s}^{-2}, \\
\overline{\alpha}_{4,9}^{(2)} &= -6.091\,416\,012\,898\,242\ldots\cdot 10^{-12}\ \text{s}^{-2}, \\
\overline{\alpha}_{4,10}^{(2)} &= 3.045\,708\,006\,449\,121\ldots\cdot 10^{-12}\ \text{s}^{-2}, \\
\overline{\alpha}_{4,11}^{(2)} &= -1.156\,067\,627\,348\,587\ldots\cdot 10^{-12}\ \text{s}^{-2}, \\
\overline{\alpha}_{4,12}^{(2)} &= 1.541\,423\,503\,131\,450\ldots\cdot 10^{-12}\ \text{s}^{-2}, \\
\overline{\alpha}_{4,13}^{(2)} &= -3.853\,558\,757\,828\,625\ldots\cdot 10^{-13}\ \text{s}^{-2}.
\end{aligned} \tag{I.6}$$

[1] die Parameter orientieren sich am Erdschwerefeldmodell *JGM-3*, siehe z. B. Mai [26]

Literaturverzeichnis

[1] M. Alvers: *Zur Anwendung von Optimierungsstrategien auf Potentialfeldmodelle*, Dissertation, Fachbereich Geowissenschaften, FU Berlin (1998)

[2] R.H. Battin: *An Introduction to the Mathematics and Methods of Astrodynamics*, AIAA Education Series, Reston, Virginia (1999)

[3] S. Bettadpur: *Hotine's Geopotential Formulation Revisited*, Bulletin Géodésique, 69(3), 135ff (1995)

[4] A. Bezdek: *persönliche Kommunikation* (2008)

[5] V.R. Bond und M.C. Allman: *Modern Astrodynamics - Fundamentals and Perturbation Methods*, Princeton University Press, Princeton, New Jersey (1996)

[6] H. Bucerius: *Bahnbestimmung als Randwertproblem I-V*, Astronomische Nachrichten, Vol. 278, 193ff (1950), Vol. 278, 204ff (1950), Vol. 280, 73ff (1951), Vol. 282, 97ff (1953), Vol. 283, 107ff (1955)

[7] H. Bucerius: *Determinierung der klassischen Mechanik durch zeitliche Randwerte*, Astronomische Nachrichten, Vol. 280, 233ff (1952)

[8] C. Cui: *Die Bewegung künstlicher Satelliten im anisotropen Gravitationsfeld einer gleichmäßig rotierenden starren Modellerde*, DGK, Reihe C, Heft Nr. 357, München (1990)

[9] Ch. Cui und M. Mareyen: *Gauss's equations of motion in terms of Hill variables and first application to numerical integration of satellite orbits*, Manuscripta Geodaetica, Vol. 17, 155ff (1992)

[10] Ch. Cui: *Satellite Orbit Integration based on Canonical Transformations with Special Regard to the Resonance and Coupling Effects*, DGK, Reihe A, Heft Nr. 112, München (1997)

[11] L.E. Cunningham: *On the Computation of the Spherical Harmonic Terms Needed During the During the Numerical Integration of the Orbital Motion of an Artificial Satellite*, Celestial Mechanics, 2, 207ff (1970)

[12] S.S. Dallas: *Prediction of the Position and Velocity of a Satellite After Many Revolutions*, JPL Technical Report 32-1267, Pasadena, California (1970)

[13] M. Ettl: *persönliche Kommunikation* (2008-2010)

[14] A. Frank: *Bestimmung beliebiger Frequenzen in Zeitreihen mit Hilfe von Methoden der globalen Optimierung* Diplomarbeit, Fachbereich Geodäsie und Geoinformationstechnik, TU Berlin (2008)

[15] C.F. Gauss: *Theoria Motus Corporum Coelestium in Sectionibus Conicis Solem Ambientum*, dt. u. a. im Verlag Meyer in Hannover 1865 erschienen (1809)

[16] D.E. Goldberg: *Genetic Algorithms in Search, Optimization and Machine Learning*, Addison-Wesley, Reading, Massachusetts (1993)

[17] D.E. Goldberg: *The Design of Innovation - Lessons from and for Competent Genetic Algorithms*, Kluwer Academic Publishers, Dordrecht (2002)

[18] N. Hansen und A. Ostermeier: *Adapting Arbitrary Normal Mutation Distributions in Evolution Strategies: The Covariance Matrix Adaption*, Proceedings of the 1996 IEEE International Conference on Evolutionary Computation (ICEC'96), 312ff (1996)

[19] N. Hansen und A. Ostermeier: *Completely Derandomized Self-Adaptation in Evolution Strategies*, Evolutionary Computation, 9(2), 159ff (2001)

[20] W.A. Heiskanen und H. Moritz: *Physical Geodesy*, W. H. Freeman and Company, San Francisco (1967)

[21] S.E. Jones und W.F. Ames: *Similarity Variables and First Integrals of Ordinary Differential Equations*, Int. J. Non-Linear Mechanics, 2, 257ff (1967)

[22] W.M. Kaula: *Theory of Satellite Geodesy*, Blaisdell Publishing Company, Waltham, Massachusetts (1966)

[23] O.D. Kellogg: *Foundations of Potential Theory*, Dover Publications, Inc., New York (1953)

[24] F. Kursawe: *Grundlegende empirische Untersuchungen der Parameter von Evolutionsstrategien - Metastrategien*, Dissertation, Fachbereich Informatik, Universität Dortmund (1999)

[25] E. Mai: *Zum Dynamischen Inversionsproblem in der Satellitenbahntheorie*, Diplomarbeit, Fachbereich Geodäsie und Vermessungswesen, TU Berlin (1997)

[26] E. Mai: *Spektrale Untersuchung GPS-ähnlicher Orbits unter Anwendung einer Analytischen Bahntheorie 2. Ordnung*, Dissertation, Fachbereich Geodäsie und Geoinformationstechnik, TU Berlin (2005)

[27] E. Mai und D. Lelgemann: *Zur nummerischen Integration mechanischer Bewegungsgleichungen mittels Liereihen-Entwicklung*, Zeitschrift für Vermessungswesen, Heft 6, 367ff (2007)

[28] E. Mai, M. Schneider und Ch. Cui: *Zur Entwicklung von Bahntheorien; Methodik und Anwendung*, DGK, Reihe A, Heft Nr. 122, München (2008)

[29] E. Mai: *Zur numerischen Integration gedämpfter Oszillatoren mittels Liereihen-Entwicklung*, Zeitschrift für Vermessungswesen, Heft 5, 295ff (2008)

[30] E. Mai: *Zur Bestimmung des Erdschwerefeldes mittels einer Evolutionsstrategie*, Allgemeine Vermessungs-Nachrichten, Heft 6, 225ff (2008)

[31] R. Mautz: *Zur Lösung nichtlinearer Ausgleichungsprobleme bei der Bestimmung von Frequenzen in Zeitreihen*, DGK, Reihe C, Heft Nr. 532, München (2001)

[32] R. Mautz und S. Petrović: *Erkennung von physikalisch vorhandenen Periodizitäten in Zeitreihen*, Zeitschrift für Vermessungswesen, Heft 3, 156ff (2005)

[33] A. Meiselbach und S. Weisbrich: *Anwendung einer Evolutionsstrategie am Beispiel der Frequenzanalyse*, Seminararbeit, Fachbereich Geodäsie und Geoinformationstechnik, TU Berlin (2009)

[34] G. Métris, J. Xu und I. Wytrzyszczak: *Derivatives of the Geopotential with respect to Rectangular Coordinates and their Spectral Decomposition*, Proceedings of the 12th International Symposium on Space Flight Dynamics at ESOC, Darmstadt (1997)

[35] K.R. Meyer und G.R. Hall: *Introduction to Hamiltonian Dynamical Systems and the N-Body Problem*, Springer Verlag, Reihe Applied Mathematical Sciences, Vol. 90 (1992)

[36] P. Mittelstaedt: *Klassische Mechanik*, Hochschultaschenbücher-Verlag: Bibliograph. Inst. Mannheim (1995)

[37] O. Montenbruck und E. Gill: *Satellite Orbits - Models, Methods, Applications*, Springer Verl., Berlin (2000)

[38] A. Ostermeier: *Schrittweitenadaption in der Evolutionsstrategie mit einem entstochastisierten Ansatz*, Dissertation, Fachbereich Verfahrenstechnik, Umwelttechnik, Werkstoffwissenschaften, TU Berlin (1997)

[39] I. Rechenberg: *Evolutionsstrategie '94*, Frommann-Holzboog, Stuttgart (1994)

[40] P. Sagirow: *Satellitendynamik*, Hochschultaschenbücher-Verlag: Bibliograph. Institut Mannheim (1970)

[41] M. Schneider: *Himmelsmechanik - Bd. I Grundlagen, Determinierung*, Wissenschaftsverlag: Bibliographisches Institut Mannheim, Spektrum Akademischer Verlag, Heidelberg (1992)

[42] M. Schneider: *Himmelsmechanik - Bd. II Systemmodelle*, Wissenschaftsverlag: Bibliographisches Institut Mannheim, Spektrum Akademischer Verlag, Heidelberg (1993)

[43] M. Schneider: *Himmelsmechanik - Bd. III Gravitationstheorie*, Wissenschaftsverlag: Bibliographisches Institut Mannheim, Spektrum Akademischer Verlag, Heidelberg (1996)

[44] M. Schneider: *Himmelsmechanik - Bd. IV Theorie der Satellitenbewegung, Bahnbestimmung*, Wissenschaftsverlag: Bibliographisches Institut Mannheim, Spektrum Akademischer Verlag, Heidelberg (1999)

[45] M. Schneider und C. Cui: *Theoreme über Bewegungsintegrale und ihre Anwendung in Bahntheorien*, DGK, Reihe A, Heft Nr. 121, München (2005)

[46] M. Schneider: *persönliche Kommunikation* (2008-2010)

[47] N.J.A. Sloane und S. Plouffe: *The Encyclopedia of Integer Sequences*, Academic Press, San Diego (1995)

[48] K. Stumpff: *Neue Theorie und Methode der Ephemeridenrechnung*, Abhandlungen der Deutschen Akademie der Wissenschaften, Berlin, Jahrg. 1947 (1949)

[49] K. Stumpff: *Himmelsmechanik*, Bd. I, VEB Deutscher Verlag der Wissenschaften, Berlin (1959)

[50] W. Torge: *Geodäsie*, Walter de Gruyter, Berlin (1975)

[51] D.A. Vallado: *Fundamentals of Astrodynamics and Applications*, McGraw-Hill Comp., New York (2001)

[52] H. Volz: *Einführung in die Theoretische Mechanik II*, Akadem. Verlagsgesellschaft, Frankfurt a. M. (1972)

[53] B. Vujanovic: *A Group-Variational Procedure for Finding First Integrals of Dynamical Systems*, Int. J. Non-Linear Mechanics, 5, 269ff (1970)

[54] B. Vujanovic: *Conservation Laws of Dynamical Systems via D'Alembert's Principle*, Int. J. Non-Linear Mechanics, 13, 185ff (1978)

[55] B. Vujanovic, A.M. Strauss und S.E. Jones: *On Some Conservation Laws of Conservative an Non-Conservative Dynamic Systems*, Int. J. Non-Linear Mechanics, 21(6), 489ff (1986)

[56] B. Vujanovic, A.M. Strauss, S.E. Jones und P.P. Gillis: *Polynomial Conservation Laws of the Generalized Emden-Fowler Equation*, Int. J. Non-Linear Mechanics, 33(2), 377ff (1998)

Danksagung

Mein besonderer Dank gilt Herrn Prof. Dr. Ing. D. Lelgemann und Herrn Prof. i. R. Dr. rer. nat. M. Schneider für die stete Motivation und zahlreiche wertvolle Diskussionen und Anregungen.

Ich danke Herrn Dipl.-Inform. (FH) M. Ettl und Herrn Dr. A. Bezdek für Testrechnungen zur numerischen Absicherung diverser Zahlenbeispiele.

Die angenehme und kollegiale Arbeitsatmosphäre am hiesigen Institut ist an dieser Stelle ebenso hervorzuheben. Explizit sei meinen Kollegen Dipl.-Inform. G. König und Dipl. Ing. S. Weisbrich für ihre Unterstützung bei computertechnischen Problemen gedankt.

Mein allerherzlichster Dank gilt meiner Frau Anke und unserem Sohn Ole Nepomuk.

Ich danke unseren Vätern.

MIX
Papier aus verantwortungsvollen Quellen
Paper from responsible sources
FSC® C105338

Printed by Books on Demand GmbH, Norderstedt / Germany